中国国家标准汇编

584

GB 29910

（2013 年制定）

中国标准出版社　编

中国标准出版社

北　京

图书在版编目(CIP)数据

中国国家标准汇编:2013年制定. 584:GB 29910/中国标准出版社编. —北京:中国标准出版社,2014.9
ISBN 978-7-5066-7665-6

Ⅰ.①中… Ⅱ.①中… Ⅲ.①国家标准-汇编-中国-2013 Ⅳ.①T-652.1

中国版本图书馆CIP数据核字(2014)第187859号

中国标准出版社出版发行
北京市朝阳区和平里西街甲2号(100029)
北京市西城区三里河北街16号(100045)

网址 www.spc.net.cn
总编室:(010)64275323 发行中心:(010)51780235
读者服务部:(010)68523946

中国标准出版社秦皇岛印刷厂印刷
各地新华书店经销

*

开本 880×1230 1/16 印张 42.75 字数 1 320 千字
2014年9月第一版 2014年9月第一次印刷

*

定价 220.00 元

出　版　说　明

1.《中国国家标准汇编》是一部大型综合性国家标准全集。自1983年起，按国家标准顺序号以精装本、平装本两种装帧形式陆续分册汇编出版。它在一定程度上反映了我国建国以来标准化事业发展的基本情况和主要成就，是各级标准化管理机构，工矿企事业单位，农林牧副渔系统，科研、设计、教学等部门必不可少的工具书。

2.《中国国家标准汇编》收入我国每年正式发布的全部国家标准，分为"制定"卷和"修订"卷两种编辑版本。

"制定"卷收入上一年度我国发布的、新制定的国家标准，顺延前年度标准编号分成若干分册，封面和书脊上注明"20××年制定"字样及分册号，分册号一直连续。各分册中的标准是按照标准编号顺序连续排列的，如有标准顺序号缺号的，除特殊情况注明外，暂为空号。

"修订"卷收入上一年度我国发布的、被修订的国家标准，视篇幅分设若干分册，但与"制定"卷分册号无关联，仅在封面和书脊上注明"20××年修订-1，-2，-3，……"字样。"修订"卷各分册中的标准，仍按标准编号顺序排列(但不连续)；如有遗漏的，均在当年最后一分册中补齐。需提请读者注意的是，个别非顺延前年度标准编号的新制定的国家标准没有收入在"制定"卷中，而是收入在"修订"卷中。

读者配套购买《中国国家标准汇编》"制定"卷和"修订"卷则可收齐由我社出版的上一年度我国制定和修订的全部国家标准。

3.由于读者需求的变化，自1996年起，《中国国家标准汇编》仅出版精装本。

4.2013年我国制修订国家标准共1 979项。本分册为"2013年制定"卷第584分册，收入国家标准GB 29910的最新版本。

中国标准出版社

2014年8月

目　　录

ICS 25.040
N 10

中华人民共和国国家标准

GB/T 29910.1—2013

工业通信网络　现场总线规范　类型20：HART规范　第1部分：HART有线网络物理层服务定义和协议规范

Industrial communication networks—Fieldbus specifications—Type 20 HART specification—Part 1: HART wired network physical layer service definition and protocol specification

2013-12-17 发布　　2014-05-01 实施

中华人民共和国国家质量监督检验检疫总局
中国国家标准化管理委员会　发布

前　言

GB/T 29910《工业通信网络　现场总线规范　类型20:HART规范》分为如下6个部分:

——第1部分:HART有线网络物理层服务定义和协议规范;

——第2部分:HART有线网络数据链路层服务定义和协议规范;

——第3部分:应用层服务定义;

——第4部分:应用层协议规范;

——第5部分:WirelessHART无线通信网络及通信行规;

——第6部分:应用层附加服务定义和协议规范。

本部分为GB/T 29910的第1部分。

本部分按照GB/T 1.1—2009给出的规则起草。

本部分修改采用HART通信基金会(HCF)的技术文档HCF_SPEC-710《工业通信网络　有线通信网络　HART:HART FSK、DLL和APL补充》的物理层服务定义和协议规范,在技术内容上与原英文文档没有差异,在文本结构编排上进行了适当调整。

本部分由中国机械工业联合会提出。

本部分由全国工业过程测量和控制标准化技术委员会(SAC/TC 124)归口。

本部分起草单位:机械工业仪器仪表综合技术经济研究所、HART通信基金会、中国科学院沈阳自动化研究所、上海自动化仪表股份有限公司、西南大学、上海工业自动化仪表研究院、北京和利时系统工程股份有限公司、北京奥斯汀科技有限公司、福建上润精密仪器有限公司、中国仪器仪表行业协会、上海汉物天物联网技术有限公司、重庆工业自动化仪表研究所、二重集团(德阳)重型装备股份有限公司。

本部分主要起草人:刘丹、高镜媚、王麟琨、冯翔、刘涛、梁炜、杨志家、包伟华、刘枫、王骏、罗安、陈小枫、戈剑、董景辰、蒋济友。

工业通信网络　现场总线规范　类型20：HART规范　第1部分：HART有线网络物理层服务定义和协议规范

1　范围

GB/T 29910的本部分规定了IEC 61158现场总线类型20(HART)的物理层服务定义和协议规范，与OSI基本参考模型(GB/T 9387.1)一致。本部分定义了有线HART物理层实体应执行的规则和规程，以及设备在物理层实现互操作所必需的组件、媒体和网络配置要求。

本部分适用于自动化环境中设备之间的可靠通信。

2　规范性引用文件

下列文件对于本文件的应用是必不可少的。凡是注日期的引用文件，仅注日期的版本适用于本文件。凡是不注日期的引用文件，其最新版本(包括所有的修改单)适用于本文件。

GB/T 9387.1　信息技术　开放系统互连　基本参考模型　第1部分：基本模型(GB/T 9387.1—1998,ISO/IEC 7498-1:1994,IDT)

GB/T 17967　信息技术　开放系统互连　基本参考模型　OSI服务定义约定(GB/T 17967—2000 ISO/IEC 10731:1994,IDT)

3　术语和定义、符号、缩略语、约定

3.1　参考模型术语和定义

本部分基于GB/T 9387.1的概念，并使用其中界定的以下术语。

DL-entity (N=2)	DL实体(N=2)	[GB/T 9387.1]
DL protocol-data-unit	DL协议数据单元	[GB/T 9387.1]
DL service-data-unit	DL服务数据单元	[GB/T 9387.1]
DLS user-data	DLS用户数据	[GB/T 9387.1]
PhL-entity (N=1)	PhL实体(N=1)	[GB/T 9387.1]
PhL protocol-data-unit	PhL协议数据单元	[GB/T 9387.1]
PhL service-data-unit	PhL服务数据单元	[GB/T 9387.1]
PhS user-data	PhS用户数据	[GB/T 9387.1]

3.2　特定术语和定义

下列术语和定义适用于本文件。

3.2.1

模拟控制器　analog controller

仅使用4 mA～20 mA电流信号的控制器，满足电流输入设备或电流输出设备的所有要求。

3.2.2

模拟信号　analog signal

低频电流，主要是发送到现场设备或来自现场设备的 4 mA～20 mA 信号。

3.2.3

模拟信号频谱　analog signal spectrum

以 0～25 Hz 频率时的幅值为单位幅值，超过 25 Hz 时，每 10 倍频程衰减 40 dB。

3.2.4

模拟测试滤波器　analog test filter

截止频率为 25 Hz 的两级低通巴特沃斯滤波器。

3.2.5

安全栅　barrier

为了满足本质安全要求而对进入危险区域的电流和电压进行限制的物理实体。

3.2.6

单位长度电缆电容　cable capacitance per unit length

每单位长度电缆的电容，1 kHz 频率下在除屏蔽层以外的一个导体与包括屏蔽层的所有其他导体间测得。

注：对于由多种类型或规格电缆构成的网络，该值由所有类型或规格电缆的最大电容值确定。

3.2.7

字符　character

作为一个连续单元被 PhE 发送的 8 比特数据及附加比特。

3.2.8

字符时间　character time

传输一个字符所需的时间。

3.2.9

电流采样电阻　current sense resistor

将模拟电流信号转换为电压信号的电阻。

3.2.10

周期性的　cyclic

用来描述以有规则方式重复出现的事件的术语。

3.2.11

时延失真　delay distortion

不同频率正弦波在通过网络或电路时，产生传播时间延迟的差异。

3.2.12

设备　device

实现了本标准的任何实体。

3.2.13

数字信号　digital signal

信息通信所使用 1 200 bit/s 的频移键控信号。

3.2.14

数字频带　digital frequency band

用于数字信号的 950 Hz～2 500 Hz 的频率范围。

3.2.15

数字信号频谱　digital signal spectrum

以 500 Hz～10 kHz 频率时的幅值为单位幅值，500 Hz 以下时，每 10 倍频程衰减 40 dB，10 kHz 以上时，每 10 倍频程衰减 20 dB。

3.2.16

错误　error

计算、观察或测量的值或状况与规定或理论上的正确值或状况之间的差异。

3.2.17

错误代码　error code

在一种错误类中某个特定错误类型的标识符。

3.2.18

扩展频带　extended frequency band

500 Hz～10 kHz 的频率范围。

注：本频带是数字频带加上防护频带。

3.2.19

现场设备　field device

连接到过程或工厂装置的物理实体，至少具有一个可通过一根线缆与其他信号单元进行通信的信号单元。

注：现场设备直接连接传感器或执行器，或执行过程控制功能，并直接连接到本标准规定的物理层。除数字信号外，还可产生或接收模拟信号。

3.2.20

帧　frame

一次发送的组合在一起的比特的格式。

3.2.21

地　ground

大地的表面，或是与地连接的管道，或是安全栅所连接的安全汇流条或零伏导轨。

注：地可以与网络电源的公共端(common)相同，也可以不同。

3.2.22

本质安全　intrinsic safety

一种电路或电路组件的设计方法，使电路或电路组件在正常工作或规定的故障状态下产生的电火花和热效应均不能点燃规定的爆炸性混合物。

3.2.23

连接点　junction

两段电缆的接合处，或已有电缆与另一段电缆或现场设备的任意接合点的接合处。

3.2.24

回路电流　loop current

该值由与现场设备串联的毫安表测得。

注：回路电流是近似直流的模拟 4 mA～20 mA 的信号，用来在控制系统和现场设备之间传递单一值。当采用“回路电流”值时，电压模式的设备使用“V DC”作为其工程单位。

3.2.25

主站　master

通过向其他设备发送请求 PDU 而发起通信活动的设备，并期待来自那个设备的响应帧。

3.2.26

报文　message

帧中除前导码之外的载有信息的部分。

3.2.27

多点网络　multi-drop network

一个连接多个从站设备的网络。

3.2.28

网络 network

网络由一对电缆、若干连接器、相关的信号单元,以及连接到同一对电缆上的非信号单元组成。一组给定的可收发信号的设备通过信号单元实现互连。

注:使用多对电缆及一个公用网络电源的安装被视为多个网络。

3.2.29

网络电源 network power supply

直接给网络供电的电源。

3.2.30

网络电阻 network resistance

网络的电阻或阻抗的实部。

注:这通过计算所有并联到网络上的设备的等效阻抗获得。因此,通常取决于一个低阻抗的设备。

3.2.31

非信号单元 non-signaling element

不使用或不产生模拟信号或数字信号的物理实体或单元。

注:网络电源就是一个非信号单元的例子。

3.2.32

载荷数据 payload data

传输的数据报文的内容。

3.2.33

点对点网络 point-to-point network

具有1个从站和0/1个主站设备的网络。

注:点对点网络不需要任何主站设备。该情况存在的一个示例是,当仅使用一个模拟控制器时,单个现场设备已通过第二主站编程,第二主站随后断开连接。

3.2.34

轮询地址 polling address

分配给设备的标识符,该标识符在设备所连接的网络中是惟一的。

3.2.35

第一主站 primary master

发起通信的主站设备。

3.2.36

第二主站 secondary master

仅当第一主站停止发起通信并通过仲裁过程才能发起通信的主站设备。

3.2.37

信号单元 signaling element

使用或产生数字信号的物理实体或单元。

3.2.38

静默 silence

当不存在数字信号时网络的一种状态。

3.2.39

从站 slave

仅在接收到来自主站设备的请求PDU后才启动通信活动的设备。从站须对该请求发出响应。

3.2.40

报文起始　start of message

物理层 PDU 的前导码，后面紧随数据链路层 PDU 的定界符，其间无任何接收错误及字符间空隙。

3.3　缩略语

下列缩略语适用于本文件。

ACK：确认(Acknowledge)

AE：应用实体(Application entity)

AL：应用层(Application layer)

AP：应用过程(Application process)

APDU：应用协议数据单元(Application protocol data unit)

APO：应用过程对象(Application Process Object)

AR：应用关系(Application relationship)

AREP：应用关系端点(Application relationship endpoint)

ARPM：应用关系协议机(Application Relationship Protocol Machine)

ASCII：美国信息交换标准码(American Standard Code for Information Interchange)

ASE：应用服务元素(Application Service Element)

AWG：美国线规(American wire gage)

BACK：猝发确认(Burst acknowledge)

bps：比特每秒(Bits per second)

DAQ：数据采集(Data acquisition)

DL-：数据链路层(作为前缀)(Data link layer (as a prefix))

DLE：DL 实体(数据链路层本地的活动实例)(DL entity (the local active instance of the data-link layer))

DLL：数据链路层(Data link layer)

DLM：DL 管理(DL management)

DLMS：DL 管理服务(DL management service)

DLPDU：数据链路协议数据单元(Data link protocol data unit)

DLS：DL 服务(DL service)

DLSDU：DL 服务数据单元(DL service data unit)

DR：延时响应(Delayed response)

DRM：延时响应机制(Delayed response mechanism)

DUT：被测设备(Device under test)

EMI：电磁干扰(Electro-magnetic interference)

FAL：现场总线应用层(Fieldbus application layer)

FSK：频移键控(Frequency shift keying)

FSMP：FAL 服务协议机(FAL Service Protocol Machine)

HART：可寻址远程传感器高速通道(Highway Addressable Remote Transducer)

HCF：HART™通信基金会(HART™ Communication Foundation)

ID：标识符(Identifier)

LLC：逻辑链路控制(Logical link control)

LRV：范围下限值(Low range value)

LSB：最低有效八位位组(Least significant byte)

MAC：媒体访问控制(Medium access control)

MSB：最高有效八位位组(Most significant byte)

PDU：协议数据单元(Protocol data unit)

PhL-：物理层(作为前缀)(Physical layer (as a prefix))

PhE：PhL 实体(物理层的本地活动实例)(PhL-entity (the local active instance of the physical layer))

PhPDU：PhL 协议数据单元(PhL-protocol-data-unit)

PhS：物理层服务(Physical layer service)

PhSDU：物理层服务数据单元(Physical layer service data Unit)

PV：主变量(Primary variable)

QV：第四变量(Quaternary variable)

RMS：均方根(Root mean square)

SN：符号位(Sign bit)

SOM：报文起始(Start of message)

SOP：标准操作规程(Standard Operating Procedure)

STX：事务开始(Start of transaction)

SV：第二变量(Secondary variable)

TV：第三变量(Tertiary variable)

URV：范围上限值(Upper range value)

VFD：虚拟现场设备(Virtual field device)

3.4 符号

下列符号适用于本文件。

C_{cbl}：每单位长度电缆电容(Cable capacitance per unit length)

C_{dev}：等效设备电容(Equivalent device capacitance)

C_{tg}：终端对地电容(Terminal to ground capacitance)

C_{tt}：终端对终端电容(Terminal to terminal capacitance)

HOLD：保持时间(Hold time)

R_{cbl}：每单位长度电缆电阻(Cable resistance per unit length)

R_{dev}：等效设备电阻(Equivalent device resistance)

R_{p}：网络并联电阻(Network parallel resistance)

RT1：链路静音时间(Link quiet time)

RT2：链路准许时间(Link grant time)

R_{tg}：终端对地电阻(Terminal to ground resistance)

R_{tt}：终端对终端电阻(Terminal to terminal resistance)

STO：从站超时(Slave time out)

Z_{tt}：终端对终端阻抗(Terminal to terminal impedance)

3.5 约定

3.5.1 服务约定

本部分使用在 GB/T 17967 中给出的描述性约定。

所用到的服务模型、服务原语以及时序图完全是抽象描述，不代表实现规范。

用于表示服务用户和服务提供者之间交互关系(见 GB/T 17967)的服务原语，传递的参数给出用户和提供者之间交互的信息。

本部分以表格的形式描述物理层、数据链路层、网络层、传输层和应用层服务原语的组成参数。每个原语组所用的参数在表格中说明。每个表格最多6列，包括：一列为服务参数的名称，以及服务所用的那些原语和参数传递方向各占一列。包括：

——请求(request)原语的输入参数；

——请求(request)原语的输出参数；

——指示(indication)原语的输出参数；

——响应(response)原语的输入参数；

——证实(confirm)原语的输出参数。

在每个表格中，一个参数(或参数的一部分)占据一行。对于本地服务，只使用带输入和输出参数的请求原语。在相应的服务原语列中，用以下代码来表示原语中参数的使用类型以及参数的方向：

——M(Mandatory，必备)：参数对于该原语是必备的；

——U (User option，用户可选)：参数是用户可选的，是否提供取决于服务用户的动态用法。如果不提供，则采用该参数的一个缺省值；

——S(Selector，选择)：一组使用这个代码的参数中，只有一个是必备的；

——C(Conditional，有条件)：参数是有条件的，是否允许取决于其他参数或服务用户的环境；

——CU (Conditional User option，有条件用户可选)：参数是有条件且用户可选的，是否允许取决于其他参数或服务用户的环境。当该参数被允许时，是否提供取决于服务用户的动态用法。当参数被允许但不被提供时，则采用该参数的一个缺省值；

——(空白)：参数从不出现。

某些登录项被进一步用括号里的内容修饰，它们可以是：

a) 参数特定的约束

- (=)：表示该参数同表格中左侧相邻的服务原语中的参数是语义等价的；
- (≤)：表示一组参数的取值有一个隐含的顺序，并且该参数的值小于或等于其表格左侧相邻服务原语的参数值(即左侧一列或两列)；
- (≥)表示一组参数的取值有一个隐含的顺序，并且该参数的值大于或等于其表格左侧相邻服务原语的参数值(即左侧一列或者两列)。

b) 表示该项附有一些注释

- (n)：表示下面的注释 n 包含有与该参数及使用有关的附加信息。

3.5.2 协议状态机约定

3.5.2.1 状态机图

本部分用一个图来表示一个状态机，采用以下约定：

——带标签的矩形表示一个组件可能处于的状态。

——用有向线段代表状态转换，表明一个组件从哪个状态离开又转换到哪个状态。

——转换标签含有导致该转换的事件及相应的动作(这项可能为空)。使用水平线将导致转换的事件(在线的上方)和作为结果的动作(在线的下方)分开。

——波浪线(～)表示取补或取反。

3.5.2.2 状态机表

状态机在表1中描述。

表 1　状态机所用的约定

#	当前状态	事件/条件 =>动作	下一状态
本转换的名称	本状态转换适用的当前状态	触发本状态转换的事件或者条件 => 当上述事件或条件满足时所发生的动作。动作总是标记在事件或条件的下面	本转换所发生的动作完成后的下一状态

状态机中所用的约定如下：

——:=　　表示左侧项的值被右侧项的值所取代。如果右侧项是一个参数，则它来自作为输入事件的原语。

——xxx　　表示参数的名称。

示例：

Identifier:=reason　表示将 reason 参数的值赋给 Identifier 参数

——“xxx”　表示固定的值。

示例：

Identifier:=“abc”　　表示将“abc”赋给 Identifier 参数

——=　　表示左侧项和右侧项相等的逻辑条件。

——<　　表示左侧项小于右侧项的逻辑条件。

——>　　表示左侧项大于右侧项的逻辑条件。

——<>　　表示左侧项不等于右侧项的逻辑条件。

——&&　　表示逻辑“与”。

——||　　表示逻辑“或”。

这个结构允许在一个转换中循环执行一个动作序列。循环从起始值(start_value)一直执行到结束值(end_value)。

示例：

```
for (Identifier:=start_value to end_value)
  actions
endfor
```

这个结构允许在一个转换中根据某些条件(可以是某些标识符的值或前一个动作的结果)来选择性地执行一个动作。

示例：

```
If (condition)
  actions
else
  actions
endif
```

4　物理层服务定义

4.1　概述

本标准使用二进制相位连续频移键控(FSK)。相对高频的电流迭加在通常范围为 4 mA～20 mA 的低频模拟电流上。数字信号和模拟信号使用同一媒体，但频率组成不同。通信设备通过电流或电压进行信号传输,当经过低采样阻抗时信号以电压形式出现。因此数字信号是传统模拟信号的扩展。

物理层通常使用铜质双绞电缆作为传输媒体,并可将单一数字信号或同时将数字和模拟信号传输到至少 1 500 m 处(或 5 000 ft)。最大通信距离取决于网络结构和环境条件。

4.2 物理层服务

4.2.1 物理层服务功能

PhE 提供以下服务:

——数据服务:支持从源 PhS 用户向目的 PhS 用户传输物理层服务(PhS)用户数据;

——PhL 管理服务:支持对 PhL 进行配置。

4.2.2 原语序列

图 1 总结了一个 PhS 用户和 PhE 接口上每一种原语和该 PhS 用户和其他 PhE 接口上的原语之间的关系。

使用 PhE 之前,PhS 用户应使用图 1 中序列 a)给出的服务来启动在媒体上的传输。在目的侧,当 PhE 检测到该传输后使用 PH-START 指示原语开始接收。图 1 序列 b)给出从源 PhL 实体(PhE)向目的 PhE 传输 PhPDU 使用的服务序列,每个请求一个八位位组。目的侧使用 PH-DATA 指示原语结束接收。如果在接收过程中有任何错误,则目的侧的 PhE 通过状态参数来表示该错误,可传递 PhS 用户数据。传输完所有数据后,PhS 用户应按图 1 序列 c)停止传输。

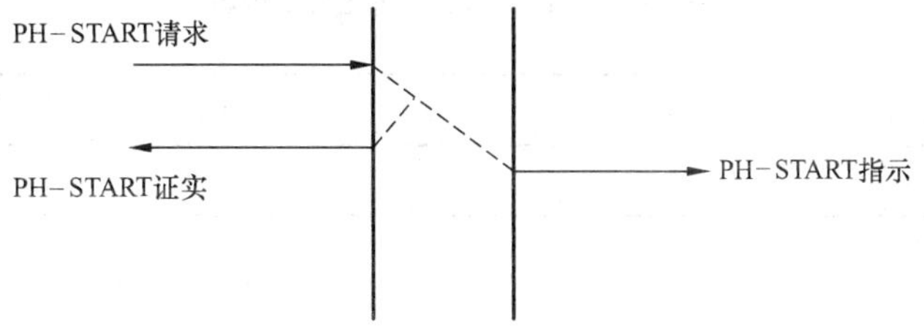

a) 起始序列

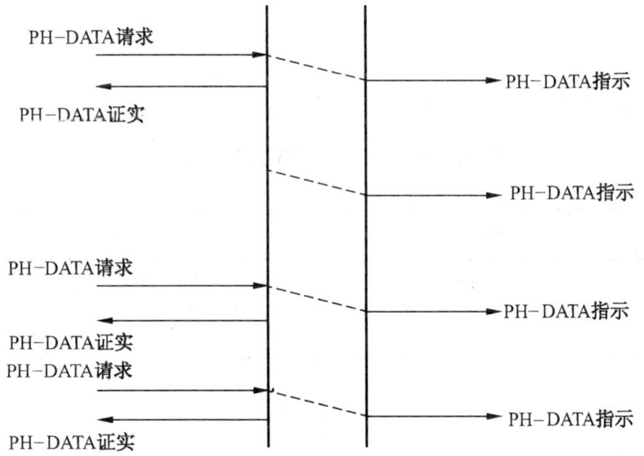

b) PhPDU 传输

图 1 物理层数据服务序列

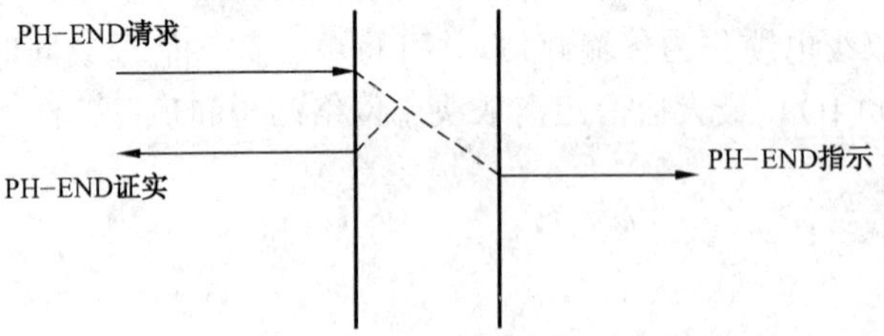

c) 终止序列

图 1（续）

4.2.3 PH-START 服务

4.2.3.1 原语类型和参数

表 2 给出用于 PH-START 服务的原语类型和参数。该服务用于启动在媒体上的活动并传输 Ph 用户数据之前的 PhPDU。只有媒体处于空闲(Idle)状态时请求服务才成功。证实原语并不表示连接到媒体上的其他任何设备上的成功指示。接收设备监测媒体上的活动，并经过某个延时后向 PhS 用户提供该指示。

表 2 PH-START 原语和参数

参数名称	请求	指示	证实
Status			M

4.2.3.2 参数

请求原语不要求任何参数。指示原语不传递任何参数。证实原语给出成功或错误原因。

4.2.4 PH-DATA 服务

4.2.4.1 原语类型和参数

表 3 给出 PH-DATA 服务所需的原语类型和参数。

表 3 PH-DATA 原语和参数

参数名称	请求	指示	证实
PhS-user-data	M	C(=)	
Status		M	M

4.2.4.2 参数

4.2.4.2.1 PhS 用户数据(PhS-user-data)

该参数允许由 PhS 提供者在 PhS 用户之间不做改变地传输单八位位组数据。PH-START 证实后，PhS 用户应发出多个 PH-DATA 请求，以使得所有数据作为连续且格式正确传输的一部分进行传输。如果在接收过程中出现任何错误，则该参数不在指示原语中出现，或者该参数值有错误。否则该值与请求原语中的值相同。

4.2.4.2.2 状态(Status)

在指示原语中,该参数表示成功或以下原因之一导致的错误:

——接收缓冲区溢出;

——奇偶错误;

——组帧错误;

——不连续的数据接收。

在证实原语中,该参数表示成功或以下原因之一导致的错误:

——发送器忙;

——媒体未激活。

4.2.5 PH-END 服务

本服务用于终止媒体上的活动,并在 Ph 用户数据后传输 PhPDU。证实原语并不表示连接到媒体上任何设备上的成功指示。该服务不要求任何参数。当检测到媒体上无活动时,由 PhE 提供该指示原语。

5 物理层协议规范

5.1 概述

本部分的数字信号传输协议使用 1 200 bit/s 的二进制相位连续频移键控(FSK),将数字信号迭加在 4 mA～20 mA 电流回路中。设备通过调制电流或提供电压进行信号传输。在低采样阻抗上,所有信号以电压形式出现。相位连续频移键控要求 MARK (1 200 Hz=二进制"1")和 SPACE(2 200 Hz=二进制"0")的相位角在 1 200 Hz 比特边界上保持连续,见图 2。

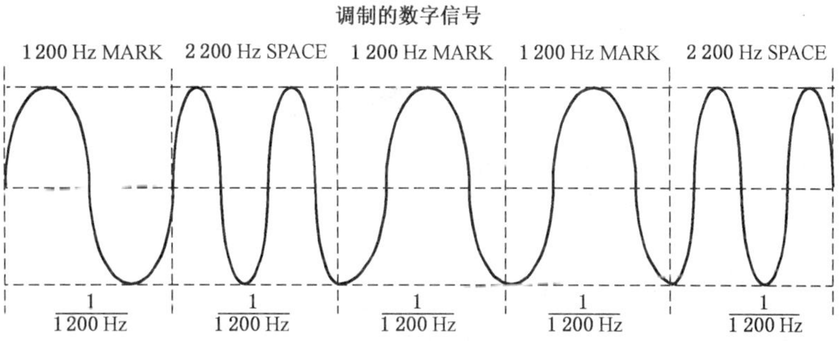

图 2 相位连续频移键控

电流调制的设备在媒体上呈现为高阻抗,这使得设备可并联连接。提供电压信号的设备具有低串联阻抗。许多设备也使用电流发送或接收模拟信号。数字信号的频率和幅值应不对模拟信号造成干扰。本标准对模拟信号做了规定,使其不对数字信号造成干扰。使用模拟信号的设备可以由媒体供电。

本标准也定义了不使用模拟或数字信号的设备,例如电源和安全栅。

5.2 PhPDU

5.2.1 PhPDU 结构

PhPDU 的结构见图 3。PhSDU 是 PH-DATA 原语的 Ph-user-data 的八位位组序列。前导码是十六进制"0xFF"序列。

图 3 PhPDU 结构

5.2.2 **PhPDU 传输**

5.2.2.1 **字符传输**

接收到 PH-START 请求原语后,PhE 应传输 5～20 个前导码符(Preamble)。前导码符的个数是可配置的参数。发送完最后一个前导码之后,PhE 应提供 PH-START 证实。PhE 应发送 PhSDU 八位位组,这些 PhSDU 八位位组与从 PhS 用户接收的相同。构成 PhPDU 的字符应按单个连续流进行传输。

注 1:5 个前导码可提供足够长的时间用于确定载波、训练调制电路和让侦听设备开始接收 PhPDU。

注 2:尽管前导码八位位组的最大个数是 20,但前导码八位位组的个数会影响系统性能。对于数据采集应用,传输长前导码会降低性能。所以强烈建议不要传输过长的前导码。

5.2.2.2 **字符格式**

每个字符应被异步传输并包含 11 比特。这些比特按传输顺序分别是:1 个起始位、8 个数据位(首先为最低有效位)、一个奇校验位和一个停止位,见图 4。连续字符之间最多只能有一个空闲位(即附加停止位)。PhPDU 内的连续字符应插入内部字符间隔,该间隔小于一个字符时间。

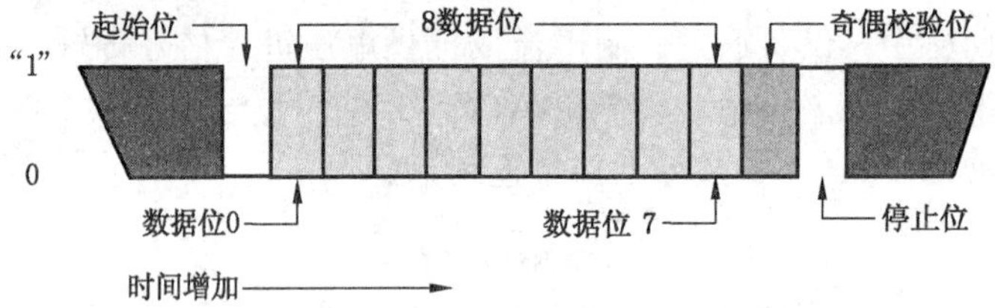

图 4 字符格式

注:在 1 200 bit/s 下,传输一个字符需用 9.167 ms,这是 FSK 物理层的字符时间。

5.2.3 **PhPDU 接收**

侦测到载波后,PhE 接收器应寻找前导码并与起始位和停止位同步。当接收到两个正确的前导码字符后,PhE 应提供 PH-START 指示,这意味着侦测到载波信号。

在接收 PhSDU 字符期间,接收器应检查校验位是否正确。如果侦测到任何错误,PhE 应提供带有错误状态的 PH-DATA 指示。

如果 PhE 侦测到无媒体活动,则应提供 PH-END 指示原语。当信号电平高于 5.6 和表 6 规定的噪声抑制电平时,则判断存在媒体活动。

如果两个接收字符的间隔等于或大于一个字符时间,则 PhE 应提供带有不连续数据接收错误状态的 PH-DATA 指示。

5.2.4 **前导码长度**

由主站到从站设备的 PhPDU 前导码长度在 DL-DATA -EXCHANGE 请求中规定,见 GB/T 29910.2—2013 的 4.2.2.3.3。由从站到主站设备的前导码长度可作为参数进行设置,见 GB/T 29910.2—2013 的 5.5。

5.3 设备类型

5.3.1 概述

基于以下两个准则对设备进行分类：

——输入或输出阻抗；

——到网络的连接。

所有设备都具有类型相关的参数。这些参数也在本条定义。

5.3.2 阻抗类型

5.3.2.1 概述

根据数字频带上的输入或输出阻抗，所有设备可分为两类。低阻抗设备具有信号部件，该部件用于接收模拟电流信号或作为多点网络上的主站设备。高阻抗设备控制作为模拟信号的电流或在多点网络上将模拟信号设置为固定值。

5.3.2.2 低阻抗设备

低阻抗设备在数字频带上应具有 230 Ω～600 Ω 的阻抗。在扩展频段上的阻抗变化应在其数字频带中心值的±3 dB 范围内。

注 1：阻抗变化限值避免过大的信号失真。

注 2：任何接收模拟电流信号的设备，例如，控制器模拟输入设备或执行器，具有低输入阻抗以能够使用较低的直流电压为发送模拟电流信号的设备供电。此类设备在数字频带上具有高阻抗是不现实的。

注 3：处于阻抗范围下限值的设备限制了连接到网络的并联电阻的使用。处于阻抗范围上限制的设备限制了总的电缆电容。

5.3.2.3 高阻抗设备

高阻抗设备在数字频带的阻抗应大于 600 Ω。

注：对于多点网络应用，连接到媒体的总阻抗等于所有连接到媒体设备的输入阻抗的并联组合。因此，在其他设计约束下，高阻抗设备的阻抗应设计得尽可能高。

5.3.3 连接类型

5.3.3.1 概述

按以下网络连接类型对设备分类：

a) 电流输入；

b) 电流输出；

c) 电压输入；

d) 电压输出；

e) 二类(secondary)设备；

f) 模拟变送器；

g) 执行器；

h) 非直流隔离；

i) 直流隔离。

注：设备可呈现多个连接类型特性。制造商应标识用于组态设备的连接类型。

5.3.3.2 电流输入

将使用电阻测量模拟电流信号的设备定义为具有电流输入连接的设备。电流采样(sense)电阻可位于设备内部或在设备外连接。在每种情况下,采样电阻都作为设备的一部分,且电流输入设备的阻抗应包含该电阻。

电流输入设备可包含网络电源并向回路提供直流电。如果设备能使用在某一范围的采样电阻值而不是一个固定值,则可规定该设备参数为采样电阻值的函数。

注:电流输入设备具有低阻抗并通常不与地隔离。最常见的电流输入设备示例是连接到模拟输入回路(带有作为现场设备的 4 mA～20 mA 变送器的回路)的控制器。

5.3.3.3 电流输出

将提供电流作为模拟信号的设备定义为具有电流输出连接的设备。电流输出设备可包含网络电源并向回路提供直流电,否则它应与外部电源串联连接并只控制回路电流。

注:电流输出设备具有高阻抗并通常不与地隔离。电流输出设备的示例是连接到模拟输出回路(带有作为现场设备的 4 mA～20 mA 执行器或定位器的回路)的控制器,或者是向回路供电而不是从回路取电的单独供电的现场设备。

5.3.3.4 电压输入

将测量电压输入信号的设备定义为具有电压输入连接的设备。此类型设备应有高输入阻抗。电压输入设备不向回路提供直流电,并且可以与地隔离或不与地隔离。

注:要求高输入阻抗,使得电缆回路上的电阻不会在电压信号中引入误差。电压输入设备的示例是连接到模拟输入回路、模拟信号为电压(例如,来自电压输出变送器)的控制器,或者是接收电压而不是电流作为模拟输入信号的单独供电的输出设备。

5.3.3.5 电压输出

将提供电压输出信号的设备定义为具有电压输出连接的设备。此类型设备应在数字频带上具有低阻抗。电压输出设备不向回路提供直流电,并且可以与地隔离或不与地隔离。

注:要求低输出阻抗,使得电缆回路上的电阻不会在电压信号中引入误差。最常见的电压输出设备示例是 3 线制电压输出变送器。另一个示例是用于驱动单独供电现场设备的控制器。进行模拟电压信号传输的网络不能传送直流电,因为这将造成在回路线路上的压降,从而造成模拟信号上出现无法接受的误差。

5.3.3.6 二类设备

将具有可移除连接、不要求在网络上通信且只临时性连接的设备定义为二类设备。二类设备应具有高阻抗,且与电流回路直流隔离。

注:最常见的二类设备示例是手持终端。对网络进行最大电缆长度分析时应该包括二类设备。

5.3.3.7 模拟变送器

将从回路获取直流电流且通过改变电流大小来实现模拟信号传输的设备定义为模拟变送器。此类型设备可将直流电流作为电源,也可单独供电。

注:模拟变送器具有高阻抗,且通常与地直流隔离。模拟变送器类型的示例是 2 线制变送器,或具有回路接口并通过该接口从回路获取直流电流的单独供电的变送器。

5.3.3.8 执行器

将从回路获取直流电流(电流值由电流源设备确定)的设备定义为执行器。此类型设备可使用直流电流作为电源，也可单独供电。

注：执行器具有低阻抗，且通常与地直流隔离。最常见的执行器示例是通过控制器提供的 4 mA～20 mA 回路电流来接收模拟信号的 2 线制设备。

5.3.3.9 非直流隔离

将从回路获取固定直流电流且不使用模拟信号的设备定义为非直流隔离设备。此类型设备可使用直流电流作为电源，也可单独供电。它使用数字信号进行通信。

注：非直流隔离设备具有高阻抗，且通常与地直流隔离。最常见的该类型设备是在固定电流模式下的 2 线制变送器。

5.3.3.10 直流隔离

将不从回路获取直流电流且不使用模拟信号的设备定义为直流隔离设备。此类型设备单独供电。它使用数字信号进行通信。

注：直流隔离设备具有高阻抗。直流隔离总线设备不影响模拟信号，所以可存在于任何回路，包括进行模拟信号传输的回路。网络可全部由该类型设备构成，即没有直流电流的回路。

5.3.4 设备参数

表 4 中定义的一个或多个参数适用于基于阻抗和连接类型的设备。

表 4 设备参数

设备类型	参　　数
与地直流隔离	非平衡网络最差条件下的最小 R_{tt} 和最大 C_{tt}
与地非直流隔离	正常连接情况下的最小 R_{tt} 和最大 C_{tt}，以及对地参考的描述
从回路中获取直流电流的设备	设备工作所需要获取的电流大小和设备终端上的最小电压
向回路上提供直流电流的设备	(向回路)提供的电流和电压的最小和最大值，以及设备能工作的最大负载电压。
产生模拟信号的设备	供电电流的最大和最小值，以及设备工作所需要的在设备终端上的最小电压。
低阻抗设备	在数字频带上最小和最大阻抗值

使用的参数值应由设备制造商规定。

5.4 网络配置规则

当用于符合以下规则的网络时，设备应符合本标准的要求。

规则 1：网络至少有一个低阻抗设备。所有连接设备的并联阻抗应在 170 Ω～600 Ω 范围内。

注 1：只要总的并联阻抗在以上规定的范围内，网络可有多个低阻抗设备。

规则 2：网络仅有一个模拟信号发送设备。

注 2：在一个网络上有多个模拟信号发送设备会造成两个模拟信号互相干扰，导致网络失效。

规则 3：网络连接一个二类设备。

规则 4：点到点网络上有一个第一主站。

规则 5：点到点网络的电缆，每米的电容值为 150 pF，每米的电阻值为 0.05 Ω，电缆长度为 1 200 m，所有设备的总设备电容 C_{dev} 为 5 000 pF。

注 3：为进行一致性测试规定了该电缆长度，但不排除在已安装网络中使用更长的电缆。

规则 6：连接到一个网络上的适用于多点网络的设备个数规定为 16 台。

注 4：本限制源于噪声计算。该规则不排除在一个已安装网络上使用多于规定个数的设备。连接到一个网络上设备的最大数量取决于电缆长度、噪声环境和在设备终端上需要直流电的可用性。

规则 7:多点网络的电缆,每米的电容值为 400 pF,每米的电阻值为 0.036 8 Ω,电缆长度为 500 m,所有设备的总设备电容 C_{dev} 为 25 000 pF。

注 5:为进行一致性测试规定了该电缆长度,但不排除在已安装网络中使用更长电缆。

网络配置规则用于设备的一致性测试。网络安装可有不同的拓扑。附录 A 给出了一些拓扑示例。

电缆长度的指南见附录 B。

5.5 数字变送器规范

5.5.1 测试配置

图 5 给出了用于测试的配置。在图 5a)中“模拟变送器”是待测设备。在图 5b)中“电流输出”或“执行器”是待测设备。对于在 5.3.3 中定义的其他类型的待测设备,测试配置是相似的。所有设备应使用这种测试配置进行测试,并通过测试负载来测量数字变送器参数。

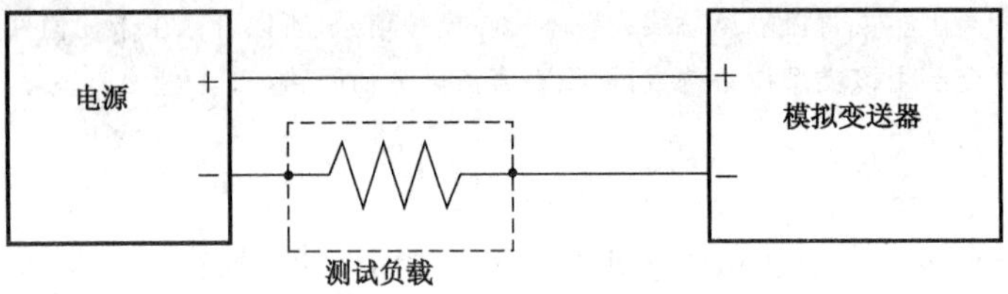

a)

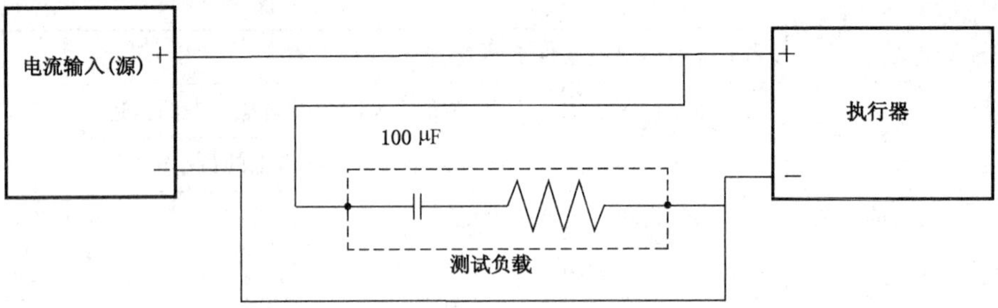

b)

图 5 传输测试配置

注 1:在一些情况下,需要防止直流电流流过测试负载。在这些情况下,应将 100 μF 的隔直电容与测试负载串联,如图 5b)所示。

注 2:对于传输模拟信号的设备,例如,模拟变送器或电流输出设备,测试负载也可以作为电流采样阻抗。

测试负载电阻部分的值应为:

——低阻抗设备采用 1 000 Ω;

——高阻抗设备采用 500 Ω。

5.5.2 比特率和调制

比特率应为 1 200(1±1%)bit/s。设备应调制从媒体上获取的电流或施加电压到媒体。当通过低阻抗负载采样信号时,所有信号以电压形式出现。调制技术应为相位连续频移键控,即 Mark 和 Space 的相位角应在比特边界上保持连续。Mark(逻辑 1)的频率应为 1 200(1±1%)Hz,Space(逻辑 0)的频率应为 2 200(1±1%)Hz。

5.5.3 幅值

图 6 给出了一个周期的 Mark 和 Space 波形的交流成分示例，该图说明了传输电路规范中的一些关键项。图 6 只给出了信号电压，但没考虑到电源电压。表 5 总结了传输幅值的限值。

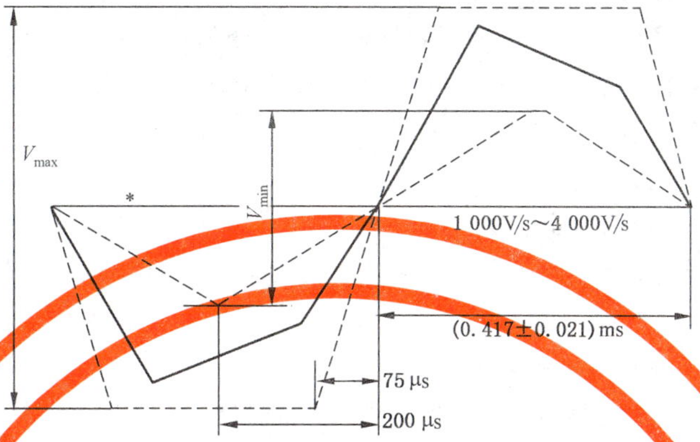

a） 1 200 Hz 传输波形限值

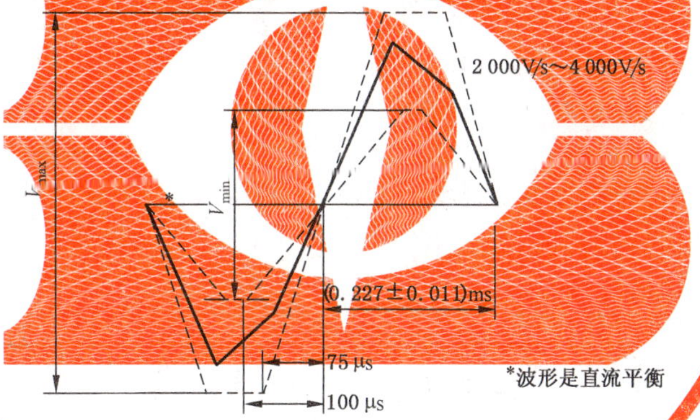

b） 2 200 Hz 传输波形限值

图 6 传输波形

表 5 传输幅值的限值

设备阻抗	Vmin-最小峰峰电平	Vmax-最大峰峰电平	测试负载
低	400 mV	800 mV	1 000(1±1%)Ω
高	400 mV	600 mV(见下文)	500(1±1%)Ω

在负载电阻为 1 000(1±1%)Ω 时，低阻抗设备的输出电压应在 400 mV～800 mV 峰峰值之间。

高阻抗设备的输出电压应为：

a） 负载电阻为 500(1±1%)Ω 时，应在 400 mV～600 mV 峰峰值之间；或者

b） 负载电阻为 500(1±1%)Ω 时，应在 400 mV～800 mV 峰峰值之间，并且负载电阻为 1 000(1±1%)Ω时，应小于或等于 800 mV 峰峰值。

5.5.4 时间要求

图 6 中给出的设备传输波形应符合以下时间要求：

a) 从一个峰值到下一个峰值的上升和下降时间应大于或等于 150 μs；

b) 从 Mark 的一个峰值到下一个峰值测量的上升和下降时间应小于或等于 400 μs；

c) 从 Space 的一个峰值到下一个峰值测量的上升和下降时间应小于或等于 200 μs；

d) Mark 的变化速率应在 1 000 V/s～4 000 V/s 之间；

e) Space 的变化速率应在 2 000 V/s～4 000 V/s 之间。

如图 7、图 8 和图 9 所示，载波应符合以下时间要求：

a) 载波开始时间(Carrier start time)

发送电路应开启，即信号在少于 5 个标准比特时间内从静默电平上升到要求的最小发送电平，见 5.5.3；

b) 载波停止时间(Carrier stop time)

当发送完最后一个比特后，发送电路应关闭，即信号应在少于 3 个标准比特时间内降低到低于要求的最小接收电平，见 5.6；

注 1：要求的最小接收电平为 120 mV 峰峰值。

c) 载波衰减时间(Carrier decay time)

当发送完最后一个比特后，发送电路应关闭，信号应在少于 6 个标准比特时间内降低到低于最大可接受的噪声电平，见 5.6。

注 2：最大可接受噪声电平为 80 mV 峰峰值。

注 3：载波开始、停止和衰减时间规范可将对模拟信号的干扰保持在可接受水平。这些时间要求使得，使用 250 Ω 测试负载，当数字信号波形通过一个两极 25 Hz 低通巴特沃斯滤波器时，滤波器的输出在任何时刻不会超过 10 mV。该滤波器的幅值响应(特性曲线)与 5.7.1 中规定的模拟信号频谱相同。

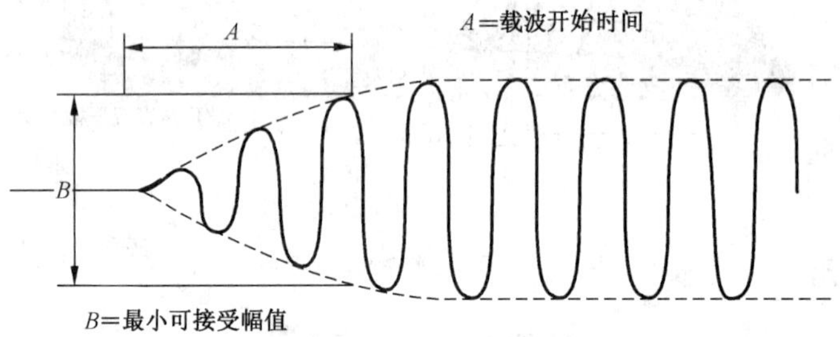

图 7 载波开始时间

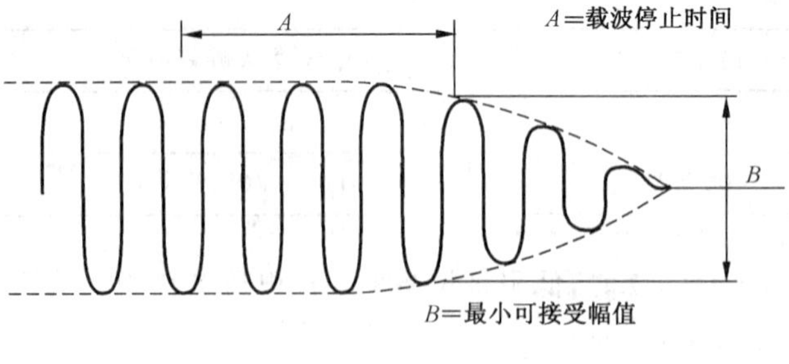

图 8 载波停止时间

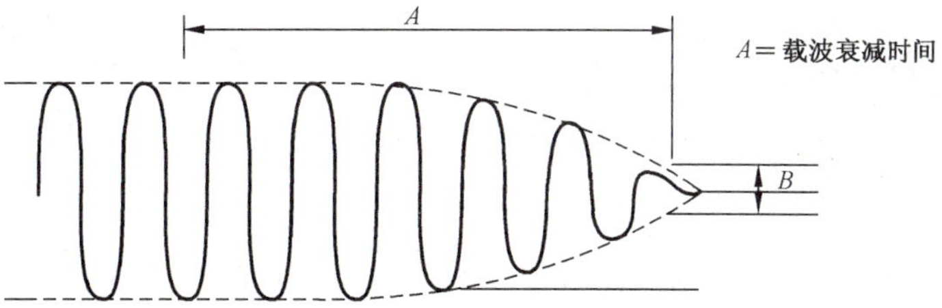

图 9　载波衰减时间

5.5.5　数字信号频谱

数字信号频谱定义为 500 Hz～10 kHz，见 3.2.15 和图 10。

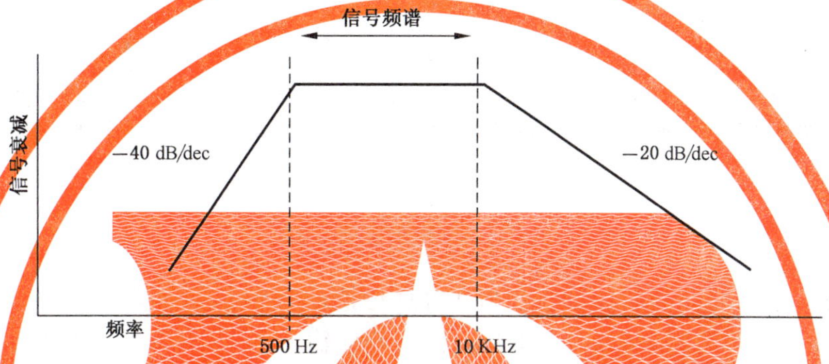

图 10　数字信号频谱

注：对数字信号频谱没有一致性测试。如果设备符合 5.5.4 中规定的时间要求，则其频谱应如图 10 所示。

5.6　数字接收器规范

数字接收器规范汇总见表 6。图 11 给出了干扰允许程度的要求。

表 6　数字接收器规范

接收器电路参数	测试条件	限　　值
灵敏度——要求接受的信号最小峰-峰值		120 mV
噪声抑制——要求抑制的信号最大峰-峰值		80 mV
要求接受的信号最大峰-峰值	高阻抗待测设备	1 500 mV
要求接受的信号最大峰-峰值	低阻抗待测设备	800 mV
最大错误率	信号电平 200 mV 峰-峰值，在扩展频带上施加 163 μV/root(Hz)等密度高斯噪声，伪随机比特序列	10 000 比特允许 1 比特
不造成接收器性能下降的频带内共模干扰，见注	扩展频带，即 500 Hz～10 kHz	200 mVpp
不造成接收器性能下降的频带内正常模式干扰	扩展频带，即 500 Hz～10 kHz	55 mVpp
不造成接收器性能下降的频带下共模干扰，见注	47 Hz～500 Hz	2 Vpp
不造成接收器性能下降的频带外正常模式干扰	0 Hz～500 Hz 10 kHz～1 MHz	见图 11
注：共模要求仅适用于所有输入浮地的设备。		

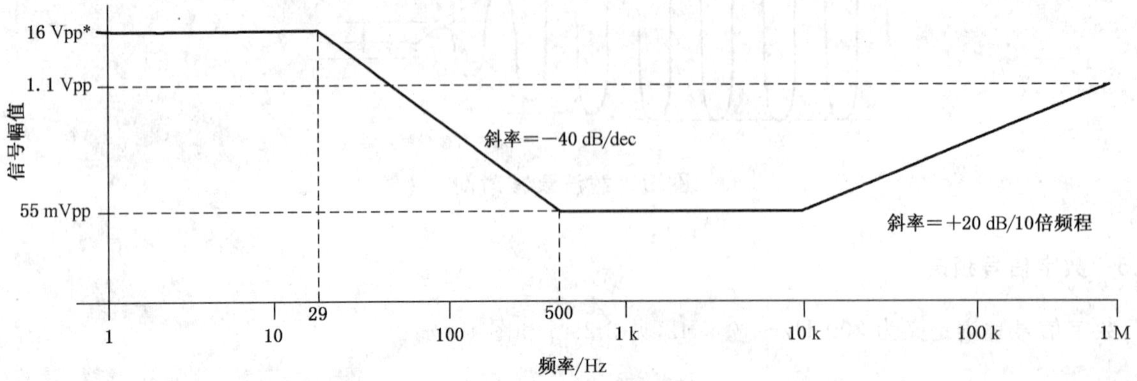

* 对于有固定阻抗的低阻抗设备，最大信号幅值为阻抗值×16 mA。对于 250 Ω 阻抗的系统，最大信号幅值应为 4 V。

图 11　数字接收器干扰

接收电路应能接受幅值不小于 120 mV 峰-峰值(包括过压和振荡)的输入信号。接收电路不应响应幅值峰-峰值低于 80 mV 的输入信号。对于以下峰-峰值输入信号电平，接收器工作过程中不应发生错误：

——高阻抗设备的输入信号为 1 500 mV；

——低阻抗设备的输入信号为 800 mV。

在如下共模电压或干扰下，接收器工作期间不应出现性能降低(在 10 000 比特中错误不多于 1 个)：

a) 在 500 Hz～10 kHz 范围内任何频率的共模正弦波信号的幅值为 200 mV 峰-峰值；

b) 在 500 Hz～10 kHz 范围内任何频率的正常模式正弦波信号的幅值为 55 mV 峰-峰值；

c) 在 47 Hz～500 Hz 范围内任何频率的共模正弦波信号的幅值为 2 V 峰-峰值；

d) 在 29 Hz 以下任何频率的正常模式正弦波信号干扰的幅值为 16 V 峰-峰值；

e) 其他频率的正常模式正弦波信号干扰如图 11 所示，特定频率的规定如下所述：

- 63 Hz，3.52 V 峰-峰值；
- 125 Hz，880 mV 峰-峰值；
- 250 Hz，220 mV 峰-峰值。

在 200 mV 峰峰值输入信号和伪随机比特序列情况下，在扩展频带上存在 163 μV/root(Hz)等密度高斯噪声时，接收器工作期间每 10 000 比特侦测出的帧错误不得超过 1 个。

5.7　模拟信号传输

5.7.1　模拟信号频谱

模拟信号频谱定义为 DC 到 25 Hz 之间的频率，且衰减速率为 25 Hz 以上每十倍频程降低 40 dB，见图 12。

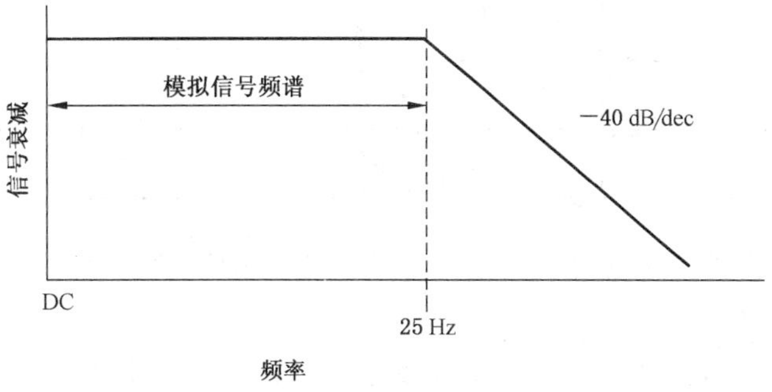

图 12　模拟信号频谱

设备产生的模拟信号应符合图 12 所示的频谱。

注：本部分未定义模拟信号类型和信号值，但定义了频谱，以确保模拟信号不会干扰本部分定义的数字信号。模拟信号可以是电流或电压输出。

5.7.2　对数字信号的干扰

当模拟信号加载到 500(1±1%)Ω 负载(高阻抗设备)，或 1 000(1±1%)Ω 负载(低阻抗设备)，并通过数字测试滤波器时，模拟信号变化在滤波器输出端产生的瞬时峰值电压应小于或等于 15 mV。

数字测试滤波器是巴特沃斯带通滤波器，通带为 500 Hz～10 kHz，(频率响应的)2 阶衰减(roll-off)在 500 Hz 以下，(频率响应的)1 阶衰减(roll-off)在 10 kHz 以上。

注 1：本规范给出的上述规定可确保模拟信号传输设备(即模拟变送器或电流输出设备)产生的模拟输出信号不会干扰数字信号。

注 2：数字测试滤波器的幅值响应与 5.5.5 中规定的数字信号频谱相同。

注 3：模拟输入设备，如电流输入和执行器，应使用上面定义的在模拟信号频谱范围内的低通滤波器，对模拟信号进行滤波，以避免来自数字信号的干扰。

5.8　设备阻抗

5.8.1　高阻抗设备

高阻抗设备应具有尽可能高的阻抗。在数字频带推荐的测量值见表 7。总线供电和单独供电的设备应具有推荐的高阻抗。

表 7　高阻抗设备特性

参数	测试条件	值
等效设备电容－C_{dev}	不传输	最大 5 000 pF
等效设备电阻－R_{dev}	不传输	最小 100 kΩ

有极性要求的设备当连接极性相反的电压时，相比正确极性电压连接，应有相同或更大的高阻抗。单独供电的设备当未供电时，相比供电情况，应有相同或更大的高阻抗。

5.8.2　低阻抗设备

低阻抗设备应具有如表 8 所示的阻抗。

表 8　低阻抗设备特性

参数	测试条件	限值
终端间阻抗－Z_{tt}	不传输	230 Ω～600 Ω
终端间阻抗－Z_{tt}	传输	230 Ω～600 Ω

终端间阻抗，不包括设备内的电流采样电阻，在数字频带的测量值应为：

——不传输时为 230 Ω～600 Ω，

——扩展频带上的阻抗应在整个数字频带上测量阻抗值的±3 db 内，

——传输时为 230 Ω～600 Ω，且小于或等于不传输时的测量值。

该阻抗的测量应不使用 5.5.3 规定的测试负载。

5.8.3　二类设备

二类设备的阻抗应如表 9 所示。

表 9　二类设备特性

参数	测试条件	限值
终端间阻抗－Z_{tt}	不传输	最小 5 kΩ
终端间电阻－R_{tt}	传输	见后续文本
终端对地电容－C_{tg}	所有条件	最大 250 pF
终端对地电阻－R_{tg}		最小 100 kΩ

在数字频带上测量的二类设备的端到端阻抗应为：

——不传输时为最小 5 kΩ，

——传输时的测量值应小于或等于不传输时的测量值。

在数字频带上测量的二类设备的终端对地电容应小于或等于 250 pF。

在数字频带上测量的二类设备的终端对地电阻应大于或等于 100 kΩ。

有极性要求的设备，当连接极性相反的电压时，相比正确极性电压连接，应有相同或更大的高阻抗。

5.9　对模拟和数字信号的干扰

5.9.1　二类设备的连接或断开

当二类设备连接到网络或断开与网络的连接时，对媒体的瞬态影响应为：

——峰值应小于或等于模拟信号电流 10 ms 内平均值的 160 μA(即满幅的 1%)；

——对数字信号的干扰应符合 5.7.2 要求。

5.9.2　周期性连接

当低阻抗设备连接到网络或从网络断开时，对媒体的瞬态影响应为：

——峰值应小于或等于模拟信号电流 10 ms 内平均值的 160 μA(即满幅的 1%)；

——对数字信号的干扰应符合 5.7.2 要求。

5.9.3 静默期间输出

在静默期间设备输出电压在 1 s 或更长时间内的平均值，应包含扩展频带上宽带噪声和相关噪声，该联合噪声值小于 2.2 mV(RMS)，见图 13。对于能发送模拟信号的设备，当设备被调整为产生固定的模拟输出电流时，该要求适用。

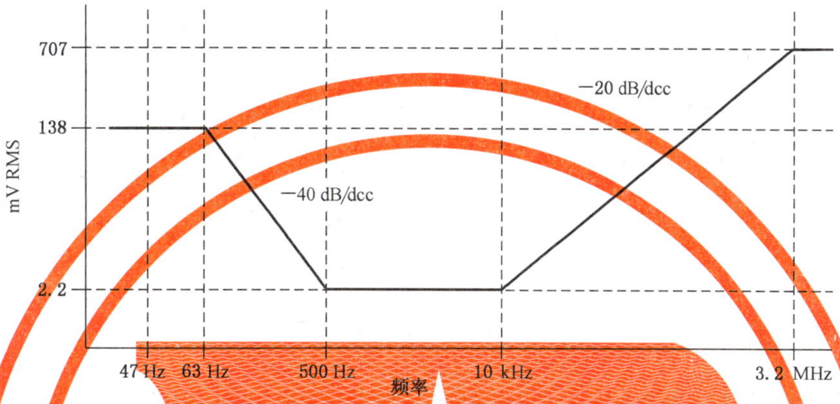

注：对于正弦波噪声，Vpp=2.8xV RMS；
　　对于白噪声，Vpp=6x V RMS。

图 13　静默期间输出

5.10 非通信设备

5.10.1 网络电源

网络电源向网络提供直流电。如果该电源使用时带有外部熔断器、限流电阻或电源电阻，对电源测试时应带有这些外部部件。网络电源要求在表 10 和图 14 中给出。

表 10　网络电源特性

参数	测试条件	限　值
纹波	47 Hz～63 Hz，在全部额定负载下	最大 138 mV RMS
纹波	94 Hz～126 Hz，在全部额定负载下	最大 35 mV RMS
噪声	扩展频带，在全部额定负载下	最大 2.2 mV RMS
噪声	扩展频带外，在全部额定负载下	见图 14
阻抗值	扩展频带，在全部额定负载下	最大 10 Ω

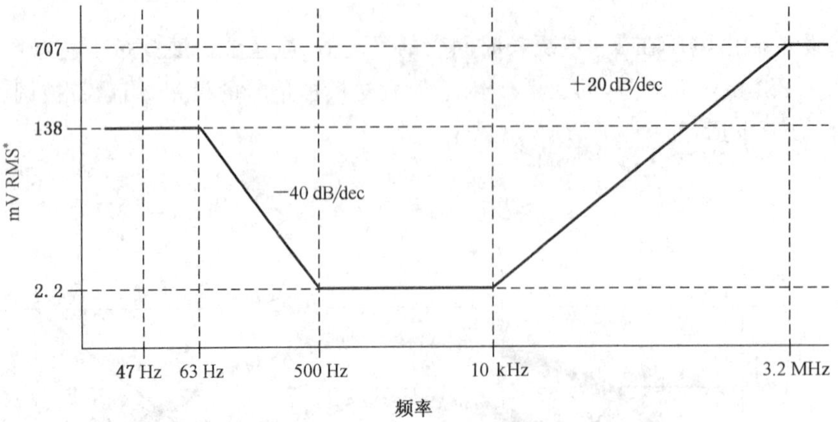

注：对于正弦噪声，Vpp=2.8xV RMS；
对于白噪声，Vpp=6x V RMS。

图 14 网络电源纹波

注：对于本质安全应用，应对网络电源电压和安全栅进行选择，使得工作时最高 1.4V 峰峰值的交流电压可被迭加到安全栅危险侧(网络)的直流上。

网络电源的连接见附录 C。接地和屏蔽的建议见附录 D。

5.10.2 安全栅

安全栅的特性由其阻抗和数字信号通过安全栅时的衰减和延时失真来描述。

当本安型安全栅被连接到图 15、图 16 和图 17 的测试电路时，安全栅的输出阻抗应由其频率相关特性定义。所测阻抗的实部应在 230 Ω～600 Ω 之间，所测阻抗的虚部应在 −350 Ω～350 Ω 之间。测试频率应为：

——对于与低阻抗设备一起使用的安全栅：200 Hz、500 Hz、950 Hz、1.6 kHz、2.5 kHz、5.0 kHz 和 10.0 kHz；

——对于与高阻抗设备一起使用的安全栅：500 Hz、950 Hz、1.6 kHz、2.5 kHz、5.0 kHz、10.0 kHz、20 kHz 和 50 kHz。

当连接到图 15、图 16 和图 17 的测试电路时，也应对数字信号的衰减和延时失真进行测试。要求汇总见表 11。

表 11 安全栅特性

参数	测试条件	限值
从危险侧到安全侧的输出电压	图 15，测试频率	最小 185 mVpp 最大 800 mVpp
从危险侧到安全侧的输出电压	图 16，测试频率	最小 135 mVpp 最大 400 mVpp
从安全侧到危险侧的输出电压	图 17，测试频率	最小 270 mVpp 最大 400 mVpp
延时失真	数字频带	最大 50 μs

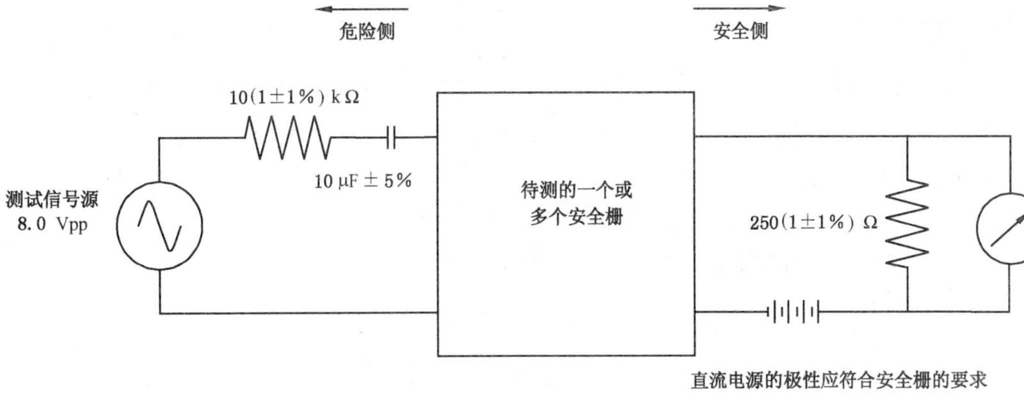

图 15　安全栅测试电路 A

对于图 15 所示的测试，测试信号源应设置为危险侧 8.0V 峰峰值，输出值应通过安全侧的 250(1±1%)Ω 电阻测量。在测试频率上的输出电压应为 185 mV～800 mV 峰峰值之间。

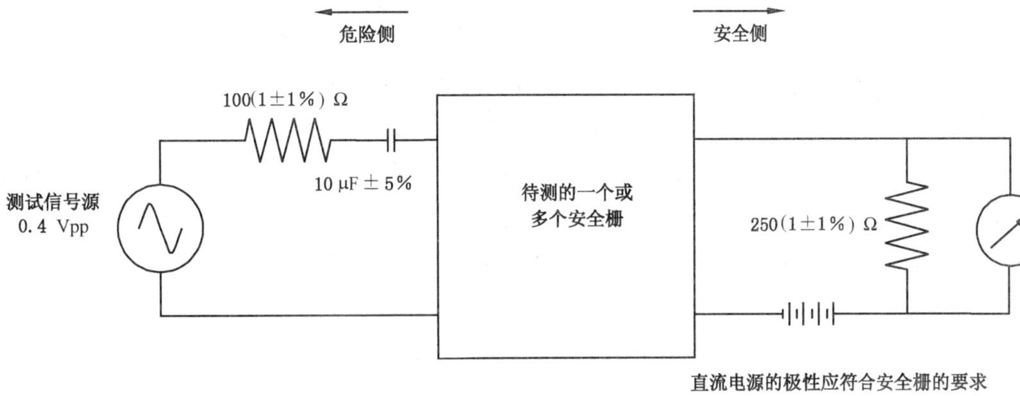

图 16　安全栅测试电路 B

对于图 16 所示的测试，测试信号源应设置为危险侧 0.4V 峰-峰值，输出值应通过安全侧的 250(1±1%)Ω 电阻测量。在测试频率上的输出电压应为 135 mV～400 mV 峰-峰值之间。

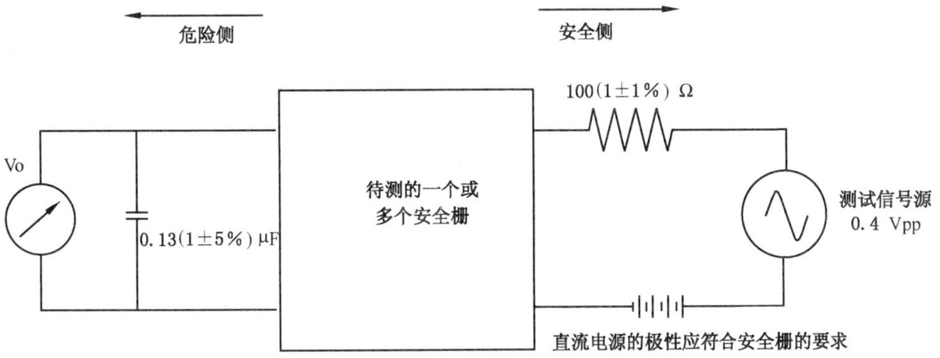

图 17　安全栅测试电路 C

对于图 17 所示的测试，测试信号源应设置为在安全侧 0.4 V 峰峰值，输出应通过危险侧的 0.13(1±5%)μF 电容测量。在测试频率上的输出电压应为 270 mV～400 mV 峰峰值之间。

网络电源和安全栅的连接见附录 C。

5.10.3 其他类型硬件

根据功能，其他类型硬件(Miscellaneous hardware)可以与一个现场设备串联或与多个现场设备并联。其他类型硬件不应与网络电源串联连接，使其成为由同一电源供电的两个或更多网络的公共元件。其他类型硬件不应在网络和地之间连接。对其他类型硬件的要求见表12。表13给出的一些特性是推荐值，但对于本标准的符合性不是必须的。

注：规定了推荐的参数限值，因此可使用更长电缆长度实现网络。

表12 其他类型硬件必备特性

参数	测试条件	限值
对地电阻	扩展频带	最小 100 kΩ
串联连接硬件的阻抗变化率	扩展频带	最大每毫秒±5 Ω
并联连接硬件的阻抗变化率	扩展频带	最大每毫秒±5 kΩ
宽带噪声、相关噪声或干扰	扩展频带，500 Ω 负载	最大 2.2 mV RMS，在 1 s 或更长时间的平均值

注：只要复合设备的电气特性在表12给出的限值内，一个网络可以容纳多个其他类型硬件的部件。

其他类型硬件应在扩展频带上测试阻抗，其对地电阻应至少为 100 kΩ。如果将该硬件与现场设备串联连接，则其阻抗应小于或等于 100 Ω，阻抗变化率应小于或等于±5 Ω/ms。如果该硬件与现场设备并联连接，则其阻抗应大于或等于 10 kΩ，阻抗变化率应小于或等于±5 kΩ/ms。其对地电容应小于或等于 1 000 pF。在 500 Ω 负载下，宽带噪声、相关噪声或干扰在 1 s 或更长时间内的平均值应小于或等于 2.2 mV RMS。

表13 其他类型硬件推荐特性

参数	测试条件	限值
对地电容	扩展频带	最大 1 000 pF
串联连接硬件阻抗	扩展频带	最大 100 Ω
并联连接硬件阻抗	扩展频带	最小 10 kΩ

附　录　A
（资料性附录）
网络拓扑示例

A.1　概要

符合本标准的设备可以在不同的拓扑结构的网络中使用。本附录提供了一些示例。

A.2　点对点电流输入网络

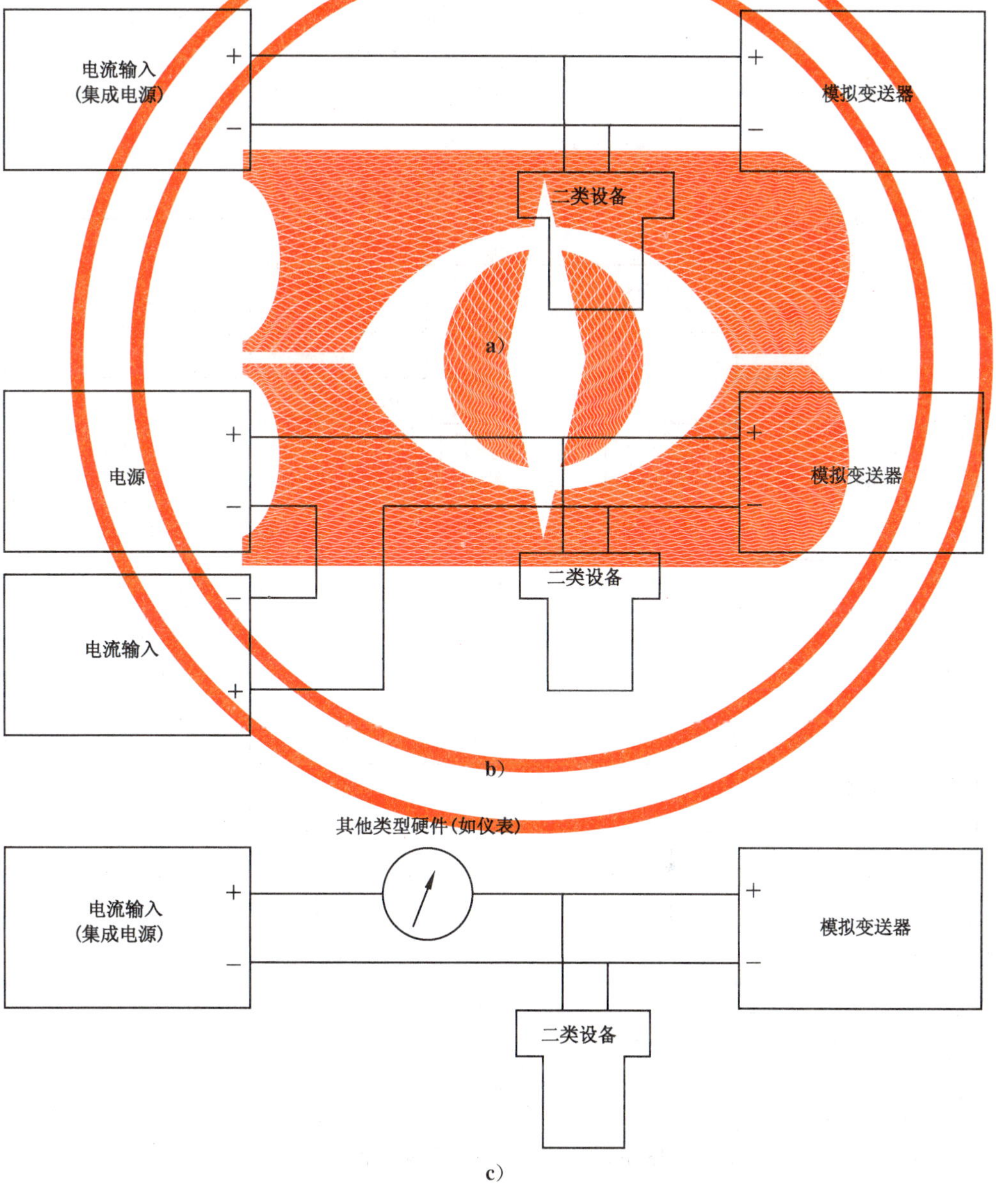

图 A.1　点对点电流输入网络

图 A.1 显示了具有 1 个模拟变送器、1 个电流输入设备和 1 个二类设备的网络，见 5.3.3 连接类型。图 A.1 中 a)和 c)的电流输入设备具有给网络供电的内部电源。图 A.1 中 c)所示网络中可以有其他实体（仪表），因为它与电缆串联呈现低阻抗。

A.3 点对点电流输出网络

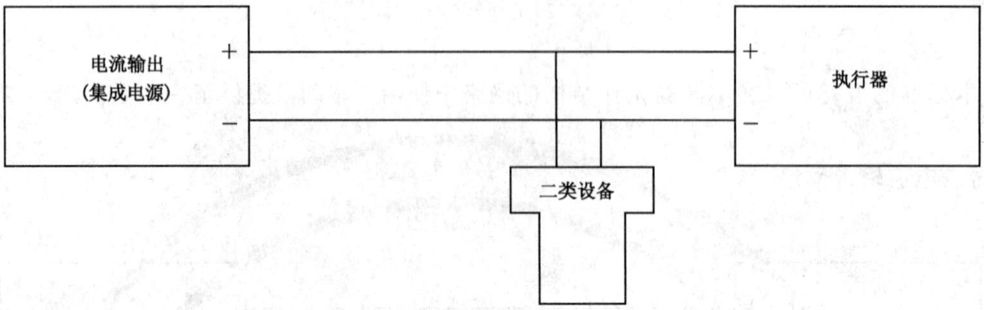

a)

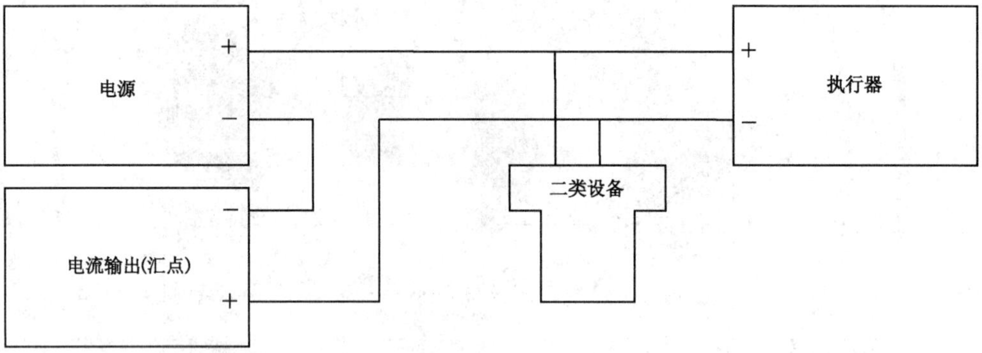

b)

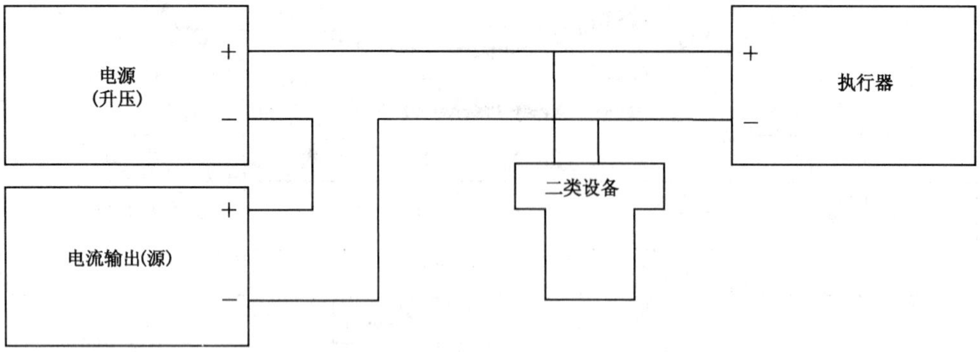

c)

图 A.2 点对点电流输出网络

图 A.2 显示了具有 1 个执行器、1 个输出设备和 1 个二类设备的网络，见 5.3.3 连接类型。图A.2a)中的电流输出设备具有给网络供电的内部电源。

A.4 多点网络

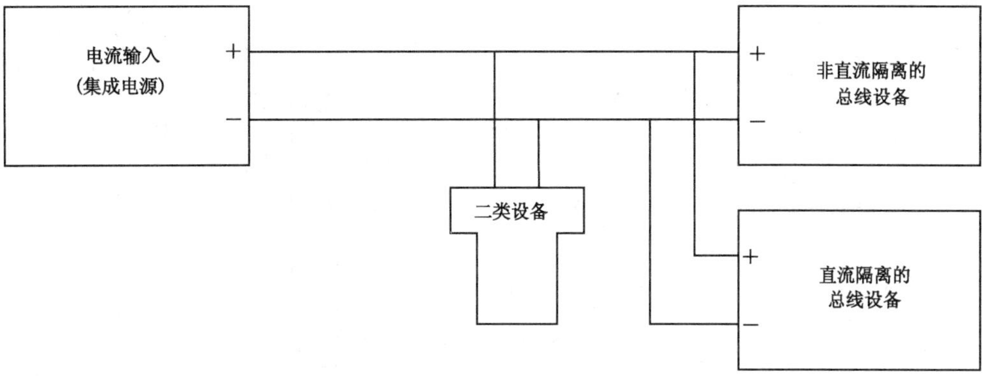

a)

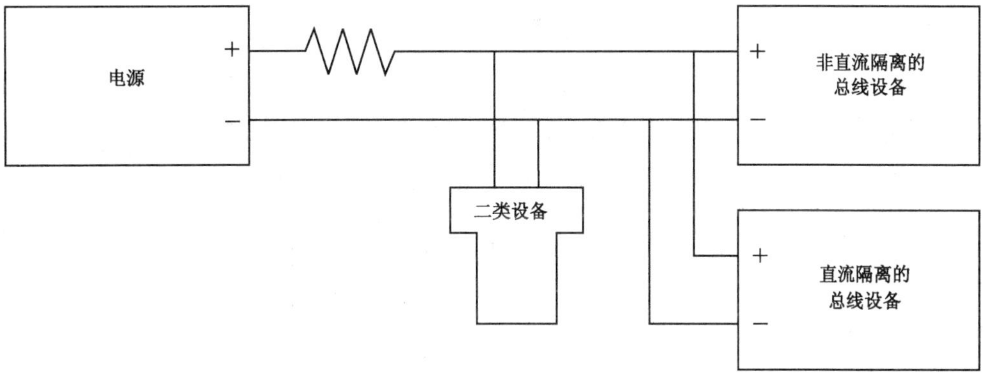

b)

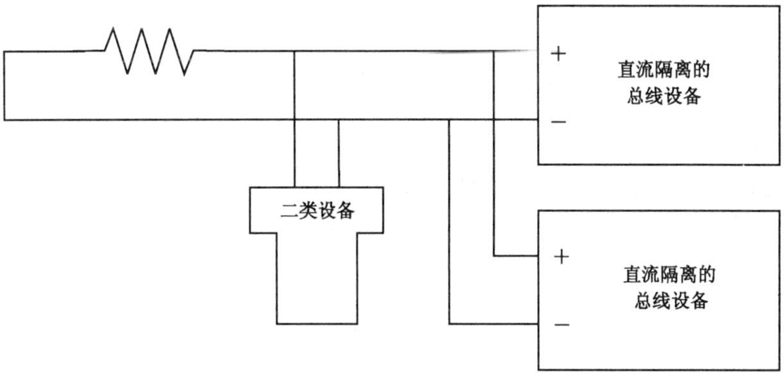

c)

图 A.3 多点网络

图 A.3 显示了具有 2 个从站的多点网络。如图 A.3 中 b)和 c)所示，不需要连接任何电流输入设备。但是在网络中必须有电流采样电阻。只有当网络中至少有 1 个设备获取直流电流时需要电源。

A.5 有模拟信号的多点网络

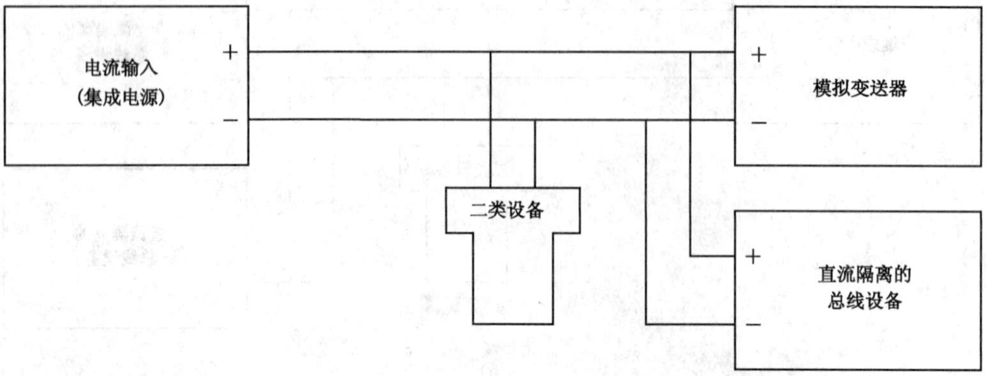

a)

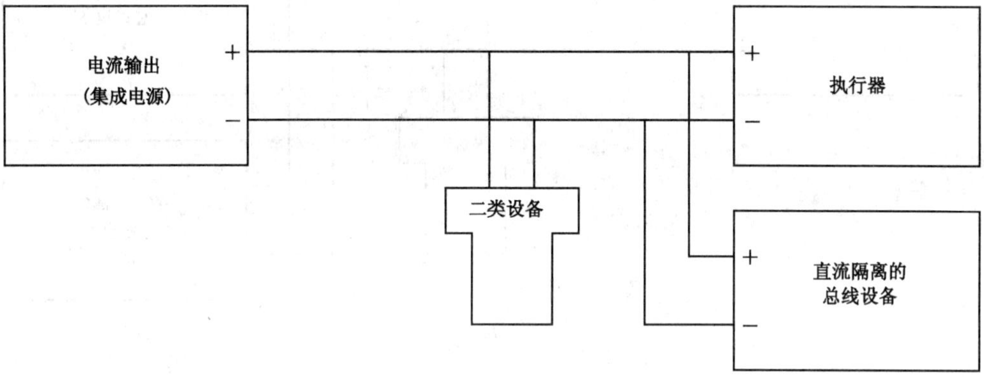

b)

图 A.4 有模拟信号的多点网络

图 A.4 显示了具有 1 个使用模拟信号的从站和 1 个不使用模拟信号的从站构成的多点网络。对于模拟变送器必须连接一个电流输入设备，如图 A.4a)所示，对于执行器必须连接一个电流输出设备，如图 A.4b)所示。其他从站设备必须是直流隔离的总线设备。

A.6 串联网络

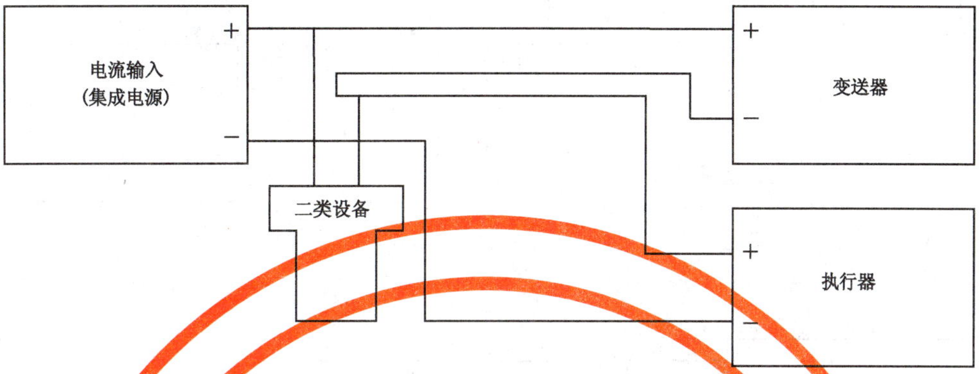

a)

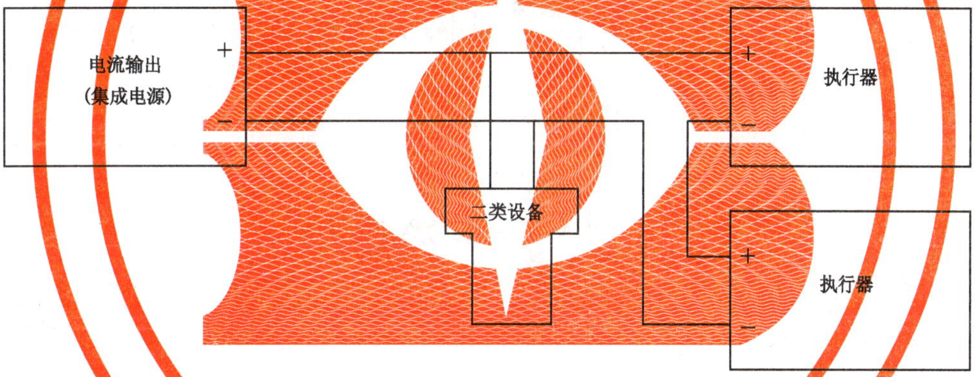

b)

图 A.5 串联网络 1

图 A.5 显示了具有 2 个从站、1 个二类设备、1 个电流输入或电流输出设备构成的串联网络。二类设备必须跨接到高阻设备两端,如图 A.5a)所示。如果网络中没有高阻设备,则二类设备必须跨接到电流输出设备两端,如图 A.5b)所示。如果不遵守本规则,则不可能与所有设备通信。

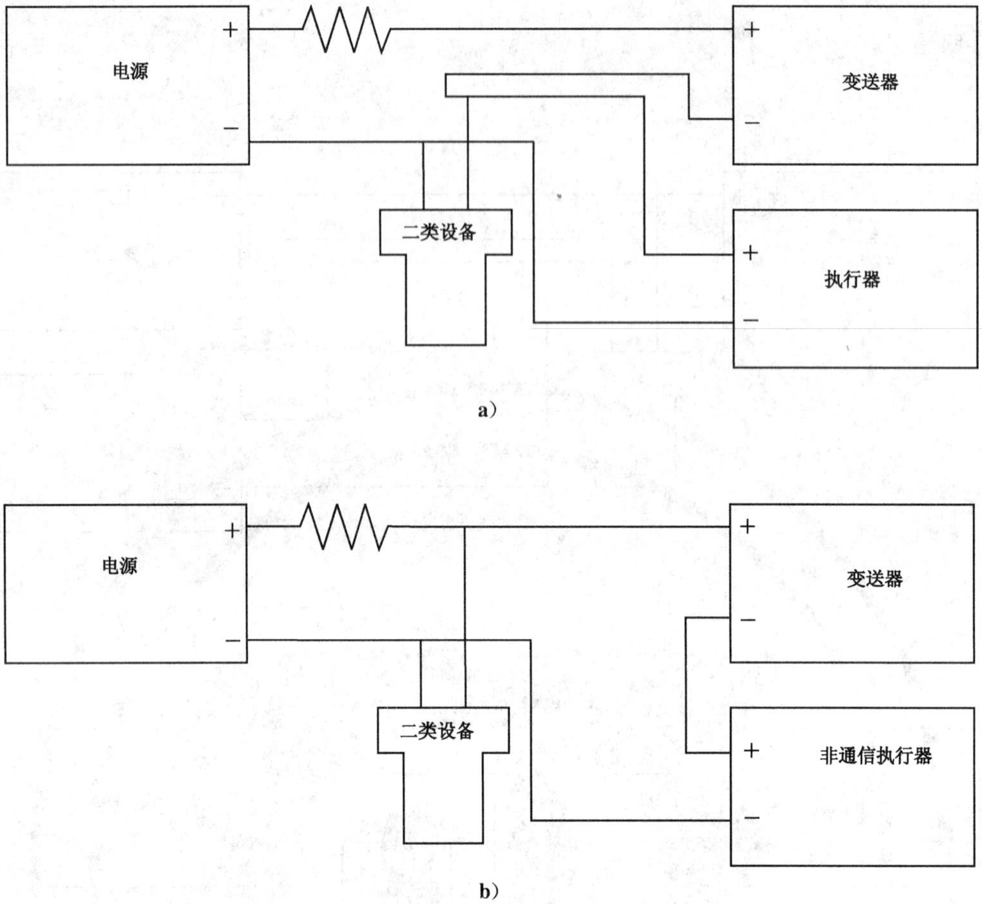

图 A.6　串联网络 2

图 A.6 显示了具有 2 个从站、1 个二类设备、无电流输入或电流输出设备构成的串联网络。二类设备必须跨接到 1 个设备两端。如果不遵守本规则，则不可能与所有设备通信。连接非通信设备是可能的，如图 A.6b)所示。

在所有串联网络中，通信的执行器是低阻设备。为了达到最长的电缆长度，需要将其阻抗与网络中其他低阻设备(如串联的检测电阻或电流输入设备或电流输出设备)的阻抗相匹配。

附 录 B
（资料性附录）
电缆特性和长度

B.1 电缆描述和规范

首选的电缆是全屏蔽的单对或多对双绞线电缆。只要所有设备在多对电缆的一端(典型地在控制室一端)共享屏蔽或机壳地,并且所有屏蔽都连接到该接地,则在给定网络中可以组合使用单对电缆和多对电缆。只有在已知的环境噪声和串扰足够低以保证通信误码率低于可接受的限值内时,才可使用非屏蔽电缆。下面是首选的最小导线尺寸:

——总电缆长度最大 1 500 m:0.51 mm 直径(24 AWG);

——总电缆长度大于 1 500 m:0.81 mm 直径(20 AWG)。

B.2 单对电缆长度

B.2.1 参数

网络电缆的最大长度取决于连接到网络的设备特性和所使用电缆的特性。对于电缆总长度的估算,需要表 B.1 定义的参数。

表 B.1 设备和电缆参数

符号	参数名	参数说明
$\sum C_{dev}$	并联设备电容	所有连接设备的等效设备电容(C_{dev})之和
$\sum R_{dev}$	并联设备电阻	所有连接设备的等效设备电阻(R_{dev})的并联组合
R_{ser}	混杂串联阻抗	在两个通信设备间串行连接的所有设备在 500 Hz～10 kHz 频率范围内最大阻抗之和
C_{cbl}	每单位长度电缆电容	从一根导线到所有其他导线(包括屏蔽,如果有屏蔽)的电容
R_{cbl}	每单位长度电缆电阻	两根导线的串联电阻

B.2.2 规程

确定 B.2.1 中定义的参数值。C_{dev} 和 R_{dev} 由设备制造厂商提供。典型地在网络中只有一个低阻设备,例如在模拟变送器回路中的电流输入设备,它决定了 $\sum R_{dev}$ 的值。在计算 $\sum R_{dev}$ 的值时,连接到网络的高阻抗设备的影响通常是可以忽略的。因此,单个低阻抗设备的 R_{dev} 可以作为并联设备电阻值。典型的非本质安全回路没有混杂串联阻抗。无源本质安全栅和电流指示器是串联设备的示例。通过将现场设备之一看作一个混杂串联电阻,将网络看作另一个混杂串联电阻来分析串联拓扑结构,如具有 PID 能力的现场设备或分程(split-range)的执行器设备。C_{cbl} 和 R_{cbl} 的值由电缆制造厂商提供。这些参数已知后,图 B.1 到 B.21 中的图表可以用来得到可使用的最大电缆长度。对于实际的参数值可能需要在图表中插值。

图 B.1 给出了具有一个从站设备和 250 Ω 串联采样电阻的网络可以使用的最大电缆长度。理想网络是具有最常见的 250 Ω 低阻设备、100 kΩ 或更高的高阻设备，以及低电容电缆。

图 B.2、图 B.3、图 B.4 和图 B.5 给出包括多个设备和没有混杂串联阻抗网络的允许的总的电缆电容。最大电缆长度可以通过允许的电缆电容值计算得到。图 B.6、图 B.7、图 B.8 和图 B.9 给出包括多个设备和不同串联阻抗值，且电缆的电容电阻比值为 1 000 的网络所允许的总电缆电容。图 B.10、图 B.11、图 B.12 和图 B.13 给出包括多个设备和不同串联阻抗值，且电缆电容电阻比值为 2 000 的网络所允许的总电缆电容。图 B.14、图 B.15、图 B.16 和图 B.17 给出包括多个设备和不同串联阻抗值，且电缆电容电阻比值为 5 000 的网络所允许的总电缆电容。图 B.18、图 B.19、图 B.20 和图 B.21 给出包括多个设备和不同串联阻抗值，且电缆的电容电阻比值为 10 000 的网络所允许的总电缆电容。

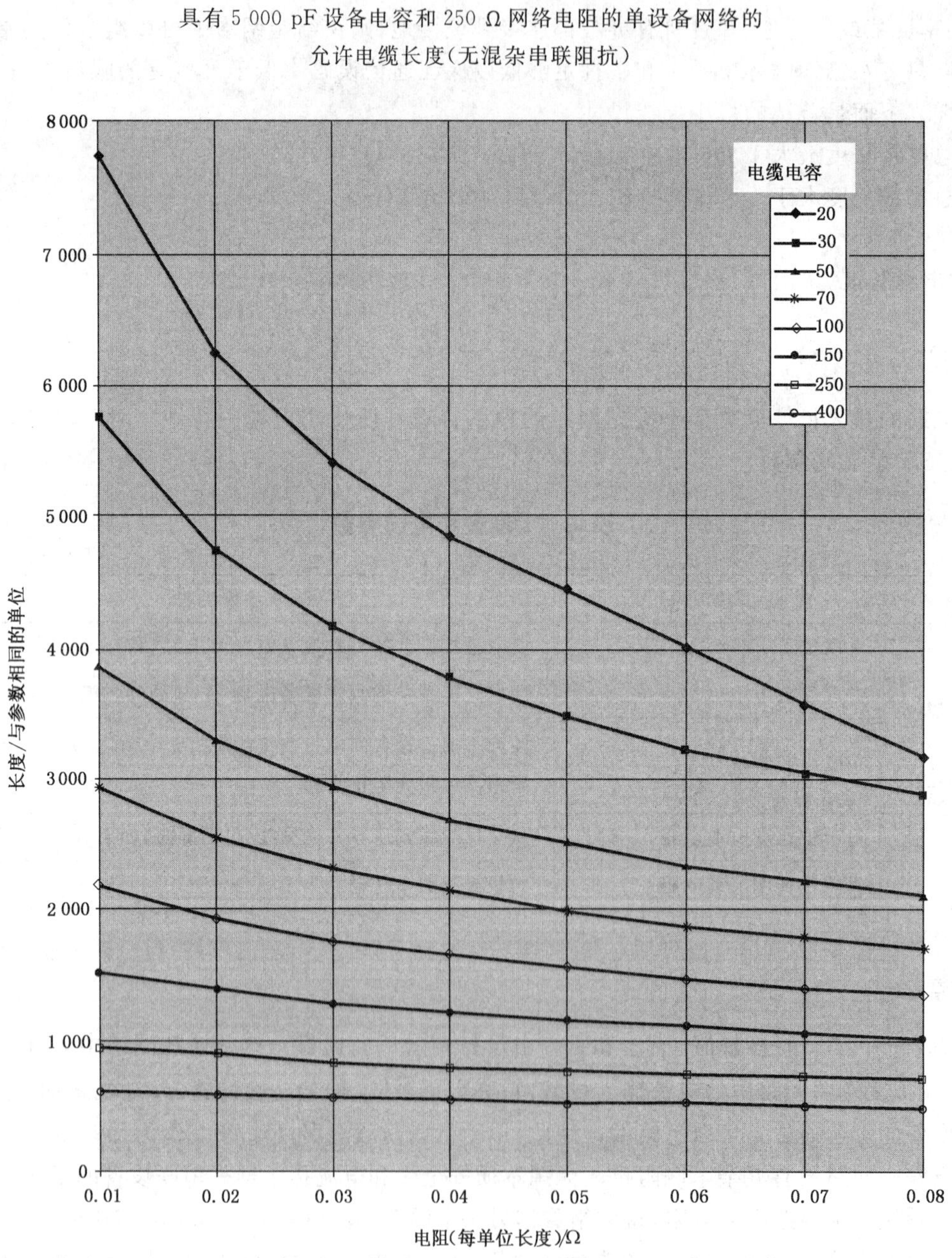

图 B.1　单个从站设备网络的电缆长度

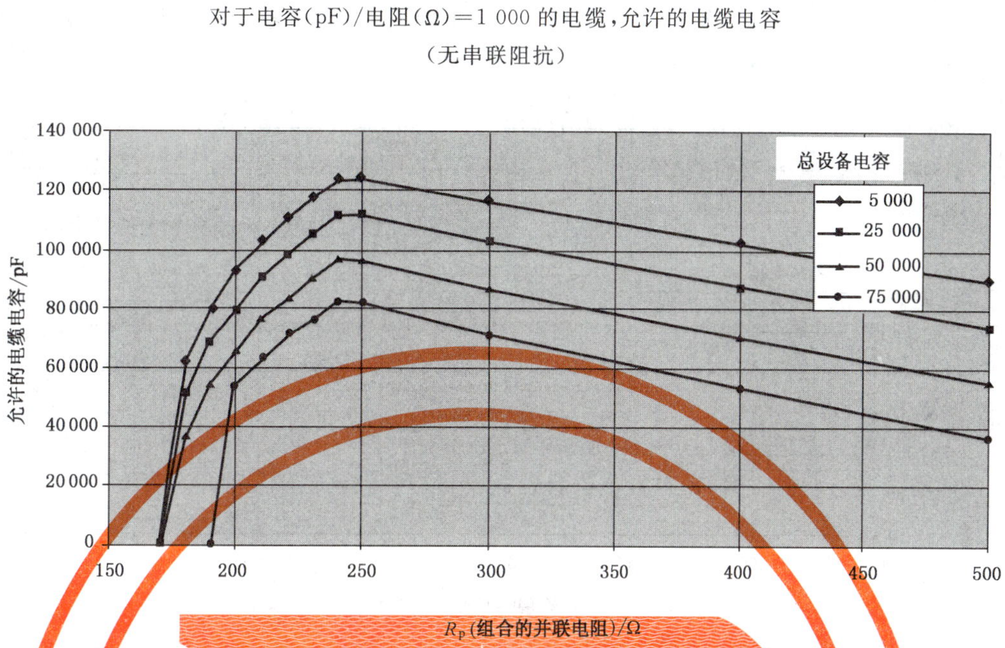

图 B.2 对于 C_{cbl}/R_{cbl} =1 000 的电缆电容

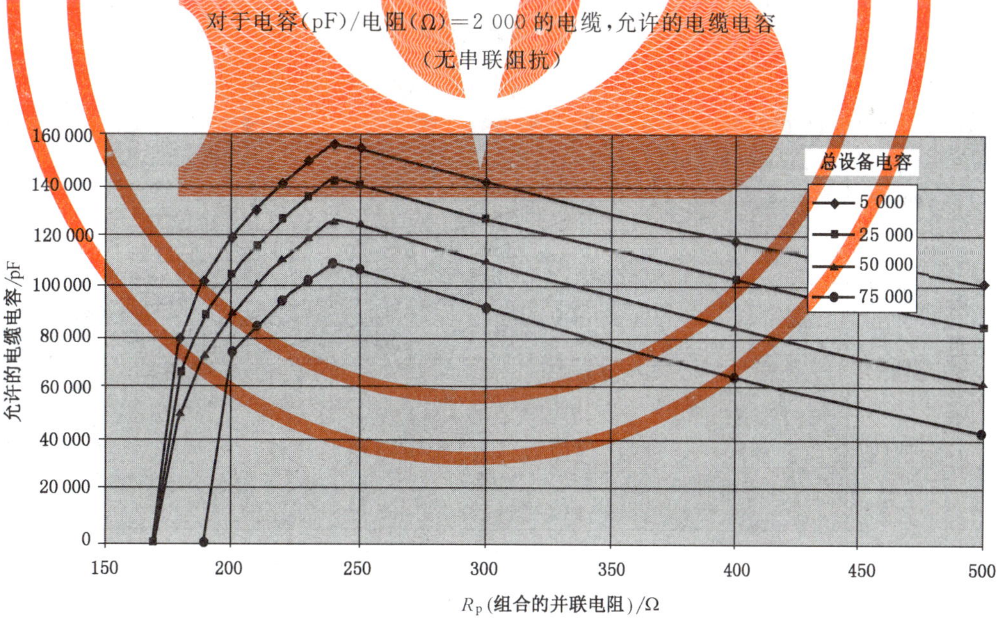

图 B.3 对于 C_{cbl}/R_{cbl} =2 000 的电缆电容

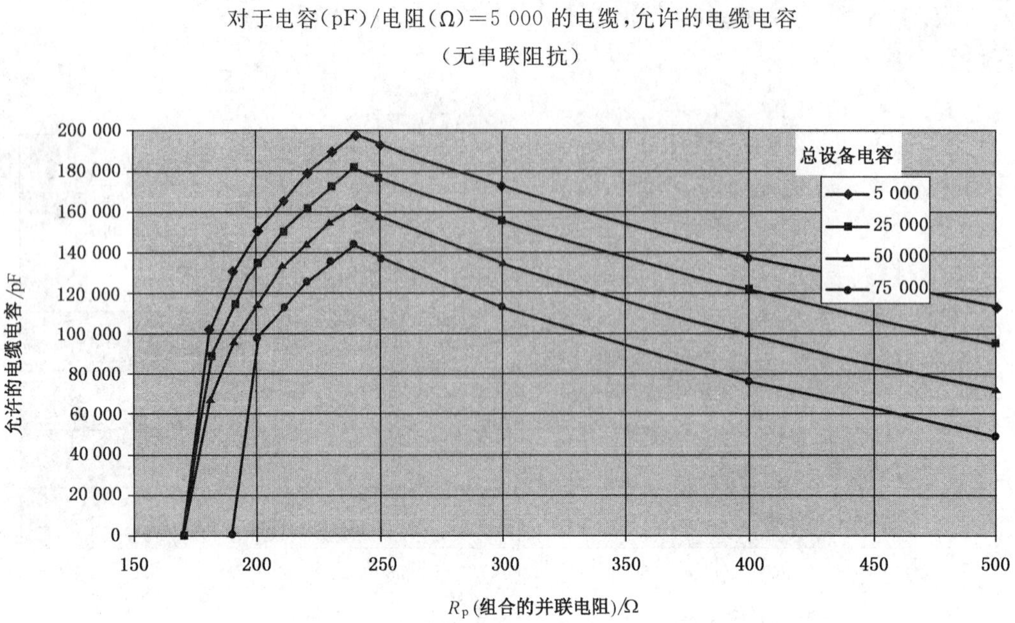

图 B.4　对于 C_{cbl}/R_{cbl}=5 000 的电缆电容

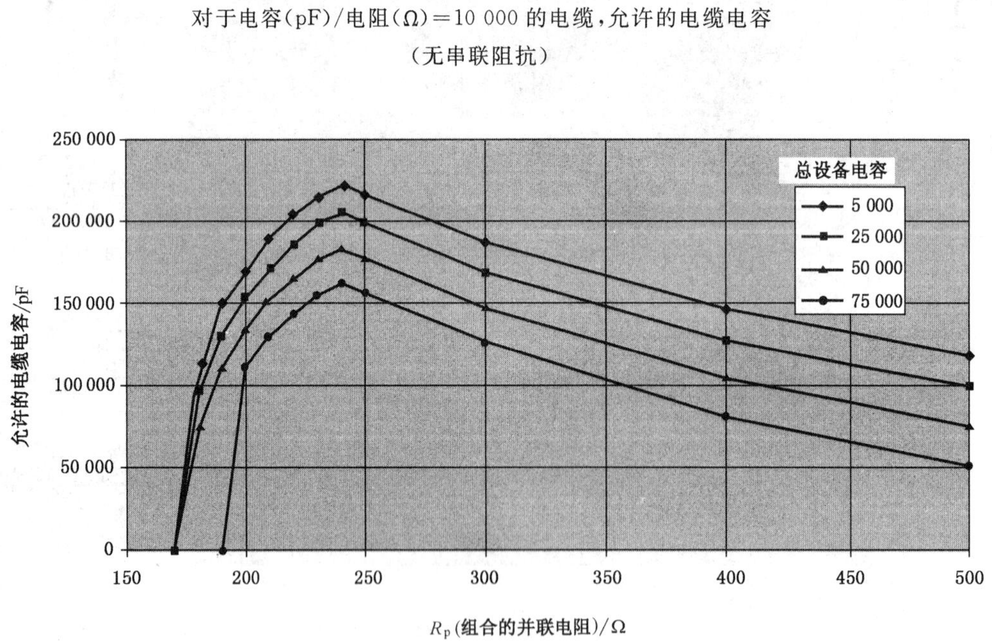

图 B.5　对于 C_{cbl}/R_{cbl}=10 000 的电缆电容

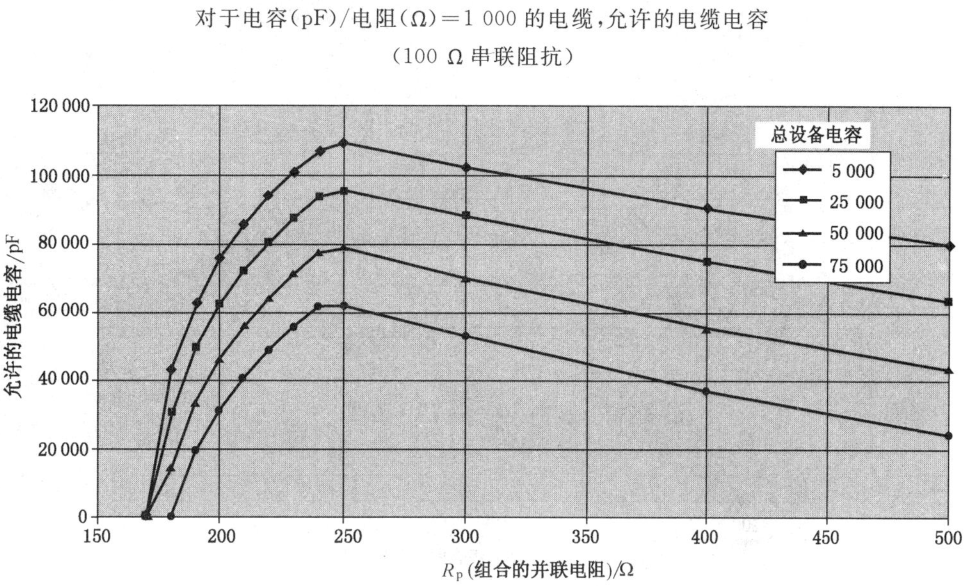

图 B.6　对于 C_{cbl}/R_{cbl} = 1 000,100 Ω 串联电阻的电缆电容

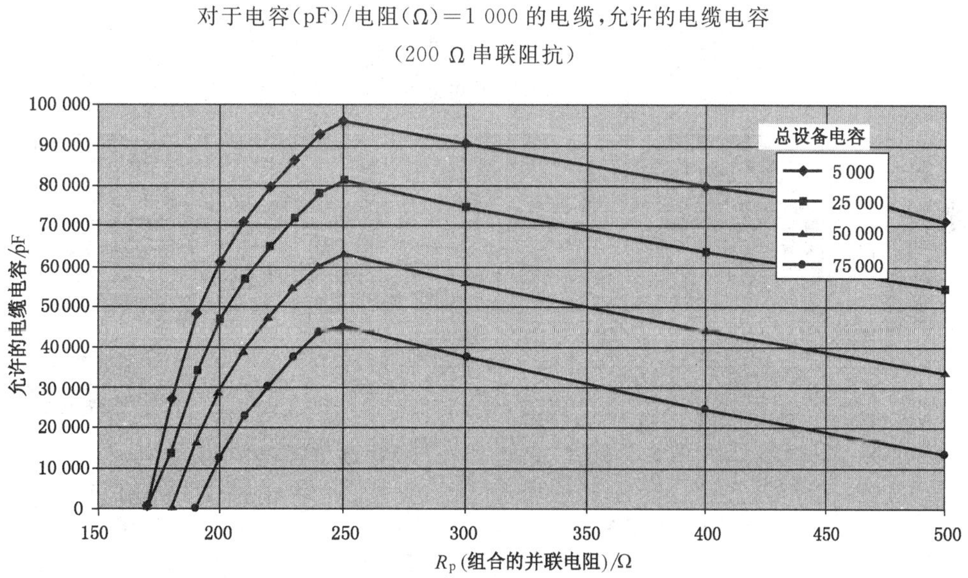

图 B.7　对于 C_{cbl}/R_{cbl} = 1 000,200 Ω 串联电阻的电缆电容

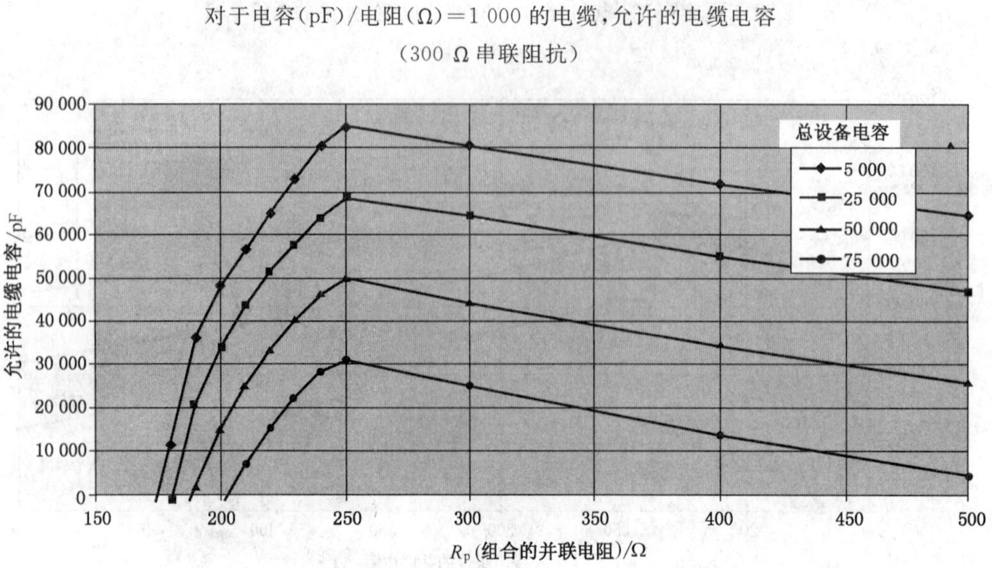

图 B.8 对于 C_{cbl}/R_{cbl}=1 000,300 Ω 串联电阻的电缆电容

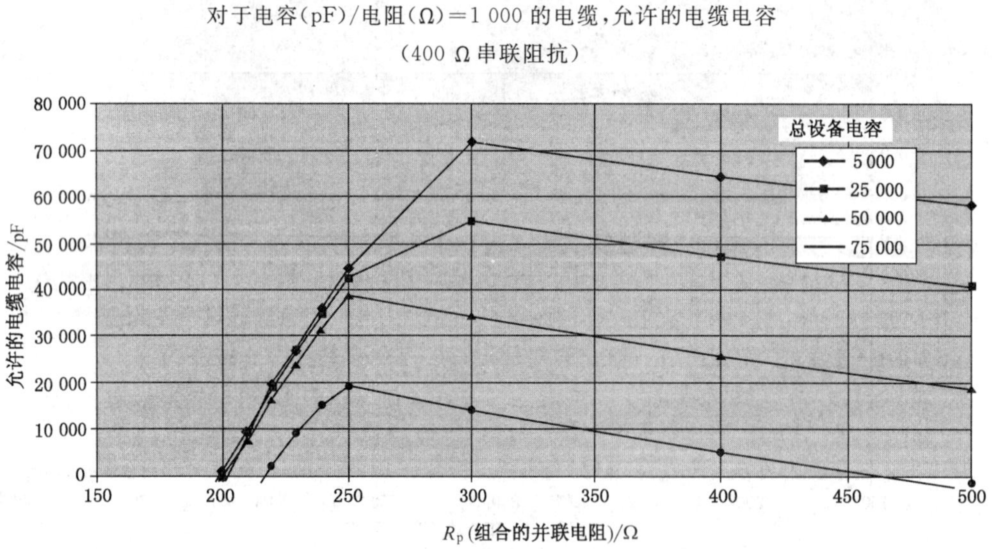

图 B.9 对于 C_{cbl}/R_{cbl}=1 000,400 Ω 串联电阻的电缆电容

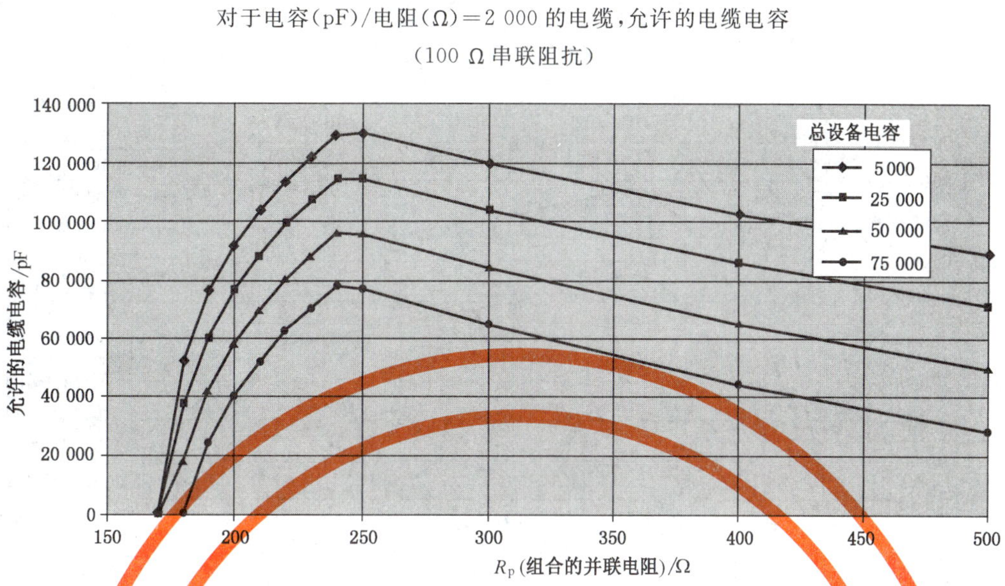

图 B.10 对于 C_{cbl}/R_{cbl}=2 000,100 Ω 串联电阻的电缆电容

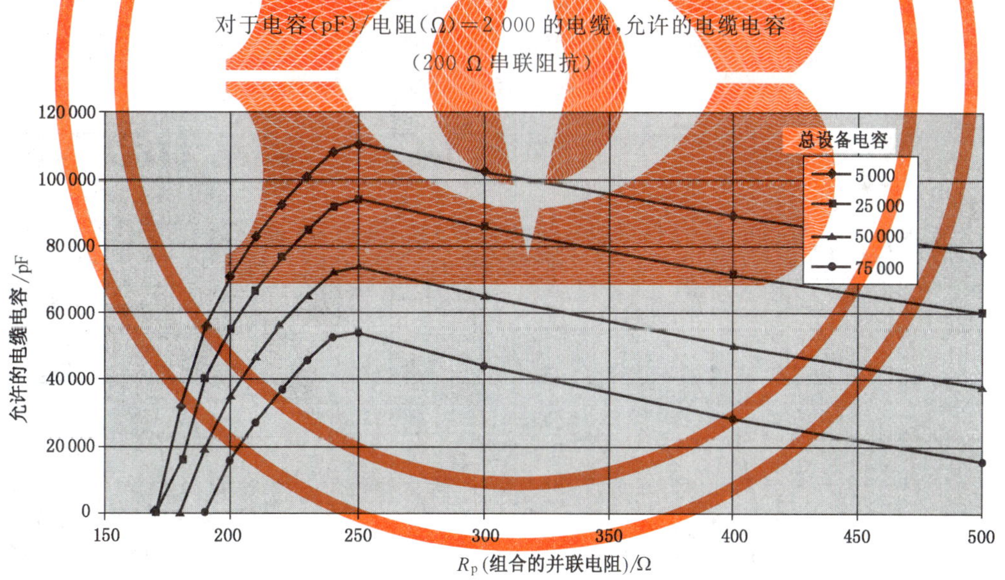

图 B.11 对于 C_{cbl}/R_{cbl}=2 000,200 Ω 串联电阻的电缆电容

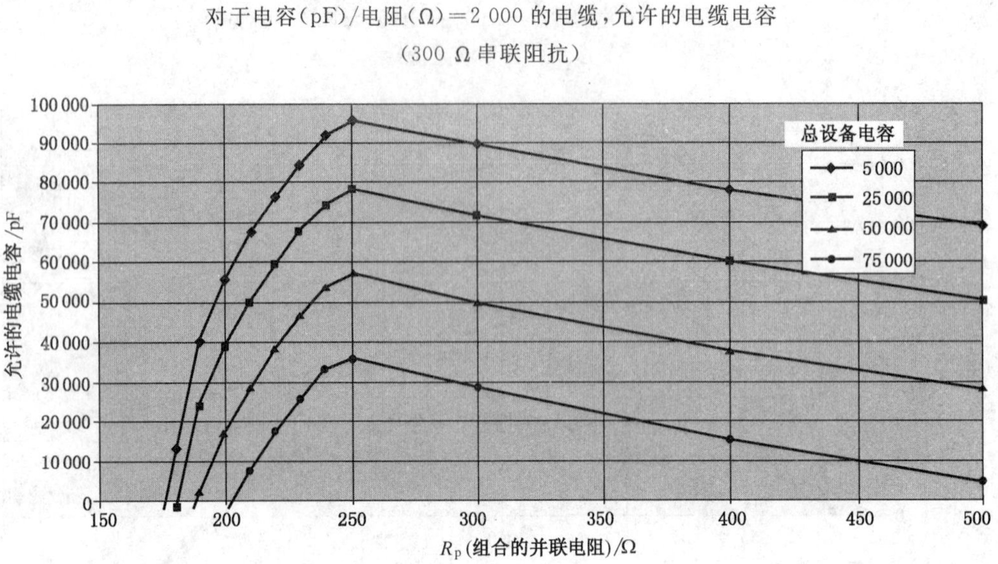

图 B.12　对于 C_{cbl}/R_{cbl}=2 000，300 Ω 串联电阻的电缆电容

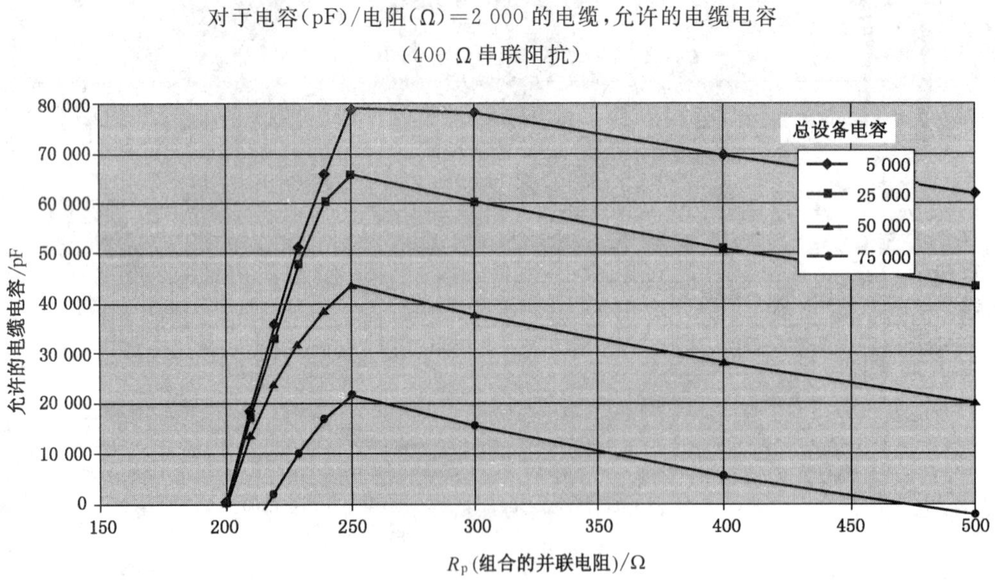

图 B.13　对于 C_{cbl}/R_{cbl}=2 000，400 Ω 串联电阻的电缆电容

对于电容(pF)/电阻(Ω)=5 000 的电缆，允许的电缆电容

(100 Ω 串联阻抗)

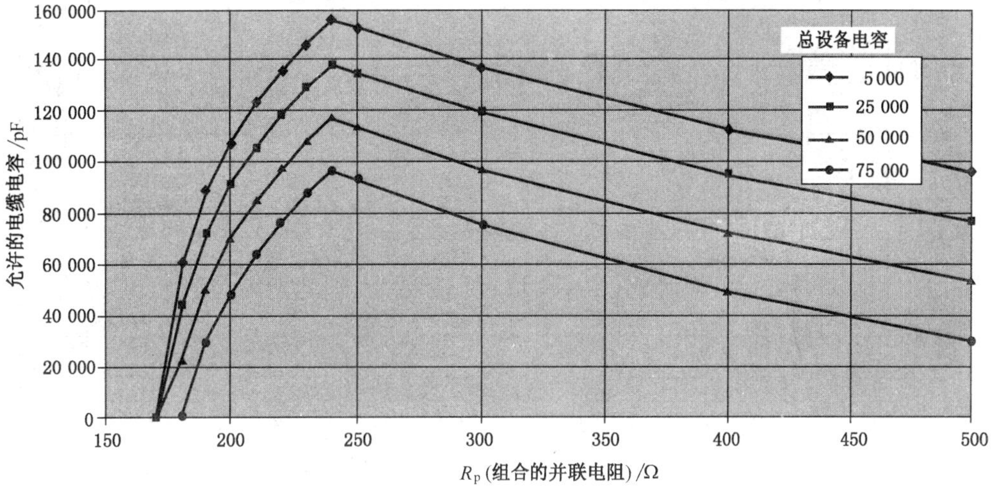

图 B.14 对于 C_{cbl}/R_{cbl}=5 000，100 Ω 串联电阻的电缆电容

对于电容(pF)/电阻(Ω)=5 000 的电缆，允许的电缆电容

(200 Ω 串联阻抗)

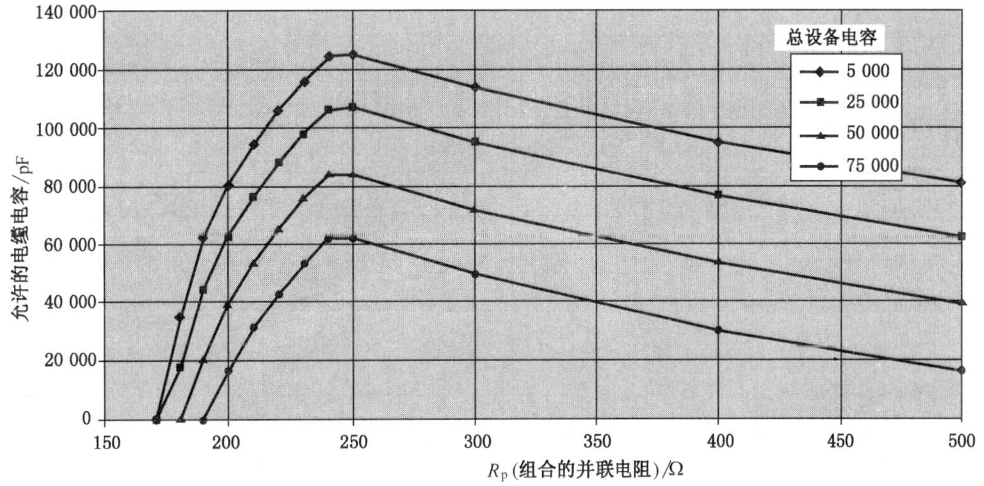

图 B.15 对于 C_{cbl}/R_{cbl}=5 000，200 Ω 串联电阻的电缆电容

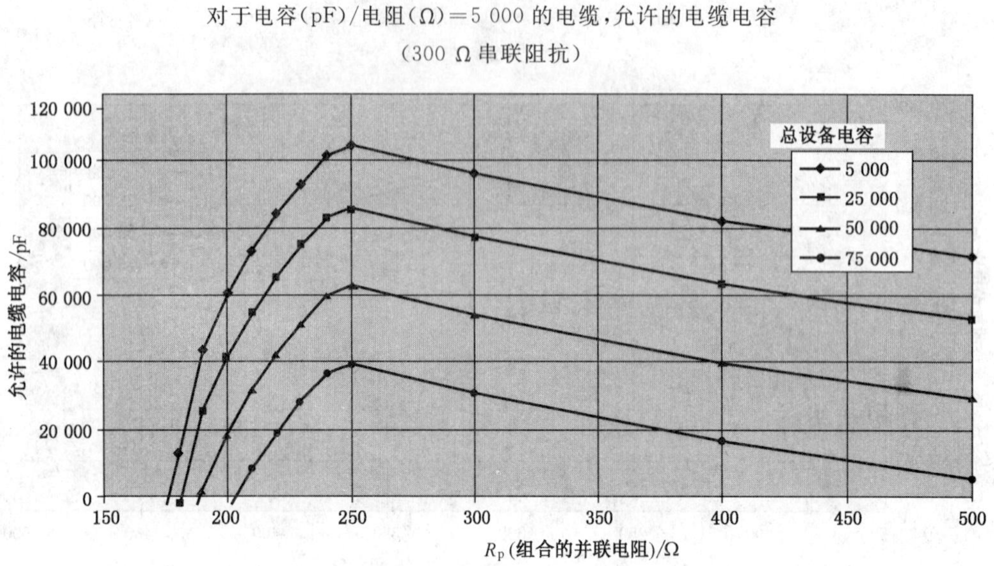

图 B.16　对于 C_{cbl}/R_{cbl}=5 000,300 Ω 串联电阻的电缆电容

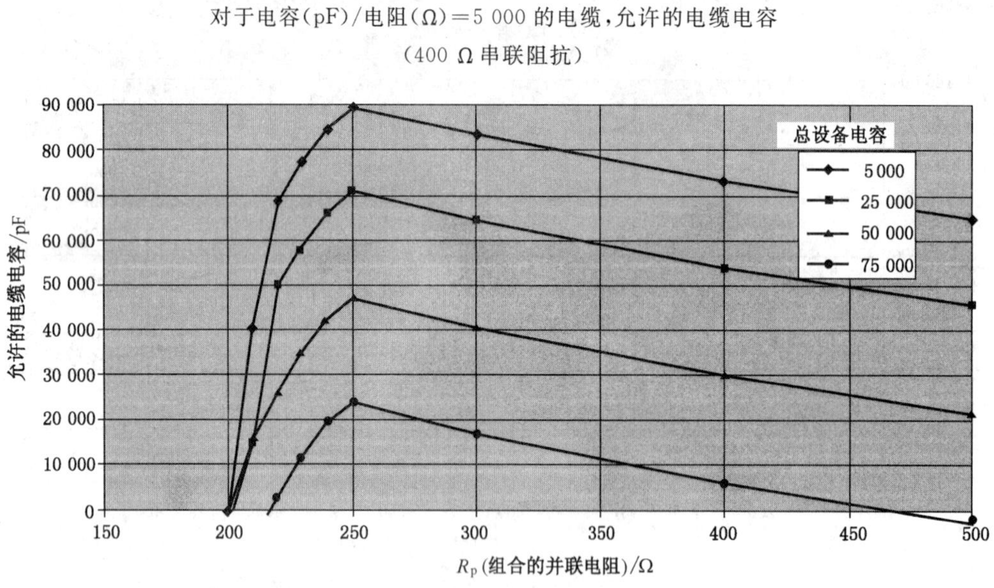

图 B.17　对于 C_{cbl}/R_{cbl}=5 000,400 Ω 串联电阻的电缆电容

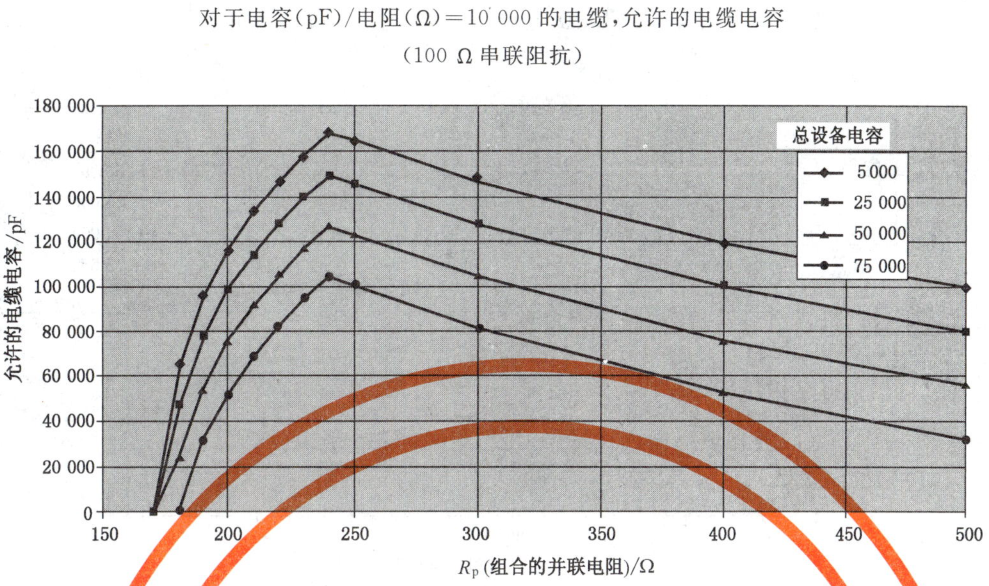

图 B.18 对于 C_{cbl}/R_{cbl}=10 000,100 Ω 串联电阻的电缆电容

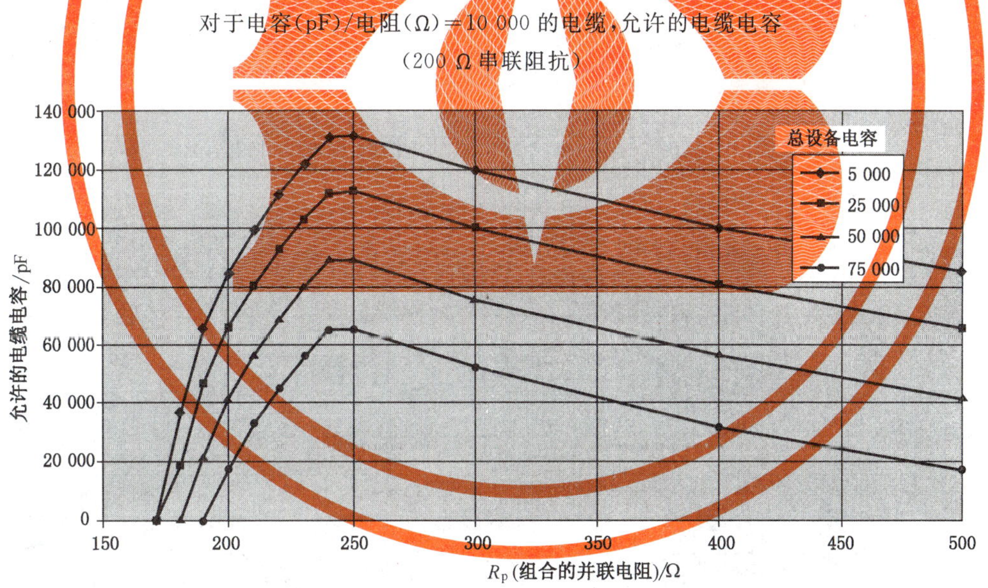

图 B.19 对于 C_{cbl}/R_{cbl}=10 000,200 Ω 串联电阻的电缆电容

对于电容(pF)/电阻(Ω)=10 000 的电缆,允许的电缆电容
(300 Ω 串联阻抗)

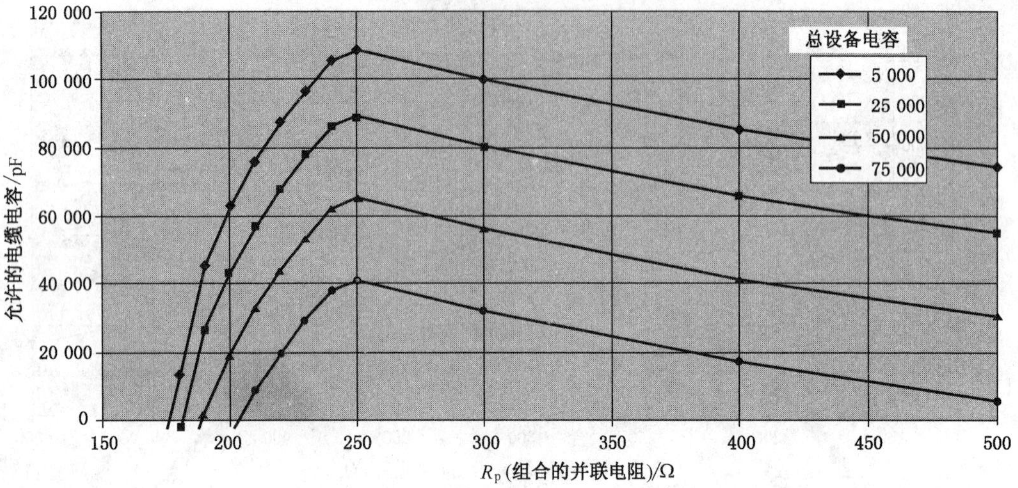

图 B.20 对于 C_{cbl}/R_{cbl}=10 000,300 Ω 串联电阻的电缆电容

对于电容(pF)/电阻(Ω)=10 000 的电缆,允许的电缆电容
(400 Ω 串联阻抗)

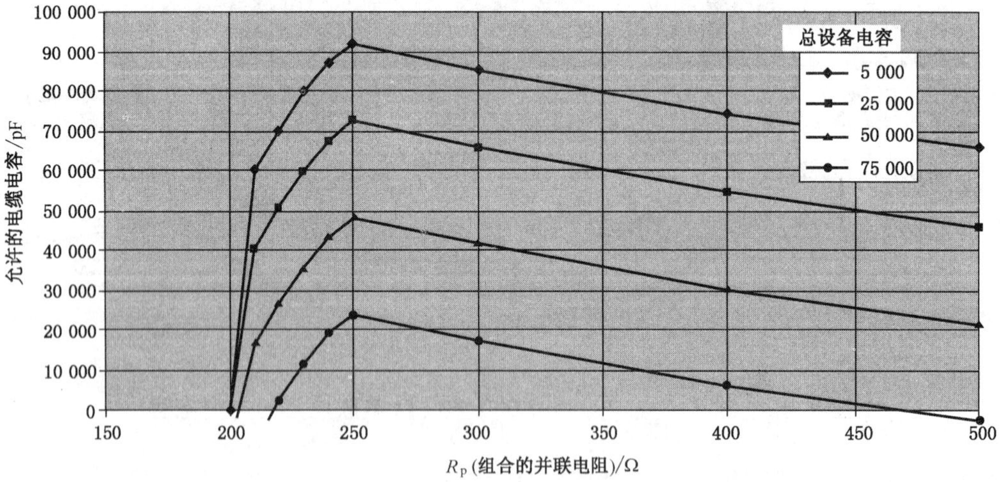

图 B.21 对于 C_{cbl}/R_{cbl}=10 000,400 Ω 串联电阻的电缆电容

B.2.3 电缆长度计算示例

B.2.3.1 示例 1

网络具有：

——一个设备，电容 C_{dev}=5 000 pF；

——并联设备电阻 $\sum R_{dev}$=250 Ω；

——每英尺电缆电容 C_{cbl}=55 pF；

——每英尺电缆电阻 R_{cbl}=0.015 Ω(22 AWG 线)。

使用图 B.1 按 C_{cbl}=55 pF/单位长度来插值。最大电缆长度是 3 300 英尺，其单位与电缆参数的单位相同。

B.2.3.2 示例 2

网络具有：

——三个设备，电容分别为 C_{dev}=5 000 pF，10 000 pF 和 10 000 pF；

——这三个设备的电阻都为 R_{dev}=100 kΩ；

——一个低阻抗设备，电阻为 R_{dev}=250 Ω；

——无串联设备；

——每米电缆电容 C_{cbl}=400 pF/m；

——每米电缆电阻 R_{cbl}=0.036 8 Ω/m (0.800 mm 线)。

则计算的参数为：

——并联设备电容 $\sum C_{dev}$=5 000+10 000+10 000=25 000 pF；

——并联设备电阻 $\sum R_{dev}$=250 Ω；

——串联阻抗 R_{ser}=0；

——电缆的 C_{cbl}/R_{cbl}=400/0.036 8=10 869。

电缆的电容/电阻比值被舍入后最接近的值是 10 000。使用图 B.5，查得允许的电缆电容是 200 000 pF。最大电缆长度通过允许的电缆电容除以每单位长度电缆电容计算得出。在本例中，最大允许的电缆长度是(200 000 pF)/(400 pF/m)=500 m。

B.2.3.3 示例 3

网络具有：

——三个设备，电容分别为 C_{dev}=5 000 pF，10 000 pF 和 10 000 pF；

——这三个设备的电阻都为 R_{dev}=100 kΩ；

——一个低阻抗设备，电阻为 R_{dev}=250 Ω；

——一个串联设备，电阻为 100 Ω；

——每米电缆电容 C_{cbl}=400 pF/m；

——每米电缆电阻 R_{cbl}=0.036 8 Ω/m (0.800 mm 线)。

因此，除了加入了一个串联设备，网络与 B.2.3.2 中的网络相同。则计算的参数为：

——并联设备电容 $\sum C_{dev}$=5 000+10 000+10 000=25 000 pF；

——并联设备电阻 $\sum R_{dev}$=250 Ω；

——串联阻抗 R_{ser}=100 Ω；

——电缆的 C_{cbl}/R_{cbl}=400/0.036 8=10 869。

电缆的电容/电阻比值被舍入后最接近的值是 10 000。使用图 B.18，查得允许的电缆电容是

145 000 pF。最大电缆长度通过允许的电缆电容除以每单位长度电缆电容计算得出。在本例中，最大允许的电缆长度是(145 000 pF)/(400 pF/m)＝362.5 m。

B.3 多对电缆长度

如果多对电缆与单对电缆一起使用构成网络，该网络电缆的总长度由下列值中的最小值确定：

a) 1 500 m；

b) 对于单对电缆使用 B.2.2 的规程来确定长度；

c) 对于所有网络中多对电缆中的其他电缆使用 B.2.2 的规程并且采用并联网络电阻最大值来确定长度。

附　录　C
（资料性附录）
通过安全栅配电

网络电源通常位于电流输入设备一侧，并可以如图 C.1 所示连接。图 C.1 中 a)给出了无安全栅的配置、b)给出了两个安全栅的配置，c)给出了一个安全栅的配置。

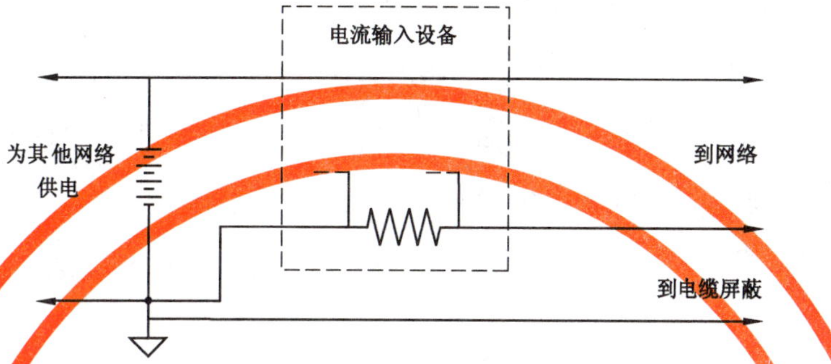

a）　无安全栅

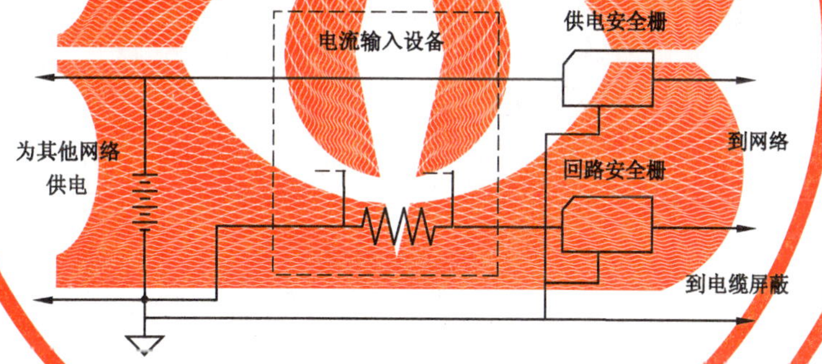

b）　供电和回路安全栅

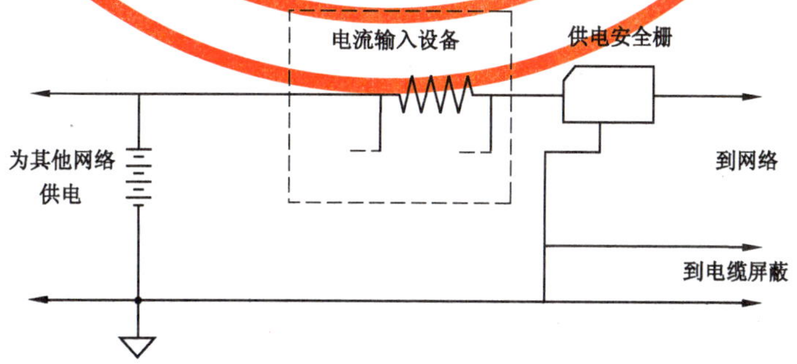

c）　供电安全栅

图 C.1　网络电源连接

如果没有使用网络电源，可以由不超过5.10.1中规定的允许电源阻抗的阻抗网络来替代。如果按图C.1将单个网络电源与多个网络连接，则它可以给多个网络供电。

需要外部电源而不是网络电源的设备可以通过传输信号的多对双绞线中的一对双绞线供电，只要这些设备的电流消耗满足5.7.2中规定的限值。

附　录　D
（资料性附录）
屏蔽和接地

本附录给出首选的接地方案。电缆的屏蔽应只在一点接地。尽管可以在接线盒或其他现场区域适合的位置进行接地，但这通常在控制室内接近回路供电电源一侧完成。必须注意避免随意地将接地金属物体与屏蔽连接。接地与屏蔽见图 D.1。

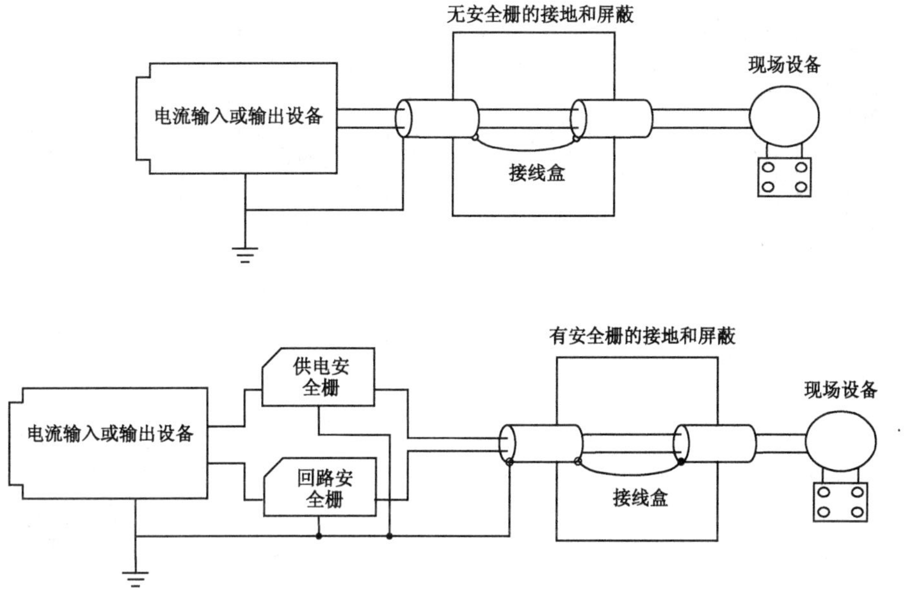

图 D.1　接地与屏蔽

共享公共连接的多个网络应该在各自的第一主站或模拟控制器处接地。

电缆屏蔽在现场设备一侧通常开路(不连接)。作为一种选择，在下列任一种条件下屏蔽可以连接到现场设备的外壳或围绕设备电路的内部屏蔽：

a)　设备外壳或内部屏蔽与地隔离；或

b)　屏蔽与地的连接是网络中屏蔽接地的惟一点。

由于接线不在信号传输部件一侧，引到接线处的所有电缆的屏蔽通常被连接。如果接线盒或接线板与地是隔离的，或者连接到地的点是网络屏蔽接地惟一的点，为了包裹其他裸线，电缆屏蔽可以连接到接线盒和接线板上。

如果耦合和 EMI 不干扰数字信号传输，可以使用其他接地与屏蔽布置。

ICS 25.040
N 10

中华人民共和国国家标准

GB/T 29910.2—2013

工业通信网络　现场总线规范　类型20:HART规范　第2部分:HART有线网络数据链路层服务定义和协议规范

Industrial communication networks—Fieldbus specifications—Type 20 HART specification—Part 2:HART wired network data link layer service definition and protocol specification

2013-12-17 发布　　　　2014-05-01 实施

中华人民共和国国家质量监督检验检疫总局
中国国家标准化管理委员会　发布

前　言

GB/T 29910《工业通信网络　现场总线规范　类型20:HART规范》分为如下6个部分：

——第1部分:HART有线网络物理层服务定义和协议规范；

——第2部分:HART有线网络数据链路层服务定义和协议规范；

——第3部分:应用层服务定义；

——第4部分:应用层协议规范；

——第5部分:WirelessHART无线通信网络及通信行规；

——第6部分:应用层附加服务定义和协议规范。

本部分为GB/T 29910的第2部分。

本部分按照GB/T 1.1—2009给出的规则起草。

本部分修改采用HART通信基金会(HCF)的技术文档HCF_SPEC-710《工业通信网络　有线通信网络HART:HART FSK、DLL和APL补充》的数据链路层服务定义和协议规范，在技术内容上与原英文文档没有差异，在文本结构编排上进行了适当调整。

本部分由中国机械工业联合会提出。

本部分由全国工业过程测量和控制标准化技术委员会(SAC/TC 124)归口。

本部分起草单位:机械工业仪器仪表综合技术经济研究所、HART通信基金会、中国科学院沈阳自动化研究所、上海自动化仪表股份有限公司、西南大学、上海工业自动化仪表研究院、北京和利时系统工程股份有限公司、北京奥斯汀科技有限公司、福建上润精密仪器有限公司、中国仪器仪表行业协会、上海汉物天物联网技术有限公司、重庆工业自动化仪表研究所、二重集团(德阳)重型装备股份有限公司。

本部分主要起草人:刘丹、高镜媚、王麟琨、冯翔、刘涛、梁炜、杨志家、包伟华、刘枫、王骏、罗安、陈小枫、戈剑、董景辰、蒋济友。

工业通信网络　现场总线规范 类型20:HART规范　第2部分:HART 有线网络数据链路层服务定义和协议规范

1　范围

GB/T 29910的本部分规定IEC 61158现场总线类型20(HART)的数据链路层服务定义和协议规范,与OSI基本参考模型(GB/T 9387.1)一致。本部分定义了用于及时传输有线HART协议的数据和控制信息的现场总线DLPDU的规程和结构,以及以抽象方式定义了外部可见的数据链路层服务。

本部分适用于自动化环境中设备之间基本的“时间严格要求(time-critical)”的报文通信。

2　规范性引用文件

下列文件对于本文件的应用是必不可少的。凡是注日期的引用文件,仅注日期的版本适用于本文件。凡是不注日期的引用文件,其最新版本(包括所有的修改单)适用于本文件。

GB/T 9387.1　信息技术　开放系统互连　基本参考模型　第1部分:基本模型(GB/T 9387.1—1998 ISO/IEC 7498-1:1994,IDT)

GB/T 17967　信息技术　开放系统互连　基本参考模型　OSI服务定义约定(GB/T 17967—2000 ISO/IEC 10731:1994,IDT)

GB/T 29910.1—2013　工业通信网络　现场总线规范　类型20:HART规范　第1部分:HART有线网络物理层服务定义和协议规范

GB/T 29910.6—2013　工业通信网络　现场总线规范　类型20:HART规范　第6部分:应用层附加服务定义和协议规范

3　术语和定义、符号、缩略语、约定

3.1　参考模型术语和定义

本部分基于GB/T 9387.1的概念,并使用其中界定的以下术语。

DL-entity(N=2)	DL实体(N=2)	[GB/T 9387.1]
DL protocol-data-unit	DL协议数据单元	[GB/T 9387.1]
DL service-data-unit	DL服务数据单元	[GB/T 9387.1]
DLS user-data	DLS用户数据	[GB/T 9387.1]
PhL-entity(N=1)	PhL实体(N=1)	[GB/T 9387.1]
PhL protocol-data-unit	PhL协议数据单元	[GB/T 9387.1]
PhL service-data-unit	PhL服务数据单元	[GB/T 9387.1]
PhS user-data	PhS用户数据	[GB/T 9387.1]

3.2 特定术语和定义

下列术语和定义适用于本文件。

3.2.1

应用　application

用于消费或生产数据的功能或数据结构。

3.2.2

属性　attribute

对象的外部可视特点或特性的描述。

注：一个对象的属性包含关于对象可变部分的信息。典型地，它们提供对象的状况信息，或支配对象的操作。属性还可能影响对象的行为特性。属性分为类属性和实例属性。

3.2.3

行为　behaviour

说明对象如何响应特定的事件。行为特性的描述包括属性值和服务之间的关系。

3.2.4

广播　broadcast

向所有连接到网络上且能够接收传输的设备发送一个 PDU 的过程。

3.2.5

广播地址　broadcast address

被主站用来向所有设备发送命令的地址。

3.2.6

猝发模式　burst mode

通信活动由从站设备周期性发起而不经主站请求。

3.2.7

字符　character

作为一个连续单元被 PhE 发送的 8 比特数据及附加比特。

3.2.8

字符时间　character time

传输一个字符所需的时间。

3.2.9

类　class

表示同类系统组件的对象的集合。

注：类是对象的泛化，是定义变量和方法的模板。类中的所有对象在结构形式和行为特性上都是相同的，但在其属性中通常包含不同的数据。

3.2.10

类属性　class attributes

同一类中所有对象所共有的属性。

3.2.11

类代码　class code

分配给每个对象类的惟一标识符。

3.2.12

类特定服务　class specific service

由特定的对象类所定义的服务，以执行所需要的公用服务不能履行的功能。

注：类特定对象对于定义它的对象类是惟一的。

3.2.13

通信错误 comm error

在接收到的 PhPDU 或 DLPDU 中可检查出的错误，在 APDU 中为“通信错误代码(Communication error code)”八位位组。

3.2.14

传送路径 conveyance path

通过一个应用关系的单向 APDU 流。

3.2.15

周期性的 cyclic

用来描述以有规则方式重复出现的事件的术语。

3.2.16

设备 device

实现了本标准的任何实体。

3.2.17

设备 ID device ID

表示设备的序列号。

注：制造商须为具有相同扩展设备类型值的每个设备分配一个惟一值。

3.2.18

设备变量 device variable

现场设备中与过程信息相关联的惟一定义的数据项。

注：在设备所连接过程发生改变和变化时，设备变量的值相应改变。

3.2.19

数字信号 digital signal

信息通信所使用 1 200 bps 的频移键控信号。

3.2.20

端点 endpoint

在一个连接中的通信实体之一。

3.2.21

错误 error

计算、观察或测量的值或状况与规定或理论上的正确值或状况之间的差异。

3.2.22

错误代码 error code

在一种错误类中某个特定错误类型的标识符。

3.2.23

扩展设备类型 expanded device type

表示制造商的设备类型。

注：该属性值由 HCF 分配，规定了设备所支持的命令和数据对象集。HCF 需为每类设备分配惟一值。

3.2.24

现场设备 field device

连接到过程或工厂装置的物理实体，至少具有一个可通过一根线缆与其他信号元素进行通信的信号元素。

注：现场设备直接连接传感器或执行器，或执行过程控制功能，并直接连接到本标准规定的物理层。除数字信号外，还可产生或接收模拟信号。

3.2.25

帧　frame

一次发送的组合在一起的比特格式。

3.2.26

管理信息　management information

支持管理现场总线系统操作(包括应用层)的网络可访问的信息。

注：管理功能包括控制、监视和诊断。

3.2.27

制造商 ID　manufacturer ID

标识生产设备的制造商，2 个八位位组表示的枚举。

注：制造商只能使用分配给自己的值而不允许使用分配给其他制造商的值。

3.2.28

主站　master

通过向其他设备发送请求 PDU 而发起通信活动的设备，并期待来自那个设备的响应帧。

3.2.29

报文　message

帧中除前导码之外的载有信息的部分。

3.2.30

网络　network

由一对电缆、若干连接器、相关的信号单元，以及连接到同一对电缆上的非信号单元组成。一组给定的可收发信号的设备通过信号单元实现互连。

注：使用多对电缆及一个公用网络电源的安装被视为多个网络。

3.2.31

载荷数据　payload data

传输的数据报文的内容。

3.2.32

轮询地址　polling address

分配给设备的标识符，该标识符在设备所连接的网络中是惟一的。

3.2.33

第一主站　primary master

发起通信的主站设备。

3.2.34

第二主站　secondary master

仅当第一主站停止发起通信并通过仲裁过程才能发起通信的主站设备。

3.2.35

从站　slave

仅在接收到来自主站设备的请求 PDU 后才启动通信活动的设备。从站须对该请求发出响应。

3.2.36

报文起始　start of message

物理层 PDU 的前导码，后面紧随数据链路层 PDU 的定界符，其间无任何接收错误及字符间空隙。

3.2.37

标签　tag

标签是用来标识现场设备的 8 字符的 ASCII 字符串。

3.2.38

事务　transaction

两个对等媒体访问控制实体间的相关连续帧的交换，要求成功传输。

注：一次事务或者由源设备发出单个 PhPDU 组成；或者由源设备发出一个 PhPDU，随后目的设备返回一个链路层确认 PhPDU 组成。

3.2.39

惟一 ID　unique ID

分配给设备的标识符，在符合本标准的所有设备实例中是惟一的。

3.3　缩略语

下列缩略语适用于本文件。

ACK：确认　(Acknowledge)

AE：应用实体　(Application entity)

AL：应用层　(Application layer)

AP：应用过程　(Application process)

APDU：应用协议数据单元　(Application protocol data unit)

APO：应用过程对象　(Application Process Object)

AR：应用关系　(Application relationship)

AREP：应用关系端点　(Application relationship endpoint)

ARPM：应用关系协议机　(Application Relationship Protocol Machine)

ASCII：美国信息交换标准码　(American Standard Code for Information Interchange)

ASE：应用服务元素　(Application Service Element)

AWG：美国线规　(American wire gage)

BACK：猝发确认　(Burst acknowledge)

bps：比特每秒　(Bits per second)

DAQ：数据采集　(Data acquisition)

DL-：数据链路层(作为前缀)　[Data link layer(as a prefix)]

DLE：DL 实体(数据链路层本地的活动实例)　[DL entity(the local active instance of the data-link layer)]

DLL：数据链路层　(Data link layer)

DLM：DL 管理　(DL management)

DLMS：DL 管理服务　(DL management service)

DLPDU：数据链路协议数据单元　(Data link protocol data unit)

DLS：DL 服务　(DL service)

DLSDU：DL 服务数据单元　(DL service data unit)

DR：延时响应　Delayed response

DRM：延时响应机制　(Delayed response mechanism)

DUT:被测设备 (Device under test)

EMI:电磁干扰 (Electro-magnetic interference)

FAL:现场总线应用层 (Fieldbus application layer)

FSK:频移键控 (Frequency shift keying)

FSMP:FAL 服务协议机 (FAL Service Protocol Machine)

HART:可寻址远程传感器高速通道 (Highway Addressable Remote Transducer)

HCF:HART™通信基金会 (HART™ Communication Foundation)

ID:标识符 (Identifier)

LLC:逻辑链路控制 (Logical link control)

LRV:范围下限值 (Low range value)

LSB:最低有效八位位组 (Least significant byte)

MAC:媒体访问控制 (Medium access control)

MSB:最高有效八位位组 (Most significant byte)

PDU:协议数据单元 (Protocol data unit)

PhL-:物理层(作为前缀) [Physical layer(as a prefix)]

PhE:PhL 实体(物理层的本地活动实例) [PhL-entity (the local active instance of the physical layer)]

PhPDU:PhL 协议数据单元 (PhL-protocol-data-unit)

PhS:物理层服务 (Physical layer service)

PhSDU:物理层服务数据单元 (Physical layer service data Unit)

PV:主变量 (Primary variable)

QV:第四变量 (Quaternary variable)

RMS:均方根 (Root mean square)

SN:符号位 (Sign bit)

SOM:报文起始 (Start of message)

SOP:标准操作规程 (Standard Operating Procedure)

STX:事务开始 (Start of transaction)

SV:第二变量 (Secondary variable)

TV:第三变量 (Tertiary variable)

URV:范围上限值 (Upper range value)

VFD:虚拟现场设备 (Virtual field device)

3.4 符号

下列符号适用于本文件。

C_{cbl}:每单位长度电缆电容 (Cable capacitance per unit length)

C_{dev}:等效设备电容 (Equivalent device capacitance)

C_{tg}:终端对地电容 (Terminal to ground capacitance)

C_{tt}:终端对终端电容 (Terminal to terminal capacitance)

HOLD:保持时间 (Hold time)

R_{cbl}:每单位长度电缆电阻 (Cable resistance per unit length)

R_{dev}:等效设备电阻 (Equivalent device resistance)

R_{p}:网络并联电阻 (Network parallel resistance)

RT1:链路静音时间 (Link quiet time)

RT2:链路准许时间 (Link grant time)

R_{tg}:终端对地电阻 (Terminal to ground resistance)

R_{tt}:终端对终端电阻 (Terminal to terminal resistance)

STO:从站超时 (Slave time out)

Z_{tt}:终端对终端阻抗 (Terminal to terminal impedance)

3.5 约定

3.5.1 服务约定

本部分使用在 GB/T 17967 中给出的描述性约定。

所用到的服务模型、服务原语以及时序图完全是抽象描述,不代表实现规范。

用于表示服务用户和服务提供者之间交互关系(见 GB/T 17967)的服务原语,传递的参数表示用户和提供者之间交互的信息。

本部分以表格的形式描述物理层、数据链路层、网络层、传输层和应用层服务原语的组成参数。每个原语组所用的参数在表格中说明。每个表格最多 6 列,包括:一列为服务参数的名称,以及服务所用的那些原语和参数传递方向各占一列。包括:

——请求(request)原语的输入参数;

——请求(request)原语的输出参数;

——指示(indication)原语的输出参数;

——响应(response)原语的输入参数;

——证实(confirm)原语的输出参数。

在每个表格中,一个参数(或参数的一部分)占据一行。对于本地服务,只使用带输入和输出参数的请求原语。在相应的服务原语列中,用以下代码来表示原语中参数的使用类型以及参数的方向:

——M(Mandatory,必备):参数对于该原语是必备的;

——U(User option,用户可选):参数是用户可选的,是否提供取决于服务用户的动态用法。如果不提供,则采用该参数的一个缺省值;

——S(Selector,选择):一组使用这个代码的参数中,只有一个是必备的;

——C(Conditional,有条件):参数是有条件的,是否允许取决于其他参数或服务用户的环境;

——CU(Conditional User option,有条件用户可选):参数是有条件且用户可选的,是否允许取决于其他参数或服务用户的环境。当该参数被允许时,是否提供取决于服务用户的动态用法。当参数被允许但不被提供时,则采用该参数的一个缺省值;

——(空白):参数从不出现。

某些登录项被进一步用括号里的内容修饰,它们可以是:

a) 参数特定的约束

- (=):表示该参数同表格中左侧相邻的服务原语中的参数是语义等价的;

- (≤):表示一组参数的取值有一个隐含的顺序,并且该参数的值小于或等于其表格左侧相邻服务原语的参数值(即左侧一列或两列);
- (≥)表示一组参数的取值有一个隐含的顺序,并且该参数的值大于或等于其表格左侧相邻服务原语的参数值(即左侧一列或者两列)。

b) 表示该项附有一些注释

- (n):表示下面的注释 n 包含有与该参数及使用有关的附加信息。

3.5.2 协议状态机约定

3.5.2.1 状态机图

本部分用一个图来表示一个状态机,采用以下约定:

——带标签的矩形表示一个组件可能处于的状态。

——用有向线段代表状态转换,表明一个组件从哪个状态离开又转换到哪个状态。

——转换标签含有导致该转换的事件及相应的动作(这项可能为空)。使用水平线将导致转换的事件(在线的上方)和作为结果的动作(在线的下方)分开。

——波浪线(～)表示取补或取反。

3.5.2.2 状态机表

状态机在表 1 中描述。

表 1 状态机所用的约定

#	当前状态	事件/条件 ＝＞动作	下一状态
本转换的名称	本状态转换适用的当前状态	触发本状态转换的事件或者条件 ＝＞ 当上述事件或条件满足时所发生的动作。动作总是标记在事件或条件的下面。	本转换所发生的动作完成后的下一状态

状态机中所用的约定如下:

——:＝ 表示左侧项的值被右侧项的值所取代。如果右侧项是一个参数,则它来自作为输入事件的原语。

——xxx 表示参数的名称。

示例:

Identifier :＝ reason 表示将 reason 参数的值赋给 Identifier 参数

——"xxx" 表示固定的值。

示例:

Identifier :＝"abc" 表示将"abc"赋给 Identifier 参数

——＝ 表示左侧项和右侧项相等的逻辑条件。

——＜ 表示左侧项小于右侧项的逻辑条件。

——＞ 表示左侧项大于右侧项的逻辑条件。

——＜＞ 表示左侧项不等于右侧项的逻辑条件。

——&& 表示逻辑“与”。

——|| 表示逻辑“或”。

这个结构允许在一个转换中循环执行一个动作序列。循环从起始值(start_value)一直执行到结束值(end_value)。

示例：

```
for(Identifier := start_value to end_value)
  actions
endfor
```

这个结构允许在一个转换中根据某些条件(可以是某些标识符的值或前一个动作的结果)来选择性地执行一个动作。

示例：

```
If(condition)
  actions
else
  actions
endif
```

4 数据链路层服务定义

4.1 概述

DLL 提供两个服务在主站和从站设备间传输应用层数据。

在双向交换中，一个服务能用于从主站向从站发送请求数据，并接收来自从站的响应数据。该服务不要求任何连接建立。来自从站的响应也作为对主站的确认。

另一个服务用于从站设备按某个周期向主站单向发送数据。这称为猝发模式数据传输。一旦启动该服务，周期性数据传输不要求来自主站的任何轮询来发起该传输。该服务无需主站的确认。在一个通信链路上无论有多少现场设备，只有一个设备能处于猝发模式。

4.2 数据链路层服务

4.2.1 数据链路层服务功能

4.2.1.1 数据交换服务

数据交换服务用于从主站 DLS 用户 向从站 DLS 用户 发送 DL-service-data-unit(DLSDU)，并接收来自从站 DLS 用户的响应 DLSDU。数据链路层支持自动重传以确保无错误数据传输。图 1 总结了一个 DLS 用户和 DLE 接口上每一种原语和该 DLS 用户和其他 DLE 接口上的原语之间的关系。

序列 a)所示为无错误的数据双向交换。在本序列中当主站获得对媒体的访问时，在主站 DLE 的 DL-Data-exchange 请求启动 DLPDU 的传输。当 DLPDU 被接收并被证实有效时，目的从站 DLE 产生 DL-Data-exchange 指示。目的站的 DLS 用户应该提供响应数据，该 DLE 向源 DLE 传输响应。接收到响应后，源 DLE 向其用户产生 DL-Data-exchange 证实。

序列 b)和序列 c)给出错误案例。这两个序列所示为传输过程中 DLPDU 丢失情况。如果没有接收到响应或在响应中有错误，则源 DLE 重传 DLPDU 直到接收到响应 DLPDU 或达到最大重试次数。如果达到最大重试次数，则 DLE 停止重试并返回带有错误状态的 DL-Data-exchange 证实。

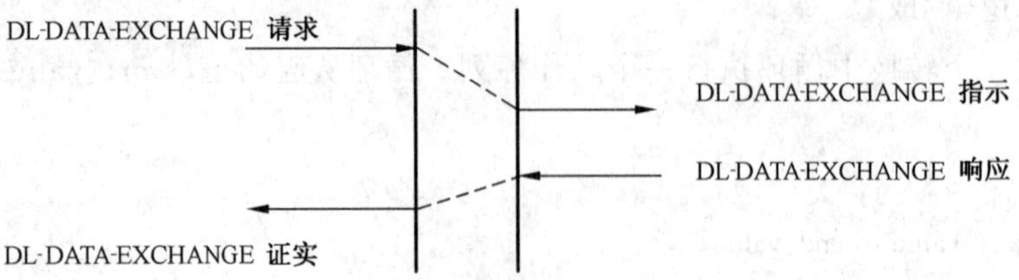

a) 无错误数据传输

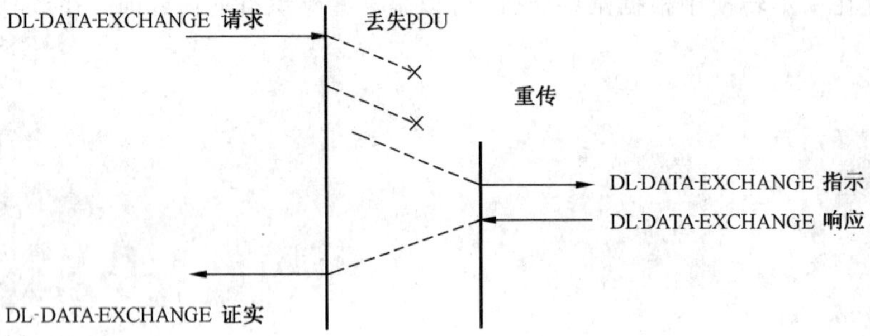

b) 出现错误及重试的数据交换

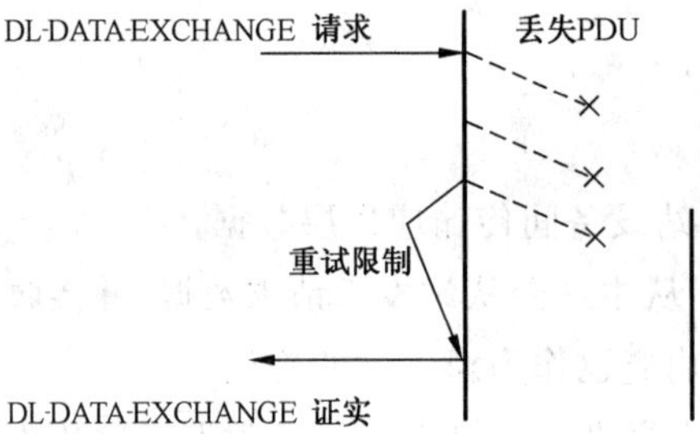

c) 重试失效的数据交换

图 1 数据交换服务

4.2.1.2 数据接收服务

本服务仅支持接收 DL-service-data-unit(DLSDU),见图 2。该服务在支持混合操作模式的 DLE 中是可用的,在混合操作模式下可获取来自其他 DLE 的通信。在主站 DLE 中,该服务可用于观察由其他主站发起的数据交换 DLPDU。如果一个主站的 DLS 用户要求的 DLSDU 也被其他主站设备要求,则该服务可用于节约媒体能力。在从站设备中,该服务可用于获取由另一个从站 DLE 发出的作为数据交换请求的响应 DLSDU。

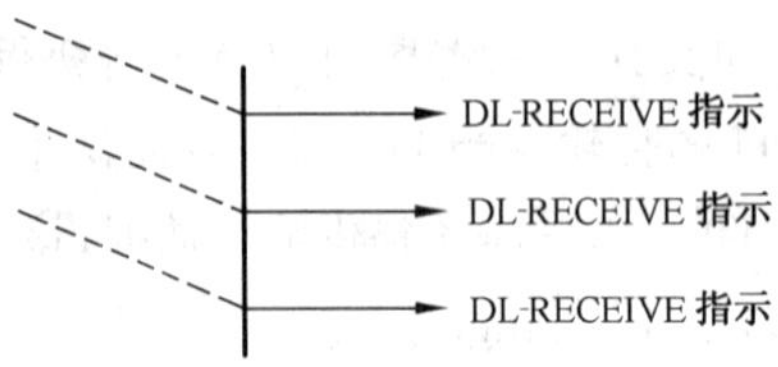

图 2 仅接收数据服务

4.2.1.3 周期性数据传输服务

本服务用于按某个周期传输来自现场设备的 DLSDU，每个这类传输不需要使用主站请求。DL-Cyclic-data 请求原语用于更新发送设备的 DLSDU。DL-Cyclic-data 指示原语用于传递接收的 DLSDU。如图 3 所示，在传输周期性数据 DLSDU 的两次 DLPDU 传输之间可以有任何次数的请求。

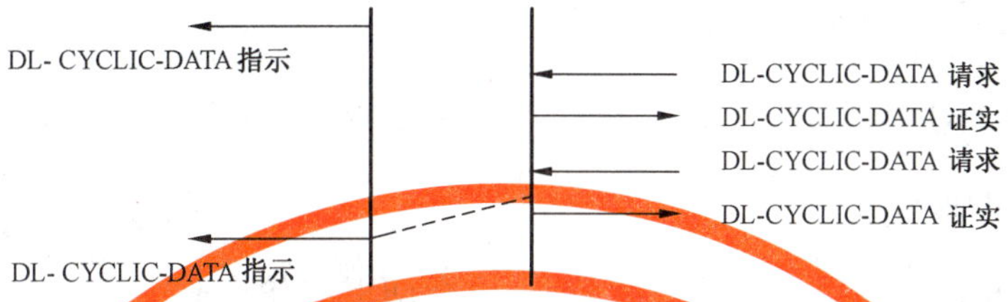

图 3 周期性数据传输服务

4.2.1.4 本地数据链路管理服务

本服务支持 DLL 配置。DL 管理功能提供方法用于：

——写 DLE 配置参数；

——读 DLE 配置参数和操作参数。

这些功能共同构成了 DL 管理服务(DLMS)。

4.2.2 DL 数据交换(DL-Data-exchange)服务

4.2.2.1 功能

该服务可用于在单个服务访问中从一个 DLE 向另一个 DLE 传输独立的自包含的请求 DLSDU，以及接收来自目的 DLE 的响应 DLSDU 并向源 DLS 用户返回数据交换的状态。

4.2.2.2 原语类型和参数

表 2 给出了用于 DL-Data-exchange 服务的原语类型和参数。

表 2 DL-Data-exchange 原语和参数

参数名称	请求	指示	响应	证实
Source address		M		
Destination address				
Broadcast	S			
Short address	S			
Long address	S			
Preamble length	M			
DLS-user-data	M	M(=)	M	C(=)
Status				M

4.2.2.3　**参数**

4.2.2.3.1　**Source address**

本参数标识在指示原语中传递的 DLSDU 的源地址。

4.2.2.3.2　**Destination address**

4.2.2.3.2.1　**Broadcast**

如果该参数值为 TRUE，则 DLPDU 中的 DLSDU 被广播。

4.2.2.3.2.2　**Short address**

仅在 Broadcast 为 FALSE 时该参数有效，它是目的 DLE 的轮询地址。

4.2.2.3.2.3　**Long address**

仅在 Broadcast 为 FALSE 时该参数有效，它是目的 DLE 的 Unique ID。

4.2.2.3.3　**Preamble length**

该参数规定了由目的 DLE 要求的前导码八位位组个数。

注：该参数值可使用应用层“Identify”服务获得。

4.2.2.3.4　**DLS-user-data**

该参数允许在 DLS 用户间传输没有经 DLS 提供者更改过的数据。在证实原语中，仅在无任何接收错误下接收到响应时该参数才存在。

4.2.2.3.5　**Status**

在证实原语中，该参数表示已成功提供服务或由于特定原因导致失败。如果在所有允许的重试完成后，未接收到响应或接收错误，则该参数应指示“No response”。

4.2.3　**数据链路接收(DL-Receive)服务**

4.2.3.1　**功能**

DLE 使用该服务来接收任何 DLPDU，并向其 DLS 用户提供该 DLPDU 中的 DLSDU。该服务用于按某个周期接收用猝发模式数据传输的 DLSDU。该服务也可用于接收处于混合操作模式下的其他 DLPDU。

注：本服务有利于网络故障定位。

4.2.3.2　**原语类型和参数**

表 3 给出接收服务所需的原语类型和参数。

表 3　DL-Receive 原语和参数

参数名称	指　　示
Source address	M
DLS-user-data	C
Status	M

4.2.3.3 参数

4.2.3.3.1 **Source address**

该参数标识在指示原语中传递的 DLSDU 的来源。

4.2.3.3.2 **DLS-user-data**

该参数传递由 DLE 接收的数据。仅在无错误接收到 DLPDU 时该参数有效。

4.2.3.3.3 **Status**

该参数表示无错误接收到 DLPDU 或给出错误原因。

4.2.4 DL 周期性数据(DL-Cyclic-data)服务

4.2.4.1 功能

该服务用于更新存储 DLSDU 的 DLE 缓冲器。对于每个请求都返回带有缓冲器更新状态的证实原语。DLE 使用猝发模式数据传输来周期性发送包含 DLSDU 的 DLPDU。

4.2.4.2 原语类型和参数

表 4 给出 DL-Cyclic-data 服务所需的原语类型和参数。

表 4 DL-Cyclic-data 原语和参数

参数名称	请求	
	输入	输出
DLS-user-data	M	
Status		M

4.2.4.3 参数

4.2.4.3.1 **DLS-user-data**

该参数传递 DLSDU,用于更新缓冲区。

4.2.4.3.2 **Status**

该参数表示缓冲区已无错误更新,或给出错误原因。

4.2.5 DLM 设置(DLM-Set)服务

4.2.5.1 功能

该服务用于设置(写)DLE 配置参数值。

4.2.5.2 参数类型

表 5 给出 DLM-Set 服务的原语和参数。

表5 DLM-Set 原语和参数

参数名称	请求	
	输入	输出
DLM-object-identifier	M	
Desired-value	M	
Status		M

4.2.5.3 参数

4.2.5.3.1 DLM-object-identifier

该参数指定 DLE 中值要被改变的对象。DLM-object-identifier 的命名域限于 DLM 局部。

4.2.5.3.2 Desired-value

该参数规定由相关 DLM-object-identifier 指定的 DLM 对象的期望值。该参数类型与指定 DLM 对象的类型相同。

4.2.5.3.3 Status

该参数允许 DLM 服务(DLMS)用户确定所请求的 DLMS 成功或失败。

注：也可提供失败原因。

4.2.6 DLM 获取(DLM-Get)服务

4.2.6.1 功能

该服务用于获得(读)DLE 配置参数的值或操作参数的值。

4.2.6.2 参数类型

表6 给出 DLM-Get 服务的原语和参数。

表6 DLM-Get 原语和参数

参数名称	请求	
	输入	输出
DLM-object-identifier	M	
Status		M
Current-value		C

4.2.6.3 参数

4.2.6.3.1 DLM-object-identifier

该参数指定 DLE 中值被请求的对象。DLM-object-identifier 的命名域限于 DLM 局部。

4.2.6.3.2 Status

该参数允许 DLMS 用户确定所请求的 DLMS 成功或失败。

注：也可提供失败原因。

4.2.6.3.3 Current-value

当 Status 参数表示所请求的服务被成功执行时，该参数才存在。该参数规定由相关 DLM-object-identifier 指定的 DLM 对象的当前值。该参数类型与指定 DLM 对象的类型相同。

5 数据链路层协议规范

5.1 概述

DLL 由两个子层构成：

——上层子层为逻辑链路控制(LLC)；

——下层子层为媒体访问控制(MAC)。

DL 管理的功能是与上述子层交互。

LLC 子层提供如下较高层次的功能：

——管理所有 DLE 与 DLS 用户的交互，将所有 DLS 用户请求和响应原语转换为必要的 DLE 操作序列，产生适当的 DLS 用户指示和证实原语；

——准备要传输的 DLPDU；

——分解接收的 DLPDU；

——错误检测。

媒体访问控制(MAC)子层允许一个活动(即发起事务的)第一主站、一个活动第二主站和一个活动的处于猝发模式的从站设备共存，只允许上述每种设备类型的一个设备同时处于活动状态。从站设备是被动的(即它们不发起事务)，在一个链路上的多个从站设备可以是活动的。MAC 协议允许第一主站、第二主站和一个猝发模式设备公平访问媒体。通过传递(隐含的)令牌和监视令牌使用的定时器来控制对媒体的访问。DLPDU 类型和主站地址指示令牌的传递。合适的 MAC 操作取决于对以下信息的确定：

——网络上的活动；

——确定令牌传递的 DLPDU 类型和主站地址；

——一个 DLPDU 的结束，以确定开始传输的时间。

链路监视定时器值对于每个主站是不同的，以确保第一主站可以首先访问网络。

5.2 参数、定时器和变量

5.2.1 参数

5.2.1.1 保持时间(HOLD)

该参数是从主站设备接收到令牌到开始传输所允许的最大时间。该值的测量从 ACK 或 BACK DLPDU 的接收完成开始，到主站开始发送 STX DLPDU 的前导码结束。

5.2.1.2 从站超时(STO)

该参数是由从站接收到令牌到开始传输所允许的最大时间。该值的测量从 STX DLPDU 的接收完成开始，直到发送其响应 ACK DLPDU 的前导码结束。

5.2.1.3 链路静音时间(RT1)

该参数是链路在无错误情况下处于空闲状态的最大时间。该时间参数值应使来自从站的任何响应 DLPDU 的传输能在该时间内(从请求 DLPDU 完成开始)被主站侦测到。该参数的最小值是 STO 加上载波关闭和载波开启的延时及接收主站设备侦测到媒体活动的延时。

如果期望的响应从站不存在或未使用令牌,则主站设备使用该参数恢复令牌。第一主站 RT1(一类)的值应小于第二主站 RT1(二类)的值。只有第一主站失效时,第二主站恢复该令牌。

5.2.1.4 链路准许时间(RT2)

该参数是当令牌由从站设备传递到使用 ACK 或 BACK DLPDU 的主站设备时,链路处于空闲状态的最大时间。该时间参数值应使得在该时间内令牌持有主站的任何传输可被其他主站侦测到。该参数的最小值是 HOLD 加上载波关闭和开启延时和接收主站设备侦测到媒体活动的延时。如果持有令牌的主站不存在或未使用该令牌,则主站设备使用该参数恢复令牌。

5.2.1.5 重试限值(Retry limit)

如果主站未接收到来自被寻址从站设备对其请求的有效响应,则主站设备重试请求。该参数规定了主站要求执行重试的最大次数。

5.2.2 定时器

5.2.2.1 Tx 定时器

该定时器用于测量从令牌接收结束直到设备必须启动传输的时间段。当从站设备接收到令牌后,它将该定时器值设置为 STO。当主站设备接收或获得令牌时,它将该定时器值设置为 HOLD。当该定时器设置为非零值时开始倒计数。当定时器值变为 0 时停止计数,并产生"Tx time-out"事件。

5.2.2.2 猝发(Burst)定时器

该定时器用于测量从传输或接收结束直到猝发模式从站设备必须开始传输的时间段。从站设备将该定时器值设置为 RT2 或 RT1(一类)。当该定时器设置为非零值且链路无活动时开始倒计数。当定时器值变为 0 时停止计数,并产生"Burst time-out"事件。如果链路上有活动,则定时器复位为 0 并停止计数,但不产生任何事件。

5.2.2.3 恢复(Recovery)定时器

主站设备使用该定时器监视无活动的链路。主站设备将该定时器值设为等于 RT1(一类)或 RT1(二类)。当该定时器设置为非零值且链路无活动时开始倒计数。当定时器值变为 0 时停止计数,并产生"Recovery time-out"事件。如果链路上有活动,则定时器复位为 0 并停止计数,但不产生任何事件。

5.2.3 变量

5.2.3.1 Burst mode

主站设备使用该变量表示网络的媒体访问模式。从站设备使用该变量表示设备模式。该值为 TRUE(使能)或 FALSE(禁止)。

注:为保证网络工作正常,只能有一个设备的 Burst Mode 为 TRUE。

5.2.3.2 Message pending

主站设备使用该变量表示是否存在未处理的 DL-Data-exchange 请求。该值为 TRUE 或 FALSE。

5.2.3.3 Retry count

主站设备使用该变量表示未处理的 DL-Data-exchange 请求的重试次数。

5.3 逻辑链路控制

5.3.1 通用 DLPDU 结构

5.3.1.1 概述

图 4 给出了通用 DLPDU 结构。DLE 应按图中给出的顺序向物理层提供八位位组。多八位位组字段的最高有效八位位组应首先传输。

每个 DLPDU 应由以下有序字段构成：

——1 个八位位组的起始定界符(Delimiter)；

——1 个或 5 个八位位组的源地址(Source Address)和目的地址(Destination Address)字段；

——0～3 个八位位组长度的扩展(Expansion)字段；

——DLL 载荷(DLL payload)；

——1 个八位位组的校验和(Check sum)。

Delimiter	Address	Expansion	DLL payload	Check

图 4 DLPDU 结构

5.3.1.2 DLPDU 字段

5.3.1.2.1 起始定界符(Delimiter)字段

该字段有几个子字段，见图 5，该字段规定了 DLPDU 其他字段的结构。

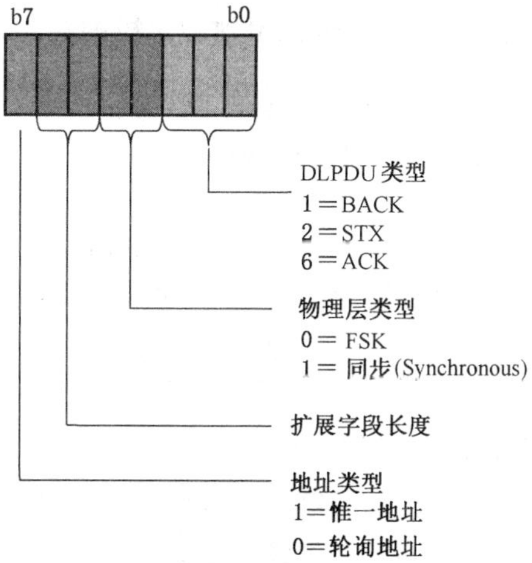

图 5 起始定界符结构

对不同子字段的规定如下：

a) Bit7 规定了地址字段的类型和长度：
   - 0:1 个八位位组长度的轮询地址(Polling address)；
   - 1:5 个八位位组长度的惟一地址(Unique address)；

b) 使用 2 个比特的二进制数，比特 6 和比特 5，对扩展字段长度进行编码；

c) Bit4 和 Bit3 表示物理层类型。对使用 FSK 物理层的本部分，该子字段值应为“00”；

d) 使用 3 个比特的二进制数，比特 2～0，对 DLPDU 类型进行编码。其值应为：
   - 1:BACK DLPDU；
   - 2:STX DLPDU；

- 6:ACK DLPDU。

5.3.1.2.2 址(Address)字段

该字段由源地址和目的地址组成。该地址字段可为使用轮询地址的1个八位位组,或使用惟一地址的5个八位位组。对于所有DLPDU,主站设备是源设备或目的设备。从站设备也可是目的设备或源设备。

如果起始定界符规定了轮询地址,则地址字段结构如图6所示。如果起始定界符规定了Unique ID地址,则地址字段结构如图7所示。

在一个八位位组地址的Bit7和5个八位位组地址的Bit39应为主站设备地址:

——1:第一(Primary);

——0:第二(Secondary)。

在一个八位位组地址的Bit6和5个八位位组地址的Bit38应表示从站设备的猝发模式。如果设备的Burst mode为"TRUE",则该比特设为1。

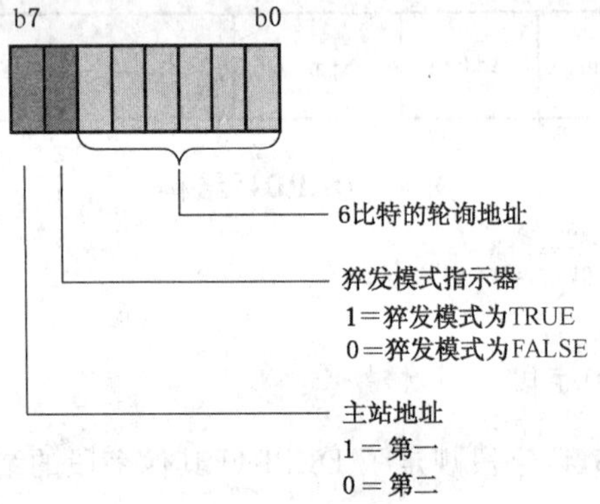

图6 一个八位位组地址字段的结构

一个八位位组地址的Bit5~0应设置为从站设备的轮询地址。6比特的轮询地址是分配给特定网络设备的地址。要求仅在设备所在网络内该值是惟一的。

注:轮询地址值63应被保留用于I/O系统。

如果起始定界符规定了惟一地址,则5个八位位组地址的Bit37~0应设置为Unique ID的低38比特。Unique ID应为2个八位位组的扩展设备类型码和3个八位位组的设备ID串联而成。

注:符合本标准的任何两个设备不应有相同的Unique ID。

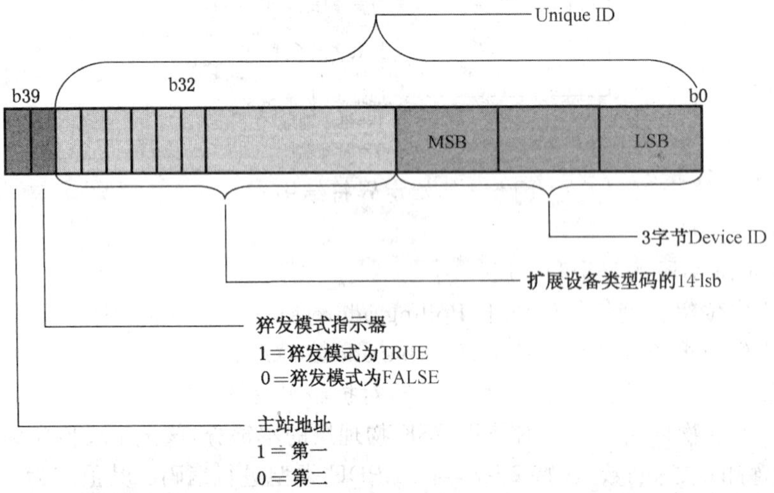

图7 5个八位位组地址字段的结构

符合本标准的设备的扩展设备类型码应被惟一分配。每个具有相同扩展设备类型码的设备实例，应被分配一个惟一的设备 ID。

广播地址应是作为惟一地址值的全 0 的 5 个八位位组地址。

5.3.1.2.3 扩展(Expansion)字段

保留该字段用于将来使用。为传输 DLPDU，DLE 应设置该字段的值为全 0。如果接收的 DLPDU 中的该字段的值非零，则 DLE 应忽略接收的 DLPDU。

5.3.1.2.4 DLL 载荷(DLL payload)

DLL 载荷包含 GB/T 29910.6—2013 的 5.2.2 中规定的 APDU，如图 8 所示。DLE 应使用八位位组计数(Octet Count)字段。

Command	Octet Count	Data

图 8 APDU 格式

Command 字段为一个八位位组的二进制数。Octet Count 为数据字段的八位位组个数，其取值范围为 0～255。Data 字段是应用层用户数据。如果 DLPDU 类型是 ACK 或 BACK，则 Data 字段长度应至少为 2。

注：对于 ACK 或 BACK DLPDU，如果第 1 个数据八位位组的最高有效位(Bit7)等于“1”，则该八位位组包含通信错误信息。DLE 能利用该信息。

5.3.1.2.5 校验(Check)字段

校验八位位组值是对 DLPDU 的所有八位位组，从起始定界符开始到数据的最后八位位组结束，按位进行异或计算得到。该八位位组字段用于错误检测。

5.3.2 DLPDU 特定编码和规程

5.3.2.1 STX DLPDU

5.3.2.1.1 发送 STX DLPDU

如果主站设备的 DLE 接收到 DL-Data-exchange 请求，则应准备用于传输的 STX DLPDU，设置变量“Message pending”为 TRUE 和 Retry count 为 0。起始定界符字段应按 5.3.1.2.1 进行设置。5.3.1.2.2 规定的猝发模式指示器(burst mode indicator)应设置为 0。主站地址应被设置以表示主站设备的角色——第一或第二。地址字段的剩余子字段应设置为请求原语中的目的地址。

发送 STX DLPDU 后，主站应等待响应 DLPDU。如果响应不是 ACK DLPDU 或在 RT1 时间段内无响应，则主站应重试发送 STX DLPDU。如果重试次数等于 Retry limit 且响应不成功，则 DLE 应返回表示该错误的 DL-Data-exchange 证实原语。

如果在从站 DLE 中接收到 DL-Data-exchange 请求，则应拒绝该请求。

5.3.2.1.2 接收 STX DLPDU

如果从站设备接收到 STX DLPDU 且无 5.3.4 中规定的通信错误，并且接收的 DLPDU 中地址字段为该从站的地址，则 DLE 应将包含在该 DLPDU 中的 DLSDU 作为 DL-Data-exchange 指示原语的一部分进行转发。接收 STX DLPDU 的规程和状态机见 5.4.7。

5.3.2.2 ACK DLPDU

5.3.2.2.1 发送 ACK DLPDU

如果从站设备的 DLE 接收到 DL-Data-exchange 响应，则应准备用于传输的 ACK DLPDU。如果 DLE 接收到的 STX DLPDU 带有通信错误，且要求 DLE 按 5.3.5 中的规定发送响应，则应准备用于传输的 ACK DLPDU。

起始定界符字段应按 5.3.1.2.1 进行设置。5.3.1.2.2 规定的猝发模式指示器(burst mode indicator)应被设置为从站设备的猝发模式。地址字段的剩余子字段应设置为对应于指示原语中接收的 STX DLPDU 中的主站地址和目的地址。

注 1：ACK 由从站设备发送。主站发出 ACK DLPDU 是协议错误。

注 2：在 ACK DLPDU 中的 DLL 载荷至少为 4 个八位位组长度。

如果主站 DLE 接收到 DL-Data-exchange 响应，则应拒绝该响应。

5.3.2.2.2 接收 ACK DLPDU

如果主站 DLE 正等待 ACK DLPDU，则应处理该 DLPDU 的内容。如无错误，则 DLE 应返回带有接收到的 DLSDU 和成功状态的 DL-Data-exchange 证实原语。如果响应 ACK 表示通信错误，则主站应重试发送 STX DLPDU。如果重试次数等于“Retry Limit”且未接收到响应，或者接收错误，则 DLE 应返回带有“No response”错误状态的 DL-Data-exchange 证实原语。

5.3.2.3 BACK DLPDU

5.3.2.3.1 发送 BACK DLPDU

如果 DLE 准备发送猝发模式响应，则应准备用于传输的 BACK DLPDU。起始定界符字段应按 5.3.1.2.1 进行设置，5.3.1.2.2 规定的猝发模式指示器应设置为 1。主站子字段应在连续 DLPDU 中交替设置为“1”和“0”。地址字段的其余子字段应设置为从站设备的 Unique ID。DLL 载荷应为存储 DLSDU 的缓冲区，该 DLSDU 由 DL-Cyclic-data 请求服务写入。从上一次传输 BACK DLPDU 后，如果该缓冲区没有更新，则 DLSDU 的响应代码字段应改变为“Update failure”码。数据子字段的第一个八位位组是响应代码子字段，见图 8。

注 1：BACK 由从站设备发出，主站发出 BACK DLPDU 是协议错误。

注 2：在 BACK DLPDU 中的 DLL 载荷至少为 4 个八位位组长度。

应按 5.4.7 传输 BACK DLPDU。

5.3.2.3.2 接收 BACK DLPDU

主站 DLE 应处理 BACK DLPDU 的内容，如无错误，则 DLE 应返回带有接收 DLSDU 和成功状态的 DL-Cyclic-data 指示原语。如果 BACK 指出有错误，则 DLE 应返回带有错误状态的 DL-Cyclic-data 指示原语。

5.3.3 组帧

在接收过程中，由起始定界符字段表示任何 DLPDU 的开始，由下面两个事件的较早事件表示接收结束：

——Ph-End 指示原语；

——接收到校验八位位组。

DLE 应使用起始定界符字段确定八位位组计数字段在 DLPDU 的位置。应按 5.3.1.2.4 和图 9 使用 DLL 载荷中的八位位组计数(Octet count),以确定校验八位位组在 DLPDU 中的位置。

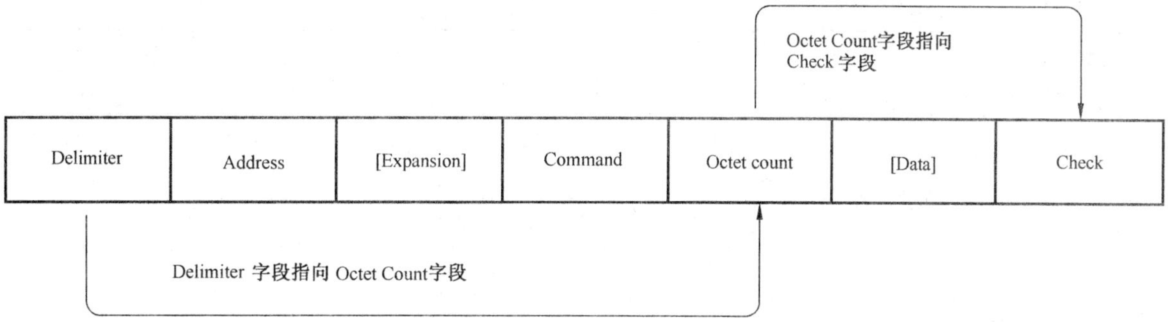

图 9 **DLPDU 组帧**

5.3.4 错误检测

本部分在 PhL 中使用单一奇偶校验编码方法,用于执行错误检测。这种方法可在两个方向进行奇偶校验:

——PhPDU 中单个八位位组的所有比特;

——DLPDU 中同一比特位置。

两个方向的奇偶校验见图 10。包括 Check 八位位组在内的每个八位位组都由 8 比特和 1 个奇校验(垂直校验)位构成。图中给出各八位位组如何构成一个长地址 DLPDU。

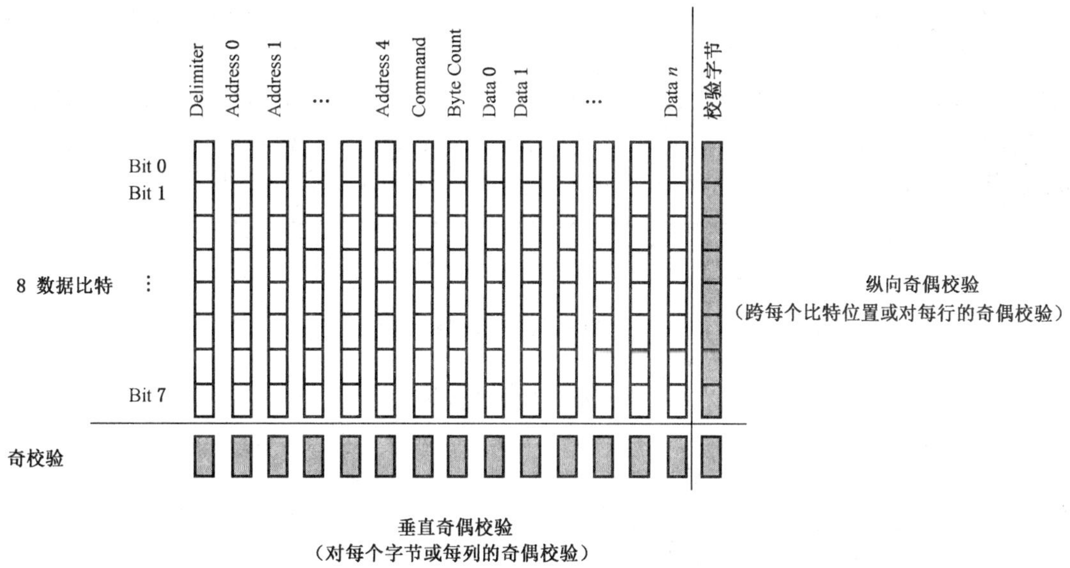

图 10 两个方向奇偶检测

第二个方向的错误检测通过对所有八位位组进行异或运算产生(纵向奇偶校验),从起始定界符(Delimiter)开始到 DLL 载荷的最后一个八位位组。计算结果作为 DLPDU 的最后一个八位位组(即 Check 字段)被传输。在接收期间,应对接收到的所有八位位组,从起始定界符开始到 Check 八位位组,进行按位异或运算。如果结果是十六制的“0x00”,则接收无错误。

5.3.5 从站对通信错误的响应

通信错误可以发生在 DLPDU 的任何部分。因此从站设备的响应取决于 DLPDU 中检测出错误的字段。表 7 总结了在特定字段检测到通信错误时,要求从站的动作。

表 7 从站对通信错误的响应

接收方 DLPDU 中发生错误的字段	从站设备响应
Delimiter	DLPDU 的组帧应中止。如果从站设备处于猝发模式，则猝发定时器应设置为 RT1(一类)。不应产生响应
Address	应将该 DLPDU 当做寻址到另一台设备的 DLPDU。不产生响应
Expansion	如果从站设备处于猝发模式，则猝发定时器应被设置为 RT1(Primary)。如果扩展字段影响到寻址，则不产生响应。 如果从站设备没有使用扩展字段，则不产生响应
Command	设备发出响应，该响应 DLPDU 由从站侦测到的命令号和表示对应错误的通信错误状态八位位组组成。无数据返回
Octet count	终止 DLPDU 的组帧。如果从站设备处于猝发模式，则猝发定时器设置为 RT1(Primary)。不产生响应
Data	设备发送响应。该响应给出在通信错误状态八位位组中对应的错误
Check	设备发送响应。该响应给出在通信错误状态八位位组中对应的错误。无数据返回

如果在校验八位位组结束前接收到 PH-END 指示，则接收的 DLPDU 应被忽略且不产生响应。如果接收到带有不连续数据接收错误状态的 PH-DATA 指示，则接收的 DLPDU 应被忽略且不产生响应。

如果要求 DLE 发送响应，则 DLL 载荷应如图 11 所示。命令号(Command number)字段值应与接收的 STX DLPDU 中的 DLL 载荷的第一个八位位组相同。通信错误代码(Communication error code)见表 8。应用过程状态(Application process status)应为当前状态，见 GB/T 29910.6—2013 的表 8。

Command number	Octet count=2	Communication error code	Application process status

图 11 通信错误响应 DLL 载荷

表 8 通信错误代码值

比特掩码	名 称	描 述
0x80	None	该比特应总是设为 1 以表示通信错误
0x40	Vertical parity error	按 5.3.4 中规定，设备接收的一个或多个八位位组的奇偶校验不是奇数
0x20	Overrun error	在 PhE 缓冲器中至少一个八位位组的数据在读取前被覆盖(即接收器没有足够快地处理输入的八位位组)
0x10	Framing error	PhE 未检测到设备接收的一个或多个八位位组的停止位(即当停止位应发生时未检测到 MARK 或 1)
0x08	Longitudinal parity error	设备按 5.3.4 计算的纵向奇偶校验与 DLPDU 末端的校验八位位组不匹配
0x04	Reserved	应设为 0
0x02	buffer overflow	PhPDU 或 DLPDU 对于 PhE 或 DLE 的接收缓冲器过长
0x01	Reserved	应设为 0

5.4 媒体访问控制

5.4.1 概述

通过传递隐含的令牌来控制对媒体的访问。令牌传递由 DLPDU 类型和主站设备地址完成。对三种 DLPDU 类型的规定见 5.3.2,使用描述如下:

——STX DLPDU 是从主站到目的从站的令牌;

——ACK DLPDU 是从响应从站到主站的令牌,该主站不是发送前面 STX DLPDU 的主站;

——BACK DLPDU 是从发送从站到主站的令牌,该主站不是 DLPDU 中寻址的主站。

本标准网络要求至少一个活动主站进行工作,可以有一个或二个活动主站设备。如果有两个活动主站设备,则一个是第一主站,另一个是第二主站。由主站设备的地址来决定是第一主站还是第二主站。可以有任意数量的活动从站连接到网络。为确保网络正常工作,只能有一个或没有猝发模式设备。如果两个主站设备和猝发模式设备是活动的,则有同等权利访问媒体。

合适的媒体访问操作取决于以下因素:

——媒体活动检测;

——确定令牌传递的 DLPDU 类型和主站地址;

——DLPDU 结束检测;

——链路监视定时器;

——时间参数值。

链路活动侦测由 PhE 完成,链路活动指示由 GB/T 29910.1—2013 的 4.2.2 中规定的 PH-START 指示原语和 Ph-End 指示原语完成。DLPDU 结束的检测见 5.3.2.3.2。链路监视定时器在 5.2.2 中定义,时间参数在 5.2.1 中定义。

MAC 操作有两种模式。如果没有猝发模式设备连接到网络上,则由一个主站控制对媒体的访问。如果有一个猝发模式设备连接到网络,则由该猝发设备控制对媒体的访问。主站设备应确定网络的操作模式并使用合适的媒体访问控制模式。如果主站接收到 BACK DLPDU 或接收到带有猝发模式指示器为 1(见 5.3.1.2.2)的 ACK DLPDU,则认为网络处于猝发模式。

本规范将 MAC 子层分解为三个部分,如图 12 所示。这三个部分是:

——规定 MAC 子层全部操作的 MAC 状态机;

——发送 DLPDU 的发送器-XMIT 状态机;

——侦听链路并接收 DLPDU 的接收器-RECV 状态机。

XMT 状态机和 RCV 状态机对于主站设备和从站设备是通用的。主站设备的 MAC 状态机与从站设备的 MAC 状态机是不同的。

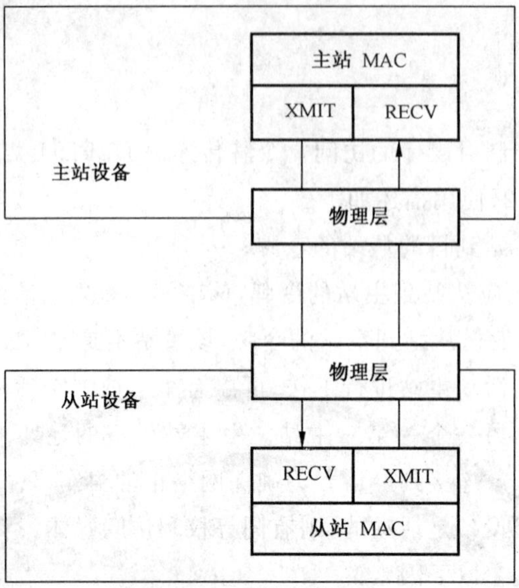

图 12 MAC 状态机

5.4.2 主站控制下的媒体访问

在此模式下，第一个主站向从站设备发送请求(STX) DLPDU，并等待来自从站设备的 ACK 响应。ACK DLPDU 向其他主站传递响应 DLSDU 以及令牌。接收到 ACK DLPDU 后，其他主站发送请求(OSTX) DLPDU。从站设备发送响应(OACK) DLPDU，该响应 DLPDU 成为传给第一个主站的令牌。以上过程见图 13，图中第一个主站是第一主站。

注：本标准中，字符 O(例如，OBACK、OSTX and OACK) 表示在 DLPDU 中的主站地址是其他主站地址。

在此模式下，从站设备应发送 ACK DLPDU 作为对任何接收的寻址到本设备的 STX DLPDU 的响应。即使在接收过程中有某些错误，从站设备应发送响应，见 5.3.5。

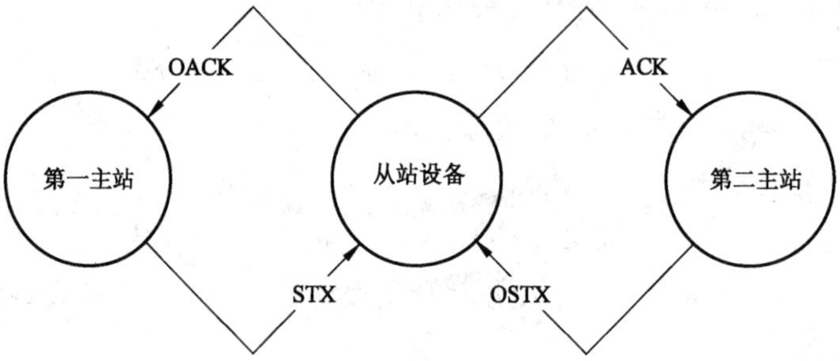

图 13 主站对媒体访问的控制

如果从站设备无法做出响应或无链路活动，则主站使用 RT1 执行对令牌的恢复。第二主站的 RT1 值应大于第一主站的 RT1 值。这样在无链路活动时，第一主站开始传输。

5.4.3 猝发模式控制下的媒体访问

在猝发模式下，由猝发模式设备控制对媒体的访问，见图 14。猝发模式设备连续发送 BACK DLPDU，并且 DLPDU 中的主站地址在一个 BACK DLPDU 和下一个 BACK DLPDU 之间来回转换。在此模式下，BACK DLPDU 是主站设备的令牌。寻址到第一主站的 BACK 是第二主站的令牌，寻址到第二主站的 BACK 则是第一主站的令牌。如果接收令牌的主站有正挂起的传输,则该主站发送 STX。否则在 RT2 时间之后,由猝发模式设备获得令牌。如果主站设备向从站发送 STX DLPDU,则在从站用 ACK DLPDU 做出响应后,由猝发模式设备获得令牌。

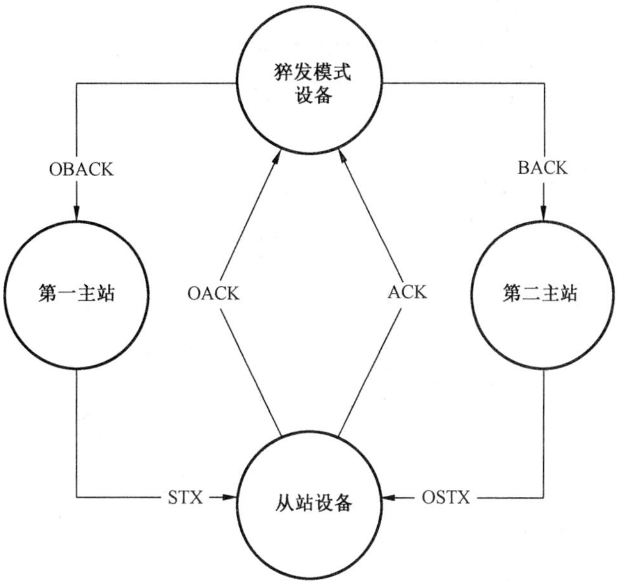

图 14 猝发模式对媒体访问的控制

5.4.4 令牌传递概述

表 9 给出了令牌传递顺序。所有主站应监视所有接收到 ACK DLPDU 中的猝发模式指示器,判断该 ACK 是否寻址到某主站。如果接收到的 ACK DLPDU 的猝发模式指示器等于"1",则认为网络处于猝发模式。如果接收到的 ACK DLPDU 的猝发模式指示器等于"0",则认为网络未处于猝发模式。

表 9 令牌传递

网络模式	DLPDU	类型	令牌
非猝发 (Not burst)	第一主站到从站	STX	传递到从站
	从站到第一主站	ACK	传递到第二主站
	第二主站到从站	STX	传递到从站
	从站到第二主站	ACK	传递到第一主站
猝发 (Burst)	第一主站到从站	STX	传递到从站
	从站到第一主站	ACK	传递到猝发模式从站
	猝发到第一主站	BACK	传递到第二主站
	第二主站到从站	STX	传递到从站
	从站到第二主站	ACK	传递到猝发模式从站
	猝发到第二主站	BACK	传递到第一主站

5.4.5 XMIT 状态机

图 15 所示为传输 DLPDU 使用的状态机。状态转换见表 10。启动该状态机以传输一个 DLPDU。

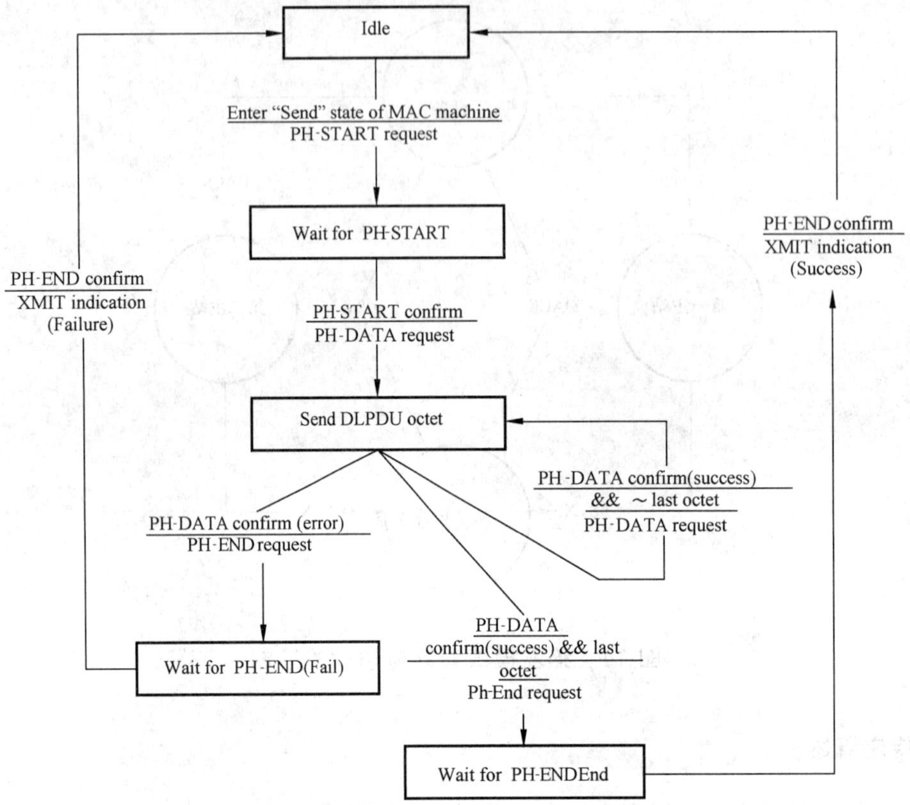

图 15 XMIT 状态机

表 10 XMIT 状态转换

当前状态	事件或条件 => 动作	下一状态
Idle	Enter "Send" state of MAC machine => PH-START request	Wait for PH-START
Wait for PH-START	PH-START confirm => PH-DATA request	Send DLPDU octet
Send DLPDU octet	PH-DATA confirm {Status} = success && ~last octet => PH-DATA request	Send DLPDU octet
Send DLPDU octet	PH-DATA confirm {Status} = success && last octet => PH-END request	Wait for PH-END
Send DLPDU octet	PH-DATA confirm {Status} = Error => PH-END request	Wait for PH-END(Fail)
Wait for PH-END	PH-END confirm => XMIT indication(Success)	Idle
Wait for PH-END(Fail)	PH-END confirm => XMIT indication(Failure)	Idle

当DLE处于“Wait for PH-START”状态时，应等待PhE来启动发送前导码。PhE通过PH-START证实原语来表示前导码传输结束，见GB/T 29910.1—2013的5.2.2.1。DLE应使用PH-DATA服务一次发送一个DLPDU八位位组。最后，DLE应以发送校验(Check)八位位组，然后使用PH-END服务来结束该传输。

5.4.6 RECV状态机

图16所示为接收DLPDU使用的状态机。当PhE侦测到活动并向DLE发送PH-START指示原语时启动该状态机。状态转换见表11。

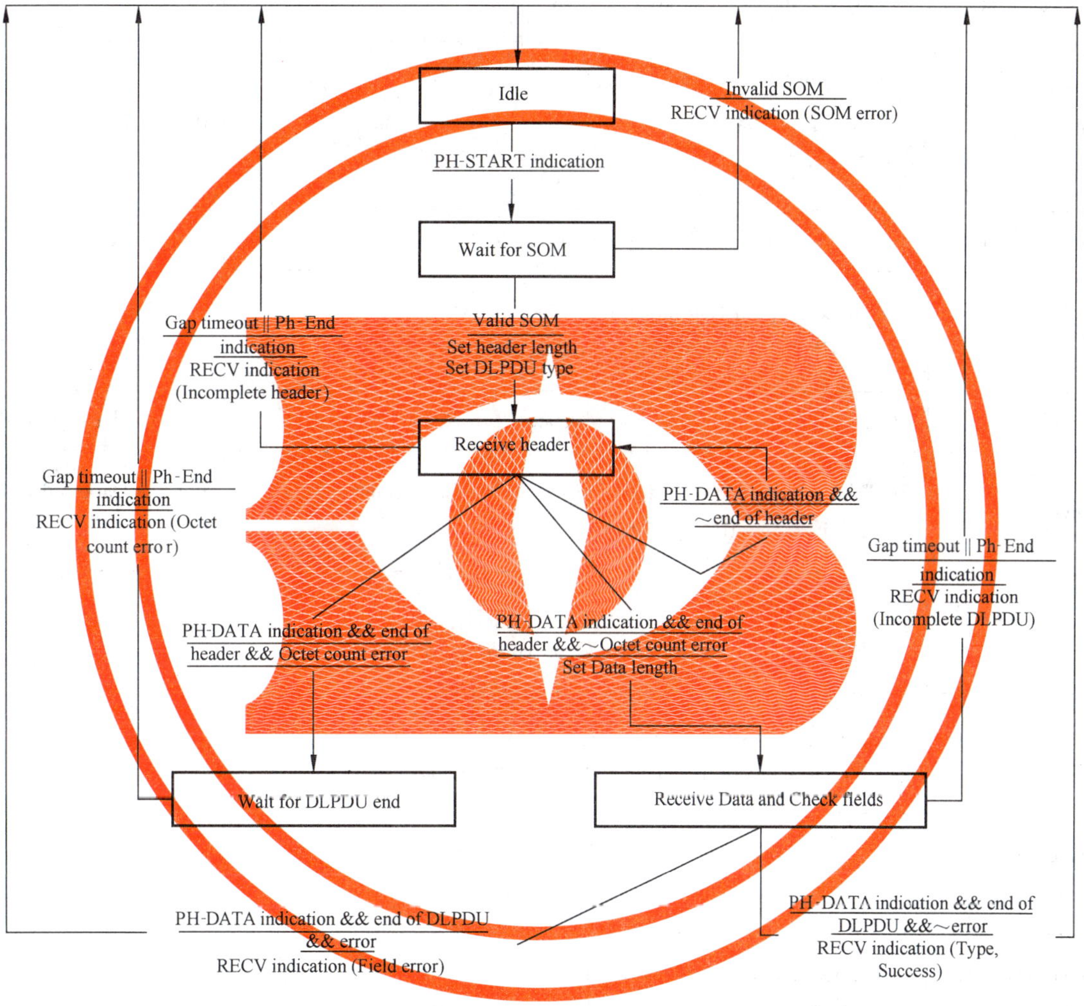

图16 RECV状态机

SOM由两个或更多八位位组的前导码和一个八位位组的起始定界符组成。首部由从Address到octet count的DLPDU字段组成，见5.3.3。应对起始定界符解码以设置DLPDU类型和计算首部长度。如果接收到带有错误状态的PH-DATA指示原语，则应按状态机和表7处理错误。如果未接收到完整首部，应用失败指示来终止RECV状态机。如果接收到完整首部，但在Octet count字段有错误，则应丢弃接收的DLPDU并且RECV状态机应等待，直到接收到Ph-End指示原语。如果接收到完整首部且Octet count字段无错误，但在首部中的其他字段有错误，RECV状态机应继续接收整个DLPDU。任何字段出错，包括Check字段错误，都应被指示出来。当两个字符有间距且间距等于或大于一个字符时间时，发生Gap timeout事件。

表 11 RECV 状态转换

当前状态	事件或条件 => 动作	下一状态
Idle	PH-START indication	Wait for SOM
Wait for SOM	Invalid SOM => RECV indication(status = SOM error)	Idle
Wait for SOM	Valid SOM => Set header length Set DLPDU type	Receive header
Receive header	PH-DATA indication && ~ end of header	Receive header
Receive header	Gap timeout || Ph-End indication => RECV indication(status = Incomplete header)	Idle
Receive header	PH-DATA indication && end of header && Octet count error	Wait for DLPDU end
Receive header	PH-DATA indication && end of header &&~Octet count error => Set Data length	Receive Data and Check fields
Wait for DLPDU end	Gap timeout || Ph-End indication => RECV indication(status = Octet count error)	Idle
Receive Data and Check fields	PH-DATA indication && end of DLPDU && ~ error => RECV indication(Type = DLPDU type, status = Success)	Idle
Receive Data and Check fields	PH-DATA indication && end of DLPDU && error => RECV indication(status = Field error)	Idle
Receive Data and Check fields	Gap timeout || Ph-End indication => RECV indication(status = Incomplete DLPDU)	Idle

5.4.7 从站 MAC 状态机

图 17 给出从站设备使用的 MAC 状态机。在 DLPDU 接收结束时 RECV 状态机发送 RECV 指示,此时启动 MAC 状态机。状态转换见表 12。

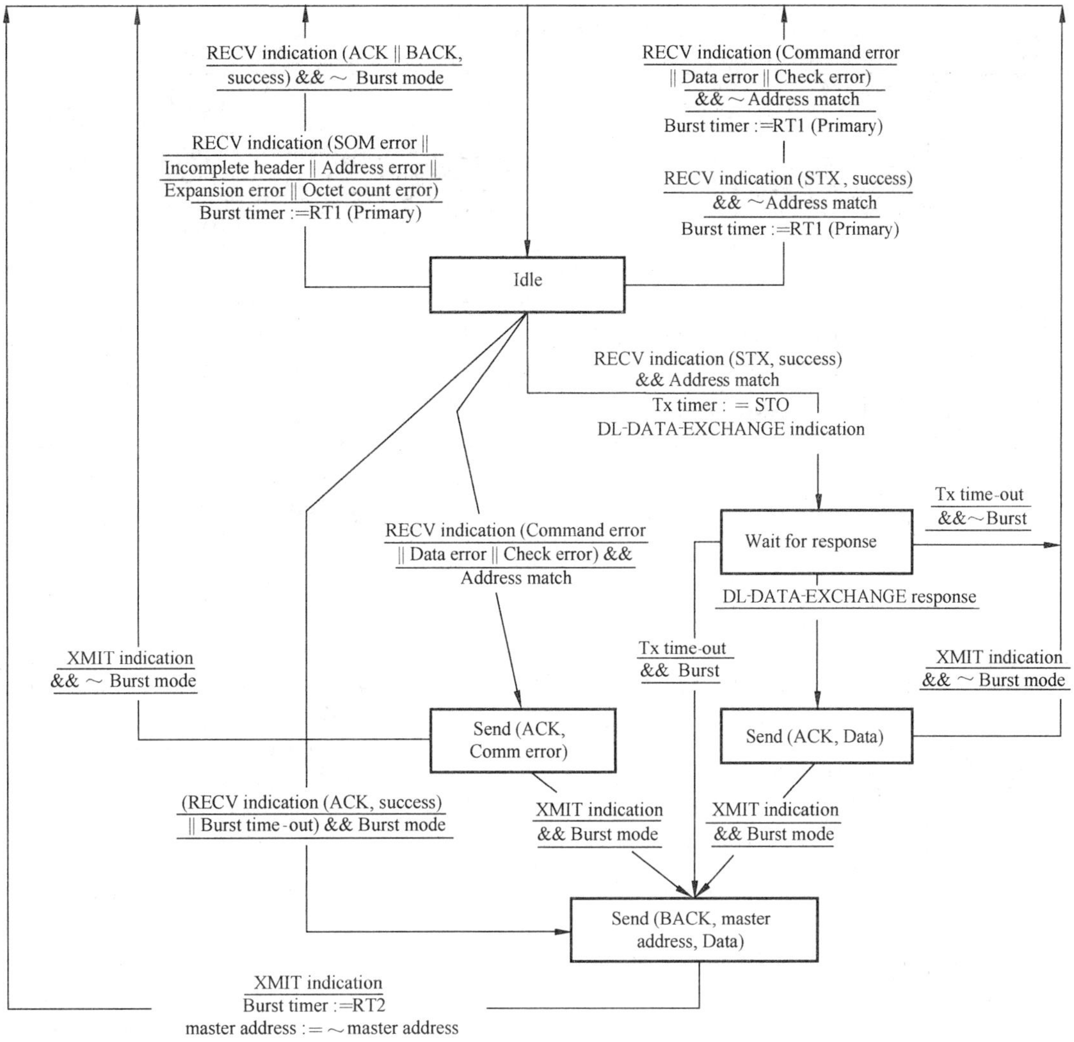

图 17　从站 MAC 状态机

如果接收成功且接收的 DLPDU 是寻址到从站设备的 STX，则 DLE 应向 DLS 用户发送 DL-Data-exchange 指示，启动值为 STO 的 Tx 定时器，并转换到“Wait for response”状态。该计时器应倒计数，当计时器值为 0 时，产生 Tx time-out 事件。如果在 Tx time-out 之前接收到来自 DLS 用户的响应，则 DLE 应发送带有 DLS 用户数据的 ACK DLPDU。

如果接收的 DLPDU 中的 Delimiter、Address、Expansion 和 octet count 字段没有错误，Address 字段为 DLE 地址，但在接收的 DLPDU 中有其他错误，则 DLE 应发送 ACK DLPDU，见表 7，并转换到“Send(ACK，Comm error)”状态。DLPDU 字段应为：

——Command 字段与接收 DLPDU 的 Command 字段相同；

——Octet count 等于 2；

——在接收的 DLPDU 的 Data 字段的第一个八位位组设置为通信错误；

——Data 字段的第二个八位位组设置为“Application process status”。

如果猝发模式为 FALSE(禁止)，则在发出 ACK DLPDU 后或如果 Tx time-out 事件发生，则 MAC 状态机应转换到 Idle 状态。

注 1：如果设备未处于猝发模式，则无需启动猝发定时器，即使一些动作表示启动了猝发定时器。

表 12 从站 MAC 状态转换

当前状态	事件或条件 => 动作	下一状态
Idle	RECV indication(Command error || Data error || Check error) && ~ Address match => Burst timer := RT1(Primary)	Idle
Idle	RECV indication(SOM error || Incomplete header || Address error || Expansion error || Octet count error) => Burst timer := RT1(Primary)	Idle
Idle	RECV indication(ACK || BACK, success) && ~ Burst mode	Idle
Idle	RECV indication(STX, success) && ~ Address match => Burst timer := RT1(Primary)	Idle
Idle	(RECV indication(ACK, success) || Burst time-out) && Burst mode	Send(BACK, master address, Data)
Idle	RECV indication(Command error || Data error || Check error) && Address match	Send(ACK, Comm error)
Idle	RECV indication(STX, success) && Address match => Tx timer := STO DL-Data-exchange indication	Wait for response
Wait for response	DL-Data-exchange response	Send(ACK, Data)
Wait for response	Tx time-out && ~ Burst mode	Idle
Wait for response	Tx time-out && Burst mode	Send(BACK, master address, Data)
Send(ACK, Data)	XMIT indication && ~ Burst mode	Idle
Send(ACK, Data)	XMIT indication && Burst mode	Send(BACK, master address, Data)
Send(ACK, Comm error)	XMIT indication && ~ Burst mode	Idle
Send(ACK, Comm error)	XMIT indication && Burst mode	Send(BACK, master address, Data)
Send(BACK, master address, Data)	XMIT indication => Burst timer := RT2 master address = ~ master address	Idle
注：Comm error 是 Data 字段的"Communication error code"八位位组。		

如果猝发模式为 TRUE(使能)，则在下列事件后，MAC 状态机应发送带有从 DL-Cyclic-data 请求原语接收到的 DLS 用户数据的 BACK DLPDU：

——发送 ACK DLPDU 之后；或

——Tx time-out 事件发生；或

——Burst time-out 事件发生；或

——接收到来自其他从站设备的 ACK DLPDU。

在两个连续的 BACK DLPDU 中,BACK DLPDU 中的主站地址应在第一主站和第二主站之间转换。发送 BACK DLPDU 之后,应将猝发定时器设置为 RT2。如果在 DLPDU 接收过程中有错误,或接收的 STX DLPDU 寻址到另一个从站,则猝发定时器应设置为 RT1(primary)。该定时器应倒计数,当值为 0 时产生 Burst time-out 事件。

注 2：如果 DLE 接收到用于使能猝发模式的 STX DLPDU,则在作为 STX DLPDU 响应的 ACK DLPDU 发送结束之前,期望 DLS 用户使能猝发模式。这将使主站 MAC 工作在正确的模式。

5.4.8 主站 MAC 状态机

图 18 所示为主站设备使用的 MAC 状态机。该状态机处于 Idle 状态,直到 DLE 接收到 DLPDU 或恢复定时器超时。状态转换见表 13。该状态机适用于主站和猝发模式对媒体访问的控制。RT1 的值对于第一主站应为 RT1(primary),对于第二主站应为 RT1(secondary)。状态机中的 OBACK 和 OACK DLPDU,它们带有的主站地址不是执行该状态机的设备的地址。在 Idle 状态该状态机等待令牌,在 Wait for ACK 状态等待令牌返回。

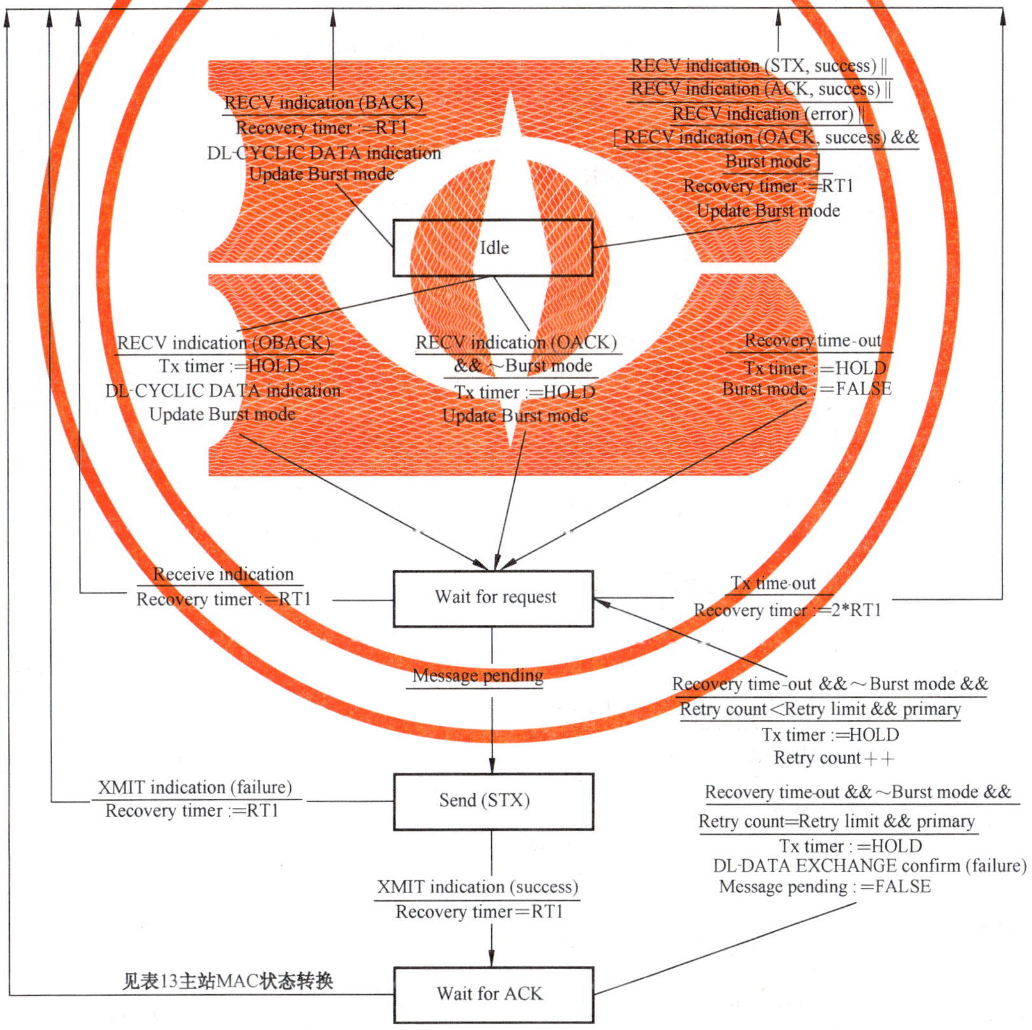

图 18　主站 MAC 状态机

当下列的一个事件发生时,DLE 接收令牌:

——接收到带有另一个主站地址的 ACK DLPDU;或

——接收到带有另一个主站地址的 BACK DLPDU；或

——恢复定时器超时。

当 DLE 接收令牌且 DLS 用户有请求时，DLE 应在 HOLD 时间内（从接收到令牌开始），使用令牌发送 STX DLPDU。然后 DLE 应等待响应 ACK DLPDU。如果接收到成功的 ACK DLPDU，则 MAC 状态机应转换到 Idle 状态。如果没有响应且猝发模式未使能，则下一个状态取决于主站地址。第一主站应马上获得令牌并重试发送 STX DLPDU。第二主站应等待 RT2 时间，只有第一主站不使用令牌时才能获得令牌。如果使能猝发模式，则两类主站设备应将恢复定时器值设为 RT1，且 MAC 状态机应转换到 Idle 状态。只要接收到有效的 DLPDU，应将猝发模式更新为接收到的 DLPDU 的猝发模式。

表 13 主站 MAC 状态转换

<table>
<tr><th>当前状态</th><th>事件或条件
=> 动作</th><th>下一状态</th></tr>
<tr><td>Idle</td><td>RECV indication(STX, success) ||
RECV indication(ACK, success) ||
RECV indication(error) ||
(RECV indication(OACK, success) && Burst mode) =>
Recovery timer := RT1
Update Burst mode</td><td>Idle</td></tr>
<tr><td>Idle</td><td>RECV indication(BACK) =>
Recovery timer := RT1
DL-Cyclic-data indication
Update Burst mode</td><td>Idle</td></tr>
<tr><td>Idle</td><td>RECV indication(OBACK) =>
Tx timer := HOLD
DL-Cyclic-data indication
Update Burst mode</td><td>Wait for request</td></tr>
<tr><td>Idle</td><td>RECV indication(OACK) && ~ Burst mode =>
Tx timer := HOLD
Update Burst mode</td><td>Wait for request</td></tr>
<tr><td>Idle</td><td>Recovery time-out =>
Tx timer := HOLD
Burst mode := false</td><td>Wait for request</td></tr>
<tr><td>Wait for request</td><td>Message pending</td><td>Send(STX)</td></tr>
<tr><td>Wait for request</td><td>Tx time-out =>
Recovery timer := 2*RT1</td><td>Idle</td></tr>
<tr><td>Wait for request</td><td>Receive indication =>
Recovery timer := RT1</td><td>Idle</td></tr>
<tr><td>Send(STX)</td><td>XMIT indication(success) =>
Recovery timer := RT1</td><td>Wait for ACK</td></tr>
<tr><td>Send(STX)</td><td>XMIT indication(failure) =>
Recovery timer := RT1</td><td>Idle</td></tr>
</table>

表 13（续）

当前状态	事件或条件 => 动作	下一状态
Wait for ACK	RECV indication(ACK, success) && ~ Burst mode => Recovery timer := RT2 DL-Data exchange confirm(success) Message pending := false	Idle
Wait for ACK	RECV indication(ACK, success) && Burst mode => Recovery timer := RT1 DL-Data exchange confirm(success) Message pending := false	Idle
Wait for ACK	RECV indication(ACK, Comm error) && ~ Burst mode && Retry count < Retry limit => Recovery timer := RT2 Retry count++	Idle
Wait for ACK	RECV indication(ACK, Comm error) && ~ Burst mode && Retry count = Retry limit => Recovery timer := RT2 DL-Data exchange confirm(failure) Message pending := false	Idle
Wait for ACK	RECV indication(ACK, Comm error) && Burst mode && Retry count < Retry limit => Recovery timer := RT1 Retry count++	Idle
Wait for ACK	RECV indication(ACK, Comm error) && Burst mode && Retry count = Retry limit => Recovery timer := RT1 DL-Data exchange confirm(failure) Message pending := false	Idle
Wait for ACK	(RECV indication(! =ACK, success) || RECV indication (error)) && Retry count < Retry limit => Recovery timer := RT1 Retry count++	Idle
Wait for ACK	(RECV indication(! =ACK, success) || RECV indication(error)) && Retry count = Retry limit => Recovery timer := RT1 DL-Data exchange confirm(failure) Message pending := false	Idle
Wait for ACK	Recovery time-out && ~ Burst mode && Retry count < Retry limit && primary => Tx timer := HOLD Retry count++	Wait for request

表 13（续）

当前状态	事件或条件 => 动作	下一状态
Wait for ACK	Recovery time-out && ～ Burst mode && Retry count = Retry limit && primary => Tx timer := HOLD DL-Data exchange confirm(failure) Message pending := false	Wait for request
Wait for ACK	Recovery time-out && ～ Burst mode && Retry count < Retry limit && secondary => Recovery timer := RT1(secondary) − RT1(primary) Retry count++	Idle
Wait for ACK	Recovery time-out && ～ Burst mode && Retry count = Retry limit && secondary => Recovery timer := RT1(secondary) − RT1(primary) DL-Data exchange confirm(failure) Message pending := false	Idle
Wait for ACK	Recovery time-out && Burst mode && Retry count < Retry limit => Recovery timer := RT1 Retry count++	Idle
Wait for ACK	Recovery time-out && Retry count = Retry limit => Recovery timer := RT1 DL-Data exchange confirm(failure) Message pending := false	Idle
注：Comm error 是 Data 字段的“Communication error code”八位位组。		

当处于 Idle 状态的状态机首次启动时，恢复定时器应设置为 RT1。当 DLE 接收一个 DLPDU 后或恢复定时器超时，MAC 状态机与网络同步。状态机保持同步直到有错误发生，如接收到无效 DLPDU 或没有来自从站设备的响应。当处于非猝发模式时，其他主站期待接收令牌并使用令牌。恢复定时器设置为 RT2，该值比 RT1 小得多。如果其他主站不存在或不使用令牌，则该主站在更短时间内恢复令牌。在猝发模式下使用 RT2 值，因为猝发模式从站希望在更短的时间窗内发起下一次传输。

只要主站接收到非预期的 DLPDU，主站应返回到 Idle 状态并将恢复定时器设置为 RT1。如果在链路上有一个处于猝发模式的设备，试图访问链路的主站的访问顺序由猝发模式 DLPDU 确定。只有寻址到另一个主站的猝发模式报文之后，主站才能访问该链路。

注：在一个链路上只允许有一个猝发模式设备。假定在主站设备启动阶段（从 power-off 状态），在主站尝试使用这些仲裁规则与猝发设备通信之前，猝发模式设备应启动并发送 BACK DLPDU。

5.5 DL 管理信息

在适当的 DLE 操作可用前，应配置几个 DL 参数。主站设备的这些属性定义见表 14，从站设备的这些属性定义见表 15。时间参数的规定以字符时间为单位，见 3.2.8 和 GB/T 29910.1—2013 的 5.2.2.2。

表 14　主站 DL 参数

参数名称	取值范围	定　　义
Master address	Primary Secondary	该参数将 DLE 配置为作为第一主站或是第二主站工作
Retry limit	>= 3	见 5.2.1.5
Capture BACK	Enable Disable	如果参数值为 Enable，当主站接收到有效的 BACK DLPDU 时，则主站 DLE 应提供 DL-Cyclic-data 指示
Capture other master frame	Enable Disable	如果参数值为 Enable，当主站接收到带有其他主站地址的有效 DLPDU 时，则主站 DLE 应提供 DL-Receive 指示
Burst mode	Enable Disable	见 5.2.3.1
Hold time(HOLD)	2	见 5.2.1.1
Link quiet time(RT1)	33 41	见 5.2.1.3，对于第一主站该参数值较小，对于第二主站该参数值较大
Link grant time(RT2)	8	见 5.2.1.4

表 15　从站 DL 参数

参数名称	取值范围	定　　义
Unique address	Unique ID	Unique ID 定义见 3.2.39，唯一地址见 5.3.1.2.2 和图 7
Polling address	0～63	定义见 3.2.32 和 5.3.1.2.2
Capture address	Unique | Polling address	该参数为从站设备的地址
Capture mode	Enable Disable	如果参数值为 Enable，当主站接收到带有等于 Capture address 的从站地址的有效 ACK 和 BACK DLPDU 时，则从站设备应提供 DL-Receive 指示
Burst mode	Enable Disable	见 5.2.3.1
Slave time out(STO)	28	见 5.2.1.2
Link quiet time(RT1)	33	从站设备使用对应第一主站的参数值，见 5.2.1.3
Link grant time(RT2)	8	见 5.2.1.4
Preamble length	5～20	由从站设备发出的 PhPDU 的前导码长度

如果未使用 DLM-SET 服务设置"Preamble length"值，则其值为 5。

ICS 25.040
N 10

中华人民共和国国家标准

GB/T 29910.3—2013/IEC 61158-5-20:2010

工业通信网络 现场总线规范 类型20：HART规范 第3部分：应用层服务定义

Industrial communication networks—Fieldbus specifications—Type 20 HART specification—Part 3: Application layer service definition

(IEC 61158-5-20:2010, Industrial communication networks—Fieldbus specification—Part 5-20: Application layer service definition—Type 20 elements, IDT)

2013-12-17 发布 2014-05-01 实施

中华人民共和国国家质量监督检验检疫总局
中国国家标准化管理委员会 发布

前　言

GB/T 29910《工业通信网络　现场总线规范　类型 20:HART 规范》分为以下 6 个部分:

——第 1 部分:HART 有线网络物理层服务定义和协议规范;

——第 2 部分:HART 有线网络数据链路层服务定义和协议规范;

——第 3 部分:应用层服务定义;

——第 4 部分:应用层协议规范;

——第 5 部分:WirelessHART 无线通信网络及通信行规;

——第 6 部分:应用层附加服务定义和协议规范。

本部分为 GB/T 29910 的第 3 部分。

本部分按照 GB/T 1.1—2009 给出的规则起草。

本部分等同采用 IEC 61158-5-20:2010《工业通信网络　现场总线规范　第 5-20 部分:应用层服务定义　类型 20 元素》(英文版)。

与本部分中规范性引用的国际文件有一致性对应关系的我国文件如下:

——GB/T 9387.1—1998　信息技术　开放系统互连　基本参考模型　第 1 部分:基本模型(ISO/IEC 7498-1:1994,IDT)

——GB/T 15273.1—1994　信息处理　八位单字节编码图形字符集　第 1 部分:拉丁字母一(ISO/IEC 8859-1:1987, IDT)

——GB/T 15695—2008　信息技术　开放系统互连　表示服务定义(ISO/IEC 8822:1994,IDT)

——GB/T 16262.1—2006　信息技术　开放系统互连　抽象语法记法一(ASN.1)　第 1 部分:基本记法规范(ISO/IEC 8824-1:2002,IDT)

——GB/T 17176—1997　信息技术　开放系统互连　应用层结构(ISO/IEC 9545:1994,IDT)

——GB/T 17967—2000　信息技术　开放系统互连　基本参考模型 OSI 服务定义约定(ISO/IEC 10731:1994,IDT)

本部分的技术内容和组成结构与 IEC 61158-5-20:2010《工业通信网络　现场总线规范　第 5-20 部分:应用层服务定义　类型 20 元素》(英文版)相一致,只是对第 2 章规范性引用文件做了如下调整和补充:

——将参考文献中 GB/T 29910.4—2013 调整到第 2 章,因为在 5.1 等条文中引用;

——将参考文献中 IEC/TR 61158-1 调整到第 2 章,因为在 3.5 等条文中引用;

——本部分中出现的国际标准未等同转化为国家标准的仍保留国际标准编号。

本部分由中国机械工业联合会提出。

本部分由全国工业过程测量和控制标准化技术委员会(SAC/TC 124)归口。

本部分起草单位:机械工业仪器仪表综合技术经济研究所、HART 通信基金会、中国科学院沈阳自动化研究所、上海自动化仪表股份有限公司、西南大学、上海工业自动化仪表研究院、北京和利时系统工程股份有限公司、北京奥斯汀科技有限公司、福建上润精密仪器有限公司、中国仪器仪表行业协会、上海汉物天物联网技术有限公司、重庆工业自动化仪表研究所、二重集团(德阳)重型装备股份有限公司。

本部分主要起草人:高镜媚、刘丹、王麟琨、冯翔、刘涛、梁炜、杨志家、包伟华、刘枫、王骏、罗安、陈小枫、戈剑、董景辰、蒋济友。

工业通信网络 现场总线规范 类型20：HART规范 第3部分:应用层服务定义

1 范围

1.1 概述

现场总线应用层(FAL)为用户程序提供访问现场总线通信环境的一种手段。在这一方面,可将FAL视为"相应的应用程序之间的一个窗口"。

GB/T 29910的本部分为在HART现场总线特定的自动化环境中,应用程序之间的基本报文通信提供了公共要素。这些基本报文通信包括"严格时间要求(time-critical)"的通信和"非严格时间要求(non-time-critical)"的通信。术语"严格时间要求"表示存在一个时间窗,在此时间窗内,要求以某个已定义的确定性等级完成所要求的一个或多个规定动作。在时间窗内未完成规定的动作,会产生请求这些动作的应用失败的风险,甚至伴随造成仪器、设备和可能的人身危险。

本部分以抽象方式从以下几方面定义了HART现场总线应用层所提供的外部可见服务:

a) 一种用来定义应用资源(对象)的抽象模型。用户可通过使用FAL服务来操作这些应用资源(对象);
b) 服务原语的动作和事件;
c) 与每个原语动作和事件相关的参数,以及这些参数的构成方式;
d) 这些动作和事件之间的相互关系及其有效序列。

本部分是为以下使用者定义服务:

a) 向现场总线参考模型的用户和应用层边界上的FAL用户提供服务;
b) 向现场总线参考模型的应用层和系统管理边界上的系统管理提供服务。

本部分规定了IEC 61158现场总线类型20的应用层结构和服务,与OSI基本参考模型(ISO/IEC 7498-1)和OSI应用层结构(ISO/IEC 9545)一致。

FAL服务和协议由包含在应用过程中的FAL应用实体(AE)来提供。FAL AE由一组面向对象的应用服务元素(ASE)和管理AE的层管理实体(LME)所组成。ASE提供的通信服务用来操作一组相关的应用过程对象(APO)类。FAL ASE中的管理ASE为FAL类实例的管理提供一个公共服务集。

尽管从应用角度,这些服务规定了如何发出并传递请求和响应,但不规定发出请求和做出响应的应用如何处理这些请求和响应。也就是说,并未规定应用的行为特性方面,而只规定了应用能够发送哪些请求和接收哪些响应。这样,在标准化这些对象的行为特性时,给予了FAL用户更大的灵活性。除了这些服务外,本部分还定义了一些支持服务以提供对FAL的访问,从而控制其操作的某些方面。

1.2 规范

本部分的首要目标是规定适于严格时间要求通信的概念性的应用层服务特性,作为OSI基本参考模型的补充,用于指导开发严格时间要求通信的应用层协议。

本部分的第二目标是提供已有工业通信协议的移植路径。正是这一目标导致了IEC 61158不同类型的服务的多样性。

本部分可作为形式化应用程序接口的基础。但是,这并不是形式化的程序接口。任何这样的接口

都需要说明本部分未涉及的实现问题,包括:

a) 不同多八位位组服务参数的大小和八位位组顺序;

b) 成对的请求和证实原语的关联,或者成对的指示和响应原语的关联。

1.3 一致性

本部分未规定个别的实现或产品,也未约束工业自动化系统中应用层实体的实现。

设备与本部分应用层服务定义不存在一致性。一致性是通过依照本部分定义的,满足类型20(HART)应用层服务的应用层协议的实现来获得的。

2 规范性引用文件

下列文件对于本文件的应用是必不可少的。凡是注日期的引用文件,仅注日期的版本适用于本文件。凡是不注日期的引用文件,其最新版本(包括所有的修改单)适用于本文件。

GB/T 29910.4—2013 工业通信网络 现场总线规范 类型20:HART规范 第4部分:应用层协议规范(IEC 61158-6-20:2010,IDT)

IEC/TR 61158-1:2010 工业通信网络 现场总线规范 第1部分:IEC 61158和IEC 61784系列概述和导则(Industrial communication networks—Fieldbus specifications—Part 1: Overview and guidance for the IEC 61158 and IEC 61784 series)

ISO/IEC 7498-1 信息技术 开放系统互连 基本参考模型 第1部分:基本模型(Information technology—Open systems interconnection—Basic reference model—Part 1:The basic model)

ISO/IEC 8822 信息技术 开放系统互连 表示服务定义(Information technology—Open systems interconnection—Presentation service definition)

ISO/IEC 8824-1 信息技术 开放系统互连 抽象语法记法一(ASN.1) 第1部分:基本记法规范(Information technology—Abstract Syntax Notation One(ASN.1)—Part 1: Specification of basic notation)

ISO/IEC 8859-1 信息处理 八位单字节编码图形字符集 第一部分:拉丁字母一(Information processing-8-Bit single-byte coded graphic character sets—Part 1:Latin alphabet No.1)

ISO/IEC 9545 信息技术 开放系统互连 应用层结构(Information technology—Open systems interconnection—Application layer structure)

ISO/IEC 10731 信息技术 开放系统互连 基本参考模型 OSI服务定义约定(Information technology—Open Systems Interconnection—Basic reference model—Convention for the definition of OSI services)

3 术语和定义、符号、缩略语、约定

3.1 ISO/IEC 7498-1 术语

ISO/IEC 7498-1中界定的下列术语适用于本文件:

a) 应用实体 application entity

b) 应用过程 application process

c) 应用协议数据单元 application protocol data unit

d) 应用服务元素 application service element

e) 应用实体调用 application entity invocation

f) 应用过程调用 application process invocation

g) 应用事务 application transaction
h) 开放实系统 real open system
i) 传送语法 transfer syntax

3.2 ISO/IEC 8822 术语

ISO/IEC 8822 中界定的下列术语适用于本文件：
a) 抽象语法 abstract syntax
b) 表示上下关系 presentation context

3.3 ISO/IEC 9545 术语

ISO/IEC 9545 中界定的下列术语适用于本文件：
a) 应用实体调用 application-entity-invocation
b) 应用实体类型 application-entity-type
c) 应用过程调用 application-process-invocation
d) 应用过程类型 application-process-type
e) 应用服务元素 application-service-element

3.4 ISO/IEC 8824-1 术语

ISO/IEC 8824-1 中界定的下列术语适用于本文件：
a) 对象标识符 object identifier
b) 类型 type

3.5 IEC/TR 61158-1 术语

IEC/TR 61158-1:2010 中界定的术语和定义适用于本文件。

3.5.1

应用 application

用于消费或生产数据的功能或数据结构。

3.5.2

应用层可互操作性 application layer interoperability

应用实体使用 FAL 的服务来执行协调和协同操作的能力。

3.5.3

应用对象 application object

管理和提供运行期间通过网络及在网络设备内的报文交换的对象类。

注：可定义多种类型的应用对象类。

3.5.4

应用过程 application process

网络中分布式应用的一部分，它位于一台设备中并被确定寻址。

3.5.5

应用过程标识符 application process identifier

用来区别在一个设备内使用的多个应用过程。

3.5.6

应用过程对象 application process object

应用过程的组件，通过 FAL 应用关系可识别和访问该组件。应用过程对象定义由其类属性的一组值所组成(见应用过程对象类定义)。应用过程对象定义可通过使用FAL对象管理ASE的服务来远程访问。FAL对象管理服务可用来加载或更新对象定义、读对象定义、动态地创建和删除应用对象及其相应定义。

3.5.7

应用过程对象类　application process object class

依据一组其网络可访问的属性和服务来定义的应用过程对象的类。

3.5.8

应用关系　application relationship

两个或多个应用实体调用之间的协同关联,用于交换信息及协调它们的联合操作。这种关系的激活通过应用协议数据单元的交换或作为预配置活动的结果实现。

3.5.9

应用关系应用服务元素　application relationship application service element

提供建立和终止所有应用关系的专用机制的应用服务元素(ASE)。

3.5.10

应用关系端点　application relationship endpoint

由包含在此应用关系中的一个应用过程所看到和维护的应用关系的上下关系和行为特性。应用关系中所包含的每个应用过程都维护其自己的应用关系端点。

3.5.11

属性　attribute

对象的外部可见的特点或特性的描述。一个对象的属性包含关于对象可变部分的信息。典型地,它们提供对象的状况信息,或支配对象的操作。属性还可能影响对象的行为特性。属性分为类属性和实例属性。

3.5.12

行为　behaviour

说明对象如何响应特定的事件。行为特性的描述包括属性值和服务之间的关系。

3.5.13

类　class

表示同类系统组件的一组对象。类是对象的泛化,是定义变量和方法的模板。类中的所有对象在结构形式和行为特性上都是相同的,但在其属性中通常包含不同的数据。

3.5.14

类属性　class attributes

同一类中所有对象所共有的属性。

3.5.15

类代码　class code

分配给每个对象类的惟一标识符。

3.5.16

类特定服务　class specific service

由特定的对象类所定义的服务,以执行所需要的公用服务不能履行的功能。类特定对象对于定义它的对象类是惟一的。

3.5.17

客户机　client

a) 使用另一个对象(服务器)的服务来执行任务的对象。

b) 报文的发起方,服务器对该报文做出反应。例如,向作为服务器的单个AR端点发出“需证实”

服务请求 APDU 的 AR 端点的角色。

3.5.18

传送路径 conveyance path

通过一个应用关系的单向 APDU 流。

3.5.19

周期性的 cyclic

用来描述以有规则方式重复出现的事件的术语。

3.5.20

专用 AR dedicated AR

由 FAL 用户直接使用的 AR。在专用 AR 上,只发送 FAL 首部和用户数据。

3.5.21

设备 device

与链路连接的物理硬件。一台设备可能包含多个节点。

3.5.22

设备行规 device profile

设备相关信息和功能的集合,提供同一设备类型的类似设备之间的一致性。

3.5.23

端点 endpoint

在一个连接中的通信实体之一。

3.5.24

错误 error

计算、观察或测量的值或状况与规定或理论上的正确值或状况之间的差异。

3.5.25

错误代码 error code

在一种错误类中某个特定错误类型的标识符。

3.5.26

管理信息 management information

支持管理现场总线系统操作(包括应用层)的网络可访问的信息。管理功能包括控制、监视和诊断。

3.5.27

网络 network

通过某种类型的通信媒体相连接的一组节点。任何一对节点间的连接路径可能包括中继器、路由器和网关。

3.5.28

预定义 AR 端点 pre-defined AR endpoint

在设备内不通过创建(create)服务而本地定义的 AR 端点。那些没有预先建立的预定义 AR,在其使用前需建立。

3.5.29

预建立 AR 端点 pre-established AR endpoint

在对控制 AR 端点的 AE 进行配置期间,处于已建立(established)状态的 AR 端点。

3.5.30

服务器 server

a) AREP 的角色,它向发起请求的客户机返回一个证实的服务响应 APDU 。

b) 向另一个对象(客户机)提供服务的对象。

3.5.31

服务 service

一个对象和/或对象类根据另一个对象和/或对象类的请求而执行的操作或功能。定义一组公用的服务,并提供对对象特定服务的定义的规定。对象特定服务是指由特定的对象类所定义的服务,以执行公用服务不能履行的所需要的功能。

3.6 HART 现场总线应用层特定定义

下列术语和定义适用于本文件。

3.6.1

模拟通道 analog channel

将现场设备连接到数据采集或控制系统的连续变化的电气信号。一些现场设备支持多个模拟通道(输入或输出)。每个模拟通道向现场设备传送单个动态变量,或传送来自现场设备的单个动态变量。

3.6.2

广播地址 broadcast address

广播地址被主站用来向所有设备发送一个命令。广播地址长度为 5 个八位位组,且所有八位位组都为 0。

3.6.3

忙 busy

设备处于忙状态时不能执行命令。当命令规范允许时,设备通过返回响应代码 32 来表示处于忙状态。如果返回忙响应,则所请求的命令不被执行。

3.6.4

设备 ID device ID

设备 ID 表示设备的序列号。制造商须为具有相同扩展设备类型值的每个设备分配一个惟一值。

3.6.5

设备变量 device variable

在现场设备中惟一定义的数据项,总是与周期性的过程信息相关联。在设备所连接过程发生改变和变化时,设备变量的值相应改变。

3.6.6

动态变量 dynamic variable

在过程和模拟通道间的连接。设备可能包含主变量、第二变量、第三变量和第四变量。这些变量统称为动态变量。

3.6.7

扩展设备类型 expanded device type

扩展设备类型表示制造商的设备类型,如产品名称。该属性值由 HCF 分配,规定了设备所支持的命令和数据对象集。HCF 需为每类设备分配惟一值。

3.6.8

长标签 long tag

长标签是用来标识一个现场设备的 32 字符 ISO Latin-1 的字符串。

3.6.9

回路电流 loop current

该值由与现场设备串联的毫安表测得。回路电流是近似直流的模拟(4～20)mA 的信号,用来在控制系统和现场设备之间传递单一值。当采用“回路电流”值时,电压模式的设备使用“V DC”作为其工程单位。

3.6.10

制造商 ID　manufacturer ID

制造商 ID 表示生产设备的制造商。制造商只能使用分配给自己的值而不允许使用分配给其他制造商的值。

3.6.11

主站　master

通过向其他设备发送请求 PDU 而发起通信活动的设备。

3.6.12

轮询地址　polling address

用来标识设备的整数。轮询地址用来构造 1 个八位位组长的地址。该标识符在设备所连接的网络中是惟一的。

3.6.13

从站　slave

仅在接收到来自主站设备的请求 PDU 后才启动通信活动的设备。从站须对该请求发出响应。

3.6.14

标签　tag

标签是用来标识现场设备的 8 字符的 ASCII 字符串。

3.6.15

惟一地址　unique address

惟一地址是设备的 5 个八位位组长度的地址，用来惟一标识支持本标准的所有设备。它由扩展设备类型和设备 ID 串接构成。

3.7　缩略语和符号

下列缩略语和符号适用于本文件。

AE：应用实体（Application Entity）

AL：应用层（Application Layer）

ALP：应用层协议（Application Layer Protocol）

APO：应用过程对象（Application Process Object）

AP：应用过程（Application Process）

APDU：应用协议数据单元（Application Protocol Data Unit）

API：应用过程标识符（Application Process Identifier）

AR：应用关系（Application Relationship）

AREP：应用关系端点（Application Relationship Endpoint）

ASCII：美国信息交换标准码（American Standard Code for Information Interchange）

ASE：应用服务元素（Application Service Element）

Cnf：证实（原语）（Confirmation）

DL-：（前缀）数据链路-[（as a prefix） Data Link-]

DLC：数据链路连接（Data Link Connection）

DLL：数据链路层（Data Link Layer）

DLM：数据链路管理（Data Link-management）

DLSAP：数据链路服务访问点（Data Link Service Access Point）

DLSDU：DL 服务数据单元（DL-service-data-unit）

FAL：现场总线应用层（Fieldbus Application Layer）

ID:标识符(Identifier)
IEC:国际电工委员会(International Electrotechnical Commission)
Ind:指示(原语)(Indication)
HART:可寻址远程传感器高速通道(Highway Addressable Remote Transducer)
OSI:开放系统互连(Open Systems Interconnect)
Req:请求(原语)(Request)
Rsp:响应(原语)(Response)
SAP:服务访问点(Service Access Point)
SDU:服务数据单元(Service Data Unit)
VFD:虚拟现场设备(Virtual Field Device)

3.8 约定

3.8.1 概述

现场总线应用层(FAL)被定义为一个面向对象的应用服务元素的集合(ASE)。在单独的条中定义每个 ASE。每个 ASE 规范由 2 部分组成,类规范和服务规范。

类规范定义了类的属性。服务规范定义了由 ASE 提供的服务。

3.8.2 类定义约定

类定义使用模板来描述。每个模板由一个类的属性列表组成。下面给出一个模板的示例:

FAL ASE:		ASE 名称	
CLASS:		类名称	
CLASS ID:		#	
PARENT CLASS:		父类名称	
ATTRIBUTES:			
1	(o)	Key Attribute:	数字标识
2	(o)	Key Attribute:	名称
3	(m)	Attribute:	属性名称(值)
4	(m)	Attribute:	属性名称(值)
4.1	(s)	Attribute:	属性名称(值)
4.2	(s)	Attribute:	属性名称(值)
4.3	(s)	Attribute:	属性名称(值)
5.	(c)	Constraint:	约束表达式
5.1	(m)	Attribute:	属性名称(值)
5.2	(o)	Attribute:	属性名称(值)
6	(m)	Attribute:	属性名称(值)
6.1	(s)	Attribute:	属性名称(值)
6.2	(s)	Attribute:	属性名称(值)
SERVICES:			
1	(o)	OpsService:	服务名称
2	(c)	Constraint:	约束表达式
2.1	(o)	OpsService:	服务名称
3	(m)	MgtService:	服务名称

a） FAL ASE:FAL ASE 的名称，该 FAL ASE 为所定义的类提供服务。

b） CLASS:所定义的类的名称。所有用该模板定义的对象都是该类的实例。该类可由本部分定义，也可由本部分的用户来定义。

c） CLASS ID:标识所定义的类的数字。此数字在为本类提供服务的 FAL ASE 中是惟一的。当被其 FAL ASE 标识符限定时，CLASS ID 在 FAL 范围内无歧义地标识该类。值为“NULL”表示该类不能被实例化。本标准未使用 Class ID。

d） PARENT CLASS:所定义类的父类名称。所有在父类中定义以及所继承的属性，都应被所定义的类所继承，因此在该类的模板中不必再重新定义。

注：PARRENT CLASS 为“TOP”时，表示所定义的类是一个初始的类定义。父类“TOP”是所有其他类定义的起点。TOP 的使用被保留用于本部分定义的类。

e） ATTRIBUTES:表示以下登录项是为该类定义的属性

1） 每个属性登录项包含以下内容：第 1 列为行号，第 2 列为必备(m)/可选(o)/条件(c)/选择(s)指示符，第 3 列为属性类型标签，第 4 列为名称或条件表达式，以及可选的第 5 列为一组枚举列表。在第 5 列值的后面，可能规定该属性的缺省值。

2） 对象一般可由一个数字的标识符或由一个对象的名称来标识，或者二者兼有。在类模板中，这些关键属性在 key attribute 下定义。

3） 行号定义行的顺序和嵌套层级。每个嵌套层级由句点标识。嵌套用于规定以下内容：

i） 结构化属性的字段(4.1、4.2 和 4.3)；

ii） 由约束语句决定的条件性属性。属性可以是必备的(5.1)，或者如果约束为真时是可选的(5.2)。不是所有可选属性都像 5.2 中定义的属性那样需要约束语句；

iii） 选择类型属性的选项(selection)字段(6.1 和 6.2)。

f） SERVICES 标签表示以下登录项是为该类定义的服务。

1） 第二列的(m)表示该服务对于该类而言是必备的，(o)表示是可选的。该列中(c)表示该服务是有条件的。当为该类定义的所有服务都是可选的时，在定义该类的一个实例时，应至少选择其中一个。

2） OpsService 标签表明一个操作服务。

3） MgtService 标签表明一个管理服务。

4） 行号定义了行的顺序和嵌套的层级。每个嵌套层级由句点标识。服务列表中的嵌套用于规定由约束语句决定的条件性服务。

3.8.3 服务定义约束

3.8.3.1 概述

本部分使用在 ISO/IEC 10731 中给出的描述性约定。

所用到的服务模型、服务原语以及时序图完全是抽象描述，不代表实现规范。

3.8.3.2 服务参数

服务原语用来表示服务用户/服务提供者之间的交互(ISO/IEC 10731)。它们传递一些参数，这些参数表示在用户/提供者之间交互的信息。

注 1：见 3.8.3.3 下面关于非内含服务参数的注，那些参数适用于协议规范或编程接口规范或实现规范，但并不适用于抽象服务定义。

本部分使用表格形式来描述服务原语的组成参数。在本部分后续部分，每个原语组所用的参数在表格中说明。每个表格最多 6 列，包括：一列服务参数的名称，服务所用的那些原语和参数传递方向各占一列。可能的 6 列如下：

a) 参数名称；

b) 请求原语(request)的输入参数；

c) 请求原语(request)的输出参数；

注2：这很少使用。除非另有规定，请求原语参数是输入参数。

d) 指示原语(indication)的输出参数；

e) 响应原语(response)的输入参数；

f) 证实原语(confirm)的输出参数。

注3：请求、指示、响应和证实原语也分别被称为 requestor.submit、acceptor.deliver、acceptor.submit 和 requestor.deliver 原语(见 ISO/IEC 10731)。

在每个表格中，一个参数(或参数的一部分)占用一行。在相应的服务原语列中，用以下代码来表示此列所规定原语的参数的使用类型：

——M(Mandatory)：该参数对于该原语是必备的；

——U(User option)：该参数是用户选项，根据服务用户的动态使用来决定提供或不提供该参数。如果不提供，则采用该参数的默认值；

——C(Conditional)：该参数是有条件的，由服务用户的环境来决定；

——-(空白)：该参数从不出现；

——S(Selector)：该参数是一个被选择项。

一些登录项可被括号中的内容进一步限定：

a) 参数特定的约束

(=) 表示该参数同表格中左侧相邻的服务原语中的参数是语义等价的；

b) 有一些注释适用于该登录项的说明

(n)表示后面的注释"n"中包含与该参数及其使用有关的附加信息。

3.8.3.3 服务规程

服务规程根据以下定义：

——应用实体之间通过交换现场总线应用协议数据单元而实现的交互；

——同一系统中应用层服务提供者和应用层服务用户之间通过调用应用层服务原语而实现的交互。

这些规程适用于系统间的通信，这些系统支持现场总线应用层中受时间约束的通信服务。

注：IEC 61158-5 子系列标准定义了若干抽象服务集。它们既不是协议规范，也不是实现规范，也不是具体的编程接口规范。因此，哪些服务规程能在 IEC 61158-5 子系列标准中规定是有限制的。不同协议规范的协议方面可能不同，相同抽象服务的实现也可能不同。因此，在这些服务定义中包含协议或实现是不适当的，除非在抽象层面上所有这样的表达都具有必要的共性。

例如，将服务提供者的请求 PDU 和应答 PDU 相配对的方法，是对应于 IEC 61158-6 子系列协议规范标准的，而不是 IEC 61158-5 子系列抽象服务定义标准的。同样，将服务提供者或服务用户的请求原语和证实原语，或指示原语和响应原语相配对的本地实现方法，是对应于实现规范或编程接口规范的，而不是抽象服务标准或协议标准，除非在抽象层面上规定标准的所有具体实现具有必要的共性。在任何情况下，抽象定义不允许过分规定更具体的实例化实现。

关于协议实现的概念化服务规程的更多信息，见 IEC/TR 61158-1:2010 的 9.6。该协议实现IEC 61158-5 子系列抽象服务定义之一的服务。

4 概念

本部分中用于描述应用层服务的概念和模块见 IEC/TR 61158-1:2010 中第 9 章。

5 数据类型 ASE

5.1 概述

现场总线数据类型规定了由 FAL 服务传递的独立于机器的应用数据语法。现场总线应用层支持基本数据类型和结构化(Constructed)数据类型的定义和传输。本章规定的数据类型的编码规则依据 GB/T 29910.4—2013。

基本类型是最小单元(atomic)数据类型,不能再分解成更多的元素类型。结构化类型由基本类型和其他结构化类型组成。其复杂程度和嵌套深度不受本标准约束。

数据类型用数据类型类的实例来定义,如图 1 所示。

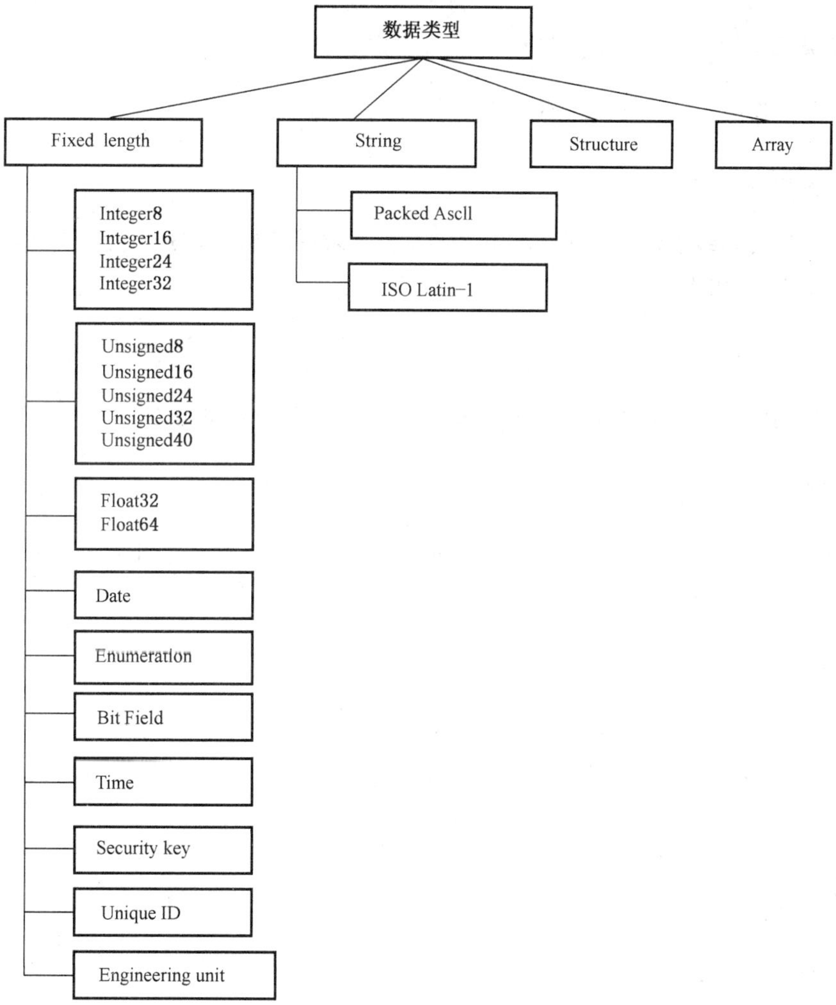

图 1 数据类型类的层次结构

数据类型的定义表示为“类/格式/实例”结构。该结构从称为“数据类型(data type)”的数据类型类开始。数据类型的格式由数据类型类来定义。

基本数据类用以定义固定长度的数据类型。ISO/IEC 8824 中的标准类型叫做“简单数据类型”。其他的标准基本数据类型则根据现场总线应用专门定义,叫做“特定类型”。

本部分中说明的结构化数据类型包括字符串、数组和结构。数组和结构没有标准类型。

5.1.1 基本类型

绝大部分的基本类型根据 ISO/IEC 8824 的一组类型(简单类型)来定义。有些 ISO/IEC 8824 类型则因现场总线的特殊应用(特定类型)而进行扩展。

简单类型是 ISO/IEC 8824 的通用类型。在本部分中它们的定义只是在原定义上增加现场总线类的标识符。

特定类型是在现场总线环境下根据应用而特别定义的基本类型。它们被定义为简单类的子类型。

基本类型为固定长度,定义了两种变型。一种变型用来定义长度为整数个八位位组的数据类型,另一种变型用来定义长度以比特为单位的数据类型。

注:在本部分中,对 Integer、Packed ASCII,ISO Latin-1 和 Date 的定义,仅为其规定现场总线的类标识符,并未改变其在 ISO/IEC 8824 中的定义。

5.1.2 固定长度类型

固定长度类型的长度是整数个八位位组。

5.1.3 结构化类型概述

当完整地传送现场总线上所载有的各类信息时,需要采用结构化数据类型。本部分定义了三种结构化类型——字符串、数组和结构。

5.1.3.1 字符串(String)

字符串由类型相同的固定长度元素的有序集合组成。元素的数量可变。

5.1.3.2 结构(Structure)

结构由不同类型元素的一个有序集合组成,这些元素被称为字段。本部分不限制字段的数据类型。但是,结构中的字段不必是相同类型。

5.1.3.3 数组(Array)

数组由相同类型元素的一个有序集合组成。数组元素的数据类型可以是固定长度的基本类型或结构。数组的所有元素都应具有相同类型。

5.1.3.4 嵌套层次

本部分允许结构和数组的元素包含结构和数组。

5.1.4 用户定义的数据类型规范

用户有时需要在自己的应用中定义一些用户数据类型。本部分不支持用户定义数据类型。

5.1.5 用户数据的传输

用户数据根据 FAL 协议在应用层之间传输。所有的编码和解码都由 FAL 用户来执行。

在 FAL 协议数据单元中对用户数据进行编码的规则依赖于数据类型。这些规则已在 GB/T 29910.4—2013 中定义。没有编码规则的用户定义数据类型,作为可变长度的八位位组序列进行传输。八位位组字符串中的数据格式由用户定义。

5.2 数据类型对象的形式化定义

5.2.1 数据类型(data type)类

数据类型的类规定数据类型类的树型结构的根。它的父类“top”表示FAL类的树型结构的顶部。

FAL ASE: **DATA TYPE ASE**
CLASS: **DATA TYPE**
CLASS ID: **Not used**
PARENT CLASS: **TOP**
ATTRIBUTES:

1	(o)	Key Attribute:	Data type Numeric Identifier
2	(m)	Key Attribute:	Data type Name
3	(m)	Attribute:	Format (FIXED LENGTH, STRING, STRUCTURE, ARRAY)
4	(c)	Constraint:	Format = FIXED LENGTH | STRING
4.1	(m)	Attribute:	Octet Length
5	(c)	Constraint:	Format = STRUCTURE
5.1	(m)	Attribute:	Number of Fields
5.2	(m)	Attribute:	List of Fields
5.2.1	(o)	Attribute:	Field Name
5.2.2	(m)	Attribute:	Field Data type
6	(c)	Constraint:	Format = ARRAY
6.1	(m)	Attribute:	Number of Array Elements
6.2	(m)	Attribute :	Array Element Data type

5.2.1.1 属性

——格式(Format)

本属性用以标识固定长度(FIXED LENGTH)、字符串(STRING)、数组(ARRAY)或数据结构(STRUCTURE)等数据类型。

——八位位组长度(Octet Length)

本条件属性定义了相关类型对象大小的表示方式。它只在Format属性值为“FIXED LENGTH”或“STRING”时存在。对“FIXED LENGTH”数据类型,它表示的是以八位位组为单位的长度。对“STRING”数据类型,它表示的是以八位位组为单位的字符串一个元素的长度。

——字段个数(Number of Fields)

本条件属性定义了一个结构中字段的数量。它只在Format属性的值为“STRUCTURE”时存在。

——字段列表(List of Fields)

本条件属性是结构中包含的字段的有序列表。每个字段都规定它的编号和类型。字段按照其出现的次序从0开始顺序编号。利用编号可对字段进行识别,所以可对一个结构中的部分字段进行访问。本属性只在Format属性值为“STRUCTURE”时存在。

● 字段名称(Field Name)

  本可选条件属性规定了字段的名称。它只在Format属性值为“STRUCTURE”时存在。

● 字段数据类型(Field Data Type)

  本条件属性规定了字段的数据类型。它只在Format属性值为“STRUCTURE”时存在。该属性可自身规定一个结构化数据类型,这或者通过利用其数字标识符(numeric ID)来引用一个结构化数据类型实现，或者通过在此嵌入一个结构化数据类型定义来实现。

——数组元素个数(Number of Array Elements)

本条件属性规定了数组类型的元素个数。当数组的大小为“*n*”个元素时，数组元素的索引应为 0～“*n*-1”。它只在 Format 属性值为“ARRAY”时存在。

——数组元素数据类型(Array Element Data Type)

本条件属性规定了数组中元素的数据类型。数组中所有元素具有相同的数据类型。它只在 Format 属性值为“ARRAY”时存在。该属性可自身规定一个结构化数据类型，这通过利用其数字标识符(numeric ID)引用一个结构化数据类型来实现。

5.3 FAL 定义的数据类型

5.3.1 固定长度类型

5.3.1.1 Integer8

CLASS:		**Data type**
ATTRIBUTES:		
1	Data type Numeric Identifier	=Not used
2	Data type Name	=Integer8
3	Format	=FIXED LENGTH
4.1	Octet Length	=1

本整型是长度为 1 个八位位组的 2 的二进制补码。

5.3.1.2 Integer16

CLASS:		**Data type**
ATTRIBUTES:		
1	Data type Numeric Identifier	=Not used
2	Data type Name	=Integer16
3	Format	=FIXED LENGTH
4.1	Octet Length	=2

本整型是长度为 2 个八位位组的 2 的二进制补码。

5.3.1.3 Integer24

CLASS:		**Data type**
ATTRIBUTES:		
1	Data type Numeric Identifier	=Not used
2	Data type Name	=Integer24
3	Format	=FIXED LENGTH
4.1	Octet Length	=3

本整型是长度为 3 个八位位组的 2 的二进制补码。

5.3.1.4 Integer32

CLASS:		**Data type**
ATTRIBUTES:		
1	Data type Numeric Identifier	=Not used

2　Data type Name　=Integer32

3　Format　=FIXED LENGTH

4.1　Octet Length　=4

本整型是长度为4个八位位组的2的二进制补码。

5.3.1.5 Unsigned8

CLASS:　**Data type**

ATTRIBUTES:

1　Data type Numeric Identifier　=Not used

2　Data type Name　=Unsigned8

3　Format　=FIXED LENGTH

4.1　Octet Length　=1

本类型是一个二进制数。其最高有效八位位组的最高有效位是二进制数的最高有效位,无符号位。本类型的长度是1个八位位组。

5.3.1.6 Unsigned16

CLASS:　**Data type**

ATTRIBUTES:

1　Data type Numeric Identifier　=Not used

2　Data type Name　=Unsigned16

3　Format　=FIXED LENGTH

4.1　Octet Length　=2

本类型是一个二进制数。其最高有效八位位组的最高有效位是二进制数的最高有效位,无符号位。本类型的长度是2个八位位组。

5.3.1.7 Unsigned24

CLASS:　**Data type**

ATTRIBUTES:

1　Data type Numeric Identifier　=Not used

2　Data type Name　=Unsigned24

3　Format　=FIXED LENGTH

4.1　Octet Length　=3

本类型是一个二进制数。其最高有效八位位组的最高有效位是二进制数的最高有效位,无符号位。本类型的长度是3个八位位组。

5.3.1.8 Unsigned32

CLASS:　**Data type**

ATTRIBUTES:

1　Data type Numeric Identifier　=Not used

2　Data type Name　=Unsigned32

3　Format　=FIXED LENGTH

4.1 Octet Length =4

本类型是一个二进制数。其最高有效八位位组的最高有效位是二进制数的最高有效位,无符号位。本类型的长度是 4 个八位位组。

5.3.1.9 **Float32**

CLASS: **Data type**

ATTRIBUTES:

1 Data type Numeric Identifier =Not used

2 Data type Name =Float32

4 Format =FIXED LENGTH

4.1 Octet Length =4

本类型的长度是 4 个八位位组。Float32 的格式按 ANSI/IEEE 754 中的单精度进行定义。

5.3.1.10 **Float64**

CLASS: **Data type**

ATTRIBUTES:

1 Data type Numeric Identifier =Not used

2 Data type Name =Float64

4 Format =FIXED LENGTH

4.1 Octet Length =8

本类型的长度是 8 个八位位组。Float64 的格式按 ANSI/IEEE 754 中的双精度进行定义。

5.3.1.11 **Date**

CLASS: **Data type**

ATTRIBUTES:

1 Data type Numeric Identifier =Not used

2 Data type Name =Date

4 Format =FIXED LENGTH

4.1 Octet Length =3

本数据类型由日、月、年(减去 1900)构成。它可表示 1900 年 1 月 1 日～2155 年 12 月 31 日期间的任何一天。

5.3.1.12 **Enumeration**

CLASS: **Data type**

ATTRIBUTES:

1 Data type Numeric Identifier =Not used

2 Data type Name =Enumeration

3 Format =FIXED LENGTH

4.1 Octet Length =1

从列表或者表格中获得的单一意义的数据项被编码为"Enumeration"。该数据类型长度为 1 个八位位组。其最大的整数值被保留且不被任何服务使用。

5.3.1.13 Bit Field

CLASS: **Data type**

ATTRIBUTES:

1 Data type Numeric Identifier =Not used

2 Data type Name =Bit Field

3 Format =FIXED LENGTH

4.1 Octet Length =1

本数据类型定义为 8 个比特的序列，比特编号为 0～7。编码为单比特的信息(如状态信息和诊断信息)的通信使用该数据类型。

5.3.2 String

5.3.2.1 Packed ASCII

CLASS: **Data type**

ATTRIBUTES:

1 Data type Numeric Identifier =Not used

2 Data type Name =Packed ASCII

3 Format =STRING

4.1 Octet Length =1 to n

本类型是 ASCII 字符集的变型子集。该子集如表 1 所示。

表 1 Packed ASCII 字符集

Bit4、Bit5	Bit0～Bit3															
	0	1	2	3	4	5	6	7	8	9	A	B	C	D	E	F
0	@	A	B	C	D	E	F	G	H	I	J	K	L	M	N	O
1	P	Q	R	S	T	U	V	W	X	Y	Z	[	\	]	^	_
2	SP[a]	!	"	#	$	%	&	'	(	)	*	+	,	-	.	/
3	0	1	2	3	4	5	6	7	8	9	:	;	<	—	>	?

注：Bit4、Bit5 取值由小到大按自上而下排列，Bit0～Bit3 取值由小到大按自左向右排列。

[a] SP 表示空格字符。

5.3.2.2 ISO Latin-1

CLASS: **Data type**

ATTRIBUTES:

1 Data type Numeric Identifier =Not used

2 Data type Name =Latin-1

3 Format =STRING

4.1 Octet Length =1 to n

本类型是 ISO/IEC 8859-1(ISO Latin-1)字符串类型的子集，如表 2 所示。

表 2 ISO Latin-1 字符

Bit4～Bit7	Bit0～Bit3															
	0	1	2	3	4	5	6	7	8	9	A	B	C	D	E	F
0																
1																
2	SP[a]	!	"	#	$	%	&	´	(	)	*	+	,	-	.	/
3	0	1	2	3	4	5	6	7	8	9	:	;	<	=	>	?
4	@	A	B	C	D	E	F	G	H	I	J	K	L	M	N	O
5	P	Q	R	S	T	U	V	W	X	Y	Z	[	\	]	^	_
6	`	a	B	c	D	e	f	g	h	i	j	k	l	m	n	o
7	p	q	R	s	T	u	v	w	x	y	z	{	|	}	～	
8																
9																
A	NBSP[b]	i	¢	£	¤	¥	¦	§	¨	©	a	«	¬	SHY[c]	®	-
B	°	±	^{2}	^{3}	′	μ	¶	•	,	^{1}	°	»	¼	½	¾	¿
C	À	Á	Â	Ã	Ä	Å	Æ	Ç	È	É	Ê	Ë	Ì	Í	Î	Ï
D	Đ	Ñ	Ò	Ó	Ô	Õ	Ö	×	Ø	Ù	Ú	Û	Ü	Ý	Þ	ß
E	à	á	â	ã	Ä	å	æ	ç	è	é	Ê	ë	ì	í	î	ï
F	ð	ñ	ò	ó	Ô	õ	ö	÷	ø	ù	Ú	û	ü	ý	þ	Ÿ

注：Bit4～Bit7 取值由小到大按自上而下排列，Bit0～Bit3 取值由小到大按自左向右排列。灰色部分表示没有为这些代码分配字符。

[a] SP 表示空格字符。

[b] NBSP 表示非终止空格字符。

[c] SHY 表示软连字符。

5.4 数据类型 ASE 服务规范

未定义这种类型对象的操作服务。

5.5 数据类型汇总

本条是对上述定义的数据类型的总结，如表 3 所示。

表 3 数据类型汇总

数据类型	条	数据类型	条
Integer8	5.3.1.1	Float32	5.3.1.9
Integer16	5.3.1.2	Float64	5.3.1.10
Integer24	5.3.1.3	Date	5.3.1.11
Integer32	5.3.1.4	Enumeration	5.3.1.12
Unsigned8	5.3.1.5	Bit Field	5.3.1.13
Unsigned16	5.3.1.6	Packed ASCII	5.3.2.1
Unsigned24	5.3.1.7	ISO Latin-1	5.3.2.2
Unsigned32	5.3.1.8		

6 通信模型规范

6.1 公共参数

很多服务需要下列参数。为避免在每个服务中单独定义，在此给出这些参数的公共定义。

——AREP ID

本参数规定了足够的信息来标识 AR 的远端 AREP。该参数的一个值被保留用作广播地址。

——Comm Status(通信状态)

本参数规定了与通信故障相关的信息。参数的可能取值如表 4 所示。

表 4 通信状态(Comm Status)取值

值	描述
垂直奇偶校验错误 (Vertical Parity Error)	设备接收的一个或多个八位位组的奇偶校验值不是奇数
溢出错误(Overrun Error)	在 UART 接收缓冲区中的数据，至少有一个八位位组在被读取之前已被覆盖(即从站未能足够快地处理到达的八位位组)
组帧错误(Framing Error)	设备接收的一个或几个八位位组的停止位未被 UART 检测到(即停止位应已产生，但该标记或 1 未被检测到)
纵向奇偶校验错误 (Longitudinal Parity Error)	设备计算出的纵向奇偶校验值与报文末尾的校验八位位组不匹配
缓冲器溢出(Buffer Overflow)	对于设备的接收缓冲区，报文过长
设备不可用 (Device not available)	客户机没有接收到来自服务器的任何响应

——Response Code(响应代码)

如果通信没有出错，本参数规定一个命令完成报告，以说明设备执行命令的状态。参数的可能值如表 5 所示。

表 5 响应代码(Response Code)取值

值	描述
成功(Success)	命令(读或写)被正确执行
警告(Warning)	命令(写)被执行但带有偏差。偏差在响应中描述(如将值设为其最接近的合法值)
错误(Error)	命令(读或写)未被正确执行。响应代码表示出错的理由(如设备处于写保护状态)

——Device Status(设备状态)

本参数规定设备整体当前的运行状态，它与任何命令的完成无关。参数的可能值如表 6 所示。

表 6　设备状态(Device Status)取值

值	描　述
设备故障(Device Malfunction)	设备检测到严重的错误或故障,以致危及设备运行
配置改变(Configuration Changed)	执行了改变设备配置的操作
冷启动(Cold Start)	电源故障或发生设备复位
更多可用状态 (More Status Available)	存在更多的状态信息,通过另一个读命令获取
回路电流固定(Loop Current Fixed)	回路电流保持在一个固定值,对过程的变化没有响应
回路电流饱和 (Loop Current Saturated)	回路电流已达到其上限(或下限)值,不能再增加(或减小)
非主变量超限(Non-Primary Variable Out of Limits)	一个未被映射为主变量的设备变量超出了它的运行极限值
主变量超限(Primary Variable Out of Limits)	主变量超出了它的运行极限值

6.2　应用服务元素(ASE)

6.2.1　虚拟现场设备 ASE

6.2.1.1　虚拟现场设备类规范

虚拟现场设备(VFD)是抽象模型,用来描述一个应用过程的数据和行为。VFD 包含应用过程对象(APO)。APO 的属性用对象描述来描述。服务被定义用来访问一个 VFD 的 APO,如图 2 示。

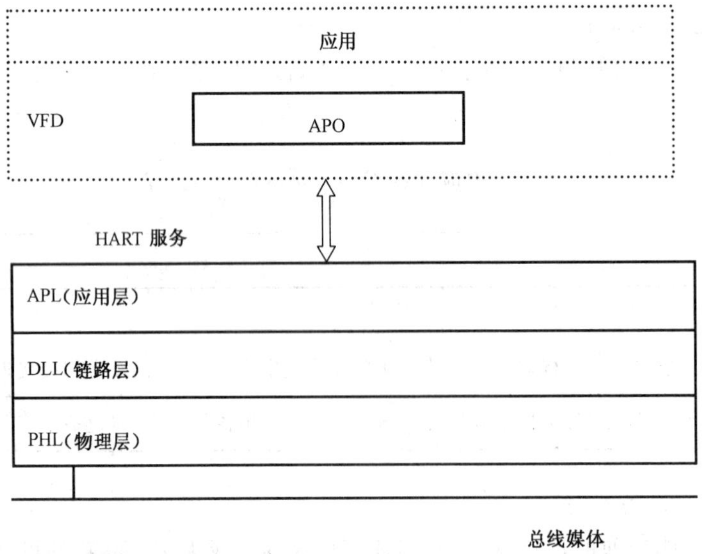

图 2　VFD 模型

服务没有为某个实现定义具体的接口。这些服务以抽象形式描述哪些功能是可用的。

应用不是本部分的主题。仅用于说明抽象描述的服务如何被提供给应用来使用。

一台设备中只存在一个 VFD 对象。

6.2.1.2 形式化模型

VFD 的类规定了应用过程所定义的属性和服务。其父类"top"是指类的树型结构的顶部。

ASE： **VFD ASE**

CLASS： **VFD**

CLASS ID： —

PARENT CLASS： **TOP**

1	(o)	Key Attribute：	Not used
2	(m)	Attribute：	Manufacturer ID
3	(m)	Attribute：	Expanded Device Type
4	(m)	Attribute：	Device ID
5	(m)	Attribute：	Device Rev
6	(m)	Attribute：	Soft Rev
7	(m)	Attribute：	Hard Rev
8	(m)	Attribute：	Phy Type
9	(m)	Attribute：	Preamble Count
10	(m)	Attribute：	Device Flag
11	(m)	Attribute：	Command Rev
12	(m)	Attribute：	Variable Count
13	(m)	Attribute：	Config Change Counter
14	(m)	Attribute：	Device ExtdStatus
15	(m)	Attribute：	Distributor code
16	(m)	Attribute：	Device profile

SERVICES：

1	(m)	Ops Service：	Identify

6.2.1.2.1 属性

——Manufacturer ID

本属性表示生产这台设备的制造商。制造商必须使用为其分配的值，而不得使用为其他制造商分配的值。

——Expanded Device Type

本属性表示制造商的设备类型，如产品名称。该属性值由 HCF 分配，规定了设备所支持的命令和数据对象的集合。HCF 必须为每类设备分配一个惟一值。

——Device ID

本属性表示设备的序列号。制造商应为具有相同 Expanded Device Type 的每台设备分配一个惟一值。

——Device Rev

本属性表示设备的版本号。属性值由制造商定义。该属性值描述了设备所支持的命令和数据对象的集合的版本号。

——Soft Rev

本属性表示设备中固件的版本号。每当发布新的设备固件时,制造商必须增加该属性值。

——Hard Rev

本属性表示设备的硬件版本号。当设备的硬件出现重大改变时,制造商必须增加该属性值。无需跟踪单个硬件部件的改变。

——Phy Type

本属性表示设备所使用的物理层信号传输的类型。

——Preamble Count

本属性表示主站向从站发出请求报文时前导码的最小个数。

——Device Flag

本属性表示与设备相关的其他信息,如多传感器,非易失性存储器控制,协议桥等。

——Command Rev

本属性表示设备所支持的协议的主要版本号。

——Variable Count

本属性规定可以由设备访问的对象(变量)的最大个数。其值表示在设备中可找到的客户应用的最后变量代码(Variable Code)。

——Configuration Change Counter

本属性始终跟踪设备配置改变的次数。每当设备通过应用层服务或本地工具(例如本地操作员接口)接收到变更配置的请求时,必须增加该属性值。

——Device ExtdStatus

本属性表示设备的扩展操作状态。

——Distributor code

本属性表示分销该设备的制造商私有标签。

——Device profile

本属性规定该设备所属类。

6.2.1.3 标识(Identify)服务

6.2.1.3.1 用法

本服务用于从 AP 请求设备的标识信息。

6.2.1.3.2 服务原语

本服务的服务参数如表 7 所示。

表7　标识服务参数

参数名称	Req	Ind	Rsp	Cnf
Argument				
AREP ID	M	M (=)		
Tag	C,U	M (=)		
Result (+)			S	S (=)
Manufacturer ID			M	M (=)
Expanded Device Type			M	M (=)
Device ID			M	M (=)
Device Rev			M	M (=)
Soft Rev			M	M (=)
Hard Rev			M	M (=)
Phy Type			M	M (=)
Preamble Count			M	M (=)
Device Flag			M	M (=)
Command Rev			M	M (=)
Variable Count			M	M (=)
Configuration Change Counter			M	M (=)
Device ExtdStatus			M	M (=)
Distributor code			M	M (=)
Device profile			M	M (=)
Response Code			M	M (=)
Device Status			M	M (=)
Comm Error				S
Comm Status				M
Device Status				M
No Match				S
Result (−)			S	S (=)
Response Code			M	M (=)
Device Status			M	M (−)

注：将证实原语与其先前对应的请求原语相关联的方法是本地实现的。将响应原语与其先前对应的指示原语相关联的方法是本地实现的。

——Argument

Argument 包含了服务请求的各参数。

——Tag

本参数用来标识远程设备。如果 AREP ID 的值是一个广播地址,则本参数是必备的。否则是可选的。

——Result(+)

本选择性参数表示服务请求已成功完成。该选择的参数是 6.2.1.2 中描述的 VFD 类对象的属性。

——Comm Error

本选择性参数表示由于通信错误导致的服务请求失败。该选择的参数给出失败的原因。

——No match

当指示原语中具有 Tag 参数且该参数与响应设备中的 Tag 不匹配时,采用该选择。

——Result(−)

本选择性参数表示服务请求失败。该选择的参数给出失败的原因。

6.2.1.3.3 服务规程

3.8.3.3 中规定的证实服务规程使用于本服务。如果指示原语中具有 Tag 参数且响应设备未找到与之相匹配的 Tag,则响应设备不发出任何响应。

6.2.2 变量 ASE

6.2.2.1 概述

变量 ASE 提供在服务器设备中读取/写入一个变量对象的服务。变量通过一个数字来标识。该数字标识符完整地描述了对象的数据类型和结构。对象可以是 5.3 中定义的任何一种类型。

6.2.2.2 变量模型——通用

6.2.2.2.1 简单变量(Simple variable)

简单变量对象表示单个变量,由已定义的数据类型确定其特性。

ASE:		**VARIABLE ASE**	
CLASS:		**Simple VARIABLE**	
PARENT CLASS:		**TOP**	
ATTRIBUTES:			
1	(m)	Key Attribute:	Numeric Identifier
2	(o)	Attribute:	Variable Name
3	(m)	Attribute:	Data type Name
4	(o)	Attribute:	Length
SERVICES:			
1	(o)	OpsService:	Read
2	(o)	OpsService:	Write

6.2.2.2.1.1 属性

——Numeric Identifier

标识该对象类的一个实例。

——Variable Name

分配给该对象的名称。

——Data type Name

本属性值为5.3.1中分配给数据类型的名称。

——Length

数据的八位位组的长度。

6.2.2.2.1.2 服务

——Read(读)

本服务允许客户机读取一个变量的值。

——Write(写)

本服务允许客户机写入一个变量的值。

6.2.2.2.2 记录变量(Record variable)

记录对象由不同数据类型的简单变量的一个集合组成。记录对象须完整地访问,其单个字段不可分别访问。

ASE:			**VARIABLE ASE**
CLASS:			**RECORD VARIABLE**
PARENT CLASS:			**TOP**
ATTRIBUTES:			
1	(m)	Key Attribute:	Numeric Identifier
2	(o)	Attribute:	Variable Name
3	(m)	Attribute:	Number of Fields
4	(m)	Attribute:	List of Fields
4.1	(o)	Attribute:	Field Name
4.2	(m)	Attribute:	Field Data type Name
SERVICES:			
1	(o)	OpsService:	Read
2	(o)	OpsService:	Write

6.2.2.2.2.1 属性

——Numeric Identifier

标识该对象类的一个实例。

——Variable Name

分配给该对象的名称。

——Number of Fields

本属性定义了一个结构中字段的个数。

——Field Name

本可选性属性规定字段的名称

——Field Data type Name

本属性值为5.3.1中分配给数据类型的名称。

6.2.2.2.2.2 服务

——Read(读)

本服务允许客户机读取一个变量的值。

——Write(写)

本服务允许客户机写入一个变量的值。

6.2.2.3 变量ASE服务规范

6.2.2.3.1 支持的服务

本条包含变量ASE特有的服务定义。为变量ASE定义的服务包括：

——从服务器设备读变量；

——向服务器设备写变量。

每个简单变量或记录变量都有不同的服务，这些服务通过一个数字来标识。服务格式对于所有变量都是通用的。读(Read)服务的通用格式在6.2.2.3.2中定义，写(Write)服务的通用格式在6.2.2.3.3中定义。每个变量的格式在读或写该变量的各服务中规定。

6.2.2.3.2 读(Read)服务——通用格式

6.2.2.3.2.1 概述

本服务允许客户机从服务器中读取变量的值。

6.2.2.3.2.2 服务原语

本服务的服务参数如表8所示。

表8 读服务参数

参数名称	Req	Ind	Rsp	Cnf
Argument				
AREP ID	M	M (=)		
Variable Index	M	M (=)		
Variable Sub Index	C	M (=)		
Result (+)			S	S (=)
Data			S	S (=)
Response Code			M	M (=)
Device Status			M	M (=)
Comm Error				S
Comm Status				M
Device Status				M
Result (−)			S	S (=)
Response Code			M	M (=)
Device Status			M	M (=)
注：将证实原语与其先前对应的请求原语相关联的方法是本地实现的。将响应原语与其先前对应的指示原语相关联的方法是本地实现的。				

——Argument

Argument包含了服务请求的各参数。

——Variable Index

本参数用来标识变量。它是分配给要读取变量的数字标识符。

——Variable Sub Index

本参数和 Variable Index 一起使用来标识变量。它是分配给要读取变量的 Variable Code。仅当 Variable Index 为某些特殊值时，该参数才存在。

——Data

本参数规定变量的值。

6.2.2.3.3 写(Write)服务——通用格式

6.2.2.3.3.1 概述

本服务允许客户机向服务器写入变量的值。

6.2.2.3.3.2 服务原语

本服务的服务参数如表 9 所示。

表 9 写服务参数

参数名称	Req	Ind	Rsp	Cnf
Argument	M	M (=)		
AREP ID	M	M (=)		
Variable Index	M	M (=)		
Data	M	M (=)		
Result (+)			S	S (=)
Data			S	S (=)
Response Code			M	M (=)
Device Status			M	M (=)
Comm Error				S
Comm Status				M
Device Status				M
Result (−)			S	S (=)
Response Code			M	M (=)
Device Status			M	M (=)

注：将证实原语与其先前对应的请求原语相关联的方法是本地实现的。将响应原语与其先前对应的指示原语相关联的方法是本地实现的。

——Argument

Argument 包含了服务请求的各参数。

——Variable Index

本参数用来标识变量。它是分配给要写入变量的数字标识符。

——Data

本参数规定了变量的值。

6.2.2.3.4 读主变量(Read Primary Variable)

6.2.2.3.4.1 服务概述

本服务允许客户机从服务器中读取主变量的值及其单位。

6.2.2.3.4.2 变量模型

CLASS:		**RECORD VARIABLE**
ATTRIBUTES:		
1	Numeric Identifier	=1
2	Variable Sub Index	Not present
3	Variable Name	= Primary variable
4	Number of Fields	= 2
5	List of Fields	
5.1	Field Name	= Primary variable Unit
5.2	Field Data type Name	= Enumeration
5.3	Field Name	= Primary variable
5.4	Field Data type Name	= Float32

6.2.2.3.5 读回路电流和范围百分比(Read loop current and percent of range)

6.2.2.3.5.1 服务概述

本服务允许客户机从服务器中读取回路电流的值及与之相关的范围百分比。

6.2.2.3.5.2 变量模型

CLASS:		**RECORD VARIABLE**
ATTRIBUTES:		
1	Numeric Identifier	= 2
2	Variable Sub Index	Not present
3	Variable Name	= Loop current
4	Number of Fields	= 2
5	List of Fields	
5.1	Field Name	= Loop current
5.2	Field Data type Name	= Float32
5.3	Field Name	= Percent of range
5.4	Field Data type Name	= Float32

6.2.2.3.6 读动态变量和回路电流(Read dynamic variables and loop current)

6.2.2.3.6.1 服务概述

本服务允许客户机从服务器中读取回路电流的值及最多4个预定义的动态变量。在响应数据中变量的个数取决于设备的类型。

6.2.2.3.6.2 变量模型

CLASS:			**RECORD VARIABLE**
ATTRIBUTES:			
1		Numeric Identifier	= 3
2		Variable Sub Index	Not present
3		Variable Name	= Dynamic variables
4		List of Fields	
4.1	(c)	Constraint	Number of fields = {3 | 5 | 7 | 9}
4.1.1	(m)	Field Name	= Loop current
4.1.2	(m)	Field Data type Name	= Float32
4.1.3	(m)	Field Name	= Primary variable Unit
4.1.4	(m)	Field Data type Name	= Enumeration
4.1.5	(m)	Field Name	= Primary variable
4.1.6	(m)	Field Data type Name	= Float32
4.2	(c)	Constraint	Number of Fields = {5 | 7 | 9}
4.2.1	(m)	Field Name	= Secondary variable Unit
4.2.2	(m)	Field Data type Name	= Enumeration
4.2.3	(m)	Field Name	= Secondary variable
4.2.4	(m)	Field Data type Name	= Float32
4.3	(c)	Constraint	Number of Fields = {7 | 9}
4.3.1	(m)	Field Name	= Tertiary variable Unit
4.3.2	(m)	Field Data type Name	= Enumeration
4.3.3	(m)	Field Name	= Tertiary variable
4.3.4	(m)	Field Data type Name	= Float32
4.4	(c)	Constraint	Number of Fields = 9
4.4.1	(m)	Field Name	= Quaternary variable Unit
4.4.2	(m)	Field Data type Name	= Enumeration
4.4.3	(m)	Field Name	= Quaternary variable
4.4.4	(m)	Field Data type Name	= Float32

字段的个数可以是3、5、7或9。属性4.1.1～4.1.6的字段总是存在。如果字段个数为5、7或9,则4.2.1～4.2.4的字段存在;如果字段个数为7或9,则4.3.1～4.3.4的字段存在。如果字段数为9,则4.4.1～4.4.4的字段存在。

6.2.2.3.7 写回路配置(Write loop configuration)

6.2.2.3.7.1 服务概述

本服务允许客户机将轮询地址的值和回路电流模式写入服务器。

6.2.2.3.7.2 变量模型

CLASS:		RECORD VARIABLE
ATTRIBUTES:		
1	Numeric Identifier	= 6
2	Variable Sub Index	Not present
3	Variable Name	= Loop configuration
4	Number of Fields	= 2
5	List of Fields	
5.1	Field Name	= Polling address
5.2	Field Data type Name	= Unsigned8
5.3	Field Name	= Loop current mode
5.4	Field Data type Name	= Enumeration

6.2.2.3.8 读回路配置(**Read loop configuration**)

6.2.2.3.8.1 服务概述

本服务允许客户机从服务器读取轮询地址的值和回路电流模式。

6.2.2.3.8.2 变量模型

CLASS:		RECORD VARIABLE
ATTRIBUTES:		
1	Numeric Identifier	= 7
2	Variable Sub Index	Not present
3	Variable Name	= Loop configuration
4	Number of Fields	= 2
5	List of Fields	
5.1	Field Name	= Polling address
5.2	Field Data type Name	= Unsigned8
5.3	Field Name	= Loop current mode
5.4	Field Data type Name	= Enumeration

6.2.2.3.9 读动态变量族类别(**Read dynamic variable families classifications**)

6.2.2.3.9.1 服务概述

本服务允许客户机读取与动态变量相关的类别(Classification)的值。

6.2.2.3.9.2 变量模型

CLASS:		RECORD VARIABLE
ATTRIBUTES:		
1	Numeric Identifier	= 8
2	Variable Sub Index	Not present
3	Variable Name	= Dynamic variables classification
4	Number of Fields	= 4

5	List of Fields		
5.1	Field Name	=	Primary variable classification
5.2	Field Data type Name	=	Enumeration
5.3	Field Name	=	Secondary variable classification
5.4	Field Data type Name	=	Enumeration
5.5	Field Name	=	Tertiary variable classification
5.6	Field Data type Name	=	Enumeration
5.7	Field Name	=	Quaternary variable classification
5.8	Field Data type Name	=	Enumeration

6.2.2.3.10 读带状态的设备变量(Read device variables with status)

6.2.2.3.10.1 服务概述

本服务允许客户机从服务器读取最多4个设备变量或动态变量。客户机可只请求1、2、3或4个设备变量。变量是通过把 Variable Code 分配给 Variable Subindex 来识别的。响应数据中变量的个数应与请求中变量的个数一致。

6.2.2.3.10.2 请求变量子索引模型

CLASS: **RECORD VARIABLE**

ATTRIBUTES:

1	(c)	Constraint Variable Sub Index	= 最大为4
1.1	(m)	Sub Index 1	
1.1.1	(m)	Field Name	= Variable code
1.1.2	(m)	Field Data type Name	= Unsignde8
1.2	(c)	Sub Index 2	
1.2.1	(m)	Field Name	= Variable code
1.2.2	(m)	Field Data type Name	= Unsignde8
1.3	(c)	Sub Index 3	
1.3.1	(m)	Field Name	= Variable code
1.3.2	(m)	Field Data type Name	= Unsignde8
1.4	(c)	Sub Index 4	
1.4.1	(m)	Field Name	= Variable code
1.4.2	(m)	Field Data type Name	= Unsignde8

6.2.2.3.10.3 响应变量模型

CLASS: **RECORD VARIABLE**

ATTRIBUTES:

1		Numeric Identifier	= 9
2		Variable Name	= Device Variables
3		List of Fields	
3.1	(c)	Constraint Number of Variables	= {1|2|3|4}
3.1.1	(m)	Field Name	= Device ExtdStatus
3.1.2	(m)	Field Data type Name	= Bit Field

3.1.3	(m)	Field Name	= Variable code
3.1.4	(m)	Field Data type Name	= Unsigned8
3.1.5	(m)	Field Name	= Variable class
3.1.6	(m)	Field Data type Name	= Enumeration
3.1.7	(m)	Field Name	= Variable Unit
3.1.8	(m)	Field Data type Name	= Enumeration
3.1.9	(m)	Field Name	= Variable
3.1.10	(m)	Field Data type Name	= Float32
3.1.11	(m)	Field Name	= Variable status
3.1.12	(m)	Field Data type Name	= Bit Field
3.2	(c)	Constraint	Number of Variables = {2 | 3 | 4}
3.2.1	(m)	Field Name	= Variable code
3.2.2	(m)	Field Data type Name	= Unsigned8
3.2.3	(m)	Field Name	= Variable class
3.2.4	(m)	Field Data type Name	= Enumeration
3.2.5	(m)	Field Name	= Variable Unit
3.2.6	(m)	Field Data type Name	= Enumeration
3.2.7	(m)	Field Name	= Variable
3.2.8	(m)	Field Data type Name	= Float32
3.2.9	(m)	Field Name	= Variable status
3.2.10	(m)	Field Data type Name	= Bit Field
3.3	(c)	Constraint	Number of Variables = {3 | 4}
3.3.1	(m)	Field Name	= Variable code
3.3.2	(m)	Field Data type Name	= Unsigned8
3.3.3	(m)	Field Name	= Variable class
3.3.4	(m)	Field Data type Name	= Enumeration
3.3.5	(m)	Field Name	= Variable Unit
3.3.6	(m)	Field Data type Name	= Enumeration
3.3.7	(m)	Field Name	= Variable
3.3.8	(m)	Field Data type Name	= Float32
3.3.9	(m)	Field Name	= Variable status
3.3.10	(m)	Field Data type Name	= Bit Field
3.4	(c)	Constraint	Number of Variables = 4
3.4.1	(m)	Field Name	= Variable code
3.4.2	(m)	Field Data type Name	= Unsigned8
3.4.3	(m)	Field Name	= Variable class
3.4.4	(m)	Field Data type Name	= Enumeration
3.4.5	(m)	Field Name	= Variable Unit
3.4.6	(m)	Field Data type Name	= Enumeration
3.4.7	(m)	Field Name	= Variable
3.4.8	(m)	Field Data type Name	= Float32
3.4.9	(m)	Field Name	= Variable status
3.4.10	(m)	Field Data type Name	= Bit Field

变量的个数可以是1、2、3或4。属性3.1.1～3.1.12的字段总是存在。如果字段个数为2、3或4，则3.2.1～3.2.10的字段存在；如果字段个数为3或4，则3.3.1～3.3.10的字段存在。如果字段数为4，则3.4.1～4.4.10的字段存在。

6.2.2.3.11 读消息(Read message)

6.2.2.3.11.1 服务概述

本服务允许客户机从服务器中读取消息(Message)字符串的值。

6.2.2.3.11.2 变量模型

CLASS:		**Simple VARIABLE**
ATTRIBUTES:		
1	Numeric Identifier	= 12
2	Variable Sub Index	Not present
3	Variable Name	= Message
4	Field Name	= Message
5	Field Data type Name	= Packed ASCII

6.2.2.3.12 读标签、描述符和日期(Read tag, descriptor and date)

6.2.2.3.12.1 服务概述

本服务允许客户机从服务器中读取标签、描述符和日期的值。

6.2.2.3.12.2 变量模型

CLASS:		**RECORD VARIABLE**
ATTRIBUTES:		
1	Numeric Identifier	= 13
2	Variable Sub Index	Not present
3	Variable Name	= Tag Descriptor
4	Number of Fields	= 3
5	List of Fields	
5.1	Field Name	= Tag
5.2	Field Data type Name	= Packed ASCII
5.3	Field Name	= Descriptor
5.4	Field Data type Name	= Packed ASCII
5.5	Field Name	= Date
5.6	Field Data type Name	= Date

6.2.2.3.13 读主变量传感器信息(Read primary variable transducer information)

6.2.2.3.13.1 服务概述

本服务允许客户机从服务器中读取主变量传感器的序列号(Serial Number)、限值(Limit)/最小量程单位(Minimum Span Unit)、传感器上限(Upper Transducer Limit)、传感器下限(Lower Transducer Limit)以及最小量程(Minimum Span)。

6.2.2.3.13.2 变量模型

CLASS:		**RECORD VARIABLE**
ATTRIBUTES:		
1	Numeric Identifier	= 14
2	Variable Sub Index	Not present
3	Variable Name	= Primary variable transducer Information
4	Number of Fields	= 5
5	List of Fields	
5.1	Field Name	= Transducer serial number
5.2	Field Data type Name	= Unsigned24
5.3	Field Name	= Transducer limits and minimum span Units
5.4	Field Data type Name	= Enumeration
5.5	Field Name	= Upper transducerlimit
5.6	Field Data type Name	= Float32
5.7	Field Name	= Lower transducer limit
5.8	Field Data type Name	= Float32
5.9	Field Name	= Minimum span
5.10	Field Data type Name	= Float32

6.2.2.3.14 读设备信息(**Read device information**)

6.2.2.3.14.1 服务概述

本服务允许客户机从服务器读取 PV 报警选择码(PV Alarm Selection Code)、PV 传递函数(PV Transfer Function)、PV 范围上限值/量程下限值的单位(PV Upper/Lower Range Values Unit)、PV 范围上限(PV Upper Range)、PV 范围下限(PV Lower Range)、PV 阻尼(PV Damping)、写保护(Write Protect)、分销商私有标签(Private Lable Distributor)和 PV 模拟通道(PV Analog Channel)的值。

6.2.2.3.14.2 变量模型

CLASS:		**RECORD VARIABLE**
ATTRIBUTES:		
1	Numeric Identifier	= 15
2	Variable Sub Index	Not present
3	Variable Name	= Device information
4	Number of Fields	= 9
5	List of Fields	
5.1	Field Name	= PV alarm selection
5.2	Field Data type Name	= Enumeration
5.3	Field Name	= PV transfer function
5.4	Field Data type Name	= Enumeration
5.5	Field Name	= PV upper and lower range values Unit
5.6	Field Data type Name	= Enumeration
5.7	Field Name	= PV upper range

5.8 Field Data type Name = Float32
5.9 Field Name = PV lower range
5.10 Field Data type Name = Float32
5.11 Field Name = PV damping
5.12 Field Data type Name = Float32
5.13 Field Name = Write protect
5.14 Field Data type Name = Enumeration
5.15 Field Name = Private label distributor
5.16 Field Data type Name = Enumeration
5.17 Field Name = PV analog channel
5.18 Field Data type Name = Bit Field

6.2.2.3.15 读最终装配号(Read final assembly number)

6.2.2.3.15.1 服务概述

本服务允许客户机从服务器读取与设备相关的最终装配号。

6.2.2.3.15.2 变量模型

CLASS: **Simple VARIABLE**

ATTRIBUTES:

1 Numeric Identifier = 16
2 Variable Sub Index Not present
3 Variable Name = Final assembly number
4 Field Name = Final assembly number
5 Field Data type Name = Unsigned24

6.2.2.3.16 写消息(Write message)

6.2.2.3.16.1 服务概述

本服务允许客户机向服务器写入消息字符串的值。

6.2.2.3.16.2 变量模型

CLASS: **Simple VARIABLE**

ATTRIBUTES:

1 Numeric Identifier = 17
2 Variable Sub Index Not present
3 Variable Name = Message
4 Field Name = Message
5 Field Data type Name = Packed ASCII

6.2.2.3.17 写标签、描述符和日期(Write tag, descriptor and date)

6.2.2.3.17.1 服务概述

本服务允许客户机向服务器写入标签、描述符和日期的值。

6.2.2.3.17.2 变量模型

CLASS:		**RECORD VARIABLE**
ATTRIBUTES:		
1	Numeric Identifier	= 18
2	Variable Sub Index	Not present
3	Variable Name	= Tag Descriptor
4	Number of Fields	= 3
5	List of Fields	
5.1	Field Name	= Tag
5.2	Field Data type Name	= Packed ASCII
5.3	Field Name	= Descriptor
5.4	Field Data type Name	= Packed ASCII
5.5	Field Name	= Date
5.6	Field Data type Name	= Date

6.2.2.3.18 写最终装配号(**Write final assembly number**)

6.2.2.3.18.1 服务概述

本服务允许客户向服务器写入设备相关的最终装配号的值。

6.2.2.3.18.2 变量模型

CLASS:		**Simple VARIABLE**
ATTRIBUTES:		
1	Numeric Identifier	= 19
2	Variable Sub Index	Not present
3	Variable Name	= Final assembly number
4	Field Name	= Final assembly number
5	Field Data type Name	= Unsigned24

6.2.2.3.19 读长标签(**Read long tag**)

6.2.2.3.19.1 服务概述

本服务允许客户机从服务器读取长标签的值。

6.2.2.3.19.2 变量模型

CLASS:		**Simple VARIABLE**
ATTRIBUTES:		
1	Numeric Identifier	= 20
2	Variable Sub Index	Not present
3	Variable Name	= Long tag
4	Field Name	= Long tag
5	Field Data type Name	= Latin-1

6.2.2.3.20 写长标签(Write long tag)

6.2.2.3.20.1 服务概述

本服务允许客户机向服务器写长标签的值。

6.2.2.3.20.2 变量模型

CLASS: **Simple VARIABLE**

ATTRIBUTES:

1 Numeric Identifier = 22

2 Variable Sub Index Not present

3 Variable Name = Long tag

4 Field Name = Long tag

5 Field Data type Name = Latin-1

6.3 应用关系(AR)

6.3.1 应用关系 ASE

6.3.1.1 概述

AR 是由一组相互兼容的类的端点组成。每个 AR 的一个端点必须是主站类,另一个端点必须是从站类。每个设备只能有一个从站类 AREP 的实例。

设备可以使用多个主站类 AREP 与若干个从站类 AREP 进行通信,但在任一时刻只能有一个 AR 是活动的。主站类 AREP 的用户在请求原语中将从站类 AREP 作为一个参数进行标识。

6.3.1.2 主站类 AREP

6.3.1.2.1 形式化模型

ASE: **AR ASE**

CLASS: **Master**

CLASS ID: **Not used**

PARENT CLASS: **Top**

ATTRIBUTES:

1 (m) Attribute: Address

SERVICES:

1 (m) OpsService: AR-Get Attribute

2 (m) OpsService: AR-Set Attribute

6.3.1.2.2 属性

——Address

该属性规定主站设备的数据链路地址(Data Link Address)。

6.3.1.3 从站类 AREP

6.3.1.3.1 形式化模型

ASE:			**AR ASE**
CLASS:			**Slave**
CLASS ID:			**Not used**
PARENT CLASS:			**Top**
ATTRIBUTES:			
1	(m)	Attribute:	PollAddress
2	(m)	Attribute:	UniqueAddress
3	(m)	Attribute:	PreambleLength
SERVICES:			
1	(m)	OpsService:	AR-Get Attribute
2	(m)	OpsService:	AR-Set Attribute

6.3.1.3.2 属性

——PollAddress

本属性规定了从站设备的数据链路地址(Data Link Address)。设备只对来自主站的包含该地址的 Identify 帧进行响应。

——Unique address

本属性规定了从站设备的数据链路地址。设备只对来自主站设备的所有包含该地址的帧做出响应。保留值全为零的该属性作为广播地址。

——PreambleLength

本属性规定了主站向从站发出的每个请求 PDU 中必须传送的前导码八位位组的个数。

6.3.1.4 应用关系 ASE 服务规范

6.3.1.4.1 概述

本条包含应用关系 ASE 特有的服务定义。这些服务包括:AR-Get Attribute 和 AR-Set Attribute。

6.3.1.4.2 AR-Get Attribute 服务

与 AR-Get Attribute 服务相应的服务参数如表 10 所示。

表 10 AR-Get Attribute 服务参数

参数名称	Req	Cnf
Argument	M	
Attribute index	M	
Result (+)		S
Value		C
Result (−)		S
Status		C
注:将证实原语与其先前对应的请求原语相关联的方法是本地实现的,见 1.2。		

——Argument

Argument 包含请求服务的各参数。

——Attribute index

本参数用来标识属性。

——Result(+)

本选择性参数表示服务请求已成功完成。

——Value

如果请求成功,则本参数同所请求的属性值一起返回。

——Result(-)

本选择性参数表示请求失败。

——Status

如果请求失败,则本状态返回说明失败的原因。可能的值是:Illegal attribute index 或 Unknown value。

6.3.1.4.3 AR-Set Attribute 服务

本证实服务用来本地设置 AREP 属性的当前值。

6.3.1.4.3.1 服务参数

AR-Set Attribute 服务的服务参数如表 11 所示。

表 11 AR-Set Attribute 服务参数

参数名称	Req	Cnf
Argument	M	
Attribute index	M	
Value	M	
Result		
Status		M
注:将证实原语与其先前对应的请求原语相关联的方法是本地实现的,见 1.2。		

——Argument

Argument 包含请求服务的各参数。

——Attribute index

本参数用来标识要被更新的属性。

——Value

本参数包含新的属性值。

——Status

作为请求的结果,Status 返回说明 OK 或失败的原因。其可能的值是:OK、Illegal attribute index 或 Illegal value。

6.4 类汇总

本条包含已定义的类的汇总,如表 12 所示。

表 12 类汇总

ASE	类
虚拟现场设备	VFD
数据类型	固定定度数据类型
	字符串数据类型
变量	简单变量
	记录变量

6.5 AREP 角色允许的服务

表 13 定义了服务和 AREP 类的有效组合(特定类的 AREP 可以发送和接收哪些服务 APDU)。所有服务都是需要证实的服务。

表 13 AREP 类的服务

	主站	从站
服　务	req[a]　rcv[b]	req　rcv
VFD ASE		
Identify	X[c]	X
变量 ASE		
Read service-common	X	X
Write service-common	X	X
Read Primary variable	X	X
Read Loop current And Percent Of range	X	X
Read Dynamic variables and Loop current	X	X
Write loop configuration	X	X
Read Loop configuration	X	X
Read Dynamic variable families classifications	X	X
Read Device variables with status	X	X
Read Message	X	X
Read Tag, Descriptor, Date	X	X
Read Primary variable transducer information	X	X
Read Device information	X	X
Read Final assembly number	X	X
Write Message	X	X
Write Tag, Descriptor, Date	X	X
Write Final assembly number	X	X
Read Long Tag	X	X
Write Long Tag	X	X

[a] req 表示发送方。

[b] rcv 表示接收方。

[c] X 表示支持。

参 考 文 献

[1] GB/T 9387.3—2008 信息技术 开放系统互连 基本参考模型 第3部分:命名与编址(ISO/IEC 7498-3:1997,IDT)

ICS 25.040
N 10

中华人民共和国国家标准

GB/T 29910.4—2013/IEC 61158-6-20:2010

工业通信网络 现场总线规范 类型20:HART规范 第4部分:应用层协议规范

Industrial communication networks—Fieldbus specifications—Type 20 HART specification—Part 4: Application layer protocol specification

(IEC 61158-6-20:2010, Industrial communication networks—Fieldbus specification—Part 6-20: Application layer protocol specification—Type 20 elements, IDT)

2013-12-17 发布

2014-05-01 实施

中华人民共和国国家质量监督检验检疫总局
中国国家标准化管理委员会 发布

前言

GB/T 29910《工业通信网络　现场总线规范　类型20:HART规范》分为以下6个部分:

——第1部分:HART有线网络物理层服务定义和协议规范;

——第2部分:HART有线网络数据链路层服务定义和协议规范;

——第3部分:应用层服务定义;

——第4部分:应用层协议规范;

——第5部分:WirelessHART无线通信网络及通信行规;

——第6部分:应用层附加服务定义和协议规范。

本部分为GB/T 29910的第4部分。

本部分按照GB/T 1.1—2009给出的规则起草。

本部分等同采用IEC 61158-6-20:2010《工业通信网络　现场总线规范　第6-20部分:应用层协议规范　类型20元素》(英文版)。

与本部分中规范性引用的国际文件有一致性对应关系的我国文件如下:

——GB/T 9387.1—1998 信息技术　开放系统互连　基本参考模型　第1部分:基本模型(ISO/IEC 7498-1:1994,IDT)

——GB/T 15273.1—1994　信息处理　八位单字节编码图形字符集　第1部分:拉丁字母一(ISO/IEC 8859-1:1987,IDT)

——GB/T 16262.1—2006　信息技术　开放系统互连　抽象语法记法一(ASN.1)　第1部分:基本记法规范(ISO/IEC 8824-1:2002,IDT)

——GB/T 16263.1—2006　信息技术　开放系统互连　第1部分:ASN.1　编码规则(ISO/IEC 8825-1:2002,IDT)

——GB/T 17176—1997　信息技术　开放系统互连　应用层结构(ISO/IEC 9545:1994,IDT)

——GB/T 17966—2000　微处理器系统的二进制浮点运算(IEC 60559:1989,IDT)

本部分的技术内容和组成结构与IEC 61158-6-20:2010《工业通信网络　现场总线规范　第6-20部分:应用层协议规范　类型20元素》(英文版)相一致,只是对第2章规范性引用文件做了如下调整和补充:

——将参考文献中IEC 8825-1调整到第2章,因为在第3章中引用;

——增加了GB/T 29910.5—2013,因为在表23等条文中引用。

本部分由中国机械工业联合会提出。

本部分由全国工业过程测量和控制标准化技术委员会(SAC/TC 124)归口。

本部分起草单位:机械工业仪器仪表综合技术经济研究所、HART通信基金会、中国科学院沈阳自动化研究所、上海自动化仪表股份有限公司、西南大学、上海工业自动化仪表研究院、北京和利时系统工程股份有限公司、北京奥斯汀科技有限公司、福建上润精密仪器有限公司、中国仪器仪表行业协会、上海汉物天物联网技术有限公司、重庆工业自动化仪表研究所、二重集团(德阳)重型装备股份有限公司。

本部分主要起草人:高镜媚、刘丹、王麟琨、冯翔、刘涛、梁炜、杨志家、包伟华、刘枫、王骏、罗安、陈小枫、戈剑、董景辰、蒋济友。

工业通信网络　现场总线规范
类型 20:HART 规范
第 4 部分:应用层协议规范

1　范围

1.1　概述

现场总线应用层(FAL)为用户程序提供访问现场总线通信环境的一种手段。在这一方面,可将 FAL 视为“相应的应用程序之间的一个窗口”。

GB/T 29910 的本部分为在 HART 现场总线特定的自动化环境中,应用程序之间的基本报文通信提供了公共要素。这些基本报文通信包括“严格时间要求(time-critical)”的通信和“非严格时间要求(non-time-critical)”的通信。术语“严格时间要求”表示存在一个时间窗,在此时间窗内,要求以某个已定义的确定性等级完成所要求的一个或多个规定动作。在时间窗内未完成规定的动作,会产生请求这些动作的应用失败的风险,甚至伴随造成仪器、设备和可能的人身危险。

本部分以抽象方式从以下几方面定义了 HART 现场总线应用层所提供的外部可见行为:

a)　定义在进行通信的应用实体间传递的应用层协议数据单元的抽象语法;

b)　定义在进行通信的应用实体间传递的应用层协议数据单元的传送语法;

c)　定义在进行通信的应用实体间可见的应用服务行为的应用上下关系状态机;

d)　定义在进行通信的应用实体间可见的通信行为的应用关系状态机。

本部分的目的是为了定义协议以定义:

a)　在 GB/T 29910.3 中定义的服务原语的传输表示;

b)　与其传输相关的外部可见的行为。

本部分规定了 IEC 现场总线类型 20 的应用层结构和服务,与 OSI 基本参考模型(ISO/IEC 7498-1)和 OSI 应用层结构(ISO/IEC 9545)一致。

1.2　规范

本部分的首要目标是规定传递 GB/T 29910.3 中定义的应用层服务的应用层协议语法和行为。

本部分的第二目标是提供已有工业通信协议的移植路径。正是这一目标导致了 IEC 61158 不同类型的服务的多样性。

1.3　一致性

本部分未规定个别的实现或产品,也未约束工业自动化系统中应用层实体的实现。一致性是通过本应用层协议规范的实现来获得的。

2　规范性引用文件

下列文件对于本文件的应用是必不可少的。凡是注日期的引用文件,仅注日期的版本适用于本文件。凡是不注日期的引用文件,其最新版本(包括所有的修改单)适用于本文件。

GB/T 29910.3—2013 工业通信网络 现场总线规范 类型 20:HART 规范 第 3 部分:应用层服务定义(IEC 61158-5-20:2010,IDT)

GB/T 29910.5—2013 工业通信网络 现场总线规范 类型 20:HART 规范 第 5 部分:WirelessHART 无线通信网络及通信行规(IEC 62591:2010,IDT)

IEC 60559 微处理器系统的二进制浮点运算(Binary floating-point arithmetic for microprocessor systems)

IEC/TR 61158-1 工业通信网络 现场总线规范 第 1 部分:IEC 61158 和 IEC 61784 系列概述和导则(Industrial communication networks—Fieldbus specifications—Part 1:Overview and guidance for the IEC 61158 and IEC 61784 series)

ISO/IEC 7498-1 信息技术 开放系统互连 基本参考模型 第 1 部分:基本模型(Information technology—Open systems interconnection—Basic reference model—Part 1:The basic model)

ISO/IEC 8824-1 信息技术 开放系统互连 抽象语法记法一(ASN.1) 第 1 部分:基本记法规范[Information technology—Abstract Syntax Notation One (ASN.1)—Part 1:Specification of basic notation]

ISO/IEC 8825-1 信息技术 开放系统互连 第 1 部分:抽象语法记法一(ASN.1) 编码规则[Information technology—Open Systems Interconnection—Specification of Basic Encoding Rules for Abstract Syntax Notation One (ASN.1)]

ISO/IEC 8859-1 信息处理 八位单字节编码图形字符集 第 1 部分:拉丁字母一(Information processing—8-Bit single-byte coded graphic character sets—Part 1:Latin alphabet No.1)

ISO/IEC 9545 信息技术 开放系统互连 应用层结构(Information technology—Open systems interconnection—Application layer structure)

3 术语和定义、符号、缩略语、约定

3.1 其他标准中的术语和定义

3.1.1 ISO/IEC 7498-1 的术语和定义

ISO/IEC 7498-1 中界定的下列术语适用于本文件:

a) 抽象语法 abstract syntax
b) 应用实体 application entity
c) 应用过程 application process
d) 应用协议数据单元 application protocol data unit
e) 应用服务元素 application service element
f) 应用实体调用 application entity invocation
g) 应用过程调用 application process invocation
h) 应用事务 application transaction
i) 表示上下关系 presentation context
j) 开放实系统 real open system
k) 传输语法 transfer syntax

3.1.2 ISO/IEC 9545 的术语和定义

ISO/IEC 9545 中界定的下列术语适用于本文件:

a) 应用关联 application-association

b) 应用上下关系 application-context
c) 应用上下关系名称 application context name
d) 应用实体调用 application-entity-invocation
e) 应用实体类型 application-entity-type
f) 应用过程调用 application-process-invocation
g) 应用过程类型 application-process-type
h) 应用服务元素 application-service-element
i) 应用控制服务元素 application control service element

3.1.3 ISO/IEC 8824-1 的术语和定义

ISO/IEC 8824-1 中界定的下列术语适用于本文件：

a) 对象标识符 object identifier
b) 类型 type
c) 值 value
d) 简单类型 simple type
e) 结构化类型 structured type
f) 组件类型 component type
g) 标签 tag
h) 真 true
i) 假 false
j) 整数类型 integer type
k) 八位位组串类型 octet string type
l) 空类型 null type
m) 序列类型 sequence type
n) 类型的序列 sequence of type
o) 选择类型 choice type
p) 标签类型 tagged type
q) 任意类型 any type
r) 模块 module
s) 生产 production

3.1.4 ISO/IEC 8825-1 的术语和定义

ISO/IEC 8825-1 中界定的下列术语适用于本文件：

a) 编码(数据值的) encoding (of a data value)
b) 数据值 data value
c) 标识符八位位组 identifier octet
d) 长度八位位组 length octet (s)
e) 内容八位位组 contents octet (s)

3.2 IEC/TR 61158-1 术语

IEC/TR 61158-1 中界定的术语和定义适用于本文件。

3.2.1

应用 application

用于消费或生产数据的功能或数据结构。

3.2.2

应用层互操作性 application layer interoperability

应用实体使用FAL的服务来执行协调和协同操作的能力。

3.2.3

应用对象 application object

管理和提供运行期间通过网络及在网络设备内的报文交换的对象类。

注：可定义多种类型的应用对象类。

3.2.4

应用过程 application process

网络中分布式应用的一部分，它位于一台设备中并被确定寻址。

3.2.5

应用过程标识符 application process identifier

用来区别在一个设备内使用的多个应用过程。

3.2.6

应用过程对象 application process object

应用过程的组件，通过FAL应用关系可识别和访问该组件。

注：应用过程对象定义由其类属性的一组值所组成(见应用过程对象类定义)。应用过程对象定义可通过使用FAL对象管理ASE的服务来远程访问。FAL对象管理服务可用来加载或更新对象定义、读对象定义、动态地创建和删除应用对象及其相应定义。

3.2.7

应用过程对象类 application process object class

依据一组其网络可访问的属性和服务来定义的应用过程对象的类。

3.2.8

应用关系 application relationship

两个或多个应用实体调用之间的协同关联，用于交换信息及协调它们的联合操作。

注：这种关系的激活通过应用协议数据单元的交换或作为预配置活动的结果实现。

3.2.9

应用关系应用服务元素 application relationship application service element

提供建立和终止所有应用关系的专用机制的应用服务元素(ASE)。

3.2.10

应用关系端点 application relationship endpoint

由包含在此应用关系中的一个应用过程所看到和维护的应用关系的上下关系和行为特性。

注：应用关系中所包含的每个应用过程都维护其自己的应用关系端点。

3.2.11

属性 attribute

对象的外部可视特点或特性的描述。

注：一个对象的属性包含关于对象可变部分的信息。典型地，它们提供对象的状况信息，或支配对象的操作。属性还可能影响对象的行为特性。属性分为类属性和实例属性。

3.2.12

行为 behaviour

说明对象如何响应特定的事件。行为特性的描述包括属性值和服务之间的关系。

3.2.13

类 class

表示同类系统组件的一组对象。

注：类是对象的泛化，是定义变量和方法的模板。类中的所有对象在结构形式和行为特性上都是相同的，但在其属性中通常包含不同的数据。

3.2.14

类属性 class attributes

同一类中所有对象所共有的属性。

3.2.15

类代码 class code

分配给每个对象类的惟一标识符。

3.2.16

类特定服务 class specific service

由特定的对象类所定义的服务，以执行所需要的公用服务不能履行的功能。

注：类特定对象对于定义它的对象类是惟一的。

3.2.17

客户机 client

a) 使用另一个对象(服务器)的服务来执行任务的对象。

b) 报文的发起方，服务器对该报文做出反应。例如，向作为服务器的单个AR端点发出"需证实"服务请求APDU的AR端点的角色。

3.2.18

传送路径 conveyance path

通过一个应用关系的单向APDU流。

3.2.19

周期性的 cyclic

用来描述以有规则方式重复出现的事件的术语。

3.2.20

专用AR dedicated AR

由FAL用户直接使用的AR。在专用AR上，只发送FAL首部和用户数据。

3.2.21

设备 device

与链路连接的物理硬件。一台设备可能包含多个节点。

3.2.22

设备行规 device profile

设备相关信息和功能的集合，提供同一设备类型的类似设备之间的一致性。

3.2.23

端点 endpoint

在一个连接中的通信实体之一。

3.2.24

错误 error

计算、观察或测量的值或状况与规定或理论上的正确值或状况之间的差异。

3.2.25

错误代码 error code

在一种错误类中某个特定错误类型的标识符。

3.2.26

管理信息　management information

支持管理现场总线系统操作(包括应用层)的网络可访问的信息。

注：管理功能包括控制、监视和诊断。

3.2.27

网络　network

通过某种类型的通信媒体相连接的一组节点。

注：任何一对节点间的连接路径可能包括中继器、路由器和网关。

3.2.28

预定义AR端点　pre-defined AR endpoint

在设备内不通过创建(create)服务而本地定义的AR端点。

注：那些没有预先建立的预定义AR,在其使用前需建立。

3.2.29

预建立AR端点　pre-established AR endpoint

在对控制AR端点的AE进行配置期间,处于已建立(established)状态的AR端点。

3.2.30

服务器　server

a)　AREP的角色,它向发起请求的客户机返回一个证实的服务响应APDU。

b)　向另一个对象(客户机)提供服务的对象。

3.2.31

服务　service

一个对象和/或对象类根据另一个对象和/或对象类的请求而执行的操作或功能。

注：定义一组公用的服务,并提供对对象特定服务的定义的规定。对象特定服务是指由特定的对象类所定义的服务,以执行公用服务不能履行的所需要的功能。

3.3　HART现场总线应用层特定定义

下列术语和定义适用于本文件。

3.3.1

模拟通道　analog channel

将现场设备连接到数据采集或控制系统的连续变化的电气信号。一些现场设备支持多个模拟通道(输入或输出)。

注：每个模拟通道向现场设备传送单个动态变量,或传送来自现场设备的单个动态变量。

3.3.2

广播地址　broadcast address

广播地址被主站用来向所有设备发送一个命令。

注：广播地址长度为5个八位位组,且所有八位位组都为0。

3.3.3

忙　busy

设备处于忙状态时不能执行命令。当命令规范允许时,设备通过返回响应代码32来表示处于忙状态。如果返回忙响应,则所请求的命令不被执行。

3.3.4

设备ID　device ID

设备的序列号。

注：制造商须为具有相同扩展设备类型值的每个设备分配一个惟一值。

3.3.5

设备变量　device variable

在现场设备中惟一定义的数据项，总是与周期性的过程信息相关联。在设备所连接过程发生改变和变化时，设备变量的值相应改变。

3.3.6

动态变量　dynamic variable

在过程和模拟通道间的连接。

注：设备可能包含主变量、第二变量、第三变量和第四变量。这些变量统称为动态变量。

3.3.7

扩展设备类型　expanded device type

扩展设备类型表示制造商的设备类型，如产品名称。

注：该属性值由 HCF 分配，规定了设备所支持的命令和数据对象集。HCF 需为每类设备分配惟一值。

3.3.8

长标签　long tag

用来标识一个现场设备的 32 字符 ISO Latin-1 的字符串。

3.3.9

回路电流　loop current

该值由与现场设备串联的毫安表测得。

注：回路电流是近似直流的模拟 4 mA～20 mA 的信号，用来在控制系统和现场设备之间传递单一值。当采用“回路电流”值时，电压模式的设备使用“V DC”作为其工程单位。

3.3.10

制造商 ID　manufacturer ID

制造商 ID 表示生产设备的制造商。

注：制造商只能使用分配给自己的值而不允许使用分配给其他制造商的值。

3.3.11

主站　master

通过向其他设备发送请求 PDU 而发起通信活动的设备。

3.3.12

轮询地址　polling address

用来标识设备的整数。

注：轮询地址用来构造 1 个八位位组长的地址。

3.3.13

从站　slave

仅在接收到来自主站设备的请求 PDU 后才启动通信活动的设备。从站须对该请求发出响应。

3.3.14

标签　tag

标签是用来标识现场设备的 8 字符的 ASCII 字符串。

3.3.15

惟一地址　unique address

惟一地址是设备的 5 个八位位组长度的地址，用来惟一标识支持本标准的所有设备。它由扩展设备类型和设备 ID 串接构成。

3.4　缩略语和符号

下列缩略语和符号适用于本文件。

AE:应用实体(Application Entity)
AL:应用层(Application Layer)
ALP:应用层协议(Application Layer Protocol)
APO:应用过程对象(Application Process Object)
AP:应用过程(Application Process)
APDU:应用协议数据单元(Application Protocol Data Unit)
API:应用过程标识符(Application Process Identifier)
AR:应用关系(Application Relationship)
AREP:应用关系端点(Application Relationship Endpoint)
ASCII:美国信息交换标准码(American Standard Code for Information Interchange)
ASE:应用服务元素(Application Service Element)
Cnf:证实(原语)(Confirmation)
DL-:(前缀)数据链路-((as a prefix) Data Link-)
DLC:数据链路连接(Data-link connection)
DLCEP:数据链路连接端点(Data-link connection endpoint)
DLL:数据链路层(Data-link layer)
DLM:数据链路管理(Data-link-management)
DLSAP:数据链路服务访问点(Data-link service access point)
DLSDU:DL 服务数据单元(DL-service-data-unit)
FAL:现场总线应用层(Fieldbus application layer)
ID:标识符(Identifier)
IEC:国际电工委员会(International Electrotechnical Commission)
Ind:指示(原语)(Indication)
HART:可寻址远程传感器高速通道(Highway Addressable Remote Transducer)
MSB:最高有效字节(Most significant byte)
LSB:最低有效字节(Least significant byte)
OSI:开放系统互连(Open Systems Interconnect)
Req:请求(原语)(Request)
Rsp:响应(原语)(Response)
SAP:服务访问点(Service access point)
SDU:服务数据单元(Service data unit)
VFD:虚拟现场设备(Virtual field device)

3.5 约定

3.5.1 通用概念

现场总线应用层(FAL)被定义为一个面向对象的应用服务元素的集合(ASE)。在单独的条中定义每个 ASE。每个 ASE 规范由 3 个部分组成:类定义、服务和协议规范。前两项包含在 GB/T 29910.3—2013。每个 ASE 的协议规范在本部分中定义。

"类定义(class definition)"定义了每个 ASE 支持的类的属性。类实例可通过使用 GB/T 29910.3—2013 规定的管理 ASE 服务来访问这些属性。服务规范中定义了的由 ASE 提供的服务。

本部分使用了 ISO/IEC 10731 给出的描述性约定。

3.5.2 类定义约定

数据链路层映射定义使用模板来描述。每个模板由一个类的属性列表组成。模板的通用格式见IEC/TR 61158-1。

3.5.3 抽象语法约定

当使用“optionalParametersMap”参数时，则给出一个与每个“可选(OPTIONAL)”或“默认(DEFAULT)”元素相对应的比特号作为注释。

3.6 状态机约定

状态机在表1中描述。

表1 状态机所用的约定

#	当前状态	事件/条件 =>动作	下一状态
本转换的名称	本状态转换适用的当前状态	触发本状态转换的事件或者条件 => 当上述事件或条件满足时所发生的动作。动作总是标记在事件或条件的下面	本转换所发生的动作完成后的下一状态

状态机中所用的约定如下：

——:=　表示左侧项的值被右侧项的值所取代。如果右侧项是一个参数，则它来自作为输入事件的原语。

——xxx　表示参数的名称。

示例：

Identifier:=reason　表示将 reason 参数的值赋给 Identifier 参数

——“xxx”　表示固定的值。

示例：

Identifier:="abc"　表示将"abc"赋给 Identifier 参数

——=　表示左侧项和右侧项相等的逻辑条件。

——<　表示左侧项小于右侧项的逻辑条件。

——>　表示左侧项大于右侧项的逻辑条件。

——<>　表示左侧项不等于右侧项的逻辑条件。

——&&　表示逻辑“与”。

——||　表示逻辑“或”。

这个结构允许在一个转换中循环执行一个动作序列。循环从起始值(start_value)一直执行到结束值(end_value)。

示例：

```
for (Identifier:=start_value to end_value)
  actions
endfor
```

这个结构允许在一个转换中根据某些条件(可以是某些标识符的值或前一个动作的结果)来选择性地执行一个动作。

示例：

```
If (condition)
  actions
else
  actions
endif
```

强烈推荐读者参考应用关系端点(AREP)属性定义、本地函数以及 FAL-PDU 的定义以理解协议机，这里假设读者具有关于这些定义的足够知识，并且使用它们不需要进一步解释。

4 抽象语法

APDU 的抽象语法与其传送语法相接合，在第 5 章定义。

5 传送语法

5.1 概述

发送应用层准备一个 APDU 并将其传送到接收应用层。发送应用层使用服务原语的参数来完成发送。APDU 具有以下几种格式：

——主站到从站设备的请求 APDU；

——从站到主站设备的正常响应；

——从站到主站设备的命令错误响应；

——从站到主站设备的通信错误响应。

本章规定了所有 APDU 的格式和编码规则。

5.2 通用 APDU 结构

所有 APDU 都有一个通用结构，如图 1 所示。

Command	Octet count	Data

图 1 APDU 格式

5.2.1 命令(Command)

APDU 的第 1 个八位位组为 Command。该 Command 为 Variable Index，标识从站中要被读或写的对象，其数据类型为 Unsigned8。

5.2.2 八位位组计数(Octet count)

APDU 的第 2 个八位位组表示 Data 字段中八位位组个数。此字段的数据类型为 Unsigned8，值为 0～255。如果此字段值为零，则 Data 字段为空。

5.2.3 数据(Data)

在应用层和用户之间传送的用户数据。应用层从一个服务原语的参数中组装数据，或将数据解析为服务原语的各参数。数据结构取决于 APDU 的类型。

5.2.3.1 主站到从站的请求

图 1 给出了主站请求所使用的应用层字段格式，包含单个八位位组的命令号。对于 Read 服务，Data 字段为空或为 Variable Subindex；对于 Write 服务，Data 字段为向该命令所标识的从站对象写入的值。

5.2.3.2 从站到主站的正常响应

图 2 给出了不带任何错误的从站对主站响应所使用的应用层字段格式。

Command	Octet count	Response code	Device status	value

图 2 从站对主站的正常响应

从站发出该 APDU 作为对主站请求的响应。该 APDU 中 Command 字段的值与相应的请求 APDU 中的 Command 字段一致。Octet count 为 Value 字段中八位位组个数加 2，因此最小值为 2。

响应代码(Response code)字段为 Enumeration 数据类型，表示已成功完成表 2 所示的请求命令。其中一些值取决于 Command 字段的值。5.3 中每个服务特定 APDU 的结构给出了分配给该服务的值。设备须使用这些值。如果所表示的状况在本部分未定义，则可使用一个未使用的值进行响应。

表 2 响应代码(Response code)值

值	分类	定 义
0	成功(Success)	命令(读或写)被正确执行
1～127	警告(Warning)	命令(写)被执行但带有偏差。偏差在响应中描述(如将值设为其最接近的合法值)
1～127	保留(Reserved)	本部分协议可保留代码用于将来使用。设备不允许返回保留值

设备状态(Device status)字段为 Bit Field 数据类型，表示作为一个整体的响应设备的当前操作状态，与任何命令的完成无关，如表 3 所示。

表 3 设备状态(Device status)值

比特掩码	定 义
0x80	设备故障(Device Malfunction)——设备检测到严重的错误或故障，以致危及设备运行
0x40	配置改变(Configuration Changed)——执行了改变设备配置的操作
0x20	冷启动(Cold Start)——电源故障或发生设备复位
0x10	更多可用状态(More Status Available)——存在更多的状态信息，通过另一个读命令获取
0x08	回路电流固定(Loop Current Fixed)——回路电流保持在一个固定值，对过程的变化没有响应
0x04	回路电流饱和(Loop Current Saturated)——回路电流已达到其上限(或下限)值，不能再增加(或减小)
0x02	非主变量超限(Non-Primary Variable Out of Limits)——一个未被映射为主变量的设备变量超出了它的运行限值
0x01	主变量超限(Primary Variable Out of Limits)——主变量超出了它的运行限值

如果响应对应一个 Read 请求，则 Value 字段为从从站设备读取的对象值；如果响应对应一个 Write 请求，则 Value 字段为向从站设备写入的对象值。Value 与请求中接收的值相同，除非接收到的值不被允许且服务器写入了不同的值。在该情况下，Value 为在从站设备中写入的值。

5.2.3.3 从站到主站的命令错误响应

图 3 中给出了在命令执行过程中出现错误的情况下，从站向主站响应的应用层字段格式。Value 字段不存在。

Command	Octet count (=2)	Response code	Device status

图 3 从站到主站的命令错误响应

响应设备发送一个 APDU 以响应来自主站的请求。该 APDU 中的 Command 字段值与相应的请求 APDU 中的 Command 字段值相同。Octet count 字段设为 2。

Response code 字段为 Enumeration 数据类型，并表示出错的原因。Response code 字段取值范围为 1～127，其中一些值取决于 Command 字段值。5.3 中每个服务特定 APDU 的结构给出了分配给该服务的值。设备须使用这些值。设备也可使用未被使用的值进行响应，只要该值所表示的状况未在本标准中定义。Response code 在表 4 中给出。

表 4 响应代码(Response code)值

值	分类	定义
1～127	错误(Error)	命令未被完全正确执行，且在 Response code 中给出原因(例如设备处于写保护模式)
1～127	保留(Reserved)	本部分协议可保留一个代码用于将来使用。设备不允许返回保留值

Device status 字段为 Bit Field 数据类型，表示响应设备的当前操作的总体状态，与任何命令的完成无关，如表 3 所示。

5.2.3.4 从站到主站的通信错误响应

图 4 给出了在接收请求 DLPDU 时出现通信错误情况下，从站向主站响应的应用层字段格式。Value 字段不存在。

Command	Octet count (=2)	Comm error	Device status

图 4 从站到主站的通信错误响应

响应设备发送该 APDU 以响应来自主站的请求。该 APDU 中的 Command 字段值与相应的请求 APDU 中的 Command 字段值相同。Octet count 字段设为 2。通信错误(Comm error)字段为 Bit Field 数据类型，它表示的错误原因如表 5 所示。

表 5 通信错误(Comm error)代码

比特掩码	定　义
0x80	该比特总是设为 1,以表示一个通信错误
0x40	垂直奇偶校验错误(Vertical Parity Error)——设备接收的一个或多个八位位组的奇偶校验值不是奇数
0x20	溢出错误(Overrun Error)——在 UART 接收缓冲区中的数据,至少有一个八位位组在被读取之前已被覆盖(即从站未能足够快地处理到达的八位位组)
0x10	组帧错误(Framing Error)——设备接收的一个或几个八位位组的停止位未被 UART 检测到(即停止位应已产生,但该标记或 1 未被检测到)
0x08	纵向奇偶校验错误(Longitudinal Parity Error)——设备计算出的纵向奇偶校验值与报文末尾的校验八位位组不匹配
0x04	保留(Reserved),设为 0
0x02	缓冲器溢出(Buffer Overflow)——对于设备的接收缓冲区,报文过长
0x01	保留(Reserved),设为 0

5.3 服务特定 APDU 结构

5.3.1 枚举(Enumeration)

许多数据结构使用枚举,这些枚举由 HART 通信基金会(HCF)定义。HCF 维护这些枚举的当前列表。

5.3.2 标识(Identify) FAL PDU

5.3.2.1 请求原语

Command 字段值可能是 0、11 或 21。APDU 格式如表 6 所示。

表 6 标识请求 APDU

命令(Command)	八位位组计数(Octet count)	数据(Data)
0	0	空
11	6	Tag (Packed ASCII)
21	32	Long Tag (Latin-1)

如果 Command 字段的值为 0,则 Data 字段为空;如果 Command 字段的值为 11,则 Data 字段包含 6 个八位位组值的 Tag 参数;如果 Command 字段的值为 21,则 Data 字段包含 32 个八位位组值的 Long Tag 参数。

5.3.2.2 响应原语

响应中的 Value 字段如表 7 所示。Response code 值如表 8 所示。

表 7　标识响应的 Value 字段

八位位组偏移	数据类型	参数名称	描　述
0	Unsigned8	None	总是为 254
1	Enumeration	Expanded Device Type	2 个八位位组表示的枚举,表示制造商的设备类型。HCF 应为每种设备类型分配一个惟一值
3	Unsigned8	Preamble Count	表示所发送的主站到响应设备的请求报文中最少的前导码个数
4	Unsigned8	Command Rev	表示设备所支持的主要协议版本号
5	Unsigned8	Device Rev	描述了设备的版本号。此参数的值将由制造商定义
6	Unsigned8	Soft Rev	表示设备中固件的版本号。每发布一个新的设备固件,制造商将增加此参数的值
7	Bit Field	Hard Rev Phy Type	a)　此八位位组中高 5 位表示设备硬件的版本号。每当设备硬件发生重大改变时,制造商都将增加此属性的值。无需跟踪单个硬件部件的改变情况。 b)　此八位位组中低 3 位表示设备使用的 PhL 信号传输类型
8	Bit Field	Device Flag	表示设备的其他信息,如多传感器、非易失性存储控制和协议桥等
9	Unsigned24	Device ID	表示设备的序列号。制造商应为具有相同 Manufacturer ID 和 Expanded Device Type 的每台设备分配一个惟一值
12	Unsigned8	Preamble Count	表示从站向主站发出的响应报文中最少的前导码个数
13	Unsigned8	Variable Count	规定可以从设备访问的对象(变量)的最大个数。该参数值表示客户机应用可能在设备中找到的最后一个变量代码
14	Unsigned16	Configuration Change Count	保持跟踪设备配置改变次数。每当设备通过应用层服务接收到改变配置的请求,或设备用户使用本地工具(如本地操作员接口)改变设备配置时,设备应增加此参数值
16	Bit Field	Device ExtdStatus	表示设备的扩展操作状态
17	Enumeration	Manufacturer ID	2 个八位位组表示的枚举,表示生产该设备的制造商
19	Enumeration	Distributor code	2 个八位位组表示的枚举,表示分销该设备的制造商私有标签
21	Enumeration	Device profile	规定了设备所属的类

表 8　标识命令特定的响应代码

值	分类	描　　述
0	Success	无错误

5.3.2.3　响应设备规程

如果请求中包含 Tag 或 Long Tag，那么设备必须将其与设备中存储的 Tag 或 Long Tag 相比较。只有当它们相匹配时，设备才做出响应。

5.3.3　读主变量(Read primary) FAL PDU

5.3.3.1　请求原语

Command 值为 1；Octet count 字段值为 0；Data 字段为空。

5.3.3.2　响应原语

响应中的 Value 字段如表 9 所示。Response code 值如表 10 所示。

表 9　读主变量响应的 Value 字段

八位位组偏移	数据类型	参数名称	描　　述
0	Enumeration	Primary Variable Unit	该参数表示主变量的工程单位
1～4	Float32	Primary Variable	主变量的当前值

表 10　读主变量命令特定的响应代码

值	分类	描　　述
0	Success	无错误
6	Error	设备特定命令错误
8	Warning	更新失败
16	Error	访问受限

5.3.4　读回路电流和范围百分比(Read loop current and percent of range) FAL PDU

5.3.4.1　请求原语

Command 值为 2；Octet count 字段值为 0；Data 字段为空。

5.3.4.2　响应原语

响应中的 Value 字段如表 11 所示。Response code 值如表 12 所示。

表 11 读回路电流和范围百分比响应的 Value 字段

八位位组偏移	数据类型	参数名称	描述
0	Float32	Loop Current	设备输出的当前值——以 mA 为单位的回路电流或以 V 为单位的电压输出值
1～4	Float32	Primary Variable	主变量百分量程的当前值，它跟踪设备的主输入，其值可以超出 0%～100%的正常范围

表 12 读回路电流和范围百分比命令特定的响应代码

值	分类	描述
0	Success	无错误
6	Error	设备特定命令错误
8	Warning	更新失败
16	Error	访问受限

5.3.5 读动态变量和回路电流(Read dynamic variables and loop current) FAL PDU

5.3.5.1 请求原语

Command 值为 3;Octet count 字段值为 0;Data 字段为空。

5.3.5.2 响应原语

响应中的 Value 字段如表 13 所示。Response code 值如表 14 所示。如果设备不支持所有的 4 个变量，那么该响应只包含设备支持的变量个数。在这种情况下，响应中其他字段是缺少的。

表 13 读动态变量和回路电流响应的 Value 字段

八位位组偏移	数据类型	参数名称	描述
0～3	Float32	Loop Current	设备输出的当前值——以 mA 为单位的回路电流或以 V 为单位的电压输出值
4	Enumeration	Primary Variable Unit	该参数表示主变量的工程单位
5～8	Float32	Primary Variable	主变量的当前值
9	Enumeration	Secondary Variable Unit	该参数表示第二变量的工程单位
10～13	Float32	Secondary Variable	第二变量当前值
14	Enumeration	Tertiary Variable Unit	该参数表示第三变量的工程单位
15～18	Float32	Tertiary Variable	第三变量当前值
19	Enumeration	Quaternary Variable Unit	该参数表示第四变量的工程单位
20～23	Float32	Quaternary Variable	第四变量当前值

表 14 读动态变量和回路电流命令特定的响应代码

值	分类	描 述
0	Success	无错误
6	Error	设备特定命令错误
8	Warning	更新失败
16	Error	访问受限

5.3.6 写回路配置(Write loop configuration) FAL PDU

5.3.6.1 请求原语

Command 值为 6;Octet count 字段值为 2;Data 字段如表 15 所示。

表 15 写回路配置请求的 Data 字段

八位位组偏移	数据类型	参数名称	描 述
0	Enumeration	Polling Address	该参数表示设备的数据链路地址
1	Enumeration	Loop Current Mode	该参数对回路电流模式进行编码,如表 16 所示

表 16 Loop current mode 代码

取值	描 述
0	禁用
1	启用
251	无
252	未知
253	设备特定

5.3.6.2 响应原语

响应中的 Value 字段等同请求中的 Data 字段见表 15。Response code 值如表 17 所示。

表 17 写回路配置命令特定的响应代码

值	分类	描 述
0	Success	无错误
2	Error	无效的轮询地址
5	Error	接收的数据八位位组过少
6	Error	设备特定命令错误
7	Error	处于写保护模式
12	Error	无效的模式选择
16	Error	访问受限
32	Error	忙

5.3.6.3 响应设备规程

当主站请求时,设备被要求禁用回路电流信号。当电流信号被禁用时,回路电流被设置现场设备运行所需的最小值。表3所示的现场设备状态的第4比特(Loop Current Fixed)被设为“1”。

5.3.7 读回路配置(Read loop configuration) FAL PDU

5.3.7.1 请求原语

Command 值为7;Octet count 字段值为0;Data 字段为空。

5.3.7.2 响应原语

响应中的 Value 字段如表18所示。Response code 值如表19所示。

表18 读回路配置响应的 Value 字段

八位位组偏移	数据类型	参数名称	描述
0	Enumeration	Polling Address	该参数表示设备的数据链路地址
1	Enumeration	Loop Current Mode	该参数对回路电流模式进行编码,如表16所示

表19 读回路配置命令特定的响应代码

值	分类	描述
0	Success	无错误
16	Error	访问受限

5.3.8 读动态变量族类别(Read dynamic variable families classifications) FAL PDU

5.3.8.1 请求原语

Command 值为8;Octet count 字段值为0;Data 字段为空。

5.3.8.2 响应原语

响应中的 Value 字段如表20所示。Response code 值如表21所示。

表20 读动态变量族类别响应的 Value 字段

八位位组偏移	数据类型	参数名称	描述
0	Enumeration	Primary Variable Classification	该参数表示设备变量执行的功能
1	Enumeration	Secondary Variable Classification	该参数表示设备变量执行的功能
2	Enumeration	Tertiary Variable Classification	该参数表示设备变量执行的功能
3	Enumeration	Quaternary Variable Classification	该参数表示设备变量执行的功能

表 21 读动态变量族类别命令特定的响应代码

值	分类	描 述
0	Success	无错误
16	Error	访问受限

5.3.9 读带状态的设备变量(Read device variables with status) FAL PDU

5.3.9.1 请求原语

Command 值为 9;Octet count 字段的值为 1～8,且与请求变量的个数相同;请求中的 Data 字段如表 22 所示。

表 22 读带状态的设备变量请求的 Data 字段

八位位组偏移	数据类型	参数名称	描 述
0	Unsigned8	Slot 0	该参数为分配给一个设备变量的代码
1	Unsigned8	Slot 1	该参数为分配给一个设备变量的代码
2	Unsigned8	Slot 2	该参数为分配给一个设备变量的代码
3	Unsigned8	Slot 3	该参数为分配给一个设备变量的代码
4	Unsigned8	Slot 4	该参数为分配给一个设备变量的代码
5	Unsigned8	Slot 5	该参数为分配给一个设备变量的代码
6	Unsigned8	Slot 6	该参数为分配给一个设备变量的代码
7	Unsigned8	Slot 7	该参数为分配给一个设备变量的代码

5.3.9.2 响应原语

响应中的 Value 字段如表 23 所示。Response code 值如表 25 所示。

表 23 读带状态的设备变量响应的 Value 字段

八位位组偏移	数据类型	参数名称	描 述
0	Bit Field	Device ExtdStatus	此参数表示设备的扩展操作状态
1	Unsigned8	Variable Code	此参数为在请求中接收的对应 slot 0 的 Value 字段的代码
2	Enumeration	Variable classification	此参数表示对应 slot 0 的设备变量所执行的功能(见 GB/T 29910.5—2013 的表 F.4)
3	Enumeration	Variable Unit	此参数表示对应 slot 0 的变量的工程单位
4	Float32	Variable Value	此参数为对应 slot 0 的变量的当前值
8	Bit Field	Variable status	此参数表示对应 slot 0 的变量的状态(见表 24)
9	Unsigned8	Variable Code	此参数为在请求中接收的对应 slot 1 的 Value 字段的代码

表 23（续）

八位位组偏移	数据类型	参数名称	描　　述
10	Enumeration	Variable classification	此参数表示对应 slot 1 的设备变量所执行的功能(见 GB/T 29910.5—2013 的表 F.4)
11	Enumeration	Variable Unit	此参数表示对应 slot 1 的变量的工程单位
12	Float32	Variable Value	此参数为对应 slot 1 的变量的当前值
16	Bit Field	Variable status	此参数表示对应 slot 1 的变量的状态(见表 24)
17	Unsigned8	Variable Code	此参数为在请求中接收的对应 slot 2 的 Value 字段的代码
18	Enumeration	Variable classification	此参数表示对应 slot 2 的设备变量所执行的功能(见 GB/T 29910.5—2013 的表 F.4)
19	Enumeration	Variable Unit	此参数表示对应 slot 2 的变量的工程单位
20	Float32	Variable Value	此参数为对应 slot 2 的变量的当前值
24	Bit Field	Variable status	此参数表示对应 slot 2 的变量的状态(见表 24)
25	Unsigned8	Variable Code	此参数为在请求中接收的对应 slot 3 的 Value 字段的代码
26	Enumeration	Variable classification	此参数表示对应 slot 3 的设备变量所执行的功能(见 GB/T 29910.5—2013 的表 F.4)
27	Enumeration	Variable Unit	此参数表示对应 slot 3 的变量的工程单位
28	Float32	Variable Value	此参数为对应 slot 3 的变量的当前值
32	Bit Field	Variable status	此参数表示对应 slot 3 的变量的状态(见表 24)
33	Unsigned8	Variable Code	此参数为在请求中接收的对应 slot 4 的 Value 字段的代码
34	Enumeration	Variable classification	此参数表示对应 slot 4 的设备变量所执行的功能(见 GB/T 29910.5—2013 的表 F.4)
35	Enumeration	Variable Unit	此参数表示对应 slot 4 的变量的工程单位
36	Float32	Variable Value	此参数为对应 slot 4 的变量的当前值
40	Bit Field	Variable status	此参数表示对应 slot 4 的变量的状态(见表 24)
41	Unsigned8	Variable Code	此参数为在请求中接收的对应 slot 5 的 Value 字段的代码
42	Enumeration	Variable classification	此参数表示对应 slot 5 的设备变量所执行的功能(见 GB/T 29910.5—2013 的表 F.4)
43	Enumeration	Variable Unit	此参数表示对应 slot 5 的变量的工程单位
44	Float32	Variable Value	此参数为对应 slot 5 的变量的当前值
48	Bit Field	Variable status	此参数表示对应 slot 5 的变量的状态(见表 24)
49	Unsigned8	Variable Code	此参数为在请求中接收的对应 slot 6 的 Value 字段的代码

表 23（续）

八位位组偏移	数据类型	参数名称	描　述
50	Enumeration	Variable classification	此参数表示对应 slot 6 的设备变量所执行的功能（见 GB/T 29910.5—2013 的表 F.4）
51	Enumeration	Variable Unit	此参数表示对应 slot 6 的变量的工程单位
52	Float32	Variable Value	此参数为对应 slot 6 的变量的当前值
56	Bit Field	Variable status	此参数表示对应 slot 6 的变量的状态（见表 24）
57	Unsigned8	Variable Code	此参数为在请求中接收的对应 slot 7 的 Value 字段的代码
58	Enumeration	Variable classification	此参数表示对应 slot 7 的设备变量所执行的功能（见 GB/T 29910.5—2013 的表 F.4）
59	Enumeration	Variable Unit	此参数表示对应 slot 7 的变量的工程单位
60	Float32	Variable Value	此参数为对应 slot 7 的变量的当前值
64	Bit Field	Variable status	此参数表示对应 slot 7 的变量的状态（见表 24）
65	Time	Time stamp	Slot 0 数据的时间戳

变量状态（Variable status）字段为 Bit Field 数据类型，提供了变量的质量状态，其编码如表 24 所示。

表 24　变量状态（Variable status）值

比特掩码	描　述
0xC0	该两位的编码表示输入过程的数据质量： 11：好（good）； 01：精度差（poor accuracy）； 10：手动（manual）或固定（fixed）； 00 不好（bad）
0x30	该两位的编码表示变量的限值状态： 11：常量（constant）； 01：低限（low limited）； 10：高限（high limited）； 00 无限制（not limited）
0x08	如果此位为“1”，则表示通过读取设备的特定对象可获得更多的状态值
0x07	这些位的意义对于设备族是特定的

表 25 读带状态的设备变量命令特定的响应代码

值	分类	描 述
0	Success	无错误
2	Error	无效选择
5	Error	接收的数据八位位组过少
6	Error	设备特定命令错误
8	Warning	更新故障
14	Warning	为设备变量返回动态变量
16	Error	访问受限
30	Warning	命令响应被截断

5.3.9.3 响应设备规程

如果请求中不包含任何数据八位位组(Value 字段),那么此设备响应的 Error Code 等于 5,否则 Response code 为 5 以外的值。

设备响应带有与请求变量相同个数的变量值。

如果一个请求变量不被设备所支持,那么在响应 APDU 中相应的字段设定如下:

——Variable classification 字段设为 0;

——Variable unit 字段设定为 250;

——Variable value 字段设为“Not-a-Number”浮点值(0x7F,0xA0,0x00,0x00);

——Variable status 设定为 0x30。

如果所请求的变量不支持 Variable classification,那么在该变量的响应 APDU 中 Variable classification 字段必须设为 0(未分类),Response code 设为 14。

设备至少支持 4 个 slot。

5.3.10 读消息(Read message) FAL PDU

5.3.10.1 请求原语

Command 值为 12;Octet count 字段值为 0;Data 字段为空。

5.3.10.2 响应原语

响应中的 Value 字段如表 26 所示。Response code 值如表 27 所示。

表 26 读消息响应的 Value 字段

八位位组偏移	数据类型	参数名称	描 述
0～23	Packed ASCII	Message	存储在设备中的 Message 值

表 27　读消息命令特定的响应代码

值	分类	描　　述
0	Success	无错误
16	Error	访问受限
32	Error	忙

5.3.11　读标签,描述符和日期(Read tag,descriptor and date) FAL PDU

5.3.11.1　请求原语

Command 值为 13;Octet count 字段值为 0;Data 字段为空。

5.3.11.2　响应原语

响应中的 Value 字段如表 28 所示。Response code 值如表 29 所示。

表 28　读标签,描述符和日期响应的 Value 字段

八位位组偏移	数据类型	参数名称	描　　述
0～5	Packed ASCII	Tag	存储在设备中的 Tag 值
6～17	Packed ASCII	Descriptor	存储在设备中的 Descriptor 值
18～20	Date	Date	存储在设备中的 Date 值

表 29　读标签,描述符和日期命令特定的响应代码

值	分类	描　　述
0	Success	无错误
16	Error	访问受限
32	Error	忙

5.3.12　读主变量传感器(Read primary variable transducer) FAL PDU

5.3.12.1　请求原语

Command 值为 14;Octet count 字段值为 0;Data 字段为空。

5.3.12.2　响应原语

响应中的 Value 字段如表 30 所示。Response code 值如表 31 所示。

表 30 读主变量传感器响应的 Value 字段

八位位组偏移	数据类型	参数名称	描　述
0～2	Unsigned24	Transducer Serial Number	传感器序列号的值
3	Enumeration	Transducer Unit	传感器限值和最小量程(Minimum Span)的单位代码
4～7	Float32	Upper Transducer Limit	传感器上限变量的值
8～11	Float32	Lower Transducer Limit	传感器下限变量的值
12～15	Float32	Minimum Span	最小量程(Minimum Span)变量的值

表 31 读主变量传感器命令特定的响应代码

值	分类	描　述
0	Success	无错误
16	Error	访问受限
32	Error	忙

5.3.12.3 响应设备规程

如果传感器序列号对于设备是不可用的,那么设备将响应下列值:

a) Transducer Serial Number 等于 0;

b) Transducer Unit 等于 250;

c) 所有其他值等于“Not-a-number”的浮点值(0x7F,0xA0,0x00,0x00)。

5.3.13 读设备信息(Read device information) FAL PDU

5.3.13.1 请求原语

Command 值为 15;Octet count 字段的值为 0;Data 字段为空。

5.3.13.2 响应原语

响应中的 Value 字段如表 32 所示。响应编码值如表 33 所示。

表 32 读设备信息响应的 Value 字段

八位位组偏移	数据类型	参数名称	描　述
0	Enumeration	PV Alarm Selection	此参数为 PV Alarm Selection 的值,表示在错误条件下设备采取的动作。对于变送器而言,此代码表示回路电流所采取的动作。对于执行器而言,此代码表示定位器所采取的动作
1	Enumeration	PV Transfer Function	此参数为 PV Transfer Function 的值。如果设备不支持传递函数,则此参数值为 0
2	Enumeration	PV Range Unit	此参数为 PV 范围上限和下限的单位值

表 32（续）

八位位组偏移	数据类型	参数名称	描　述
3～6	Float32	PV Upper Range	PV 范围上限值
7～10	Float32	PV Lower Range	PV 范围下限值
11～14	Float32	PV Damping	此参数为以秒为单位的 PV 阻尼值
15	Enumeration	Write Protect	此参数为写保护的值。如果设备不支持写保护，则此参数为 251
16	Enumeration	Private Label Distributor	此参数为分销商私有标签的值，其默认值与制造商 ID 相同
17	Bit Field	PV Analog Channel	此参数为 PV 模拟通道标志的值

表 33　读设备信息命令特定的响应代码

值	分类	描　述
0	Success	无错误
16	Error	访问受限
32	Error	忙

5.3.14　读最终装配号(Read final assembly number) FAL PDU

5.3.14.1　请求原语

Command 值为 16；Octet count 字段值为 0；Data 字段为空。

5.3.14.2　响应原语

响应中的 Value 字段如表 34 所示。Response code 值如表 35 所示。

表 34　读最终装配号响应的 Value 字段

八位位组偏移	数据类型	参数名称	描　述
0～2	Unsigned24	Final assembly Number	最终装配号的值

表 35　读最终装配号命令特定的响应代码

值	分类	描　述
0	Success	无错误
16	Error	访问受限
32	Error	忙

5.3.15 写消息(Write message) FAL PDU

5.3.15.1 请求原语

Command 值为 17;Octet count 字段值为 24;Data 字段如表 36 所示。

表 36 写消息请求的 Data 字段

八位位组偏移	数据类型	参数名称	描述
0～23	Packed ASCII	Message	主站用于记录保存所使用的字符串

5.3.15.2 响应原语

响应中的 Value 字段等同请求中的 Data 字段见表 36。Response code 值如表 37 所示。

表 37 写消息命令特定的响应代码

值	分类	描述
0	Success	无错误
2	Error	无效轮询地址
5	Error	接收的数据八位位组过少
6	Error	设备特定命令错误
7	Error	处于写保护模式
16	Error	访问受限
32	Error	忙

5.3.16 写标签、描述符和日期(Write tag,descriptor and date) FAL PDU

5.3.16.1 请求原语

Command 值为 18;Octet count 字段值为 21;Data 字段如表 38 所示。

表 38 写标签,描述符和日期请求的 Data 字段

八位位组偏移	数据类型	参数名称	描述
0～5	Packed ASCII	Tag	存储在设备中的 Tag 值
6～17	Packed ASCII	Descriptor	存储在设备中的 Descriptor 值
18～20	Date	Date	存储在设备中的 Date 值

5.3.16.2 响应原语

响应中的 Value 字段等同请求中的 Data 字段见表 38。Response code 值如表 39 所示。

表 39 写标签,描述符和日期命令特定的响应代码

值	分类	描　述
0	Success	无错误
5	Error	接收的数据八位位组过少
6	Error	设备特定命令错误
7	Error	处于写保护模式
9	Error	无效日期代码
16	Error	访问受限
32	Error	忙

5.3.17 写最终装配号(Write final assembly number) FAL PDU

5.3.17.1 请求原语

Command 值为 19;Octet count 字段值为 3;Data 字段如表 40 所示。

表 40 写最终装配号请求的 Data 字段

八位位组偏移	数据类型	参数名称	描　述
0～2	Unsigned24	Final Assembly Number	最终装配号的值。当设备的电子部件或其他部件现场升级时,通常改变该值

5.3.17.2 响应原语

响应中的 Value 字段等同请求中的 Data 字段见表 40。Response code 值如表 41 所示。

表 41 写最终装配号命令特定的响应代码

值	分类	描　述
0	Success	无错误
5	Error	接收的数据八位位组过少
6	Error	设备特定命令错误
7	Error	处于写保护模式
16	Error	访问受限
32	Error	忙

5.3.18 读长标签(Read long tag) FAL PDU

5.3.18.1 请求原语

Command 值为 20;Octet count 字段值为 0;Data 字段为空。

5.3.18.2 响应原语

响应中的 Value 字段如表 42 所示。Response code 值如表 43 所示。

表 42 读长标签响应的 Value 字段

八位位组偏移	数据类型	参数名称	描　述
0～31	Latin-1	Long Tag	存储在设备中的 Long Tag 值

表 43 读长标签命令特定的响应代码

值	分类	描　述
0	Success	无错误
16	Error	访问受限
32	Error	忙

5.3.19 写长标签(Write long tag) FAL PDU

5.3.19.1 请求原语

Command 值为 22;Octet count 字段值为 32;Data 字段如表 44 所示。

表 44 写长标签请求的 Data 字段

八位位组偏移	数据类型	参数名称	描　述
0～31	Latin-1	Long Tag	存储在设备中的 Long Tag 值

5.3.19.2 响应原语

响应中的 Value 字段等同请求中的 Data 字段见表 44。Response code 值如表 45 所示。

表 45 写长标签命令特定的响应代码

值	分类	描　述
0	Success	无错误
5	Error	接收的数据八位位组过少
6	Error	设备特定命令错误
7	Error	处于写保护模式
16	Error	访问受限
32	Error	忙

5.4 数据编码规则

5.4.1 概述

如果用户数据总是为一个简单(基本)组成部分,那么按图 5 对其进行编码。用户数据的语义通过其在 PDU 中的位置隐含可知，长度是固定且隐含可知。

Data

图 5　不带标识的编码

5.4.2　整数(Integer)类型编码

整数值为有符号的数字，如图 6 和图 7 所示。首先传送此数据类型的 MSB，再传送其后的八位位组，最后传送 LSB。

表示法 ：	Integer8, Integer16, Integer24, Integer32		
取值范围 ：	数据类型	取值范围	长度
	Integer 8	$-128 \leqslant i \leqslant 127$	1 octet
	Integer 16	$-32\ 768 \leqslant i \leqslant 32\ 767$	2 octets
	Integer 24	$-2^{23} \leqslant i \leqslant 2^{23}-1$	3 octets
	Integer 32	$-2^{31} \leqslant i \leqslant 2^{31}-1$	4 octets
编码 ：	以"2"的补码表示 MSB(最高有效位)是第1个八位位组中符号位(SN)的后一位。 SN = 0 ：正数和 0 SN = 1 ：负数		

图 6　整数类型数据编码

	Bit	8	7	6	5	4	3	2	1
Octet	1	SN	2^{14}	2^{13}	2^{12}	2^{11}	2^{10}	2^{9}	2^{8}
	2	2^{7}	2^{6}	2^{5}	2^{4}	2^{3}	2^{2}	2^{1}	2^{0}

图 7　Integer16 类型数据编码

5.4.3　无符号整数(Unsigned)类型编码

无符号整型编码如图 8 和图 9 所示。首先传送此数据类型的 MSB，再传送其后的八位位组，最后传送 LSB。

表示法 ：	Unsigned8，Unsigned16，Unsigned24，Unsigned32		
取值范围 ：	数据类型	取值范围	长度
	Unsigned 8	$0 \leqslant i \leqslant 255$	1 octet
	Unsigned 16	$0 \leqslant i \leqslant 65\ 535$	2 octets
	Unsigned 24	$0 \leqslant i \leqslant 2^{24}-1$	3 octets
	Unsigned 32	$0 \leqslant i \leqslant 2^{32}-1$	4 octets
编码	二进制		

图 8　无符号类型数据编码

	Bit	8	7	6	5	4	3	2	1
Octet	1	2^{15}	2^{14}	2^{13}	2^{12}	2^{11}	2^{10}	2^{9}	2^{8}
	2	2^{7}	2^{6}	2^{5}	2^{4}	2^{3}	2^{2}	2^{1}	2^{0}

图 9 Unsigned16 类型数据编码

5.4.4 浮点（Floating point）类型编码

浮点型编码如图 10 和图 11 所示。首先传送符号位和指数的 MSB,然后传送指数的剩余部分(balance of the exponent)和分数的 MSB 到 LSB。如果不知道浮点数据类型的对象值,那么传送的值为{0x7F,0xA0,0x00,0x00,…}代表“非数(Not-a-Number)”。

表示法：	Floating – Point (4个八位位组)
取值范围：	见 IEC 60559, Short Real Number (32比特)
编码：	见 IEC 60559, Short Real Number (32比特)

Bit	8	7	6	5	4	3	2	1 (LSB)
Octer		指数 (E)						
1	SN	2^{7}	2^{6}	2^{5}	2^{4}	2^{3}	2^{2}	2^{1}
	(E)	分数 (F)						
2	2^{0}	2^{-1}	2^{-2}	2^{-3}	2^{-4}	2^{-5}	2^{-6}	2^{-7}
		分数 (F)						
3	2^{-8}	2^{-9}	2^{-10}	2^{-11}	2^{-12}	2^{-13}	2^{-14}	2^{-15}
		分数 (F)						
4	2^{-16}	2^{-17}	2^{-18}	2^{-19}	2^{-20}	2^{-21}	2^{-22}	2^{-23}

SN: sign 0＝正，1＝负

图 10 单精度浮点型数据编码

表示法 :	Floating – Point(8个八位位组)
取值范围 :	见IEC 60559, Short Real Number (64比特)
编码 :	见IEC 60559, Short Real Number (64比特)

								LSB
Bit	8	7	6	5	4	3	2	1
Octet		指数 (E)						
1	SN	2^{10}	2^{9}	2^{8}	2^{7}	2^{6}	2^{5}	2^{4}
	指数 (E)				分数 (F)			
2	2^{3}	2^{2}	2^{1}	2^{0}	2^{-1}	2^{-2}	2^{-3}	2^{-4}
		分数 (F)						
3	2^{-5}	2^{-6}	2^{-7}	2^{-8}	2^{-9}	2^{-10}	2^{-11}	2^{-12}
		分数 (F)						
4	2^{-13}	2^{-14}	2^{-15}	2^{-16}	2^{-17}	2^{-18}	2^{-19}	2^{-20}
		分数 (F)						
4	2^{-21}	2^{-22}	2^{-23}	2^{-24}	2^{-25}	2^{-26}	2^{-27}	2^{-28}
		分数 (F)						
4	2^{-29}	2^{-30}	2^{-31}	2^{-32}	2^{-33}	2^{-34}	2^{-35}	2^{-36}
		分数 (F)						
4	2^{-37}	2^{-38}	2^{-39}	2^{-40}	2^{-41}	2^{-42}	2^{-43}	2^{-44}
		分数 (F)						
4	2^{-45}	2^{-46}	2^{-47}	2^{-48}	2^{-49}	2^{-50}	2^{-51}	2^{-52}

SN: sign 0=正, 1=负

图 11 双精度浮点型数据编码

5.4.5 日期(Date)类型编码

数据类型 Date 由表 46 和图 12 所示的日历日期所组成。首先传送的第 1 个八位位组表示日，然后传送八位位组表示月，最后传送的八位位组表示年。

——表示法： Date；

——取值范围： 1900 年 1 月 1 日～2155 年 12 月 31 日；

——编码： 3 个八位位组。

表 46 Date 类型编码

参数	取值范围	参数含义
d.of m.	1～31	日
months	1～12	月
years	0～255	年－1900

Bit	8	7	6	5	4	3	2	1	取值
Octet 1	RSV	RSV	RSV	2^4	2^3	2^2	2^1	2^0	1～31
2	RSV	RSV	RSV	RSV	2^3	2^2	2^1	2^0	1～12
3	2^7	2^6	2^5	2^4	2^3	2^2	2^1	2^0	0～255

图 12　数据类型数据编码

5.4.6　枚举(Enumeration)类型编码

使用 Enumeration 数据类型将特定的用户定义与数字代码相关联，如表 47 所示。代码 250～255 总是如表 47 进行编码。不必定义表中的所有可能值。保留表中所有未定义的代码。保留值不被任何设备使用、返回或传送。对于 Enumeration 类型的任何对象，需为用户提供对应的与变量索引相关联的表格。

——取值的范围：　0～255；

——编码：　　　　在 1 个八位位组中。

表 47　单八位位组枚举类型编码

无符号值	定　义
0	指定定义 0
1	指定定义 1
…	…
n	指定定义 n
n+1	保留
n+2	保留
…	…
249	保留
250	“未使用(Not Used)”
251	“无(None)”
252	“未知(Unknown)”
253	“特殊(Special)”
254	“扩展(Expansion)”
255	保留

5.4.7　比特字段(Bit Field)编码

Bit Field 类型数据用于传送编码为单个比特数据的对象。各比特被打包在一起，增加必要的保留比特以传送一个八位位组。查询表用于定义 Bit Field 中每个比特的含义，如表 48 所示。换言之，每个比特为 TRUE(设为 1)或 FALSE(设为 0)。任何未使用的比特被保留。对于 Bit Field 类型的每个对象，需为用户提供对应的与变量索引相关联的表格。

——取值的范围：　　0～255；

——编码：　　　　　在 1 个八位位组中。

表 48　单八位位组 Bit Field

比特掩码	定　　义
0x01	Bit 1 (LSB)
0x02	Bit 2
0x04	Bit 3
0x08	Bit 4
0x10	Bit 5
0x20	Bit 6
0x40	Bit 7
0x80	Bit 8 (MSB)

5.4.8　压缩(Packed) ASCII 字符串类型编码

Packed ASCII 是 6 比特的字符码，表示 ASCII 字符码集的一个子集，如表 49 所示。通过将 4 个 ASCII 字符压缩为 3 个八位位组来获得 Packed ASCII。该字符串类型总是 4 个字符(3 个八位位组)的倍数，且数据项末尾用 SP 字符填充。字符串长度不与字符串一起传送。每种类型对象的字符串长度都是预先设定的，并通过对象索引标识。如果在一个字符串对象的值中字符的个数少于预先设定的长度，则将字符串末尾未使用的字符设为 SP(0x20)。例如，一个字符串末尾的 4 个 SP 字符表示为 3 个八位位组：0x82、0x08 和 0x20。首先传送该字符串的第 1 个字符，然后传送下一个字符，最后传送末尾字符。

表 49　Packed ASCII 字符集

Bit4～Bit5	Bit0～Bit3															
	0	1	2	3	4	5	6	7	8	9	A	B	C	D	E	F
0	@	A	B	C	D	E	F	G	H	I	J	K	L	M	N	O
1	P	Q	R	S	T	U	V	W	X	Y	Z	[	¥	]	^	_
2	SP[a]	!	"	#	$	%	&	'	(	)	*	+	,	-	.	/
3	0	1	2	3	4	5	6	7	8	9	:	;	<	=	>	?

注：Bit4～Bit5 取值由小到大按自上而下排列，Bit0～Bit3 取值由小到大按自左向右排列。

[a] SP 表示一个"空格"字符。

5.4.9　受限(Restricted) ISO Latin-1 字符串类型的编码

ISO Latin-1 (ISO/IEC 8859-1)字符串由每八位位组一个字符的字符组成。本部分使用忽略 Latin-1 表中第 0、1、8 和 9 行的受限版本，如表 50 所示。

字符串长度不与字符串一起传送。每种类型对象的字符串长度都是预先设定的，并通过对象索引标识。如果在一个字符串对象的值中字符的个数少于预先设定的长度，则将字符串末尾未使用的字符设为零(0x00)。ISO Latin-1 字符串数据项末尾有一个零(0x00)可能不满足这个要求,那么允许一个有效的非零的受限 ISO Latin-1 字符存在于受限 ISO Latin-1 数据对象的最后八位位组中。首先传送该字符串的第 1 个字符,然后传送下一字符,最后传送末尾字符。

表 50 ISO Latin-1 字符的 AccepTable 子集

Bit4～Bit5	Bit0～Bit3															
	0	1	2	3	4	5	6	7	8	9	A	B	C	D	E	F
0																
1																
2	SP[a]	!	"	#	$	%	&	´	(	)	*	+	,	-	.	/
3	0	1	2	3	4	5	6	7	8	9	:	;	<	=	>	?
4	@	A	B	C	D	E	F	G	H	I	J	K	L	M	N	O
5	P	Q	R	S	T	U	V	W	X	Y	Z	[	¥	]	^	_
6	`	a	B	c	D	e	f	g	h	i	j	k	l	m	n	o
7	p	q	R	s	T	u	v	w	x	y	z	{	|	}	～	
8																
9																
A	NBSP[b]	i	¢	£	¤	¥	!	§	¨	©	a	《	¬	SHY[c]	®	-
B	°	±	2	3	′	μ	¶	·	¸	1	°	》	1/4	1/2	3/4	¿
C	À	Á	Â	Ã	Ä	Å	Æ	Ç	È	É	Ê	Ë	ì	í	î	ï
D	Đ	Ñ	Ò	Ó	Ô	Õ	Ö	×	Ø	Ù	Ú	Û	Ü	Ý	Þ	ß
E	à	á	â	ã	Ä	å	æ	ç	è	é	Ê	ë	ì	í	î	ï
F	ð	ñ	ò	ó	Ô	õ	ö	÷	ø	ù	ú	û	ü	ý	þ	Ÿ

注:Bit4～Bit7 取值由小到大按自上而下排列,Bit0～Bit3 取值由小到大按自左向右排列。灰色部分表示没有为这些代码分配字符。

[a] SP 表示一个“空格”字符。

[b] NBSP 表示一个“连续的空格”字符。

[c] SHY 表示一个软连字符。

6 FAL 协议状态机结构

本章规定了 FAL 服务和协议机的接口。

注:本章规定的状态机及后面各条中定义的 ARPM,仅对每个有效事件进行定义。对无效事件的处理是本地实现的。

FAL 的行为特性通过 3 个集成的协议机进行描述。3 个协议机为:FAL 服务协议机(FSPM)、应用关系协议机(ARPM)及数据链路层映射协议机(DMPM)。图 13 描述了这些协议机之间的关系,即它们之间交换的原语。

FSPM 描述了 FAL 用户和 AREP 之间的服务接口。FSPM 无任何状态变化。FSPM 负责以下活动:

a) 从 FAL 服务用户接收服务原语并将其转换为 FAL 内部原语；
b) 将 FAL 内部原语传递给 ARPM；
c) 从 ARPM 接收 FAL 内部原语并将其转换为 FAL 用户的服务原语；
d) 将 FAL 服务原语传递给 FAL 用户。

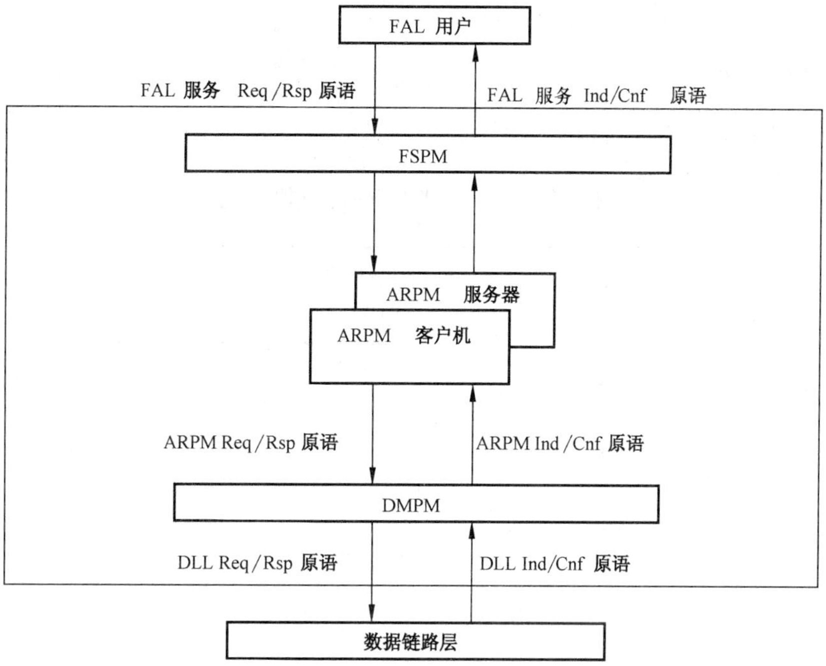

图 13 协议机与相邻层之间的关系

ARPM 描述了 AR 的建立、释放以及与远程 ARPM 进行 FAL PDU 交换。ARPM 有两种类型：客户机和服务器。在任意 FAL 中，仅能有一个 ARPM 实例。ARPM 类型取决于设备类别。主站类设备是 ARPM 客户机，从站类设备是 ARPM 服务器。ARPM 负责以下活动：

a) 基于原语类型，从 FSPM 接收 FAL 内部原语，并生成和发送其他 FAL 内部原语到 FSPM 或 DMPM；
b) 作为 FAL 内部原语的一种形式，从 DMPM 接收 FAL 内部原语将其发送到 FSPM。

DMPM 描述了 FAL 和 DLL 之间的映射关系，其本身没有任何状态变化。DMPM 负责以下活动：

a) 从 ARPM 接收 FAL 内部原语，准备 DLL 服务原语并将其发送到 DLL；
b) 作为 FAL 内部原语的一种形式，从 DLL 接收 DLL 指示或证实原语并将其发送到 ARPM。

7 AP 上下关系状态机

在 HART 的 FAL 中没有 AP 上下关系状态机。

8 FAL 服务协议机(FSPM)

8.1 概述

FAL 服务协议机对于所有的 AL 用户服务是通用的。它具有一种“ACTIVE”状态，如图 14 所示。

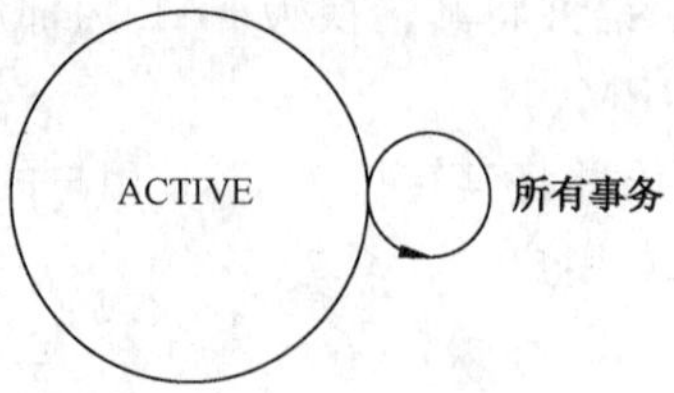

图 14 FSPM 状态转换图

8.2 FSPM 状态表

表 51 和表 52 规定了 FSPM 协议机。

表 51 FSPM 状态表-客户机事务

#	当前状态	事件或条件 =>动作	下一状态

S1	ACTIVE	Identify.req
		=>
		Transaction.req {
		remote_address:=AREP_ID,
		user_data:=alpdu
		}
			ACTIVE

S2	ACTIVE	Read Primary Variable.req
		=>
		Transaction.req {
		remote_address:=AREP_ID,
		user_data:=alpdu
		}
			ACTIVE

S3	ACTIVE	Read Loop Current.req
		=>
		Transaction.req {
		remote_address:=AREP_ID,
		user_data:=alpdu
		}
			ACTIVE

S4	ACTIVE	Read Dynamic Variables.req
		=>
		Transaction.req {
		remote_address:=AREP_ID,
		user_data:=alpdu
		}
			ACTIVE

S5	ACTIVE	Write Loop Configuration.req
		=>
		Transaction.req {
		remote_address:=AREP_ID,
		user_data:=alpdu
		}
			ACTIVE

表 51（续）

#	当前状态	事件或条件 =>动作	下一状态

S6	ACTIVE	Read Loop Configuration.req
		=>
		Transaction.req {
		remote_address:=AREP_ID,
		user_data:=alpdu
		}
			ACTIVE

S7	ACTIVE	Read Dynamic Variable Families Classifications.req
		=>
		Transaction.req {
		remote_address:=AREP_ID,
		user_data:=alpdu
		}
			ACTIVE

S8	ACTIVE	Read Device Variables.req
		=>
		Transaction.req {
		remote_address:=AREP_ID,
		user_data:=alpdu
		}
			ACTIVE

S9	ACTIVE	Read Message.req
		=>
		Transaction.req {
		remote_address:=AREP_ID,
		user_data:=alpdu
		}
			ACTIVE

S10	ACTIVE	Read Tag,Descriptor,Date.req
		=>
		Transaction.req {
		remote_address:=AREP_ID,
		user_data:=alpdu
		}
			ACTIVE

S11	ACTIVE	Read Primary Variable Transducer.req
		=>
		Transaction.req {
		remote_address:=AREP_ID,
		user_data:=alpdu
		}
			ACTIVE

表 51（续）

#	当前状态	事件或条件 =>动作	下一状态

S12	ACTIVE	Read Device Information.req
		=>
		Transaction.req {
		remote_address:=AREP_ID,
		user_data:=alpdu
		}
			ACTIVE

S13	ACTIVE	Read Final assembly Number.req
		=>
		Transaction.req {
		remote_address:=AREP_ID,
		user_data:=alpdu
		}
			ACTIVE

S14	ACTIVE	Write Message.req
		=>
		Transaction.req {
		remote_address:=AREP_ID,
		user_data:=alpdu
		}
			ACTIVE

S15	ACTIVE	Write Tag,Descriptor,Date.req
		=>
		Transaction.req {
		remote_address:=AREP_ID,
		user_data:=alpdu
		}
			ACTIVE

S16	ACTIVE	Write Final assembly Number.req
		=>
		Transaction.req {
		remote_address:=AREP_ID,
		user_data:=alpdu
		}
			ACTIVE

S17	ACTIVE	Read Long Tag.req
		=>
		Transaction.req {
		remote_address:=AREP_ID,
		user_data:=alpdu
		}
			ACTIVE

表 51（续）

#	当前状态	事件或条件 =>动作	下一状态

S18	ACTIVE	Write Long Tag.req
		=>
		Transaction.req {
		remote_address:=AREP_ID,
		user_data:=alpdu
		}
			ACTIVE

S19	ACTIVE	Transaction.cnf
		&& CommErr (user_data)="True"
		=>
		Identify.cnf (-) {
		Arep_id=remote_address,
		Comm_stat=Comm (user_data),
		Dev_stat=Device (user_data)
		}
			ACTIVE

S20	ACTIVE	Transaction.cnf
		&& CommandErr (user_data)="True"
		=>
		Identify.cnf(-) {
		Arep_id=remote_address,
		Resp_code=Resp (user_data),
		Dev_stat=Device (user_data)
		}
			ACTIVE

S21	ACTIVE	Transaction.cnf
		&& CmdErr (user_data)="False"
		&& Command (user_data)=0 | 11 | 21
		=>
		Identify.cnf (+) {
		Arep_id=remote_address,
		Resp_code=Resp (user_data),
		Dev_stat=Device (user_data),
		data=Value (user_data)
		}
			ACTIVE

S22	ACTIVE	Transaction.cnf
		&& CmdErr (user_data)="False"
		&& Command (user_data)=1
		=>
		Read Primary Variable.cnf (+) {
		Arep_id=remote_address,
		Resp_code=Resp (user_data),
		Dev_stat=Device (user_data),
		data=Value (user_data)
		}
			ACTIVE

表 51（续）

#	当前状态	事件或条件 =>动作	下一状态

S23	ACTIVE	Transaction.cnf
		&& CmdErr (user_data) = "False"
		&& Command (user_data) = 2
		=>
		Read Loop Current.cnf (+) {
		Arep_id = remote_address,
		Resp_code = Resp (user_data),
		Dev_stat = Device (user_data),
		data = Value (user_data)
		}
			ACTIVE

S24	ACTIVE	Transaction.cnf
		&& CmdErr (user_data) = "False"
		&& Command (user_data) = 3
		=>
		Read Dynamic Variables.cnf(+) {
		Arep_id = remote_address,
		Resp_code = Resp (user_data),
		Dev_stat = Device (user_data),
		data = Value (user_data)
		}
			ACTIVE

S25	ACTIVE	Transaction.cnf
		&& CmdErr (user_data) = "False"
		&& Command (user_data) = 6
		=>
		Write Polling Address.cnf(+) {
		Arep_id = remote_address,
		Resp_code = Resp (user_data),
		Dev_stat = Device (user_data),
		data = Value (user_data)
		}
			ACTIVE

S26	ACTIVE	Transaction.cnf
		&& CmdErr (user_data) = "False"
		&& Command (user_data) = 7
		=>
		Read Loop Configuration.cnf(+) {
		Arep_id = remote_address,
		Resp_code = Resp (user_data),
		Dev_stat = Device (user_data),
		data = Value (user_data)
		}
			ACTIVE

表 51（续）

#	当前状态	事件或条件 => 动作	下一状态

S27	ACTIVE	Transaction.cnf
		&& CmdErr (user_data)="False"
		&& Command (user_data)=8
		=>
		Read Dynamic Variable Families Classifications.cnf(+) {
		Arep_id=remote_address,
		Resp_code=Resp (user_data),
		Dev_stat=Device (user_data),
		data=Value (user_data)
		}
			ACTIVE

S28	ACTIVE	Transaction.cnf
		&& CmdErr (user_data)="False"
		&& Command (user_data)=9
		=>
		Read Device Variables.cnf(+) {
		Arep_id=remote_address,
		Resp_code=Resp (user_data),
		Dev_stat=Device (user_data),
		data=Value (user_data)
		}
			ACTIVE

S29	ACTIVE	Transaction.cnf
		&& CmdErr (user_data)="False"
		&& Command (user_data)=12
		=>
		Read Message.cnf(+) {
		Arep_id=remote_address,
		Resp_code=Resp (user_data),
		Dev_stat=Device (user_data),
		data=Value (user_data)
		}
			ACTIVE

S30	ACTIVE	Transaction.cnf
		&& CmdErr (user_data)="False"
		&& Command (user_data)=13
		=>
		Read Tag,Descriptor,Date.cnf(+) {
		Arep_id=remote_address,
		Resp_code=Resp (user_data),
		Dev_stat=Device (user_data),
		data=Value (user_data)
		}
			ACTIVE

表 51（续）

#	当前状态	事件或条件 => 动作	下一状态

S31	ACTIVE	Transaction.cnf
		&& CmdErr (user_data)="False"
		&& Command (user_data)=14
		=>
		Read Primary Variable Transducer.cnf(+) {
		Arep_id=remote_address,
		Resp_code=Resp (user_data),
		Dev_stat=Device (user_data),
		data=Value (user_data)
		}
			ACTIVE

S32	ACTIVE	Transaction.cnf
		&& CmdErr (user_data)="False"
		&& Command (user_data)=15
		=>
		Read Device Information.cnf(+) {
		Arep_id=remote_address,
		Resp_code=Resp (user_data),
		Dev_stat=Device (user_data),
		data=Value (user_data)
		}
			ACTIVE

S33	ACTIVE	Transaction.cnf
		&& CmdErr (user_data)="False"
		&& Command (user_data)=16
		=>
		Read Final assembly Number.cnf(+) {
		Arep_id=remote_address,
		Resp_code=Resp (user_data),
		Dev_stat=Device (user_data),
		data=Value (user_data)
		}
			ACTIVE

S34	ACTIVE	Transaction.cnf
		&& CmdErr (user_data)="False"
		&& Command (user_data)=17
		=>
		Write Message.cnf(+) {
		Arep_id=remote_address,
		Resp_code=Resp (user_data),
		Dev_stat=Device (user_data),
		data=Value (user_data)
		}
			ACTIVE

表 51（续）

#	当前状态	事件或条件 => 动作	下一状态

S35	ACTIVE	Transaction.cnf
		&& CmdErr (user_data) = "False"
		&& Command (user_data) = 18
		=>
		Write Tag,Descriptor,Date.cnf(+) {
		Arep_id = remote_address,
		Resp_code = Resp (user_data),
		Dev_stat = Device (user_data),
		data = Value (user_data)
		}
			ACTIVE

S36	ACTIVE	Transaction.cnf
		&& CmdErr (user_data) = "False"
		&& Command (user_data) = 19
		=>
		Write Final assembly Number.cnf(+) {
		Arep_id = remote_address,
		Resp_code = Resp (user_data),
		Dev_stat = Device (user_data),
		data = Value (user_data)
		}
			ACTIVE

S37	ACTIVE	Transaction.cnf
		&& CmdErr (user_data) = "False"
		&& Command (user_data) = 20
		=>
		Read Long Tag.cnf(+) {
		Arep_id = remote_address,
		Resp_code = Resp (user_data),
		Dev_stat = Device (user_data),
		data = Value (user_data)
		}
			ACTIVE

S38	ACTIVE	Transaction.cnf
		&& CmdErr (user_data) = "False"
		&& Command (user_data) = 22
		=>
		Write Long Tag.cnf(+) {
		Arep_id = remote_address,
		Resp_code = Resp (user_data),
		Dev_stat = Device (user_data),
		data = Value (user_data)
		}
			ACTIVE

表 52　FSPM 状态表-服务器处理情况

#	当前状态	事件或条件 => 动作	下一个状态

R1	ACTIVE	Transaction.ind
		=>
		al_service.ind {
		alpdu := user_data
		}
			ACTIVE

R2	ACTIVE	Identify.rsp
		=>
		al_service.rsp {
		user_data := alpdu
		}
			ACTIVE

注：al-service 包括所有的 AL 服务。根据服务类型使用适当的指示或响应原语。			

8.3　FSPM 使用的函数

表 53～表 57 定义了 FSPM 使用的函数。

表 53　函数 Command()

名称	Command	使用范畴	FSPM
输入		输出	
User_data		True || False	
功能			
返回 user_data 的第 1 个字节。			

表 54　函数 CommErr()

名称	CommErr	使用范畴	FSPM
输入		输出	
User_data		True || False	
功能			
检查 user_data 的第 3 个字节。如果该字节的 Bit7 是“1”，那么返回 False，否则返回 True。			

表 55　函数 CommandErr()

名称	CommandErr	使用范畴	FSPM
输入		输出	
User_data		Status	
功能			
返回 user_data 第 3 个字节。			

表 56　函数 Resp()

名称	Resp	使用范畴	FSPM
输入		输出	
User_data		Status	
功能			
返回 user_data 第 3 个字节。			

表 57　函数 Device()

名称	Device	使用范畴	FSPM
输入		输出	
User_data		Status	
功能			
返回 user_data 的第 4 个字节。			

8.4　FSPM/ARPM 原语参数

表 58 描述了在 FSPM 和 ARPM 之间交换的原语所用的参数。

表 58　在 FSPM 和 ARPM 之间交换的原语所用的参数

参数名称	描　　述
remote_address	该参数是从站设备的数据链路地址
user_data	该参数传送 DLL 用户数据。

9　应用关系协议机(ARPM)

9.1　AREP 映射到数据链路层

9.1.1　概述

本条描述了 AL 到现场总线数据链路层的映射。不再定义数据链路层规范中已定义的 DLSAP 属性或 DLME 属性,但定义它们如何被每个 AR 类使用。网络管理提供对这些属性值的配置和监视方法。

下面的类定义描述了支持每个 AREP 类所要求的 DLSAP 属性和 DLME 属性。

注：在此未定义的属性使用与前面相同的定义。

9.1.2 客户机 AREP 类的 DLL 映射

9.1.2.1 客户机 AREP 类形式化模型

本条定义了 DLL 映射属性及其允许值，以及客户机 AREP 类所使用的 DLL 服务。

CLASS： Client

PARENT CLASS： Top

ATTRIBUTES：

1. （m） KeyAttribute： Remote_address
2. （m） Attribute： Preamble_length

DLL SERVICES：

1. （m） OpsService： Transmit_request
2. （m） OpsService： Transmit_confirm

9.1.2.2 属性

9.1.2.2.1 Remote_address

规定发送请求 APDU 的远程地址，或接收证实 APDU 的远程地址。

9.1.2.2.2 Preamble_length

当发送 DLPDU 到 Remote_address 所指定的地址时，DLL 必须传输的前导码长度。

9.1.2.3 DLL 服务

9.1.2.3.1 Transmit_request

主站设备中使用此服务将一个 APDU 传送到远程从站 DLL 用户。

9.1.2.3.2 Transmit_confirm

DLL 使用此服务来传送来自远程从站 DLL 用户的响应 APDU。

9.1.3 服务器 AREP 类的 DLL 映射

9.1.3.1 服务器 AREP 类形式化模型

本条定义 DLL 映射属性以其允许值，以及服务器 AREP 类所使用的的 DLL 服务。

CLASS： Server

PARENT CLASS： Top

ATTRIBUTES：

1. （m） KeyAttribute： Address

DLL SERVICES：

1. (m) OpsService: Transmit_indication
2. (m) OpsService: Transmit_response

9.1.3.2 属性

9.1.3.2.1 Address

规定从站设备用来接收和发送 ALDPU 的地址。

9.1.3.3 DLL 服务

9.1.3.3.1 Transmit_indication

DLL 使用此服务来传送来自远程主站 DLL 用户的指示 APDU。

9.1.3.3.2 Transmit_response

从站设备中使用此服务将一个 APDU 传送到远程主站 DLL 用户。

9.2 应用关系协议机(ARPM)

9.2.1 用于客户机 AREP 的 AR 协议机(ARPM)

9.2.1.1 客户机 AREP 状态

客户机 ARPM 的状态和描述如表 59 和图 15 所示。

表 59 客户机 ARPM 状态

状态名称	描　　述
IDLE	AREP 不处于活动状态
WAIT for CONFIRM	AREP 已经向服务器发送了一个请求 PDU 正在等待服务器的证实

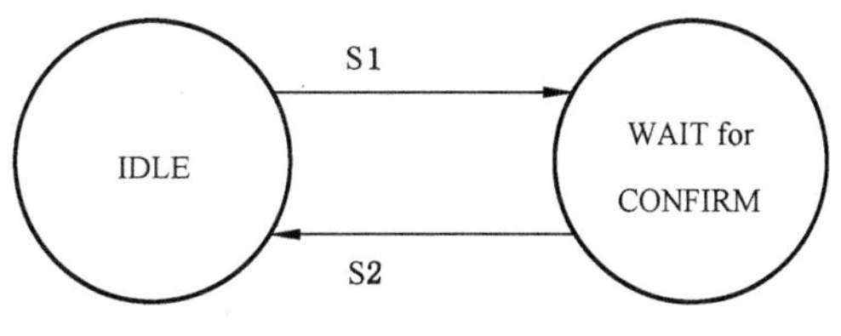

图 15 客户机 ARPM 的状态转换图

9.2.1.2 客户机 ARPM 状态表

表 60 规定了客户机 ARPM 状态机。

表 60　客户机 ARPM 状态表

#	当前状态	事件或条件 => 动作	下一个状态

S1	IDLE	Transaction.req
		=>
		DTC_req {
		called_address := remote_address,
		dlsdu := user_data
		}
			WAIT for CONFIRM

S2	WAIT for CONFIRM	DTC_cnf
		=>
		Transaction.cnf {
		remote_address := responding_address,
		user_data := dlsdu
		}
			IDLE

9.2.2　用于服务器 AREP 的 AR 协议机(ARPM)

9.2.2.1　服务器 ARPM 状态

服务器 ARPM 的状态和描述如表 61 和图 16 所示。

表 61　服务器 APRM 状态

状态名称	描　述
IDLE	AREP 不处于活动状态
WAIT for RESPONSE	AREP 已经接收到来自 DLL 的 PDU,并向 AL 用户发送了相应指示,正在等待来自 AL 用户的响应

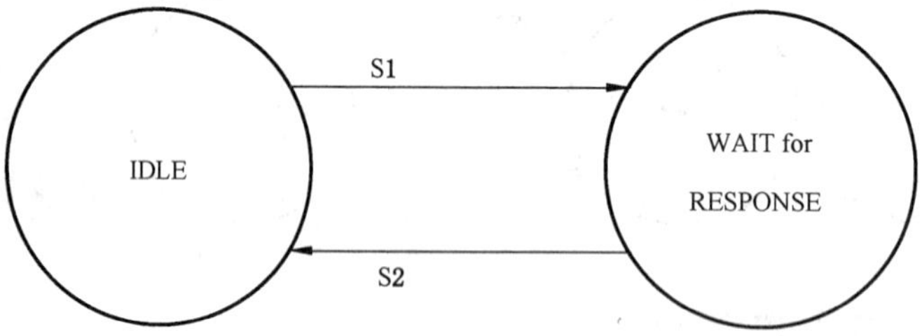

图 16　服务器 ARPM 的状态转换图

9.2.2.2　服务器 ARPM 状态表

表 62 指定了服务器 ARPM 状态机。

表 62 服务器 ARPM 状态表

#	当前状态	事件或条件 => 动作	下一个状态

S1	IDLE	DTC_ind
		=>
		Transaction.ind {
		user_data := dlsdu
		}
			WAIT for RESPONSE

S2	WAIT for RESPONSE	Transaction.rsp
		=>
		DTC_rsp {
		dlsdu := user_data
		}
			IDLE

9.3 AREP 状态机原语描述

9.3.1 在 DMPM 和 ARPM 之间交换的原语

表 63 和表 64 规定了在 DMPM 和 ARPM 之间交换的原语。

表 63 ARPM 发给 DMPM 的原语

原语名称	来源	相关参数	功　能
DTC_req	ARPM	called_address, dlsdu	用于请求 DMPM 传送一个 APDU 到一个从站设备
DTC_rsp	ARPM	dlsdu	用于请求 DMPM 传送一个 APDU 到一个主站设备

表 64 DMPM 发给 ARPM 的原语

原语名称	来源	相关参数	功　能
DTC_ind	DMPM	dlsdu	用于将接收到的 APDU(作为 DLL 服务数据单元)传递到服务器 ARPM
DTC_cnf	DMPM	responding_address, dlsdu	用于传送接收到的来自从站设备的 APDU

9.3.2 ARPM/DMPM 原语的参数

表 65 描述了在 ARPM 和 DMPM 之间交换的原语所使用的参数。

表 65 在 ARPM 和 DMPM 之间交换的原语所使用的参数

参数名称	描　　述
called_address	该参数传递与数据链路层原语一起提供的地址参数值
responding_address	该参数传递接收到的原语的地址参数值
dlsdu	该参数传递要发送给数据链路层的数据值，或传递由数据链路层接收到的数据值

9.4 AREP 状态机使用的函数

ARPM 不使用任何函数。

10 DLL 映射协议机(DMPM)

10.1 DMPM 状态

DMPM 的状态定义及其描述如表 66 和图 17 所示。

表 66 DMPM 状态描述

状态名称	描　　述
ACTIVE	在 ACTIVE 状态下，DMPM 准备将原语传送到数据链路层和 ARPM，或从数据链路层和 ARPM 接收原语

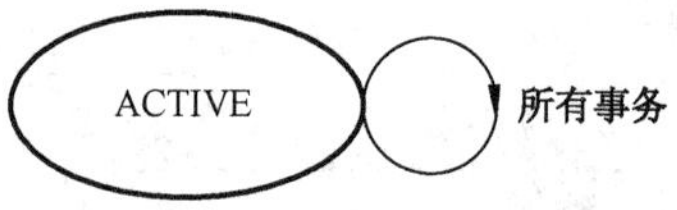

图 17 DMPM 状态转换图

10.2 DMPM 状态机

表 67 和表 68 规定了 DMPM 状态机。

表 67 DMPM 状态表-客户机事务

#	当前状态	事件或条件 => 动作	下一个状态

S1	ACTIVE	DTC_req
		=>
		Transmit.request {
		Preamble_length := preamble (called_address),
		address := called_address,
		dl_dls_user_data := dlsdu
		}
			ACTIVE

表 67（续）

#	当前状态	事件或条件 => 动作	下一个状态

S2	ACTIVE	Transmit.confirm
		=>
		DTC_cnf {
		responding_address := address,
		dlsdu:= dl_dls_user_data
		}
			ACTIVE

表 68 DMPM 状态表-服务器事务

#	当前状态	事件或条件 => 动作	下一个状态

S1	ACTIVE	DTC_rsp
		=>
		Transmit.response {
		dl_dls_user_data := dlsdu
		}
			ACTIVE

S2	ACTIVE	Transmit.indication
		=>
		DTC_ind {
		dlsdu:= dl_dls_user_data
		}
			ACTIVE

10.3 在数据链路层和 DMPM 之间交换的原语

表 69 规定在数据链路层和 DMPM 之间交换的原语。

表 69 在数据链路层和 DMPM 之间交换的原语

原语名称	来　源	相关参数
Transmit.indication	数据链路层	dl_dls_user_data
Transmit.confirm	数据链路层	address, dl_dls_user_data
Transmit.request	DMPM	Preamble_length, address, dl_dls_user_data
Transmit.response	DMPM	dl_dls_user_data

10.4 DMPM 使用的函数

DMPM 不使用任何函数。

参 考 文 献

[1] GB/T 15695—2008 信息技术 开放系统互连 表示服务定义(ISO/IEC 8822:1994,IDT)

ICS 25.040
N 10

中华人民共和国国家标准

GB/T 29910.5—2013/IEC 62591:2010

工业通信网络　现场总线规范 类型20:HART规范 第5部分:WirelessHART 无线通信网络及通信行规

Industrial communication networks—Fieldbus specifications—Type 20 HART specification—Part 5:WirelessHART wireless communication network and communication profile

(IEC 62591:2010,Industrial communication networks—Wireless communication network and communication profiles—WirelessHART,IDT)

2013-12-17 发布　　　　2014-05-01 实施

中华人民共和国国家质量监督检验检疫总局
中国国家标准化管理委员会　发布

前　言

GB/T 29910《工业通信网络　现场总线规范　类型 20:HART 规范》分为以下 6 个部分:

——第 1 部分:HART 有线网络物理层服务定义和协议规范;

——第 2 部分:HART 有线网络数据链路层服务定义和协议规范;

——第 3 部分:应用层服务定义;

——第 4 部分:应用层协议规范;

——第 5 部分:WirelessHART 无线通信网络及通信行规;

——第 6 部分:应用层附加服务定义和协议规范。

本部分为 GB/T 29910 的第 5 部分。

本部分按照 GB/T 1.1—2009 给出的规则起草。

本部分等同采用 IEC 62591:2010《工业通信网络　无线通信网络和通信行规　WirelessHART》(英文版)。

与本部分中规范性引用的国际文件有一致性对应关系的我国文件如下:

——GB/T 9387.1—1998　信息技术　开放系统互连　基本参考模型　第 1 部分:基本模型(ISO/IEC 7498 1:1994,IDT)

——GB/T 15273.1—1994　信息处理　八位单字节编码图形字符集　第 1 部分:拉丁字母一(ISO/IEC 8859-1:1987,IDT)

——GB/T 16262—2006(所有部分)　信息技术　开发系统互连　抽象语法记法一(ASN.1)(ISO/IEC 8824,IDT)

——GB/T 17176—1997　信息技术　开放系统互连　应用层结构(ISO/IEC 9545:1995,IDT)

——GB/T 17967—2000　信息技术　开放系统互连　基本参考模型　OSI 服务定义约定(ISO/IEC 10731:1994,IDT)

——GB/T 17966—2000　微处理器系统的二进制浮点运算(IEC 60559:1989,IDT)

本部分的技术内容和组成结构与 IEC 62591:2010《工业通信网络　无线通信网络和通信行规 WirelessHART》(英文版)相一致,只是做了以下编辑性修改:

——按照我国标准编写规则修改了前言和相应标点符号等;

——本部分规范性引用文件中已等同转化为我国国家标准的使用我国标准编号;

——本部分中国际标准未等同转化为我国国家标准或不注日期引用的仍保留国际标准编号。

本部分由中国机械工业联合会提出。

本部分由全国工业过程测量和控制标准化技术委员会(SAC/TC 124)归口。

本部分起草单位:机械工业仪器仪表综合技术经济研究所、HART 通信基金会、中国科学院沈阳自动化研究所、上海自动化仪表股份有限公司、西南大学、上海工业自动化仪表研究院、北京和利时系统工程股份有限公司、北京奥斯汀科技有限公司、福建上润精密仪器有限公司、中国仪器仪表行业协会、上海汉物天物联网技术有限公司、重庆工业自动化仪表研究所、二重集团(德阳)重型装备股份有限公司。

本部分主要起草人:刘丹、高镜媚、王麟琨、冯翔、刘涛、梁炜、杨志家、包伟华、刘枫、王骏、罗安、陈小枫、戈剑、董景辰、蒋济友。

工业通信网络 现场总线规范 类型 20:HART 规范 第 5 部分:WirelessHART 无线通信网络及通信行规

1 范围

GB/T 29910 的本部分规定了 WirelessHART 无线通信网络的以下几个方面内容:

——物理层服务定义和协议规范;

——数据链路层服务和协议;

——应用层服务和协议;

——网络管理;

——信息安全;

——通信行规;

——无线规程;

——网关。

2 规范性引用文件

下列文件对于本文件的应用是必不可少的。凡是注日期的引用文件,仅注日期的版本适用于本文件。凡是不注日期的引用文件,其最新版本(包括所有的修改单)适用于本文件。

GB/T 29910.3—2013,工业通信网络 现场总线规范 类型 20:HART 规范 第 3 部分:应用层服务定义(IEC 61158-5-20:2010,IDT)

GB/T 29910.4—2013,工业通信网络 现场总线规范 类型 20:HART 规范 第 4 部分:应用层协议规范(IEC 61158-6-20:2010,IDT)

IEC 60559 微处理器系统的二进制浮点运算(Binary floating-point arithmetic for microprocessor systems)

IEC/TR 61158-1:2010 工业通信网络 现场总线规范 第 1 部分:IEC 61158 和 IEC 61784 系列概述和导则(Industrial communication networks—Fieldbus specifications—Part 1:Overview and guidance for the IEC 61158 and IEC 61784 series)

IEC 61784-1:2010 工业通信网络 行规 第 1 部分:现场总线行规(Industrial Communication Networks—Profiles—Part 1:Fieldbus profiles)

IEC 61784-2:2010 工业通信网络 行规 第 2 部分:基于 ISO/IEC 8802-3 实时网络的附加现场总线行规(Industrial Communication Networks—Profiles—Part 2:Additional fieldbus profiles for real-time networks based on ISO/IEC 8802-3)

ISO/IEC 7498-1 信息技术 开放系统互连 基本参考模型 第 1 部分:基本模型(Information technology—Open Systems Interconnection—Basic Reference Model:The Basic Model)

ISO/IEC 8824 信息技术 开发系统互连 抽象语法记法一(ASN.1)[Information Technology—Open Systems Interconnection—Specification of Abstract Syntax Notation One (ASN.1)]

ISO/IEC 8859-1　信息处理　八位单字节编码图形字符集　第1部分:拉丁字母一(Information technology—8-bit single-byte coded graphic character sets—Part 1:Latin alphabet No.1)

ISO/IEC 9545　信息技术　开放系统互连　应用层结构(Information technology—Open Systems Interconnection—Application Layer structure)

ISO/IEC 10731　信息技术　开放系统互连　基本参考模型　OSI服务定义约定(Information technology—Open Systems Interconnection—Basic Reference Model—Conventions for the definition of OSI services)

IEEE 802-2001　局域网和城域网标准:概要和体系结构(IEEE Standard for Local and Metropolitan Area Networks:Overview and Architecture)

IEEE 802.15.4-2006　信息技术　远程通信和系统间信息交换　局域网和城域网　特殊要求　第15.4部分:低速无线个域网(WPAN)的无线媒体访问控制(MAC)和物理层(PHY)规范[IEEE Standard for Information technology—Telecommunications and information exchange between systems—Local and metropolitan area networks—Specific requirements Part 15.4:Wireless Medium Access Control (MAC) and Physical Layer (PHY) Specifications for Low—Rate Wireless Personal Area Networks (WPANs)]

3　术语、定义、符号、缩略语和约定

3.1　参考模型术语和定义

本部分基于ISO/IEC 7498-1中的概念,并使用其中界定的以下术语。

DL-entity (N=2)	[ISO/IEC 7498-1]
DL protocol-data-unit	[ISO/IEC 7498-1]
DL service-data-unit	[ISO/IEC 7498-1]
DLS user-data	[ISO/IEC 7498-1]
NL-entity (N=3)	[ISO/IEC 7498-1]
NL protocol-data-unit	[ISO/IEC 7498-1]
NL service-data-unit	[ISO/IEC 7498-1]
NLS user-data	[ISO/IEC 7498-1]
TL-entity (N=4)	[ISO/IEC 7498-1]
TL protocol-data-unit	[ISO/IEC 7498-1]
TL service-data-unit	[ISO/IEC 7498-1]
TLS user-data	[ISO/IEC 7498-1]

3.2　其他标准中的术语和定义

以下标准界定的术语和定义适用于本文件。

3.2.1　ISO/IEC 7498-1中的术语和定义

ISO/IEC 7498-1中界定的下列术语适用于本文件。

a)　抽象语法　　abstract syntax

b)　应用实体　　application entity

c)　应用过程　　application process

d)　应用协议数据单元　　application protocol data unit

e） 应用服务元素 application service element
f） 应用实体调用 application entity invocation
g） 应用过程调用 application process invocation
h） 应用事务 application transaction
i） 表示上下关系 presentation context
j） 开放实系统 real open system
k） 传输语法 transfer syntax

3.2.2 ISO/IEC 9545 中的术语和定义

ISO/IEC 9545 中界定的下列术语适用于本文件。

a） 应用关联 application-association
b） 应用上下关系 application-context
c） 应用上下关系名称 application context name
d） 应用实体调用 application-entity-invocation
e） 应用实体类型 application-entity-type
f） 应用过程调用 application-process-invocation
g） 应用过程类型 application-process-type
h） 应用服务元素 application-service-element
i） 应用控制服务元素 application control service element

3.2.3 ISO/IEC 8824 中的术语和定义

ISO/IEC 8824 中界定的下列术语适用于本文件。

a） 对象标识符 object identifier
b） 类型 type
c） 值 value
d） 简单类型 simple type
e） 结构化类型 structured type
f） 组件类型 component type
g） 标签 tag
h） 真 TRUE
i） 假 FALSE
j） 整数类型 integer type
k） 八位位组串类型 octet string type
l） 空类型 null type
m） 序列类型 sequence type
n） 类型的序列 sequence of type
o） 选择类型 choice type
p） 标签类型 tagged type
q） 任意类型 any type
r） 模块 module
s） 生产 production

3.2.4 ISO/IEC 8825 中的术语和定义

ISO/IEC 8825 中界定的下列术语适用于本文件。

a) 编码(数值的) encoding (of a data value)

b) 数据值 data value

c) 标识符八位位组 identifier octet

d) 长度八位位组 length octet(s)

e) 内容八位位组 contents octets

3.3 特定术语和定义

下列术语和定义适用于本文件。

3.3.1

绝对时隙数 absolute slot number

从网络形成时开始计数的全部时隙。

注：该值总是递增，且从不被复位到任何固定值或 0。绝对时隙数的当前值一般为当前时隙的序列号，且最大值为 ($2^{40}-1$)，达到最大值后，该值从 0 开始计数。

3.3.2

确认 acknowledge

对来自 DLE 源设备的、定向的、非广播的 DLPDU 成功接收的、明确的数据链路响应，以及对双 DLPDU 传输的第二个 DLPDU 成功接收的、明确的数据链路响应。

3.3.3

适配器 adapter

使不能直接与 WirelessHART 网络连接的现场设备，实现与 WirelessHART 网络连接并通信的网络设备。

3.3.4

通告 DLPDU advertise DLPDU

邀请新设备加入网络的 DLPDU。

注：当一个设备希望加入网络时，它首先侦听这些 DLPDU，然后使用 DLPDU 中的信息来与网络同步并发起加入过程。

3.3.5

模拟通道 analog channel

注 1：将现场设备连接到数据采集或控制系统的连续变化的电气信号。

注 2：每个模拟通道向现场设备传送单个动态变量，或传送来自现场设备的单个动态变量。

3.3.6

应用 application

用于消费或生产数据的功能或数据结构。

[IEC 61158-6-1]

3.3.7

应用域 application domain

基于通信优先级和容量需求的应用过程的分类。

3.3.8

应用对象 application object

管理和提供运行期间通过网络及在网络设备内的报文交换的对象类。

注：可定义多种类型的应用对象类。

[IEC 61158-6-1]

3.3.9

应用关系　application relationship

两个或多个应用实体调用之间的协同关联，用于交换信息及协调它们的联合操作。

注：这种关系的激活通过应用协议数据单元的交换或作为预配置活动的结果实现。

[IEC 61158-6-1]

3.3.10

应用关系端点　application relationship endpoint

由包含在此应用关系中的一个应用过程所看到和维护的应用关系的上下关系和行为特性。应用关系中所包含的每个应用过程都维护其自己的应用关系端点。

注：应用关系中所涉及的每个应用过程都维护其自身的应用关系端点。

3.3.11

ASN 时间　ASN time

表示成绝对时隙数的时间；任何实例的时间都等于该实例的绝对时隙数。

3.3.12

属性　attribute

对象的外部可视特点或特性的描述。

注：一个对象的属性包含关于对象可变部分的信息。典型地，它们提供对象的状态信息，或支配对象的操作。属性还可能影响对象的行为特性。属性分为类属性和实例属性。

3.3.13

行为　behavior

指示对象如何响应特定的事件。

注：行为特性的描述包括属性值和服务之间的关系。

3.3.14

广播　broadcast

向所有连接到网络上且能够接收传输的设备发送一个 PDU 的过程。

3.3.15

广播地址　broadcast address

广播地址被主站用来向所有设备发送一个命令。

3.3.16

忙　busy

在一个时刻忙于其他任务而不能执行命令的设备状态。

3.3.17

信道　channel

用来传输载有包的调制信号的 RF 频带。

3.3.18

信道黑名单　channel blacklisting

使一个 RF 信道不再使用的方法。

3.3.19

信道跳频　channel hopping

为避免干扰和衰减而定期地改变发送或接收频率。

3.3.20

信道偏移　channel offset

网络管理器提供的链路特定值，用来在信道跳频时计算要使用的信道。

3.3.21

类　class

表示同类系统组件的一组对象。

注：类是对象的泛化，是定义变量和方法的模板。类中的所有对象在结构形式和行为特性上都是相同的，但在其属性中通常包含不同的数据。

3.3.22

类属性　class attributes

同一类中所有对象所共有的属性。

3.3.23

类代码　class code

分配给每个对象类的惟一标识符。

3.3.24

类特定服务　class specific service

由特定的对象类所定义的服务，以执行所需要的公用服务不能履行的功能。

注：类特定对象对于定义它的对象类是惟一的。

3.3.25

空闲信道评估　clear channel assessment

检测以避免当 RF 信道正在被使用时发起一次事务。

注：这通过在发送事务的第一个 DLPDU 之前侦听该信道来实现。如果检测到信号，则将该事务延迟到稍后的 TDMA 时隙。

3.3.26

客户机　client

a）使用另一个对象（服务器）的服务来执行任务的对象。

b）报文的发起方，服务器对该报文做出反应。例如，向作为服务器的单个 AR 端点发出"需证实"服务请求 APDU 的 AR 端点的角色。

[IEC 61158-6-1]

3.3.27

传送路径　conveyance path

通过一个应用关系的单向 APDU 流。

3.3.28

周期性的　cyclic

用来描述以有规则方式重复出现的事件的术语。

3.3.29

设备　device

实现 HART 和 WirelessHART 现场总线的实体。

3.3.30

设备 ID　device ID

设备的序列号，在同种类型设备的所有实例中是惟一的。

3.3.31

设备行规　device profile

设备相关信息和功能的集合，提供同一设备类型的类似设备之间的一致性。

3.3.32

扩展设备类型　expanded device type

GB/T 29910.4—2013 表 7 中规定的制造商的设备类型。

3.3.33

设备变量 device variable

在现场设备中惟一定义的数据项，总是与周期性的过程信息相关联。

注：在设备所连接过程发生改变和变化时，设备变量的值相应改变。

3.3.34

发现 discovery

通过侦听到指示设备存在的特定 DLPDU 而找到新邻居的过程。

3.3.35

发现链路 discovery link

用来发送和接收指示设备存在的特定 DLPDU 的链路。

3.3.36

动态变量 dynamic variable

在过程和模拟通道间的连接。

注：设备可能包含主变量、第二变量、第三变量和第四变量。这些变量统称为动态变量。

3.3.37

端点 endpoint

在一个连接中的通信实体之一。

3.3.38

错误 error

计算、观察或测量的值或状态与规定或理论上的正确值或状态之间的差异。

3.3.39

错误代码 error code

在一种错误类中某个特定错误类型的标识符。

3.3.40

现场设备 field device

连接到过程或工厂装置的网络设备。

注：现场设备直接连接传感器或执行器，或执行过程控制功能，并直接连接到 HART 或 WirelessHART 的物理层。

3.3.41

频道 frequency channel

在给定频率范围内频谱的划分。

3.3.42

网关 gateway

具有至少一个上位机接口（如串口或以太网）的网络设备，作为能够在上位机应用和现场设备间进行通信的入口点或出口点。

3.3.43

图 graph

网络设备间的有向路径的集合，使得从源设备到目标设备之间可能存在多条路由。

3.3.44

图 ID Graph_ID

用来指示特定图登录项的标识符。

3.3.45

手持设备 handheld

a） 便携式设备中的上位机应用。

b) 对其他术语，如密钥、超帧的限定词。

3.3.46

跳 hop

在一次网络事务中包直接在相邻两个邻居间的移动，无需网络中其他任何节点参与。

3.3.47

存活跳数 hop to live

每个包的网络首部中规定包在被丢弃前最多可以跳几次的字段。

3.3.48

加入 join

网络设备被授权并允许进入网络的过程。

注：当设备具有网络密钥、网络管理器会话、普通（非加入）超帧和链路时，被视为已加入网络。

3.3.49

加入密钥 join_key

用来启动加入过程的安全密钥。

3.3.50

延时 latency

包在从发送者到接收者的网络连接上传输所使用的时间。

3.3.51

链路 link

网络中相邻两个设备间的全部通信规范，包括 DLPDU 完成一跳所必需的通信参数。

注：一个链路由源地址和目的地址对、时隙和信道偏移分配、通信方向、专用或共享通信、类型确定。将链路分配给超帧是调度过程的一部分。

3.3.52

逻辑链路控制 logical link control

两个数据链路子层中的较高层，用来实现错误检测、流控、组帧和寻址。

3.3.53

长标签 long_tag

长标签是用来标识一个现场设备的 32 字符的受限 ISO Latin-1 字符串。

3.3.54

回路电流 loop current

该值由与现场设备串联的毫安表测得。

注：回路电流是近似直流的模拟 4 mA～20 mA 的信号，用来在控制系统和现场设备之间传递单一值。当采用“回路电流”值时，电压模式的设备使用“V DC”作为其工程单位。

3.3.55

维护端口 maintenance port

网络设备中用于配置的接口。

注：该接口用来写入加入密钥和网络标识符，并监视加入过程。

3.3.56

管理信息 management information

支持管理现场总线系统操作（包括应用层）的网络可访问的信息。

注：管理功能包括控制、监视和诊断。

3.3.57

制造商 ID manufacturer ID

制造商 ID 用来标识生产设备的制造商，2 个八位位组表示的枚举。

注：制造商只能使用分配给自己的值而不允许使用分配给其他制造商的值。

3.3.58

主站　master

通过向其他设备发送请求 PDU 并期待响应 PDU 而发起通信的设备。

3.3.59

媒体访问控制　medium access control

两个数据链路子层中的较低层,用来实现对通信信道访问的控制。

3.3.60

多播　multicast

仅通过一次传输就将一个包发送给网络中的多个设备。

3.3.61

邻居　neighbor

网络中的相邻节点,从邻居处接收到接收信号电平(RSL)意味着至少在一个方向上通信是可能的。

3.3.62

邻居表　neighbor table

设备视为邻居的所有设备的列表。

注:也存储邻居的属性。

3.3.63

网络　network

通过某种类型的通信媒体相连接的一组节点。

注:任何一对节点间的连接路径可能包括中继器、路由器和网关。

3.3.64

网络设备　network device

物理层可直接连接到网络的设备。

注:每个网络设备具有可用来与该设备进行通信的惟一地址。网络设备包括现场设备、接入点(即网关)、适配器和手持设备。

3.3.65

网络 ID　network_ID

用来指示所有可进行相互通信的设备所连接的网络的标识符。

3.3.66

网络管理器　network manager

负责网络配置、网络设备间通信调度、路由表管理、网络健康状况监视及报告的实体。

3.3.67

昵称　nickname

分配给设备的标识符,在设备所连接的网络中是惟一的。

3.3.68

节点　node

连接到网络的可寻址的逻辑或物理设备。

3.3.69

随机数　nonce

为当前包构造的惟一的不重复的数,以保证在重放攻击中先前的通信不被使用。

注:Nonce 对于维护包信息安全、提供发送者认证和包完整性是必要的。

3.3.70

包　packet

在物理媒体上一次传输的按格式组合的一组比特。

[IEEE 802.15.4,修改]

3.3.71

路径　path

网状(mesh)网络中两个邻居设备间直接的通信链路。

3.3.72

载荷数据　payload data

传输的数据报文的内容。

3.3.73

管道　pipe

对等设备间的、安全的、双向的虚拟通信连接。

3.3.74

轮询地址　polling address

用来标识设备的整数。

注：轮询地址用来构造 1 个八位位组长的地址。

3.3.75

预定义 AR 端点　pre-defined AR endpoint

在设备内不通过创建(create)服务而本地定义的 AR 端点。

注：那些没有预先建立的预定义 AR,在其使用前需建立。

3.3.76

预建立 AR 端点　pre-established AR endpoint

在对控制 AR 端点的 AE 进行配置期间,处于已建立(established)状态的 AR 端点。

3.3.77

路由　route

连接源设备与目的设备的、设备到设备的、单向路径的一个序列。

3.3.78

路由 ID　route ID

用来指示特定路由的标识符。

3.3.79

服务器　server

从通信角度,AREP 的角色。它向发起请求的客户机返回证实服务的响应 APDU。

3.3.80

服务器　server

从系统角度,向其他对象(客户机)提供服务的对象。

3.3.81

服务　service

一个对象和/或对象类根据另一个对象和/或对象类的请求而执行的操作或功能。

注：定义一组公用的服务,并提供对对象特定服务的定义的规定。对象特定服务是指由特定的对象类所定义的服务,以执行公用服务不能履行的所需要的功能。

3.3.82

会话 ID　session ID

指示特定会话登录项的标识符。

3.3.83

从站　slave

仅在接收到来自主站设备的请求 PDU 后才启动通信活动的设备。从站须对该请求发出响应。

3.3.84

时隙 slot

可用于邻居间通信的固定时间间隔。

3.3.85

超帧 superframe

以固定速率重复的一组时隙的集合;每个时隙具有一个与之关联的链路。

3.3.86

超帧 ID superframe_ID

用来指示特定超帧登录项的标识符。

3.3.87

标签 tag

用来标识现场设备的 8 字符的 ASCII 字符串。

3.3.88

时分多址访问 time division multiple access

在可能发生通信的设备间利用时隙进行媒体访问控制的技术。

注:时分多址访问提供无碰撞、确定性的通信。

3.3.89

事务 transaction

两个对等媒体访问控制实体间的相关连续帧的交换,要求成功传输。

注:一次事务或者由源设备发出单个 PhPDU 组成;或者由源设备发出一个 PhPDU,随后目的设备返回一个链路层确认 PhPDU 组成。

3.3.90

单播 unicast

向网络中的单个设备发送一个包。

3.3.91

惟一 ID unique ID

分配给设备的标识符,在符合本标准及通信行规 CP 9/2、使用 9.3.1 规定的相同组织名称的所有设备实例中是惟一的。

3.4 缩略语

下列缩略语适用于本文件。

ACK:确认(Acknowledge)

AE:应用实体(Application entity)

AL:应用层(Application layer)

AP:应用过程(Application process)

APDU:应用协议数据单元(Application protocol data unit)

APO:应用过程对象(Application Process Object)

AR:应用关系(Application relationship)

AREP:应用关系端点(Application relationship endpoint)

ARPM:应用关系协议机(Application Relationship Protocol Machine)

ASCII:美国信息交换标准码(American Standard Code for Information Interchange)

ASE:应用服务元素(Application Service Element)

ASN:绝对时隙号(Absolute Slot Number)

BACK:猝发确认(Burst acknowledge)

CCA:空闲频道评估(Clear channel assessment)

Cnf:证实(Confirmation)

CP:通信行规(Communication Profile)

CPF:通信行规族(Communication Profile Family)

CRC:循环冗余校验(Cyclic redundancy check)

dBm:以 dB 表示的测量功率与 1 mW 的功率比的缩写,0 dBm 表示测量功率为 1 mW,10 dBm 表示测量功率为 10 mW,20 dBm 表示测量功率为 100 mW, 30 dBm 表示测量功率为 1 W[Abbreviation for the power ratio in decibels (dB) of the measured power,referenced to one mW (1 mW),0 dBm=1 mW,10 dBm=10 mW,20 dBm=100 mW,30 dBm=1 W]

DL-:数据链路层(作为前缀)[Data-link layer (as a prefix)]

DLE:DL 实体(数据链路层本地的活动实例)[DL-entity (the local active instance of the data-link layer)]

DLL:数据链路层(Data-link layer)

DLM:DL 管理(DL-management)

DLMS:DL 管理服务(DL-management service)

DLPDU:数据链路协议数据单元(Data-link protocol data unit)

DLS:DL 服务(DL-service)

DLSDU:DL 服务数据单元(DL-service-data-unit)

DR:延迟响应(Delayed response)

DRM:延迟响应机制(Delayed response mechanism)

EUI-64:扩展惟一标识符(64 比特长)[Extended unique identifier (64 bits long)]

FAL:现场总线应用层(Fieldbus application layer)

FSMP:FAL 服务协议机(FAL Service Protocol Machine)

HART:可寻址远程传感器高速通道(Highway Addressable Remote Transducer)

HCF:HART™通信基金会(HART™Communication Foundation)

HTL:存活跳数(Hop to live)

ID:标识符(Identifier)

IEC:国际电工委员会(International Electrotechnical Commission)

Ind:指示(Indication)

ITU-T:国际电信联盟—远程通信标准化组织(International Telecommunication Union-Telecommunication Standardization Sector)

LLC:逻辑链路控制(Logical link control)

LSB:最低有效八位位组(Least significant byte)

MAC:媒体访问控制(Medium access control)

MIC:消息完整性代码(Message integrity code)

MSB:最高有效八位位组(Most significant byte)

NL:网络层(Network layer)

NL-:网络层(作为前缀)[Network layer (as a prefix)]

NLE:NL 实体(网络层的本地活动实例)[NL-entity (the local active instance of the network layer)]

NLM:NL 管理(NL-management)

NLMS:NL 管理服务(NL-management service)

NLS:NL 服务(NL-service)

NLSDU:NL 服务数据单元(NL-service-data-unit)

NPDU:NL 协议数据单元(NL-protocol-data-unit)

NSDU:NL 服务数据单元(NL-service-data-unit)

O-QPSK:偏移正交相移键控(Offset Quadrature Phase-Shift Keying)

OSI:开放系统互联(Open Systems Interconnect)

OUI:组织惟一标识符(Organizationally Unique Identifier)

PDU:协议数据单元(Protocol data unit)

PhE:PhL 实体(物理层的本地活动实例)[PhL-entity (the local active instance of the physical layer)]

PhL-:物理层(作为前缀)[Physical layer (as a prefix)]

PhPDU:PhL 协议数据单元(PhL-protocol-data-unit[ISO/IEC 7498-1])

PhS:物理层服务(Physical layer service [ISO/IEC 7498-1])

PIB:无线个域网信息数据库(PAN Information Database)

QoS:服务质量(Quality-of-service)

Req:请求(Request)

RECV:接收(Receive)

RF:射频(Radio Frequency)

RSL:接收信号电平(Receive signal level)

Rsp:响应(Response)

RSV:保留(Reserved)

SAP:服务接入点(Service access point)

SN:符号位(Sign bit)

SOM:报文起始(Start of message)

STX:事务开始(Start of a transaction)

TDMA:时分多址访问(Time Division Multiple Access)

TL:传输层(Transport layer)

TL-:传输层(作为前缀)[Transport layer (as a prefix)]

TLE:TL 实体(传输层的本地活动实例)[TL-entity (the local active instance of the transport layer)]

TLM:TL 管理(TL-management)

TLMS:TL 管理服务(TL-management service)

TLS:TL 服务(TL-service)

TMPM:传输层映射协议机(Transport layer Mapping Protocol Machine)

TPDU:TL 协议数据单元(TL-protocol-data-unit)

TSDU:TL 服务数据单元(TL-service-data-unit)

VFD :虚拟现场设备(Virtual field device)

XMIT:发送(Transmit)

3.5 约定

3.5.1 服务约定

本部分使用在 ISO/IEC 10731 中给出的描述性约定。

所用到的服务模型、服务原语以及时序图完全是抽象描述，不代表实现规范。

用于表示服务用户和服务提供者之间交互关系（见 ISO/IEC 10731）的服务原语，传递的参数指示用户和提供者之间交互的信息。

本部分以表格的形式描述物理层、数据链路层、网络层、传输层和应用层服务原语的组成参数。每个原语组所用的参数在表格中说明。每个表格最多 6 列，包括一列为服务参数的名称，以及服务所用的那些原语和参数传递方向各占一列。包括：

——请求（request）原语的输入参数；

——请求（request）原语的输出参数；

——指示（indication）原语的输出参数；

——响应（response）原语的输入参数；

——证实（confirm）原语的输出参数。

在每个表格中，一个参数（或参数的一部分）占据一行。对于本地服务，只使用带输入和输出参数的请求原语。在相应的服务原语列中，用以下代码来表示原语中参数的使用类型以及参数的方向：

——M（Mandatory，必备）：参数对于该原语是必备的；

——U（User option，用户可选）：参数是用户可选的，是否提供取决于服务用户的动态用法。如果不提供，则采用该参数的一个缺省值；

——S（Selector，选择）：一组使用这个代码的参数中，只有一个是必备的；

——C（Conditional，有条件）：参数是有条件的，是否允许取决于其他参数或服务用户的环境；

——CU（Conditional User option，有条件用户可选）：参数是有条件且用户可选的，是否允许取决于其他参数或服务用户的环境。当该参数被允许时，是否提供取决于服务用户的动态用法。当参数被允许但不被提供时，则采用该参数的一个缺省值；

—— （空白）：参数从不出现。

某些登录项被进一步用括号里的内容修饰，它们可以是：

a) 参数特定的约束

- （=） 指示该参数同表格中左侧相邻的服务原语中的参数是语义等价的；
- （≤） 指示一组参数的取值有一个隐含的顺序，并且该参数的值小于或等于其表格左侧相邻服务原语的参数值（即左侧一列或两列）；
- （≥） 指示一组参数的取值有一个隐含的顺序，并且该参数的值大于或等于其表格左侧相邻服务原语的参数值（即左侧一列或者两列）。

b) 指示该项附有一些注释

- （n） 指示下面的注释 n 包含有与该参数及使用有关的附加信息。

3.5.2 DL 协议（状态机）约定

本部分用一个图来表示一个状态机，采用以下约定：

——带标签的矩形表示一个组件可能处于的状态；

——用有向线段代表状态转换，表明一个组件从哪个状态离开又转换到哪个状态；

——转换标签含有导致该转换的事件及相应的动作（这项可能为空）。使用水平线将导致转换的事件（在线的上方）和作为结果的动作（在线的下方）分开；

——波浪线（～）表示取补或取反。

3.5.3 应用层服务约定

3.5.3.1 概述

现场总线应用层（FAL）被定义为一个面向对象的应用服务元素的集合（ASE）。在单独的条中定义每个 ASE。每个 ASE 规范由 2 部分组成,类规范和服务规范。

类规范定义了类的属性。服务规范定义了由 ASE 提供的服务。

3.5.3.2 类定义约定

类定义使用模板来描述。每个模板由一个类的属性列表组成。下面给出一个模板的示例:

FAL ASE:			ASE 名称
CLASS:			类名称
CLASS ID:			#
PARENT CLASS:			父类名称
ATTRIBUTES:			
1	(o)	Key Attribute:	数字标识
2	(o)	Key Attribute:	名称
3	(m)	Attribute:	属性名称(值)
4	(m)	Attribute:	属性名称(值)
4.1	(s)	Attribute:	属性名称(值)
4.2	(s)	Attribute:	属性名称(值)
4.3	(s)	Attribute:	属性名称(值)
5	(c)	Constraint:	约束表达式
5.1	(m)	Attribute:	属性名称(值)
5.2	(o)	Attribute:	属性名称(值)
6	(m)	Attribute:	属性名称(值)
6.1	(s)	Attribute:	属性名称(值)
6.2	(s)	Attribute:	属性名称(值)
SERVICES:			
1	(o)	OpsService:	服务名称
2	(c)	Constraint:	约束表达式
2.1	(o)	OpsService:	服务名称
3	(m)	MgtService:	服务名称

a) FAL ASE:FAL ASE 的名称,该 FAL ASE 为所定义的类提供服务。

b) CLASS:所定义的类的名称。所有用该模板定义的对象都是该类的实例。该类可由本部分定义,也可由本部分的用户来定义。

c) CLASS ID:标识所定义的类的数字。此数字在为本类提供服务的 FAL ASE 中是惟一的。当被其 FAL ASE 标识符限定时,CLASS ID 在 FAL 范围内无歧义地标识该类。值为"NULL"表示该类不能被实例化。本标准未使用 Class ID。

d) PARENT CLASS:所定义类的父类名称。所有在父类中定义以及所继承的属性,都应被所定义的类所继承,因此在该类的模板中不必再重新定义。

注:PARRENT CLASS 为"TOP"时,表示所定义的类是一个初始的类定义。父类"TOP"是所有其他类定义的起点。TOP 的使用被保留用于本部分定义的类。

e) ATTRIBUTES:指示以下登录项是为该类定义的属性。

1) 每个属性登录项包含以下内容:第一列为行号;第二列为必备(m)/可选(o)/条件(c)/选择(s)指示符;第三列为属性类型标签;第四列为名称或条件表达式,以及可选的第五列为一组枚举列表。在第五列值的后面,可能规定该属性的缺省值;

2) 对象一般可由一个数字的标识符或由一个对象的名称来标识，或者二者兼有。在类模板中，这些关键属性在 key attribute 下定义；

3) 行号定义行的顺序和嵌套层级。每个嵌套层级由句点标识。嵌套用于规定以下内容：

i) 结构化属性的字段(4.1、4.2 和 4.3)；

ii) 由约束语句决定的条件性属性。属性可以是必备的(5.1)，或者如果约束为真时是可选的(5.2)。不是所有可选属性都像 5.2 中定义的属性那样需要约束语句；

iii) 选择类型属性的选项(selection)字段(6.1 和 6.2)。

f) SERVICES 标签指示以下登录项是为该类定义的服务。

1) 第二列的(m)表示该服务对于该类而言是必备的，(o)表示是可选的。该列中(c)表示该服务是有条件的。当为该类定义的所有服务都是可选的时，在定义该类的一个实例时，应至少选择其中一个；

2) OpsService 标签表明一个操作服务；

3) MgtService 标签表明一个管理服务；

4) 行号定义了行的顺序和嵌套的层级。每个嵌套层级由句点标识。服务列表中的嵌套用于规定由约束语句决定的条件性服务。

3.5.3.3 服务定义约定

3.5.3.3.1 概述

本部分使用在 ISO/IEC 10731 中给出的描述性约定。

所用到的服务模型、服务原语以及时序图完全是抽象描述，不代表实现规范。

3.5.3.3.2 服务参数

服务原语用来表示服务用户/服务提供者之间的交互(ISO/IEC 10731)。它们传递一些参数，这些参数表示在用户/提供者之间交互的信息。

注 1：见 3.5.3.3.3 下面关于非内含服务参数的注，那些参数适用于协议规范或编程接口规范或实现规范，但并不适用于抽象服务定义。

本部分使用表格形式来描述服务原语的组成参数。在本部分后续部分，每个原语组所用的参数在表格中说明。每个表格最多 6 列，包括一列服务参数的名称，服务所用的那些原语和参数传递方向各占一列。可能的 6 列如下：

a) 参数名称；

b) 请求原语的输入参数；

c) 请求原语的输出参数；

注 2：这很少使用。除非另有规定，请求原语参数是输入参数。

d) 指示原语的输出参数；

e) 响应原语的输入参数；

f) 证实原语的输出参数。

注 3：请求、指示、响应和证实原语也分别被称为 requestor.submit、acceptor.deliver、acceptor.submit 和 requestor.deliver 原语(见 ISO/IEC 10731)。

在每个表格中，一个参数(或参数的一部分)占用一行。在相应的服务原语列中，用一个代码来表示此列所规定原语的参数的使用类型：

——M：该参数对于该原语是必备的；

——U：该参数是用户选项，根据服务用户的动态使用来决定提供或不提供该参数。如果不提供，则采用该参数的缺省值；

——C：该参数是有条件的，由服务用户的环境来决定；

——-（空）：该参数从不出现；

——S：该参数是一个被选项。

一些登录项可被括号中的内容进一步限定：

a) 参数特定的约束
 - （=） 表示该参数同表格中左侧相邻的服务原语中的参数是语义等价的；

b) 有一些注释适用于该登录项的指示
 - （n） 表示后面的注释“n”中包含与该参数及其使用有关的附加信息。

3.5.3.3.3 服务规程

服务规程根据以下定义：

——应用实体之间通过交换现场总线应用协议数据单元而实现的交互；

——同一系统中应用层服务提供者和应用层服务用户之间通过调用应用层服务原语而实现的交互。

这些规程适用于系统间的通信，这些系统支持现场总线应用层中受时间约束的通信服务。

注：IEC 61158-5 子系列标准定义了若干抽象服务集。它们既不是协议规范，也不是实现规范，也不是具体的编程接口规范。因此，哪些服务规程能在 IEC 61158-5 子系列标准中规定是有限制的。不同协议规范的协议方面可能不同，相同抽象服务的实现也可能不同。因此，在这些服务定义中包含协议或实现是不适当的，除非在抽象层面上所有这样的表达都必须相同。

例如，将服务提供者的请求 PDU 和应答 PDU 相配对的方法，是对应于 IEC 61158-6 子系列协议规范标准的，而不是 IEC 61158-5 子系列抽象服务定义标准的。同样，将服务提供者或服务用户的请求原语和证实原语，或指示原语和响应原语相配对的本地实现方法，是对应于实现规范或编程接口规范的，而不是抽象服务标准或协议标准，除非在抽象层面上规定标准的所有具体实现必须相同。在任何情况下，抽象定义不允许过分规定更具体的实例化实现。

关于协议实现的概念化服务规程的更多信息，见 IEC/TR 61158-1:2010 的 9.6。该协议实现 IEC 61158-5 子系列抽象服务定义之一的服务。

3.5.4 AL 协议约定

3.5.4.1 通用概念

FAL 被定义为一组面向对象的 ASE。每个 ASE 在独立的字条中规定，包括三部分：类定义、服务定义和协议规范。前两部分包含在 GB/T 29910.3—2013 中。每个 ASE 的协议规范在本部分中定义。

“类定义（class definition）”定义了每个 ASE 支持的类的属性。类实例的属性可使用 GB/T 29910.3—2013 规定的管理 ASE 服务来访问。服务规范中定义了的由 ASE 提供的服务。

本标准使用了 ISO/IEC 10731 给出的描述性约定。

3.5.4.2 类定义约定

数据链路层映射定义使用模板来描述。每个模板由一个类的属性列表组成。模板的通用格式见 GB/T 29910.3—2013 的 3.8.2。

3.5.4.3 状态机约定

状态机在表 1 中描述。

表 1 状态机所用的约定

#	当前状态	事件/条件 =>动作	下一状态
本转换的名称	本状态转换适用的当前状态	触发本状态转换的事件或者条件 => 当上述事件或条件满足时所发生的动作。动作总是标记在事件或条件的下面	本转换所发生的动作完成后的下一状态

状态机中所用的约定如下：

——:= 表示左侧项的值被右侧项的值所取代。如果右侧项是一个参数，则它来自作为输入事件的原语；

——xxx 表示参数的名称；

示例：

Identifier :=reason 表示将 reason 参数的值赋给 Identifier 参数

——"xxx" 表示固定的值；

示例：

Identifier :="abc" 表示将"abc"赋给 Identifier 参数

——= 表示左侧项和右侧项相等的逻辑条件；

——< 表示左侧项小于右侧项的逻辑条件；

——> 表示左侧项大于右侧项的逻辑条件；

——<> 表示左侧项不等于右侧项的逻辑条件；

——&& 表示逻辑“与”；

——|| 表示逻辑“或”。

这个结构允许在一个转换中循环执行一个动作序列。循环从起始值(start_value)一直执行到结束值(end_value)。

示例：

```
for (Identifier :=start_value to end_value)
    actions
endfor
```

这个结构允许在一个转换中根据某些条件(可以是某些标识符的值或前一个动作的结果)来选择性地执行一个动作。

示例：

```
If (condition)
    actions
else
    actions
endif
```

强烈推荐读者参考应用关系端点(AREP)属性定义、本地函数以及 FAL-PDU 的定义以理解协议机。这里假设读者具有关于这些定义的足够知识，并且使用他们不需要进一步解释。

3.5.4.4 类图

3.5.4.4.1 概述

本文件用 UML 来显示类图。类图的目的是表示对象及其在系统中的关系。在类图中，对象就是类(相反,在实例图中,对象就是类的实例)。关系具有若干形式,包括关联、泛化/特例化、聚合和依赖。

3.5.4.4.2 类

类包含垂直排列的3个部分:最上面部分是类的名称,中间部分列出了类的属性,最下面部分列出了类的操作。当在类图中画一个类元素时,最上面部分是必备的,下面两个部分是可选的。当仅为了表示类之间的关系时,最下面两部分不是必需的。不必要在使用类的所有图中都列出类的所有属性。图1中给出了具有操作的Superframe类。图中,类的名称为"Superframe"。该类由3个属性来说明:Superframe_ID、NumSlots和Active。

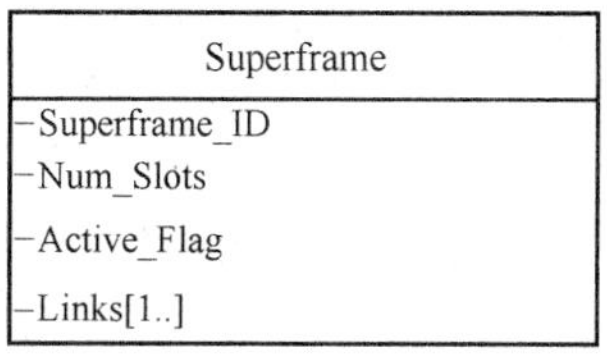

图1 Superframe类的示例

3.5.4.4.3 关系

表2汇总了在本文件中使用的关系的形式。

表2 类关系符号

关　系	功　能	记　号
双向关联	双向关联用两个类之间的一根实线表示	
单向关联	在单向关联中,两个类被联系起来,但仅一个类知道该关系的存在。它用两个类之间带有一个箭头的线表示	
显示多重性的关联	多重性规定了一个类有多少个实例与其他类的一个实例相关联。此例中,0..1表示当"A"有一个实例时,可有零个或一个"B"的实例与之关联(B可能还未生成)	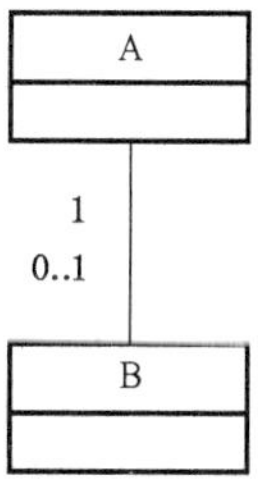
泛化	用于继承的一个关系,表示更一般化或更特殊化	
基本聚合	"部分—整体"关系,类的一个部分的生命周期独立于整个类的生命周期	
组合聚合	"部分—整体"关系,类的一个部分的生命周期依赖于整个类的生命周期	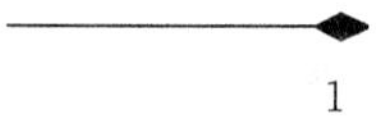
依赖	表示两个模型元素之间的一种关系,它表示就某种行为而言,一个对象依赖于另外一个对象	

3.5.4.4.4 继承

继承是面向对象设计中一个重要概念。继承是指一个类(子类)继承另一个类(超类)同样的功能，并增加其自身的新功能的能力。在类图中继承关系的模型是，一根带有封闭箭头(或三角)的实线从子类(继承行为特征的类)指向超类，如图2所示。

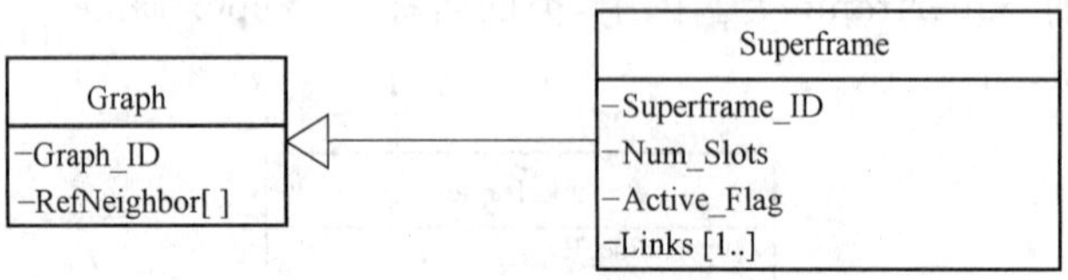

图2 继承示例

3.5.4.4.5 基本聚合

聚合是面向对象设计中另一个重要的概念。聚合用于表示"整体与部分"关系的模型。聚合有两种形式，基本聚合和组合聚合。在基本聚合关系中，一个部分类的生命周期独立于整体类的生命周期。如图3所示，Car是一个整体，Wheel是Car整体的一个部分。Wheel可被提前创建，并且在组装到Car之前可保存在仓库里。

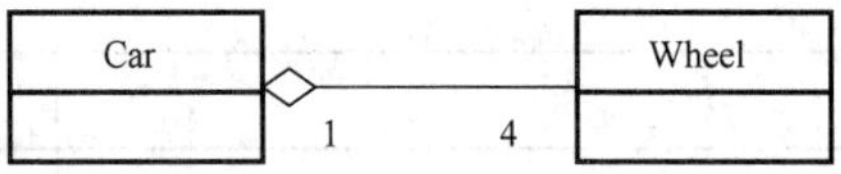

图3 基本聚合示例

3.5.4.4.6 组合聚合

组合聚合是另一种聚合形式，通常被简称为组成。图4表示一个Superframe与其链路的关系。在此例中链路不能脱离Sperframe而存在。组成用一个实心菱形表示。

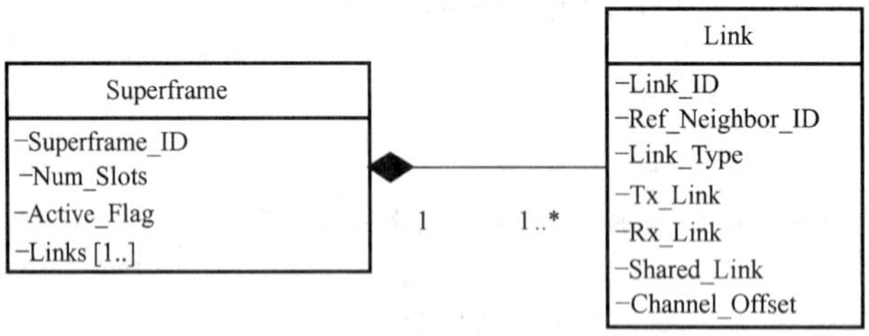

图4 组合聚合示例

3.5.4.4.7 多重性

多重性显示了一个类能够有多少个实例和另外一个类的一个实例相关联。表3列出了多重性表示法及其含义的示例。

表 3 多重性符号

可能的多重性的值	
符 号	含 义
0..1	0 或 1
1	仅有 1
0.. *	0 或更多
*	0 或更多
1.. *	1 或更多
1..2	1 或 2
4	仅有 4
0..5	0 到 5

4 物理层规范和服务定义

4.1 物理层服务定义

4.1.1 概述

WirelessHART 使用射频(RF)在两个设备之间通信。两个设备之间的距离可以是 100 米或更多,取决于发射功率、天线类型以及两个设备间是否存在遮挡。符合 WirelessHART 的设备可由以下方式供电:主电源、电池、能量捕获设备(例如太阳能、振动等),或者上述组合。

本部分定义了 WirelessHART 的物理层(PhL)。设备使用该物理层实现本部分定义的无线网状网络通信。PhL 负责信号传输方法、信号强度、设备灵敏度,以及在网络媒体上发送比特的环境。WirelessHART 的物理层规范基于 IEEE STD 802.15.4-2006 规定的 2 450 MHz DSSS 物理层,并采用相对正交相移键控(O-QPSK)调制方式。本部分定义了物理层向更高层提供用于在媒体上发送和接收数据的服务,还定义了用于控制 PhL 操作的本地管理参数。

本部分的 PhL 涉及建立网络连接的射频特性;与不以任何方式处理信息的网络结构的任何部分相关;负责在网络媒体上发送比特,但不定义比特的含义或用法,仅定义发送比特的方式。PhL 负责发送和接收数据。

4.1.2 物理层服务

4.1.2.1 物理层服务的功能

物理层提供以下服务:

——控制服务:支持启用和禁用 PhL 实体(PhE),并对媒体进行空闲信道评估;

——报文服务:支持物理层服务(PhS)用户数据从源 PhS 用户到目的 PhS 用户的传送;

——PhL 管理服务:支持 PhL 的配置。

4.1.2.2 原语的序列

图 5 给出了无错误情况下,PhS 用户和一个 PhE 的接口上的每种类型原语,同该 PhS 用户和其他 PhE 的接口上的原语之间的关系。

在使用 PhE 之前,PhS 用户必须先启用该 PhE,如图 5a)序列所示。PhPDU 从源 PhL 实体(PhE)传送到目的 PhE,如图 5c)序列所示。PhPDU 传送以空闲信道评估开始,如图 5b)序列所示。在目的端,PhE 接收到起始定界符后开始接收 PH-RECV-SD 指示。在接收无错的情况下,以 PH-DATA 指示作为接收结束。在接收出错的情况下,目的端 PhE 通过一个状态参数来指示该错误,且不传递任何物理层服务(PhS)用户数据。

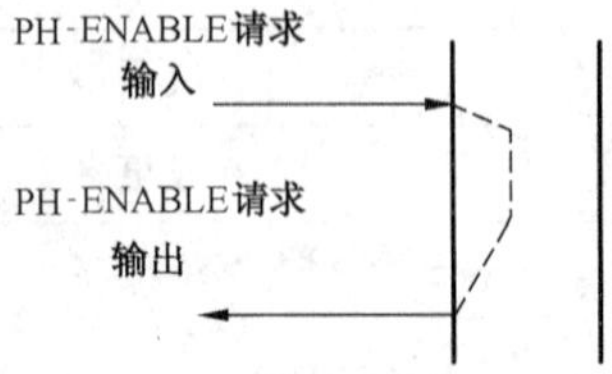

a) 启动序列

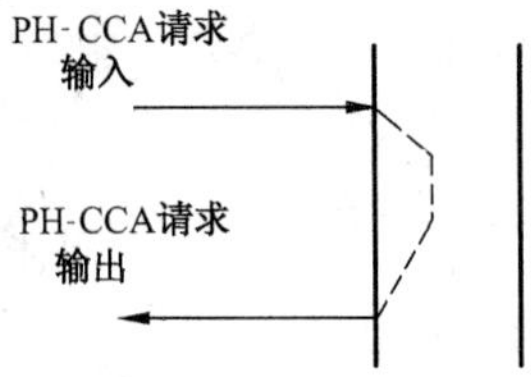

b) CCA 序列

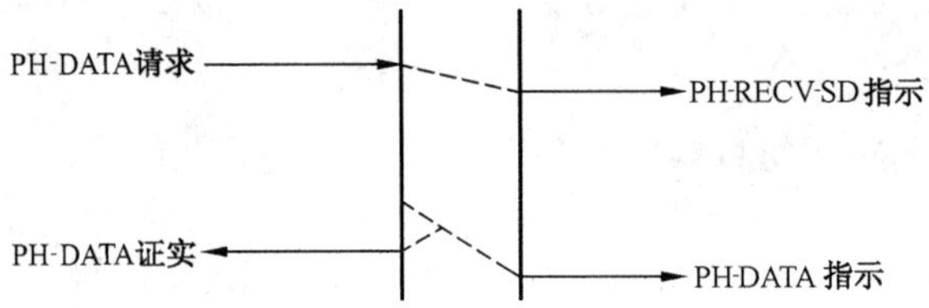

c) PhPDU 传输

图 5 网络层服务序列

4.1.2.3 PH-ENABLE 服务

4.1.2.3.1 原语类型和参数

表 4 给出了 PH-ENABLE 服务所需的原语类型和参数。该服务用于启用或禁用 PhE,并将其置于特定频道的发送或接收模式。仅当信道处于空闲(idle)状态时,请求服务才成功。

表 4 PH-ENABLE 原语和参数

	请求	
参数名称	输入	输出
Channel	M	M
State	M	M

4.1.2.3.2 **参数**

4.1.2.3.2.1 **信道(Channel)**

该参数为这个服务规定一个可用的信道。

4.1.2.3.2.2 **状态(State)**

在请求原语中,规定该服务结束时信道应处于的状态。在证实原语中,规定当服务结束时信道的当前状态。其值可以是启用或禁用。

4.1.2.4 **PH-CCA 服务**

4.1.2.4.1 **原语类型和参数**

表 5 给出了 PH-CCA 服务所需的原语类型和参数。该服务用于检查信道的状态。仅当信道在接收模式被启用时,该请求服务才成功。

表 5 PH-CCA 原语和参数

	请求	
参数名称	输入	输出
State		M
注:请求原语不需要任何参数。		

4.1.2.4.2 **状态(State)参数**

该参数给出空闲信道评估的结果。取值可为:

——信道空闲(Channel Idle);

——信道忙(Channel busy);

——收发器关闭且不能执行评估(Transceiver off and unable to perform assessment)。

4.1.2.5 **PH-RECV-SD 服务**

该服务的惟一原语是指示原语且无参数。在接收模式下,当起始定界符的接收结束时,PhE 使用该原语。

4.1.2.6 **PH-DATA 服务**

4.1.2.6.1 **原语类型和参数**

表 6 给出了 PH-DATA 服务所需的原语类型和参数。

表 6 PH-DATA 原语和参数

参数名称	请求	指示	证实
PhS-user-data	M	C(=)	
Receive signal level		C	
Status		M	M

4.1.2.6.2 参数

4.1.2.6.2.1 PhS 用户数据(PhS-user-data)

该参数允许在 PhS 用户之间进行数据传输,数据不被 PhS 提供者改变。如果在接收时存在任何错误,则指示原语中不包含该参数,否则其值与请求原语中的值一致。

4.1.2.6.2.2 接收信号电平(Receive signal level)

该参数指示 PhPDU 接收信号电平的评估值。仅当无接收错误时,该参数才存在。

4.1.2.6.2.3 状态(Status)

在指示原语中,该参数指示成功或因以下原因导致的错误之一:

——接收缓冲区溢出(Receive buffer overflow);

——不完整的包(Incomplete packet)。

在证实原语中,该参数指示成功或因以下原因导致的错误之一:

——收发器关闭(Transceiver off);

——接收器开启(Receiver on);

注:如果接收器开启,则 PhE 不能发送。

——发送器忙(Transmitter busy)。

4.1.2.7 PHM-Set 服务

4.1.2.7.1 原语类型和参数

表 7 给出了 PHM-Set 服务的原语和参数。

表 7 PHM-Set 原语和参数

	请求	
参数名称	输入	输出
PhM-object-identifier	M	
Desired-value	M	
Status		M

4.1.2.7.2 参数

4.1.2.7.2.1 PHM 对象标识符(PhM-object-identifier)

该参数规定 PhE 内值要被改变的对象。PHM object-identifier 的命名域是局部范围的。

4.1.2.7.2.2 期望值(Desired-value)

该参数表示由 PHM object-identifier 指定对象的期望值。其类型与指定对象的类型是一致的。

4.1.2.7.2.3 状态(Status)

该参数允许 PhS 用户确定已请求的服务是成功还是失败。

注:可同时提供失败原因。

4.1.2.8 PHM-Get 服务

4.1.2.8.1 原语类型和参数

表 8 给出了该服务的原语和参数。

表 8 PHM-Get 原语和服务

	请求	
参数名称	输入	输出
PhM-object-identifier	M	
Status		M
Current-value		C

4.1.2.8.2 参数

4.1.2.8.2.1 PHM 对象标识符(PHM-object-identifier)

该参数规定在 PhE 内,值被请求的对象。PHM-object-identifier 的命名域是局部范围的。

4.1.2.8.2.2 状态(Status)

该参数允许 PhS 用户确定已请求的服务是成功还是失败。

注:可同时提供失败原因。

4.1.2.8.2.3 当前值(Current-value)

当 Status 参数指示请求的服务被成功执行时,该参数存在。该参数表示由 PHM object-identifier 指定的对象的当前值。其类型与指定对象的类型是一致的。

4.2 物理层协议规范

物理层协议符合 IEEE 802.15.4-2006。9.3.3 给出 WirelessHART 的行规。

5 WirelessHART 数据链路层服务定义

5.1 数据链路层服务

5.1.1 数据链路层服务的功能

5.1.1.1 数据传输服务

报文服务支持从一个源 DLS 用户到目的 DLS 用户的 DL 服务数据单元(DLSDU)的传送。数据链路层支持自动重发以保证无误的数据传送。

5.1.1.2 数据接收服务

该服务仅支持接收 DL 服务数据单元(DLSDU)。接收不必发出任何确认。

5.1.1.3 事件服务

这些服务指示链路上的以下事件:

——从 DLE 接收到一个表明该 DLE 正从链路上断开连接的 DLPDU,并向 DLS 用户提供该事件的指示;
——检测出到达另一个 DLE 的路径的失效,并向 DLS 用户提供该事件的指示;
——接收到一个 DLPDU,邀请新 DLE 连接到链路上,并向 DLS 用户提供该事件的指示;
——从不在接收 DLE 邻居表中的一个 DLE 接收到一个 DLPDU,并向 DLS 用户提供该事件的指示。

5.1.1.4 本地 DL 管理服务

该服务支持对 DLL 的配置和对 DLL 统计信息的访问。DL 管理功能提供的方法用于:
——写 DLE 配置参数;
——读 DLE 配置参数、操作参数和统计信息;
——命令执行主要的 DLE 动作;
——接收重大 DLE 事件的通知。
这些功能共同实现 DL 管理服务(DLMS)。

5.1.1.5 信息安全功能

DL 提供一条链路上通信设备对之间的信息安全通信功能。密钥(key)用于确保 DLPDU 来自被认可和授权的设备。

对于信息安全未定义具体的用户服务。信息安全参数通过 DL 管理服务改写。

5.1.2 报文服务的 QoS

5.1.2.1 优先级

报文服务原语规定传送的 DLSDU 的优先级。从最高到最低有以下 4 个优先级:
——Command:该优先级应被 DLS 用户用于发送网络相关的诊断、配置或控制信息的 DLSDU;
——Process-Data:该优先级应被 DLS 用户用于发送包含以下内容的 DLSDU:来自过程变送器的测量值、控制设备的设定值,或任何与过程相关的数据或网络统计数据;
——Normal:该优先级应被 DLS 用户用于发送任何不符合“Command”、“Process-Data”或者“Alarm”优先级数据的 DLSDU;
——Alarm:该优先级应被 DLS 用户用于发送只包含报警或事件的 DLSDU。

5.1.2.2 超时

每个报文请求规定了允许完成一系列报文原语的每个相关实例所用的最大时间限度的上限。

5.1.3 原语序列

图 6 给出了无错误情况下,DLS 用户和一个 DLE 的接口上的每种类型的原语,同该 DLS 用户和其他 DLE 的接口上的原语之间的关系。

图 6a)序列表示一个无错误的单个单播事务。在该序列中,源 DLE 上的 DL-TRANSMIT 请求将报文插入到 DLE 的发送队列中。一段时间后,当支持与目的 DLE 的调度通信的时隙到来时,载有报文 DLSDU 的 DLPDU 被发送。当一个非广播 DLPDU 被接收并验证后,接收 DLE 发送一个确认并向其用户生成一个 DL-TRANSMIT 指示。在接收到确认后,源 DLE 向其请求用户生成一个 DL-TRANSMIT 证实。

图 6b)序列表示一个无错误的多个单播事务。在该序列中,源 DLE 上的 DL-TRANSMIT 请求将

报文插入到 DLE 发送队列。在该载有报文 DLSDU 的 DLPDU 被发送之前，该源 DLE 接收到另一个与先前请求不同的目的 DLE 的 DL-TRANMIT 请求。一段时间后，当支持与第二个目的 DLE 的调度通信的时隙到来时，载有第二个报文 DLSDU 的 DLPDU 被发送。当一个非广播 DLPDU 被接收并验证后，接收 DLE 发送一个确认并向其用户生成一个 DL-TRANSMIT 指示。因此，DLSDU 可不按照它们在源 DLE 上生成的顺序进行发送。

图 6c)序列表示一个无错误的单个多播事务。在该序列中，源 DLE 上的 DL-TRANSMIT 请求将报文插入到 DLE 发送队列。一段时间后，当支持与目的 DLE 的调度通信的时隙到来时，载有报文 DLSDU 的 DLPDU 被发送。当一个发向多个 DLE 的 DLPDU 被接收并验证后，接收 DLE 向其用户生成一个 DL-TRANSMIT 指示。在 DLPDU 被发送后，源 DLE 向其请求用户生成一个 DL-TRANSMIT 证实。

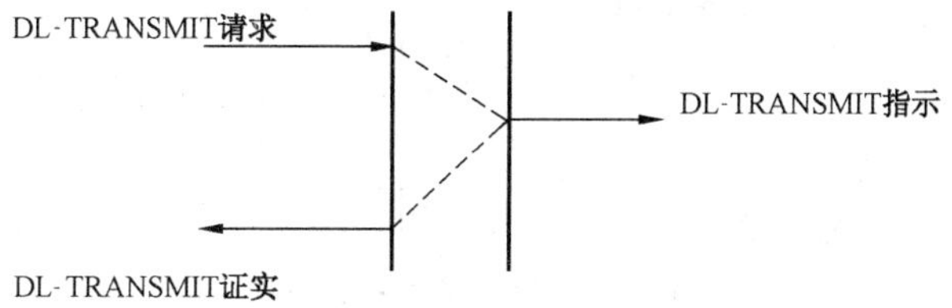

a） 无错误的单个单播事务

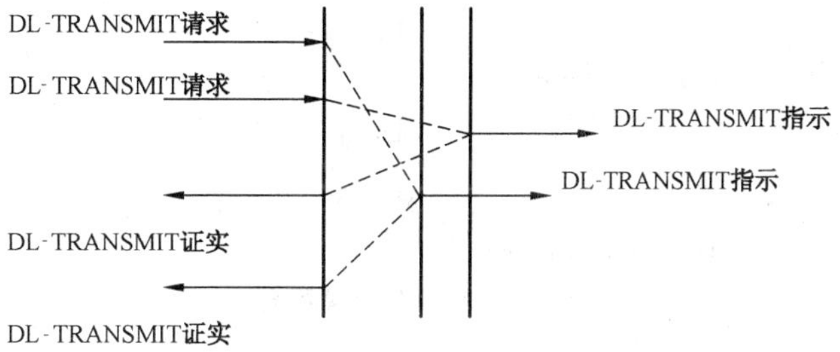

b） 无错误的多个单播事务

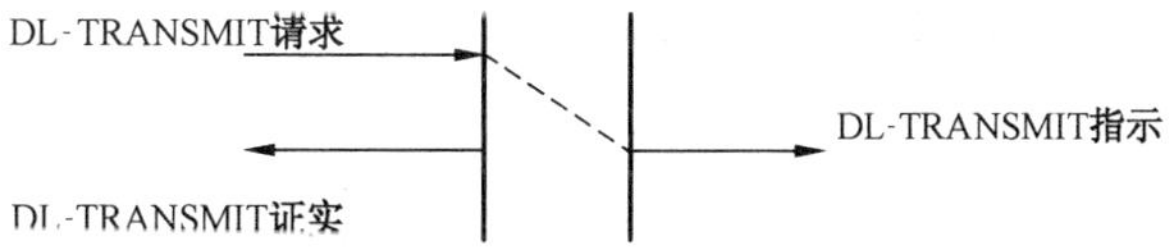

c） 无错误的单个多播事务

图 6 无错误的报文服务序列

图 7 给出了出错情况下，DLS 用户和一个 DLE 的接口上的每种类型的原语，同该 DLS 用户和其他 DLE 的接口上的原语之间的关系。

图 7a)序列表示 DLPDU 在传输时丢失。图 7b)序列表示接收端 DLE 由于缺少缓冲区资源而丢掉 DLPDU，并发送带有“Error”响应代码的确认。如图 7 所示，源 DLE 重新发送该报文，直到接收到带有“Success”响应代码的确认，或达到重传上限。如果在规定的超时等待时间内，驻留在源 DLE 上的包没有收到其目的 DLE 的确认，则源 DLE 停止重传。

图 7c)序列表示目的 DLE 接收到如下情况的 DLPDU：带有无效的消息完整性代码，或目的地址不匹配。接收 DLE 丢弃该 DLPDU，并且不发送任何确认。

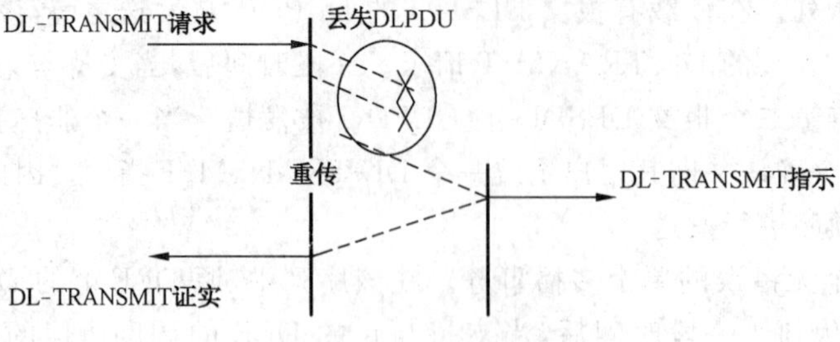

a） 有 DLPDU 丢失的单播事务

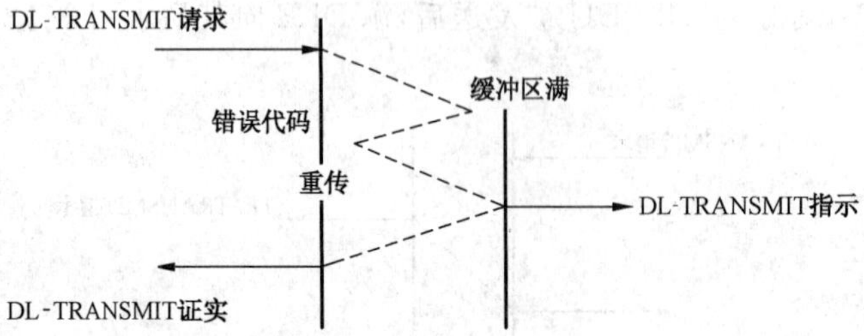

b） 缓冲区满的单播事务

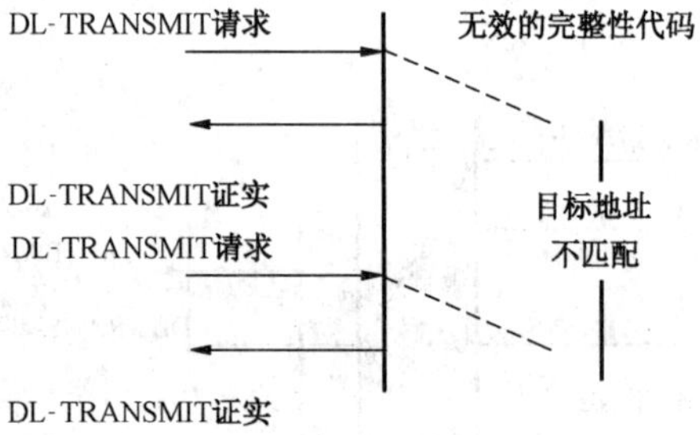

c） 具有错误的单播事务

图 7 出错的报文服务序列

图 8 表示仅有接收的原语。当 DLE 支持混杂操作模式(promiscuous operating mode)时，该原语适用。这种模式下，可捕捉到来自其他 DLE 的通信。

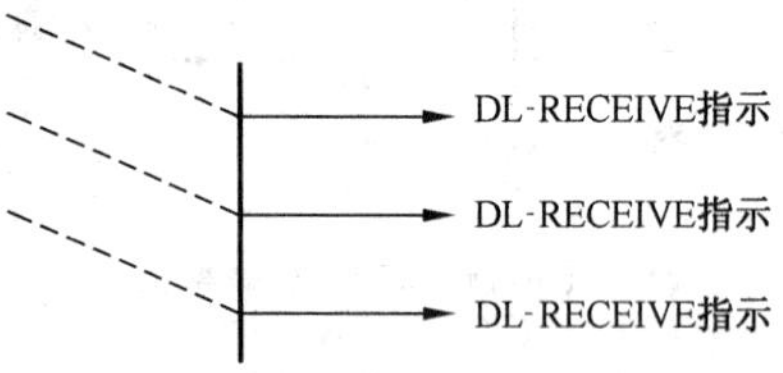

图 8 仅有接收的报文服务

5.1.4 DL-TRANSMIT 服务

5.1.4.1 功能

在单次服务访问中，该服务可用于将一个独立的、自包含的 DLSDU 从一个 DLE 发送到另一个 DLE，并将传送状态返回给发起的 DLS 用户。

5.1.4.2 原语类型和参数

表 9 给出了 DL-TRANSMIT 服务所需的原语类型和参数。

表 9 DL-TRANSMIT 原语和参数

参数名称	请求	指示	确认
Handle	M		M(=)[a]
Broadcast	M	M	
Source address		M	
Destination address			
Short address	S		
Long address	S		
Superframe_ID	C		
Graph	C		
Priority	M	M(=)	
Timeout	M		
DLS-user-data	M	M(=)	
Status		M	M

[a] 该参数的值等于请求原语中的值。

5.1.4.3 参数

5.1.4.3.1 句柄(Handle)

该参数为 DLS 用户提供便利。证实原语中的该值与对应的请求原语中的值一致。

5.1.4.3.2 广播(Broadcast)

如果该参数值为 TRUE,则该 DLSDU 在请求原语规定的超帧中被广播发送。

5.1.4.3.3 源地址(Source address)

该参数标识指示原语中传递的 DLSDU 的源。

5.1.4.3.4 目的地址(Destination address)

5.1.4.3.4.1 短地址(Short address)

该参数仅在 Broadcast 参数为 FALSE 时存在。它是下一跳的目标 DLE 的昵称。

5.1.4.3.4.2 长地址(Long address)

该参数仅在 Broadcast 参数为 FALSE 时存在。它是下一跳的目的 DLE 的惟一标识符(Unique ID)。

5.1.4.3.5 超帧 ID(Superframe_ID)

该参数仅在 Broadcast 参数为 TRUE 时存在。它规定用于发送 DLSDU 的广播链路所属的超帧。

5.1.4.3.6 **图(Graph)**

该参数仅在使用图路由时存在。当使用时,该参数(graph)指示可作为下一跳目的的邻居。

5.1.4.3.7 **优先级(Priority)**

该参数规定传输的优先级。其值可为以下集合中的任意成员:{command,process-data,normal,alarm}。

5.1.4.3.8 **超时(Timeout)**

该参数规定完成 DL-TRANSMIT 原语序列的每个相关实例的最大时间限度。

5.1.4.3.9 **DLS 用户数据(DLS-user-data)**

该参数允许在 DLS 用户之间的数据传输。数据不被 DLS 提供者改变。

5.1.4.3.10 **状态(Status)**

在指示原语中,该参数指示用于认证 DLPDU 的数据链路密钥以及 DLPDU 是否为广播的。
在证实原语中,该参数指示服务成功执行,或由于特定原因而失败。

5.1.5 **DL-RECEIVE 服务**

5.1.5.1 **功能**

DLE 利用该服务接收任意 DLPDU,并且向其 DLS 用户提供该 DLPDU 中的 DLSDU。该服务也被称为"混杂操作模式",且可以用于网络故障排查。

5.1.5.2 **原语类型和参数**

表 10 给出了 DL-RECEIVE 服务原语类型和参数。

表 10 DL-RECEIVE 原语和参数

参数名称	指示
Packet RSL	M
DLS-user-data	M

5.1.5.3 **参数**

5.1.5.3.1 **包 RSL(Packet RSL)**

该参数是刚接收的 DLPDU 的 RSL。

5.1.5.3.2 **DLS 用户数据(DLS-user-data)**

该参数传递由 DLE 接收的数据。

5.1.6 **DL-DISCONNECT 服务**

5.1.6.1 **功能**

该服务通知:另一个 DLE 正在从链路上断开。从该 DLE 接收的 DLPDU 指示该 DLE 正在从链路上断开。

注：DISCONNECT DLPDU 仅希望从作为邻居的设备处获得。接收设备可能不知道它所有的邻居，因此它总是接收 DISCONNECT DLPDU 并提供一个指示，即使该 DLPDU 来自一个无法确认为邻居的设备。

5.1.6.2 原语类型和参数

5.1.6.2.1 概述

表 11 给出了 DL-DISCONNECT 服务所需的原语类型和参数。

表 11 DL-DISCONNECT 原语和参数

参数名称	指示
Source address	M

5.1.6.2.2 源地址(Source address)

该参数指示刚断开连接的 DLE 的地址。

5.1.7 DL-PATH-FAILURE 服务

5.1.7.1 功能

该服务通知：连接本 DLE 和另一个 DLE 的路径已失效。与指定 DLE 的通信已意外超时，因此该 DLE 不可用。

5.1.7.2 原语类型和参数

5.1.7.2.1 概述

表 12 给出了 PATH-FAILURE 服务所需的原语类型和参数。

表 12 DL-PATH-FAILURE 原语和参数

参数名称	指示
Source address	M

5.1.7.2.2 源地址(Source address)

该参数指示路径刚刚失效的 DLE 的地址。

5.1.8 DL-ADVERTISE 服务

5.1.8.1 功能

该服务通知：DLE 已接收到通告(Advertise)DLPDU。DLS 用户应在加入网络前使用该服务提供的信息。

5.1.8.2 原语类型和参数

5.1.8.2.1 概述

表 13 给出了 DL-ADVERTISE 服务所需的原语类型和参数。

表 13 DL-ADVERTISE 原语和参数

参数名称	指示
DLS-user-data	M

5.1.8.2.2 **DLS 用户数据(DLS-user-data)**

该参数传递 DLE 在 Advertise DLPDU 中接收的数据。

5.1.9 **DL-NEIGHBOR 服务**

5.1.9.1 **功能**

该服务通知:DLE 已接收到来自不在邻居表中的 DLE 的 DLPDU。

5.1.9.2 **原语类型和参数**

表 14 给出了 DL-NEIGHBOR 服务所需的原语类型和参数。

表 14 DL-NEIGHBOR 原语和参数

参数名称	指示
Source address	M
Packet RSL	M

5.1.9.3 **参数**

5.1.9.3.1 **源地址(Source address)**

该参数是那个不在邻居表中的 DLE 的地址。

5.1.9.3.2 **包 RSL(Packet RSL)**

该参数指示接收的 DLPDU 的 RSL。

5.1.10 **DLM-SET 服务**

5.1.10.1 **功能**

该服务可用于设置(写)DLE 的配置参数的值。

5.1.10.2 **原语类型和参数**

表 15 给出了 DLM-SET 服务的原语和参数。

表 15 DLM-SET 原语和参数

	请求	
参数名称	输入	输出
DLM-object-identifier	M	
Desired-value	M	
Status		M

5.1.10.3 参数

5.1.10.3.1 DLM 对象标识符(DLM-object-identifier)

该参数规定 DLE 中值要被改写的基本对象或复合对象。DL 管理(DLM)对象标识符的命名域是 DLM 局部范围的。

5.1.10.3.2 期望值(Desired-value)

该参数规定由 DLM-object-identifier 指定的 DLM 对象的期望值。其类型和指定 DLM 对象的类型是一致的。

5.1.10.3.3 状态(Status)

该参数允许 DLM 服务(DLMS)用户确定所请求的 DLMS 是否被正确提供。

注：同时可提供失败的原因。

5.1.11 DLM-GET 服务

5.1.11.1 功能

该服务可用于获取(读)DLE 的配置参数、操作参数或统计信息的值。

5.1.11.2 原语类型和参数

表 16 给出 DLM-GET 服务的原语类型和参数。

表 16 DLM-GET 原语和参数

参数名称	请求	
	输入	输出
DLM-object-identifier	M	
Status		M
Current-value		C

5.1.11.3 参数

5.1.11.3.1 DLM 对象标识符(DLM-object-identifier)

该参数规定 DLE 中值被请求的基本对象或复合对象。DL 管理(DLM)对象标识符的命名域是 DLM 局部范围的。

5.1.11.3.2 状态(Status)

该参数允许 DLM 服务(DLMS)用户确定所请求的 DLMS 是否被正确提供。

注：可同时提供失败的原因。

5.1.11.3.3 当前值(Current-value)

当 Status 参数指示所请求的服务被成功执行时,该参数存在。该参数规定 DLM-object-identifier

指定的 DLM 对象的当前值。其类型和指定的 DLM 对象的类型是一致的。

5.1.12 DLM-ACTION 服务

5.1.12.1 功能

该服务可用于命令 DLE 执行一个特定动作。

5.1.12.2 原语类型和参数

表 17 给出 DLM-ACTION 服务的原语和参数。

表 17 DLM-ACTION 原语和参数

参数名称	请求 输入	证实 输出
Desired-action	M	
Action-qualifiers	C	
Status		M
Additional-information		C

5.1.12.3 参数

5.1.12.3.1 期望动作(Desired-action)

该参数规定 DLE 要完成的动作。可能的值见表 47。

5.1.12.3.2 动作限定符(Action-qualifiers)

该参数规定用于限定命令动作的附加的动作特定参数。

注：某些动作需要附加的参数，例如 DELETE-SUPERFRAME 需要 Superframe_ID。

5.1.12.3.3 状态(Status)

该参数允许 DLM 服务(DLMS)用户确定所请求的 DLMS 是否被正确提供。

注：可同时提供失败的原因。

5.1.12.3.4 附加信息(Additional-information)

该可选参数在返回的 Status 中提供动作特定的附加信息。

5.1.13 DLM-EVENT 服务

5.1.13.1 功能

该服务用于报告发生了一个对于 DL 管理可能比较重要的 DL 事件。

5.1.13.2 参数类型

无参数定义。

5.2 网络层服务

5.2.1 网络层服务的功能

5.2.1.1 数据传输服务

网络层提供服务来实现从源网络层实体(NLE)到目的 NLE 的网络层(NL)服务数据单元(NSDU)的传输。它可能要求通过中间若干 NLE 实现一个 NL 协议数据单元的路由。通过 NL 管理服务(NLMS)来建立 NPDU 的路由。

5.2.1.2 本地 NL 管理服务

该服务支持 NL 的配置及 NL 统计信息的访问。NL 管理服务提供以下功能:

——写 NLE 配置参数;

——读 NLE 配置参数、操作参数和统计信息;

——命令执行主要 NLE 动作;

——接收重大 NLE 事件的通知;

这些服务共同构成 NLMS。

5.2.1.3 信息安全功能

NL 为通信中的一对设备提供端到端的信息安全通信功能。出于安全考虑,NL 是面向会话的。一次会话支持一对网络地址之间的私有及信息安全的通信。支持以下类型的安全密钥:

——加入(Join):当设备试图加入网络时,使用该密钥;

——网络管理器:当网络管理器和一个网络设备进行通信时,使用该密钥;

——网关:当网关和一个网络设备进行通信时,使用该密钥。

对于信息安全未定义具体的用户服务。信息安全参数通过 NL 管理服务改写。

5.2.2 报文服务的 QoS

数据传输服务原语规定传输的 NSDU 的优先级。从最高到最低有以下 4 个优先级:

——Command:该优先级应被 NLS 用户用来发送网络相关的诊断、配置或控制信息的数据;

——Process-Data:该优先级应被 NLS 用户用来发送包含以下内容的数据:来自过程变送器的测量值、控制设备的设定值、或任何与过程相关的数据或网统计数据;

——Normal:该优先级应被 NLS 用户用来发送任何不符合“Command”、“Process-Data”或“Alarm”优先级的数据;

——Alarm:该优先级应被 NLS 用户用来发送只包含报警或事件的数据。

5.2.3 原语的序列

图 9 给出了每种报文服务端点(这些报文服务端点在 NLS 用户和一个 NLE 的接口上)上的原语,同该 NLS 用户和其他 NLE 的接口上的原语之间的关系。在 DLE 提供传输的证实后,该 NLE 向其请求用户生成一个 NL-Trnasmit 证实。远程 NLE 无需传送证实。

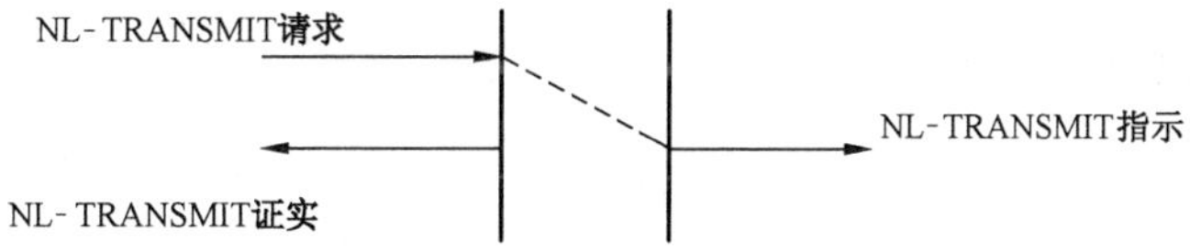

图 9 NLL 数据传输服务序列

5.2.4 NL-TRANSMIT 服务

5.2.4.1 功能

在一次服务访问中，该服务可用于将一个独立的、自包含的 NSDU 从一个 NLE 发送到另一个 NLE，并将传送状态返回给发起的 NLS 用户。

5.2.4.2 原语类型和参数

表 18 表示 NL-TRANSMIT 服务所需的原语类型和参数。

表 18 NL-TRANSMIT 原语和参数

参数名称	请求	指示	证实
Handle	M		M(=)[a]
Source address		M	
Destination address			
Short address	S		
Long address	S		
Broadcast	S		
Priority	M	M(=)	
Timetable_ID	C		
NLS-user-data	M	M(=)	
Status			M
[a] 该参数的值等于请求原语中的值。			

5.2.4.3 参数

5.2.4.3.1 句柄(Handle)

在请求中该参数用于为 NLS 用户提供便利。证实原语中的该值与对应的请求原语中的值一致。

5.2.4.3.2 源地址(Source address)

该参数标识指示原语中传递的 DSDU 的源。

5.2.4.3.3 目的地址(Destination address)

5.2.4.3.3.1 短地址(Short address)

该参数是目的 NLE 的昵称。

5.2.4.3.3.2 长地址(Long address)

该参数是目的 NLE 的 unique ID(惟一标识符)。

5.2.4.3.3.3 广播(Broadcast)

网络中的所有 NLE 都是其目的 NLE。

5.2.4.3.3.4 **优先级(Priority)**

该参数规定传输的优先级。其值可为以下集合中的任意成员,{command,process-data,normal,alarm}。

5.2.4.3.5 **时间表 ID(Timetable_ID)**

该参数规定用于为该服务原语分配网络通信带宽的 Timetable。仅当目的地址不是网络管理器的地址,且该请求必须使用所分配的波段时,该参数才存在。

5.2.4.3.6 **NLS 用户数据(NLS-user-data)**

该参数允许在 NLS 用户之间传输数据,数据不被 NLS 提供者改变。

5.2.4.3.7 **源地址(Source address)**

该参数标识指示原语中传递的 NSDU 的源。

5.2.4.3.8 **状态(Status)**

在证实原语中,该参数指示服务的成功、警报或失败。对于警报或失败,该参数还指示警告或出错的原因。

5.2.5 **NLM-Set 服务**

5.2.5.1 **功能**

该服务可用于设置(写)NLE 配置参数的值。

5.2.5.2 **参数类型**

表 19 表示 NLM-Set 服务的原语和参数。

表 19 NLM-Set 原语和参数

	请求	
参数名称	输入	输出
NLM-object-identifier	M	
Desired-value	M	
Status		M

5.2.5.3 **参数**

5.2.5.3.1 **NLM 对象标识符(NLM-object-identifier)**

该参数规定了 NLE 中值将被改写的基本对象或复合对象。NLM 对象标识符的命名域是 NLE 局部范围的。

5.2.5.3.2 **期望值(Desired-value)**

该参数规定了由关联的 NLM-object-identifier 指定的 NLM 对象的期望值。其类型与指定 NLM

对象一致。

5.2.5.3.3 状态(Status)

该参数允许 NLMS 用户确定所请求的 NLMS 是否被成功地提供。

注：可同时提供失败的原因。

5.2.6 NLM-Get 服务

5.2.6.1 功能

该服务可被用于获取(读)NLM 的配置参数、业务参数或统计信息的值。

5.2.6.2 参数类型

表 20 给出了 NLM-Get 服务的原语和参数。

表 20 NLM-Get 原语和参数

	请求	
参数名称	输入	输出
NLM-object-identifier	M	
Status		M
Current-value		C

5.2.6.3 参数

5.2.6.3.1 NLM 对象标识符(NLM-object-identifier)

该参数规定了 NLE 中值将被请求的基本对象或复合对象。NLM-object-identifier 的命名域是 NLM 局部范围的。

5.2.6.3.2 状态(Status)

该参数允许 NLMS 用户来确定请求的 NLMS 是否被正确地提供。

注：可同时提供失败的原因。

5.2.6.3.3 当前值(Current-value)

该参数在 Status 参数表示请求服务被成功执行的时候出现。该参数表示由关联的 NLM-object-identifier 指定的 NLM 对象的当前值。其类型与指定 NLM 对象一致。

5.2.7 NLM-Action 服务

5.2.7.1 功能

该服务可用于命令 NLE 执行一个特定动作。

5.2.7.2 参数类型

表 21 给出 Action 服务的原语和参数。

表 21　NLM-Action 原语和参数

	请求	证实
参数名称	输入	输出
Desired-action	M	
Action-qualifiers	C	
Status		M
Additional-information		C

5.2.7.3　参数

5.2.7.3.1　期望动作(Desired-action)

该参数规定 NLE 要完成的动作。可能的值见表 59。

5.2.7.3.2　动作限定符(Action-qualifiers)

该参数规定用于限定所命令的动作的额外动作特定参数。

注：某些动作需要额外的参数，例如 Delete-session 需要 Session ID。

5.2.7.3.3　状态(Status)

该参数允许 NLMS 用户确定所请求的 NLMS 是否被成功地提供。

注：可同时提供失败的原因。

5.2.7.3.4　附加信息(Additional-information)

该可选参数说明所返回 status 的动作特定的额外信息。

5.3　传输层服务

5.3.1　传输层服务的功能

5.3.1.1　数据传输服务

传输层(TL)支持确认和非确认服务。

非确认服务允许设备发送包而不需要接收端进行确认。包在目的设备上的传送顺序可不同于源设备的原始发送顺序。该服务用于发布(publishing)过程数据。由于过程数据周期性传输，且考虑到新的数据点将定期生成，因此端到端的确认和重传作用有限。

确认服务用于在网络连接的两个设备间构建一个同步的传输管道。该管道允许设备发送包且确认包的传输。TL 服务(TLS)用户可向接收端 TLS 用户发送包，这些包的传输不会发生丢失、重复或乱序。确认服务适用于传输用户请求和响应以及事件通知。当使用确认服务时，通信是同步的。对于传输管道而言，一个时刻网络上仅允许一个未完成的事务发生。

如果通信延迟超时，使用确认服务可允许客户层自动执行重传。统计表明，良好构建的 WirelessHART 网状网络的可靠性大于 3σ(99.730 020 4%)，正常情况下大于 4σ(99.999 5%)。确认服务的主要好处是：在 TL 协议数据单元(TPDU)到达目的后，客户层将接收到一个肯定的确认。这允许网络同步操作，同时还向客户层保证 TPDU 的传送和确认。

5.3.1.2　本地 TL 管理服务

该服务支持 TL 的配置和对 TL 统计信息的访问。TL 管理服务为以下目的提供手段：

——写 TL 实体(TLE)配置参数；
——读 TLE 配置参数、业务数据和统计信息。
所有这些服务构成了 NL 管理服务(NLMS)。

5.3.2 报文服务的 QoS

5.3.2.1 优先级(Priority)

数据传输服务原语规定传输数据的优先级。从最高到最低有以下 4 个优先级：

——Command：该优先级应被 TLS 用户用来发送网络相关的诊断、配置或控制信息的数据；
——Process-Data：该优先级应被 TLS 用户用来发送包含以下内容的数据：来自过程变送器的测量值、控制设备的设定值、或任何与过程相关的数据或网络统计信息的数据；
——Normal：该优先级应被 TLS 用户用来发送任何不符合“Command”、“Process-Data”或“Alarm”优先级的数据；
——Alarm：该优先级应被 TLS 用户用来发送只包含报警或事件信息的数据。

5.3.2.2 重传(Retry)

TL 管理规定了完成数据传输原语序列的每个相关实例所需的最大时间限度的上限，还规定了发送请求原语和接收响应原语的最大重传次数。

5.3.3 原语序列

本条规定了数据传输服务端点上的原语的关系。

图 10 给出了无错误情况下，TLS 用户和一个 TLE 的接口上每种类型的原语，同该 TLS 用户和其他 TLE 的接口上的原语之间的关系。

图 10a)序列表示一个无错误的、无需目的 TLE 确认的、单向的数据传输。在 NLE 提供传输的证实后，该 TLE 向其请求用户生成一个 TL-Data-Transfer 证实。

图 10b)序列表示一个无错误的、需确认的、双向的数据交换。在该序列中，源 TLE 通过调用 TL-Data-Exchange 请求将报文插入到 TLE 的发送队列。当 TPDU 被接收和验证后，目的 TLE 生成一个 TL-Data-Exchange 指示。目的端 TLE 用户应提供响应数据，并将该响应发送给源 TLE。在接收到响应后，源 TLE 为其用户生成一个 TL-Data-Exchange 证实。

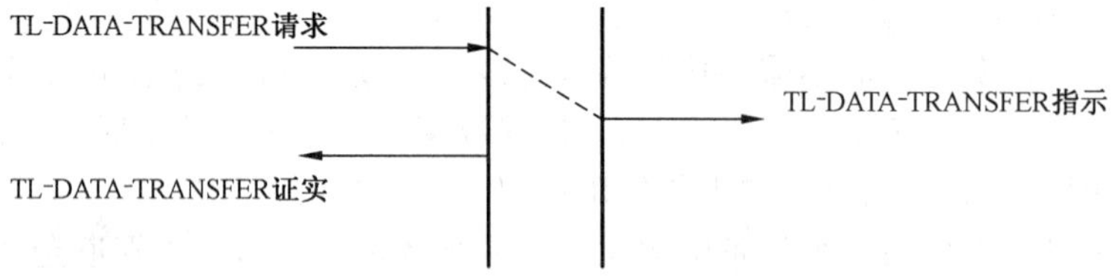

a) 无错误的单向数据传输

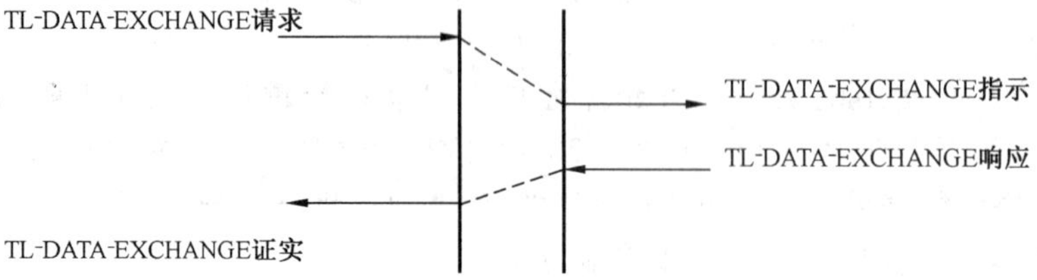

b) 无错误的双向数据传输

图 10 无错误的数据传输服务序列

图 11 给出了出错情况下，TLS 用户和一个 TLE 的接口上的每种类型的原语，同该 TLS 用户和其他 TLE 的接口上的原语之间的关系。图 11 的序列表示 TL 协议数据单元(TPDU)在传输中丢失。如图所示，源 TLE 重新发送该 TPDU，直到接收到一个响应 TPDU，或达到重传次数上限。如果在规定的超时等待时间内，驻留在源 TLE 上的包没有收到其目的 TLE 的响应，则源 TLE 停止重传。

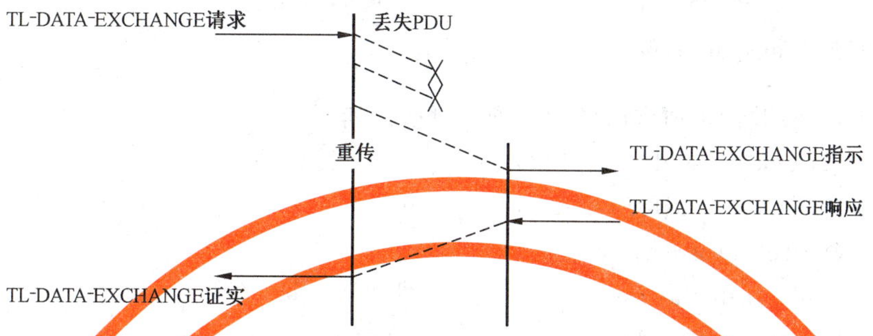

图 11　出错的数据传输服务序列

5.3.4　TL-DATA-TRANSFER 服务

5.3.4.1　功能

在一次服务访问中，该服务可用于将一个独立的、自包含的请求 TL 服务数据单元(TSDU)从一个 TLE 发送到另一个 TLE，无需任何递送证实。

5.3.4.2　原语类型和参数

表 22 给出了 TL-DATA-TRANSFER 服务所需的原语类型和参数。

表 22　TL-DATA-TRANSFER 原语和参数

参数名称	请求	指示	证实
Handle	M	M(=)[a]	M(=)[b]
Transport type	M	M	
Source address		M	
Destination address			
Short address	S		
Long address	S		
Broadcast	S		
Priority	M	M(=)	
Timetable_ID	C		
TLS-user-data	M	M(=)	
Status			M

[a] 该参数在指示作为序列号。

[b] 该参数的值等于请求原语中的值。

5.3.4.3 参数

5.3.4.3.1 句柄(Handle)

在请求中,该参数向TLS用户提供便利。证实原语中的该值在与对应的请求原语中的值一致。在指示原语中,该参数用于提供一个序列号。

5.3.4.3.2 传输类型(Transport type)

在请求原语中,本参数指示请求服务的类型。可取值如下:

——块传送请求(Block-transfer request);

——块传送响应(Block-transfer response);

——搜索广播(Search-broadcast);

——发布广播(Publish-broadcast);

——响应广播(Response-broadcast);

——发布单播(Publish-unicast)。

5.3.4.3.3 源地址(Source address)

该参数标识指示原语中传递的TSDU的源。

5.3.4.3.4 目的地址(Destination address)

5.3.4.3.4.1 短地址(Short address)

该参数是目的TLE的昵称。

5.3.4.3.4.2 长地址(Long address)

该参数是目的TLE的惟一标识符(Unique ID)。

5.3.4.3.4.3 广播(Broadcast)

网络中所有TLE都是目的。

5.3.4.3.5 优先级(Priority)

该参数表示传输的优先级。其值可为以下集合中的任意成员,{command,process-data,normal,alarm}

5.3.4.3.6 时间表 ID(Timetable_ID)

该参数规定用于为此服务原语分配网络通信带宽的Timetable。该参数仅在目的地址不是网络管理器地址时才存在。

5.3.4.3.7 TLS用户数据(TLS-user-data)

该参数允许在TLS用户之间传输数据。数据不被TLS提供者改变。

5.3.4.3.8 状态(Status)

在证实原语中,该参数指示服务的成功、警告或失败。对于警告和失败,该参数还表示警告或出错的原因。

5.3.5 TL-DATA-EXCHANGE 服务

5.3.5.1 功能

在一次服务访问中，该服务可用于将一个独立的、自包含的 TSDU 从一个 TLE 发送到另一个 TLE，接收来自远程 TLE 的响应 TSDU，并将本次交换的状态返回给发起的 TLS 用户。

5.3.5.2 原语类型和参数

表 23 表示 TL-DATA-EXCHANGE 服务所需的原语类型和参数。

表 23 TL-DATA-EXCHANGE 原语和参数

参数名称	请求	指示	响应	证实
Handle	M	M(=)[a]	M(=)	M(=)[b]
Transport type	M	M(=)		
Source address		M		
Destination address				
Short address	S			
Long address	S			
Broadcast	S			
Priority	M	M(=)		
Timetable_ID	C			
TLS-user-data	M	M(=)	M	C(=)
Status				M

[a] 该参数在指示中作为序列号。
[b] 该参数的值等于请求原语中的值。

5.3.5.3 参数

5.3.5.3.1 句柄(Handle)

在请求中，该参数用于为 TLS 用户提供便利。证实原语中的该值与对应的请求原语中的值一致。在指示原语中，该参数用于将请求和响应相关联。

5.3.5.3.2 传输类型(Transport type)

在请求原语中，该参数指示由主站请求的服务类型，取值如下：

——请求单播(Request-unicast)；

——请求广播(Request-broadcast)。

在响应原语中，该参数指示由从站请求的服务的类型，取值为：Response-unicast(响应单播)。

5.3.5.3.3 源地址(Source address)

该参数标识指示原语中传递的 TSDU 的源。

5.3.5.3.4 目的地址(Destination address)

5.3.5.3.4.1 短地址(Short address)

该参数是目的 TLE 的昵称。

5.3.5.3.4.2 长地址(Long address)

该参数是目的 TLE 的惟一标识符(Unique ID)。

5.3.5.3.4.3 广播(Broadcast)

网络上所有的 TLE 都是其目的 TLE。

5.3.5.3.5 优先级(Priority)

该参数规定传输的优先级。其值可为以下集合的任意成员,{command,process-data,normal,alarm}。

5.3.5.3.6 时间表 ID(Timetable_ID)

该参数规定用于为该服务原语分配网络通信带宽的 Timetable。仅当目的地址不是网络管理器的地址,且该请求被要求使用所分配的波段时,该参数才存在。

注:通信带宽的分配是由事务发起方请求的,响应不包含在设备内任何时间表的分配中。因此,响应原语中不包含 Timetable_ID。

5.3.5.3.7 TLS 用户数据(TLS-user-data)

该参数允许 NLS 用户之间传输数据,数据不被 NLS 提供者改变。

5.3.5.3.8 状态(Status)

在证实原语中,该参数指示服务的成功、警告或者失败。对于警告和失败,该参数还指示警告或错误的原因。

5.3.6 TLM-Set 服务

5.3.6.1 功能

该服务可被用于设置(写)TLE 配置参数的值。

5.3.6.2 参数类型

表 24 表示 TLM-Set 服务的原语和参数。

表 24 TLM-Set 原语和参数

	请求	
参数名称	输入	输出
TLM-object-identifier	M	
Desired-value	M	
Status		M

5.3.6.3 参数

5.3.6.3.1 TLM 对象标识符(TLM-object-identifier)

该参数规定了 TLE 中值将被改写的基本对象或复合对象。TLM-object-identifier 的命名域是 TLM 局部范围的。

5.3.6.3.2 期望值(Desired-value)

该参数规定了由关联的 TLM-object-identifier 指定的 TLM 对象的期望值。其类型与指定 TLM 对象一致。

5.3.6.3.3 状态(Status)

该参数允许 TL 管理服务(TLMS)用户确定所请求的 TLMS 是否被成功地提供。

注：可同时提供失败的原因。

5.3.7 TLM-Get 服务

5.3.7.1 功能

该服务可被用于获取(读)TLE 的配置参数、业务参数或统计信息的值。

5.3.7.2 参数类型

表 25 给出了 TLM-Get 服务的原语和参数。

表 25 TLM-Get 原语和参数

	请求	
参数名称	输入	输出
TLM-object-identifier	M	
Status		M
Current-value		C

5.3.7.3 参数

5.3.7.3.1 TLM 对象标识符(TLM-object-identifier)

该参数规定了 TLE 中值将被改写的基本对象或复合对象。TLM-object-identifier 的命名域是 TLM 局部范围的。

5.3.7.3.2 状态(Status)

该参数允许 TL 管理服务(TLMS)用户确定所请求的 TLMS 是否被成功地提供。

注：失败的原因可同时被提供。

5.3.7.3.3 当前值(Current-value)

该参数在 status 参数表示请求的服务被成功执行时才出现。该参数表示由关联的 TLM-object-identifier指定的 TLM 对象的当前值。其类型与指定 TLM 对象一致。

6 WirelessHART 数据链路层协议规范

6.1 概述

6.1.1 数据链路层操作

6.1.1.1 DLL 的两个子层模型

DLL 分为:

——较高的子层是逻辑链路控制(LLC);

——较低的子层是媒体访问控制(MAC)。

两个子层的相互作用就是 DL 管理功能。

6.1.1.2 逻辑链路控制

LLC 子层提供较高级别的功能:

——管理所有 DLE 和 DLS 用户的交互,把所有 DLS 用户请求和响应原语转换成必要的 DLE 操作序列,并且向 DLS 用户生成适当的指示和证实原语。

——为传输准备 DLPDU。

——解析收到的 DLPDU。

——流控制。

——错误检测。

——维护邻居表。

——数据链路层的信息安全。

6.1.1.3 媒体访问控制

WirelessHART 数据链路层使用时分多址访问(TDMA)和信道跳频来控制对链路的访问。这种媒体访问控制(MAC)技术在两个设备之间提供无冲突的、确定性的通信。两个设备之间的通信发生在一个时隙内。TDMA 的超帧由一组时隙组成。TDMA 时隙和超帧的基本结构如图 12 所示。时隙大小和以时隙为单位的超帧长度是固定的,并形成一个链路周期。所有设备都支持多个超帧,以超帧号 0 为起始。至少有一个超帧总是被启用,而其他超帧可被启用或禁用。超帧的长度仅在其非活动时才可改变。各个超帧的长度可不同。超帧以固定的速率连续重复。

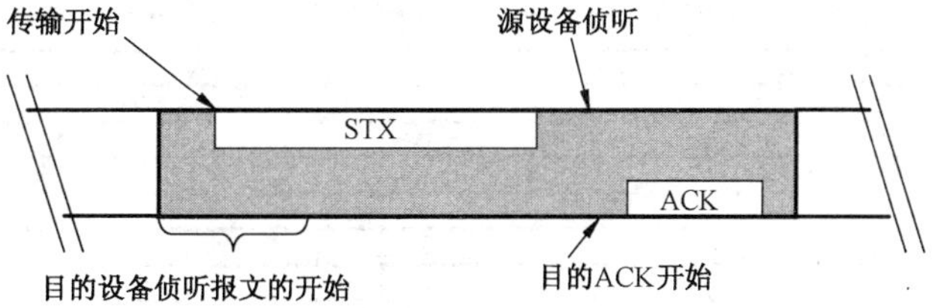

a） 1个时隙

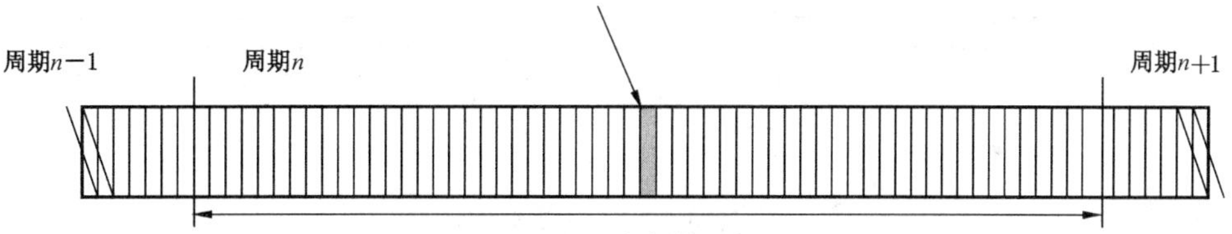

b） 1个超帧

图 12 **TDMA 时隙和超帧**

每个时隙一般被分配两个设备：一个设备作为源，另一个作为目的。一个时隙内的一次链路事务，支持从源设备传输一个 DLPDU，并且如果需要，后面紧跟一个来自目的设备的 ACK DLPDU。ACK DLPDU 包含一个"Success"响应代码或一个错误响应代码。"Success"响应代码指示最初的 DLPDU 被成功接收并处理，错误响应代码指示最初的 DLPDU 被成功接收，但是进一步处理失败，例如：接收设备中没有足够的缓冲区。

使用广播地址作为数据链路目的地址的广播报文不需要确认。在这种情况下，一个时隙被分配多个接收者。

为了实现成功且高效的 TDMA 通信，设备必须知道时隙的开始时刻。这要求网络中所有设备进行时钟同步。为了保证网络范围内设备的时钟同步，本部分规定了时钟保持的容差和时钟同步机制。

在一个时隙内，源 DLPDU 的传输以时隙起始后的规定偏移为开始。该偏移允许源设备和目的设备设置其频道，并允许接收器开始在规定的信道上侦听。因为存在时钟的容差，接收器须在理想预期的发送时刻开始前就开始侦听，并在该时刻结束之后继续侦听。一旦发送完成，通信方向便逆转，目的设备通过发送一个 ACK 来指示源设备的 DLPDU 被成功接收，或检查出特定类别的错误。如果目的设备没有侦听到任何传输，或在接收过程中发生不包含在上述类别的错误时，目的设备不发送 ACK DLPDU。

6.1.1.4 信道跳频

为了提高可靠性，信道跳频和 TDMA 结合使用，如图 13 所示。信道跳频提供了频率的多样性，以避免干扰并减少多径衰减效应。TDMA 可实现高效、低功耗、可靠的跳频通信，这是因为进行通信的设备同时使用时隙同步和信道同步，这允许通信设备在时域和频域上相汇合，从而提高通信成功率。

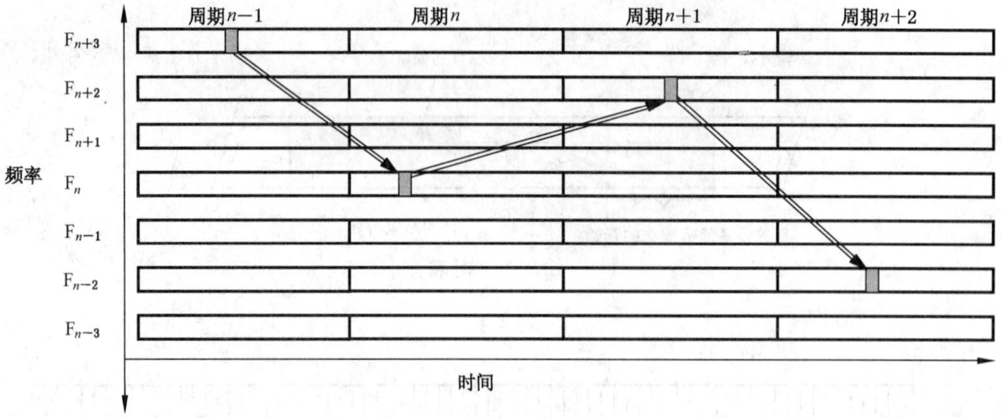

图 13 信道跳频

将一个超帧、超帧内的一个时隙，以及一个信道偏移量分配给通信设备。这三项构成了两个通信设备之间的一条通信链路。所有设备都支持多条链路。可能的链路数，通常等于网络可用的信道数乘以超帧中的时隙数。例如，使用 15 个信道，一个超帧有 9 000 个时隙，则有 135 000 条可能的链路。

信道跳频提供信道的多样性。所以每个时隙在多个信道上可同时被不同节点使用。这可通过在同一时隙不同信道偏移上建立链路来实现。每个设备维护一个正在使用的信道列表和信道规范(例如频率)。网络中所有设备具有网络管理器确定的相同的信道列表。网络管理器负责链路的分配和一个链路中设备的分配。

信道黑名单是 WirelessHART 的一个技术特征。它允许网络管理器将设备的信道跳频约束在有效的 RF 波段内被选中的信道里。例如，为了保护网络中设备共享的固定 RF 波段的无线服务，网络管理器可禁用某些信道。在实践中，使用其他协议的设备在可用带宽内的通信是非常随机的，且使用总有效带宽的很小一部分。因此，黑名单没有什么明显的好处。

6.1.1.5 网络维护

时间和信道是 WirelessHART 网络的前两个维度，第三个维度是空间(距离)。网络设备安装在一个工厂内不同的位置，给定设备具有一个可与之直接通信的其他设备的集合。该设备的集合被称为邻居(neighborhood)。因为 RF 环境经常变化，设备必须保持其邻居列表是最新有效的。维护活动包括：发现潜在邻居，收集关于到达每个邻居的通信信道的统计信息，维护与邻居的时间同步。

在建立和维护设备的邻居列表时，存在两种特殊的 DLPDU：Advertise DLPDU 和 Keep-alive DLPDU。这些 DLPDU 包含足够的信息用于发现新邻居，或允许一个新安装的设备请求网络的许可。如果被接受，新设备可成为发出 Advertise DLPDU 的设备的邻居。

注：网络管理器可调度这些 DLPDU 的传输。

和邻居之间的每个成功通信证实了该邻居的存在，同时允许对通信链路的质量进行评估。因为仅当设备有一个 DLPDU 给邻居时才发生通信，使得链路不活动的间隔期间可能较长，因此使用 Keep-alive DLPDU 来探测不活动的链路且保持时间同步。

6.1.1.6 时间保持

整个网络的时间同步是 TDMA 通信的核心。无论设备硬件时间源如何选择(例如，晶振、陶瓷谐振器等)，设备间的时间漂移(例如，因为温度或电压波动，或者老化)都是不可避免的。因此，WirelessHART 数据链路层有多种机制来保证整个网络范围内的时间同步。

当一个设备接收到发给它的 DLPDU 时，记录该 DLPDU 的到达时间。通过该信息，目的设备计算

DLPDU 的真正到达时间和预期到达时间之间的差值。该 Δt 在每次发送给源设备的 ACK DLPDU 中传递。这样，每次带确认的事务都测量设备之间的网络时间的偏差(alignment)。

由网络管理器指定的邻居列表中的一个或多个邻居被选择作为时间同步源。当接收到来自一个时间同步邻居的 DLPDU 时，接收设备的网络时间被调整。时间同步基于 DLPDU 的到达时间，或 ACK DLPDU 中的 Δt。这取决于由哪个设备发起事务。

此外，设备设计者应理解其产品的时间漂移特性。当设备的时间源发生漂移时，该设备根据需要将 Keep-alive DLPDU 发送给它的时间同步邻居，以维持时间的同步。在温度变化小于每分钟 2 ℃时，设备每 30 s 才需发出一个 Keep-alive DLPDU。此外，设备设计者应容忍在丢包的情况下有一次重传(即 10 s 的安全边界)。这相当于不低于 10 ppm 的补偿时钟精度。

6.1.2 网络层操作

6.1.2.1 概述

WirelessHART 网络是一个由传感器和执行器组成的网状通信系统，简化了网络和设备安装，并允许终端用户裁剪安装和拓扑结构以满足特定的应用需求。WirelessHART 网络的基本要素包括：现场设备、网关和网络管理器。每个网络包括至少一个网关。尽管支持冗余网络管理器，每个网络只能有一个活动的网络管理器。网关可具有一个或多个接入点。

6.1.2.2 网状(Mesh)网络

图 14 给出一个网状拓扑结构的现场设备网络的示例。在该示例网络中，有一个网关、一个网络管理器和 13 个现场设备(标签 $a\sim n$)。所有通信都是从网关经中间设备到达目的现场设备的包的移动。包沿着到其最终目的地的路径从一个设备到另一个设备的一次移动，称为“一跳(hop)”。

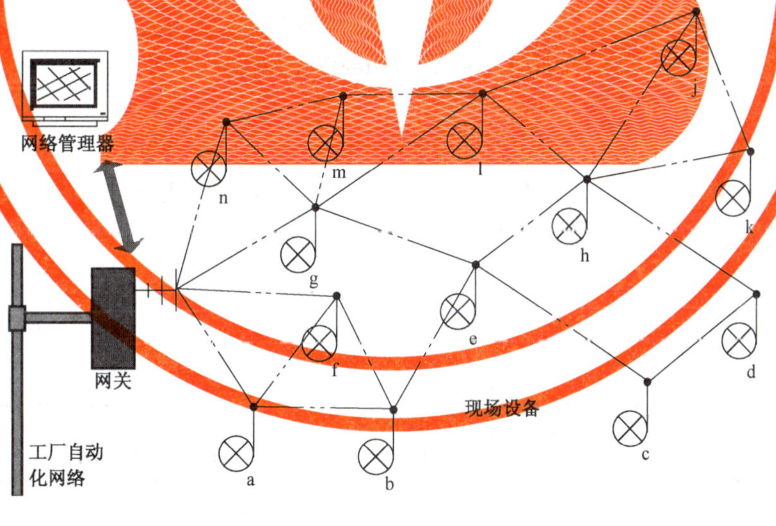

图 14 无线网络

所有设备都能作为包的源点和汇点，并能够对接收的来自网络上其他设备的包进行路由。包的路由从发起的源到最终的目的可能要经过几跳。网络层负责包的路由。

在图 14 的网络中，节点‘a’、‘f’、‘g’和‘n’到网关是一跳。因为这些设备能直接将包传递给网关，所以和这些设备通信的延迟最低。尽管如此，因为该网络使用网状拓扑结构，冗余链路通过路由而使数据包避免干扰，从而提高了系统的可靠性。节点‘a’可直接与网关通信，但也能在直接路由被堵塞的情况下通过节点‘f’与网关通信。

节点‘c’、‘d’、‘j’和‘k’到网关是多跳。所有中间设备(例如现场设备‘g’和‘e’)能够接收来自设备的包，也能够转发包到这些设备。因为包在网关和节点‘c’、‘d’、‘j’和‘k’间经过多跳，所以到这些设备的通信延迟比那些一跳设备的延迟时间长。但是，网状拓扑结构允许网络规模变得更大，并且允许绕过阻碍进行通信。此外，在网状网络中支持的设备个数能比那些单一星形网络支持的要大。

网状拓扑结构协议可用于星形拓扑结构，例如所有设备到网关都只有一跳以支持高性能的应用，还可用于多跳的过度连接(overly-connected)的网状拓扑结构以适应“低要求”应用(例如监视)，或任何介于中间的拓扑结构。网状拓扑结构协议具有足够的灵活性，使得各种应用(包括高性能和低性能应用)可以运行在同一网络中。

通过使用包括到达网络设备的多路径、多个频率、重传等机制，无线网络保持了很高的可靠性。如需进一步提高可靠性，则通过增加额外的现场设备以插入更多的路径。网关通过接入点来连接网络，具有不止一个接入点(见附录D)。额外的网络接入点可用于增加吞吐量和减少延迟。

6.1.3 设备规程

在附录B中规定了多个设备层面的运行过程。

6.2 逻辑链路控制

6.2.1 通用 DLPDU 结构

6.2.1.1 概述

图15给出通用DLPDU结构。DLE以图中示出的相同顺序向物理层提供八位位组。除非另有规定，多八位位组字段的最高有效八位位组被首先发送。

每个DLPDU按以下顺序的字段组成：

——1个八位位组，设为0x41(根据IEEE 802.15.4-2006的表79表示启用数据模式，以及根据IEEE802.15.4-2006的7.2.1.1.2表示启用信息安全功能)；

——1个八位位组的地址分类符(Address Specifier)；

——1个八位位组的序列号(Sequence Number)；

——2个八位位组的网络ID(Network_ID)；

——2个或8个八位位组的目的地址(Destination Address)和源地址(Source Address)；

——1个八位位组的DLPDU分类符(DLPDU Specifier)；

——DLL载荷(DLL Payload)；

——4个八位位组的消息完整性代码(MIC)；

——2个八位位组的ITU-T CRC16(CRC)。

0x41	Address specifier	Sequence number	Network_ID	Destination address	Source address	DLPDU specifier	DLL payload	MIC	CRC

图15 DLPDU结构

6.2.1.2 DLPDU 结构字段

6.2.1.2.1 地址分类符(Address Specifier)

如图16所示，该字段规定了目的地址和源地址的长度和类型。Bit6表示源地址的类型；Bit2表示目的地址的类型。上述2个比特如果为1，则DLPDU的相应地址是EUI-64，否则是昵称(见6.2.1.2.4)。在DLPDU中可使用任何地址长度的组合。

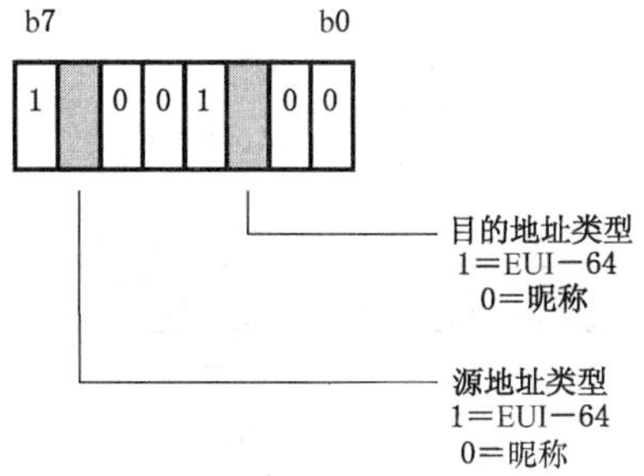

图 16　地址分类符

该字段中的其他比特应按图 16 所示设置。

6.2.1.2.2　序列号(Sequence number)

Sequence number 应设为绝对时隙号(ASN)的最低有效八位位组。

6.2.1.2.3　网络 ID(Network_ID)

所有网络都通过 2 个八位位组的数字进行标识。连接到一个网络的设备不应向连接到不同网络的其他设备直接发送 PDU。

在所有 DLPDU 中,发送该 2 个八位位组值时,首先发送其最低有效八位位组(LSB)。如果网络 ID(Network_ID)与设备所在网络的 Network_ID 不一致,则丢弃该包。表 26 给出了 Network_ID 的取值范围及其应用。

除非特殊说明,应最先发送 DLPDU 的最高有效八位位组。Network_ID 的最低有效八位位组应被先发送。

表 26　Network_ID 分配

Network_ID 范围	Network_ID 的使用
00000～32767 (0x0000～0x7FFF)	永久的用户定义的网络(关键性网络)
32768～36863 (0x8000～0x8FFF)	临时的用户定义网络(演示,商业秀,现场试验)
36864～57343 (0x9000～0xDFFF)	保留
57344～61439 (0xE000～0xEFFF)	制造业网络(被设备制造商使用的非公开的)
61440～65535 (0xF000～0xFFFF)	保留

6.2.1.2.4　目的地址(Destination Address)和源地址(Source Address)

DLL 支持两种地址:2 个八位位组的昵称和 8 个八位位组的 IEEE EUI-64 地址。

2 个八位位组的昵称是一个分配给特定网络设备的地址(见 3.3.67)。它应在设备所连接的网络中是惟一的。值 0xFFFF 被保留用作广播地址。

EUI-64 由两部分组成:3 个八位位组的组织惟一标识符(OUI),其值按 IEEE 802 定义;5 个八位位组的惟一标识符(Unique ID,见 3.3.91),如图 17 所示。该 Unique ID 由 2 个八位位组的扩展设备类型码(Expanded Device Type Code)和 3 个八位位组的设备 ID(Device ID)组成。

注 1:符合本标准的设备不能具有相同的 EUI-64 地址。

注 2:OUI 的值由 IEEE 注册管理委员会分配,见 http://standards.ieee.org/regauth/tutorials.html.

同一制造商开发的某个设备类型，其扩展设备类型码应是被分配惟一的值。每个具有相同扩展设备类型码的设备实例，应分配一个惟一的设备 ID。

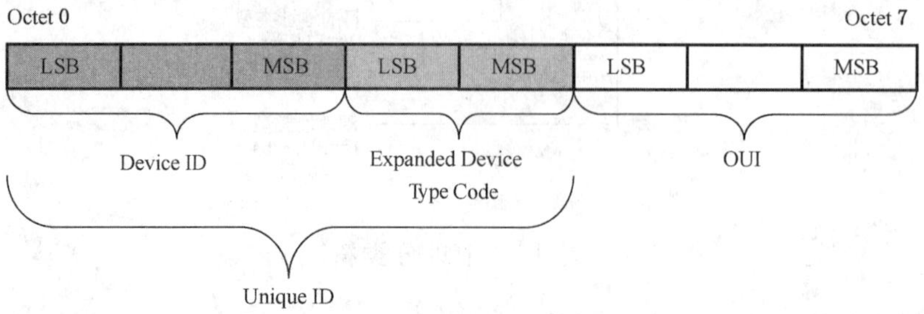

图 17　8 个八位位组的 EUI-64 结构

IEEE STD 802.15.4—2006 要求多个八位位组的字段应首先发送 LSB。因此，DLPDU 中的 EUI-64 地址的发送顺序如图 17 所示，即从设备 ID 的 LSB 开始，以 OUI 的 MSB 结束。昵称也是从 LSB 开始发送的。

6.2.1.2.5　DLPDU 分类符(DLPDU specifier)

该字段如图 18 所示。保留最高有效 2 个比特为将来使用。DLE 在传输前应将该 2 个比特设置为 0。DLE 应忽略该 2 个比特的任何值。

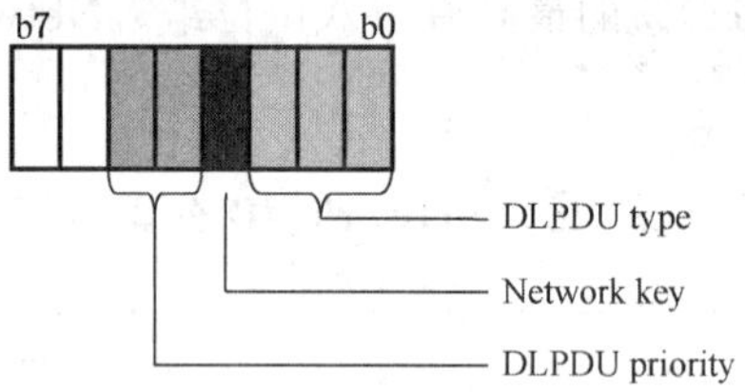

图 18　DLPDU 分类符

Bit5 和 Bit4 表示 DLPDU 中所包含的 DLSDU 的优先级，编码如下：

——00：Alarm(最低)；

——01：Normal；

——10：Process data；

——11：Command(最高)。

Bit3 表示 DLPDU 中使用的网络密钥的类型，编码如下：

——0：此标准中公知的密钥，仅用于未被网络认证的设备；

——1：加密的网络密钥，用于已被网络认证的设备。

它指示要用于认证 DLPDU 的密钥。对于已被网络认证的设备之间的网络通信，DLE 应将此比特设为 1，并且在生成 DLPDU MIC 时使用加密的网络密钥(6.2.4.2)。当此设备还未被网络认证时，在加入过程中，此比特应复位为 0。未被网络认证的设备同其邻居之间传送 DLPDU 时应使用公知的密钥(见 6.2.4.2.3)。

DLPDU 的 Bit2、Bit1 和 Bit0 表示 DLPDU 类型，编码如下：

——000:ACK;

——001:Advertise;

——010:Keep-alive;

——011:Disconnect;

——111:Data。

ACK、Advertise、Keep-alive 和 Disconnect DLPDU 应使用 Command(最高)优先级。

保留该字段的其他编码为将来使用。

6.2.1.2.6 DLL 载荷(DLL payload)

DLL 载荷取决于 DLPDU 类型。数据 DLPDU 包含一个 DLSDU。其他类型 DLPDU 包含 DLE 维护数据,取决于 DLPDU 类型。例如,ACK DLPDU 包含一个由时间校准值组成的载荷,该值是此前 DLPDU 指定的目的设备所测量的。

6.2.1.2.7 加密的消息完整性代码(Keyed message integrity code)

接收 DLPDU 的链路层使用消息完整性代码(MIC)进行认证。接收设备只对成功通过认证的单播、非确认的 DLPDU 作出应答。

6.2.1.2.8 循环冗余校验(Cyclic Redundancy Check)

循环冗余校验(CRC)字段基于 16 位 ITU-T CRC 多项式,也被称为 CRC16。该 CRC 通过对整个帧使用以下 16 阶生成多项式而计算得出。

$$G_{16}(x)=x^{16}+x^{12}+x^{5}+1$$

更多信息见 IEEE802.15.4-2006 的 7.2.1.9。CRC 应由设备硬件计算。

注:在接收器上,对接收的八位位组流进行类似计算。当接收器可预计这些八位位组包含一个 CRC 时,可在计算中忽略那些 CRC 八位位组,并检查计算出的 CRC 是否与接收的 CRC 八位位组相匹配。另一种做法是,接收器也可对接收的所有报文八位位组都进行 CRC 计算,并检查计算的结果是否余数为 0。

CRC 用于检查位错误,设备只对带 CRC 的且该 CRC 与接收设备计算出的 CRC 相匹配的非确认 DLPDU 作出应答;或对整个 DLPDU(包括接收的 CRC 八位位组)进行 CRC 计算后得到的余数为 0 的非确认 DLPDU 作出应答。

6.2.2 DLPDU 特定结构,编码和规程元素

6.2.2.1 概述

有以下五种 DLPDU 类型

——数据 DLPDU(Data DLPDU):包含发送给最终目的设备的 DLSDU。Data DLPDU 的源方和汇聚方都为网络层;

——确认 DLPDU(ACK DLPDU):对接收的源设备发送的 DLPDU 作出的立即链路层响应;

——存活 DLPDU(Keep-alive DLPDU):为实现连接维护而相邻设备之间传送的;

——通告 DLPDU(Advertise DLPDU):为试图加入网络的相邻设备提供的信息;

——断开连接 DLPDU(Disconnect DLPDU):用于告知相邻设备本设备即将离开网络。

当设备收到一个不是以上任何类型的 DLPDU 时,应将其丢弃,并且不对收到的 DLPDU 进行确认。

ACK DLPDU、Advertise DLPDU、Keep-Alive DLPDU 和 Disconnect DLPDU 由相邻的(peer)DLE 生成和处理。这些 DLPDU 不上传到网络层,也不在网络中转发。

6.2.2.2 数据 DLPDU(Data DLPDU)

6.2.2.2.1 数据 DLPDU 用途

数据 DLPDU 用于将 DLS 用户数据从源 DLE 发送到目的 DLE,也可被网络层用于将其用户数据从中间 DLE 转发到另一个 DLE。

6.2.2.2.2 数据 DLPDU 载荷内容

DLPDU 中的 DLL 载荷从一跳的源设备的网络层发起,传送到该跳的目的设备的网络层。然后,被同级的(peer)网络层转发到最终目的端。

6.2.2.3 确认 DLPDU(ACK DLPDU)

6.2.2.3.1 ACK DLPDU 用途

ACK DLPDU 用于对刚刚收到的非 ACK DLPDU 发送一个立即的响应。

6.2.2.3.2 ACK DLPDU 载荷内容

表 27 给出 ACK DLPDU 的 DLL 载荷的结构。

表 27 ACK DLPDU 载荷的内容

到载荷开始的偏移	八位位组 偏移	描述
0	1	响应代码(Response code)
1	2	时间校准(Time adjustment)值,以 μs 为单位。如 DLPDU 比预计接收时间较早(较晚)接收,则该时间校准值为正(负)

响应代码指示接收成功,或指示此前 DLPDU 的接收存在错误,如表 28 所示。

表 28 ACK 响应代码

代码	分类	描述
0	Success	目的设备无错误接收并接受 DLPDU
61	Error	对于除 Alarm 优先级以外的 DLPDU,无可用的缓冲区;该 DLPDU 被丢弃
62	Error	对于 Alarm 优先级的 DLPDU,无可用的缓冲区;该 DLPDU 被丢弃
63	Error	接收的 DLPDU 的优先级低于 Priority_threshold(见 6.4.2);该 DLPDU 被丢弃

时间校准值是以一个 μs 为单位的、按如下方式计算的时间差值:接收完整的非 ACK DLPDU 的起始定界符的预计时间,与其实际接收时间之间的差值。时间校准值是 2 个八位位组长、2 的补码形式的整数。

6.2.2.3.3 ACK MIC 内容

ACK DLPDU 的 MIC 字段使用刚收到的 DLPDU 中的密钥进行计算。MIC 的生成见 6.2.4.2。

6.2.2.3.4 发送 ACK DLPDU

ACK DLPDU 在同时满足以下条件时被发送到链路上：

——发送 DLE 刚接收到除 ACK DLPDU 以外的任意一个 DLPDU；

——没有接收错误；

——刚接收的 DLPDU 中目的地址不是一个广播地址。

DLE 应检查接收的 DLPDU 的优先级以及本地存储缓冲区是否可用，并根据 6.2.3 的规定决定接受或丢弃该 DLPDU。

6.2.2.3.5 接收 ACK DLPDU

接收的 DLPDU 应按照 6.3.5.2.4 的规定进行处理。

6.2.2.4 保持活动 DLPDU(Keep-alive DLPDU)

6.2.2.4.1 Keep-alive DLPDU 用途

Keep-alive DLPDU 用于：

——网络时间同步。时间同步利用 ACK DLPDU 中返回的时间校准值进行更新；

——确认与一个邻居是否保持连接；

——允许该设备被其他设备检测到。

6.2.2.4.2 Keep-alive DLPDU 载荷内容

该字段应为空。

6.2.2.4.3 发送 Keep-alive DLPDU

该 DLPDU 的发送见 6.3.3.4。

6.2.2.4.4 接收 Keep-alive DLPDU

应按 6.3.3.4 的规定使用接收的 DLPDU 来更新邻居表。

6.2.2.5 通告 DLPDU(Advertise DLPDU)

6.2.2.5.1 Advertise DLPDU 用途

Advertise DLPDU 用于邀请新设备加入网络。

6.2.2.5.2 目的地址内容

目的地址应为广播地址。广播地址应为 5 个八位位组长且所有值均为 0。

6.2.2.5.3 Advertise DLPDU 载荷内容

该 DLL 载荷包含网络信息。表 29 给出 Advertise DLPDU 的 DLL 载荷结构。

表 29 **Advertise DLPDU** 载荷的内容

到载荷开始的偏移	八位位组长度	描述
0	5	绝对时隙数(Absolute slot number):从网络建立开始到传送该 DLPDU 所用时隙为止,之间的时隙数
5	1	加入控制(Join-control)
6	1	信道映射数组的大小(Size of channel map array),以 bit 为单位的。该信道映射数组的最大规模是 256 bits
7	可变长度	信道映射数组(Channel-map-array)。这是一个比特数组,以最低有效位(Octet 0 的 Bit0)起始,并按需加上后续的八位位组,直到涵盖所有用到的比特。每个比特对应一个信道。如果一个比特被设为 1,则表示对应的信道被使用
$n+1$	2	图 ID (Graph_ID)
$n+3$	1	超帧个数(Number of superframes)

"Join-control"字段按以下形式规定了信息安全等级和加入的优先级:

——Bit7~Bit4:网络支持的信息全等级;

——Bit3~Bit0:加入优先级,是一个无符号整数,指示通告设备支持其他子设备的能力。对于加入而言,该值越低越好(通告设备支持其他子设备的能力越强)。

每个超帧中都具有表 30、表 31 和表 32 的内容。

表 30 超帧的起始

到载荷开始的偏移	八位位组长度	描述
可变	1	超帧 ID(Superframe_ID)
可变	2	超帧大小(Superframe size),即超帧中的时隙数

表 31 **"Superframe size"**后面的字段

到载荷开始的偏移	八位位组长度	描述
可变	1	链路个数(Number of Links)

表 32 每个链路的重复内容

到载荷开始的偏移	八位位组长度	描述
可变	2	加入时隙(Join-slot),超帧中为该链路指定的时隙
可变	1	加入时隙信道偏移(Join-slot-channel-offset)

Join-slot-channel-offset 字段规定:

——Bit7:保留为将来使用,发送 DLE 应将其设为 0;

——Bit6:如果加入设备使用该链路传送 DLPDU,则其发送 DLE 应将该比特设为 1;

——Bit5～Bit0：信道偏移(Channel Offset)，该时隙的频率信道偏移。该值用来计算链路的频率/信道号。

信道映射数组的大小取决于物理层。IEEE 802.15.4-2006 的 2 450 MHz 物理层提供 16 个信道。信道映射数组为 2 个八位位组长。最低有效八位位组包含信道 11～18，最高有效八位位组包含信道 19～25，如表 33 所示。信道 26 未使用，因此 Bit15 总为 0。

表 33　信道和频率分配

索引	信道号
0	11
1	12
2	13
3	14
4	15
5	16
6	17
7	18
8	19
9	20
10	21
11	22
12	23
13	24
14	25
15	26

当设备发出一个包请求网络管理器允许其加入网络时，使用绝对时隙数和信道映射来确定当前的信道偏移。

6.2.2.5.4　Advertise MIC 内容

Advertise DLPDU 的 MIC 字段应使用公知密钥进行计算。MIC 的生成见 6.2.4.2。

6.2.2.5.5　发送 Advertise DLPDU

通告设备可在任何供其传输的链路上发送 Advertise 包。对于加入设备，当 DL 管理要求 DLE 加入一个网络时，DLE 侦听由其他 DLE 发出的 Advertise DLPDU。然后它利用接收的 DLPDU 中的信息来实现与网络同步，并通过发送 Join 请求 DLPDU 来启动加入过程。在被网络管理器认证并收到它的网络密钥之前，加入设备只限于使用这些链路。通过将通信限制在加入链路上，网络管理器可以隔离该设备，直到它完全加入网络。

所有其他 DLPDU 都有比 Advertise DLPDU 更高的优先级。

6.2.2.5.6　接收 Advertise DLPDU

还没有加入网络的 DLE 应接收所有 Advertise DLPDU，并应获取包含在 Advertise DLPDU 的

DLL 载荷中的网络参数。该 DLPDU 的接收应向 DLM 用户生成 DL-Advertis 指示原语。

6.2.2.6 断连接 DLPDU(Disconnect DLPDU)

6.2.2.6.1 Disconnect DLPDU 用途

Disconnect DLPDU 用于一个要离开网络的设备。它被发送给该设备知道的每一个邻居。

6.2.2.6.2 目的地址内容

目的地址应为邻居的地址。

6.2.2.6.3 Disconnect DLPDU 载荷内容

该字段应为空，意味着载荷不包含任何八位位组。

6.2.2.6.4 Disconnect MIC 内容

Disconnect DLPDU 的 MIC 字段应使用网络密钥进行计算。MIC 的生成见 6.2.4.2。

6.2.2.6.5 发送 Disconnect DLPDU

当 DL 管理要求 DLE 离开网络时，应尽早发送 Disconnect DLPDU。

6.2.2.6.6 接收 Disconnect DLPDU

接收 DLE 应将发送 DLE 从其邻居表中删除，并删除所有与发送 DLE 相连的链路。该 DLPDU 的接收应向 DLM 用户生成 DL-Disconnect 指示原语。

6.2.3 DLPDU 优先级和流控制

DLPDU 优先级被用于流控制以减轻网络堵塞，并且在过程故障或不利的 RF 事件发生时保证网络管理器对网络的控制。例如，网络管理器通过提高 Priority_threshold(见 6.4.2)的值以减少通过该设备的包的流量。

要求 DLE 至少保留一个存储缓冲区来接收"Alarm"优先级的 DLPDU，以及至少保留一个存储缓冲区来接收"Command"优先级的 DLPDU，并且这些保留的缓冲区不能用于存储接收的其他任何优先级的 DLPDU。接收 DLE 应检查接收的 DLPDU 优先级、当前 Priority_threshold，以及可用的本地存储缓冲区，以决定该 DLPDU 被接受或丢弃，如下所述：

a) 如果刚接收的 DLPDU 的最终目的不是 DLE 自身，且接收的 DLPDU 的优先级低于 Priority_threshold，则 DLE 应丢弃接收的 DLPDU 并将 ACK DLPDU 中的响应代码设为 63。

注 1：为管理网络上 DLPDU 流量，网络管理器可提高或降低 DLE 允许接受的 DLPDU 优先级。

b) 否则，如果优先级为"Alarm"，则

   1) 如果用于存储该优先级的惟一的缓冲区不可用，则 DLE 应丢弃接收的 DLPDU，并将 ACK DLPDU 中的响应代码设为 62；

注 2：仅为"Alarm"优先级保留惟一一个缓冲区是为了减少报警的泛滥。因为报警带有时间戳且包含有报警信息的 PDU 在超时后会重新发送，所以报警不会丢失。

   2) 否则，DLE 应接受接收的 DLPDU 并将 ACK DLPDU 中的响应代码应设为 0(Success)。

c) 否则，如果优先级不是"Alarm"，则

   1) 如果与接收的 DLPDU 优先级相对应的缓冲区不可用，则 DLE 应丢弃接收的 DLPDU，并将 ACK DLPDU 中的响应代码设为 61；

   2) 否则，DLE 应接受接收的 DLPDU 并将 ACK DLPDU 中的响应代码应设为 0(Success)；

3) 如果接收的 DLPDU 是 Keep-alive DLPDU、Advertise DLPDU 或 Disconnect DLPDU，则 DLE 应总是接受并将 ACK DLPDU 中的响应代码应设为 0(Success)。

注 3：如果存储缓冲区可用，DLE 总是接受"Command"优先级的 DLPDU，因为其优先级最高。DLE 应分配足够的缓冲区，以便能接受几乎所有接收的"Command"优先级的 DLPDU。

总之，网络管理 DLPDU 总是通过网络传送，以允许网络管理器保持网络运行。通过限制网络的报警流量，以避免报警泛滥而干扰网络运行。因为报警都带有时间戳，所有报警信息不会被丢失。

只要缓冲空间和网络能力允许，所有其他网络通信都可通过网络。在这些网络通信里，过程数据具有最高的优先级。对过程的操作和控制具有较低优先级以避免干扰网络通信。

6.2.4 错误检测和信息安全

6.2.4.1 概述

本部分规定在每个 DLPDU 末尾包含一个帧校验序列来实现错误检测。该校验(CRC)用于检测通信错误。CRC 通过使用 16 位 ITU-T 算法对整个 DLPDU 计算得出。

出于信息安全考虑，每个 DLPDU 都包含一个 MIC。

6.2.4.2 MIC 计算

6.2.4.2.1 概述

MIC 用于保证 DLPDU 源自一个被允许的、被网络认证的设备。DLPDU 本身不是加密的，其内容使用 4 个八位位组的 MIC 来进行网络认证。通过将 CCM* 模式[Combined counter with CBC-MAC (corrected)]同 AES-128 块密码(block cipher)结合使用来生成和证实 MIC，以提供 NIST Pub 800-38C 中规定的认证。该密码(cipher)需要 4 个八位位组串作为参数：

——'a'，要被认证但不被加密的附加数据；

——'m'，要被加密的报文；

——'N'，13 个八位位组的随机数(nonce)；

——'K'，128 个比特的 AES 密钥。

DLPDU 中从"0x41"的八位位组开始到载荷最后的部分，对应于八位位组串'a'。因为 DLPDU 不是加密的，所以八位位组串'm'为空。

6.2.4.2.2 DLL nonce

'N'应正好是 13 个八位位组的长度，其内容为 DLPDU 中 ASN 和源地址的串接。

ASN 总是包含当前时隙的编号。ASN 是 5 个八位位组的长度，并被复制到 N[0]～N[4]。N[0] 是 ASN 的最高有效八位位组。

如果 DLPDU 使用 EUI-64 地址，则该地址被(从 MSB 到 LSB)复制到 N[5]～N[12]。换言之，OUI 被复制到 N[5]～N[7]，扩展设备类型码和设备 ID 被(从 MSB 至 LSB)分别复制到 N[8]～N[9] 和 N[10]～N[12]。

如果 DLPDU 使用 2 个八位位组长度的昵称，则该昵称被(从 MSB 到 LSB)复制到 N[11]～N[12]。N[5]～N[10]被设为 0x00。

6.2.4.2.3 DLL 密钥

该密钥应是 CCM 模式要求的 128 个比特(16 个八位位组)长度。它首先被复制到八位位组串'K'的最高有效八位位组。K[0]和 K[15]分别是密钥的最高有效八位位组和最低有效八位位组。

有两个 DLL 密钥：

——用于 Advertise DLPDU 的公知密钥；

——用于其他 DLPDU 的网络密钥。

公知密钥对于所有设备是相同的，其十六进制表示的值为：7777 772E 6861 7274 636F 6D6D 2E6F 7267。加入设备和网络内设备之间传递 DLPDU 时使用该公知密钥。

注：该公知密钥的值是随机选择的。

网络密钥是在一个设备加入网络时，由网络管理器提供给设备的。设备不能改变该密钥的值。

注：网络管理器可以在任何时候改变网络密钥。

6.2.4.3 错误检测

当 DLE 接收到一个 DLPDU 时，它检查接收的 DLPDU 中的 CRC。如果 DLPDU 中的 CRC 与期望值不一致，则 DLE 应丢弃接收的 DLPDU，且不发送 ACK DLPDU 作为响应。

如果接收的 DLPDU 中的 CRC 是正确的，则 DLE 应计算期望的 MIC。DLE 应将其与接收的 DLPDU 中的 MIC 进行比较。如果二者不相等，则 DLE 应丢弃接收的 DLPDU，且不发送 ACK DLPDU 作为响应。

6.3 媒体访问控制

6.3.1 功能

媒体访问控制(MAC)子层支持 DLE 之间的基本通信。这种通信的定时由全网的时隙同步来控制。为了实现上述功能，DLE 包括以下部分：

——用于配置设备及其邻居之间通信的邻居表、超帧、链路以及图(见 6.3.3)。网络管理器负责生成这些表。除此之外，当 DLE 发现新的邻居设备加入网络、或在网邻居设备离开网络时，DLE 需更新邻居表。

——链路调度器(见 6.3.4)：用于评估设备的各项表，及选择下一个时隙用于侦听 DLPDU 或发送 DLPDU。一般情况下，链路调度器遍历设备表，来找到下一个用于发送 DLPDU 的时隙和下一个用于侦听 DLPDU 的时隙。下一个需要调度的时隙，便是最早发生的这两种时隙之一。

——控制 DLPDU 在 MAC 子层传输的状态机。MAC 操作(见 6.3.5)由调度维护和服务时隙构成。MAC 操作是事件驱动的，需对服务原语的调用和所需服务时隙的开始作出响应。

MAC 子层负责发送在设备缓冲区中排队的 DLPDU，并接收邻居 DLE 发来的 DLPDU。上述两个动作在一个时隙内同时发生。通信成功与否取决于邻居间时隙时间的同步以及在时隙内事务的定时是否符合标准。

6.3.2 时隙定时

6.3.2.1 概述

图 19 示出了一个时隙并给出单个事务的定时概要。其中，图 a)为源邻居的运行；图 b)为目的邻居的运行。时隙时间的具体参数见表 34。表 34 同时给出本部分和 IEEE 802.15.4-2006 所支持的 2 450 MHz 物理层所需的参数值。所有事务都须符合这些时间参数。

由于存在时钟漂移，源和目的之间的时隙开始时间可能存在偏差。以图 19 为例，目的设备的时隙开始时间相对较晚。

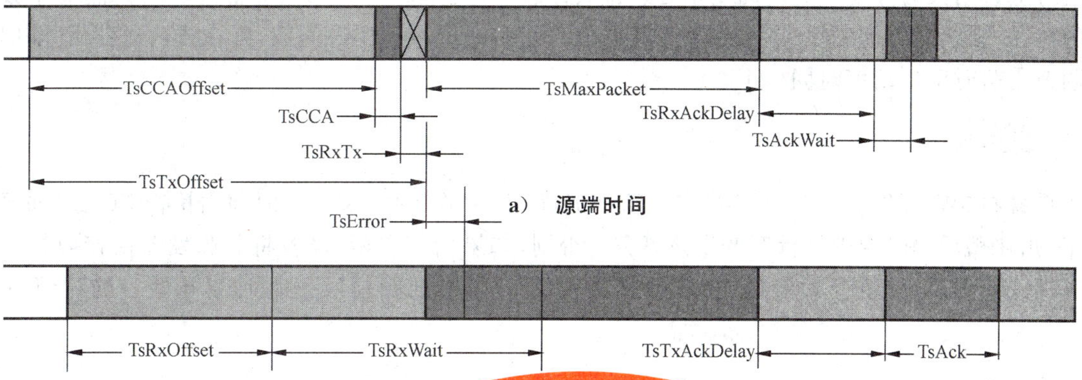

b） 目的端时间

图 19 具体时隙定时概要

表 34 时隙定时的定义和取值

符号	定义	取值
TsTxOffset	从时隙开始到前导码传输开始之间的时间	2 120 μs ±100 μs
TsRxOffset	从时隙开始到收发器侦听开始之间的时间	1 120 μs ±100 μs
TsRxWait	等待报文开始的最小时间；与邻居间保持通信所容忍的漂移值相关	2 200 μs ±100 μs
TsMaxPacket	发送可能的最大报文（包括 PhL 前导码、定界符、长度和 DLPDU）时所需的时间	4 256 μs
TsTxAckDelay	从报文结束到 ACK 开始之间的时间；如需要，在此时间段内，目的设备验证 STX 并生成 ACK	1 000 μs ±100 μs
TsRxAckDelay	从 PhPDU 传输结束到收发器侦听 ACK 开始之间的时间	800 μs ±100 μs
TsAckWait	等待 ACK 开始的最小时间	400 μs ±100 μs
TsAck	发送 ACK 的时间（26 个八位位组）	832 μs
TsCCAOffset	从时隙开始到 CCA 开始之间的时间	1 800 μs ±100 μs
TsCCA	执行 CCA 的时间（8 个符号（symbol））	128 μs
TsRxTx	从接收状态切换到发送状态，或从发送状态切换到接收状态所需的最长时间（12 个符号）	192 μs
TsError	报文实际开始时间和接收设备的理想预期开始时间之间的测量偏差。即接收设备预计发送设备丢失同步的最大偏差值	注：TsError 是测量得到的，因此没有取值要求

如果设备有包要发送且已为其调度好发送时隙，则在该时隙开始后，先预留一段时间以准备 PhPDU。源设备然后进行空闲信道评估（CCA）并发送包。如果接收的 DLPDU 要求返回确认，则目的设备的 DLE 发送载有 ACK DLPDU 的 PhPDU。

如果设备在一个时隙内被调度为接收，则该设备应进入接收模式。设备在时隙开始的 TsRxOffset 时间延时后，开始侦听媒体。TsRxWait 定义的时间窗允许设备在出现时间漂移的情况下，仍可进行通信，并可重新同步其时隙计时器。

如果目的设备检测到了 PhPDU 后，它应捕获物理层定界符开始的接收结束时间，并计算物理层定界符的期望开始时间和实际开始时间的差值 TsError。

在时隙快结束时分配一定时间用于处理接收的包,并为下一个时隙做准备(例如,访问每个设备中排队的包,并为之分配优先级)。如果某个邻居设备是另一个设备的时间源,则在成功通信后,非时间源设备调整当前时隙的结束时间。

6.3.2.2 发送包

源设备在时隙开始后应等待 TsCCAOffset 时间,并在随后的 TsCCA 时间内执行 CCA。如果信道被占用,则在稍后的时隙尝试重新调度该事务。否则,如果信道空闲,设备将其收发器由接收模式切换到发送模式。然后,设备开始发送包,使得报文开始(SOM)准确地发生在时隙开始后的 TsTxOffset 时刻。

6.3.2.3 接收包

目的设备应在时隙开始后进入接收模式,并在时隙开始的 TsRxOffset 时间延时后开始侦听媒体。目的设备持续检测 SOM。如果从时隙开始到(TsRxOffset+TsRxWait)之间的时间内未检测到 SOM,则应停止侦听。否则,如果检测到 SOM,则应接收并验证已接收的包。

6.3.2.4 确认事务

绝大部分通信过程包括源设备通过发送包来传递报文,目的设备确认接收的包。对于需要确认的通信,DLPDU 中的源地址和目的地址应为单个设备的地址。

如果接收的包有效,则目的设备应检查 DLPDU 中的目的地址。如果目的地址不是广播地址,且不存在接收错误,则目的设备应从接收模式切换到发送模式,并发送载有 ACK DLPDU 的 PhPDU,使得该 PhPDU 的 SOM 准确地发生在源设备发送结束后的 TsTxAckDelay 时刻。

同时,源设备应由发送模式切换到接收模式。源设备在其发送结束后的 TsTxAckDelay 时刻,应侦听媒体,并在随后的 TsAckWait 时间内检测 SOM。

6.3.2.5 广播事务

本部分支持广播传输。广播传输中的 DLPDU 的源地址为单个设备的地址,而目的地址为广播地址。广播报文不需要接收设备返回确认。广播地址为 5 个八位位组长,且其值应全部为 0。

如果接收的包有效,则目的设备解析 DLPDU 的目的地址。如果目的地址为广播地址,则接收设备不需返回任何响应。

6.3.3 通信表和缓存

6.3.3.1 概述

所有设备都应维护一系列用于控制设备之间通信及收集通信统计信息的表。另外如需要,设备应缓存接收的包,并对其进行处理和转发。

控制通信活动的表格包括:

——超帧表(Superframe table):用于存储超帧属性;

——链路表(Link table):用于存储链路属性;

——邻居表(Neighbor table):用于存储可与设备直接通信的所有设备的列表;

——图表(Graph table):用于存储合法的下一跳目的,以实现将包发送给最终目的。

NLE 和 DLE 可共享上述表中的某些信息。表与表之间的关系见图 20。在设备中邻居表处于中心位置,记录所有被该设备识别到的设备。

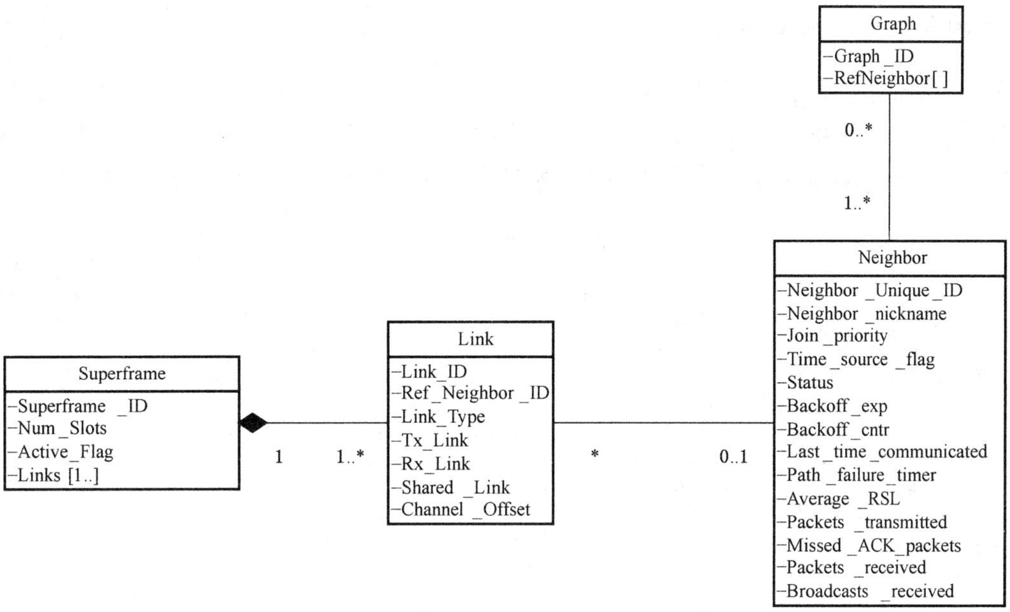

图 20 DLE 表及其相互关系

每个超帧包括 1 条或多条链路。每条链路与 0 个(广播链路)或 1 个邻居(特定网络设备)相关联。每个邻居可与多条链路相关联。邻居也可与 0 个或者多个图相关联。图可与 1 个或者多个邻居相关联。

除上述表外,还需要缓冲区来存储包。表 35 给出各表中登录项的最小个数以及每个网络设备应支持的缓存空间。

表 35 DLE 各表登录项的最小个数及缓存空间要求

表名	最少数需求
超帧(Superframe)	16
链路(Link)	64
邻居(Neighbor)	32
图(Graph)	32
图-邻居关联总数(Total Number of Graph-Neighbor Connections)	128
包缓存(Packet buffers)	16

注:本部分定义的这些表的部分属性可通过计算或由其他信息衍生得出,因此不必对其单独存储。尽管数据和配置存储的具体实现由设备设计者决定,但数据结构中包含字段的一般描述对于总体操作仍然很重要。

每个超帧包含一条或多条链路。链路定义了转发和接收包的时隙和相关信息。

每条链路定义一次通信机会。一条链路仅属于一个超帧。链路中定义的邻居是使用该链路进行任何通信的合作者。链路既可以指向某个邻居,也可以是广播链路。对于一条链路,包或者发送给邻居,或者从邻居接收。广播链路总是用于传送从该设备发出的包。

一个图可指定多个邻居,其中任何一个邻居都可作为按照 Graph_ID 指定的路由传输的包的下一跳。当使用图路由发送包时,设备可将包发送给与包中 Graph_ID 相关联的任何一个邻居。详见 6.3.3.5。

6.3.3.2 超帧表(Superframe table)

超帧属性见表36。超帧由固定个数的时隙组成,且在初始化时不包含任何链路,处于非活动状态。超帧由网络管理器创建并维护。一旦超帧被创建后,网络管理器可对其中的链路进行增加、删除和修改,以便确定设备间通信的机会。一旦超帧被配置链路后,由链路调度器确定其中的发送和接收时隙。

表 36 超帧属性

属性名	取值范围	定义
Superframe_ID	0～255	超帧的惟一标识符,由网络管理器提供
Num_Slots	0～655 35	超帧中的时隙数,也即超帧大小
Active_Flag	TRUE,FALSE	指示超帧当前活动状态的标志
Links [1..]	Link_ID	超帧中的链路列表

6.3.3.3 链路表(Link table)

6.3.3.3.1 概述

链路属性见表37。链路包含可与设备通信的邻居的索引。该索引可以指向单个邻居;对于广播链路,也可以指向一组未具体指定的邻居。链路属性定义了超帧中的时隙号、通信方向、链路特性(共享或专用),以及初始通信信道。链路通过 Superframe_ID、时隙号和邻居地址这些关键参数的组合来惟一标识。

表 37 链路属性

属性名	取值范围	定义
Link_ID	见注	链路标识符
Ref_Neighbor_ID	见注	邻居表项的索引
Link_type	normal,broadcast,join,discovery	指示链路类型
Tx_Link	TRUE,FALSE	如为 true,指示链路将用于发送
Rx_Link	TRUE,FALSE	如为 true,指示链路将用于接收
Shared_Link	TRUE,FALSE	如为 true,指示链路被多个设备共享
Slot	0～65 535	超帧中分配给该链路的时隙号
Channel_Offset	11～25	初始跳频信道偏移量(见表33)
注:本部分不定义该属性的取值范围,取决于具体实现。		

注:如果存在任何未完成的加入请求,则网络管理器不删除或挂起JOIN类型的任何一条链路。

链路由网络管理器分配给超帧。当网络管理器将一条链路指定为共享的、基于竞争的,则多个发送者可共同访问该链路。对于这些链路,由于采用随机退避算法(见6.3.4.4),报文不需要确认。

6.3.3.3.2 链路信道计算

链路还规定了 Channel_Offset，这样就隐式地规定了信道跳频的顺序。通过求余操作来获得信道表索引，以获取在活动时隙中用于通信的实际信道。信道表的内容和长度取决于所使用的物理层。对于常用的 IEEE 802.15.4-2006(2 450 MHz)定义的物理层，可用信道个数为 16。

注：本部分使用 16 个可用信道中的前 15 个信道。

DLE 应具有一个 64 比特的 ChannelMap 变量，用于跟踪设备的活动信道。Bit0～Bit63 中值为 TRUE 的比特所对应的信道为活动信道。初始时的 ChannelMap 全为 TRUE，即所有信道的缺省状态都为活动状态。只有与物理层可用信道相对应的比特在计算中才是有效的并被使用。

DLE 应具有一个 ActiveChannelArray 变量，用于存储 ChannelMap 中有序的活动比特号。最低有效活动信道对应的比特号应存储在数组中索引为 0 的条目。比特号对应于正在使用的物理层的物理信道表中的索引。

DLE 将 Channel_Offset 和绝对时隙号的和，除以活动信道个数，得到的余数即为变量 ActiveChannel 的值。

ActiveChannel=(Channel_Offset+绝对时隙号)% 活动信道个数。

应利用 ActiveChannel 的值作为索引来搜索 ActiveChannelArray，该索引指向的值作为该绝对时隙号中链路使用的信道。

Channel=ActiveChannelArray[ActiveChannel]。

6.3.3.4 邻居表(Neighbor table)

设备应维护一个它所知道的邻居的列表。这些邻居包括与该设备共享链路的伙伴设备，或通信已被串听到的邻居。

如图 20 所示，邻居表是实现设备通信的关键：

——每条链路指向一个邻居，或为广播链路；

——图可指向多个邻居。当使用图进行路由时，图中的所有邻居均可作为正在传输包的合法接收者。

如表 38 所示，邻居表包含属于邻居的各种属性和统计信息，具体包括：

——基本的邻居标识信息；

——性能和历史统计信息；

——共享时隙属性。

基本的标识信息包括邻居的惟一 ID、2 个八位位组长的昵称地址，以及设备是否为时间源。为了支持共享时隙中的基于竞争的访问，邻居表中也包括用于支持退避算法的必要参数(详见 6.3.4.4)。

表 38 邻居属性和变量

属性名	取值范围	定义
Neighbor_Unique_ID	见 6.2.1.2.4	该邻居设备的惟一 ID，即长地址
Neighbor_nickname	见 6.2.1.2.4	3.3.67 中定义的该邻居的短地址
Join_priority	0～15	该邻居通告中的加入优先级(Join_priority)
Time_source_flag	TRUE，FALSE	指示设备是否需要与该邻居进行时间同步
Status	Bit Field	表 F.34 中定义的与该邻居相关的状态信息，如路径失效等

表 38（续）

属性名	取值范围	定义
Backoff_exp	0～7	共享链路采用的冲突避免算法中的退避指数[b]
Backoff_cntr	0～127	共享链路采用的冲突避免算法中的退避计数[b]
Last_time_communicated	0～$2^{32}-1$，以 ms 为单位	与该邻居上次通信的时间
Path_failure_timer	0～$2^{32}-1$	用于该邻居路径失效检测的周期定时器，以 ms 为单位
Average_RSL	－128～127	接收来自该邻居的包的平均接收信号强度，以 dBm 表示
Packets_transmitted	0～65 535[a]	传输给该邻居的非广播包的个数
Missed_ACK_packets	0～65 535[a]	未接收到来自该邻居的预期 ACK 包的个数
Packets_received	0～65 535[a]	接收来自该邻居的有效非广播包的个数
Broadcasts_received	0～65 535[a]	接收来自该邻居的有效广播包的个数

[a] 包计数器的值达到 65 535 后从 0 开始。

[b] 算法见 6.3.4.4。

设备与之邻居通信的能力是构成和维护网状网络的关键指标。需为每个邻居维护统计信息，具体包括 Average_RSL、收发的包的统计值，以及与该邻居上次通信的时间戳。对于具有链路关系的邻居，Average_RSL 使用以下公式作为过滤器进行计算：

Average_RSL＝Average_RSL－(Average_RSL/RSL_damp)＋(MeasuredRSL/RSL_damp)

其中，MeasuredRSL 表示当前包的 RSL，RSL_damp 表示阻尼系数。

RSL_damp 为 2 的指数倍，其最小值为 2，最大值为 128，缺省值为 64。如果设备未接收到来自某个邻居的任何 DLPDU，则上述滤波器不适用于该邻居。相反，应使用在发现过程中接收的来自该邻居的 DLPDU 中的最大 RSL 值。

如果到某个邻居的链路存在，则 Last_time_communicated 用于触发 Keep-alive DLPDU 的发送。当 Last_time_communicated 加上 Keep_alive_time 的时间大于当前时间时，设备应向该邻居发送 Keep-alive DLPDU。设备应重复发送 Keep-alive DLPDU，直到从该邻居接收到新的 DLPDU 为止。

设备为每个邻居维护 Path_failure_timer 定时器。当接收到邻居的 DLPDU 时，该定时器应初始化为 Path_fail_time(见表 46)。当该定时器计时为 0 时，应调用 DLM-event 以指示 PATH_FAILURE 事件。此时，该定时器重新初始化为 Path_fail_time，且重新启动。设备应持续尝试使用失效的路径，直到邻居或链路从表中删除。

每个接收的包用于更新相应的邻居属性，或创建一个新的邻居表。如果设备与一个邻居共享链路，则将该邻居存入表中。与设备没有链路的邻居应被删除。当邻居表已满且发现一个新邻居时，应删除具有最大 Last_time_communicated 值的邻居，且将新邻居添加到表中。

6.3.3.5 图表(Graph table)

图提供路由信息，用于引导包发送给最终目的。图是连接网络中两个设备的有向路径的一个列表。WirelessHART 同时支持上行图(指向网关)和下行图。网络管理器负责正确配置每个图。表 39 给出了图的属性。图包括标识符、邻居和目的的长地址和短地址列表。当 Graph_ID 小于 0x0100 时，表示一个 Superframe_ID；当 Graph_ID 等于 0xFFFF 时，表示图无效。

表 39 图属性

属性名	取值范围	定义
Graph_ID	256～65 534	3.3.44 中定义的图的惟一标识符
RefNeighbor [ ]	Neighbor_Unique_ID 或 Neighbor_nickname	指向目的的下一跳邻居的索引的列表

在包的最初源设备上，由协议的上层确定包的最终目的以及用于包路由的图。

注：设备利用路由信息来选择 Graph_ID。

包在向其最终目的传输时，RefNeighbor 标识可允许作为下一跳数据链路目的的设备。由于一个图可规定多个下一跳，因此，图路由具备冗余和可靠性。单个邻居索引也被称为“连接(connection)”。

所有设备将数据发送到特定最终目的时都需要目的地址。然而，由于中间设备可仅需根据自身的路由来转发包，而不需要将包发送到相同的最终目的，因此对于中间设备而言，目的地址是可选的。

6.3.3.6 包缓冲区列表(Packet buffer list)

6.3.3.6.1 概述

所有设备应维护一个包缓冲区的列表。这些缓冲区用于接收、处理和发送包。与包相关的记录如表 40 所示。Packet_ID 用于索引包，并且当通过 DL-TRANSMIT 请求服务原语添加包时，创建 Packet_ID。

表 40 包记录(Packet record)

记录成员	定义
Packet_ID	包惟一标识符
Payload	DLL 载荷，即 NPDU
Priority	包的传输优先级
Destination	图、源、代理路由信息，或广播目的
Packet_time_stamp	包添加到传输列表的 ASN 时间

当包添加到传输列表时，应设置 Packet_time_stamp 参数。当两个包具有相同优先级且可在相同绝对时隙传输时，使用该时间戳来选择要传输的包。在这种情况下，较早时间的包应被优先发送。

记录中包含包的优先级及包的目的。

6.3.3.6.2 优先级(Priority)

由于设备应能存储多个包，挂起包的发送，因此在同一时隙可能有多个包等待发送。在这种情况下，应根据优先级和包等待时间来决定在该时隙应发送哪个包。在一个时隙内，如果有多个包要发送，则应先发送优先级最高的包(见 6.2.3)。当具有多个最高优先级的包时,则应先发送等待时间最长的包。

6.3.3.6.3 目的(Destination)

DLPDU 的目的可以为以下类型中的一种:

——图路由:网络层规定 Graph_ID 作为目的。DLE 可将包发送给任何一个与之相关联的设备;

——源路由:网络层规定一个具体的设备地址作为目的。DLE 在链路上将包发送给该设备。如果不存在到该邻居设备的链路,则设备向网络管理器报告源路由错误;

——广播:目的地址是广播地址。DLE 应从指定的超帧中选择一条广播链路来发送;

——代理路由:网络层规定目的地址是一个正在加入设备的地址。DLE 利用加入链路来发送;

目的类型决定可使用的 Link_type,并最终决定用于传输 DLPDU 的时隙。

6.3.4 链路调度

6.3.4.1 概述

所有设备都应维护用于标识下一个要用时隙的链路调度。所有的通信被调度在超帧的特定时隙中发生。一个时隙内的服务包括侦听一个新包或发送一个包。当一个时隙既有一个待发送的包,也有一条接收链路时,发送包应优先于侦听新包。

准备链路调度包括以下内容:

——评估待发送的包,并决定可用于发送包的第一个 ASN;

——决定可用于接收一个新包的第一个 ASN。

DLE 的外部和内部事件均可影响链路调度。因此,当这些事件发生时,DLE 必须重新评估调度。例如,高优先级传输事务失败是内部事件,网络管理器禁用一个超帧是外部事件。

6.3.4.2 执行发送链路

图 21 总结了计算下一个发送时隙的影响因素之间的相互关系。根据图、目的地址以及设备是否作为其他设备加入网络的代理,为从 NLE 接收的包来调度一个时隙。每个包拥有一个目的和一个优先级。如 6.3.3.6.3 所述,存在多种类型的目的,且每种类型的目的都可能影响时隙的选择。应为每种类型的目的确定一个发送链路集:

——对于图路由目的地址,该链路集应为图中所有邻居的全部发送链路;

——对于广播目的地址,该链路集应为指定超帧的全部广播链路;

——对于单个邻居的目的地址,该链路集应为到达该邻居的全部发送链路;

——对于代理(proxy)目的地址,该链路集应为 Join 类型的全部发送链路。

一旦适合发送包的链路集被确定,则应确定即将到来的时隙集。根据即将到来的时隙与有待发送的(挂起的)包的链路的交集,来调度传输该包的下一个时隙。

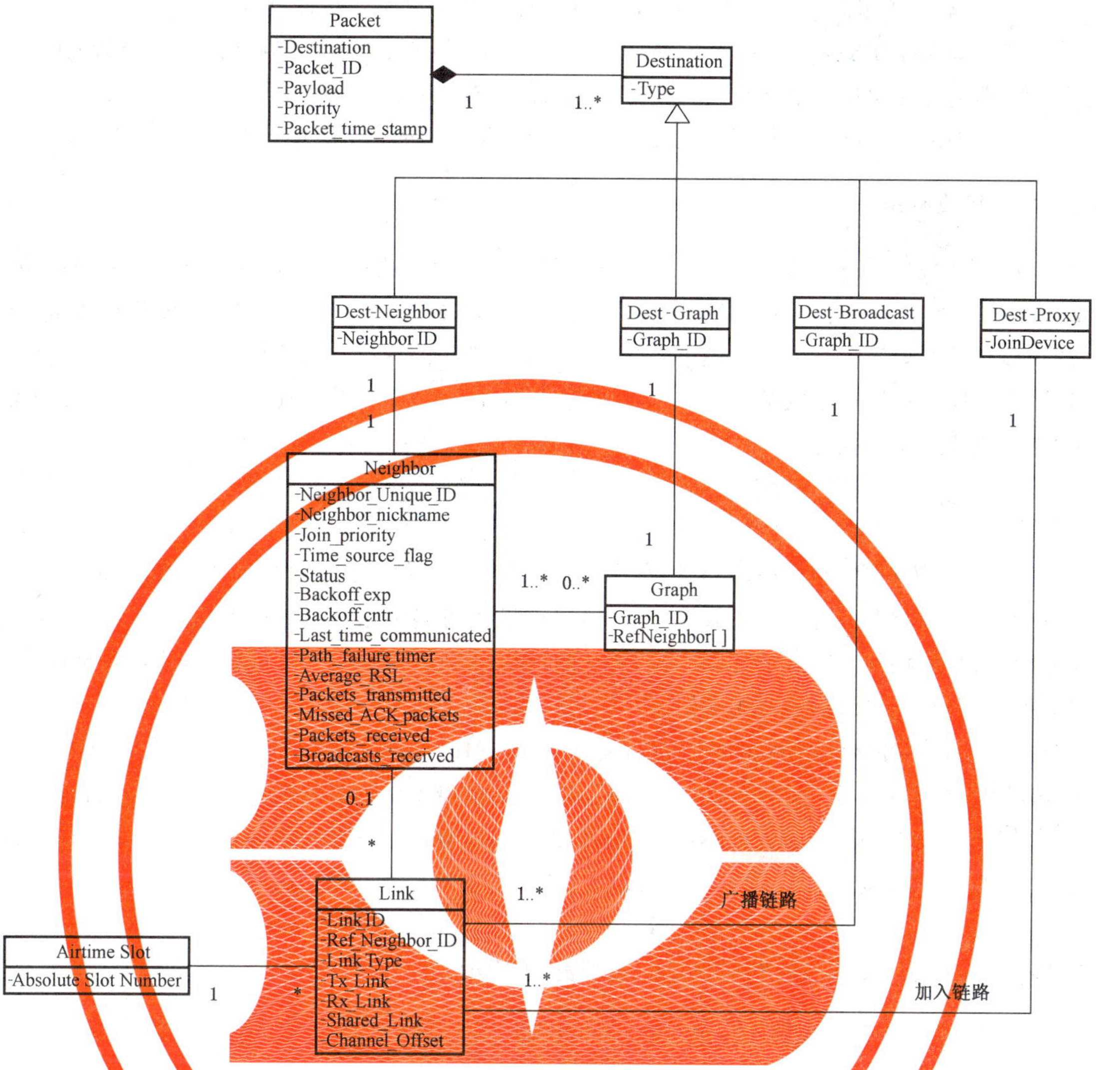

图 21　链路调度关系

图 21 给出 DLL 用来确定发送链路的静态规则。引入一个新对象"播出时隙(Airtime Slot)",来为以下情况建模:一个完全定义好的链路将与一个播出时隙相关联。

包中包含一个目的。目的可由目的类型(特定邻居、图、广播和代理)进一步确定。如果使用了代理地址,则链路为应加入链路。如果地址为广播地址,则应使用广播链路。如果地址为某特定邻居,则应使用与该邻居相关联的特定链路。如果地址为图,则可使用图中指定的任意邻居。

ASN 用于跟踪每个时隙的发生。应通过以下公式来确定超帧内即将发生的链路的顺序:

超帧时隙＝ASN％(超帧的 Num_Slots)。

注:链路可被共享(见 6.3.4.4),用于向尝试加入网络的设备通告(见 6.3.4.5)设备的存在,或用于发现邻居(见 6.3.4.6)。

应启用退避(back-off)算法来确定在共享时隙内何时允许发送。网络管理器规定周期性发送通告(Advertise)包(见 6.3.4.5)。

忽略不能用于包传输的链路。从剩下的链路集中可确定第一个可能的链路及其相关联的时隙。当时隙中有多个包可被传输时,应根据以下原则确定传输顺序:

——搜索具有最高优先级的包;

——如果仅有一个最高优先级的包,则选择该包进行发送;

——否则,如果存在多个具有最高优先级的包,则选择那些最长时间未通信的邻居对应的包;

——如果仅有一个最长时间未通信的邻居，则选择该邻居对应的包进行发送；

——否则，如果存在多个最长时间未通信的邻居，且如果与其中一个邻居的 Keep_alive_time 时间到，则准备要向那些最长时间未通信的邻居发送的 Keep-alive DLPDU；

——否则，如果 Advertise 时间到，则准备要发送的 Advertise DLPDU。

6.3.4.3 执行接收链路

对于每一个活动的超帧，应调度其所有的接收链路。接收链路集的计算方法与发送链路集相同(见 6.3.4.2)。如果不需要传输包，则所有的接收链路都应得到执行。一旦有序的链路列表被创建，选择最早开始的时隙，且选择该时隙内拥有最小超帧标识符数的链路来执行。如果不存在其他需要执行的接收链路，则设备应执行发现接收链路。在任何情况下，如果在当前时隙或前一个时隙不存在要被发送的挂起包，则该接收链路将执行。

6.3.4.4 共享时隙

共享时隙被分配给多个源设备。利用共享时隙和信道，一个或多个这样的设备可尝试传输包。因此，在共享时隙内可能发生冲突。如果发生冲突，目的设备可能无法成功接收来自任何源设备的包，因此也无法对任何源返回确认。为了降低重复冲突的概率，当原设备在共享时隙内的传输未被确认(源设备没接收到 ACK)时，源设备应采用随机延迟。

设备应为其每个邻居维护两个变量：退避指数(Backoff_exp)和退避计数(Backoff_cntr)。这两个变量都应被初始化为 0。当共享时隙中的事务失败后，应根据 Backoff_exp 计算随机退避期。对于源设备在共享时隙中的每次失败传输，Backoff_exp 应加 1，并计算得到一个有序数集。Backoff_exp 的值不应超出 Max_backoff_exp。数集为{0,1,…,L}，其中 L 为：

$$L=(2^{\text{Backoff\_exp}})-1。$$

当 Backoff_exp 为 1～7 时，对应的退避集如表 41 所示。

表 41 Backoff_cntr 可选集的示例

Backoff_exp	Backoff_cntr 可能的取值集合
1	{0,1}
2	{0,1,2,3}
3	{0,1,2,3,4,5,6,7}
4	{0,1,2,3,4,5,6,7,8,9,10,11,12,13,14,15}
5	{0,1,2,3,4,5,…,28,29,30,31}
6	{0,1,2,3,4,5,…,60,61,62,63}
7	{0,1,2,3,4,5,…,124,125,126,127}

应为 Backoff_cntr 从 Backoff_exp 计算得出的数集中随机选择一个值。对于指向该邻居的每个后续的共享链路，Backoff_cntr 应减 1。当 Backoff_cntr 递减为 0 时，惟一的源设备应在该共享时隙尝试发送包。

由于干扰可能导致丢包，因此，需要为每个邻居分别维护退避指数和退避计数。当设备在指定链路上与其邻居通信失败后，设备应认为是由于信道质量降低而不是共享时隙中冲突导致了失败。此时，

Backoff_exp 和 Backoff_cntr 应被复位为 0。

共享时隙内不应发送广播报文。

6.3.4.5 通告

已经成为网络一部分的节点，可由网络管理器配置其向网络进行通告以便新设备加入网络。Advertise_time 属性(见 6.4.2)用来设置生成通告包(Advertise Packet)的间隔时间。当 Advertise_time 到时，应利用第一个可用的非共享发送链路来发送通告包。当 Advertise_time 设为 0 时，在每个可用的非共享时隙，均应生成一个通告包。

通告包可利用未被使用的非共享发送链路进行发送。所有其他类型的包的优先级都高于通告包。

6.3.4.6 邻居发现

设备持续侦听已有邻居和新邻居的通信。持续侦听邻居和发现新邻居，对于网状网络的维护和通信可靠性的提高至关重要。

一旦接收到来自新邻居的任何 DLPDU，设备应用该邻居地址和该 DLPDU 的 RSL 值来调用 DLM-Event 指示。NLE 周期性地将新邻居报告给网络管理器。设备可能接收到来自待加入网络的新设备发来的 DLPDU。设备应将发现的新设备添加到邻居表中，然后复制加入链路，并将加入设备插入为链路邻居。这些邻居不是永不改变的，可根据 Last_time_communicated 将其删除，以为新邻居腾出空间(见 6.3.3.4)。当删除邻居时，应删除设备与加入设备间自动生成的加入链路。

为了支持新邻居的发现，设备尽可能侦听发现链路。网络中的所有设备共享发现链路。除侦听外，设备应在发送发现链路上随机发送 Keep-alive DLPDU，这样使得正在侦听发现链路的其他设备有机会发现该设备。

设备利用发现链路进行发送的最小速率受 Discovery_time(见 6.4.2)的限制。设备在调度发现发送时，在 0～Discovery_time 之间选择一个随机时间间隔用于初始化发现定时器。发现定时器到时后，设备将 TimeToDiscover 标志置为 TRUE，并调度下一个随机时间用于发现传输。如果 Discovery_time 值为－1(即 0xFFFFFFFF)，则 DLE 不应为发现链路服务。

如果 TimeToDiscover 标志置位，则链路调度可利用第一个可用的发现传输链路来发送 Keep-alive 包。Keep alive 包的地址应指向 Last_time_communicated 值最大的已链接的邻居。

6.3.5 MAC 运行机制

6.3.5.1 概述

如图 22 所示，本部分将 MAC 子层分解为 3 个主要部分，具体包括：

——定义 MAC 子层总体运行机制：TDMA 状态机；

——发送 DLPDU 的发送器：XMIT 状态机；

——侦听链路和接收 DLPDU 的接收器：RECV 状态机。

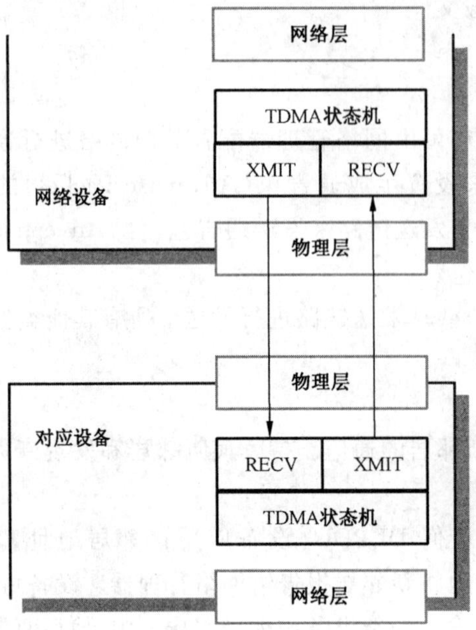

图 22 MAC 组成

6.3.5.2 TDMA 状态机

6.3.5.2.1 概述

TDMA 状态机的运行机制见图 23,状态转换见表 42。TDMA 状态机从该设备加入网络时的"Idle"状态开始运行,被分配一系列的超帧、图和链路。TDMA 状态机开始接收来自其他设备的 DLPDU,或发送来自 NLE 的请求。TDMA 状态机的正常运行包括以下 4 个功能:

——管理调度;

——向其他设备发送 DLPDU;

——接收来自其他设备的 DLPDU;

——维护时间同步。

管理调度包括创建和维护超帧、链路以及邻居统计数据。当 DLPDU 被接收和发送时,应更新调度。链路调度包括评估活动的超帧、链路和等待发送的 DLPDU,以及确认下一个工作时隙。

调度决定了 DLPDU 的流向。所有的接收链路都应用于尝试接收 DLPDU。由于链路被分配来支持可能的重传,接收链路通常多于发送链路。由于发送通常成功,许多接收链路不被使用而没有对应的发送。大部分接收到的 DLPDU 发送至 NLE。

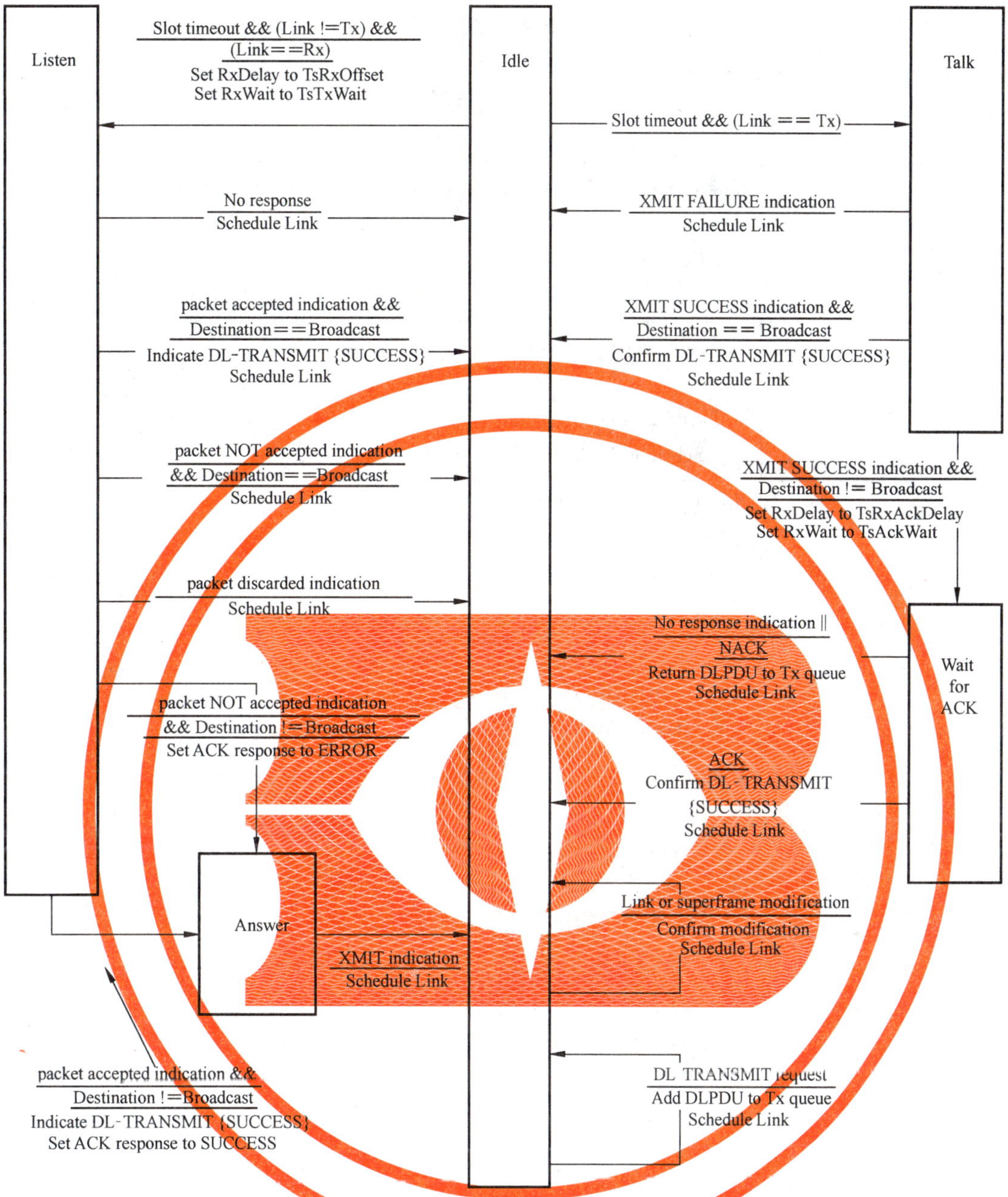

图 23　TDMA 状态机

表 42　TDMA 状态转移表

当前状态	事件或条件 =>动作	下一状态
Idle	Slot timeout && (Link==Tx)	Talk
Idle	Slot timeout && (Link ! =Tx)&& (Link==Rx) => Set RxDelay to TsRxOffset; Set RxWait to TsTxWait	Listen

表 42（续）

当前状态	事件或条件 =>动作	下一状态
Idle	Link or superframe modification => Confirm modification; Schedule Link	Idle
Idle	DL-TRANSMIT request => Add DLPDU to Tx queue; Schedule Link	Idle
Talk	XMIT failure indication => Schedule Link	Idle
Talk	XMIT success indication && Destination==Broadcast => Confirm DL-TRANSMIT {success}; Schedule Link	Idle
Talk	XMIT success indication && Destination ! =Broadcast => Confirm DL-TRANSMIT {success}; Schedule Link	Wait for ACK
Wait for ACK	No response indication || NACK => Return DLPDU to Tx queue ; Schedule Link	Idle
Wait for ACK	ACK => Confirm DL-TRANSMIT {success}; Schedule Link	Idle
Listen	No response => Schedule Link	Idle
Listen	packet accepted indication && Destination==Broadcast => Indicate DL-TRANSMIT {success}; Schedule Link	Idle
Listen	packet NOT accepted indication && Destination==Broadcast => Schedule Link	Idle

表 42（续）

当前状态	事件或条件 =>动作	下一状态
Listen	packet discarded indication => Schedule Link	Idle
Listen	packet NOT accepted indication && Destination ! =Broadcast => Set ACK response to error	Answer
Listen	packet accepted indication && Destination ! =Broadcast => Indicate DL-TRANSMIT {success}； Set ACK response to success	Answer
Answer	XMIT indication => Schedule Link	Idle

6.3.5.2.2 空闲(Idle)状态

“Idle”状态下，可能发生以下事件：

a) 时隙超时：TDMA 状态机执行的最频繁动作就是用于 Slot-timeout 事件。该事件表明时隙需开始工作；
   1) 如果发送链路的时隙时间到，且存在等待发送的 DLPDU，则 TDMA 进入“Talk”状态。
   2) 如果接收链路的时隙时间到，则 TDMA 进入“Listen”状态。
b) 修改设备的超帧和链路：该操作可能影响链路调度，通常会导致链路定义的改变，以及每秒发送和接收个数的改变。
c) DL-TRANSMIT 请求：该操作应将 DLPDU 加入到设备的 Tx 队列中，可能影响链路调度。

6.3.5.2.3 说话(Talk)状态

“Talk”状态下，DLE 应尝试将 DLPDU 发送给邻居。该状态的运行机制见 6.3.5.3。发送尝试可能成功，也可能是负面结果中的一种：

——如果 DLPDU 的目的地址为广播地址，则 DLPDU 一旦发送就表示传输成功。DLPDU 发送完成后，应立即释放 DLPDU 缓冲区，且应评估链路调度。

——如果 DLPDU 的目的地址不是广播地址，则接收到经验证且正确的 ACK 后，才表示 DLPDU 传输成功。该情况表明 DLPDU 发送成功完成且应释放 DLPDU 缓冲区。

——如果 ACK 包含一个错误的响应代码，则表示目的邻居拒绝了该 DLPDU。这种情况下，应保留并重传该 DLPDU。

——如果未收到 ACK 响应，则应重新调度并重传该 DLPDU。如果 DLPDU 超时，则将该排队的 DLPDU 返回给 NLE，等待 NLE 处理和可能的重新路由。

——如果 XMIT 状态机的发送失败，则中止事务，并重新评估链路调度。

如果 DLPDU 成功传输且 DLPDU 的目的不是广播，则 TDMA 状态机转换到“Wait for ACK”状态，详见 6.3.5.2.4。进入“Wait for ACK”状态后，应将 RxDelay 定时器设为 TsRxAckDelay，并将 RxWait 定时器（接收窗）设为 TsAckWait。

6.3.5.2.4 等待 ACK(Wait for ACK)状态

TDMA 状态机一直处于“Wait for ACK”状态，直至 RECV 状态机结束。如果 RECV 状态机指示“没有响应（No Response）”，则事务失败。对于共享链路，应重新计算 Backoff_exp 和 Backoff_cntr，以得到利用共享时隙进行下一次传输的随机退避期（见 6.3.4.4）。对于非共享链路，应将 Backoff_exp 和 Backoff_cntr 复位为 0。链路调度评估结束后，TDMA 状态机应转换为“Idle”状态。

如果接收到带有“Success”响应代码的 ACK，则表示通信成功。如果接收到带有错误响应代码的 ACK，则表示邻居未接受 DLPDU。在上述两种情况下，利用邻居响应中的 Time-adjustment 字段的值来评估网络的时间同步状况。如果邻居设备是该设备的时间源，则该设备应利用 Time-adjustment 字段的值对其网络时间进行重新同步。如果邻居设备不是时间源，则不应进行时间校准。

如果接收到 ACK，则表示邻居设备已成功接收并接受报文。此时，应释放已发送 DLPDU 的缓冲区。TDMA 状态机应转换到“Idle”状态，并且评估链路调度。

6.3.5.2.5 侦听(Listen)状态

“Listen”状态下，DLE 应尝试接收 DLPDU。“Listen”状态的运行机制见 6.3.5.4。接收 DLPDU 可能存在三种结果：

——DLPDU 的最终目的是该 DLE 本身，则应保留该 DLPDU，等待 DLE 处理；

——DLPDU 的最终目的不是该 DLE 本身，则 DLE 应向报文的最终目的转发该 DLPDU；

——DLPDU 没有寻址到该设备，则丢弃该 DLPDU。

对于上述所有情况，接收到 DLPDU 后，应更新对应的邻居表登录项，或在需要时创建新的邻居表登录项。

DLPDU 的接收过程包括接收 DLPDU，验证接收的任何一个 DLPDU，以及当 DLPDU 目的地址不是广播地址时，对该接收的有效 DLPDU 发送响应。

当尝试接收 DLPDU 时，应将 RxDelay 定时器设为 TsRxOffset，将 RxWait 定时器（接收窗）设为 TsTxWait。TsTxWait 时间用来设置接收窗的持续时间，表示本部分允许的邻居设备之间的最大时间漂移。

如果“Listen”状态下没有接收到 DLPDU，则 TDMA 状态机应重新评估链路调度，并返回到“Idle”状态。如果接收到 DLPDU，则应评估网络时间的同步。通过计算接收 DLPDU 的实际开始时间与期望开始时间的差值，获得 TsError 的值。如果发送 DLPDU 的邻居是该 DLE 的一个时间源，则设备应利用 TsError 的值重新同步其网络时间。如果邻居不是时间源，则不进行时间校准。

设备处于“Listen”状态且成功接收到 DLPDU 后，应决定是否接受或丢弃该 DLPDU。设备根据 DLPDU 的优先级、当前的 Priority_threshold（见 6.2.3）以及当前 DLPDU 缓冲区中的包的个数来决定接受或者丢弃该 DLPDU。如果 DLPDU 被设备接受，则该 DLPDU 可能被 DLE 处理，也可能通过 DL-TRANSMIT 指示原语上传给 NEL，并且 DLE 应更新链路调度。

数据链路层确定如何处理 DLPDU（接受或丢弃）后，TDMA 状态机在下述情况下应退出“Listen”状态：

——如果 DLPDU 的目的地址是广播地址，则 TDMA 状态机应返回“Idle”状态；

——如果 DLPDU 的目的地址不是广播地址，且该 DLPDU 被接受，则 DLE 应向其发送端发送一个带有“Success”响应代码的 ACK DLPDU。TDMA 状态机应转换到“Answer”状态；

——如果 DLPDU 的目的地址不是广播地址，且未被接受，则 DLE 应向其发送端发送一个带有错误响应代码的 ACK DLPDU。TDMA 状态机应转换到"Answer"状态。

6.3.5.2.6 应答(Answer)状态

DLE 应将检测到的 TsError 复制到 ACK DLPDU 的 Time-adjustment 字段。TDMA 状态机应按 6.3.5.5 所述 ACK 传输状态机(ACK Transmission Machine)运行。

ACK 发送结束后，TDMA 状态机应评估链路调度，并返回"Idle"状态。

6.3.5.3 XMIT 状态机

6.3.5.3.1 概述

图 24 给出用来发送一个 DLPDU 的状态机，发送通过专用时隙或共享时隙进行。状态转移见表 43。该状态机用于发送 DLPDU。

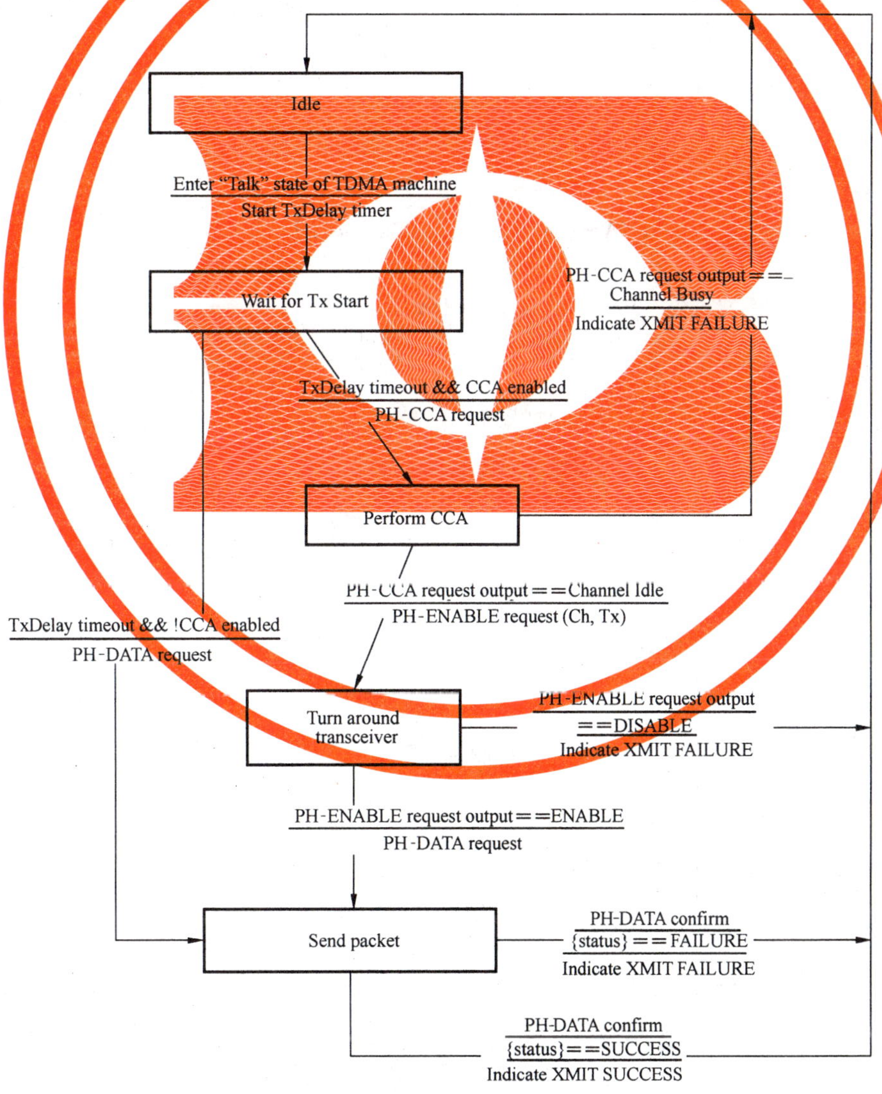

图 24 XMIT 状态机

表 43 XMIT 状态转移表

当前状态	事件或条件 => 动作	下一状态
Idle	Enter "Talk" state of TDMA machine => Start TxDelay timer	Wait for Tx Start
Wait for Tx Start	TxDelay timeout && ! CCA enabled => Ph-Data request {DLPDU}	Send packet
Wait for Tx Start	TxDelay timeout && CCA enabled => Ph-CCA request	Perform CCA
Perform CCA	Ph-CCA request output==Channel Idle => Ph-Enable request {channel number, transmit}	Turn around transceiver
Perform CCA	Ph-CCA request output==Channel Busy => XMIT failure indication	Idle
Turn around transceiver	Ph-Enable request output==enable Ph-Data request {DLPDU}	Send packet
Turn around transceiver	Ph-Enable request output==disable XMIT failure indication	Idle
Send Packet	Ph-Data confirm {status}==success => XMIT success indication	Idle
Send Packet	Ph-Data confirm {status}==failure => XMIT failure indication	Idle

6.3.5.3.2 空闲(Idle)状态

XMIT 状态机启动后,DLE 应启动 TxDelay 定时器。TxDelay 时间的设置使得在邻居接收窗的中间开始发送。在 TxDelay 时间内设备可构造 DLPDU,运行 AES-128 加密算法,并为 DLPDU 生成 MIC。

XMIT 状态机应转换到“Wait for Tx start”状态。

6.3.5.3.3 等待 Tx 开始(Wait for Tx start)状态

在“Wait for Tx start”状态下,DLE 应选择进行传输的信道(见 6.3.3.2)。当 TxDelay 定时器到时后,XMIT 状态机改变其状态。可能发生以下两个发送序列:

a) 如果 CCAEnabled 为 FALSE,则 DLE 调用 PH-Data 请求来传输 DLPDU,并将状态转换为“Send packet”。

b) 如果 CCAEnabled 为 TRUE,则 DLE 调用 PH-CCA 请求,并将状态转换为“Perform CCA”。

6.3.5.3.4 执行 CCA(Perform CCA)状态

在 PhE 完成空闲信道评估之前,DLE 应处于等待状态。

a) 如果 DLE 接收到来自 PhE 的 CCA 请求输出为“Channel idle”状态时,则

   1) XMIT 状态机应转换为“Turn around transceiver”状态;

   2) 利用 Ph-enable 请求初始化 PhE ,将收发器置为发送模式。

b) 否则,如果 DLE 接收到来自 PhE 的 CCA 请求输出为“Channel busy”状态时,则 XMIT 应被终止运作,指示传输失败,并不传输 DLPDU。

6.3.5.3.5 切换收发器(Turn around transceiver)状态

如果 DLE 接收到来自 PhE 的带有“Enable”状态的 PH-enable 请求输出时,则 XMIT 状态机应转换为“Send packet”状态。否则,如果返回“Disable”状态时,则 XMIT 应被终止运作,指示传输失败,并不传输 DLPDU。

6.3.5.3.6 发送包(Send packet)状态

DLE 应通过 PhE 的 PH-Data 请求服务来启动包的发送。当 DLE 接收到来自 PhE 的 PH-Data 证实后,XMIT 状态机应被终止,并根据 PH-Data 证实原语返回的状态来指示传输成功或失败。

6.3.5.4 RECV 状态机

6.3.5.4.1 概述

图 25 给出用来接收一个 DLPDU 的状态机。该 RECV 状态机或者接收来自邻居的 DLPDU,或者在发送 DLPDU 后立即启动以接收 ACK DLPDU。状态转移见表 44。

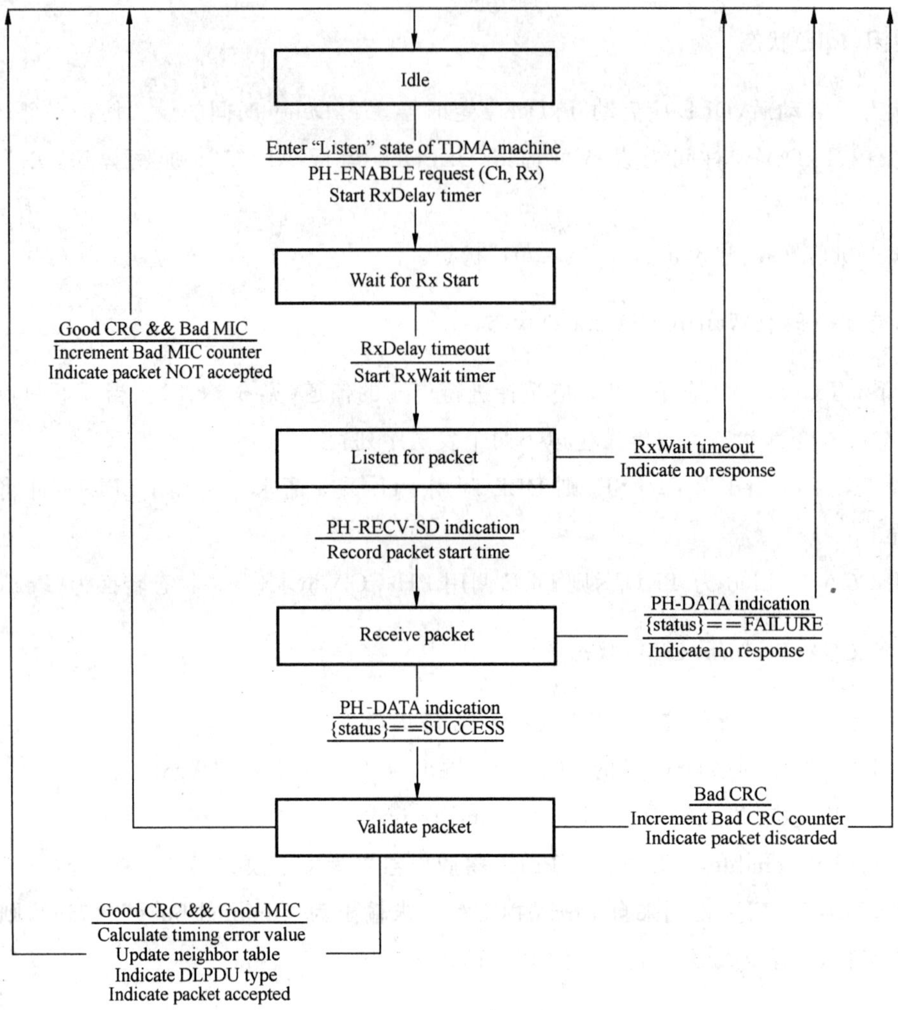

图 25 RECV 状态机

表 44 RECV 状态转移表

当前状态	事件或条件 => 动作	下一状态
Idle	Enter "Listen" state of TDMA machine => Ph-Enable request {channel number, receive} Start RxDelay timer	Wait for Rx start
Wait for Rx start	RxDelay timeout => Start RxWait timer	Listen for packet
Listen for packet	RxWait timeout => Indicate no response	Idle
Listen for packet	Ph-Recv-SD indication => Record packet start time	Receive packet

表 44（续）

当前状态	事件或条件 => 动作	下一状态
Receive packet	PH-Data indication {status} == failure => Indicate no response	Idle
Receive packet	PH-Data indication {status} == success	Validate packet
Validate packet	Bad CRC => Increment Bad CRC counter; Indicate packet discarded	Idle
Validate packet	Good CRC && Bad MIC => Increment Bad MIC counter; Indicate packet NOT accepted	Idle
Validate packet	Good CRC && Good MIC => Calculate timing error value; Update neighbor table; Indicate DLPDU type; Indicate packet accepted	Idle

6.3.5.4.2 空闲(Idle)状态

当 RECV 状态机启动时，

a) DLE 应根据链路的开始信道偏移以及绝对时隙号来选择信道；

b) DLE 应调用 PhE 的 PH-enable 请求来设置收发器为接收模式；

c) DLE 应启动 RxDelay 定时器；

d) RECV 状态机应转换为“Wait for ACK”状态。

在 RxDelay 时间内，收发器进入稳定状态并同步到正确的信道。

6.3.5.4.3 等待 Rx 开始(Wait for Rx start)状态

当 RxDelay 定时器超时后，RECV 状态机转换为“Listen for packet”状态，并启动 RxWait 定时器。

6.3.5.4.4 侦听包(Listen for packet)状态

收发器通过 PhE 的 Ph-Recv-SD 指示服务来开始侦听信道。RECV 状态机一直保持在“Listen for packet”状态，直到检测到 PhPDU 开始定界符的接收结束以指示 DLPDU 开始，或者 RxWait 定时器超时。

如果 RxWait 定时器超时，则表示接收失败，RECV 状态机应终止并指示“No Response”，同时 DLE 应更新通信统计数据。

如果检测到期望的开始定界符，应记录其到达时间，并且，RECV 状态机转换为“Receive packet”状态以捕获 DLPDU。

6.3.5.4.5 接收包(Receive packet)状态

当 RECV 状态机接收到来自 PhE 的 PH-Data 指示服务原语后，应对接收的 DLPDU 进行初步评估。如果 DLPDU 的地址不是链路期望的地址，则 RECV 状态机应终止并指示“No Response”，同时 DLE 应更新通信统计数据。否则，RECV 状态机应转换为“Validate packet”状态。

6.3.5.4.6 验证包(Validate packet)状态

如果接收的 DLPDU 不存在地址错误，则应对其进行进一步验证。如果存在 CRC 错误，表示 PhPDU 在接收前或接收过程中受到破坏，则 RECV 状态机应终止并指示“Packet discarded”，同时 DLE 应更新通信统计数据。

如果接收的 CRC 正确，则应计算和检验接收的加密 MIC。如果接收的 MIC 与期望值不符，则表示可能存在攻击。此时，认为接收失败，DLE 应更新信息安全和通信统计数据。RECV 状态机应终止并指示“Packet NOT accepted”。

如果 CRC 和 MIC 均正确，表示接收成功，则 RECV 状态机应终止，并指示出接收的 DLPDU 的类型。

6.3.5.5 ACK 传输状态机

ACK 传输状态机用于对 DLPDU 的接收进行确认。DLE 应将 TsError 复制到 ACK DLPDU 的 Time-adjustment 字段。TDMA 状态机应按图 26 所示的状态机发送 DLPDU。状态转移见表 45。

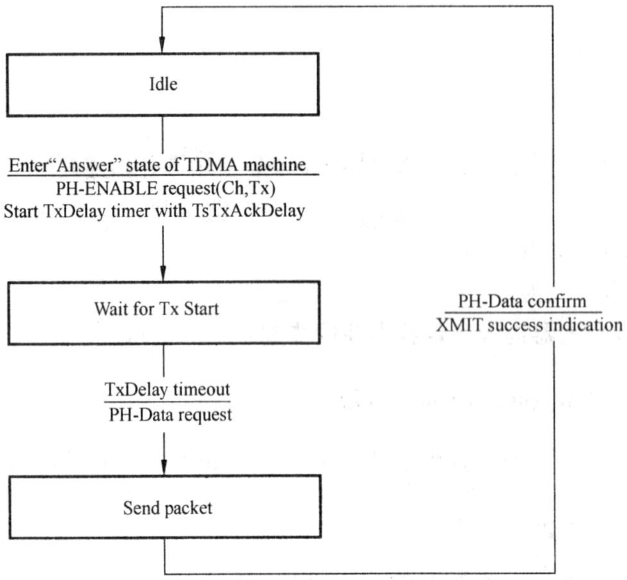

图 26　ACK 传输状态机

表 45 ACK 传输状态机

当前状态	事件或条件 => 动作	下一状态
Idle	Enter "Answer" state of TDMA machine => Ph-Enable request {channel number, transmit}; Start TxDelay timer with TsTxAckDelay;	Wait for Tx Start
Wait for Tx Start	TxDelay timeout => PH-Data request {ACK DLPDU}	Send Packet
Send Packet	PH-Data confirm => XMIT success indication	Idle

6.4 DL 管理信息

6.4.1 概述

DLE 正确运行前,应预先配置 DL 的一些属性,见 6.4.2。通过 DL 管理请求 DLE 动作的内容见 6.4.3。

6.4.2 DL 属性

表 36 定义了超帧属性。表 37 定义了链路的属性。表 39 定义了图的属性。用于 MIC 计算的网络密钥见 6.2.4.2.3。表 46 定义了其他一些属性。

表 46 DL 属性

属性名	取值范围	定义
Keep_alive_time	$0 \sim 2^{32}-1$, 以 ms 为单位	在该时间间隔内节点应与每个相链接邻居成功通信
Path_fail_time	$0 \sim 2^{32}-1$, 以 ms 为单位	在该时间间隔内如果节点无法与给定邻居成功通信,则指示路径失效
Advertise_time	$0 \sim 2^{32}-1$, 以 ms 为单位	发送 Advertise DLPDU 的时间间隔
Discovery_time	$0 \sim 2^{32}-1$, 以 ms 为单位	利用发现链路连续发送两个 Advertise DLPDU 的最大时间间隔
Priority_threshold	Alarm | Normal | Process data| Command	定义可接受来自其他设备的 DLPDU 的最低优先级
Join_priority	0～15	DLE 发送的 Advertise DLPDU 的优先级;该值越低表明接受设备加入能力更强
Promiscuous_mode	TRUE FALSE	指示 DLE 是否处于"接收全部(receive all)"状态,即 DLE 接受来自 PhE 的所有 DLPDU
Max_backoff_exp	{4,5,6,7}	共享时隙中使用的退避指数的最大值,缺省值为 4

6.4.3 DLM 动作

表 47 定义了 DL 管理请求的 DLE 动作。

表 47 DL 动作

名称	描述
RESET	初始化 DLE
DISCONNECT	断开 DLE 与网络的连接,并且停止所有的通信
RE-JOIN	断开 DLE 与网络的连接;清空所有未完成的 DLS 用户请求,清空所有缓冲区、队列以及各种表;重新加入网络
DELETE-SUPERFRAME	删除一个已存的超帧及其关联的链路
DELETE-LINK	删除一条已存的链路,可能更新与该链路相关联的邻居表和连接表
DELETE-GRAPH	删除一个已存的图连接

6.5 网络层

6.5.1 NL 两层模型

6.5.1.1 概述

网络层模型包括:

——高层的信息安全功能;

——低层的路由功能。

NL 管理功能与此两层共同工作。

6.5.1.2 信息安全功能

加密的 MIC 用于认证 NPDU、加密和解密 NL 载荷。网络管理器负责分发密钥。

6.5.1.3 路由功能

6.5.1.3.1 概述

网络层提供路由服务,管理用于与对应设备进行端到端通信的会话,接收来自 DLE 的 NPDU。如果 NPDU 的目的是本地 NLS 用户,则将用户数据转发给该用户。否则,NL 通过 DLE 将 NPDU 转发给其他设备。NL 也负责处理 NL-TRANSMIT 请求,并为传输准备 NPDU。

本部分定义网络层采用如下两种方法实现 NPDU 的路由:

——图路由:网络拓扑可表示为所有的设备和设备之间的有向链路。一个图是在源与目的设备间提供冗余通信路径的有向链路和设备的一个子集。当 NPDU 从源转发到目的时,路由实际上基于当前的网络环境。NPDU 中包含 Graph_ID,但并不指定完整的路由。因此,在使用图路由前,应用整个图的一部分来配置路径中的每个中间 DLE。图路径是冗余的且高可靠的。这种路由方法应用于一般的、常规的通信,适用于网关的上行和下行通信。

——源路由:是源与目的设备之间的单条有向路径(路径包括设备和链路)。NPDU 自身包含静态的完整路由。中间 DLE 不需预先知道路由信息。当 NPDU 被路由时,每个中间 DLE 使用 NPDU 中的源路由将 NPDU 发送到下一个 DLE。源路由不是冗余的,因此随时可能失效。当前网络环境可能切断 NPDU 中指定的路径,而导致 NPDU 丢失。这种路由方法仅用于路由测试、网络路径故障排除以及 ad-hoc 通信(例如,路由加入响应)。

要求所有设备同时支持源路由和图路由。

6.5.1.3.2 图路由

图是连接网络端点的有向路径的集合。对于网络中的所有设备,与每个图相关联的具体路径由网络管理器进行明确地配置。单个网络实例可具有多个图,其中一些图可能重叠。对于每个网络设备,可能有多个图通过他,即使到达相同的邻居。图是单向的。

每个图在网络中具有惟一的 Graph_ID。当使用图路由时,NLE 应将 Graph_ID 赋值给 NPDU 首部。NLE 接收到 NPDU 后,沿着图定义的一组路径将其发送到目的。

每个 Graph_ID 在设备中应具有多个相关联的邻居。在一个正确配置的网络中,所有设备在图中应至少具有两个邻居设备,以便 NLE 能将 NPDU 发送给这些邻居。这样,可支持路由冗余(网络冗余见附录 H)并提高可靠性。NLE 检查接收的 NPDU 中的 Graph_ID,并将 NPDU 转发给图中列出的任意邻居。

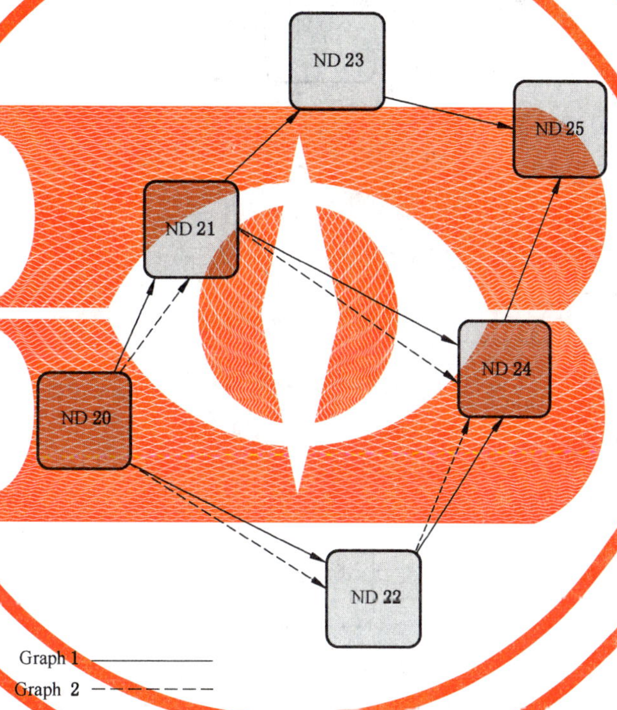

图 27 图路由(Graph1 和 Graph2)

如图 27 所示,Graph1 中 ND20 是源,ND25 是目的;Graph2 中 ND20 是源,ND24 是目的。利用 Graph1 发送 NPDU 时,ND20 既可将 NPDU 转发给 ND21,也可转发给 ND22。NPDU 可采用多个可选路由,但无论哪个路径,都将沿着 Graph1 最终到达 ND25。因此,一个从 ND20 到 ND25 的 NPDU,可以选择通过 ND21 和 ND23 的路由;另一个从 ND20 到 ND25 的 NPDU,可以选择通过 ND21 和 ND24 的路由。与此相似,ND20 与 ND24 利用 Graph2 通信时,既可通过 ND21,也可通过 ND22。

所有设备还支持图路由的一个特别简化版本,即超帧路由。当采用超帧路由时,NPDU 中包含 Superframe_ID。如果接收的 NPDU 中的 Grapd_ID 与接收设备预先配置的任何 Graph_ID 都不匹配,则 NLE 查找具有相同值的超帧。如果查找成功,则 NLE 将包转发给该超帧中一条链路所对应的任意邻居。对于超帧路由的情况,根据 Superframe_ID 来选择可能的链路。对于图路由的情况,根据图表的登录项(Graph_ID 及邻居)来选择可能的链路。

6.5.1.3.3 源路由

对于源路由，NPDU 中包含了从源设备到目的设备的完整路径。在 NPDU 的传输过程中，每个中间 NLE 查找源路由的地址列表，并将 NPDU 转发到地址列表中的下一个 DLE。通常应由网络管理器在 NLE 中配置路由。源路由定义了单条路径，如果其中一条中间链路失效，则 DLPDU 将丢失。源路由的可靠性不如图路由。当一条源路径失效时，失效点的 NLE 通知网络管理器。网络管理器负责采取修复动作。

如图 28 所示，从 ND20 到 ND24 的路由要经过 ND21、ND23 和 ND25。用这条路径来配置 ND20 NLE 中的路由表。源 NLE 将 ND21、ND23 和 ND25 的地址列表添加到 NPDU 的首部，然后将 NPDU 转发给 ND21。ND21 的 NLE 接收该 NPDU，对首部进行解析，然后将 NPDU 转发给 ND23。ND23 的 NLE 再将 NPDU 转发给 ND25；ND25 再转发到 ND24。从 ND20 到 ND24 的路由，也可配置为通过 ND22 和 ND25。

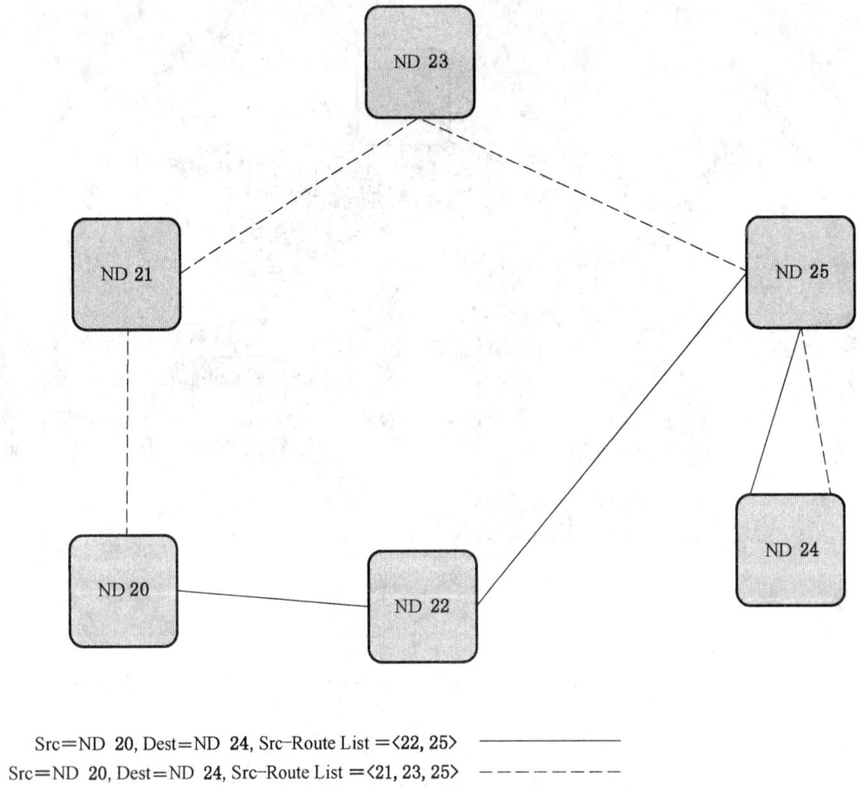

图 28 源路由

6.5.2 NPDU 结构

6.5.2.1 概述

图 29 给出了 NPDU 的结构。每个 NPDU 应包含按以下顺序描述的字段：

——1 个八位位组的 NL 控制(NL Control)；

——1 个八位位组的存活跳数计数器(HTL)；

——2 个八位位组的序列号(Sequenc Number)；

——2 个八位位组的图 ID(Graph_ID)；

——2 个或 8 个八位位组的目的地址(Destination address)和源地址(Source address)；

——0 个或多个路由八位位组；
——1 个八位位组的信息安全控制(Security Control)；
——计数器(Counter)；
——4 个八位位组的消息完整性代码(MIC)；
——NL 载荷(NL payload)。

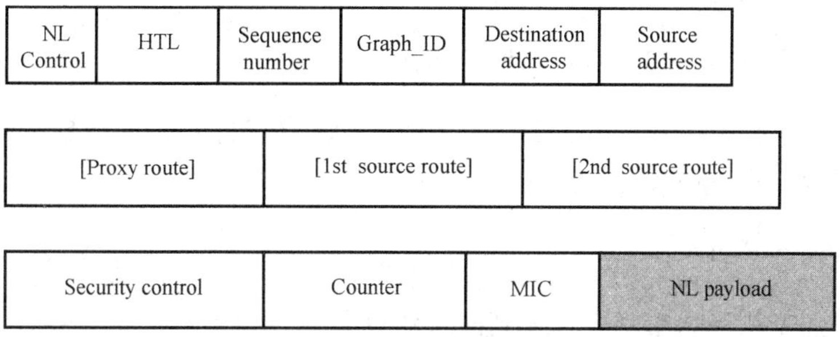

图 29　NPDU 结构

6.5.2.2　NL 控制八位位组(NL Control)

该字段定义了目的地址、源地址的长度和类型，以及是否存在路由字段，如图 30 所示。Bit7 表示目的地址类型；Bit6 表示源地址类型。如果该两比特中的任意一个值为 1，则 NPDU 中与该比特对应的地址为 EUI-64。否则，对应的地址为昵称(见 6.2.1.2.4)。DLPDU 可使用这两种地址长度的任意组合。

保留 Bit5、Bit4 和 Bit3 为将来使用。在传输前 NLE 应将这些比特置为“000”。NLE 应忽略接收的 NPDU 中这些比特的任意值。

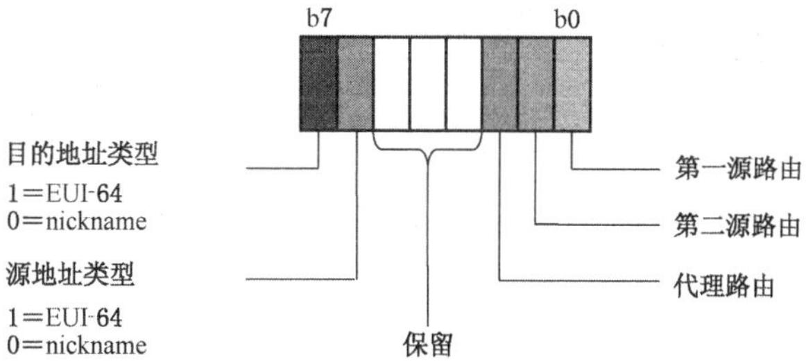

图 30　NPDU 控制八位位组(Bit7)

如果 Bit2、Bit1 和 Bit0 中任意一个值为“1”，则 NPDU 中应具有对应的路由字段：

——Bit2 表示存在 2 个八位位组长的代理路由字段。
——Bit1 表示存在 8 个八位位组长的第二源路由字段。
——Bit0 表示存在 8 个八位位组长的第一源路由字段。

注：NPDU 可同时规定一个有效的 Graph_ID 和源路由。

6.5.2.3　存活跳数(Hop-to-live)

该字段保存 NPDU 被丢弃之前还可传输的剩余跳数。

6.5.2.4　序列号(Sequence number)

序列号应被设为接收 NL-TRANSMIT 请求时间的绝对时隙号的最低有效八位位组。该字段提供网络运行的粗略但关键的实时性能指标和诊断信息。当整个 ASN 被重建时,该字段也提供包的寿命(age of packet)。

6.5.2.5 图 ID(Graph_ID)

Graph_ID 用于将包路由到最终目的。Graph_ID 间接标识一个设备列表,表中的任何设备都可用于将 NPDU 转发到最终目的。

6.5.2.6 目的地址(Destination address)和源地址(Source address)

NL 支持两种地址类型:2 个八位位组的昵称和 8 个八位位组的 IEEE EUI-64 地址。这些地址的定义和格式见 6.2.1.2.4。在 NPDU 传输过程中,不修改这些地址。

6.5.2.7 代理路由(Proxy route)

代理路由用于与还未被网络管理器加入到网络的设备进行通信。这些设备包括:被隔离的设备或正在加入网络的设备。代理地址(Proxy-address)中给出作为最终目的的代理父节点的 2 个八位位组昵称。

6.5.2.8 源路由(Source route)

每个源路由字段包含 4 个地址的集合,指示包从源设备到最终目的所经历的路由。每个地址是 2 个八位位组的昵称。任何未被使用的地址应设为 0xFFFF。

如果存在源路由字段,则应使用其包含的地址来将包路由到最终目的。源路由仅用于测试或排除网络路径故障。

6.5.2.9 信息安全控制(Security control)

如图 31 所示,该字段规定了 NPDU 使用的信息安全策略。由 Bit1 和 Bit0 组成的子字段编码方式如下:

——0:会话加密(session keyed);

——1:加入加密(join keyed);

——2:手持设备加密(handheld keyed)。

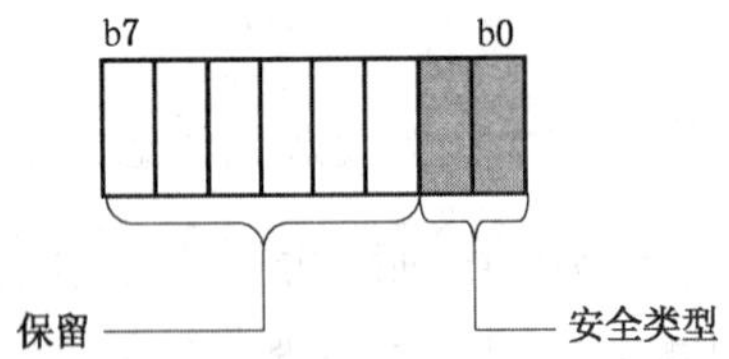

图 31 安全控制八位位组(Bit)

保留 Bit4~Bit7 为将来使用。在传输前 NLE 应将这些比特置为“0000”。NLE 应忽略接收的 NP-DU 中这些比特的任意值。

6.5.2.10 计数器(Counter)

该字段应设为 nonce 计数器的全部或者部分值。该字段的值与长度取决于表 48 所示的信息安全类型。

表 48 Counter 取值

安全类型	Counter 取值
Session	nonce 计数器的低 8 比特
Join	nonce 计数器的全部 32 比特
Handheld	nonce 计数器的全部 32 比特

6.5.2.11 消息完整性代码(Message integrity code)

加密的 MIC 用于认证 NPDU 以及解密信息安全子层的载荷。MIC 为 4 个八位位组长。

6.5.2.12 NL 载荷(NL payload)

NL 载荷是 NLS 用户数据。

6.5.3 信息安全功能

6.5.3.1 概述

不同协议层中以及整个设备运行过程中均提供了信息安全功能。附录 A 定义了通信的信息安全功能及其相关内容。

6.5.3.2 会话

6.5.3.2.1 会话类型

信息安全是针对会话(Session)而言的。会话允许一对网络设备之间进行私密的、安全的通信。任意设备加入网络时,应建立以下四个会话:

——设备与网络管理器之间的单播会话—用于网络管理器管理设备;

——设备与网络管理器之间的广播会话—用于全局管理设备。例如,可用来将一个新的网络密钥发布给所有网络设备。该会话中,网络中的所有设备拥有相同的密钥;

——设备与网关之间的单播会话—执行网关与设备之间的正常通信(例如,过程数据);

——设备与网关之间的广播会话—用于网关将相同的应用数据发送给所有设备。

此外,每个设备都拥有加入会话,且不能将其删除。加入密钥(Join_key)是惟一的,并且是惟一能通过连接设备维护端口直接写入的密钥。Join_key 也可以由网络管理器写入。

当手持设备或者其他网关加入网络时,也可增加额外的会话。除加入会话外,网络管理器创建所有会话以及相应的通信密钥。加入会话始终存在于设备内。只有网络管理器才可创建或修改除加入会话外的所有会话。其他设备类型不允许这样的操作。

为网络中两个任意设备之间建立会话是可能的。然而,这可能导致设备间不可检测和不可监视的通信,从而带来信息安全和功能安全的威胁。如果网络管理器支持现场设备间的对等对话,则所有通信的路由均经过网关,以检测并去除恶意行为。

6.5.3.2.2 会话表

表 49 列出了会话属性。通信地址和会话类型(Session_type)的组合是惟一的,即两个会话不允许拥有相同的通信地址和 Session_type 值。

当且仅当一个会话被建立时,My_nonce_counter 值才被复位为 0。Nonce_counter_history 中的每

个比特被设为NLM-SET命令中的Nonce计数器的值。NLM-SET命令用于写入会话的属性。不允许设备改变网络管理器写入的会话密钥(Session_key)的值。不应允许网络设备以任何方式读回任何会话密钥。

表49 会话属性

属性名称	取值范围	定义
Session_type	单播(Unicast) 广播(Broadcast) 加入(Join)	会话类型
Peer_unique_ID	$0 \sim 2^{40}-1$	3.3.9.1定义的对应设备的惟一ID
Peer_nickname	0～65 534	3.3.67定义的对应设备的昵称
Session_key	128比特的数	会话密钥
Peer_nonce_counter	32比特的数	从对应设备接收的Nonce计数器的最大值
Nonce_counter_history	长度为32比特的比特数组	记录接收的Nonce计数器的比特数组;最高有效位总是被置位并对应于当前Peer_nonce_counter的值。最低有效位对应于"1+Peer_nonce_counter—Nonce_counter_history的大小"的值。Nonce_counter_history创建了一个滑动窗口,其中每个被置位的比特记录接收的具有对应Nonce计数器的NPDU。Nonce_counter_history的大小定义为接收并记录的NPDU的个数。由于Nonce_counter_history右移,所以记录时间最长的NPDU被丢弃
My_nonce_counter	32比特的数	设备生成的数据包的nonce计数器
Transport_table	内部索引	与对应端(correspondent)[a]相关的传输表(通常为2个)索引
Route_table	内部索引	与对应目的地址(correspondent destination)相关的路由表的索引

[a] "对应端(correspondent)"在全文档使用,它是指管道的一端所以不必为目的地址。

6.5.3.2.3 加入会话

加入会话是惟一的,当通过维护端口首次写入Join_key时由网络设备创建。加入会话的地址应设为标准的网络管理器的地址。当会话创建时,My_nonce_counter的值应复位为零。网络设备的加入请求以及网络管理器的加入响应都使用网络设备的My_nonce_counter。为了保护Join_key免受重放攻击,My_nonce_counter应存储在非易失的存储器中。

网络管理器可采用多种策略来创建"加入会话"。例如,某个现场设备的加入会话预先根据现场设备的惟一ID和Join_key进行创建。无论采用哪种策略来创建"加入会话",当网络管理器接受并确认了一个加入请求时,NPDU计数器字段应被复制到会话的Nonce计数器登录项中,并用来生成加入响应。

6.5.3.3 信息安全功能的过程元素

6.5.3.3.1 NL-TRANSMIT 请求原语的接收

接收到 NL-TRANSMIT 请求时，NLE 为该请求创建 NPDU 的信息安全首部。加密的 MIC 用于保证 NPDU 成功抵达且不受源设备的干扰。通过将 CCM* 模式[Combined counter with CBC-MAC (corrected)]同 AES-128 块密码(block cipher)结合使用来生成和证实 MIC，以支持 IEEE 802.15.4-2006 附录 B 中定义的认证。其中，该密码需要以下 4 个八位位组串作为参数：

——“a”，要被认证但不被加密的附加数据；

——“m”，要被加密的消息；

——“N”，13 个八位位组的 Nonce；

——“K”，128 个比特的 AES 密钥。

NL 载荷是八位位组串“m”并被加密。从 NPDU 控制八位位组到 MIC 的 NPDU 首部是八位位组串“a”。认证 NPDU 时，八位位组串“a”中的 HTL、计数器和 MIC 字段被设为零，且在传输数据包前被替换为实际值。

信息安全层的 Nonce(八位位组串“N”)长度为 13 个八位位组。Nonce 按照表 50 总结的方法进行创建，具体描述如下：

如果 Session_type 为”加入”，且 NL-TRANSMIT 请求原语为加入响应，

a) 则

1) “N”的 LSB(Octet 0)应被设为“1”；

2) 随后的 4 个八位位组应被设为对应加入请求的 Peer_nonce_counter 值，且从 Peer_nonce_counter 值的 MSB 开始；

3) 随后的 8 个八位位组应被设为加入设备的 EUI-64 地址。

注：由于设备仅在成功加入网络后才具有昵称，因此在加入请求和响应中总是使用 EUI-64 地址。只有网络管理器才能发送加入响应。

b) 否则

1) “N”的 LSB(Octet 0)应被设为 0；

2) My_nonce_counter 应预先增加 1；

3) 随后的 4 个八位位组应被设为对应加入请求的 My_nonce_counter 值，且从 My_nonce_counter 值的 MSB 开始；

4) 随后的 8 个八位位组应被设为 NPDU 中源地址字段的值，该值或为 EUI-64 地址，或为前 6 个八位位组用零填充的昵称。

表 50 NPDU 的 Nonce

八位位组号	描述
0	如果是加入响应，则设为 1，否则设为 0
1～4	Nonce 计数器，N[1]为 MSB
对于 EUI-64 源地址：	
5～12	复制的 EUI-64 地址，从 N[5](MSB)到 N[12](LSB)
对于 2 个八位位组的昵称：	
5～10	每个八位位组设为 0x00
11～12	复制的昵称，从 N[11](MSB)到 N[12](LSB)

Nonce 被创建之后，开始加密 NPDU，并填充 NPDU 的信息安全字段。

6.5.3.3.2 寻址到设备的 NPDU 的接收

6.5.3.3.2.1 概述

NLE 应处理接收的 NPDU，利用 AES-128 引擎(engine)来认证 NPDU 和解密载荷。该密码需要 4 个八位位组串的参数：

——“a”，为 NPDU 首部，从 NPDU 控制八位位组到 NPDU MIC。其中 NPDU HTL、计数器和 NPDU MIC 字段设置为零；

——“m”，为 NL 载荷；

——“N”，为 13 个八位位组的 Nonce；

——“K”，为 128 个比特的 AES 密钥。

认证和解密以定位正确的会话作为开始，密钥和 Nonce 计数器的确定见 6.5.2.9。

如果接收的 NPDU 没有被丢弃，则载荷应被转发给 NL-TRANSMIT 指示原语中的 NLS 用户。NL 载荷应为 NLS-user-data。

6.5.3.3.2.2 Nonce 重建

NLE 应按照表 50 和如下描述来为接收的 NPDU 重新创建 Nonce。

如果 Session_type 为“加入”

a） 则

  1） 如果接收的 NPDU 为加入请求，则

    i） “N”的 LSB(Octet 0)应置为“0”；

    ii） 随后的 4 个八位位组应被设为接收的 NPDU 计数器字段的值(从计数器字段的 MSB 开始)。

注：加入请求 NPDU 仅由网络管理器接收。

  2） 否则，

    i） “N”的 LSB(Octet 0)应置为“1”；

    ii） 如果接收的 NPDU 的计数器字段等于 My_nonce_counter，则随后的 4 个八位位组应置为 My_nonce_counter 的值(从 My_nonce_counter 的 MSB 开始)；

    iii） 否则，NLE 丢弃接收的 NPDU。

  3） 如果 NPDU 没有被丢弃，则随后的 8 个八位位组应置为接收的 NPDU 的源 EUI-64 地址；

b） 否则，

  1） “N”的 LSB(Octet 0)应置为“0”；

  2） 随后的 3 个八位位组应置为 Peer_nonce_counte 的 3 个最高有效八位位组的值，且从 Peer_nonce_counter 的 MSB 开始。

  3） 如果接收的 NPDU 中 1 个八位位组长的计数器的值小于(1＋Peer_nonce_counter 的 LSB －接收并记录的 NPDU 的数量)的数，则 N[1]至 N[3]的 24 比特的值应加 1；

  4） 随后的 1 个八位位组应被设为接收的 NPDU 的计数器字段的值。

  5） 随后的 8 个八位位组应被设为 NPDU 中源地址字段的值，该值或为 EUI-64 地址，或为前 6 个八位位组用零填充的昵称。

6.5.3.3.2.3 认证

如果 Nonce 被成功创建，且接收的 NPDU 不是以前收到的 NPDU 的副本，则执行认证和解密。如

果认证失败，则应将数据包丢弃。

6.5.3.3.2.4 重放保护

如果数据包可信，则应更新 Nonce_counter_history。由于 NPDU 可能不按顺序到达或者完全丢失，因此，需要利用滑动窗口来帮助通信并去除重复的数据包。Peer_nonce_counter 和 Nonce_counter_history 一起用于对设备接收的 NPDU 进行排序。

"N"的 Octet 1～Octet 4 是重建的 Nonce 计数器。重建的 Nonce 计数器应与 Nonce_counter_history 进行比较。如果它对应于 Nonce_counter_history 中的比特已被置位，则接收的 NPDU 为先前收到的 NPDU 的副本，应丢弃该 NPDU。如果重建的 Nonce 计数器在 Nonce_counter_history 窗口之外，则 DLE 应丢弃接收的 NPDU。

如果重建的 Nonce 计数器小于 Peer_nonce_counter，则应将 Nonce_counter_history 中相应的比特置位。否则，Nonce_counter_history 应右移，并更新 Peer_nonce_counter 的值。右移的次数等于重建的 Nonce 计数器减去 Peer_nonce_counter 的差值。右移后，Nonce_counter_history 的最高位应被置位。最后，重建的 Nonce 计数器应复制到会话表中的 Peer_nonce_counter。

6.5.4 网络层的表

6.5.4.1 概述

所有设备应维护一系列的表来控制设备通信、提供路由信息、支持端到端确认、确保通信私密性以及收集通信的统计信息。

控制通信活动的表包括：

——会话表：该表中的登录项为设备和特定对应设备之间建立一条安全管道。如果没有安全会话（见 6.5.3.2.1），则设备间无法通信。会话属性见 6.5.3.2.2；

——传输表：用于支持带有自动重传功能（见 6.6.3）的端到端的确认事务；

——路由表：当将路由信息增加到新的由 NL-TRANSMIT 请求（见 6.5.4.2）生成的 NPDU 中时，需在路由表中查找路由信息；

——源路由表：附加到一些路由上的表（见 6.5.4.3）；

——服务表：指示与服务（由网络管理器分配，见 6.5.4.4）关联的路由。

如图 32 给出了这些表之间的关系。在设备中会话表处于中心位置。NLE 也使用 DLE 的邻居表（见 6.3.3.4）和图表（见 6.3.3.5）。图 32 中给出了围绕一条路由的相互关系。路由通过 route_ID 进行标识。一条路由与一个特定的通信设备相关联，可能包含一个可选的源路由。一条路由总是与一个图相关联。在一些情况下，使用特定形式的图和超帧。一个图可能与 0 个或者多个邻居相关联。一个时间表与一条路由相关联。一条路由与 0 个或者多个时间表相关联。由于时间表知道路由，而路由不知道时间表，因此，路由与时间表之间的关系是单向的。

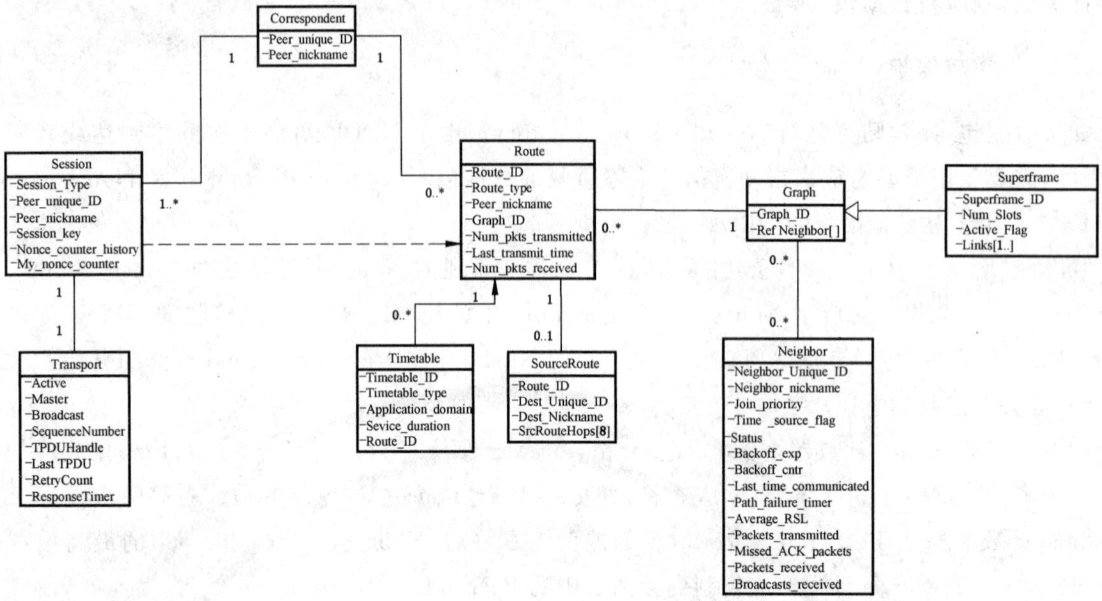

图 32 NLE 的表及其关系

设备应支持最小个数的表的登录项和缓存空间,如表 51 所示。

表 51 NLE 表的最小空间需求

表名	所需最少登录项个数
会话(Session)	8
传输(Transport)	16[a]
路由(Route)	8
源路由(Source-route)	2
服务(Service)	16
[a] 如果会话大于 8,则每个会话 2 个。	

注:本标准中描述的这些表的一些属性可从其他信息计算或衍生得出,因此,没有要独立存储。尽管数据的具体实现和存储配置取决于设备的设计者,但数据结构中所包含字段的描述对于整体运行是重要的。

6.5.4.2 路由表

表 52 给出了路由的属性。路由表与一个安全会话和一个对应地址相关联。这有助于选择与对应设备间通信所用的图。NLE 应收集统计信息,以实现网络管理器实时优化通信资源。

表 52 路由属性

属性名	取值范围	定义
Route_ID	0～255	路由标识符
Route_type	Maintenance Publish Block Transfer Event	指示路由的类型,缺省值为 Maintenance

表 52（续）

属性名	取值范围	定义
Dest_nickname	0～65 534（见 6.2.1.2.4）	路由建立后的目的设备的昵称
Graph_ID	256～65 535	与该路由对应的图的标识符
Src_route_ID	0～255	非 0 则表示该路由的源路由表的标识符；否则，该路由不包括源路由
Num_pkts_transmitted	0～65 535[a]	在该路由上传输的数据包的个数
Last_transmit_time	0～$2^{32}-1$，以 1/32 ms 为单位	该路由上最近生成的 NPDU 的时间
Num_pkts_received	0～65 535[a]	该路由上接收的数据包的个数，根据 NPDU 中的 Graph_ID 进行更新
[a] 包计数器的值达到 65 535 之后将翻转为 0。		

6.5.4.3 源路由表

源路由表为最多包含 8 个设备地址的列表，用于跟踪从本设备到通信设备之间的路由，如表 53 所示。

表 53 源路由属性

属性名	取值范围	定义
Route_ID	1～255	路由标识符
dest_Unique_ID	0～$2^{40}-1$	3.3.91 中定义的目的设备的惟一 ID
dest_Nickname	0～65 534	3.3.67 中定义的邻居的短地址
Src_route_hops［8］	设备昵称	指向目的的最多 8 个昵称，未使用的地址应设为目的的昵称

6.5.4.4 时间表

当设备需要与其他设备建立通信连接时，向网络管理器发送一个为该通信分配时间表的请求。每个目的设备和 Application_domain 都拥有自己的时间表。表 54 给出了时间表的属性，用于标识到达目的设备的路由以及为该通信分配的调度资源。设备删除时间表时，网络管理器应释放用于支持时间表的网络资源。多个时间表可使用同一路由。

表 54 时间表属性

属性名	取值范围	定义
Timetable_ID	0～255	时间表标识符
Timetable_type	source | sink | intermittent	指示时间表的类型

表 54（续）

属性名	取值范围	定义
Application_domain	Maintenance | Publish | Block Transfer | Event	时间表的应用范围
Dest_nickname	0～65 534	该时间表被分配的目的的短地址
Service_duration	0～$2^{32}-1$，以 1/32 ms 为单位	对于周期性通信(例如发布数据)，数据包在该周期内生成。周期性通信的延迟不应超过该周期的1/3。 对于不定期通信，该值是要求的最大延迟
Route_ID	0～255	该时间表的路由标识符

6.5.5 NLE 状态机

6.5.5.1 通用操作

NLE 的运行过程包括一系列的状态，这些状态从“空闲(Idle)”状态开始，直至设备进入“工作(Operational)”状态并完全参与到网状(Mesh)网络中。

NLE 的 5 种状态如表 55 所示。

表 55 NLE 状态

状态	描述
空闲(Idle)	设备不活动，其无线收发器不工作，且不具有网络信息
加入(Joining)	设备侦听网络，试图捕获通告(Advertise)DLPDU，并请求加入网络
隔离(Quarantined)	设备已经成功入网，但只能与网络管理器进行安全对话。此时设备不可用，或不允许执行数据采集和控制功能，或者也不允许与网关进行通信
工作(Operational)	主机应用可通过网关访问设备。设备已加入到系统的运行中
挂起(Suspended)	设备不活动。设备的所有网络表都是完整的

状态转换图如图 33 所示。该图描述的事件使得设备执行启动、定位和加入网络，以及最终由网络新成员转化为具有完备功能的网络设备。该图也描述了设备(和网络)的挂起和重新同步。此外，设备可以随时被强制断开(例如从基础级维护过程中移除)或者重新加入网络。

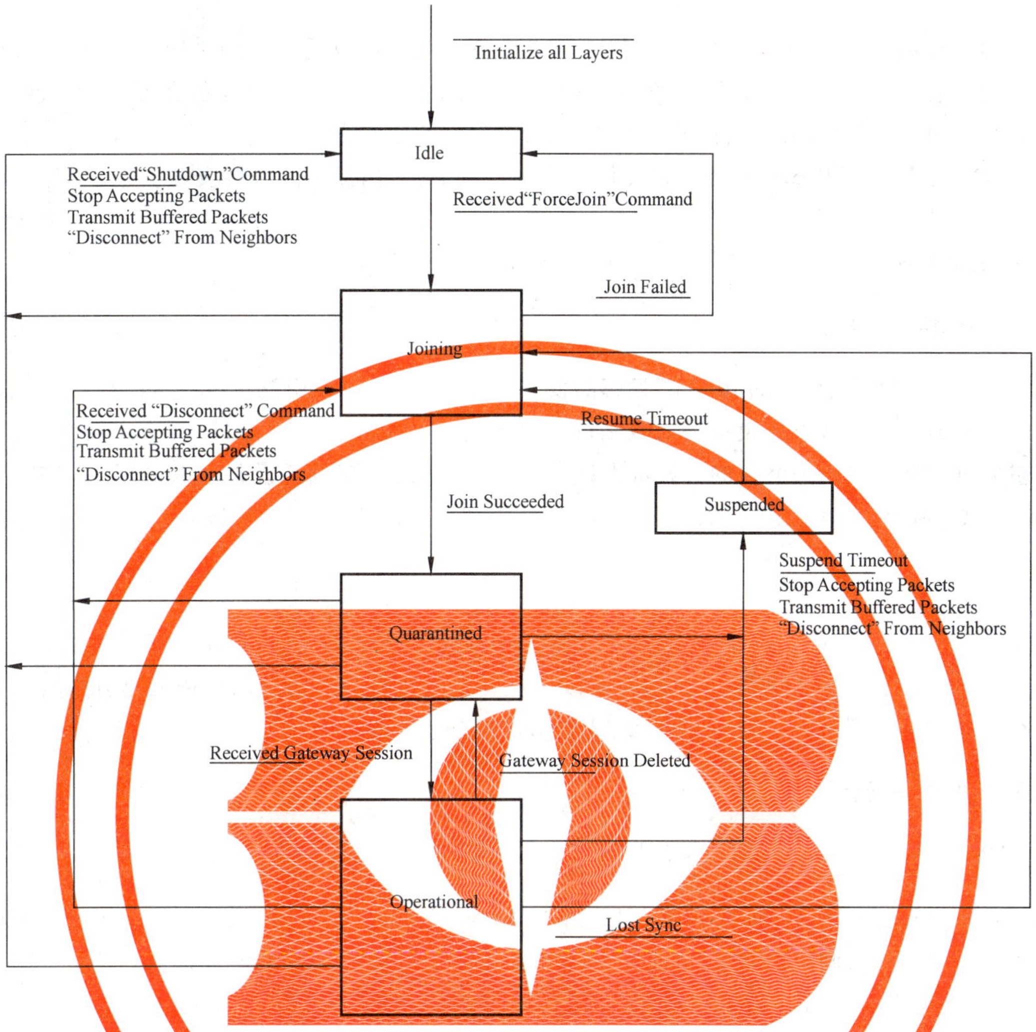

图 33 NLE 状态机

6.5.5.2 Idle 状态

设备在重启或者上电时应进入"Idle"状态。在"Idle"状态下设备不应尝试进行无线通信。如果 Join_key 和 network_ID 是通过维护端口写入的，则设备应更新 Join_key 和 network_ID。设备接收到来自 NL 管理的加入命令后，NLE 应转换到"Joining"状态。

6.5.5.3 Joining 状态

NLE 负责网络的定位和同步。它应等待接收通告包。NLE 接收到一个或者多个通告包后，应使用 Join_key 请求加入网络。网络管理器将向请求的 NLE 发送网络密钥和网络管理器会话。网络管理器也将向 NLE 提供超帧、图和链路。NEL 接收到这些参数后，应转换到"Quarantined"状态。

网络管理器可立即对加入请求进行响应，否则 NLE 可重发请求。如果设备发送加入请求的个数达到 max_join_retries(见表 58)，且还没有收到来自网络管理器的安全密钥和会话参数，则加入失败。此时，NLE 应返回"IDLE"状态。

如果 NLE 接收到 NL 管理的 Disconnect 命令，则应转换到"IDLE"状态。

6.5.5.4 Quarantined 状态

处于 Quarantined 状态的设备是受限制的网络设备。在被授权进入到网络应用之前,NLE 应一直保持在该状态上。授权方式可能为:操作员授权在系统中使用设备,并允许设备进行工作。该隔离步骤与过程工业中的正常活动同时进行,并为加入过程附加一个安全层。

处于"Quarantined"状态的设备应仅允许产生和接收数据包,但不允许转发数据包。应生成标准的网络报告,如邻居报告。

NLE 接收到网关的会话参数后,应转换到"Operational"状态。

6.5.5.5 Operational 状态

主机应用可访问处于"Operational"状态的设备,并开始与之进行交互。

处于"Operational"状态的设备是功能完备的网络设备,且应开始执行配置所指定的任务。设备应将数据包通过网络发送到最终目的。设备也应参与发送通告,并支持新设备加入网络。如果设备被配置要发布数据,则应请求带宽以完成发布。设备应接收用户的传输请求和响应。

6.5.5.6 Suspended 状态

处于"Quarantined"或"Operational"状态的设备可能被强制进入"Suspended"状态一段时间。通常由于安全原因而挂起较短的时间,例如采矿爆破作业期间。处于该状态下的设备关掉射频后,仍然继续计时。在规定的时间到达后,设备应转换到"Joining"状态。

6.5.6 NLE 的过程元素

6.5.6.1 NL-TRANSMIT 请求原语的接收

当接收到 NLS 用户的 NL-TRANSMIT 请求时,NLE 应根据收到的服务原语中的 Timetable_ID 来定位该请求对应的时间表。如果目的不是网络管理器,且该请求对应的时间表中没有足够的剩余带宽,则返回一个错误,同时删除该请求。

NLE 为此次请求构造 NPDU。字段的设置见表 56。NLE 从表 54 所列的时间表属性中搜索 Route_ID。一旦路由被确认,则将路由属性中的 Graph_ID(见表 52)复制到 NPDU 中。

除非进行路由测试,否则数据包都应采取图路由的方式。然而,如果有源路由附加到该路由上,则 NPDU 中应包含源路由地址。NPDU 中没有用到的源路由地址项应设置为 0xFFFF。采用源路由时 Graph_ID 有效。

表 56 NPDU 结构

字段	过　程
控制(Control)	根据源地址和目的地址的大小设置地址比特。由请求原语指定目的地址。如果目的地址为广播地址,则目的地址为短地址。设备昵称初始化之前,源地址为设备的 EUI-64 地址。根据路由选择的结果设置路由比特
HTL	设为 Default_HTL
序列号(Sequence number)	设为当前的 ASN 值
Graph_ID	根据路由选择的结果进行设定
目的地址(Destination address)	设为请求原语中的值。如果目的地址为广播地址,该字段的值设为 0xFFFF
源地址(Source address)	如果昵称没有被初始化,则设为 EUI-64 地址,否则设为昵称
代理路由(Proxy route)	根据路由选择的结果进行设定
源路由(Source routes)	根据路由选择的结果进行设定

6.5.6.2 DL-RECEIVE 指示原语的接收

NLE 应检查接收的来自 DLE 的 NPDU 的目的地址。NLE 应将这些数据包发送给正确的目的:转发给路由中的下一个 DLE,转发给加入设备,或者交付给本地的 NLS 用户。

6.5.6.3 DL-TRANSMIT 证实原语的接收

6.5.6.3.1 概述

NLE 应删除与句柄(handle)相关联的服务的所有数据及登录项,并向 NLS 用户返回证实。

6.5.6.3.2 寻址到设备的 NPDU

如果接收的 NPDU 的目的地址为本地 NLS 用户,则 NLE 应对其进行信息安全处理。

6.5.6.3.3 带广播地址的 NPDU

如果接收的 NPDU 的目的地址为广播地址,则 NLE 应按照 6.5.6.3.4 中描述的方式转发该 NPDU,同时应对其进行信息安全处理。

6.5.6.3.4 转发接收的 NPDU

NLE 应按照下面描述的顺序来处理接收的 NPDU。

NLE 应检查和更新 HTL。如果接收的 NPDU 中的 HTL 数为零,则:

a) 应丢弃该 NPDU;

b) 否则,

   1) 如果 HTL 不为 0xFF,则 NLE 应将其减 1,并使用该值构造 NPDU 后进行转发;

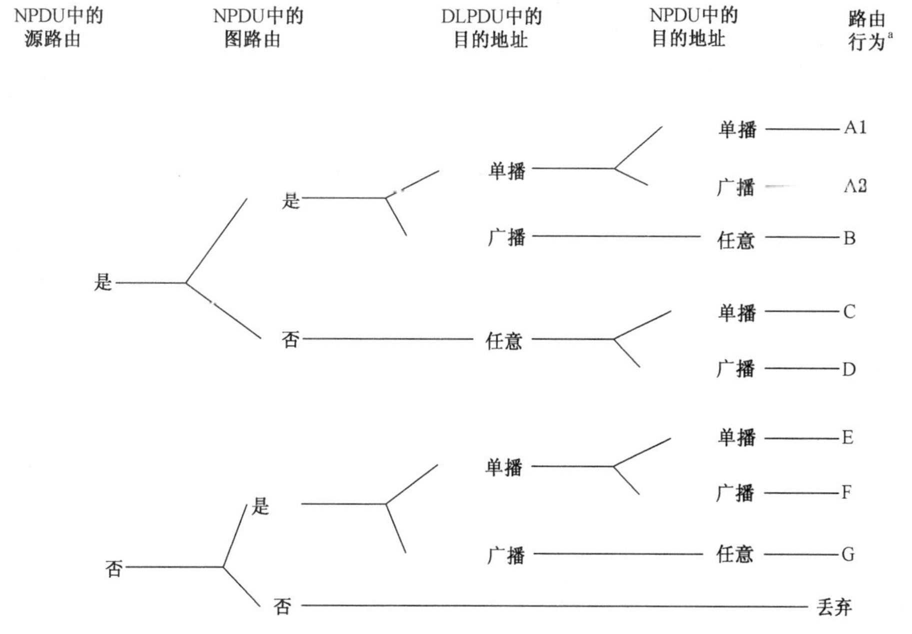

[a] 见表 57。

图 34 NPDU 的路由决策

2) 应检查序列号,如果接收的 NPDU 的寿命大于 max_packet_age,则丢弃此包;
3) 否则,NLE 应检查目的地址;
4) 如果 NPDU 中包含与本地 NLE 地址相匹配的代理地址,则最终的目的为一个加入设备。NLE 应通过转发 NPDU 到由 DLE 指定的正在加入设备的 DLL 目的地址,以将数据包发送给加入设备;
5) 否则,如果 NPDU 的目的地址为单播地址且与一个邻居相匹配,则 NPDU 应被直接发送给该邻居。NLE 应通过转发 NPDU 到由 DLE 指定的邻居设备的 DLL 目的地址,以将数据包发送给邻居设备;
6) 否则,根据 NPDU 中的 Graph_ID 和源路由继续向前发送此包。路由决策见图 34。当分析接收的 NPDU 时,图中的列将从左到右进行评估,即从"NPDU 的源路由"开始。"NPDU 中的图路由"为"否",则表示接收的 Graph_ID 与接收 NPDU 的现场设备的 Graph_ID 或者 Superframe_ID 不匹配。路由决策的结果用一个字母标识符表示,如表 57 所示。

注:如果接收的 DLPDU 的目的地址为广播地址,则 NPDU 中的 Graph_ID 包括 Superframe_ID 以标识对应的广播链路。

表 57 路由动作

动作代码	动 作 描 述
A1	如果是接收的 NPDU 中源路由列表的终点,或源路由的下一地址不是邻居的地址,则应沿着接收的 NPDU 中的图路由转发该接收的 NPDU;否则,将接收的 NPDU 转发给源路由的下一地址
A2	如果是接收的 NPDU 中源路由列表的终点,则向 Superframe_ID(Graph_ID 包含 Superframe_ID)进行广播;否则,将接收的 NPDU 转发给源路由的下一地址
B	继续向图广播。使用超帧中的广播链路
C	如果接收的 NPDU 中源路由列表中包含另一个有效目的,则将 NPDU 转发给该地址。否则,向 NLM 指示源路由错误
D	将接收的 NPDU 转发给源路由的下一地址
E	利用图中指向邻居的任意一条普通链路,沿着图转发接收的 NPDU;如果是图的终点,则向 NLM 指示图路由错误
F	将接收的 NPDU 转发给图中的所有邻居。如果到达了图的终点,则丢弃 NPDU
G	Graph_ID 为 Superframe_ID;利用超帧中的广播链路继续广播 NPDU
Discard	接收的 NPDU 无效,丢弃

应根据接收的 ASN 重新计算传送给 DLE 的超时值。

NLE 应将 NPDU 转发给 DLE,以便在下一时隙(即紧跟接收该 PDU 的时隙)进行发送。

6.5.7 NL 管理信息

6.5.7.1 概述

在适当的 NLE 操作之前,需要配置 NL 的一些属性。这些属性定义见 6.5.7.2。6.5.7.3 总结了通过 NL 管理所请求的 NLE 动作。

6.5.7.2 NL 属性

会话属性如表 49 所示。

路由属性如表52所示。

源路由属性如表53所示。

其他属性如表58所示。

表58 NL属性

属性名	取值范围	定　义
Unique ID	$0\sim2^{40}-1$	3.3.91中定义的设备的惟一ID
Nickname	0～65 534	3.3.67中定义的设备的昵称
Default_HTL	0～255	以跳数为单位的数据包的生存期，定义数据包在丢弃前可经过的跳数，缺省值为32
max_packet_age	0～65 535	以ASN为单位的数据包的生存期，表示数据包在丢弃前看经过的时隙数，缺省值为30 000个ASN时间(等于300 s)
min_ads_needed	0～255	发送加入请求前所需的不同通告的个数，缺省值为3
Ad_wait_timeout	$0\sim2^{32}-1$，以ms为单位	等待接收到其他通告的时间，缺省值为30 s
max_join_retries	0～255	加入重传限制，缺省值为5
Join_rsp_time	$0\sim2^{32}-1$，以ms为单位	加入响应超时间隔，缺省值为Keep_alive_time(见表46)
Bcast_reply_time	$0\sim2^{32}-1$，以ms为单位	答复广播消息的最大时间，缺省值为60 s
Health_report_time	0～65 535，以ms为单位	发布健康状况报告的间隔，缺省值为15 min
Session_table_size	至多255	会话表的大小，即最大的登录项个数
Num_session_table_entries	至多255	会话表中当前的登录项个数
Route_table_size	至多255	路由表大小，即最大的登录项个数
Num_route_table_entries	至多255	路由表中当前的登录项个数

6.5.7.3 NLM动作

表59中定义了NL管理可请求的NLE动作。

表59 NL动作

名称	描　述
reset	重启和初始化NLE。调用该原语时，清空所有的网络表。一般在设备上电时或设备安装在一个新网络中时，调用该原语
write-session	添加一个新会话
delete-session	删除一个已有会话
add-route	添加一个新路由
delete-route	删除一个已有路由
default-route	设置一个路由作为缺省路由
add-timetable	添加一个新时间表
delete-timetable	删除一个已有的时间表
join	状态从Idle转换为Joining
disconnect	将状态转换为Idle

6.5.7.4 网络管理

网络管理器负责全网的管理、调度和优化。网络管理功能详见附录C。

6.6 传输层

6.6.1 概述

传输层用来保证将TLS用户数据传递到最终的目的。传输层支持确认事务和非确认事务。

非确认的服务允许设备发送TLS用户数据,且不需要接收方返回确认。目的设备接收到数据的顺序可能与源设备发送数据的顺序不一致。

确认服务用于建立一个连接网络中两个设备的同步的传输管道。这个管道允许设备发送数据并且对传输进行确认。TLS用户可将数据发送给接收方TLS用户,且避免数据包丢失、重复和错序。这种服务适用于用户请求和响应通信以及事件通知。采用确认服务时,要求网络同步。网络中的这种传输管道一次仅允许处理一个未完成的事务。

6.6.2 TPDU结构

6.6.2.1 概述

如图35给出了TPDU的结构。它应包括按以下顺序描述的各个字段:

——1个八位位组的传输控制;

——传输层载荷。

Transport control	TL payload

图35 TPDU结构

6.6.2.2 传输控制

如图36所示,该字段定义服务的长度和类型,具体包括四个子字段:

——TACK:如果Bit7为“1”,则TPDU用于确认服务,否则用于非确认服务;

——TRESP:如果Bit6为“1”,则TPDU作为TLS原语中传输类型(transport-typ)参数所规定的响应;

——TBROAD:如果Bit5为“1”,则TPDU用于广播管道,对请求和响应时该比特均为“1”;

——TSEQN:Bit4～Bit0组成了TPDU的序列号,用来检测TPDU的重复和丢失,并且将响应和请求相互关联。

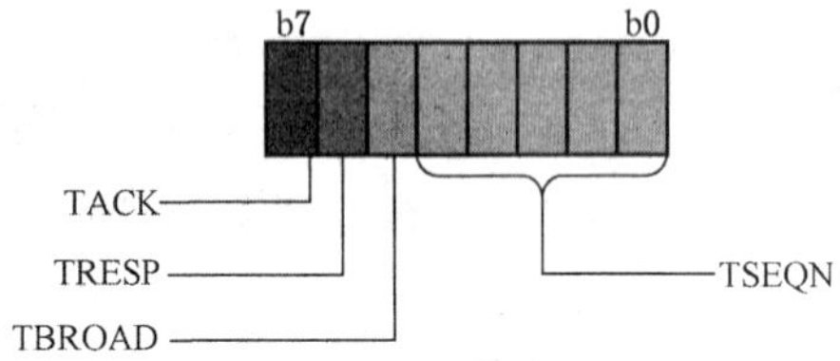

图36 TPDU控制八位位组

6.6.3 传输管道表

表 60 所示为传输管道属性。应为每个确认的数据交互，在传输管道表中创建一个新的登录项。非确认的数据传输不需要该表中的登录项。

要求现场设备具有以下传输管道的功能：

——与网络管理器进行单播数据交换的从站；

——与网络管理器进行广播数据交换的从站；

——与网关进行单播数据交换的从站；

——向网络管理器发送事件通知的主站；

——向网关发送事件通知的主站。

网关和网络管理器需要跟踪连接到网络的每个设备的若干传输管道。当网络管理器或网关生成一个需确认的广播时，TLE 应确保接收到来自所有受影响设备的确认，可能包括所有设备。

传输管道表中的每个登录项包含的属性有：指示管道是否激活(正在处理一个事务)，设备是否为主站以及该管道是否为广播管道。管道的主站端发出 TL-DATA-EXCHANGE 请求。管道的从站端提供 TL-DATA-EXCHANGE 指示。

对于管道主站端的传输管道登录项，需要重传次数器和重传定时器。

表 60 传输管道属性

属性名	取值范围	定 义
Active	TRUE,FALSE	如果传输管道被激活，则为 TRUE
Master	TRUE,FALSE	如果为传输管道的主站端，则为 TRUE
Broadcast	TRUE,FALSE	如果传输管道用于广播请求，则为 TRUE
Bcast_reply_time	0～65 535 (以 ms 为单位)	回复广播消息的最大时间，缺省值为 60 s。
sequence_number	0～31	对于传输管道的主站端，为未完成请求的序列号； 对于传输管道的从站端，为最后一个确认的序列号
TPDU_handle	0～255	仅用于传输管道的主站端，对应于最后一个 TPDU 的 TL-DATA-EXCHANGE 请求的句柄；不用于传输管道的从站端
last_TPDU	—	对于传输管道的主站端，为最后一个未确认的 TPDU (如果不存在，则为 NULL)； 对于传输管道的从站端，为最后一个确认的 TPDU
retry_count	0～255	仅用于传输管道的主站端，表示通信尝试的次数；不用于传输管道的从站端
max_reply_time	—	重传之前，等待一个未完成请求的响应的时间，缺省值为 30 s
max_retries	0～255	执行一个需确认的数据包传输时，传输层的重传次数，缺省值为 5 s

6.6.4 TLE 的过程元素

6.6.4.1 TL-DATA-TRANSFER 请求原语的接收

TLE 应按照表 61 给出的传输控制八位位组进行编码。

表 61 TL-DATA-TRANSFER 请求的传输控制编码

传输类型	tbroad	tack	tresp
块传输请求(Block-transfer request)	0	0	0
块传输响应(Block-transfer response)	0	0	1
搜索-广播(Search-broadcast)	1	0	0
发布-广播(Publish-broadcast)	1	0	1
响应-广播(Response-broadcast)	1	1	1
发布-单播(Publish-unicast)	0	0	1
注：传输类型的其他值被用于其他服务，见表 62 和表 63。			

对于传输管道的主站端，TLE 应增加 sequence_number，并将最低 5 位复制到 TSEQN 子字段中。对于从站端(响应者)，TLE 应将其接收的请求原语中的句柄中的最低 5 位复制到 TSEQN 子字段中。TLE 应通过调用 NL-TRANSMIT 请求原语将 TPDU 转发给 NLE。该请求原语中的 Timetable_ID 参数值应被 NL-TRANSMIT 请求原语使用。

6.6.4.2 TL-DATA-EXCHANGE 请求原语的接收

6.6.4.2.1 概述

如果传输管道正在等待之前传输的 TPDU 的确认，但缓冲区大小不足，则服务失败。TL-DATA-EXCHANGE 证实原语应向 TLS 用户返回一个错误，并应丢弃该请求。

否则，TLE 应检查请求原语中的传输类型参数，并根据表 62 给出的传输控制八位位组进行编码。NL-TRANSMIT 请求原语应使用 TL-DATA-EXCHANGE 请求原语的 Timetable_ID 参数值。

表 62 TL-DATA-EXCHANGE 请求的传输控制编码

传输类型	tbroad	tack	tresp
请求-单播(Request-unicast)	0	1	0
请求-广播(Request-broadcast)	1	1	0
注：传输类型的其他值用于其他服务，见表 61 和表 63。			

6.6.4.2.2 确认请求

请求要求目的端进行响应。因此，传输控制八位位组中的 TACK 子字段应设为“1”。TLE 应从传输管道表中搜索对应于服务原语的登录项。如果对应的登录项不存在，则 TLE 应在传输管道表中创建一个登录项，并将该登录项的 sequence_number 设为一个随机数(nonce)。

如果一个传输管道可用，且该传输管道中已有一个等待目的 TLE 返回确认的请求，但没有足够的缓冲区，则该请求失败。TLE 应将带有错误状态的 TL-DATA-EXCHANGE 证实原语转发给 TLS 用户。

如果一个传输管道可用，且在该传输管道中没有未处理的请求，或缓冲区可用，则表中登录项的 sequence_number 应加 1，且将最低 5 位复制到传输控制字段的 TSEQN 子字段中。该服务原语的传输管道登录项中，Active 标志应设为 TRUE；retry_count 应被复位为零；replyTimer 应设为 max_reply_time，并等待响应。

TLE 应使用 NL-TRANSMIT 请求原语将 TPDU 转发给 NLE。TPDU 也应被存储以备重传。

6.6.4.3 **TL-DATA-EXCHANGE 响应原语的接收**

TLE 应搜索传输管道表以找到对应地址的登录项。对于每个对应的地址，可能存在两个登录项——广播和单播。TLE 应利用原语的传输类型参数来找到正确的传输管道。

TLE 应比较响应原语中的句柄(sequence_number)参数和传输管道登录项中的 sequence_number。如果响应原语中的 sequence_number 不是比传输管道登录项的 sequence_number 大 1，则服务失败，应丢弃响应。TLE 不应将任何 TPDU 转发给 NLE。

否则，TLE 应准备 TPDU，更新传输管道登录项中的 sequence_number，按照表 63 的传输控制八位位组进行编码。如果传输类型是单播响应，则应立即利用 NL-TRANSMIT 请求原语将 TPDU 转发给 NLE。否则，如果传输类型是广播响应，则 TLE 应在 0～Bcast_reply_time(见表 60)时间值内等待一个随机时间。时间一到，TLE 应利用 NL-TRANSMIT 请求原语将 TPDU 转发给 NLE。TLE 也应将 TPDU 放入缓冲区中以备将来重传。

表 63 TL-DATA-EXCHANGE 响应的传输控制编码

传输类型	tbroad	tack	tresp
响应-单播(Response-unicast)	0	1	1
注：传输类型中的其他值用于其他服务，见表 61 和表 62。			

6.6.4.4 **NL-TRANSMIT 指示原语的接收**

6.6.4.4.1 **概述**

当 TLE 接收到来自 NLE 的指示原语时，它应检查传输控制子字段的 TACK 和 TRESP，并用其处理收到的 TPDU。

6.6.4.4.2 **非确认数据的传输**

如果传输控制子字段 TACK 的值为 FALSE，则 TLE 应在 TL-DATA-TRANSFER 指示原语中将接收的 TSDU 转发给 TLS-user。TSEQN 子字段应作为 sequence-number 被转发。

6.6.4.4.3 **确认指示数据的传输**

如果传输控制的 TACK 子字段为 TRUE 且 TRSEP 为 FALSE，则 TLE 应验证 TSEQN 子字段。TLE 应搜索传输管道表以找到通信地址对应的登录项。对于每个通信地址，可能存在两个登录项——广播和单播。TLE 应根据传输控制的 TBROAD 子字段搜索正确的传输管道。

如果传输管道表中登录项不存在，则 TLE 应创建一个新的登录项。TLE 应将 Active 属性设为 TRUE，将 Master 属性的比特设置为 false，将 sequence_number 设为接收到 TPDU 的 TSEQN 子字段的值减 1。TLE 应将 TL-DATA-EXCHANGE 指示原语转发给 TLS 用户。该原语中的传输类型和序列号应被设为接收的传输控制字段的值。

如果传输管道表中登录项存在，则应比较接收的 TPDU 中的 TSEQN 子字段和传输管道表登录项的 sequence_number。如果两者相等，则 TPDU 是重复的，之前存储的响应 TLDPU 应通过 NL-TRANSMIT 请求原语转发给 NLE。否则，如果接收的 TPDU 的 TSEQN 子字段的值不比传输管道表登录项中的值大 1，则丢弃该 TPDU。

否则，如果接收的 TPDU 的 TSEQN 子字段的值比传输管道表登录项中的值大 1，则 TLE 应在 TL-DATA-EXCHANGE 指示原语中，将接收的 TL 载荷作为 TLS 用户数据转发给 TLS 用户。该原语中的传输类型和序列号应被设为接收的传输控制字段中的值。

6.6.4.4.4 确认响应数据的传输

如果传输控制中的 TACK 子字段为 TRUE 且 TRESP 为 TRUE,则 TLE 应验证 TSEQN 子字段。TLE 应搜索传输管道表以查找通信地址对应的登录项。对于每个通信地址,可能存在两个登录项——广播和单播。TLE 应根据传输控制中的 TBROAD 子字段查找正确的传输管道。

如果传输管道表中不存在相应的登录项,则 TLE 应丢弃接收的 TPDU。

如果传输管道表中的登录项存在,则应比较接收的 TPDU 中的 TSEQN 子字段和传输管道表登录项的 sequence_number。如果两者相等,则 TPDU 为之前发送请求的响应。TLE 应将对应的登录项的 Active 属性设为 FALSE,停止 replyTimer,并清空用于存储请求 TPDU 的缓冲区。TLE 应在 TL-DATA-EXCHANGE 证实原语中,将接收的 TL 载荷作为 TLS 用户数据转发给 TLS 用户。该原语中的句柄应被设为接收的指示原语的对应值。

6.6.4.5 NL-TRANSMIT 证实原语的接收

如果相应的 NL-TRANSMIT 请求来自于 TL-DATA -TRANSFER 请求,则 TLE 应将 TL-DATA -TRANSFER 证实原语转发给 TLE 用户。如果相应的 NL-TRANSMIT 请求来自于传输类型为请求-广播的 TL-DATA -EXCHANGE 请求,则 TLE 应将 TL-DATA -EXCHANGE 证实原语转发给 TLE 用户。

6.6.4.6 replyTimer 超时

如果 replyTimer 超时,则表示请求的 TPDU 或相应的响应 TPDU 丢失。如果 retry_count 小于 max_retries,则 TLE 再次发送请求的 TPDU,并增加 retry_count。否则,如果 retry_count 达到最大值,则请求失败,TLE 应将登录项中的 Active 属性设置为 False,停止 replyTimer,并清空用于存储请求 TPDU 的缓冲区。TLE 应将带有错误状态的 TL-DATA-EXCHANGE 证实原语转发给 TLS 用户。该原语中的句柄应设为接收的对应的请求原语的值。

6.6.5 TLE 状态机

6.6.5.1 客户机数据传输状态机

状态如图 37 所示,完整的状态机描述见表 64。

表 64 客户机数据传输状态表

#	当前状态	事件或条件 =>动作	下一状态
S1	IDLE	TL-Data-transfer.request => NL-TRANSMIT.request { destination address :=TL-Data-transfer.request.destination address, priority :=TL-Data-transfer.request.priority, Timetable_ID :=TL-Data-transfer.request.Timetable_ID, NLS-user-data :=TLPDU }(见 6.6.4.1)	Wait for transmission
S2	Wait for transmission	NL-TRANSMIT.confirm => TL-Data-transfer.confirm { Status :=status }(见 6.6.4.5)	IDLE

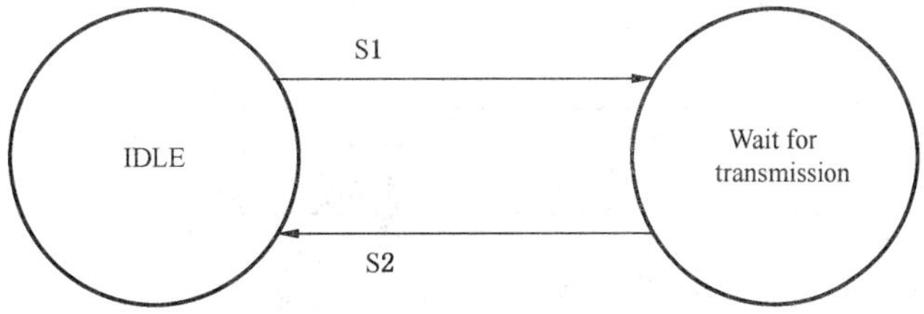

图 37　客户机数据传输状态机的转移图

6.6.5.2　客户机数据交换状态机

状态转化如图 38 所示,完整的状态机描述见表 65。

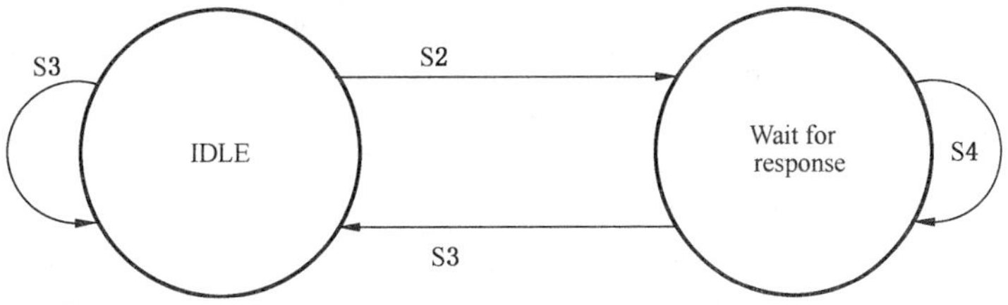

图 38　客户机数据交换状态机的转移图

表 65　客户机数据交换状态表

#	当前状态	事件或条件 => 动作	下一状态

S1	IDLE	TL-Data-Exchange.request && waiting for acknowledgement for a previous TPDU
		=>
		TL-Data-transfer.confirm {
		Status :=failure
		}
			IDLE

S2	IDLE	TL-Data- Exchange.request && ! waiting for acknowledgement for a previous TPDU => retry_count :=0, replyTimer :=max_reply_time, NL-TRANSMIT.request { destination address :=TL-Data-transfer.request.destination address, priority :=TL-Data-transfer.request.priority, Timetable_ID :=TL-Data-transfer.request.Timetable_ID, NLS-user-data :=TLPDU } (见 6.6.4.2)	Wait for response
S3	Wait for response	NL-TRANSMIT.confirm && corresponding Transport-type==Request-broadcast => TL-Data- Exchange.confirm { Status :=status } (见 6.6.4.5)	IDLE

表 65（续）

#	当前状态	事件或条件 => 动作	下一状态
S3	Wait for response	NL-TRANSMIT.indication && TLPDU.tack= =TRUE && TLPDU.tresp= =TRUE && transport pipe table entry exists && TLPDU.tseqn= = sequence_number in the transport pipe table entry => Disable replyTimer, Delete the buffer that was used to store the TPDU for the request, TL-Data- Exchange.confirm { TLS-user-data :=TLPDU payload, Status :=status }（见 6.6.4.4.4）	IDLE
S4	Wait for response	replyTimer expires && retry_count ! =max_retries => Increment retry_count, NL-TRANSMIT.request { destination address :=TL-Data-transfer.request.destination address, priority :=TL-Data-transfer.request.priority, Timetable_ID :=TL-Data-transfer.request.Timetable_ID, NLS-user-data :=TLPDU }（见 6.6.4.6）	Wait for response
S3	Wait for response	replyTimer expires && retry_count= =max_retries => TL-Data-transfer.confirm { Status :=failure }（见 6.6.4.6）	IDLE

6.6.5.3 服务器状态机

状态如图 39 所示，完整的状态机描述见表 66。

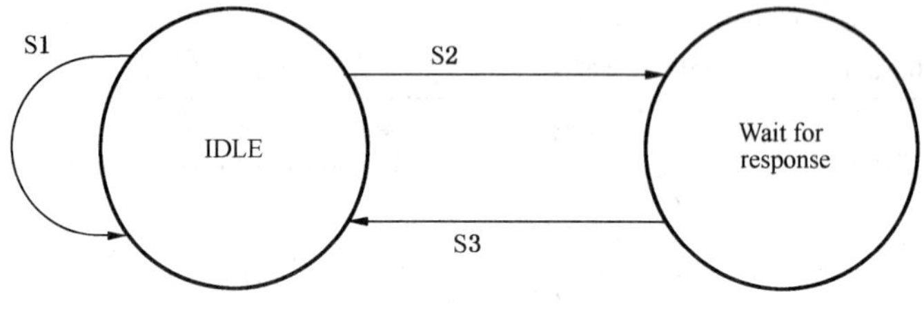

图 39 服务器状态机的转移图

表 66 服务器状态表

#	当前状态	事件或条件 => 动作	下一状态
S1	IDLE	TL-Data-transfer.request => NL-TRANSMIT.request { destination address :=TL-Data-transfer.request.destination address, priority :=TL-Data-transfer.request.priority, Timetable_ID :=TL-Data-transfer.request.Timetable_ID, NLS-user-data :=TLPDU } (见 6.6.4.1)	IDLE
S1	IDLE	NL-TRANSMIT.indication && TLPDU.tack==FALSE => TL-Data-transfer.indication { source address :=NL-TRANSMIT.indication.source address, Transport-type :=TLPDU.transport-type, priority :=TLPDU priority, TLS-user-data :=TLPDU payload } (见 6.6.4.4.2)	IDLE
S1	IDLE	NL-TRANSMIT.indication && TLPDU.tack==TRUE && TLPDU.tresp==FALSE && TLPDU.tseqn==sequence_number in the transport pipe table entry (duplicate indication,见 6.6.4.4.3) => NL-TRANSMIT.request { destination address :=previously buffered destination address, priority :=previously buffered priority, Timetable_ID :=previously buffered Timetable_ID, NLS-user-data :=previously buffered TLPDU } (见 6.6.4.4.3)	IDLE
S2	IDLE	NL-TRANSMIT.indication && TLPDU.tack==TRUE && TLPDU.tresp==FALSE && transport pipe table entry does not exist => Create transport pipe table entry, sequence_number in the transport pipe table entry=TLPDU.tseqn -1 TL-Data- exchange.indication { source address :=NL-TRANSMIT.indication.source address, sequence number :=TLPDU.tseqn, Transport-type :=TLPDU.transport-type, priority :=TLPDU priority, TLS-user-data :=TLPDU payload } (见 6.6.4.4.3)	Wait for response

表 66（续）

#	当前状态	事件或条件 => 动作	下一状态
S2	IDLE	NL-TRANSMIT.indication && TLPDU.tack==TRUE && TLPDU.tresp==FALSE && transport pipe table entry exists && TLPDU.tseqn == sequence_number in the transport pipe table entry+1 => TL-Data- exchange.indication { source address :=NL-TRANSMIT.indication.source address, sequence number :=TLPDU.tseqn, Transport-type :=TLPDU.transport-type, priority :=TLPDU priority, TLS-user-data :=TLPDU payload }（见 6.6.4.4.3）	Wait for response
S3	Wait for response	TL-Data- Exchange.response && transport pipe table entry exists && sequence_number in the transport pipe table entry==response sequence number -1 => Increment sequence_number in the transport pipe table entry, NL-TRANSMIT.request { destination address :=TL-Data- Exchange.response.destination address, priority :=TL-Data- Exchange.response.priority, Timetable_ID :=TL-Data- Exchange.response.Timetable_ID, NLS-user-data :=TLPDU }（见 6.6.4.3）， Buffer TLPDU and NL-TRANSMIT.request parameters	IDLE

6.6.6 TL 管理的信息

在 TLE 正确运行之前，应对 TL 的一些属性进行配置。这些属性的定义见表 60。

7 WirelessHART 应用层服务定义

7.1 公用概念

本部分用来描述应用层服务的公共概念和模板，详见 IEC/TR 61158-1 第 9 章。

7.2 数据类型 ASE

7.2.1 应用层概览

7.2.1.1 概述

现场总线数据类型规定了由 FAL 服务传递的独立于机器的应用数据语法。现场总线应用层支持基本数据类型和结构化(Constructed)数据类型的定义和传输。本条规定的数据类型的编码规则见第 8 章。

基本类型是原子(atomic)类型，即不能再被划分为更小的类型。结构化类型由若干基本类型和其他结构化类型组成，其嵌套的复杂度和深度不受本标准约束。

数据类型被定义为数据类型类的实例，见图 40。

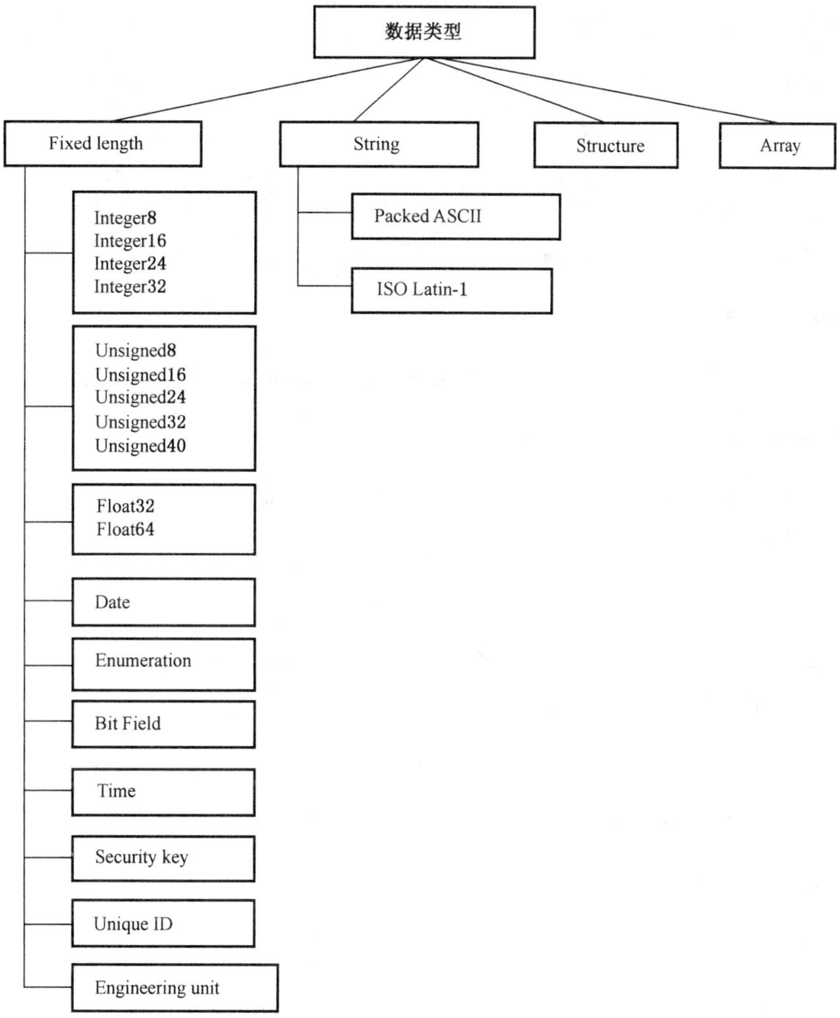

图 40 数据类型类层次结构

数据类型定义被表示为类/格式/实例的结构，以名为"Data Type"的数据类型类开始。数据类型的格式由数据类型类定义。

基本数据类用来定义固定长度的数据类型。ISO/IEC 8824 中的标准类型作为简单数据类型。其他标准基本数据类型被特别定义为现场总线应用并作为特定类型。

本部分规定的结构化类型包括字符串、数组和结构。

7.2.1.2 基本类型概览

大部分基本类型来自一组 ISO/IEC 8824 类型(简单类型)。有些 ISO/IEC 8824 类型已为现场总线特定应用扩展(特定类型)。

简单类型是 ISO/IEC 8824 的通用类型。本标准通过现场总线类标识符定义简单类型。

特定类型是特别为现场总线环境使用而定义的基本类型，被定义为简单类型的子类型。

基本类型具有固定长度。定义两种变型，一种用来定义长度为整数八位位组的数据类型，另一种用来定义以比特为长度的数据类型。

注：本标准定义 Integer、Packed ASCII、ISO Latin-1 和 Date 是为了为其分配现场总线类标识符，并不改变其在

ISO/IEC 8824 中的定义。

7.2.1.3 固定长度类型

固定长度类型的长度是整数个八位位组。

7.2.1.4 结构化类型

7.2.1.4.1 概述

结构化数据类型用来完整地传递现场总线上出现的各种信息。本标准定义了三种类型的结构化类型:字符串、数组和结构。

7.2.1.4.2 字符串(String)

字符串由一个有序集合组成,具有个数是可变的相似类型固定长度的元素。

7.2.1.4.3 结构(Structure)

结构由不同类型的元素的一个有序集合组成,这些元素被称为字段。本部分不限制字段的数据类型。但是,结构中的字段不必是相同类型。

7.2.1.4.4 数组(Array)

数组由相同类型元素的一个有序集合组成。数组元素的数据类型可以是固定长度的基本类型或结构。数组的所有元素都应具有相同类型。

7.2.1.4.5 嵌套层次

本标准允许结构和数组的元素包含结构和数组。

7.2.1.5 用户定义的数据类型规范

本标准不支持用户定义的类型。

7.2.1.6 用户数据的传输

用户数据由 FAL 协议在应用之间传输。所有编码和解码都由 FAL 用户进行。

FAL 协议数据单元中用户数据的编码规则与数据类型相关,这些规则在 GB/T 29910.4—2013 中定义。

7.2.2 数据类型(Data type)对象的形式化定义

7.2.2.1 数据类型类

数据类型类规定了数据类型类“树”的根部。其父类“TOP”是指 FAL 类“树”的顶部。

FAL ASE: **Data type ASE**
CLASS: **Data type**
CLASS ID: **未使用**
PARENT CLASS: **TOP**
ATTRIBUTES:

1	(m)	Key Attribute:	Data type Name
2	(m)	Attribute:	Format (FIXED LENGTH,STRING,STRUCTURE,ARRAY)
3	(c)	Constraint:	Format=FIXED LENGTH | STRING

3.1	(m)	Attribute:	Octet Length
4	(c)	Constraint:	Format=STRUCTURE
4.1	(m)	Attribute:	Number of Fields
4.2	(m)	Attribute:	List of Fields
4.2.1	(m)	Attribute:	Field Name
4.2.2	(m)	Attribute:	Field Data type
5	(c)	Constraint:	Format=ARRAY
5.1	(m)	Attribute:	Number of Array Elements
5.2	(m)	Attribute :	Array Element Data type

7.2.2.2 属性

——格式(Fomart)

该属性标识数据类型为固定长度、字符串、结构或数组。

——八位位组长度(Octet Length)

该条件属性定义了相关类型对象的大小表示。当"Format"属性值为"FIXED LENGTH"或"STRING"时,该属性存在。对于"FIXED LENGTH"数据类型,该属性表示八位位组长度。对于"STRING"数据类型,该属性表示字符串中单个元素的八位位组长度。

——字段个数(Number of Fields)

该条件属性定义了一个结构中字段的个数。当"Format"属性为"STRUCTURE"时,该属性存在。

——字段列表(List of Fields)

该条件属性是结构中所包含的字段的有序列表。每个字段都由其类型规定。字段按其出现的顺序进行描述。不支持对结构中部分字段的访问。

- 字段名称(Field Name)

  该条件属性规定了字段的名称。当"Format"属性值为"STRUCTURE"时,该属性存在。

- 字段数据类型(Field Data Type)

  该条件属性规定了字段的数据类型。当"Format"属性值为"STRUCTURE"时,该属性存在。该属性可自身规定一个结构化数据类型,这或者通过用其数字标识符(numeric ID)来引用一个结构化数据类型实现,或者通过在此嵌套一个结构化数据类型定义来实现。

——数组元素个数(Number of Array Elements)

该条件属性定义了数组类型的元素个数。当"Format"属性值为"ARRAY"时,该属性存在。

——数组元素数据类型(Array Element Data Type)

该条件属性规定了一个数组的元素的数据类型。数组中所有元素都具有相同的数据类型。当"Format"属性值为"ARRAY"时,该属性存在。该属性也可通过引用一个结构化数据类型定义(其用数字表示的 ID)而自身规定一个结构化数据类型。

7.2.3 FAL 定义的数据类型

7.2.3.1 固定长度类型

7.2.3.1.1 Integer8

CLASS: **Data type**

ATTRIBUTES:

1 Data type Name =Integer8
2 Format =FIXED LENGTH
2.1 Octet Length =1

本整型是长度为 1 个八位位组的 2 的二进制补码。

7.2.3.1.2 Integer16

CLASS: **Data type**
ATTRIBUTES:
1 Data type Name =Integer16
2 Format =FIXED LENGTH
2.1 Octet Length =2

本整型是长度为 2 个八位位组的 2 的二进制补码。

7.2.3.1.3 Integer24

CLASS: **Data type**
ATTRIBUTES:
1 Data type Name =Integer24
2 Format =FIXED LENGTH
2.1 Octet Length =3

本整型是长度为 3 个八位位组的 2 的二进制补码。

7.2.3.1.4 Integer32

CLASS: **Data type**
ATTRIBUTES:
1 Data type Name =Integer32
2 Format =FIXED LENGTH
2.1 Octet Length =4

本整型是长度为 4 个八位位组的 2 的二进制补码。

7.2.3.1.5 Unsigned8

CLASS: **Data type**
ATTRIBUTES:
1 Data type Name =Unsigned8
2 Format =FIXED LENGTH
2.1 Octet Length =1

该类型是一个二进制数。最高有效八位位组的最高有效位总是作为二进制数的最高有效位,无符号位。该类型的长度为 1 个八位位组。

7.2.3.1.6 Unsigned16

CLASS: **Data type**
ATTRIBUTES:
1 Data type Name =Unsigned16
2 Format =FIXED LENGTH

2.1 Octet Length =2

该类型是一个二进制数。最高有效八位位组的最高有效位总是作为二进制数的最高有效位,无符号位。该类型的长度为 2 个八位位组。

7.2.3.1.7 Unsigned24

CLASS: **Data type**

ATTRIBUTES:

1 Data type Name =Unsigned24

2 Format =FIXED LENGTH

2.1 Octet Length =3

该类型是一个二进制数。最高有效八位位组的最高有效位总是作为二进制数的最高有效位,无符号位。该类型的长度为 3 个八位位组。

7.2.3.1.8 Unsigned32

CLASS: **Data type**

ATTRIBUTES:

1 Data type Name =Unsigned32

2 Format =FIXED LENGTH

2.1 Octet Length =4

该类型是一个二进制数。最高有效八位位组的最高有效位总是作为二进制数的最高有效位,无符号位。该类型的长度为 4 个八位位组。

7.2.3.1.9 Unsigned40

CLASS: **Data type**

ATTRIBUTES:

1 Data type Name =Unsigned40

2 Format =FIXED LENGTH

2.1 Octet Length =5

该类型是一个二进制数。最高有效八位位组的最高有效位总是作为二进制数的最高有效位,无符号位。该类型的长度为 5 个八位位组。

7.2.3.1.10 Float32

CLASS: **Data type**

ATTRIBUTES:

1 Data type Name =Float32

2 Format =FIXED LENGTH

2.1 Octet Length =4

该类型的长度为 4 个八位位组。ANSI/IEEE 754 定义 Float32 的格式为单精度。

7.2.3.1.11 Float64

CLASS: **Data type**

ATTRIBUTES:

1 Data type Name =Float64

2 Format =FIXED LENGTH

2.1 Octet Length =8

该类型的长度为8个八位位组。ANSI/IEEE 754 定义 Float64 的格式为双精度。

7.2.3.1.12 **Date**

CLASS: **Data type**

ATTRIBUTES:

1 Data type Name =Date

2 Format =FIXED LENGTH

2.1 Octet Length =3

该类型的结构为日、月和年减去1900,可表示1900年1月1日～2155年12月31日的日期。

7.2.3.1.13 **Enumeration**

CLASS: **Data type**

ATTRIBUTES:

1 Data type Name =Enumeration

2 Format =FIXED LENGTH

2.1 Octet Length =1

一个列表或表格中的每个数据项都具有单独的含义,这些数据项被编码为枚举。该数据类型使用一个八位位组长的无符号整数。最大整数被保留而不用于任何服务。

7.2.3.1.14 **Bit Field**

CLASS: **Data type**

ATTRIBUTES:

1 Data type Name =Bit Field

2 Format =FIXED LENGTH

2.1 Octet Length =1 or 2

该数据类型是一个8比特序列(编号0～7)或16比特序列(编号0～15)。编码为单比特数据的信息通信(如状态和诊断信息)使用这种数据类型。

7.2.3.1.15 **Time**

CLASS: **Data type**

ATTRIBUTES:

1 Data type Name =Time

2 Format =FIXED LENGTH

2.1 Octet Length =4

该数据类型是无符号二进制整数,以1/32 ms为增量来表示时间。如果该数据类型用来表示一天的时间,则它应表示从午夜开始经历的1/32 ms的个数。

7.2.3.1.16 **Security key**

CLASS: **Data type**

ATTRIBUTES:

1 Data type Name =Security key

2 Format =FIXED LENGTH

2.1 Octet Length =16

该类型是 16 个八位位组组成的字符串。每个八位位组的取值范围为 0～255。对该类型的解释取决于应用。

7.2.3.1.17 **Unique ID**

CLASS: **Data type**

ATTRIBUTES:

1 Data type Name =Unique ID

2 Format =FIXED LENGTH

2.1 Octet Length =5

该类型是 5 个八位位组组成的字符串。每个八位位组的取值范围为 0～255。对该类型的解释取决于应用。

7.2.3.1.18 **Engineering unit**

CLASS: **Data type**

ATTRIBUTES:

1 Data type Name =Engineering unit

2 Format =FIXED LENGTH

2.1 Octet Length =1

该类型定义了被测值的测量单位。对该数据类型的解释不在本部分范围内，由通信行规规定(见 9.3.1)。

7.2.3.2 **字符串类型**

7.2.3.2.1 **Packed ASCII**

CLASS: **Data type**

ATTRIBUTES:

1 Data type Name =Packed ASCII

2 Format =STRING

2.1 Octet Length =1 to n

该类型是改动了的 ASCII 字符编码集的子集，见表 340。通过将 4 个 Packed ASCII 字符压缩为 3 个 8 比特八位位组来获得。

7.2.3.2.2 **ISO Latin-1**

CLASS: **Data type**

ATTRIBUTES:

1 Data type Name =Latin-1

2 Format =STRING

2.1 Octet Length =1 to n

该类型是 ISO/IEC 8859-1 (ISO Latin-1)字符串类型的子集，见表 341。

7.2.4 **数据类型 ASE 服务规范**

数据类型对象未定义操作服务。

7.2.5 数据类型汇总

数据类型汇总见表 67。

表 67 数据类型汇总

数据类型	条
Integer8	7.2.3.1.1
Integer16	7.2.3.1.2
Integer24	7.2.3.1.3
Integer32	7.2.3.1.4
Unsigned8	7.2.3.1.5
Unsigned16	7.2.3.1.6
Unsigned24	7.2.3.1.7
Unsigned32	7.2.3.1.8
Unsigned40	7.2.3.1.9
Float32	7.2.3.1.10
Float64	7.2.3.1.11
Date	7.2.3.1.12
Enumeration	7.2.3.1.13
Bit Field	7.2.3.1.14
Time	7.2.3.1.15
Security Key	7.2.3.1.16
Unique ID	7.2.3.1.17
Engineering unit	7.2.3.1.18
Packed ASCII	7.2.3.2.1
ISO Latin-1	7.2.3.2.2

7.3 通信模型规范

7.3.1 通用参数

许多服务具有相同参数，为避免每个服务重复定义，本条给出这些服务的公共定义。

7.3.1.1 AREP ID

该参数规定了足够的信息来标识 AR 的远端 AREP，可取值为远端的 Unique ID。保留该参数的一个值用于广播地址。

7.3.1.2 响应代码(Response code)

如果无通信错误，则该参数规定命令完成报告以指示设备执行命令的状态。该参数的取值见表 68，数据类型为 Enumeration。

表 68 响应代码取值

值	描 述
Success	命令(读或写)成功执行
Warning	命令(写)执行有偏离,偏离情况在响应中描述(例如一个值被设为其最接近的合法值)
Error	命令(读或写)未成功执行。响应代码指示原因(如设备处于写保护模式)

7.3.1.3 应用过程状态(Application process status)

该参数指示 FAL 用户提供的状态,与任何命令的完成无关。长度为 1 个八位位组。

7.3.1.4 扩展状态(Extended status)

该参数指示 VFD 的状态,与任何命令的完成无关。长度为 1 个八位位组。

7.3.2 ASE

7.3.2.1 虚拟现场设备 ASE

虚拟现场设备(VFD)ASE 应符合 GB/T 29910.3—2013 的 6.2.1。

7.3.2.2 变量 ASE

7.3.2.2.1 概述

变量 ASE 提供在服务器设备中用来读写变量的服务。该变量由一个数来标识。该数字标识符完整描述了对象的数据类型和结构。对象可以为 7.2.3 中的任何类型。

7.3.2.2.2 变量模型——公共

7.3.2.2.2.1 简单变量

7.3.2.2.2.1.1 形式化模型

简单变量对象表示由已定义的数据类型特征化的单一的简单变量。

ASE: **VARIABLE ASE**
CLASS: **Simple VARIABLE**
PARENT CLASS: **TOP**
ATTRIBUTES:
1 (m) Key Attribute: Numeric Identifier
2 (o) Attribute: Variable Name
3 (m) Attribute: Data type Name
SERVICES:
1 (m) OpsService: Read
2 (o) OpsService: Write
3 (o) OpsService: Information report

7.3.2.2.2.1.2 属性

——数字标识符(Numeric Identifier)

标识该对象类的一个实例。

——变量名称(Variable Name)

分配给该对象的名称。

——数据类型名称(Data type Name)

分配给该数据类型的名称,见 7.2.3.1。

7.3.2.2.2.1.3 **服务**

——读(Read)

该命令服务允许客户机读取一个变量的值。

——写(Write)

该命令服务允许客户机写入一个变量的值。

——信息报告(Information report)

该非证实服务允许服务器将一个变量的值发送给任何一个或者全部客户机。

7.3.2.2.2.2 **结构变量**

7.3.2.2.2.2.1 **概述**

记录对象由简单变量的一个集合,或不同数据类型构成的结构变量的一个数组组成。记录对象须完整地访问,其单个字段不可分别访问。

ASE:		**VARIABLE ASE**
CLASS:		**Structure VARIABLE**
PARENT CLASS:		**TOP**
ATTRIBUTES:		
1 (m)	Key Attribute:	Numeric Identifier
2 (o)	Attribute:	Variable Name
3 (m)	Attribute:	Number of Fields
4 (m)	Attribute:	List of Fields
4.1 (o)	Attribute:	Field Name
4.2 (m)	Attribute:	Field Data type Name
SERVICES:		
1 (m)	OpsService:	Read
2 (o)	OpsService:	Write
3 (o)	OpsService:	Information report

7.3.2.2.2.2.2 **属性(Attribute)**

——数字标识符(Numeric Identifier)

标识该对象类的一个实例。

——变量名称(Variable Name)

分配给该对象的名称。

——字段个数(Number of Field)

该属性定义结构中字段的个数。

——字段名称(Field Name)

该可选属性规定字段的名称。

——字段数据类型名称(Field Data type Name)

分配给该数据项类型的名称，见 7.2.3.1。

7.3.2.2.2.2.3 **服务(Service)**

——读(Read)

该命令服务允许客户机读取一个变量的值。

——写(Write)

该命令服务允许客户机写入一个变量的值。

——信息报告(Information report)

该非证实服务允许服务器将一个变量的值发送给任何一个或者全部客户机。

7.3.2.2.2.3 **简单变量数组**

7.3.2.2.2.3.1 **形式化模型**

该数组对象用来定义一个结构化类型，其所有元素都具有相同的数据类型和长度且属于简单变量类。该对象类型的一个或多个元素可一次访问，这通过规定起始子索引和要访问的元素个数来实现。

ASE： **VARIABLE ASE**

CLASS： **Array of Simple VARIABLE**

PARENT CLASS： **Simple variable**

ATTRIBUTES：

ATTRIBUTES：

4 (m) Attribute： Array size

7.3.2.2.2.3.2 **属性(Attribute)**

——数组大小(Array size)

该属性说明数组包含的元素个数。如果该属性值为“可变(variable)”，则元素的个数不固定。

7.3.2.2.2.4 **结构变量数组**

7.3.2.2.2.4.1 **形式化模型**

该数组对象用来定义一个结构化变量，其所有元素都具有相同的数据类型和长度且属于结构变量类。该对象类型的一个或多个元素可一次访问，这通过规定起始子索引和要访问的元素个数来实现。

ASE： **VARIABLE ASE**

CLASS： **Array of Structure VARIABLE**

PARENT CLASS： **Structure variable**

ATTRIBUTES：

ATTRIBUTES：

5 (m) Attribute： Array size

7.3.2.2.2.4.2 **属性(Attribute)**

——数组大小(Array size)

该属性说明数组包含的元素个数。如果该属性值为“可变(variable)”，则元素的个数不固定。

7.3.2.2.3 变量ASE服务规范

7.3.2.2.3.1 支持的服务

本条给出变量ASE特有的服务定义。这些服务包括：

——从服务器设备读变量；

——向服务器设备写变量；

——从服务器设备发出信息报告。

每个变量具有单独的服务，由一个数标识。读(Read)服务的通用格式见7.3.2.2.3.3。写(Write)服务的通用格式见7.3.2.2.3.4。信息报告(Information report)服务的通用格式见7.3.2.2.3.5。

对于每个变量都有单独的读和写服务。这些服务定义见7.3.2.4、7.3.2.5、7.3.2.6和7.2.3.7。

注：本条中的服务定义并非与要访问的变量无关。本条仅给出服务格式。服务特定定义包括变量模型和服务特定参数。

7.3.2.2.3.2 原语关联性

在客户机，对于一个AREP ID(值)仅有一个未完成的请求。AREP ID在传输层服务原语中作为目标地址传递。因此，证实原语与请求原语用AREP ID相关联。在服务器，任意时刻仅有一个未完成的指示原语。因此，响应原语可与等待响应的指示原语相关联。

7.3.2.2.3.3 读(Read)服务——通用格式

7.3.2.2.3.3.1 服务概述

该服务允许客户机读取服务器的一个变量值。

7.3.2.2.3.3.2 服务原语

该服务的服务参数见表69。

表69 读服务参数

参数名称	请求	指示	响应	证实
Argument				
AREP ID	M	M (=)		
Numeric Identifier	M	M (=)	M (=)	M (=)
Additional identifier	C	M (=)	M (=)	M (=)
Subindex	C	M (=)	M (=)	M (=)
Element count	C	M (=)	CM	M (=)
Array size			C	M(=)
Result (+)				
Variable value			S	S (=)
Response code			M	M (=)
Application process status			M	M (=)
Extended status			M	M (=)

表 69（续）

参数名称	请求	指示	响应	证实
Result (－)			S	S (＝)
Status				S
Response code			M	M (＝)
Application process status			M	M (＝)
Extended status			M	M (＝)

——参数(Argument)

该参数包含服务请求的参数。

——数字标识符(Numeric Identifier)

该参数标识变量。该参数是分配给要读取的参数的关键属性,也被称为命令号。

——附加标识符(Additional identifier)

对于一些数字标识符,该参数提供标识要读取的变量所需的附加信息。

——子索引(Subindex)

该参数通过给出元素在数组变量中的位置来标识数组变量的单个元素。其取值可以是一个数字值或枚举。

——元素个数(Element count)

该参数规定要读取的数组元素的个数。仅当变量为数组变量且 Subindex 为数字值时,该参数才存在。该参数的缺省值为 1。在请求和指示原语中,该参数值为要读取的元素的期望个数。在响应和证实原语中,该参数值为所读取元素的实际个数。

——数组大小(Array size)

该参数规定数组变量的元素总个数。仅当变量为数组变量时该参数才存在。

——变量值(Variable value)

该参数规定从服务器读取的值。

——状态(Status)

该参数规定失败的本地原因,例如通信超时。如果服务器发送一个响应但不能发送变量值,则在响应代码中说明。

7.3.2.2.3.4 写(Write)服务——通用格式

7.3.2.2.3.4.1 服务概述

该服务允许客户机向其服务器写入一个变量值。

7.3.2.2.3.4.2 服务原语

该服务的服务参数见表 70。

表 70 写服务参数

参数名称	请求	指示	响应	证实
Argument				
AREP ID	M	M (＝)		

表 70(续)

参数名称	请求	指示	响应	证实
Numeric Identifier	M	M (=)	M (=)	M (=)
Additional identifier	C	M (=)	M (=)	M (=)
Subindex	C	M (=)	M (=)	M (=)
Variable value	M	M (=)		
Result (+)				
Variable value			S	S (=)
Response code			M	M (=)
Application process status			M	M (=)
Extended status			M	M (=)
Result (−)				
Status				S
Response code			M	M (=)
Application process status			M	M (=)
Extended status			M	M (=)

——参数(Argument)

该参数包含服务请求的参数。

——数字标识符(Numeric Identifier)

该参数标识变量。该参数是分配给要写入的参数的关键属性,也被称为命令号。

——附加标识符(Additional identifier)

对于一些数字标识符,该参数提供标识要写入的变量所需的附加信息。

——子索引(Subindex)

该参数通过给出元素在数组变量中的位置来标识数组变量的单个元素。其取值可以是一个数字值或枚举。

——变量值(Variable value)

在请求原语中,该参数规定要写入的变量期望值。在响应原语中,该参数说明已写入的变量实际值。在某些情况下,响应服务器所写的值不同于指示原语中的值,例如所写的值可以是最接近允许值的值或最接近服务器可支持的值。

注:FAL 用户可使用返回值来验证写操作。

——状态(Status)

该参数规定失败的本地原因,例如通信超时。如果服务器发送一个响应但不能写变量值,则在响应代码中说明。

7.3.2.2.3.5 信息报告(Information report)服务——通用格式

7.3.2.2.3.5.1 服务概述

该服务允许主站或从站发送一个变量值。该服务用来发布变量数据,或者发送事件信息或确认事件。

7.3.2.2.3.5.2 服务原语

该服务的服务参数见表71。

表71 信息报告服务参数

参数名称	请求	指示
Argument		
AREP ID	M	M (=)
Numeric Identifier	M	M (=)
Subindex	C	M (=)
Variable value	M	M (=)
Report Code	M	M (=)
Application process status	M	M (=)
Extended status	M	M (=)

——参数(Argument)

该参数包含服务请求的参数。

——数字标识符(Numeric Identifier)

该参数标识变量。该参数是分配给要读取的参数的关键属性,也被称为命令号。

——子索引(Subindex)

该参数通过给出元素在数组变量中的位置来标识数组变量的单个元素。其取值可以是一个数字值或枚举。

——变量值(Variable value)

该参数规定服务器所报告的值。

7.3.2.3 动作ASE

7.3.2.3.1 服务概述

该服务允许客户机命令服务器执行特定的动作。本条定义动作(Action)服务的命令格式。每个动作具有各自的服务。

注:本条中的服务定义并非与请求的动作无关。本条仅给出服务的格式。服务特定定义包括动作行为和服务特定参数。

7.3.2.3.2 原语关联性

在客户机,对于一个AREP ID值仅有一个等待处理的请求。AREP ID在传输层服务原语中作为目标地址传递。因此,证实原语与请求原语用AREP ID相关联。在服务器,任意时刻仅有一个等待处理的指示原语。因此,响应原语可与等待响应的指示原语相关联。

7.3.2.3.3 动作(Action)模型

7.3.2.3.3.1 概述

某些动作需要一个变量来验证动作。本条定义这些动作的模型。

7.3.2.3.3.2 形式化模型

ASE:		**Simple Action**
PARENT CLASS:		**TOP**
ATTRIBUTES:		
1 (m)	Key Attribute:	Numeric Identifier

ASE:		**Qualified Action**
PARENT CLASS:		**TOP**
ATTRIBUTES:		
1 (m)	Key Attribute:	Numeric Identifier
2 (m)	Attribute:	Qualifier Name
3 (m)	Attribute:	Data type Name

ASE:		**Simple Variable Action**
PARENT CLASS:		**TOP**
ATTRIBUTES:		
1 (m)	Key Attribute:	Numeric Identifier
2 (m)	Attribute:	Variable Name
3 (m)	Attribute:	Data type Name

ASE:		**Structure Variable Action**
PARENT CLASS:		**TOP**
ATTRIBUTES:		
1 (m)	Key Attribute:	Numeric Identifier
2 (m)	Attribute:	Variable Name
3 (m)	Attribute:	Number of Fields
4 (m)	Attribute:	List of Fields
4.1 (o)	Attribute:	Field Name
4.2 (m)	Attribute:	Field Data type Name

7.3.2.3.3.3 属性(Attribute)

属性定义见 7.3.2.2.2。

7.3.2.3.4 动作服务原语——通用格式

该服务的服务参数见表 72。

表 72 动作服务参数

参数名称	请求	指示	响应	证实
Argument				
AREP ID	M	M(=)		
Numeric Identifier	M	M(=)	M(=)	M(=)
Action qualifier	C	M(=)	M(=)	M(=)

表 72（续）

参数名称	请求	指示	响应	证实
Subindex	C	M (=)	M (=)	M (=)
Variable value	C	M (=)		
Result (+)				
Variable value			S	S (=)
Response code			M	M (=)
Application process status			M	M (=)
Extended status			M	M (=)
Result (—)				
Status				S
Response code			M	M (=)
Application process status			M	M (=)
Extended status			M	M (=)

——参数(Argument)

该参数包含服务请求的参数。

——数字标识符(Numeric identifier)

该参数标识动作，也被称为命令号。

——动作限定符(Action qualifier)

对于某些标识符，该参数提供标识要执行动作所需的附加信息。如果动作需要一个变量且仅 Numeric Identifier 是不够的，则该参数标识那个变量。

——子索引(Subindex)

如果动作需要一个数组变量，则该参数标识数组变量的单个元素。其取值可以是一个数字值或枚举。

注：当动作是向数组增加一个元素或者从数组删除一个元素，则该参数存在。

——变量值(Variablc valuc)

如果动作要求一个变量，则该参数规定变量的值。如果动作是"增加(add)"，则在请求原语中该参数规定要增加的变量的期望值；在响应原语中，该参数说明已增加的变量的实际值。

——状态(Status)

该参数规定失败的本地原因，例如通信超时。如果服务器发送一个响应但不能成功完成动作，则在响应代码中说明。

7.3.2.4 设备应用服务

7.3.2.4.1 读主变量(Read primary variable)

该服务在 GB/T 29910.3—2013 的 6.2.2.3.4 中规定。

7.3.2.4.2 读回路电流和范围百分比(Read loop current and percent of range)

该服务在 GB/T 29910.3 2013 的 6.2.2.3.5 中规定。

7.3.2.4.3 读动态变量和回路电流(Read dynamic variables and loop current)

该服务在 GB/T 29910.3—2013 的 6.2.2.3.6 中规定。

7.3.2.4.4 写回路配置(Write loop configuration)

该服务在 GB/T 29910.3—2013 的 6.2.2.3.7 中规定。

7.3.2.4.5 读回路配置(Read loop configuration)

该服务在 GB/T 29910.3—2013 的 6.2.2.3.8 中规定。

7.3.2.4.6 读动态变量族类别(Read dynamic variable families classifications)

该服务在 GB/T 29910.3—2013 的 6.2.2.3.9 中规定。

7.3.2.4.7 读带状态的设备变量(Read device variables with status)

该服务在 GB/T 29910.3—2013 的 6.2.2.3.10 中规定。

7.3.2.4.8 读消息(Read message)

该服务在 GB/T 29910.3—2013 的 6.2.2.3.11 中规定。

7.3.2.4.9 读标签、描述符和日期(Read tag,descriptor and date)

该服务在 GB/T 29910.3—2013 的 6.2.2.3.12 中规定。

7.3.2.4.10 读主变量传感器信息(Read primary variable transducer information)

该服务在 GB/T 29910.3—2013 的 6.2.2.3.13 中规定。

7.3.2.4.11 读设备信息(Read device information)

该服务在 GB/T 29910.3—2013 的 6.2.2.3.14 中规定。

7.3.2.4.12 读最终装配号(Read final assembly number)

该服务在 GB/T 29910.3—2013 的 6.2.2.3.15 中规定。

7.3.2.4.13 写信息(Write message)

该服务在 GB/T 29910.3—2013 的 6.2.2.3.16 中规定。

7.3.2.4.14 写标签、描述符和日期(Write tag,descriptor and date)

该服务在 GB/T 29910.3—2013 的 6.2.2.3.17 中规定。

7.3.2.4.15 写最终装配号(Write final assembly number)

该服务在 GB/T 29910.3—2013 的 6.2.2.3.18 中规定。

7.3.2.4.16 读长标签(Read long_tag)

该服务在 GB/T 29910.3—2013 的 6.2.2.3.19 中规定。

7.3.2.4.17 写长标签(Write long_tag)

该服务在 GB/T 29910.3—2013 的 6.2.2.3.20 中规定。

7.3.2.4.18 复位配置改变标志(Reset configuration changed flag)

7.3.2.4.18.1 服务概述

该服务将与发出本写服务的客户机相关的“配置改变(Configuration changed)”比特复位。

7.3.2.4.18.2 请求参数

CLASS: **Simple Variable Action**

ATTRIBUTES:

1 Numeric Identifier =38

2 Variable Name =Configuration change counter

3 Data type Name =Unsigned16

7.3.2.4.19 执行自检(Perform self test)

7.3.2.4.19.1 服务概述

该服务启动设备内的自检功能。

7.3.2.4.19.2 请求参数

CLASS: **Simple Action**

ATTRIBUTES:

1 Numeric Identifier =41

7.3.2.4.20 执行设备复位(Perform device reset)

7.3.2.4.20.1 服务概述

该服务启动设备内的复位功能。

7.3.2.4.20.2 请求参数

CLASS: **Simple Action**

ATTRIBUTES:

1 Numeric Identifier =42

7.3.2.4.21 读附加设备状态(Read additional device status)

7.3.2.4.21.1 服务概述

该服务读取不在响应代码或“设备状态(Device status)”八位位组中的设备状态信息。

7.3.2.4.21.2 变量模型

根据设备类型,存在三种不同的变量模型。设备仅使用三种变量类型中的一种进行响应。如果设备支持多个模拟通道,则支持“附加设备状态 2(Additional device status 2)”。有些设备可使用“附加设备状态 3(Additional device status 3)”。所有其他设备支持“附加设备状态 1(Additional device status 1)”。

CLASS: **STRUCTURE VARIABLE**

ATTRIBUTES:

1 Numeric Identifier =48

2 Variable name =Additional device status 1
3 Number of fields =variable
4 List of Fields
4.1 (m) Field name =Device specific status 0
4.2 (m) Field data type name =Bit Field
4.3 (m) Field name =Extended status
4.4 (m) Field data type name =Bit Field
4.5 (m) Field name =Device operating mode
4.6 (m) Field data type name =Bit Field
4.7 (m) Field name =Standardized status 0
4.8 (m) Field data type name =Bit Field

CLASS: **STRUCTURE VARIABLE**

ATTRIBUTES:
5 Numeric Identifier =48
6 Variable name =Additional device status 2
7 Number of fields =variable
8 List of Fields
8.1 (m) Field name =Device specific status 0
8.2 (m) Field data type name =Bit Field
8.3 (m) Field name =Extended status
8.4 (m) Field data type name =Bit Field
8.5 (m) Field name =Device operating mode
8.6 (m) Field data type name =Bit Field
8.7 (m) Field name =Standardized status 0
8.8 (m) Field data type name =Bit Field
8.9 (m) Field name =Standardized status 1
8.10 (m) Field data type name =Bit Field
8.11 (m) Field name =Analog channel saturated
8.12 (m) Field data type name =Bit Field
8.13 (m) Field name =Standardized status 2
8.14 (m) Field data type name =Bit Field
8.15 (m) Field name =Standardized status 3
8.16 (m) Field data type name =Bit Field
8.17 (m) Field name =Analog channel fixed
8.18 (m) Field data type name =Bit Field

CLASS: **STRUCTURE VARIABLE**

ATTRIBUTES:
9 Numeric Identifier =48
10 Variable name =Additional device status 3
11 Number of fields =variable
12 List of Fields

12.1 (m) Field name =Device specific status 0
12.2 (m) Field data type name =Bit Field
12.3 (m) Field name =Extended status
12.4 (m) Field data type name =Bit Field
12.5 (m) Field name =Device operating mode
12.6 (m) Field data type name =Bit Field
12.7 (m) Field name =Standardized status 0
12.8 (m) Field data type name =Bit Field
12.9 (m) Field name =Standardized status 1
12.10 (m) Field data type name =Bit Field
12.11 (m) Field name =Analog channel saturated
12.12 (m) Field data type name =Bit Field
12.13 (m) Field name =Standardized status 2
12.14 (m) Field data type name =Bit Field
12.15 (m) Field name =Standardized status 3
12.16 (m) Field data type name =Bit Field
12.17 (m) Field name =Analog channel fixed
12.18 (m) Field data type name =Bit Field
12.19 (m) Field name =Device specific status 1
12.20 (m) Field Data type name =Array of Status

CLASS: **Data type**
ATTRIBUTES:
1 Data type Name =Array of Status
2 Format =ARRAY
2.1 Number of Array Elements=1 to 11
2.2 Array Element Data type =Bit Field

7.3.2.4.22 复位更多可用状态(Reset more status available)

7.3.2.4.22.1 服务概述

该服务将与发出请求的设备(第一主站、第二主站或网关)相对应的"更多可用状态(More status available)"比特复位。相关结构变量中字段的个数取决于服务器,最小为4,最大为10。

7.3.2.4.22.2 请求参数

CLASS: **Structure Variable Action**
ATTRIBUTES:
1 Numeric Identifier =48
2 Variable Name =Additional device status
3 Number of fields =variable
4 List of Fields
4.1 (m) Field name =Device specific status 0
4.2 (m) Field data type name =Bit Field

4.3 (m) Field name =Extended status
4.4 (m) Field data type name =Bit Field
4.5 (m) Field name =Device operating mode
4.6 (m) Field data type name =Bit Field
4.7 (m) Field name =Standardized status 0
4.8 (m) Field data type name =Bit Field
4.9 (m) Field name =Standardized status 1
4.10 (m) Field data type name =Bit Field
4.11 (m) Field name =Analog channel saturated
4.12 (m) Field data type name =Bit Field
4.13 (m) Field name =Standardized status 2
4.14 (m) Field data type name =Bit Field
4.15 (m) Field name =Standardized status 3
4.16 (m) Field data type name =Bit Field
4.17 (m) Field name =Analog channel fixed
4.18 (m) Field data type name =Bit Field
4.19 (m) Field name =Device specific status 1
4.20 (m) Data type =Array of Status

CLASS: **Data type**
ATTRIBUTES:
1 Data type Name =Array of Status
2 Format =ARRAY
2.1 Number of Array Elements=1 to 11
2.2 Array Element Data type =Bit Field

7.3.2.4.23 读设备变量信息(Read device variable information)

7.3.2.4.23.1 服务概述

该服务读取设备变量相关的参数。

7.3.2.4.23.2 请求参数

1 Numeric Identifier =54
2 Subindex
2.1 Subindex Name =Variable code
2.2 Subindex Data type =Unsigned8

7.3.2.4.23.3 响应参数

1 Numeric Identifier =54
2 Subindex
2.1 Subindex Name =Variable code
2.2 Subindex Data type =Unsigned8

7.3.2.4.23.4 变量模型

CLASS: **Array of Structure VARIABLE**

ATTRIBUTES:

1 Numeric Identifier =54

2 Variable Name =Device variable information

3 Number of Fields =9

4 List of Fields

4.1 Field Name =Transducer serial number

4.2 Field Data type Name =Unsigned24

4.3 Field Name =Transducer unit

4.4 Field Data type Name =Enumeration

4.5 Field Name =Upper transducer limit

4.6 Field Data type Name =Float32

4.7 Field Name =Lower transducer limit

4.8 Field Data type Name =Float32

4.9 Field Name =Damping value

4.10 Field Data type Name =Float32

4.11 Field Name =Minimum span

4.12 Field Data type Name =Float32

4.13 Field Name =Device variable classification

4.14 Field Data type Name =Enumeration

4.15 Field Name =Device variable family

4.16 Field Data type Name =Enumeration

4.17 Field Name =Update period

4.18 Field Data type Name =Time

5 Array size =Variable

7.3.2.4.24 写设备变量(Write device variable)

7.3.2.4.24.1 服务概述

该服务允许将设备变量暂时强制设为一个固定值。

7.3.2.4.24.2 请求参数

1 Numeric Identifier =79

2 Subindex

2.1 Subindex Name =Variable code

2.2 Subindex Data type =Unsigned8

7.3.2.4.24.3 响应参数

1 Numeric Identifier =79

2 Subindex

2.1 Subindex Name =Variable code

2.2 Subindex Data type =Unsigned8

7.3.2.4.24.4 变量模型

CLASS: **Array of Structure VARIABLE**

ATTRIBUTES:

1 Numeric Identifier =79
2 Variable Name =Device variable record
3 Number of Fields =4
4 List of Fields
4.1 Field Name =Device variable command
4.2 Field Data type Name =Enumeration
4.3 Field Name =Device variable unit
4.4 Field Data type Name =Engineering unit
4.5 Field Name =Device variable value
4.6 Field Data type Name =Float32
4.7 Field Name =Device variable status
4.8 Field Data type Name =Bit Field
5 Array size =Variable

7.3.2.4.25 读实时时钟(Read real-time clock)

7.3.2.4.25.1 服务概述

该服务读取实时时钟,包括设备评估的当前时间和上一次设置时钟的时间。

7.3.2.4.25.2 变量模型

CLASS: **STRUCTURE VARIABLE**

ATTRIBUTES:

1 Numeric Identifier =90
2 Variable Name =Real-time clock
3 Number of Fields =5
4 List of Fields
4.1 Field Name =Date
4.2 Field Data type Name =Date
4.3 Field Name =Current time
4.4 Field Data type Name =Time
4.5 Field Name =Date last set
4.6 Field Data type Name =Date
4.7 Field Name =Time last set
4.8 Field Data type Name =Time
4.9 Field Name =RTC flags
4.10 Field Data type Name =Bit Field

7.3.2.4.26 写发布数据周期(Write publish data period)

7.3.2.4.26.1 服务概述

该服务选择发布数据消息的最小和最大更新周期。

7.3.2.4.26.2 请求参数

1 Numeric Identifier =103
2 Subindex
2.1 Subindex Name =Publish data message ref
2.2 Subindex Data type =Unsigned8

7.3.2.4.26.3 响应参数

1 Numeric Identifier =103
2 Subindex
2.1 Subindex Name =Publish data message ref
2.2 Subindex Data type =Unsigned8

7.3.2.4.26.4 变量模型

CLASS: **Array of Structure VARIABLE**
ATTRIBUTES:
1 Numeric Identifier =103
2 Variable Name =Publish data period
3 Number of Fields =2
4 List of Fields
4.1 Field Name =Update period
4.2 Field Data type Name =Time
4.3 Field Name =Maximum update period
4.4 Field Data type Name =Time
5 Array size =Variable

7.3.2.4.27 写发布数据触发器(Write publish data trigger)

7.3.2.4.27.1 服务概述

该服务对触发强制发布"发布数据消息"的触发器进行配置。

7.3.2.4.27.2 请求参数

1 Numeric Identifier =104
2 Subindex
2.1 Subindex Name =Publish data message ref
2.2 Subindex Data type =Unsigned8

7.3.2.4.27.3 响应参数

1 Numeric Identifier =104

2 Subindex
2.1 Subindex Name =Publish data message ref
2.2 Subindex Data type =Unsigned8

7.3.2.4.27.4 变量模型

CLASS: **Array of Structure VARIABLE**
ATTRIBUTES:
1 Numeric Identifier =104
2 Variable Name =Publish data trigger
3 Number of Fields =4
4 List of Fields
4.1 Field Name =Trigger mode
4.2 Field Data type Name =Enumeration
4.3 Field Name =Device variable classification
4.4 Field Data type Name =Enumeration
4.5 Field Name =Device variable unit
4.6 Field Data type Name =Engineering unit
4.7 Field Name =Trigger level
4.8 Field Data type Name =Float32
5 Array size =Variable

7.3.2.4.28 读发布数据模式配置(Read publish data mode configuration)

7.3.2.4.28.1 服务概述

该服务读取发布数据模式配置。

7.3.2.4.28.2 请求参数

1 Numeric Identifier =105
2 Subindex
2.1 Subindex Name =Publish data message ref
2.2 Subindex Data type =Unsigned8

7.3.2.4.28.3 响应参数

1 Numeric Identifier =105
2 Subindex
2.1 Subindex Name =Publish data message ref
2.2 Subindex Data type =Unsigned8

7.3.2.4.28.4 变量模型

CLASS: **Array of Structure VARIABLE**
ATTRIBUTES:
1 Numeric Identifier =105
2 Variable Name =Publish data mode configuration

3 Number of Fields =18

4 List of Fields

4.1 Field Name =Publish data mode control

4.2 Field Data type Name =Enumeration

4.3 Field Name =Command number expansion

4.4 Field Data type Name =Unsigned8

4.5 Field Name =Device variable code 0

4.6 Field Data type Name =Unsigned8

4.7 Field Name =Device variable code 1

4.8 Field Data type Name =Unsigned8

4.9 Field Name =Device variable code 2

4.10 Field Data type Name =Unsigned8

4.11 Field Name =Device variable code 3

4.12 Field Data type Name =Unsigned8

4.13 Field Name =Device variable code 4

4.14 Field Data type Name =Unsigned8

4.15 Field Name =Device variable code 5

4.16 Field Data type Name =Unsigned8

4.17 Field Name =Device variable code 6

4.18 Field Data type Name =Unsigned8

4.19 Field Name =Device variable code 7

4.20 Field Data type Name =Unsigned8

4.21 Field Name =Max publish count

4.22 Field Data type Name =Unsigned8

4.23 Field Name =Extended command number

4.24 Field Data type Name =Unsigned16

4.25 Field Name =Update period

4.26 Field Data type Name −Timc

4.27 Field Name =Maximum update period

4.28 Field Data type Name =Time

4.29 Field Name =Trigger mode

4.30 Field Data type Name =Enumeration

4.31 Field Name =Device variable classification

4.32 Field Data type Name =Enumeration

4.33 Field Name =Device variable unit

4.34 Field Data type Name =Engineering unit

4.35 Field Name =Trigger level

4.36 Field Data type Name =Float32

5 Array size =Variable

7.3.2.4.29 清除延迟响应(Flush delayed responses)

7.3.2.4.29.1 服务概述

该命令为发出命令的主站清除所有挂起的延迟响应。

7.3.2.4.29.2 请求参数

CLASS: **Simple Action**

ATTRIBUTES:

1 Numeric Identifier =106

7.3.2.4.30 写发布数据设备变量(**Write publish data device variables**)

7.3.2.4.30.1 服务概述

该服务选择处于发布数据模式的发布设备所应使用的设备变量。

7.3.2.4.30.2 请求参数

1 Numeric Identifier =107
2 Subindex
2.1 Subindex Name =Publish data message ref
2.2 Subindex Data type =Unsigned8

7.3.2.4.30.3 响应参数

1 Numeric Identifier =107
2 Subindex
2.1 Subindex Name =Publish data message ref
2.2 Subindex Data type =Unsigned8

7.3.2.4.30.4 变量模型

CLASS: **Array of Structure VARIABLE**

ATTRIBUTES:

1 Numeric Identifier =107
2 Variable Name =Publish data device variables
3 Number of Fields =8
4 List of Fields
4.1 Field Name =Device variable code 0
4.2 Field Data type Name =Unsigned8
4.3 Field Name =Device variable code 1
4.4 Field Data type Name =Unsigned8
4.5 Field Name =Device variable code 2
4.6 Field Data type Name =Unsigned8
4.7 Field Name =Device variable code 3
4.8 Field Data type Name =Unsigned8
4.9 Field Name =Device variable code 4
4.10 Field Data type Name =Unsigned8
4.11 Field Name =Device variable code 5
4.12 Field Data type Name =Unsigned8
4.13 Field Name =Device variable code 6

4.14 Field Data type Name =Unsigned8
4.15 Field Name =Device variable code 7
4.16 Field Data type Name =Unsigned8
5 Array size =Variable

7.3.2.4.31 写发布数据模式命令号(**Write publish data mode command number**)

7.3.2.4.31.1 服务概述

该服务选择处于发布数据模式的发布设备要传输的响应报文。

7.3.2.4.31.2 请求参数

1 Numeric Identifier =108
2 Subindex
2.1 Subindex Name =Publish data message ref
2.2 Subindex Data type =Unsigned8

7.3.2.4.31.3 响应参数

1 Numeric Identifier =108
2 Subindex
2.1 Subindex Name =Publish data message ref
2.2 Subindex Data type =Unsigned8

7.3.2.4.31.4 变量模型

CLASS: Array of Simple VARIABLE
ATTRIBUTES:
1 Numeric Identifier =108
2 Variable Name =Publish data mode command number
3 Data type Name =Unsigned16 / Unsigned8
4 Array size =Variable

7.3.2.4.32 写发布数据模式控制(**Write publish data mode control**)

7.3.2.4.32.1 服务概述

该服务用来启用或禁用设备的发布数据模式。

7.3.2.4.32.2 请求参数

1 Numeric Identifier =109
2 Subindex
2.1 Subindex Name =Publish data message ref
2.2 Subindex Data type =Unsigned8

7.3.2.4.32.3 响应参数

1 Numeric Identifier =109
2 Subindex

2.1 Subindex Name =Publish data message ref
2.2 Subindex Data type =Unsigned8

7.3.2.4.32.4 变量模型

CLASS： **Array of Simple VARIABLE**
ATTRIBUTES：
1 Numeric Identifier =109
2 Variable Name =Publish data mode control
3 Data type Name =Enumeration
4 Array size =Variable

7.3.2.4.33 读事件通知汇总(**Read event notification summary**)

7.3.2.4.33.1 服务概述

该服务读取事件通知(Event Notification)的配置。

7.3.2.4.33.2 请求参数

1 Numeric Identifier =115
2 Subindex
2.1 Subindex Name =Event number ref
2.2 Subindex Data type =Unsigned8

7.3.2.4.33.3 响应参数

1 Numeric Identifier =115
2 Subindex
2.1 Subindex Name =Event number ref
2.2 Subindex Data type =Unsigned8

7.3.2.4.33.4 变量模型

CLASS： **Array of Structure VARIABLE**
ATTRIBUTES：
1 Numeric Identifier =115
2 Variable Name =event notification summary
3 Number of Fields =8
4 List of Fields
4.1 Field Name =Maximum event count
4.2 Field Data type Name =Unsigned8
4.3 Field Name =Event status
4.4 Field Data type Name =Bit Field
4.5 Field Name =Event notification control
4.6 Field Data type Name =Bit Field
4.7 Field Name =Event occurrence time
4.8 Field Data type Name =Time

4.9 Field Name =Event notification retry time
4.10 Field Data type Name =Time
4.11 Field Name =Maximum update time
4.12 Field Data type Name =Time
4.13 Field Name =Event de-bounce interval
4.14 Field Data type Name =Time
4.15 Field Name =Event mask
4.16 Field Data type Name =variable size array of Bit Field
5 Array size =Variable

7.3.2.4.34 写事件通知比特掩码(Write event notification bit mask)

7.3.2.4.34.1 服务概述

该服务用来设置触发事件通知的事件掩码(Event mask)。

7.3.2.4.34.2 请求参数

1 Numeric Identifier =116
2 Subindex
2.1 Subindex Name =Event number ref
2.2 Subindex Data type =Unsigned8

7.3.2.4.34.3 响应参数

1 Numeric Identifier =116
2 Subindex
2.1 Subindex Name =Event number ref
2.2 Subindex Data type =Unsigned8

7.3.2.4.34.4 变量模型

CLASS: **Array of Simple VARIABLE**
ATTRIBUTES:
1 Numeric Identifier =116
2 Variable Name =event notification bit mask
3 Data type Name =variable size array of Bit Field
4 Array size =Variable

7.3.2.4.35 写事件通知定时(Write event notification timing)

7.3.2.4.35.1 服务概述

该服务为事件通知设置定时参数。

7.3.2.4.35.2 请求参数

1 Numeric Identifier =117
2 Subindex
2.1 Subindex Name =Event number ref

2.2　Subindex Data type　　=Unsigned8

7.3.2.4.35.3　响应参数

1　Numeric Identifier　　=117
2　Subindex
2.1　Subindex Name　　=Event number ref
2.2　Subindex Data type　　=Unsigned8

7.3.2.4.35.4　变量模型

CLASS:　　**Array of Structure VARIABLE**
ATTRIBUTES:
1　Numeric Identifier　　=117
2　Variable Name　　=Event notification timing
3　Number of Fields　　=3
4　List of Fields
4.1　Field Name　　=Event notification retry time
4.2　Field Data type Name　=Time
4.3　Field Name　　=Maximum update time
4.4　Field Data type Name　=Time
4.5　Field Name　　=Event de-bounce interval
4.6　Field Data type Name　=Time
5　Array size　　=Variable

7.3.2.4.36　写事件通知控制(**Write event notification control**)

7.3.2.4.36.1　服务概述

该服务用来启用或禁用事件通知。

7.3.2.4.36.2　请求参数

1　Numeric Identifier　　=118
2　Subindex
2.1　Subindex Name　　=Event number ref
2.2　Subindex Data type　　=Unsigned8

7.3.2.4.36.3　响应参数

1　Numeric Identifier　　=118
2　Subindex
2.1　Subindex Name　　=Event number ref
2.2　Subindex Data type　　=Unsigned8

7.3.2.4.36.4　变量模型

CLASS:　　**Array of Simple VARIABLE**
ATTRIBUTES:

1　Numeric Identifier　=118
2　Variable Name　=Event notification control
3　Data type Name　=Bit Field
4　Array size　=Variable

7.3.2.4.37　写事件通知确认(Write event notification acknowledgement)

7.3.2.4.37.1　服务概述

该服务用来确认事件通知。

7.3.2.4.37.2　请求擦拭

1　Numeric Identifier　=119
2　Subindex
2.1　Subindex Name　=Event number ref
2.2　Subindex Data type　=Unsigned8

7.3.2.4.37.3　响应参数

1　Numeric Identifier　=119
2　Subindex
2.1　Subindex Name　=Event number ref
2.2　Subindex Data type　=Unsigned8

7.3.2.4.37.4　变量模型

CLASS:　**Array of Structure VARIABLE**
ATTRIBUTES:
1　Numeric Identifier　=119
2　Variable Name　=Event notification acknowledgement
3　Number of Fields　=4
4　List of Fields
4.1　Field Name　=Event occurrence time
4.2　Field Data type Name　=Time
4.3　Field Namc　=Configuration changc countcr
4.4　Field Data type Name　=Unsigned16
4.5　Field Name　=Application process status
4.6　Field Data type Name　=Bit Field
4.7　Field Name　=Additional device status
4.8　Field Data type Name　=See Note
5　Array size　=Variable
“附加设备状态(Additional device status)”与7.3.2.4.21.2中定义的整个结构变量相同。

7.3.2.5　层管理服务

7.3.2.5.1　写加入密钥(Write Join_key)

7.3.2.5.1.1　服务概述

该命令允许本地维护工具(例如手持设备)改变网络设备的加入密钥(Join_key)。

7.3.2.5.1.2 变量模型

CLASS: **Simple VARIABLE**

ATTRIBUTES:

1 Numeric Identifier =768

2 Variable Name =Join_key

3 Data type Name =Security key

7.3.2.5.2 读加入状态(**Read join status**)

7.3.2.5.2.1 服务概述

当现场设备执行加入过程时,该服务读取其状态。

7.3.2.5.2.2 变量模型

CLASS: **STRUCTURE VARIABLE**

ATTRIBUTES:

1 Numeric Identifier =769

2 Variable Name =Join status

3 Number of Fields =7

4 List of Fields

4.1 Field Name =Wireless mode

4.2 Field Data type Name =Enumeration

4.3 Field Name =Join status

4.4 Field Data type Name =Bit Field

4.5 Field Name =Neighbors

4.6 Field Data type Name =Unsigned8

4.7 Field Name =Advertising packets

4.8 Field Data type Name =Unsigned8

4.9 Field Name =Max_join_retries

4.10 Field Data type Name =Unsigned8

4.11 Field Name =Join_rsp_time

4.12 Field Data type Name =Time

4.13 Field Name =Search time

4.14 Field Data type Name =Time

7.3.2.5.3 写主动搜索阈值时间(**Write active_search_shed_time**)

7.3.2.5.3.1 服务概述

该服务请求更快的"通告(advertisng)"。一般情况,该服务由网络成员从本地维护工具(例如手持设备)本地接收,并将其传递给网络管理器。

7.3.2.5.3.2 请求变量模型

CLASS: **Simple VARIABLE**

ATTRIBUTES:

1 Numeric Identifier =770
2 Variable Name =Active_search_shed_time
3 Data type Name =Time

7.3.2.5.3.3 响应变量模型

CLASS: **STRUCTURE VARIABLE**
ATTRIBUTES:
1 Numeric Identifier =770
2 Variable Name =Shed_time
3 Number of Fields =3
4 List of Fields
4.1 Variable Name =Active_search_shed_time
4.2 Data type Name =Time
4.3 Variable Name =Advertise_time
4.4 Data type Name =Time
4.5 Field Name =Neighbors
4.6 Field Data type Name =Unsigned8

7.3.2.5.4 写加入模式配置(**Write join mode configuration**)

7.3.2.5.4.1 服务概述

该命令允许上位机系统或手持设备强制一个现场设备进入活动的加入模式。

7.3.2.5.4.2 变量模型

CLASS: **STRUCTURE VARIABLE**
ATTRIBUTES:
1 Numeric Identifier =771
2 Variable Name =Join mode configuration
3 Number of Fields =2
4 List of Fields
4.1 Field Name =Join mode
4.2 Field Data type Name =Enumeration
4.3 Variable Name =Active_search_shed_time
4.4 Data type Name =Time

7.3.2.5.5 读加入模式配置(**Read join mode configuration**)

7.3.2.5.5.1 服务概述

该命令从网络设备读取加入模式配置。

7.3.2.5.5.2 变量模型

CLASS: **STRUCTURE VARIABLE**
ATTRIBUTES:
1 Numeric Identifier =772

2 Variable Name =Join mode configuration
3 Number of Fields =2
4 List of Fields
4.1 Field Name =Join mode
4.2 Field Data type Name =Enumeration
4.3 Variable Name =Active_search_shed_time
4.4 Data type Name =Time

7.3.2.5.6 写网络 ID(Write network_ID)

7.3.2.5.6.1 服务概述

该命令将设备配置为可适当识别的网络 ID。该命令应仅由网络管理器发出,或通过维护端点。当设备接收到由其他源发出的该命令时,应予以拒绝。

7.3.2.5.6.2 变量模型

CLASS: **Simple VARIABLE**
ATTRIBUTES:
1 Numeric Identifier =773
2 Variable Name =Network_ID
3 Data type Name =Unsigned16

7.3.2.5.7 读网络 ID(Read network_ID)

7.3.2.5.7.1 服务概述

该命令用于读取设备中网络 ID 的当前设置。

7.3.2.5.7.2 变量模型

CLASS: **Simple VARIABLE**
ATTRIBUTES:
1 Numeric Identifier =774
2 Variable Name =Network_ID
3 Data type Name =Unsigned16

7.3.2.5.8 写网络标签(Write network_tag)

7.3.2.5.8.1 服务概述

该命令为网络写标签。网络标签(Network_tag)是网络 ID(network_ID)的代理,这样在应用级别上可以文本形式来标识网络。

7.3.2.5.8.2 变量模型

CLASS: **String VARIABLE**
ATTRIBUTES:
1 Numeric Identifier =775
2 Variable Name =Network_tag

3 Data type Name =Latin-1
3.1 Octet Length =32

7.3.2.5.9 读网络标签(Read network_tag)

7.3.2.5.9.1 服务概述

该命令用于读取网络标签的当前设置。

7.3.2.5.9.2 变量模型

CLASS: **String VARIABLE**
ATTRIBUTES:
1 Numeric Identifier =776
2 Variable Name =Network_tag
3 Data type Name =Latin-1
3.1 Octet Length =32

7.3.2.5.10 读无线设备能力(Read wireless device capabilities)

7.3.2.5.10.1 服务概述

该服务用来确定网络设备的操作特性。网络管理器被期望使用峰值包速率(Peak packet rate)和恢复时间(Recovery time)来适应可充电的或电能收集的设备。

7.3.2.5.10.2 变量模型

CLASS: **Structure VARIABLE**
ATTRIBUTES:
1 Numeric Identifier =777
2 Variable Name =Wireless device capabilities
3 Number of Fields =8
4 List of Fields
4.1 Field Name =Power source
4.2 Field Data type Name =Enumeration
4.3 Field Name =Peak packet rate
4.4 Field Data type Name =Float32
4.5 Field Name =Load duration
4.6 Field Data type Name =Time
4.7 Field Name =Recovery time
4.8 Field Data type Name =Time
4.9 Field Name =Good RSL
4.10 Field Data type Name =Integer8
4.11 Field Name =Min Keep_alive_time
4.12 Field Data type Name =Time
4.13 Field Name =Neighbor count
4.14 Field Data type Name =Unsigned16
4.15 Field Name =Packet buffer

4.16 Field Data type Name = Unsigned16

7.3.2.5.11 读电池寿命(Read battery life)

7.3.2.5.11.1 服务概述

该服务读取网络设备中电池的当前状态。

7.3.2.5.11.2 变量模型

CLASS: **Simple VARIABLE**

ATTRIBUTES:

1 Numeric Identifier = 778
2 Variable Name = Battery life
3 Data type Name = Unsigned16

7.3.2.5.12 报告设备健康状况(Report device health)

7.3.2.5.12.1 服务概述

该命令响应由现场设备周期性发布。

7.3.2.5.12.2 变量模型

CLASS: **Structure VARIABLE**

ATTRIBUTES:

1 Numeric Identifier = 779
2 Variable Name = Device health
3 Number of Fields = 7
4 List of Fields
4.1 Field Name = Packets generated
4.2 Field Data type Name = Unsigned16
4.3 Field Name = Packets terminated
4.4 Field Data type Name = Unsigned16
4.5 Field Name = DLL MIC failures
4.6 Field Data type Name = Unsigned8
4.7 Field Name = NL MIC failures
4.8 Field Data type Name = Unsigned8
4.9 Field Name = Power status
4.10 Field Data type Name = Enumeration
4.11 Field Name = CRC errors
4.12 Field Data type Name = Unsigned8
4.13 Field Name = Packets missed
4.14 Field Data type Name = Unsigned8

7.3.2.5.13 读邻居健康状况列表(Read neighbor health list)

7.3.2.5.13.1 服务概述

该服务从网络设备读取邻居表(Neighbor table)中的登录项。

7.3.2.5.13.2 请求参数

1 Numeric Identifier =780
2 Subindex
2.1 Subindex Name =Table index
2.2 Subindex Data type =Unsigned8
3 Element count
3.1 Element count Name =Entry count
3.2 Element count Data type =Unsigned8

7.3.2.5.13.3 响应参数

1 Numeric Identifier =780
2 Subindex
2.1 Subindex Name =Table index
2.2 Subindex Data type =Unsigned8
3 Element count
3.1 Element count Name =Entry count
3.2 Element count Data type =Unsigned8
4 Array size
4.1 Array size Name =Neighbor count
4.2 Array size Data type =Unsigned8

7.3.2.5.13.4 变量模型

CLASS: **Array of Structure VARIABLE**
ATTRIBUTES:
1 Numeric Identifier =780
2 Variable Name =Neighbor health
3 Number of Fields =6
4 List of Fields
4.1 Field Name =Neighbor_nickname
4.2 Field Data type Name =Unsigned16
4.3 Field Name =Neighbor flags
4.4 Field Data type Name =Bit Field
4.5 Field Name =Average_RSL
4.6 Field Data type Name =Integer8
4.7 Field Name =Packets_transmitted
4.8 Field Data type Name =Unsigned16
4.9 Field Name =Missed_ACK_packets
4.10 Field Data type Name =Unsigned16
4.11 Field Name =Packets_received
4.12 Field Data type Name =Unsigned16
5 Array size =Variable

7.3.2.5.14 读设备昵称(Read device nickname)

7.3.2.5.14.1 服务概述

该服务读取网络设备的昵称(短地址)。

7.3.2.5.14.2 变量模型

CLASS:	**Simple VARIABLE**
ATTRIBUTES:	
1 Numeric Identifier	=781
2 Variable Name	=Device nickname
3 Data type Name	=Unsigned16

7.3.2.5.15 读会话列表(Read session list)

7.3.2.5.15.1 服务概述

该服务从网络设备读取会话表(Session table)中的登录项。

7.3.2.5.15.2 请求参数

1 Numeric Identifier	=782
2 Subindex	
2.1 Subindex Name	=Table index
2.2 Subindex Data type	=Unsigned8
3 Element count	
3.1 Element count Name	=Entry count
3.2 Element count Data type	=Unsigned8

7.3.2.5.15.3 响应参数

1 Numeric Identifier	=782
2 Subindex	
2.1 Subindex Name	=Table index
2.2 Subindex Data type	=Unsigned8
3 Element count	
3.1 Element count Name	=Entry count
3.2 Element count Data type	=Unsigned8
4 Array size	
4.1 Array size Name	=Session count
4.2 Array size Data type	=Unsigned8

7.3.2.5.15.4 变量模型

CLASS:	**Array of Structure VARIABLE**
ATTRIBUTES:	
1 Numeric Identifier	=782
2 Variable Name	=Session

3 Number of Fields =5
4 List of Fields
4.1 Field Name =Session_type
4.2 Field Data type Name =Enumeration
4.3 Field Name =Peer_nickname
4.4 Field Data type Name =Unsigned16
4.5 Field Name =Peer_unique_ID
4.6 Field Data type Name =Unique ID
4.7 Field Name =Peer_nonce_counter
4.8 Field Data type Name =Unsigned32
4.9 Field Name =My_nonce_counter
4.10 Field Data type Name =Unsigned32
5 Array size =Variable

7.3.2.5.16 读超帧列表(**Read superframe list**)

7.3.2.5.16.1 服务概述

该服务从网络设备读取超帧表(Superframe tale)中的登录项。

7.3.2.5.16.2 请求参数

1 Numeric Identifier =783
2 Subindex
2.1 Subindex Name =Table index
2.2 Subindex Data type =Unsigned8
3 Element count
3.1 Element count Name =Entry count
3.2 Element count Data type =Unsigned8

7.3.2.5.16.3 响应参数

1 Numeric Identifier =783
2 Subindex
2.1 Subindex Name =Table index
2.2 Subindex Data type =Unsigned8
3 Element count
3.1 Element count Name =Entry count
3.2 Element count Data type =Unsigned8
4 Array size
4.1 Array size Name =Superframe count
4.2 Array size Data type =Unsigned8

7.3.2.5.16.4 变量模型

CLASS: **Array of Structure VARIABLE**
ATTRIBUTES:

1 Numeric Identifier =783
2 Variable Name =Superframe
3 Number of Fields =3
4 List of Fields
4.1 Field Name =Superframe_ID
4.2 Field Data type Name =Unsigned8
4.3 Field Name =Num_Slots
4.4 Field Data type Name =Unsigned16
4.5 Field Name =Superframe mode
4.6 Field Data type Name =Bit Field
5 Array size =Variable

7.3.2.5.17 读链路列表(Read link list)

7.3.2.5.17.1 服务概述

该服务从网络设备读取链路表(Link table)中的登录项。

7.3.2.5.17.2 请求参数

1 Numeric Identifier =784
2 Subindex
2.1 Subindex Name =Table index
2.2 Subindex Data type =Unsigned16
3 Element count
3.1 Element count Name =Entry count
3.2 Element count Data type =Unsigned8

7.3.2.5.17.3 响应参数

1 Numeric Identifier =784
2 Subindex
2.1 Subindex Name =Table index
2.2 Subindex Data type =Unsigned16
3 Element count
3.1 Element count Name =Entry count
3.2 Element count Data type =Unsigned8
4 Array size
4.1 Array size Name =Link count
4.2 Array size Data type =Unsigned16

7.3.2.5.17.4 变量模型

CLASS: **Array of Structure VARIABLE**
ATTRIBUTES:
1 Numeric Identifier =784
2 Variable Name =Link

3 Number of Fields =6
4 List of Fields
4.1 Field Name =Link_ID
4.2 Field Data type Name =Unsigned8
4.3 Field Name =Slot
4.4 Field Data type Name =Unsigned16
4.5 Field Name =Channel_Offset
4.6 Field Data type Name =Unsigned8
4.7 Field Name =Neighbor_nickname
4.8 Field Data type Name =Unsigned16
4.9 Field Name =Link options
4.10 Field Data type Name =Bit Field
4.11 Field Name =Link_type
4.12 Field Data type Name =Enumeration
5 Array size =Variable

7.3.2.5.18 读路径列表(Read graph list)

7.3.2.5.18.1 服务概述

该服务从网络设备读取路径表(Graph tale)中的一个登录项。

7.3.2.5.18.2 请求参数

1 Numeric Identifier =785
2 Subindex
2.1 Subindex Name =Table index
2.2 Subindex Data type =Unsigned8

7.3.2.5.18.3 响应参数

1 Numeric Identifier =785
2 Subindex
2.1 Subindex Name =Table index
2.2 Subindex Data type =Unsigned8
3 Element count
3.1 Element count Name =Entry count
3.2 Element count Data type Unsigned8
4 Array size
4.1 Array size Name =Graph count
4.2 Array size Data type =Unsigned8

7.3.2.5.18.4 响应变量模型

CLASS: **Array of Structure VARIABLE**
ATTRIBUTES:
1 Numeric Identifier =785
2 Variable Name =Graph
3 Number of Fields =3

4 List of Fields
4.1 Field Name =Graph_ID
4.2 Field Data type Name =Unsigned16
4.3 Field Name =Neighbor count
4.4 Field Data type Name =Unsigned8
4.5 Field Name =Neighbor list
4.6 Field Data type Name =Array of Neighbor_nickname
5 Array size =Variable

CLASS: **Data type**
ATTRIBUTES:
1 Data type Name =Array of Neighbor_nickname
2 Format =ARRAY
2.1 Number of Array Elements =value of Neighbor count
2.2 Array Element Data type =Unsigned16

7.3.2.5.19 读邻居属性标志(Read neighbor attribute flag)

7.3.2.5.19.1 服务概述

该命令从网络设备读取一个邻居的属性。

7.3.2.5.19.2 请求参数

1 Numeric Identifier =786
2 Additional Identifier
2.1 Name =Neighbor_nickname
2.2 Data type =Unsigned8

7.3.2.5.19.3 响应参数

1 Numeric Identifier =786
2 Additional Identifier
2.1 Name =Neighbor_nickname
2.2 Data type =Unsigned8

7.3.2.5.19.4 响应变量模型

CLASS: **Simple VARIABLE**
ATTRIBUTES:
1 Numeric Identifier =786
2 Variable Name =Neighbor flags
3 Data type Name =Bit Field

7.3.2.5.20 读邻居信号电平(Read neighbor signal level)

7.3.2.5.20.1 服务概述

该服务从网络设备读取邻居表(Neighbor table)中的信号电平。

7.3.2.5.20.2 请求参数

1 Numeric Identifier =787
2 Subindex
2.1 Subindex Name =Table index
2.2 Subindex Data type =Unsigned16
3 Element count
3.1 Element count Name =Entry count
3.2 Element count Data type =Unsigned8

7.3.2.5.20.3 响应参数

1 Numeric Identifier =787
2 Subindex
2.1 Subindex Name =Table index
2.2 Subindex Data type =Unsigned16
3 Element count
3.1 Element count Name =Entry count
3.2 Element count Data type =Unsigned8
4 Array size
4.1 Array size Name =Neighbor count
4.2 Array size Data type =Unsigned16

7.3.2.5.20.4 变量模型

CLASS: **Array of Structure VARIABLE**
ATTRIBUTES:
1 Numeric Identifier =787
2 Variable Name =Neighbor signal level
3 Number of Fields =2
4 List of Fields
4.1 Field Name =Neighbor_nickname
4.2 Field Data type Name =Unsigned16
4.3 Field Name =Average_RSL
4.4 Field Data type Name =Integer8
5 Array size =Variable

7.3.2.5.21 报告路径失效报警(**Report path down alarm**)

7.3.2.5.21.1 服务概述

设备利用该服务发布路径失效报警响应。

7.3.2.5.21.2 变量模型

CLASS: **Simple VARIABLE**
ATTRIBUTES:

1 Numeric Identifier =788
2 Variable Name =Neighbor_nickname
3 Data type Name =Unsigned16

7.3.2.5.22 报告源路由失败报警(Report source route failed alarm)

7.3.2.5.22.1 服务概述

设备用该服务发布路由失败报警响应。

7.3.2.5.22.2 变量模型

CLASS: STRUCTURE VARIABLE
ATTRIBUTES:
1 Numeric Identifier =789
2 Variable Name =Source route failure
3 Number of Fields =2
4 List of Fields
4.1 Field Name =Unreachable neighbor
4.2 Field Data type Name =Unsigned16
4.3 Field Name =NL MIC
4.4 Field Data type Name =Unsigned32

7.3.2.5.23 报告图路由失败报警(Report graph route failed alarm)

7.3.2.5.23.1 服务概述

设备利用该服务发布图路由失败报警响应。

7.3.2.5.23.2 变量模型

CLASS: Simple VARIABLE
ATTRIBUTES:
1 Numeric Identifier =790
2 Variable Name =Graph_ID
3 Data type Name =Unsigned16

7.3.2.5.24 报告传输层失败报警(Report transport layer failed alarm)

7.3.2.5.24.1 服务概述

设备利用该服务发布传输层失败报警响应。

7.3.2.5.24.2 变量模型

CLASS: Simple VARIABLE
ATTRIBUTES:
1 Numeric Identifier =791
2 Variable Name =Unreachable peer
3 Data type Name =Unsigned16

7.3.2.5.25 写 UTC 时间映射(**Write UTC time mapping**)

7.3.2.5.25.1 服务概述

该服务将网络设备中 ASN 零点时间的起始设置为请求中的时间。

7.3.2.5.25.2 变量模型

CLASS:		**STRUCTURE VARIABLE**
ATTRIBUTES:		
1	Numeric Identifier	=793
2	Variable Name	=UTC time mapping
3	Number of Fields	=2
4	List of Fields	
4.1	Field Name	=Date
4.2	Field Data type Name	=Date
4.3	Variable Name	=Time of day
4.4	Data type Name	=Time

7.3.2.5.26 读 UTC 时间映射(**Read UTC time mapping**)

7.3.2.5.26.1 服务概述

该服务读取网络设备中所设置的 ASN 零点时间起始的 UTC 时间。

7.3.2.5.26.2 变量模型

CLASS:		**STRUCTURE VARIABLE**
ATTRIBUTES:		
1	Numeric Identifier	=794
2	Variable Name	=UTC time mapping
3	Number of Fields	=2
4	List of Fields	
4.1	Field Name	=Date
4.2	Field Data type Name	=Date
4.3	Variable Name	=Time of day
4.4	Data type Name	=Time

7.3.2.5.27 写定时器间隔(**Write timer interval**)

7.3.2.5.27.1 服务概述

该服务设置网络设备中的定时器时间间隔,格式为 Timer_type。

7.3.2.5.27.2 请求参数

1	Numeric Identifier	=795
2	Subindex	
2.1	Subindex Name	=Timer_type

2.2 Subindex Data type =Enumeration

7.3.2.5.27.3 响应参数

1 Numeric Identifier =795
2 Subindex
2.1 Subindex Name =Timer_type
2.2 Subindex Data type =Enumeration

7.3.2.5.27.4 变量模型

CLASS: **Array of Simple VARIABLE**
ATTRIBUTES:
1 Numeric Identifier =795
2 Variable Name =Interval
3 Data type Name =Unsigned32
4 Array size =7

7.3.2.5.28 读定时器间隔(Read timer interval)

7.3.2.5.28.1 服务概述

该服务读取网络设备中定时器的时间间隔,格式为 Timer_type。

7.3.2.5.28.2 请求参数

1 Numeric Identifier =796
2 Subindex
2.1 Subindex Name =Timer_type
2.2 Subindex Data type =Enumeration

7.3.2.5.28.3 响应参数

1 Numeric Identifier =796
2 Subindex
2.1 Subindex Name =Timer_type
2.2 Subindex Data type =Enumeration

7.3.2.5.28.4 变量模型

CLASS: **Array of Simple VARIABLE**
ATTRIBUTES:
1 Numeric Identifier =796
2 Variable Name =Interval
3 Data type Name =Unsigned32
4 Array size =7

7.3.2.5.29 写射频功率输出(Write radio power output)

7.3.2.5.29.1 服务概述

该服务为设备或网关设置射频功率输出。

7.3.2.5.29.2 变量模型

CLASS:	**Simple VARIABLE**
ATTRIBUTES:	
1 Numeric Identifier	=797
2 Variable Name	=Output power
3 Data type Name	=Integer8

7.3.2.5.30 **读射频功率输出(Read radio power output)**

7.3.2.5.30.1 **服务概述**

该服务从设备或网关读取射频功率输出。

7.3.2.5.30.2 **变量模型**

CLASS:	**Simple VARIABLE**
ATTRIBUTES:	
1 Numeric Identifier	=798
2 Variable Name	=Output power
3 Data type Name	=Integer8

7.3.2.5.31 **请求时间表连接(Request timetable connection)**

7.3.2.5.31.1 **服务概述**

无线设备利用该服务来增加具有规定带宽和延迟特性的到其他无线设备的服务连接。

7.3.2.5.31.2 **变量模型**

CLASS:	**STRUCTURE VARIABLE**
ATTRIBUTES:	
1 Numeric Identifier	=799
2 Variable Name	=Timetable
3 Number of Fields	=6
4 List of Fields	
4.1 Field Name	=Timetable_ID
4.2 Field Data type Name	=Unsigned8
4.3 Field Name	=Timetable_type
4.4 Field Data type Name	=Bit Field
4.5 Field Name	=Application domain
4.6 Field Data type Name	=Enumeration
4.7 Field Name	=Peer_nickname
4.8 Field Data type Name	=Unsigned16
4.9 Variable Name	=Duration
4.10 Data type Name	=Time
4.11 Variable Name	=Route_ID
4.12 Data type Name	=Unsigned8

7.3.2.5.32 读时间表列表(Read timetable list)

7.3.2.5.32.1 服务概述

该服务从网络设备读取时间表(Timetable)中的若干登录项。

7.3.2.5.32.2 请求参数

1 Numeric Identifier	=800
2 Subindex	
2.1 Subindex Name	=Table index
2.2 Subindex Data type	=Unsigned8
3 Element count	
3.1 Element count Name	=Entry count
3.2 Element count Data type	=Unsigned8

7.3.2.5.32.3 响应参数

1 Numeric Identifier	=800
2 Subindex	
2.1 Subindex Name	=Table index
2.2 Subindex Data type	=Unsigned8
3 Element count	
3.1 Element count Name	=Entry count
3.2 Element count Data type	=Unsigned8
4 Array size	
4.1 Array size Name	=Timetable count
4.2 Array size Data type	=Unsigned8

7.3.2.5.32.4 变量模型

CLASS:	**Array of Structure VARIABLE**
ATTRIBUTES:	
1 Numeric Identifier	=800
2 Variable Name	=Timetable
3 Number of Fields	=6
4 List of Fields	
4.1 Field Name	=Timetable_ID
4.2 Field Data type Name	=Unsigned8
4.3 Field Name	=Timetable_type
4.4 Field Data type Name	=Bit Field
4.5 Field Name	=Application domain
4.6 Field Data type Name	=Enumeration
4.7 Field Name	=Peer_nickname
4.8 Field Data type Name	=Unsigned16
4.9 Field Name	=Service_duration

4.10 Field Data type Name =Time
4.11 Field Name =Route_ID
4.12 Field Data type Name =Unsigned8
5 Array size =Variable

7.3.2.5.33 删除时间表(Delete timetable)

7.3.2.5.33.1 服务概述

该服务通知设备删除时间表(Timetable)。

7.3.2.5.33.2 请求参数

CLASS: **Qualified Action**
ATTRIBUTES:
1 Numeric Identifier =801
2 Variable name =Timetable_ID
3 Data type name =Unsigned8
4 Qualifier Name =Reason
5 Data type Name =Enumeration

7.3.2.5.33.3 响应参数

CLASS: **Qualified Action**
ATTRIBUTES:
1 Numeric Identifier =801
2 Variable name =Timetable_ID
3 Data type name =Unsigned8
4 Qualifier Name =Reason
5 Data type Name =Enumeration

7.3.2.5.33.4 响应变量模型

CLASS: **Simple VARIABLE**
ATTRIBUTES:
1 Numeric Identifier =801
2 Variable Name =Timetable count
3 Data type Name =Unsigned8

7.3.2.5.34 读路由列表(Read route list)

7.3.2.5.34.1 服务概述

该服务从网络设备读取路由表(Route table)中的若干登录项。

7.3.2.5.34.2 请求参数

1 Numeric Identifier =802
2 Subindex
2.1 Subindex Name =Table index

2.2 Subindex Data type =Unsigned8
3 Element count
3.1 Element count Name =Entry count
3.2 Element count Data type =Unsigned8

7.3.2.5.34.3 响应参数

1 Numeric Identifier =802
2 Subindex
2.1 Subindex Name =Table index
2.2 Subindex Data type =Unsigned8
3 Element count
3.1 Element count Name =Entry count
3.2 Element count Data type =Unsigned8
4 Array size
4.1 Array size Name =Route count
4.2 Array size Data type =Unsigned8

7.3.2.5.34.4 变量模型

CLASS: **Array of Structure VARIABLE**
ATTRIBUTES:
1 Numeric Identifier =802
2 Variable Name =Route
3 Number of Fields =5
4 List of Fields
4.1 Field Name =Routes remaining
4.2 Field Data type Name =Unsigned8
4.3 Field Name =Route_ID
4.4 Field Data type Name =Unsigned8
4.5 Field Name =Destination nickname
4.6 Field Data type Name =Unsigned16
4.7 Field Name =Graph_ID
4.8 Field Data type Name =Unsigned16
4.9 Field Name =Source route flag
4.10 Field Data type Name =Unsigned8
5 Array size =Variable

7.3.2.5.35 读源路由(**Read source route**)

7.3.2.5.35.1 服务概述

该服务读取特定源路由的内容。

7.3.2.5.35.2 请求参数

1 Numeric Identifier =803

2 Additional Identifier	
2.1 Name	=Route_ID
2.2 Data type	=Unsigned8

7.3.2.5.35.3 响应参数

1 Numeric Identifier	=803
2 Additional Identifier	
2.1 Name	=Route_ID
2.2 Data type	=Unsigned8

7.3.2.5.35.4 变量模型

CLASS:	**STRUCTURE VARIABLE**
ATTRIBUTES:	
1 Numeric Identifier	=803
2 Variable Name	=Source route
3 Number of Fields	=2
4 List of Fields	
4.1 Field Name	=Hop count
4.2 Field Data type Name	=Unsigned8
4.3 Field Name	=Hop list
4.4 Field Data type name	=Array of Hop

CLASS:	**Data type**
ATTRIBUTES:	
1 Data type Name	=Array of Hop
2 Format	=ARRAY
2.1 Number of Array Elements	=value of Hop count
2.2 Array Element Data type	=Unsigned16

7.3.2.5.36 读 CCA 模式(Read CCA mode)

7.3.2.5.36.1 服务概述

该服务从网络设备读取空闲信道评估(CCA)模式。

7.3.2.5.36.2 变量模型

CLASS:	**Simple VARIABLE**
ATTRIBUTES:	
1 Numeric Identifier	=804
2 Variable Name	=CCA mode
3 Data type Name	=Enumeration

7.3.2.5.37 写 CCA 模式(Write CCA mode)

7.3.2.5.37.1 服务概述

该服务向网络设备写空闲信道评估(CCA)模式。

7.3.2.5.37.2　变量模型

CLASS：	Simple VARIABLE
ATTRIBUTES：	
1　Numeric Identifier	＝805
2　Variable Name	＝CCA mode
3　Data type Name	＝Enumeration

7.3.2.5.38　读手持超帧(Read handheld superframe)

7.3.2.5.38.1　服务概述

该服务用来确定网络设备中的手持超帧是否已被启用。

7.3.2.5.38.2　变量模型

CLASS：	STRUCTURE VARIABLE
ATTRIBUTES：	
1　Numeric Identifier	＝806
2　Variable Name	＝Superframe
3　Number of Fields	＝3
4　List of Fields	
4.1　Field Name	＝Superframe_ID
4.2　Field Data type Name	＝Unsigned8
4.3　Field Name	＝Num_Slots
4.4　Field Data type Name	＝Unsigned16
4.5　Field Name	＝Superframe mode
4.6　Field Data type Name	＝Bit Field

7.3.2.5.39　写手持超帧(Write handheld superframe)

7.3.2.5.39.1　服务概述

该服务允许手持设备请求网络设备启用手持超帧,以便进行维护。

7.3.2.5.39.2　变量模型

CLASS：	STRUCTURE VARIABLE
ATTRIBUTES：	
1　Numeric Identifier	＝807
2　Variable Name	＝Superframe
3　Number of Fields	＝2
4　List of Fields	
4.1　Field Name	＝Superframe_ID
4.2　Field Data type Name	＝Unsigned8
4.3　Field Name	＝Superframe mode
4.4　Field Data type Name	＝Bit Field

7.3.2.5.40　**读包存活跳数(Read packet hop-to-live)**

7.3.2.5.40.1　**服务概述**

该服务读取网络设备已配置的存活跳数(Hop-to-live)的当前值。

7.3.2.5.40.2　**变量模型**

CLASS:	**Simple VARIABLE**
ATTRIBUTES:	
1　Numeric Identifier	=808
2　Variable Name	=Hop-to-live
3　Data type Name	=Unsigned8

7.3.2.5.41　**写包存活跳数(Write packet hop-to-live)**

7.3.2.5.41.1　**服务概述**

该服务向网络设备写存活跳数(Hop-to-live)的值。

7.3.2.5.41.2　**变量模型**

CLASS:	**Simple VARIABLE**
ATTRIBUTES:	
1　Numeric Identifier	=809
2　Variable Name	=Hop-to-live
3　Data type Name	=Unsigned8

7.3.2.5.42　**读加入优先级(Read join_priority)**

7.3.2.5.42.1　**服务概述**

该服务从网络设备读取加入优先级(Join_priority)的当前值。

7.3.2.5.42.2　**变量模型**

CLASS:	**Simple VARIABLE**
ATTRIBUTES:	
1　Numeric Identifier	=810
2　Variable Name	=Join_priority
3　Data type Name	=Unsigned8

7.3.2.5.43　**写加入优先级(Write join_priority)**

7.3.2.5.43.1　**服务概述**

该服务向网络设备写加入优先级(Join_priority)的值。

7.3.2.5.43.2　**变量模型**

CLASS:	**Simple VARIABLE**
ATTRIBUTES:	

1 Numeric Identifier =811
2 Variable Name =Join_priority
3 Data type Name =Unsigned8

7.3.2.5.44 读接收优先级阈值(Read receive Priority_threshold)

7.3.2.5.44.1 服务概述

该服务从网络设备读取接收优先级阈值(Receive Priority_threshold)的当前值。

7.3.2.5.44.2 变量模型

CLASS: **Simple VARIABLE**
ATTRIBUTES:
1 Numeric Identifier =812
2 Variable Name =Priority_threshold
3 Data type Name =Unsigned8

7.3.2.5.45 写接收优先级阈值(Write receive Priority_threshold)

7.3.2.5.45.1 服务概述

该服务向网络设备写接收优先级阈值(Priority_threshold)的值。

7.3.2.5.45.2 变量模型

CLASS: **Simple VARIABLE**
ATTRIBUTES:
1 Numeric Identifier =813
2 Variable Name =Priority_threshold
3 Data type Name =Unsigned8

7.3.2.5.46 读设备列表(Read device list)

7.3.2.5.46.1 服务概述

该服务读取设备表(Device table)中的登录项,列表类型由请求中的设备代码(Device code)规定。

7.3.2.5.46.2 请求参数

1 Numeric Identifier =814
2 Additional Identifier
2.1 Name =Device code
2.2 Data type =Enumeration
3 Subindex
3.1 Subindex Name =Table index
3.2 Subindex Data type =Unsigned16
4 Element count
4.1 Element count Name =Entry count
4.2 Element count Data type =Unsigned8

7.3.2.5.46.3 响应参数

1 Numeric Identifier =802
2 Additional Identifier
2.1 Name =Device code
2.2 Data type =Enumeration
3 Subindex
3.1 Subindex Name =Table index
3.2 Subindex Data type =Unsigned16
4 Element count
4.1 Element count Name =Entry count
4.2 Element count Data type =Unsigned8
5 Array size
5.1 Array size Name =Device count
5.2 Array size Data type =Unsigned16

7.3.2.5.46.4 变量模型

CLASS: **Array of Simple VARIABLE**
ATTRIBUTES:
1 Numeric Identifier =814
2 Variable Name =Device list
3 Data type Name =Unique ID
4 Array size =Variable

7.3.2.5.47 增加设备列表登录项(**Add device list entry**)

7.3.2.5.47.1 服务概述

该服务在设备表(Device table)中增加 个设备,列表类型由设备代码(Dcvicc codc)规定。

7.3.2.5.47.2 请求参数

CLASS: **Qualified Action**
ATTRIBUTES:
1 Numeric Identifier =815
2 Variable name =Device code
3 Data type name =Enumeration
4 Qualifier Name =Unique ID
5 Data type Name =Unique ID

7.3.2.5.47.3 响应参数

CLASS: **Qualified Action**
ATTRIBUTES:
1 Numeric Identifier =815
2 Variable name =Device code

3 Data type name =Enumeration
4 Qualifier Name =Unique ID
5 Data type Name =Unique ID

7.3.2.5.47.4 响应变量模型

CLASS:	**Simple VARIABLE**
ATTRIBUTES:	
1 Numeric Identifier	=815
2 Variable Name	=Device count
3 Data type Name	=Unsigned16

7.3.2.5.48 删除设备列表登录项(**Delete device list entry**)

7.3.2.5.48.1 服务概述

该服务从设备表(Device table)中删除一个设备。列表类型由网关或网络管理器中的设备代码(Device code)规定。

7.3.2.5.48.2 请求参数

CLASS:	**Qualified Action**
ATTRIBUTES:	
1 Numeric Identifier	=816
2 Variable name	=Device code
3 Data type name	=Enumeration
4 Qualifier Name	=Unique ID
5 Data type Name	=Unique ID

7.3.2.5.48.3 响应参数

CLASS:	**Qualified Action**
ATTRIBUTES:	
1 Numeric Identifier	=816
2 Variable name	=Device code
3 Data type name	=Enumeration
4 Qualifier Name	=Unique ID
5 Data type Name	=Unique ID

7.3.2.5.48.4 响应变量模型

CLASS:	**Simple VARIABLE**
ATTRIBUTES:	
1 Numeric Identifier	=816
2 Variable Name	=Device count
3 Data type Name	=Unsigned16

7.3.2.5.49 读信道黑名单(**Read channel blacklist**)

7.3.2.5.49.1 服务概述

该服务读取当前的信道黑名单(channel blacklist),该黑名单应在下一次重启后使用。

7.3.2.5.49.2 变量模型

CLASS:	**STRUCTURE VARIABLE**
ATTRIBUTES:	
1 Numeric Identifier	=817
2 Variable Name	=Channel blacklist
3 Number of Fields	=3
4 List of Fields	
4.1 Field Name	=Channel count
4.2 Field Data type Name	=Unsigned8
4.3 Field Name	=Current channel map
4.4 Field Data type Name	=Bit Field
4.5 Field Name	=Pending channel map
4.6 Field Data type Name	=Bit Field

7.3.2.5.50 写信道黑名单(**Write channel blacklist**)

7.3.2.5.50.1 服务概述

该服务写挂起的信道图(channel map),该信道图对于网关就是黑名单。该黑名单在在下一次重启后使用。

7.3.2.5.50.2 变量模型

CLASS:	**STRUCTURE VARIABLE**
ATTRIBUTES:	
1 Numeric Identifier	=818
2 Variable Name	=Channel blacklist
3 Number of Fields	=2
4 List of Fields	
4.1 Field Name	=Channel count
4.2 Field Data type Name	=Unsigned8
4.3 Field Name	=Pending channel map
4.4 Field Data type Name	=Bit Field

7.3.2.5.51 读退避指数(**Read back-off exponent**)

7.3.2.5.51.1 服务概述

该服务从网络设备读取最大退避指数(Max_backoff_exp)的值。

7.3.2.5.51.2 变量模型

CLASS:	**Simple VARIABLE**
ATTRIBUTES:	
1 Numeric Identifier	=819
2 Variable Name	=Max_backoff_exp
3 Data type Name	=Unsigned8

7.3.2.5.52 写退避指数(Write back-off exponent)

7.3.2.5.52.1 服务概述

该服务向网络设备写最大退避指数(Max_backoff_exp)的值。

7.3.2.5.52.2 变量模型

CLASS:	**Simple VARIABLE**
ATTRIBUTES:	
1 Numeric Identifier	=820
2 Variable Name	=Max_backoff_exp
3 Data type Name	=Unsigned8

7.3.2.5.53 写网络接入模式(Write network access mode)

7.3.2.5.53.1 服务概述

该服务向网络设备写网络接入模式(network access mode)的值。

7.3.2.5.53.2 变量模型

CLASS:	**Simple VARIABLE**
ATTRIBUTES:	
1 Numeric Identifier	=821
2 Variable Name	=Network access mode
3 Data type Name	=Enumeration

7.3.2.5.54 读网络接入模式(Read network access mode)

7.3.2.5.54.1 服务概述

该服务从网络设备读取网络接入模式(network access mode)的当前值。

7.3.2.5.54.2 变量模型

CLASS:	**Simple VARIABLE**
ATTRIBUTES:	
1 Numeric Identifier	=822
2 Variable Name	=Network access mode
3 Data type Name	=Enumeration

7.3.2.5.55 请求会话(Request session)

7.3.2.5.55.1 服务概述

该服务请求一个从手持设备到设备的单播会话。

7.3.2.5.55.2 请求参数

1 Numeric Identifier	=823
2 Additional Identifier	
2.1 Name	=Peer_nickname

2.2 Data type =Unsigned16

7.3.2.5.55.3 请求参数

1 Numeric Identifier =823
2 Additional Identifier
2.1 Name =Peer_nickname
2.2 Data type =Unsigned16

7.3.2.5.55.4 变量模型

CLASS: **STRUCTURE VARIABLE**
ATTRIBUTES:
1 Numeric Identifier =823
2 Variable Name =Session
3 Number of Fields =2
4 List of Fields
4.1 Field Name =Peer_nonce_counter
4.2 Field Data type Name =Unsigned32
4.3 Field Name =Join_key
4.4 Field Data type Name =Security key

7.3.2.6 网关和网络管理器服务

7.3.2.6.1 利用 UniqueID 读网络设备标识(Read network device identity using Unique ID)

7.3.2.6.1.1 服务概述

该服务从网关读取与设备 ID(Device ID)相匹配的设备的标识信息。

7.3.2.6.1.2 请求参数

1 Numeric Identifier =832
2 Additional Identifier
2.1 Name =Unique ID
2.2 Data type =Unique ID

7.3.2.6.1.3 响应参数

1 Numeric Identifier =832
2 Additional Identifier
2.1 Name =Unique ID
2.2 Data type =Unique ID

7.3.2.6.1.4 变量模型

CLASS: **STRUCTURE VARIABLE**
ATTRIBUTES:
1 Numeric Identifier =832
2 Variable Name =Device identity
3 Number of Fields =2

4 List of Fields
4.1 Field Name =Device nickname
4.2 Field Data type Name =Unsigned16
4.3 Field Name =Long_tag
4.4 Field Data type Name =Latin-1
4.4.1 Octet Length =32

7.3.2.6.2 读设备邻居健康状况(Read device's neighbor health)

7.3.2.6.2.1 服务概述

该服务从网关读取关于到每个活动邻居的连接质量的信息,或读取请求中指定设备的潜在邻居。

7.3.2.6.2.2 请求参数

1 Numeric Identifier =833
2 Additional Identifier
2.1 Name =Unique ID
2.2 Data type =Unique ID
3 Subindex
3.1 Subindex Name =Table index
3.2 Subindex Data type =Unsigned8
4 Element count
4.1 Element count Name =Entry count
4.2 Element count Data type =Unsigned8

7.3.2.6.2.3 响应参数

1 Numeric Identifier =833
2 Additional Identifier
2.1 Name =Unique ID
2.2 Data type =Unique ID
3 Subindex
3.1 Subindex Name =Table index
3.2 Subindex Data type =Unsigned8
4 Element count
4.1 Element count Name =Entry count
4.2 Element count Data type =Unsigned8

7.3.2.6.2.4 变量模型

CLASS: **Array of Structure VARIABLE**
ATTRIBUTES:
1 Numeric Identifier =833
2 Variable Name =Neighbor health
3 Number of Fields =5
4 List of Fields
4.1 Field Name =Neighbor_nickname

4.2 Field Data type Name =Unsigned16
4.3 Field Name =Average_RSL
4.4 Field Data type Name =Integer8
4.5 Field Name =Packets_transmitted
4.6 Field Data type Name =Unsigned32
4.7 Field Name =Missed_ACK_packets
4.8 Field Data type Name =Unsigned32
4.9 Field Name =Packets_received
4.10 Field Data type Name =Unsigned32
5 Array size =Variable

7.3.2.6.3 读网络拓扑信息(Read network topology information)

7.3.2.6.3.1 服务概述

该服务从网关读取特定网络设备在图表(Graph table)中一个登录项。通过读命令 814,应用层可确定特定设备所参与的图(graph)的个数,这通过“读图表(Read graph list)”(见 7.3.2.5.18)实现。该服务可按需发出多次以确定设备所参与的特定 Graph_ID。

7.3.2.6.3.2 请求参数

1 Numeric Identifier =834
2 Additional Identifier
2.1 Name =Unique ID
2.2 Data type =Unique ID
3 Subindex
3.1 Subindex Name =Table index
3.2 Subindex Data type =Unsigned16

7.3.2.6.3.3 响应参数

1 Numeric Identifier =834
2 Additional Identifier
2.1 Name =Unique ID
2.2 Data type =Unique ID
3 Subindex
3.1 Subindex Name =Table index
3.2 Subindex Data type =Unsigned16
4 Array size
4.1 Array size Name =Graph count
4.2 Array size Data type =Unsigned16

7.3.2.6.3.4 响应变量模型

CLASS: **Array of Structure VARIABLE**
ATTRIBUTES:
1 Numeric Identifier =834

2 Variable Name =Graph
3 Number of Fields =3
4 List of Fields
4.1 Field Name =Graph_ID
4.2 Field Data type Name =Unsigned16
4.3 Field Name =Neighbor count
4.4 Field Data type Name =Unsigned16
4.5 Field Name =Neighbor list
4.6 Field Data type Name =Array of Neighbor
5 Array size =Variable

CLASS: **Data type**
ATTRIBUTES:
1 Data type Name =Array of Neighbor
2 Format =ARRAY
2.1 Number of Array Elements =value of Neighbor count
2.2 Array Element Data type =Unsigned16

7.3.2.6.4 读发布数据消息列表(Read publish data message list)

7.3.2.6.4.1 服务概述

该服务从网关读取特定设备所参与的发布数据消息列表,包括该特定设备所参与的发布数据模式命令的个数。发出请求的应用可利用该服务构造系统中所有进行发布数据模式通信的列表。

7.3.2.6.4.2 请求参数

1 Numeric Identifier =835
2 Additional Identifier
2.1 Name =Unique ID
2.2 Data type =Unique ID

7.3.2.6.4.3 响应参数

1 Numeric Identifier =835
2 Additional Identifier
2.1 Name =Unique ID
2.2 Data type =Unique ID

7.3.2.6.4.4 变量模型

CLASS: **STRUCTURE VARIABLE**
ATTRIBUTES:
1 Numeric Identifier =835
2 Variable Name =Publish data message list
3 Number of Fields =2
4 List of Fields
4.1 Field Name =Publish data count

4.2 Field Data type Name =Unsigned8
4.3 Field Name =Publish data
4.4 Field Data type Name =Array of Publish data

CLASS: **Data type**
ATTRIBUTES:
1 Data type Name =Array of Publish data
2 Format =ARRAY
2.1 Number of Array Elements =value of Publish data count
2.2 Array Element Data type =Publish data

CLASS: **Data type**
ATTRIBUTES:
1 Data type Name =Publish data
2 Format =STRUCTURE
2.1 Number of Fields =2
2.2 List of Fields
2.2.1 Field Name =Publish command
2.2.2 Field Data type Name =Unsigned16
2.2.3 Field Name =Packet count
2.2.4 Field Data type Name =Unsigned32

7.3.2.6.5 清除设备缓存响应(Flush cached responses for a device)

7.3.2.6.5.1 服务概述

该服务清除网关中为特定设备所缓存的响应。

7.3.2.6.5.2 请求参数

CLASS: **Qualified Action**
ATTRIBUTES:
1 Numeric Identifier =836
2 Variable name =Unique ID
3 Data type name =Unique ID

7.3.2.6.6 写设备更新通知比特掩码(Write update notification bit mask for a device)

7.3.2.6.6.1 服务概述

该设备为通知更新(Notification update)登记一个网关客户机。

7.3.2.6.6.2 请求参数

1 Numeric Identifier =837
2 Additional Identifier
2.1 Name =Unique ID
2.2 Data type =Unique ID

7.3.2.6.6.3 响应参数

1	Numeric Identifier	=837
2	Additional Identifier	
2.1	Name	=Unique ID
2.2	Data type	=Unique ID

7.3.2.6.6.4 变量模型

CLASS: **Simple VARIABLE**

ATTRIBUTES:

1	Numeric Identifier	=837
2	Field Name	=Notification mask
3	Field Data type Name	=Bit Field

7.3.2.6.7 读设备更新通知比特掩码(**Read update notification bit mask for a device**)

7.3.2.6.7.1 服务概述

该服务从网关读取特定设备的更新通知掩码的列表。

7.3.2.6.7.2 请求参数

1	Numeric Identifier	=838
2	Additional Identifier	
2.1	Name	=Unique ID
2.2	Data type	=Unique ID

7.3.2.6.7.3 响应参数

1	Numeric Identifier	=838
2	Additional Identifier	
2.1	Name	=Unique ID
2.2	Data type	=Unique ID

7.3.2.6.7.4 变量模型

CLASS: **Simple VARIABLE**

ATTRIBUTES:

1	Numeric Identifier	=838
2	Field Name	=Notification mask
3	Field Data type Name	=Bit Field

7.3.2.6.8 读变更通知(**Read change notification**)

7.3.2.6.8.1 服务概述

该服务由客户机应用发送给网关。响应中列出请求中所规定设备的变化。

7.3.2.6.8.2 请求参数

1	Numeric Identifier	=839

2 Additional Identifier
2.1 Name =Unique ID
2.2 Data type =Unique ID

7.3.2.6.8.3 响应参数

1 Numeric Identifier =839
2 Additional Identifier
2.1 Name =Unique ID
2.2 Data type =Unique ID

7.3.2.6.8.4 变量模型

CLASS: **STRUCTURE VARIABLE**
ATTRIBUTES:
1 Numeric Identifier =839
2 Variable Name =change notification list
3 Number of Fields =2
4 List of Fields
4.1 Field Name =Change count
4.2 Field Data type Name =Unsigned8
4.3 Field Name =Change notification
4.4 Field Data type Name =Array of Change notification

CLASS: **Data type**
ATTRIBUTES:
1 Data type Name =Array of Change notification
2 Format =ARRAY
2.1 Number of Array Elements =value of Change count
2.2 Array Element Data type =Unsigned16

7.3.2.6.9 读网络设备统计(**Read network device statistics**)

7.3.2.6.9.1 服务概述

该服务从网关读取特定设备的统计。

7.3.2.6.9.2 请求参数

1 Numeric Identifier =840
2 Additional Identifier
2.1 Name =Unique ID
2.2 Data type =Unique ID

7.3.2.6.9.3 响应参数

1 Numeric Identifier =840
2 Additional Identifier
2.1 Name =Unique ID
2.2 Data type =Unique ID

7.3.2.6.9.4 响应变量模型

CLASS:	**STRUCTURE VARIABLE**
ATTRIBUTES:	
1 Numeric Identifier	=840
2 Variable Name	=Device statistics
3 Number of Fields	=13
4 List of Fields	
4.1 Field Name	=Graph count
4.2 Field Data type Name	=Unsigned16
4.3 Field Name	=Frame count
4.4 Field Data type Name	=Unsigned16
4.5 Field Name	=Link count
4.6 Field Data type Name	=Unsigned16
4.7 Field Name	=Neighbor count
4.8 Field Data type Name	=Unsigned8
4.9 Field Name	=Latency
4.10 Field Data type Name	=Time
4.11 Field Name	=Join count
4.12 Field Data type Name	=Unsigned16
4.13 Field Name	=Join date
4.14 Field Data type Name	=Date
4.15 Field Name	=Join time
4.16 Field Data type Name	=Time
4.17 Field Name	=Packets generated
4.18 Field Data type Name	=Unsigned32
4.19 Field Name	=Packets terminated
4.20 Field Data type Name	=Unsigned32
4.21 Field Name	=DLL MIC failures
4.22 Field Data type Name	=Unsigned32
4.23 Field Name	=NL MIC failures
4.24 Field Data type Name	=Unsigned32
4.25 Field Name	=CRC errors
4.26 Field Data type Name	=Unsigned32
4.27 Field Name	=Packets missed
4.28 Field Data type Name	=Unsigned32
4.29 Field Name	=Nonce counter missed
4.30 Field Data type Name	=Unsigned32
4.31 Field Name	=Latency
4.32 Field Data type Name	=Time

7.3.2.6.10 利用昵称读网络设备标识(**Read network device identity using nickname**)

7.3.2.6.10.1 服务概述

该设备从网关读取与设备昵称相匹配的设备的标识信息。

7.3.2.6.10.2 请求参数

1 Numeric Identifier	=841
2 Additional Identifier	
2.1 Name	=Device_nickname
2.2 Data type	=Unsigned16

7.3.2.6.10.3 响应参数

1 Numeric Identifier	=841
2 Additional Identifier	
2.1 Name	=Device_nickname
2.2 Data type	=Unsigned16

7.3.2.6.10.4 变量模型

CLASS:	**STRUCTURE VARIABLE**
ATTRIBUTES:	
1 Numeric Identifier	=841
2 Variable Name	=Device identity
3 Number of Fields	=2
4 List of Fields	
4.1 Field Name	=Unique ID
4.2 Field Data type Name	=Unique ID
4.3 Field Name	=Long_tag
4.4 Field Data type Name	=Latin-1
4.4.1 Octet Length	=32

7.3.2.6.11 写网络设备调度标志(**Write network device's scheduling flags**)

7.3.2.6.11.1 服务概述

当网络管理器创建调度时,该服务允许用户为一个设备请求特殊的考虑。

7.3.2.6.11.2 请求参数

1 Numeric Identifier	=842
2 Additional Identifier	
2.1 Name	=Unique ID
2.2 Data type	=Unique ID

7.3.2.6.11.3 响应参数

1 Numeric Identifier	=842
2 Additional Identifier	
2.1 Name	=Unique ID
2.2 Data type	=Unique ID

7.3.2.6.11.4 变量模型

CLASS:	**Simple VARIABLE**
ATTRIBUTES:	
1 Numeric Identifier	=842
2 Variable Name	=Scheduling flags
3 Data type Name	=Bit Field

7.3.2.6.12 读网络设备调度标志(Read network device's scheduling flags)

7.3.2.6.12.1 服务概述

该服务读取在网络管理器创建调度时网络管理器可考虑的网络设备属性。

7.3.2.6.12.2 请求参数

1 Numeric Identifier	=843
2 Additional Identifier	
2.1 Name	=Unique ID
2.2 Data type	=Unique ID

7.3.2.6.12.3 响应参数

1 Numeric Identifier	=843
2 Additional Identifier	
2.1 Name	=Unique ID
2.2 Data type	=Unique ID

7.3.2.6.12.4 变量模型

CLASS:	**Simple VARIABLE**
ATTRIBUTES:	
1 Numeric Identifier	=843
2 Variable Name	=Scheduling flags
3 Data type Name	=Bit Field

7.3.2.6.13 读网络约束(Read network constraints)

7.3.2.6.13.1 服务概述

该服务读取网络管理策略的当前设置以及每 10 s 请求/响应报文的个数。

7.3.2.6.13.2 变量模型

CLASS:	**STRUCTURE VARIABLE**
ATTRIBUTES:	
1 Numeric Identifier	=844
2 Variable Name	=Network constraints
3 Number of Fields	=2
4 List of Fields	

4.1 Field Name =Optimization flags
4.2 Field Data type Name =Bit Field
4.3 Field Name =Message pair count
4.4 Field Data type Name =Unsigned8

7.3.2.6.14 写网络约束(Write network constraints)

7.3.2.6.14.1 服务概述

该服务写网络管理策略的当前设置以及每 10 s 请求/响应报文的个数。

7.3.2.6.14.2 变量模型

CLASS: **STRUCTURE VARIABLE**
ATTRIBUTES:
1 Numeric Identifier =845
2 Variable Name =Network constraints
3 Number of Fields =2
4 List of Fields
4.1 Field Name =Optimization flags
4.2 Field Data type Name =Bit Field
4.3 Field Name =Message pair count
4.4 Field Data type Name =Unsigned8

7.3.2.7 网络管理配置服务

7.3.2.7.1 断开设备连接(Disconnect device)

7.3.2.7.1.1 服务概述

该服务允许网络管理器强制一个设备离开网络。

7.3.2.7.1.2 请求参数

CLASS: **Qualified Action**
ATTRIBUTES:
1 Numeric Identifier =960
2 Variable name =Disconnect cause
3 Data type name =Enumeration

7.3.2.7.1.3 响应参数

CLASS: **Qualified Action**
ATTRIBUTES:
1 Numeric Identifier =960
2 Variable name =Disconnect cause
3 Data type name =Enumeration

7.3.2.7.2 写网络密钥(Write network key)

7.3.2.7.2.1 服务概述

该服务向网络设备写网络密钥。

7.3.2.7.2.2 变量模型

CLASS: **STRUCTURE VARIABLE**

ATTRIBUTES:

1 Numeric Identifier =961
2 Variable Name =Network key
3 Number of Fields =2
4 List of Fields
4.1 Variable Name =Join_key
4.2 Data type Name =Security key
4.3 Field Name =Key change time
4.4 Field Data type Name =Unsigned40

7.3.2.7.3 写设备昵称(Write device nickname)

7.3.2.7.3.1 服务概述

该服务写一个网络设备的昵称。

7.3.2.7.3.2 变量模型

CLASS: **Simple VARIABLE**

ATTRIBUTES:

1 Numeric Identifier =962
2 Variable Name =Device nickname
3 Data type Name =Unsigned16

7.3.2.7.4 写会话(Write session)

7.3.2.7.4.1 服务概述

该服务写会话参数,这些会话参数是在请求中的目标设备和对等设备之间建立一个会话所必需的。

7.3.2.7.4.2 请求变量模型

CLASS: **STRUCTURE VARIABLE**

ATTRIBUTES:

1 Numeric Identifier =963
2 Variable Name =Session entry
3 Number of Fields =7
3.1 Field Name =Session_type
3.2 Field Data type Name =Enumeration
3.3 Field Name =Peer_nickname
3.4 Field Data type Name =Unsigned16
3.5 Field Name =Peer_unique_ID
3.6 Field Data type Name =Unique ID
3.7 Field Name =Peer_nonce_counter
3.8 Field Data type Name =Unsigned32

3.9 Field Name =Session_key
3.10 Field Data type Name =Security key
3.11 Field Name =Reserved
3.12 Field Data type Name =Unsigned8
3.13 Field Name =Session change time
3.14 Field Data type Name =Unsigned40

7.3.2.7.4.3 响应变量模型

CLASS: **STRUCTURE VARIABLE**
ATTRIBUTES:
1 Numeric Identifier =963
2 Variable Name =Session entry
3 Number of Fields =7
3.1 Field Name =Session_type
3.2 Field Data type Name =Enumeration
3.3 Field Name =Peer_nickname
3.4 Field Data type Name =Unsigned16
3.5 Field Name =Peer_unique_ID
3.6 Field Data type Name =Unique ID
3.7 Field Name =Peer_nonce_counter
3.8 Field Data type Name =Unsigned32
3.9 Field Name =Session_key
3.10 Field Data type Name =Security key
3.11 Field Name =Session count
3.12 Field Data type Name =Unsigned8
3.13 Field Name =Session change time
3.14 Field Data type Name =Unsigned40

7.3.2.7.5 删除会话(**Delete session**)

7.3.2.7.5.1 服务概述

该服务删除网络设备中的一个端到端会话。

7.3.2.7.5.2 请求参数

CLASS: **Qualified Action**
ATTRIBUTES:
1 Numeric Identifier =964
2 Variable name =Session_type
3 Data type name =Enumeration
4 Qualifier Name =Peer_nickname
5 Data type Name =Unsigned16

7.3.2.7.5.3 响应参数

CLASS: **Qualified Action**

ATTRIBUTES:

1 Numeric Identifier	=964
2 Variable name	=Session_type
3 Data type name	=Enumeration
4 Qualifier Name	=Peer_nickname
5 Data type Name	=Unsigned16

7.3.2.7.5.4 响应变量模型

CLASS:	**Simple VARIABLE**
ATTRIBUTES:	
1 Numeric Identifier	=964
2 Variable Name	=Session count
3 Data type Name	=Unsigned8

7.3.2.7.6 写超帧(Write superframe)

7.3.2.7.6.1 服务概述

该服务向网络设备写或修改一个超帧。

7.3.2.7.6.2 请求变量模型

CLASS:	**STRUCTURE VARIABLE**
ATTRIBUTES:	
1 Numeric Identifier	=965
2 Variable Name	=Superframe entry
3 Number of Fields	=5
3.1 Field Name	=Superframe_ID
3.2 Field Data type Name	=Unsigned8
3.3 Field Name	=Num_Slots
3.4 Field Data type Name	=Unsigned16
3.5 Field Name	=Superframe mode
3.6 Field Data type Name	=Bit Field
3.7 Field Name	=Reserved
3.8 Field Data type Name	=Unsigned8
3.9 Field Name	=Superframe change time
3.10 Field Data type Name	=Unsigned40

7.3.2.7.6.3 响应变量模型

CLASS:	**STRUCTURE VARIABLE**
ATTRIBUTES:	
1 Numeric Identifier	=965
2 Variable Name	=Superframe entry
3 Number of Fields	=5
3.1 Field Name	=Superframe_ID

3.2 Field Data type Name =Unsigned8
3.3 Field Name =Num_Slots
3.4 Field Data type Name =Unsigned16
3.5 Field Name =Superframe mode
3.6 Field Data type Name =Bit Field
3.7 Field Name =Superframe count
3.8 Field Data type Name =Unsigned8
3.9 Field Name =Superframe change time
3.10 Field Data type Name =Unsigned40

7.3.2.7.7 删除超帧(Delete superframe)

7.3.2.7.7.1 服务概述

该服务在网络设备中删除一个超帧。

7.3.2.7.7.2 请求参数

CLASS: **Qualified Action**

ATTRIBUTES:

1 Numeric Identifier =966
2 Variable name =Superframe_ID
3 Data type name =Enumeration

7.3.2.7.7.3 响应参数

CLASS: **Qualified Action**

ATTRIBUTES:

1 Numeric Identifier =966
2 Variable name =Superframe_ID
3 Data type name =Enumeration

7.3.2.7.7.4 响应变量模型

CLASS: **Simple VARIABLE**

ATTRIBUTES:

1 Numeric Identifier =966
2 Field Name =Superframe count
3 Field Data type Name =Unsigned8

7.3.2.7.8 写链路(Write link)

7.3.2.7.8.1 服务概述

该服务增加一个到网络设备的链路分配。

7.3.2.7.8.2 请求变量模型

CLASS: **STRUCTURE VARIABLE**

ATTRIBUTES:

1 Numeric Identifier	=967
2 Variable Name	=Link entry
3 Number of Fields	=6
3.1 Field Name	=Superframe_ID
3.2 Field Data type Name	=Unsigned8
3.3 Field Name	=Slot
3.4 Field Data type Name	=Unsigned16
3.5 Field Name	=Channel_Offset
3.6 Field Data type Name	=Unsigned8
3.7 Field Name	=Neighbor
3.8 Field Data type Name	=Unsigned16
3.9 Field Name	=Link options
3.10 Field Data type Name	=Bit Field
3.11 Field Name	=Link_type
3.12 Field Data type Name	=Enumeration

7.3.2.7.8.3 响应变量模型

CLASS:	**STRUCTURE VARIABLE**
ATTRIBUTES:	
1 Numeric Identifier	=967
2 Variable Name	=Link entry
3 Number of Fields	=7
3.1 Field Name	=Superframe_ID
3.2 Field Data type Name	=Unsigned8
3.3 Field Name	=Slot
3.4 Field Data type Name	=Unsigned16
3.5 Field Name	=Channel_Offset
3.6 Field Data type Name	=Unsigned8
3.7 Field Name	=Neighbor
3.8 Field Data type Name	=Unsigned16
3.9 Field Name	=Link options
3.10 Field Data type Name	=Bit Field
3.11 Field Name	=Link_type
3.12 Field Data type Name	=Enumeration
3.13 Field Name	=Link count
3.14 Field Data type Name	=Unsigned16

7.3.2.7.9 删除链路(**Delete link**)

7.3.2.7.9.1 服务概述

该服务在网络设备中删除一个链路分配。

7.3.2.7.9.2 请求参数

CLASS:	**Qualified Action**

ATTRIBUTES:

1 Numeric Identifier =968
2 Variable name =Superframe_ID
3 Data type name =Enumeration
4 Qualifier Name =Slot
5 Data type Name =Unsigned16
6 Qualifier Name =Neighbor
7 Data type Name =Unsigned16

7.3.2.7.9.3 响应参数

CLASS: **Qualified Action**

ATTRIBUTES:

1 Numeric Identifier =968
2 Variable name =Superframe_ID
3 Data type name =Enumeration
4 Qualifier Name =Slot
5 Data type Name =Unsigned16
6 Qualifier Name =Neighbor
7 Data type Name =Unsigned16

7.3.2.7.9.4 响应变量模型

CLASS: **Simple VARIABLE**

ATTRIBUTES:

1 Numeric Identifier =968
2 Field Name =Link count
3 Field Data type Name =Unsigned16

7.3.2.7.10 写图连接(Write graph connection)

7.3.2.7.10.1 服务概述

该服务增加一个到网络设备的图连接分配。

7.3.2.7.10.2 请求变量模型

CLASS: **STRUCTURE VARIABLE**

ATTRIBUTES:

1 Numeric Identifier =969
2 Variable Name =Connection entry
3 Number of Fields =2
3.1 Field Name =Graph_ID
3.2 Field Data type Name =Unsigned16
3.3 Field Name =Neighbor_nickname
3.4 Field Data type Name =Unsigned16

7.3.2.7.10.3 响应变量模型

CLASS:	**STRUCTURE VARIABLE**
ATTRIBUTES:	
1 Numeric Identifier	=969
2 Variable Name	=Connection entry
3 Number of Fields	=3
3.1 Field Name	=Graph_ID
3.2 Field Data type Name	=Unsigned16
3.3 Field Name	=Neighbor_nickname
3.4 Field Data type Name	=Unsigned16
3.5 Field Name	=Connection count
3.6 Field Data type Name	=Unsigned16

7.3.2.7.11 删除图连接(Delete graph connection)

7.3.2.7.11.1 服务概述

该服务删除网络设备中的一个图连接分配。

7.3.2.7.11.2 请求参数

CLASS:	**Qualified Action**
ATTRIBUTES:	
1 Numeric Identifier	=970
2 Variable name	=Graph_ID
3 Data type name	=Unsigned16
4 Qualifier Name	=Neighbor_nickname
5 Data type Name	=Unsigned16

7.3.2.7.11.3 响应参数

CLASS:	**Qualified Action**
ATTRIBUTES:	
1 Numeric Identifier	=970
2 Variable name	=Graph_ID
3 Data type name	=Unsigned16
4 Qualifier Name	=Neighbor_nickname
5 Data type Name	=Unsigned16

7.3.2.7.11.4 删除响应变量模型

CLASS:	**Simple VARIABLE**
ATTRIBUTES:	
1 Numeric Identifier	=970
2 Field Name	=Connection count
3 Field Data type Name	=Unsigned16

7.3.2.7.12 写邻居属性标志(Write neighbor attribute flag)

7.3.2.7.12.1 服务概述

该服务设置一个到网络设备的邻居的属性。

7.3.2.7.12.2 变量模型

CLASS:	**STRUCTURE VARIABLE**
ATTRIBUTES:	
1 Numeric Identifier	=971
2 Variable sub index	Not present
3 Variable Name	=Neighbor attribute
4 Number of Fields	=2
4.1 Field Name	=Neighbor_nickname
4.2 Field Data type Name	=Unsigned16
4.3 Field Name	=Neighbor flags
4.4 Field Data type Name	=Bit Field

7.3.2.7.13 写网络暂停(Write network suspend)

7.3.2.7.13.1 服务概述

该服务将整个网络设为"静默(quiet)"无传输状态。该命令可以发送给网络上的所有设备,或根据所用的寻址发送给个别设备。

7.3.2.7.13.2 变量模型

CLASS:	**STRUCTURE VARIABLE**
ATTRIBUTES:	
1 Numeric Identifier	=972
2 Variable sub index	Not present
3 Variable Name	=Network suspend
4 Number of Fields	=2
4.1 Field Name	=Suspend time
4.2 Field Data type Name	=Unsigned40
4.3 Field Name	=Resume time
4.4 Field Data type Name	=Unsigned40

7.3.2.7.14 写时间表(Write timetable)

7.3.2.7.14.1 服务概述

该服务向网络设备增加新的时间表(Timetable)。当处理完该命令时,网络设备可使用该服务。

7.3.2.7.14.2 请求变量模型

CLASS:	**STRUCTURE VARIABLE**
ATTRIBUTES:	

1 Numeric Identifier	=973
2 Variable Name	=Timetable entry
3 Number of Fields	=6
3.1 Field Name	=Timetable_ID
3.2 Field Data type Name	=Unsigned8
3.3 Field Name	=Timetable_type
3.4 Field Data type Name	=Bit Field
3.5 Field Name	=Application domain
3.6 Field Data type Name	=Enumeration
3.7 Field Name	=Peer_nickname
3.8 Field Data type Name	=Unsigned16
3.9 Field Name	=Service_duration
3.10 Field Data type Name	=Time
3.11 Field Name	=Route_ID
3.12 Field Data type Name	=Unsigned8

7.3.2.7.14.3 响应变量模型

CLASS：	**STRUCTURE VARIABLE**
ATTRIBUTES：	
1 Numeric Identifier	=973
2 Variable Name	=Timetable entry
3 Number of Fields	=7
3.1 Field Name	=Timetable_ID
3.2 Field Data typc Namc	=Unsigned8
3.3 Field Name	=Timetable_type
3.4 Field Data type Name	=Bit Field
3.5 Field Name	=Application domain
3.6 Field Data type Name	=Enumeration
3.7 Field Name	=Peer_nickname
3.8 Field Data type Name	=Unsigned16
3.9 Field Name	=Service_duration
3.10 Field Data type Name	=Time
3.11 Field Name	=Route_ID
3.12 Field Data type Name	=Unsigned8
3.13 Field Name	=Service count
3.14 Field Data type Name	=Unsigned8

7.3.2.7.15 写路由(Write route)

7.3.2.7.15.1 服务概述

该服务在网络设备中为特殊服务设置或更改一个路由。

7.3.2.7.15.2 请求变量模型

CLASS：	**STRUCTURE VARIABLE**

ATTRIBUTES:

1	Numeric Identifier	=974
2	Variable Name	=Route entry
3	Number of Fields	=3
3.1	Field Name	=Route_ID
3.2	Field Data type Name	=Unsigned8
3.3	Field Name	=Peer_nickname
3.4	Field Data type Name	=Unsigned16
3.5	Field Name	=Graph_ID
3.6	Field Data type Name	=Unsigned16

7.3.2.7.15.3 响应变量模型

CLASS: **STRUCTURE VARIABLE**

ATTRIBUTES:

1	Numeric Identifier	=974
2	Variable Name	=Route entry
3	Number of Fields	=4
3.1	Field Name	=Route_ID
3.2	Field Data type Name	=Unsigned8
3.3	Field Name	=Peer_nickname
3.4	Field Data type Name	=Unsigned16
3.5	Field Name	=Graph_ID
3.6	Field Data type Name	=Unsigned16
3.7	Field Name	=Route count
3.8	Field Data type Name	=Unsigned8

7.3.2.7.16 删除路由(Delete route)

7.3.2.7.16.1 服务概述

该服务删除网络设备中的一个路由登录项。

7.3.2.7.16.2 请求参数

CLASS: **Simple Variable Action**

ATTRIBUTES:

1	Numeric Identifier	=975
2	Variable Name	=Route_ID
3	Data type Name	=Unsigned8

7.3.2.7.16.3 响应参数

CLASS: **Simple Variable Action**

ATTRIBUTES:

1	Numeric Identifier	=975
2	Variable Name	=Route_ID
3	Data type Name	=Unsigned8

7.3.2.7.16.4 响应变量模型

CLASS:	**STRUCTURE VARIABLE**
ATTRIBUTES:	
1 Numeric Identifier	=975
2 Field Name	=Route count
3 Field Data type Name	=Unsigned8

7.3.2.7.17 写源路由(Write source route)

7.3.2.7.17.1 服务概述

该服务向网络设备写一个源路由。在该请求中广播地址不是合法地址,且广播地址不包含在源路由或该命令的请求/响应中。

7.3.2.7.17.2 请求变量模型

CLASS:	**STRUCTURE VARIABLE**
ATTRIBUTES:	
1 Numeric Identifier	=976
2 Variable Name	=Source route entry
3 Number of Fields	=3
4 List of Fields	
4.1 Field Name	=Route_ID
4.2 Field Data type Name	=Unsigned8
4.3 Field Name	=Hop count
4.4 Field Data type Name	=Unsigned8
4.5 Field Name	=Hop list
4.6 Field Data type Name	=Array of Hop

CLASS:	**Data type**
ATTRIBUTES:	
1 Data type Name	=Array of Hop
2 Format	=ARRAY
2.1 Number of Array Elements	=value of Hop count
2.2 Array Element Data type	=Unsigned16

7.3.2.7.17.3 响应变量模型

CLASS:	**STRUCTURE VARIABLE**
ATTRIBUTES:	
1 Numeric Identifier	=976
2 Variable Name	=Source route entry
3 Number of Fields	=4
4 List of Fields	
4.1 Field Name	=Route_ID
4.2 Field Data type Name	=Unsigned8
4.3 Field Name	=Hop count
4.4 Field Data type Name	=Unsigned8

4.5 Field Name =Hop list
4.6 Field Data type Name =Array of Hop
4.7 Field Name =Source route count
4.8 Field Data type Name =Unsigned8

7.3.2.7.18 删除源路由(Delete source route)

7.3.2.7.18.1 服务概述

该服务删除网络设备中的一个源路由登录项。

7.3.2.7.18.2 请求参数

CLASS: **Simple Variable Action**
ATTRIBUTES:
1 Numeric Identifier =977
2 Variable Name =Route_ID
3 Data type Name =Unsigned8

7.3.2.7.18.3 响应参数(Response parameters)

CLASS: **Simple Variable Action**
ATTRIBUTES:
1 Numeric Identifier =977
2 Variable Name =Route_ID
3 Data type Name =Unsigned8

7.3.3 应用关系 AR

7.3.3.1 应用关系 ASE

7.3.3.1.1 概述

应用关系 AR 由一组一致的类的端点组成。每个 AR 的一个端点必须是主站(Master)类,其他端点必须是从站(Slave)类。每个设备可仅具有一个从站类 AREP 实例。

设备可使用多个主站类 AREP 来与多个从站类 AREP 进行通信。主站类 AREP 的用户在请求原语中以参数形式提供从站类 AREP 的标识。

7.3.3.1.2 主站类(Master class)AREP

7.3.3.1.2.1 形式化模型

ASE: **AR ASE**
CLASS: **Master**
CLASS ID: **Not used**
PARENT CLASS: **Top**
ATTRIBUTES:
1 (m) Attribute: Address
SERVICES:
1 (m) OpsService: AR-Get Attribute

2 (m) OpsService: AR-Set Attribute

7.3.3.1.2.2 属性

——地址(Address)

该属性规定主站设备的网络地址。

7.3.3.1.3 从站类(Slave class)AREP

7.3.3.1.3.1 形式化模型

ASE: **AR ASE**
CLASS: **Slave**
CLASS ID: **Not used**
PARENT CLASS: **Top**
ATTRIBUTES:
1 (m) Physical layer type Wireless
1.1 (m) Attribute: Nickname
1.2 (m) Attribute: Unique ID
SERVICES:
1 (m) OpsService: AR-Get Attribute
2 (m) OpsService: AR-Set Attribute

7.3.3.1.3.2 属性

——昵称(Nickname)

该属性规定从站设备的网络地址。设备仅对从主站设备接收的 Identify 帧中的该地址做出响应。

——惟一 ID(Unique ID)

该属性用来生成从站设备的网络地址。设备仅对从主站设备接收的所有帧中的该地址做出响应。该属性值全为 0 应被保留为广播地址。

7.3.3.1.4 应用关系 ASE 服务规范

7.3.3.1.4.1 概述

本条给出应用关系 ASE 特有的服务定义,包括:

——获取 AR 属性(AR-Get Attribute)

——设置 AR 属性(AR-Set Attribute)

7.3.3.1.4.2 获取 AR 属性(AR-Get attribute)服务

7.3.3.1.4.2.1 概述

该证实服务用来本地读取 AREP 的属性值。

7.3.3.1.4.2.2 服务参数

AR-Get Attribute 服务的服务参数见表 73。

表 73 AR-Get Attribute 服务参数

参数名称	请求	证实
Argument	M	
Attribute index	M	
Result (+)		S
Value		C
Result (−)		S
Status		C
注：证实原语与其相应的请求原语的关联方法是本地实现的。		

——**参数(Argument)**

给出服务请求的参数。

——**属性索引(Attribute index)**

标识属性。

——**结果成功[Result (+)]**

该选择类型参数指示请求成功执行。

——**值(Value)**

如果请求成功执行,该参数返回所请求的属性值。

——**结果失败[Result (−)]**

该选择类型参数指示请求失败。

——**状态(Status)**

如果请求失败,返回 Status 以指示失败的原因。可能的取值为:无效属性索引(Illegal attribute index)、未知值(Unknown value)。

7.3.3.1.4.3 设置 AR 属性(AR-Set attribute)服务

7.3.3.1.4.3.1 概述

该证实服务用来本地设置 AREP 的当前值。

7.3.3.1.4.3.2 服务参数

AR-Set Attribute 服务的服务参数见表 74。

表 74 AR-Set Attribute 服务参数

参数名称	请求	证实
Argument	M	
Attribute index	M	
Value	M	
Result		
Status		M
注：证实原语与其相应的请求原语的关联方法是本地实现的。		

——**参数(Argument)**

给出服务请求的参数。

——**属性索引(Attribute index)**

该参数标识要更新的属性。

——**值(Value)**

该参数给出新的属性值。

——**状态(Status)**

作为请求的结果,Status 返回 OK 或失败原因。可能的取值为 OK、无效属性索引(Illegal attribute index)、无效值(Illegal value)。

7.3.4 类汇总

本条给出所定义的类的汇总,见表 75。

表 75 类汇总

ASE	类
虚拟现场设备(Virtual field device)	VFD
数据类型(Data type)	固定长度数据类型(Fixed Length Data type)
	字符串数据类型(String Data type)
变量(Variable)	简单变量(Simple Variable)
	结构变量(Structure Variable)

7.3.5 AREP 角色允许的服务

表 76 和表 77 定义了服务和 AREP 类的有效组合,即,特定类的 AREP 可发送和接收哪些服务应用协议数据单元(APDU)。

表 76 AREP 类的证实服务

服务	主站		从站	
	请求	证实	指示	响应
VFD ASE				
Identify	X	X	X	X
变量(Variable)ASE				
Read 服务(所有)	X	X	X	X
Write 服务(所有)	X	X	X	X
注:X 表示支持。				

表 77 AREP 类的非证实服务

服务	主站	从站
	请求	指示
变量(Variable)ASE		
Information report	X	X
注:X 表示支持。		

8 应用层协议规范

8.1 抽象语法

应用层协议数据单元(APDU)的抽象语法与其传输语法相结合,并在8.2中规定。

8.2 传输语法

8.2.1 通用APDU字段

8.2.1.1 命令号(Command number)字段

命令号(Command number)是读(7.3.2.2.3.3)、写(7.3.2.2.3.4)、信息报告(7.2.3.2.2.5)或动作(7.3.2.3.4)服务的数字标识符。命令号标识了服务的类型以及从站中要被访问的对象,或从站中应被执行的动作。使用Unsigned16数据类型的扩展命令号。命令0～命令255须用0填充以形成16比特的命令号(例如,命令9应转换成0x0009)。命令31被保留且不应在请求中使用。

8.2.1.2 八位位组计数(Octet count)字段

该字段表示其后所有字段的八位位组的个数。该字段的数据类型是Unsigned8,其值可为0～255。如果该字段值为0,则表示该字段为APDU的最后一个字段。

8.2.1.3 响应代码(Response code)字段

Response code字段为Enumeration数据类型,表示所请求的命令成功完成,或所请求的命令完成但执行所请求命令中存在一个警告或错误,如表78所示。一些值取决于Command number字段的值。每个服务特定APDU结构给出了分配给该服务的响应代码值。设备应使用这些值。如果所指示的状况未在本部分定义,则可使用一个未用过的值进行响应。

表78 响应代码值

值	分类	定义
0	成功(Success)	命令(读或写)被正确执行
1～127	警告(Waring)	命令(写)被执行但带有偏差。偏差在响应中描述(如将值设为其最接近的合法值)
1～127	错误(Error)	命令未被正确执行,且在响应代码中给出原因(例如,设备处于写保护模式)
1～127	保留(Reserved)	本部分协议可保留代码用于将来使用。设备不允许返回保留值

响应代码值对于所有命令都是通用的。对应这些代码的响应设备的行为在附录E中规定。

8.2.1.4 应用过程状态(Application process status)字段

该字段由FAL用户提供。其数据类型为一个八位位组长的Bit Field。该字段与任意一个命令的完成无关。该字段至少应包含以下状态:

a) 配置改变(Configuration changed):执行了改变设备配置的操作,以及;
b) 更多可用状态(More status available):存在更多可用的状态信息,可以通过另一个读命令获取。

如果“配置改变(Configuration changed)”比特为“1”,则客户机应从服务器读取其他变量,并且如有必要，还应使用“复位配置改变标志(Reset configuration changed flag)”服务以复位该状态位。

如果“更多可用状态(More status available)”比特为“1”，则客户机应使用“读附加设备状态(Read additional device status)”服务来获取未包含在“应用过程状态(Application process status)”中的信息。

8.2.1.5 扩展状态(Extended status)字段

该字段指示了 VFD 的状态。表 79 给出了该参数的可能值。其数据类型为一个八位位组长的 Bit Field。该字段与任意一个命令的完成无关。

表 79 Extended status 值

代码	值	描述
0x01	Maintenance required	虽然 VFD 未发生故障，但需要维护
0x02	Device variable alert	一个或多个设备变量处于报警或警告状态
0x04	Critical power failure	设备使用的储能电源的可用供电变得极低

8.2.1.6 值(Value)字段

Value 字段是在应用层与其用户之间传送的用户数据。ALE 将服务原语的参数组装成该字段，或将该字段分解为服务原语的参数。其结构取决于 APDU 的类型。

8.2.1.7 APDU 结构的格式

发送应用层准备一个 APDU 以将其传送到接收应用层。发送应用层使用来自服务原语的参数完成 APDU 的准备。APDU 的几种格式如下：

a) 主站到从站设备的请求 APDU，

b) 从站到主站设备的正常响应，以及，

c) 从站到主站设备的命令错误响应。

APDU 结构的通用格式在 8.2.2 中规定。服务特定 APDU 结构的格式在 8.2.3、8.2.4、8.2.5 和 8.2.6 中规定。

请求和响应中都包含 Command number 字段。请求方不必存储与响应 APDU 相关联的请求 APDU。

8.2.2 通用 APDU 结构

8.2.2.1 主站设备到从站设备的请求 APDU

所有请求 APDU 都有一个通用结构，如图 41 所示。

Command number	Octet count	Value

图 41 主站到从站的请求 APDU 格式

对于读服务，Value 字段为空或为变量子索引(Variable SubIndex)，并且对于数组类型的变量，可能包含要读取的元素的个数。对于写服务，Value 字段为变量子索引，如需要，后面跟随要写入的由该命令标识的从站对象的值。ALE 从服务原语的参数中组装该 APDU,其结构取决于服务特定的 APDU。

8.2.2.2 从站设备到主站设备的正常响应 APDU

图 42 给出了无任何错误的从站对主站响应所使用的应用层字段格式。

Application process Status	Extended Status	Command number	Octet count	Response code	Value

图 42 从站到主站的正常响应 APDU 格式

从站发送该 APDU 以响应来自主站的请求。该 APDU 中 Command number 字段的值与对应的请求 APDU 中 Command number 字段的值相同。

Octet count 字段的值等于 Value 字段中八位位组的个数加 1。Octet count 字段的最小值为 1。

如果响应对应于一个读请求,则 Value 字段表示从从站设备读取的对象的值。如果响应对应于一个写请求,则 Value 字段表示从站设备中已写入对象的值。在写请求的响应中,Value 值与请求中收到的值相同,除非接收的值不被允许且服务器写入了一个不同的值,在这种情况下,Value 值是从站设备中写入的值。

主站向一个从站只能发出一个命令,直到该从站发送响应,或请求时间超时且成为无效请求(见 7.3.2.2.3.2 和 7.3.2.3.2)。

8.2.2.3 从站设备到主站设备的命令错误 APDU

图 43 给出了在命令执行过程中出现错误的情况下,从站到主站响应的应用层字段格式,响应中不存在 Value 字段。

Application process Status	Extended Status	Command number	Octet count	Response code

图 43 从站到主站的命令错误响应 APDU 格式

响应设备发送该 APDU 以响应来自主站的请求。该 APDU 中 Command number 字段的值与对应的请求 APDU 中 Command number 字段的值相同。

Octet count 字段的值设置为 1。

命令 31 被保留。对于命令 31 请求的任意响应都应为错误代码"命令未实现(Command Not Implemented)"。

8.2.2.4 从站到主站设备的信息报告 APDU

信息报告(Information report)和数据发布(Data publishing)使用的响应 APDU 在 8.2.2.2 中定义。使用其中一个命令号来建立发布(见 8.2.3.32)。其他信息报告命令号在服务特定的 APDU 中规定。

8.2.2.5 命令聚合(Command aggregation)

本部分允许多个命令及其相关数据在单个请求和响应 APDU 中传输。当读取设备配置时,命令聚合非常有用。图 44 给出了聚合的命令 APDU。"命令＃n 请求(Command＃n Request)"字段与图 41 给出的请求 APDU 的字段相同。"命令＃n 响应(Command＃n Response)"字段与图 42 和图 43 给出的响应 APDU 的字段相同,"应用过程状态(Application process status)"和"扩展状态(Extended status)"字段仅在 APDU 的起始处出现一次,除此之外这些字段不作为"Command＃1 Response"～"Command ＃n Response)"的一部分。

Command #1 Request	…	Command #n Request

a） 请求 APDU

Application process Status	Extended Status	Command # 1 Request	…	Command #n Request

b） 响应 APDU

图 44　聚合的命令 APDU

如果设备已被配置为发布多个消息(见 8.2.3.32)，则设备可使用命令聚合来将其组合成一个消息，但“发布数据消息 0(Publish data Message 0)”不能被聚合。

只要可能，WirelessHART 兼容的现场设备都应使用信息报告请求，将多个挂起的“发布数据消息(Publish data Message)”聚合成一个事务。如果多个“发布数据消息(Publish data Message)”不能组装为单一事务，则可以在不同事务中发送。

聚合命令的一般要求如下：

a） 如果设备接收到已聚合的请求 APDU，则设备应在一个聚合的响应 APDU 中提供对请求中所有“Command number”字段的响应；

b） 在 0x0300～0x03FF 范围中的命令应仅与该范围内的其他命令聚合；

c） 一个读命令可与写命令聚合；

注 1：允许将读命令和写命令混合聚合，但不推荐。

d） 网络管理配置 APDU(见 8.2.6)不应与任何其他类型 APDU 聚合。网络管理配置请求是确认的包含修改网络行为写命令的事务。

注 2：命令相互之间不具有依赖性。这意味命令是可以聚合的。例如，多个读命令可聚合成一个事务。在一些特定命令的要求中强制规定了某些限制条件。本协议未规定其他的命令限制。主机应用(FAL 用户)，例如设备标定，可能阻止命令聚合。

8.2.3　设备应用服务特定 APDU 结构

8.2.3.1　标识(Identify)FAL PDU

该命令在 GB/T 29910.4—2013 的 5.3.2 中规定。

8.2.3.2　读主变量(Read primary)FAL PDU

该命令在 GB/T 29910.4—2013 的 5.3.3 中规定。

8.2.3.3　读回路电流和范围百分比(Read loop current and percent of range)FAL PDU

该命令在 GB/T 29910.4—2013 的 5.3.4 中规定。

8.2.3.4　读动态变量和回路电流(Read dynamic variables and loop current)FAL PDU

该命令在 GB/T 29910.4—2013 的 5.3.5 中规定。

8.2.3.5　写回路配置(Write loop configuration)FAL PDU

该命令在 GB/T 29910.4—2013 的 5.3.6 中规定。

8.2.3.6 读回路配置(Read loop configuration)FAL PDU

该命令在 GB/T 29910.4—2013 的 5.3.7 中规定。

8.2.3.7 读动态变量族类别(Read dynamic variable families classifications)FAL PDU

该命令在 GB/T 29910.4—2013 的 5.3.8 中规定。

8.2.3.8 读带状态的设备变量(Read device variables with status)FAL PDU

该命令在 GB/T 29910.4—2013 的 5.3.9 中规定。

8.2.3.9 读消息(Read message)FAL PDU

该命令在 GB/T 29910.4—2013 的 5.3.10 中规定。

8.2.3.10 读标签、描述符和日期(Read tag,descriptor and date)FAL PDU

该命令在 GB/T 29910.4—2013 的 5.3.11 中规定。

8.2.3.11 读主变量传感器(Read primary variable transducer)FAL PDU

该命令在 GB/T 29910.4—2013 的 5.3.12 中规定。

8.2.3.12 读设备信息(Read device information)FAL PDU

该命令在 GB/T 29910.4—2013 的 5.3.13 中规定。

8.2.3.13 读最终装配号(Read final assembly number)FAL PDU

该命令在 GB/T 29910.4—2013 的 5.3.14 中规定。

8.2.3.14 写消息(Write message)FAL PDU

该命令在 GB/T 29910.4—2013 的 5.3.15 中规定。

8.2.3.15 写标签、描述符和日期(Write tag,descriptor and date)FAL PDU

该命令在 GB/T 29910.4—2013 的 5.3.16 中规定。

8.2.3.16 写最终装配号(Write final assembly number)FAL PDU

该命令在 GB/T 29910.4—2013 的 5.3.17 中规定。

8.2.3.17 读长标签(Read long tag)FAL PDU

该命令在 GB/T 29910.4—2013 的 5.3.18 中规定。

8.2.3.18 写长标签(Write long tag)FAL PDU

该命令在 GB/T 29910.4—2013 的 5.3.19 中规定。

8.2.3.19 复位配置改变标志(Reset configuration changed flags)FAL PDU

8.2.3.19.1 请求原语

Command 值为 38,Octet count 字段值为 2,Value 字段如表 80 所示。

表 80 复位配置改变标志的 Value 字段

八位位组偏移	数据类型	参数名称	描述
0	Unsigned16	Configuration change counter	配置改变计数器

8.2.3.19.2 响应原语

响应中的 Value 字段见表 80,响应代码值见表 81。

表 81 复位配置改变标志命令特定的响应代码

值	分类	描述
0	Success	无错误
5	Error	接收的数据八位位组过少
6	Error	设备特定命令错误
7	Error	处于写保护模式
9	Error	配置改变计数器不匹配
16	Error	访问受限

8.2.3.19.3 响应设备的程序

现场设备应为每个主站(包括第一主站、第二主站和网关)单独包含“配置改变(Configuration changed)”比特。当现场设备中的任意一个配置项被修改时,所有“配置改变”比特都应设置为“1”。该命令应将与发出该命令主站相关联的“配置改变”比特复位为“0”。直到设备配置发生了另一次改变,该比特应一直保持为“0”。即使设备电源被切断或设备执行了一次复位,该比特的值都应保持不变。“应用过程状态(Application process status)”八位位组中,与没发出该命令主站设备相关联的“配置改变”比特不受该命令的影响,且保持设置为“1”,直到其他主站设备发出该命令。

接收到该命令后,设备应将接收命令中的“配置改变计数器(Configuration change counter)”值与设备中该参数的当前值进行比较。如果两者不匹配,则设备应返回“配置改变计数器不匹配(Configuration change counter Mismatch)”,并且不将“配置改变”比特复位。

8.2.3.20 执行自检(Perform self test)FAL PDU

8.2.3.20.1 请求原语

Command 值为 41,Octet count 字段值为 0,Value 字段为空。

8.2.3.20.2 响应原语

响应的 Value 字段为空。响应代码值见表 82。

表 82 执行自检命令特定的响应代码

值	分类	描述
0	Success	无错误
6	Error	设备特定命令错误
16	Error	访问受限
32	Error	忙

8.2.3.20.3 响应设备的规程

该命令在设备中启动自检功能。该命令的执行可能需要花费相对较长的时间来完成。在自检期间,现场设备应继续保持通信。然而,允许对在此期间接收到的所有命令给出“忙”响应。

在自检执行期间,回路电流可能与过程不对应。在设备进行自检期间,主站不应产生伪错误消息或断开与该设备的连接。

8.2.3.21 执行设备复位(Perform device reset)FAL PDU

8.2.3.21.1 请求原语

Command 值为 42,Octet count 字段值为 0,Value 字段为空。

8.2.3.21.2 响应原语

响应的 Value 字段为空。响应代码值见表 83。

表 83 执行设备复位命令特定的响应代码

值	分类	描述
0	Success	无错误
6	Error	设备特定命令错误
16	Error	访问受限
32	Error	忙

8.2.3.21.3 响应设备的规程

在从站设备超时前应立即响应该命令,然后执行自复位。该过程等同于对设备进行一次断电又上电的过程。

该命令的执行可能需要花费相对较长的时间来完成。在复位完成之前,设备可不响应后续的命令。当设备执行复位过程中,设备可能不响应。这可能看似与该设备的通信丢失。在设备进行复位期间,主站不应产生伪错误消息或断开与该设备的连接。

8.2.3.22 读附加设备状态(Read additional device status)FAL PDU

8.2.3.22.1 请求原语

Command 值为 48,Octet count 字段值为 0,Value 字段为空。

8.2.3.22.2 响应原语

响应的 Value 字段见表 84。响应代码值见表 85。

表 84 读附加设备状态的 Value 字段

八位位组偏移	数据类型	参数名称	描述
0	Bit Field （总数 6）	Device specific status 0	制造商和设备类型特定状态
6	Bit Field	Extended status	VFD 扩展操作状态
7	Bit Field	Device operating mode	设备操作模式
8	Bit Field	Standardized status 0	设备状态，见表 F.8 中规定
9	Bit Field	Standardized status 1	设备状态，见表 F.9 中规定
10	Bit Field	Analog channel saturated	模拟通道状态，见表 F.6 中规定
11	Bit Field	Standardized status 2	设备状态，见表 F.10 中规定
12	Bit Field	Standardized status 3	设备状态，见表 F.11 中规定
13	Bit Field	Analog channel fixed	模拟通道状态，见表 F.7 中规定
14	Bit Field (1～11)	Device specific status 1	制造商和设备类型特定状态
注：Device specific status 0 和 Device specific status 1 是 Bit Field 或 Enumeration 数据类型。			

表 85 读附加设备状态命令特定的响应代码

值	分类	描述
0	Success	无错误
6	Error	设备特定命令错误
8	Error	更新过程中
16	Error	访问受限

8.2.3.22.3 响应设备的规程

如果设备能够响应该请求，但状态信息将需要相对较长时间完成执行的命令挂起，则应返回”更新过程中”的响应代码值。客户机应延时一段时间后再重试该请求。

否则，设备应响应以指示“成功(Success)”，并在响应中包含设备实现命令 48 所支持的所有 Value 字段。

返回响应中的 Value 字段在设备所支持的最后一个状态八位位组后截断。所有设备应至少支持 0～8 个八位位组，包括“扩展状态(Extended status)”，“设备操作模式(Device operating mode)”和“标准状态 0(Standardized status 0)”。如果设备支持一个以上模拟通道，则还应返回 9～13 个八位位组。

8.2.3.23 复位更多可用状态(Reset more status available)FAL PDU

8.2.3.23.1 请求原语

Command 值为 48,Octet count 字段值为 9～25(取决于设备实现),Value 字段见表 86。

表 86 复位更多可用状态的 Value 字段

八位位组偏移	数据类型	参数名称	描述
0	Bit Field (总数 6)	Device specific status 0	制造商和设备类型特定状态
6	Bit Field	Extended status	VFD 扩展操作状态
7	Bit Field	Device operating mode	设备操作模式
8	Bit Field	Standardized status 0	设备状态,见表 F.8 中规定
9	Bit Field	Standardized status 1	设备状态,见表 F.9 中规定
10	Bit Field	Analog channel saturated	模拟通道状态,见表 F.6 中规定
11	Bit Field	Standardized status 2	设备状态,见表 F.10 中规定
12	Bit Field	Standardized status 3	设备状态,见表 F.11 中规定
13	Bit Field	Analog channel fixed	模拟通道状态,见表 F.7 中规定
14	Bit Field(1～11)	Device specific status 1	制造商和设备类型特定状态
注:Device specific status 0 和 Device specific status 1 是 Bit Field 或 Enumeration 数据类型。			

8.2.3.23.2 响应原语

响应的 Value 字段见表 86。响应代码值见表 87。

表 87 复位更多可用状态命令特定的响应代码

值	分类	描述
0	Success	无错误
6	Error	设备特定命令错误
8	Error	更新过程中
16	Error	访问受限

8.2.3.23.3 响应设备的规程

如果设备能够响应该请求,但状态信息将需要相对较长时间完成执行的命令挂起,则应返回"更新过程中"的响应代码值。客户机应延时一段时间后再重试该请求。

否则,设备应将接收的值与设备中包含的当前值进行比较。如果完全匹配,则应将与请求设备(第一主站、第二主站或网关)相对应的"更多可用状态(More status available)"比特复位为"0"。如果未完全匹配或接收的数据八位位组过少,则应保持"更多可用状态(More status available)"比特不变。如果请求中包含的 Value 字段多于设备所支持的,则应忽略这些多余的字段。设备在响应中应始终发送 Value 字段的当前值。

返回响应中的Value字段在设备所支持的最后一个状态八位位组后截断。所有设备应至少支持0～8个八位位组，包括“扩展状态(Extended status)”、“设备操作模式(Device operating mode)”和“标准状态0(Standardized status 0)”。如果设备支持一个以上模拟通道，则还应返回9～13个八位位组。

8.2.3.24 读设备变量信息(Read device variable information)FAL PDU

8.2.3.24.1 请求原语

Command值为54，Octet count字段值为1，Value字段见表88。

表88 读设备变量信息的Value字段

八位位组偏移	数据类型	参数名称	描述
0	Unsigned8	Variable code	用于所请求信息的变量

8.2.3.24.2 响应原语

响应的Value字段见表89。响应代码值见表90。

表89 读设备变量信息响应的Value字段

八位位组偏移	数据类型	参数名称	描述
0	Unsigned8	Variable code	在请求的Value字段中接收的代码
1	Unsigned24	Transducer serial number	传感器序列号值
4	Enumeration	Transducer unit	传感器限值和最小量程单位代码
5	Float32	Upper transducer limit	传感器上限变量值
9	Float32	Lower transducer limit	传感器下限变量值
13	Float32	Damping value	传感器阻尼系数
17	Float32	Minimum span	最小量程变量值
21	Enumeration	Device variable classification	设备变量执行的功能，见表F.5中规定
22	Enumeration	Device variable family	设备族，见表F.4中规定
23	Time	Update period	设备变量更新的最大周期

表90 读设备变量信息命令特定的响应代码

值	分类	描述
0	Success	无错误
2	Error	无效的选择
5	Error	接收的数据八位位组过少
6	Error	设备特定命令错误
16	Error	访问受限
32	Error	忙

8.2.3.24.3 响应设备规程

如果选定的设备变量没有传感器,则设备应将传感器序列号(Transducer serial number)设置为0,将其他的Float32参数设置为"0x7F,0xA0,0x00,0x00",并且在传感器单位不适用的情况下,将传感器单位(Transducer unit)设置为"250"(未使用)。

如果设备变量不支持设备变量分类(Device variable classification),则设备应返回"0"(未实现)。如果设备变量不支持设备变量族(Device variable family),则返回"250"(未使用)。

在更新周期(Update period)规定的时间间隔内,设备应至少更新一次设备变量。

8.2.3.25 写设备变量(Write device variable)FAL PDU

8.2.3.25.1 请求原语

Command值为79,Octet count字段值为8,Value字段见表91。

表91 写设备变量的Value字段

八位位组偏移	数据类型	参数名称	描述
0	Unsigned8	Variable code	要写入值的变量
1	Enumeration	Device variable command	要执行的命令,见表F.3中规定
2	Engineering unit	Device variable unit	变量的测量单位
3	Float32	Device variable value	要写入的变量值
7	Bit Field	Device variable status	要写入的变量状态

8.2.3.25.2 响应原语

响应的Value字段见表91。响应代码值见表92。

表92 写设备变量命令特定的响应代码

值	分类	描述
0	Sucess	无错误
2	Error	无效的选择
5	Error	接收的数据八位位组过少
6	Error	设备特定命令错误
7	Error	处于写保护模式
8	Warning	设备族状态未设置
10	Error	无效的设备变量代码
16	Error	访问受限
17	Error	无效的设备变量索引;设备中不存在该设备变量

表 92（续）

值	分类	描述
18	Error	无效的单位代码
19	Error	不允许设备变量索引用于该命令
32	Error	忙——延迟响应无法启动
33	Error	DR 启动
34	Error	DR 运行
35	Error	DR 终止
36	Error	DR 冲突

8.2.3.25.3 响应设备规程

写设备变量命令控制设备的操作，包括强制设置工程值或允许正常操作。由于现场设备自动计算设备变量，在设备掉电后再上电或完成一次设备复位时，应恢复正常操作。

如果设备变量值的改变超过变化率限制，现场设备应启动一个 DR（延迟响应）。该延迟响应应持续到能够获得新的值。在设备变量保持强制设置期间，无论何时客户机读取该强制值，设备都应返回响应代码 8“更新失败”。该响应代码通知主站检测此状况。强制设置一个设备变量值可能影响“应用过程状态（Application process status）”八位位组的比特。

对于不支持设备族（Device family）的设备变量，主机应用不应使用设备族状态（Device family status）位（即在这种情况下，现场设备始终复位这些位）。

从该命令接收到的设备变量单位（Device variable unit）代码不影响现场设备的设备变量代码。设备变量值应以与接收单位相同的单位返回。

8.2.3.26 读实时时钟（Read real-time clock）FAL PDU

8.2.3.26.1 请求原语

Command 值为 90，Octet count 字段值为 0，Value 字段为空。

8.2.3.26.2 响应原语

响应的 Value 字段见表 93。响应代码值见表 94。

表 93 读实时时钟的 Value 字段

八位位组偏移	数据类型	参数名称	描述
0	Date	Date	当前日期
3	Time	Current time	当前时间
7	Date	Date last set	上一次设定的时钟日期
10	Time	Time last set	上一次设定的时钟时间
14	Bit Field	RTC flags	RTC 标志，见表 F18 中规定

表 94 读实时时钟命令特定的响应代码

值	分类	描述
0	Sucess	无错误
6	Error	设备特定命令错误

8.2.3.26.3 响应设备规程

设备应以接收请求时的内部时钟进行响应。如果没有对时钟进行设定,则上一次时间设定应初始化为 1900 年 1 月 1 日 0 时 0 分。

8.2.3.27 写发布数据周期(Write publish data period)FAL PDU

8.2.3.27.1 请求原语

Command 值为 103,Octet count 字段值为 9,Value 字段见表 95。

表 95 写发布数据周期的 Value 字段

八位位组偏移	数据类型	变量名	描述
0	Unsigned8	Publish data message ref	一组发布数据在所有读和写请求及响应中的索引
1	Time	Update period	在满足命令 104 的触发条件的前提下,发布两个连续的特定数据之间的时间间隔
5	Time	Maximum update period	在不满足命令 104 的触发条件的前提下,发布两个连续的特定数据之间的时间间隔
注:在响应数据八位位组中返回的值反映了设备使用的实际值。			

8.2.3.27.2 响应原语

响应的 Value 字段如表 95 所示。响应代码值如表 96 所示。

表 96 写发布数据周期命令特定的响应代码

值	分类	描述
0	Sucess	无错误
5	Error	接收的数据八位位组过少
6	Error	设备特定命令错误
7	Error	处于写保护模式
8	Warning	更新时间调整
9	Error	无效的设备变量代码
16	Error	访问受限
32	Error	忙——延迟响应无法启动

表 96（续）

值	分类	描述
33	Error	DR 启动
34	Error	DR 运行
35	Error	DR 终止
36	Error	DR 冲突

8.2.3.27.3 响应设备规程

该请求选择发布数据消息更新周期的最大值和最小值。最小时间应小于或等于最大时间。仅允许以下更新周期(Update period)参数值：

0.100 s,0.250 s,0.500 s,1 s,2 s,4 s,8 s,16 s,32 s,以及 60 s～3 600 s 之间的任意值。

当被设置这些值以外的值时,现场设备应选取最接近允许值,并且在其响应代码中指示"更新时间调整(Update times adjusted)"。更新周期(Update period)参数的缺省值为 60 s。

如果多个发布数据消息被启用,且它们同时发生,则通过命令 78 将其聚合成一个 APDU。具有最高优先级的发布数据消息被首先串接,直达到各自传输层所允许的最大八位位组数。具有较低索引号的发布数据消息的优先级高于具有较高索引号的发布数据消息。"应用过程状态(Application process status)"事件的优先级低于发布数据消息的优先级,但高于命令 48 事件的优先级。

8.2.3.28 写发布数据触发器(Write publish data trigger)FAL PDU

8.2.3.28.1 请求原语

Command 值为 104,Octet count 字段值为 8,Value 字段见表 97。

表 97 写发布数据触发器的 Value 字段

八位位组偏移	数据类型	参数名称	描述
0	Usigned8	Publish data message ref	一组发布数据在所有读和写请求及响应中的索引
1	Enumeration	Trigger mode	触发模式选择代码,见表 F.12
2	Enumeration	Device variable classification	设备变量实现的功能,见表 F.5
3	Engineering unit	Device variable unit	变量的测量单位
4	Float32	Trigger level	用于触发发布的窗口或者电平
注：响应数据八位位组中返回的值反映设备使用的实际值。			

8.2.3.28.2 响应原语

响应的 Value 字段如表 97 所示。响应代码值如表 98 所示。

表 98 写发布数据触发器命令特定的响应代码

值	分类	描述
0	Sucess	无错误
2	Error	无效的选择
3	Error	写入的参数值超上限
4	Error	写入的参数值超下限
5	Error	接收的数据八位位组过少
6	Error	设备特定命令错误
7	Error	处于写保护模式
9	Error	无效的发布数据消息索引
11	Error	无效的设备变量分类
12	Error	无效的单位代码
13	Error	无效的发布数据触发模式选择代码
16	Error	访问受限
32	Error	忙——延迟响应无法启动
33	Error	DR 启动
34	Error	DR 运行
35	Error	DR 终止
36	Error	DR 冲突

8.2.3.28.3 响应设备规程

除非由该请求配置,否则一个发布数据消息应采用"连续(Continuous)" 触发模式,并且触发值为 0.00。另外,如果一个设备特定命令被作为发布命令使用,则该请求应返回"访问受限",并且应使用缺省值"连续(Continuous)"作为触发模式。

这些触发模式允许设备将发布数据消息的发布延迟超出命令 103 中所规定的更新周期(Update period)(见表 95)。无论在哪种情况下,当超出命令 103 中的最大更新时间(Maximum update time)时,应发布数据消息应被触发。触发源被规定,并且通常作为表 99 给出命令的响应而返回的第一个过程值。用于发布数据消息的命令号见 8.2.3.32。

表 99 发布数据触发源

命令	引用	触发源
1	8.2.3.2	主变量值
2	8.2.3.3	主变量范围百分比
3	8.2.3.4	主变量
9	8.2.3.8	Slot 0 的设备变量

当处于“窗口(Windowed)”模式时，触发值应是一个正数，规定以上一次通信值为中心的对称窗口的上下尺寸。图45描述了发布数据消息在窗口越界之后被发布。

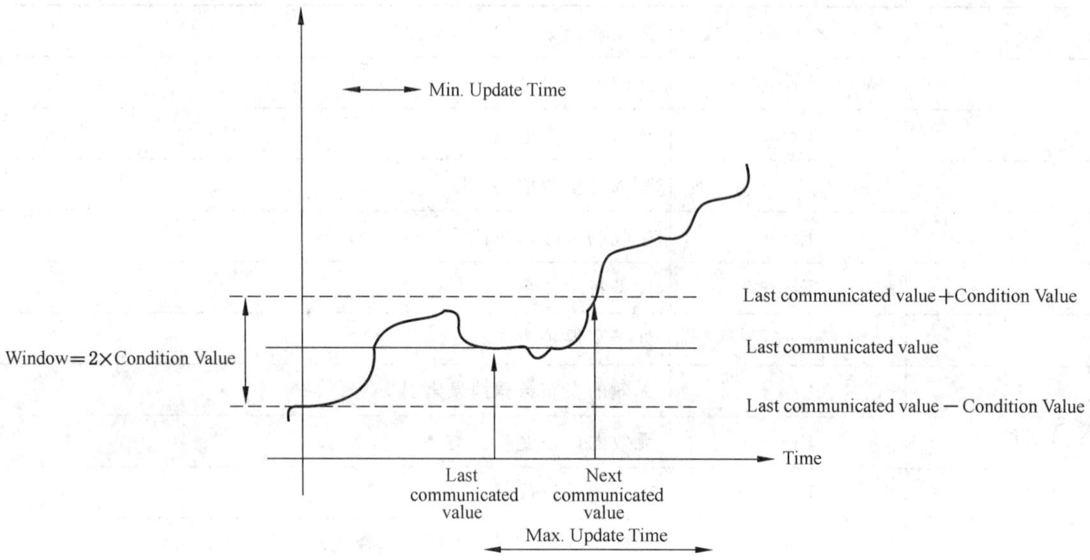

图45　窗口触发模式

图46描述的状况为，即使值没有偏离出窗口，但当超过最大更新周期(Maximum Update Period)时，发布数据消息仍被发布出去。

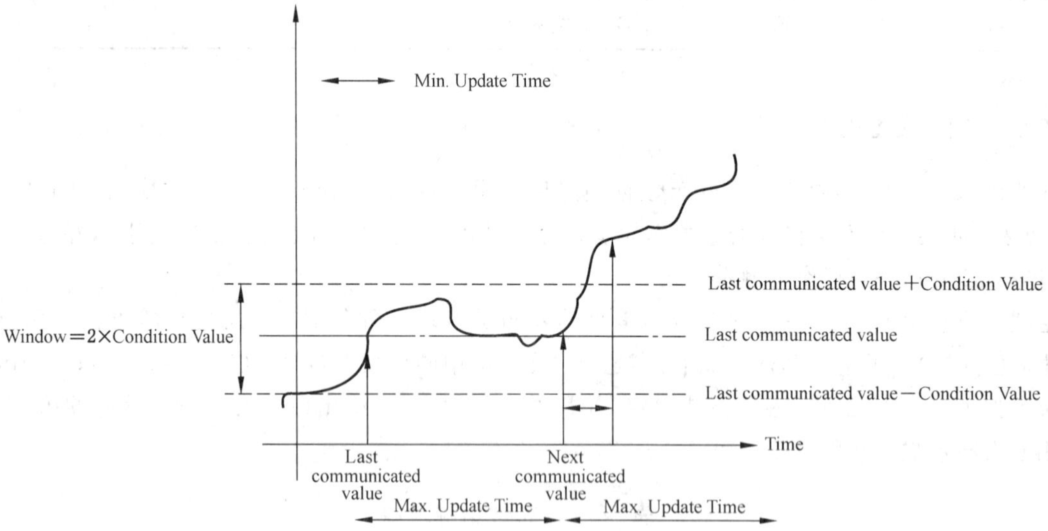

图46　超出最大更新周期的窗口触发模式

在“上升(Rising)”模式下，当源值超过触发值所确定的阈值时，发布数据消息应被发布。图47示出一旦超限，更新时间就改变。只要源值保持在触发值之上，发布数据消息就按照更新周期(Update Period)所规定的速率发布出去。如果源值减小至触发值之下，则更新时间应为最大更新周期(Maximum Update Period)。

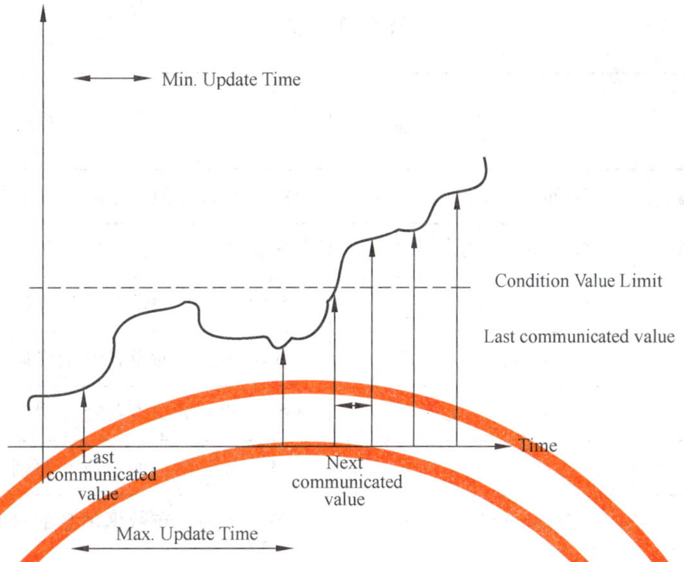

图 47　限值触发模式

"下降(Falling)"模式和"上升(Rising)"模式类似,当源值低于触发值确定的阈值时,发布数据消息应被发布出去。

8.2.3.29　读发布数据模式配置(Read publish data mode configuration)FAL PDU

8.2.3.29.1　请求原语

Command 值为 105,Octet count 字段值为 0 或 1。如果请求有一个八位位组,则请求的 Value 字段如表 100 所示。

表 100　读发布数据模式配置请求的 Value 字段

八位位组偏移	数据类型	变量名	描述
0	Unsigned8	Publish data message ref	一组发布数据在所有读和写请求及响应中的索引

8.2.3.29.2　响应原语

响应的 Value 字段见表 101。响应代码值见表 102。

表 101　读发布数据模式配置响应的 Value 字段

八位位组偏移	数据类型	变量名	描述
0	Enumeration	Publish data mode control	发布数据模式控制代码,见表 F2
1	Unsigned8	Command number expansion	31(0x1F)或发布数据命令号的 LSB,见注
2	Unsigned8	Device variable code 0	分配给 Slot 0 的设备变量代码
3	Unsigned8	Device variable code 1	分配给 Slot 1 的设备变量代码
4	Unsigned8	Device variable code 2	分配给 Slot 2 的设备变量代码

表 101（续）

八位位组偏移	数据类型	变量名	描述
5	Unsigned8	Device variable code 3	分配给 Slot 3 的设备变量代码
6	Unsigned8	Device variable code 4	分配给 Slot 4 的设备变量代码
7	Unsigned8	Device variable code 5	分配给 Slot 5 的设备变量代码
8	Unsigned8	Device variable code 6	分配给 Slot 6 的设备变量代码
9	Unsigned8	Device variable code 7	分配给 Slot 7 的设备变量代码
10	Unsigned8	Publish data message ref	一组发布数据在所有读和写请求及响应中的索引
11	Unsigned8	Max publish count	设备支持的发布数据消息的最大个数
12	Unsigned8	Extended command number	扩展命令号(见 8.2.2.2)
14	Time	Update period	如果满足命令 104 的触发条件，连续发布两个指定数据的间隔时间
18	Time	Maximum update period	如果不满足命令 104 的触发条件，连续发布两个指定数据的间隔时间
22	Enumeration	Trigger mode	触发模式选择代码，见表 F.12
23	Enumeration	Device variable classification	设备变量实现的功能，见表 F.5
24	Engineering unit	Device variable unit	变量的测量单位
25	Float32	Trigger level	用于触发发布的窗口或限值
注：如果请求有一个八位位组，则本参数设为 31。			

表 102　读发布数据模式配置命令特定的响应代码

值	分类	描述
0	Success	无错误
6	Error	设备特定命令错误
9	Error	无效的发布数据消息索引
32	Error	忙——延迟响应无法启动

8.2.3.29.3　响应设备规程

如果设备接收的请求不包含数据八位位组，则设备应返回发布数据消息 0 的配置，且发布命令号的 LSB 应在响应数据八位位组 1 中返回。

如果一个 slot 未被配置成用来发送一个设备变量，则该 slot 应返回“250”(未使用)作为设备变量代码。如果发布了命令 9，则该 slot 的设备变量代码应满足命令 9 的要求(见 8.2.3.8)。

如果设备实现了本发布数据模式，则它至少应支持三个发布数据集，即最大发布计数(Max publish count)的最小值应为 3。

8.2.3.30 清除延迟响应(Flush delayed responses)FAL PDU

8.2.3.30.1 请求原语

Command 值为 106,Octet count 字段值为 0,Value 字段为空。

8.2.3.30.2 响应原语

响应的 Value 字段为空。响应代码值见表 103。

表 103 清除延迟响应命令代码

值	分类	描述
0	Success	无错误
6	Error	设备特定命令错误
8	Warning	除运行中的延迟响应,均被清除
16	Error	访问受限
32	Error	忙

8.2.3.30.3 响应设备规程

该命令清除对于发布该命令主站的所有挂起的延迟响应,但可完成正在运行的、不能被中断或终止的延迟响应。在这种情况下,从站应以"除运行中的延迟响应,均被清除"作为响应。

设备应至少支持两个 DR 缓冲区(每个主站一个)。如果只支持一个 DR 缓冲区,则即使该缓冲区正在被未发送清除请求的其他主站使用,该命令也应清除此 DR 缓冲区。

8.2.3.31 写发布数据设备变量(Write publish data device variables)FAL PDU

8.2.3.31.1 请求原语

Command 值为 107,Octet count 字段值为 5 或 9,Value 字段如表 104 所示。

表 104 写发布数据设备变量的 Value 字段

八位位组偏移	数据类型	变量名	描述
0	Unsigned8	Device variable code 0	分配给 slot 0 的设备变量代码
1	Unsigned8	Device variable code 1	分配给 slot 1 的设备变量代码
2	Unsigned8	Device variable code 2	分配给 slot 2 的设备变量代码
3	Unsigned8	Device variable code 3	分配给 slot 3 的设备变量代码
4	Unsigned8	Device variable code 4	分配给 slot 4 的设备变量代码
5	Unsigned8	Device variable code 5	分配给 slot 5 的设备变量代码
6	Unsigned8	Device variable code 6	分配给 slot 6 的设备变量代码
7	Unsigned8	Device variable code 7	分配给 slot 7 的设备变量代码
8	Unsigned8	Publish data message ref	一组发布数据在所有读和写请求及响应中的索引
注:响应数据八位位组返回的值反映设备使用的实际值。			

8.2.3.31.2 响应原语

响应的 Value 字段如表 104 所示。响应代码值如表 105 所示。

表 105 写发布数据设备变量命令特定的响应代码

值	分类	描述
0	Success	无错误
2	Error	无效的选择
5	Error	接收的数据八位位组过少
6	Error	设备特定命令错误
7	Error	处于写保护模式
8	Warning	发布数据条件冲突
9	Error	无效的发布数据消息索引

8.2.3.31.3 响应设备规程

请求中接收的设备变量代码应由发布设备用于发布数据模式的命令 9 或命令 33。主站应在请求中始终发送 5 或 9 个八位位组。如果任一起始于 slot 1 的设备变量代码为“250”(未使用),则命令 9 或命令 33 的响应从值为 250 的第一个 slot 开始截断。对于命令 33,只有前 4 个 slot 可使用。如果请求仅有 5 个数据八位位组,则 slot 4～slot 7 的设备变量代码应被设置为“250”(未使用)。

如果该请求中的发布数据消息索引(Publish data message ref)的触发模式(见表 97)为非零,且触发源的设备变量分类与分配给 Slot0 的新设备变量代码不匹配,则请求中的值应被接受,并返回响应代码“发布数据条件冲突(Publish data condition conflict)”;现场设备应更正分类、单位代码,设置触发模式为按更新周期连续发布数据,直到设备收到另外一个命令 104。

8.2.3.32 写发布数据模式命令号(Write publish data mode command number)FAL PDU

8.2.3.32.1 请求原语

Command 值为 108。Octet count 字段值为 3,Value 字段见表 106;或者 Octet count 字段值为 1,Value 字段见表 107。

表 106 写发布数据模式命令号的 Value 字段

八位位组偏移	数据类型	变量名	描述
0	Unsigned16	Publish command number	在发布数据模式下要传送的响应报文中的 16 比特命令号
2	Unsigned8	Publish data message ref	一组发布数据在所有读和写请求及响应中的索引
注:响应数据八位位组返回的值反映设备使用的实际值。			

表 107 写发布数据模式命令号的 Value 字段

八位位组偏移	数据类型	变量名	描述
0	Unsigned8	Publish command number	在发布数据模式下要传送的响应报文中的 8 比特命令号
注：响应数据八位位组返回的值反映设备使用的实际值。			

8.2.3.32.2 响应原语

响应的 Value 字段见表 106 和表 107。响应代码值见表 108。

表 108 写发布数据模式命令号命令特定的响应代码

值	分类	描述
0	Success	无错误
2	Error	无效的选择
5	Error	接收的数据八位位组过少
6	Error	设备特定命令错误
7	Error	处于写保护模式
8	Warning	发布数据条件冲突
9	Error	无效的发布数据消息索引

8.2.3.32.3 响应设备规程

发布命令号允许的值为(1,2,3,9,33,48)。所有设备都应支持除 33 以外的这些值。如果设备实现了可选命令 33，则设备也应支持发布命令号 33。如果现场设备在请求中仅接收到一个数据八位位组，则应缺省发布数据消息索引(Publish data message ref)值为 0；设备应将该请求作为单八位位组命令号并仅返回单八位位组的响应。

如果该请求中用于发布数据消息索引(Publish data message ref)的触发模式(见表 97)为非零，且触发源的设备变量分类(Device variable classification)与请求中的命令号不匹配，则请求中的值应被接受，并返回响应代码"发布数据条件冲突(Publish data condition conflict)"；现场设备应更正类别、单位代码，并将触发模式设置为按更新周期连续发布数据，直到设备收到另一个命令 104。

发布被启用后(见 8.2.3.33)，设备应使用信息报告服务来发布对"发布命令号(Publish command number)"的响应。

8.2.3.33 写发布数据模式控制(Write publish data mode control)FAL PDU

8.2.3.33.1 请求原语

Command 值为 109，Octet count 字段值为 1(第一个字段)或 2(两个字段)，Value 字段见表 109。

表 109 写发布数据模式控制的 Value 字段

八位位组偏移	数据类型	变量名	描述
0	Enumeration	Publish data mode control	发布数据模式控制代码,见表 F.2
1	Unsigned8	Publish data message ref	一组发布数据在所有读和写请求及响应中的索引

8.2.3.33.2 响应原语

响应的 Value 字段见表 109。响应代码值见表 110。

表 110 写发布数据模式控制命令特定的响应代码

值	分类	描述
0	Success	无错误
2	Error	无效的选择
5	Error	接收的数据八位位组过少
6	Error	设备特定命令错误
7	Error	处于写保护模式
8	Warning	更新周期增加
9	Error	带宽不足
16	Error	访问受限
32	Error	忙——延迟响应无法启动
33	Error	DR 启动
34	Error	DR 运行
35	Error	DR 终止
36	Error	DR 冲突

8.2.3.33.3 响应设备规程

该命令用于启用或禁用设备的发布数据模式。该命令影响数据链路层运行。应满足数据链路层所有关于进入和退出发布数据模式的要求。

如果请求是用来启用发布功能,则响应设备应按照以下规程执行:

——如果响应设备没有能力来执行对发布数据消息索引规定的数据集的发布调度,则它应以“DR 启动”作为响应;

——设备应向网络管理器发送“请求时间表 FAL PDU”的请求(8.2.4.31.1)来发布数据。网络管理器被期望以“DR 启动”来响应“请求时间表 FAL PDU”,并且开始处理该请求。网络管理器完成:

● 为发布服务分配网络资源;
● 如需要,发送"写超帧 FAL PDU"的请求(见 8.2.6.6.1)以建立一个超帧;且
● 发送"写链路 FAL PDU"的请求(见 8.2.6.8.1)以在超帧内建立一条链路。

注:网络管理器也向其他网络设备发送请求,以增加用于发布的超帧和链路。

——在大多数情况下,网络管理器在一个已存在的超帧内建立链路,以满足这个请求。一旦网络已被配置,网络管理器返回一个对"请求时间表 FAL PDU"的响应,以表示请求已被完成;
——收到这个响应之后,设备应发送一个指示成功的响应。
——如果网络管理器对"请求时间表 FAL PDU"的响应指示不能满足请求,则设备应返回指示"带宽不足"的响应。
——如果响应设备当前具备足够的能力来执行对发布数据消息索引规定的数据集的发布调度,则设备应返回一个指示成功的响应。

如果请求是用于禁用发布,则响应设备应按照以下规程执行:

——响应设备应返回"成功"。
——设备应向网络管理器发送"删除时间表 FAL PDU"的请求(见 8.2.4.33.1)。网络管理器被期望开始处理该请求。网络管理器完成:

● 收回为发布服务分配的网络资源;
● 发送"删除链路 FAL PDU"的请求(见 8.2.6.9.1)以移除超帧内的链路;且
● 如需要,发送"删除超帧 FAL PDU"的请求(见 8.2.6.7.1)以移除超帧。

注:网络管理器也向其他网络设备发送请求以删除用于发布的超帧和链路。

——当网络资源被收回时,网络管理器对"请求时间表 FAL PDU"返回一个响应,以表示请求已被完成。

如果设备被拒绝要求的发布必需的网络能力,则应将标准状态中的"能力拒绝(Capacity denied)"比特设置为 1(见 8.2.3.22.2 命令 48)。

如果请求中仅有一个八位位组,则:

——如果设备是根据本标准制造的并且该字段的值既不是'0'也不是'1',则设备应以"接收的数据八位位组过少"作为响应。
——否则,设备应假设发布数据消息 0 正在被启用或禁用
——发布。

8.2.3.34 读事件通知汇总(Read event notification summary)FAL PDU

8.2.3.34.1 请求原语

Command 值为 115,Octet count 字段值为 11,Value 字段见表 111。

表 111 读事件通知汇总请求的 Value 字段

八位位组偏移	数据类型	变量名	描述
0	Unsigned8	Event number ref	在所有读和写请求及响应中对一组事件数据的索引

8.2.3.34.2 响应原语

响应的 Value 字段见表 112。响应代码值见表 113。

表 112 读事件通知汇总响应的 Value 字段

八位位组偏移	数据类型	变量名	描述
0	Unsigned8	Event number ref	在所有读和写请求及响应中对一组事件数据的索引
1	Unsigned8	Maximum event count	设备支持的事件数据消息的最大个数
2,Bit7	Bit Field	Event status	事件状态,见表 F.14 中 Octet 2 的 Bit7～Bit4
2,Bit3	Bit Field	Event notification control	事件通知控制代码,见表 F.13 中 Octet 2 的 Bit3～Bit0
3	Time	Event occurrence time	首个未确认事件被触发的时间;如果没有挂起的事件,则值为 0xFFFFFFFF
7	Time	Event notification retry time	事件通知重试时间
11	Time	Maximum update time	最大更新时间
15	Time	Event de-bounce interval	事件消抖(de-bounce)间隔
19	Bit Field 数组(1～26)	Event mask	将触发"应用过程状态(Application process status)"和命令 48 响应中比特为"1"的比特掩码的串接

表 113 读事件通知汇总命令特定的响应代码

值	分类	描述
0	Success	无错误
2	Error	无效的选择
5	Error	接收的数据八位位组过少
6	Error	设备特定命令错误

8.2.3.34.3 响应设备规程

该命令用于读取事件通知的配置。如果设备支持的状态字段个数少于命令 48 响应描述的状态字段的最大值(见表 84),则对该请求的响应仅应包含设备支持的那些字段的事件掩码。

8.2.3.35 写事件通知比特掩码(Write event notification bit mask)FAL PDU

8.2.3.35.1 请求原语

Command 值为 116,Octet count 字段值为 2,Value 字段见表 114。

表 114 写事件通知比特掩码的 Value 字段

八位位组偏移	数据类型	变量名	描述
0	Unsigned8	Event number ref	在所有读和写请求及响应中对一组事件数据的索引
1	Bit Field 数组(1～26)	Event mask	将触发"应用过程状态(Application process status)"和命令 48 响应中比特为"1"的比特掩码的串接

8.2.3.35.2 **响应原语**

响应的 Value 字段见表 114。响应代码值见表 115。

表 115 写事件通知比特掩码命令特定的响应代码

值	分类	描述
0	Success	无错误
2	Error	无效的选择
5	Error	接收的数据八位位组过少
6	Error	设备特定命令错误
7	Error	处于写保护模式
16	Error	访问受限

8.2.3.35.3 **响应设备规程**

该命令设置一个用于触发事件通知(Event notification)的事件掩码(Event mask)。对于事件掩码中每个设置为"1"的比特,相应"应用过程状态(Application process status)"或命令 48 响应值的任何改变,都会触发一个事件通知。如果请求中事件掩码字段的个数小于设备支持的事件掩码字段的个数,则未规定的掩码比特应视为"0"。

无论设备复位、自检或设备掉电再上电,设备都应保持事件掩码不变。

8.2.3.36 **写事件通知定时(Write event notification timing)FAL PDU**

8.2.3.36.1 **请求原语**

Command 值为 117,Octet count 字段值为 13,Value 字段见表 116。

表 116 写事件通知定时的 Value 字段

八位位组偏移	数据类型	变量名	描述
0	Unsigned8	Event number ref	在所有读和写请求及响应中对一组事件数据的索引
1	Time	Event notification retry time	事件通知重试时间
5	Time	Maximum update time	最大更新时间
9	Time	Event de-bounce interval	事件消抖(de-bounce)间隔
注:响应数据八位位组返回的值反映设备使用的实际值。			

8.2.3.36.2 **响应原语**

响应的 Value 字段见表 116。响应代码值见表 117。

表 117　写事件通知定时命令特定的响应代码

值	分类	描述
0	Success	无错误
5	Error	接收的数据八位位组过少
6	Error	设备特定命令错误
7	Error	处于写保护模式
8	Warning	更新时间或消抖间隔被调整
9	Error	无效的事件通知定时请求
16	Error	访问受限
32	Error	忙——延迟响应无法启动
33	Error	DR 启动
34	Error	DR 运行
35	Error	DR 终止
36	Error	DR 冲突

8.2.3.36.3　响应设备规程

该命令为事件通知设置定时参数。如果事件通知重试时间大于或等于最大更新时间，则设备应调整该参数。如必要，则设备应更正请求中接收的其他定时值，并以“更新时间或消抖间隔被调整”作为响应。

事件消抖间隔设置了在事件通知被发送前，设备中状态比特应保持不变(即事件应持续的时间)的最小时间间隔。在一个事件消抖间隔内，设备应扫描可能的事件至少 2 次。

如果在最大更新时间内没有事件发生，则设备应利用信息报告请求，向网关发布一次命令 119 的响应。

无论设备复位、自检或设备掉电再上电，设备都应保持事件通知定时参数不变。

8.2.3.37　写事件通知控制(Write event notification control)FAL PDU

8.2.3.37.1　请求原语

Command 值为 118，Octet count 字段值为 2，Value 字段见表 118。

表 118　写事件通知控制的 Value 字段

八位位组偏移	数据类型	变量名	描述
0	Unsigned8	Event number ref	在所有读和写请求及响应中对一组事件数据的索引
1	Bit Field	Event notification control	事件通知控制代码，见表 F.13

8.2.3.37.2　响应原语

响应的 Value 字段见表 118。响应代码值见表 119。

表 119 写事件通知控制命令特定的响应代码

值	分类	描述
0	Success	无错误
2	Error	无效的选择
5	Error	接收的数据八位位组过少
6	Error	设备特定命令错误
7	Error	处于写保护模式
8	Warning	更新时间调整
14	Warning	更新时间不确定——只允许在未接入网络的情况下
16	Error	访问受限
32	Error	忙——延迟响应无法启动
33	Error	DR 启动——只允许在对按本部分连接网络的设备内启用事件的情况下
34	Error	DR 运行
35	Error	DR 终止
36	Error	DR 冲突

8.2.3.37.3 响应设备规程

该命令用于启用或禁止事件通知(Event Notification)。如果与 WirelessHART 兼容的现场设备加入了网络，且不具备事件通知能力，则它应将标准状态 3(Standardized status 3)中的“能力拒绝(Capacity denied)”比特置位，见表 F.11。按照发布数据(Publish data)或事件通知(Event Notification)需求，能力可被拒绝。

无论设备重启，自检或者设备掉电再上电，设备都应保持事件通知模式控制。

8.2.3.38 写事件通知确认(Write event notification acknowledgement)FAL PDU

8.2.3.38.1 请求原语

Command 值为 119，Octet count 字段值为 1 或 8～33，Value 字段见表 120。如果仅有一个八位位组，则应为事件号索引(Event number ref)。

表 120 写事件通知确认的 Value 字段

八位位组偏移	数据类型	变量名	描述
0	Unsigned8	Event number ref	在所有读和写请求及响应中对一组事件数据的索引
1	Time	Event occurrence time	首个未确认事件被触发的时间；如果没有挂起的事件，则值为“−1”
5	Unsigned16	Configuration change counter	配置改变计数器
7	Bit Field	Application process status	应用过程状态(见 8.2.1.4)
8	Bit Field 数组(1～25)	Additional device status	命令 48 的数据，见注
注：包含锁存数据(latched data)，可与当前命令 48 的响应数据不匹配。			

8.2.3.38.2 响应原语

响应的Value字段见表120。响应代码值见表121。

表121 写事件通知确认命令特定的响应代码

值	分类	描述
0	Success	无错误
2	Error	无效的选择
5	Error	接收的数据八位位组过少
6	Error	设备特定命令错误
8	Warning	事件未全部清除

8.2.3.38.3 响应设备规程

该命令用于确认事件通知。设备应将接收确认中的参数值与设备中该参数的当前值进行比较，包括事件发生时间、配置改变计数器、“应用过程状态(Application process status)”和附加设备状态。如果所有参数的值都相等，则设备应以“成功”进行响应并且将事件状态比特(见表112)清除为‘0’。因为可能存在多个带时间戳的比特转换，该命令应仅清除最早的。如果不是所有比特均被清零，则设备应以“事件未全部清除”进行响应。虽然该命令是写命令，但它不会受任何写保护机制影响。要求在任意时刻都可清除事件通知。

当设置了事件掩码(Event mask)时，在收到最后一个八位位组后，该命令就被截断(见8.2.3.35中的命令116)。如果在该请求中接收到任何超出命令116提供的八位位组，则应忽略这些八位位组且不在命令响应中返回。命令119总是包含“应用过程状态(Application process status)”、配置改变计数器(Configuration change counter)和命令48的响应八位位组的最新值。

该命令可在请求数据中仅包含事件号索引(Event number ref)。在这种情况下，设备应返回表120中当前锁存的事件数据，且不应将事件状态(Event status)比特清零。

设备应保存至少3条响应报文(通过命令119发布的当前事件和已缓存的至少两个事件)。强烈建议缓存5次转换(transition)。在一次上电掉电周期不必保存这些信息。

8.2.4 层管理服务特定APDU结构

8.2.4.1 写加入密钥(Write Join_key)FAL PDU

8.2.4.1.1 请求原语

Command值为768，Octet count字段值为1，Value字段见表122。

表122 写加入密钥的Value字段

八位位组偏移	数据类型	参数名称	描述
0	Security key	Join_key	该密钥用于信息安全，长度为128比特

8.2.4.1.2 响应原语

响应的Value字段见表122。响应代码值见表123。

表 123 写加入密钥命令特定的响应代码

值	分类	描述
0	Success	无错误
5	Error	接收到的数据八位位组过少
6	Error	设备特定命令错误
7	Error	处于写保护模式
16	Error	访问受限
32	Error	忙——延迟响应无法启动
33	Error	DR 启动
34	Error	DR 运行
35	Error	DR 终止
36	Error	DR 冲突
65	Error	密钥改变失败

8.2.4.1.3 **响应设备规程**

该命令允许本地维护工具(例如一个手持设备)来改变一个网络设备的加入密钥(Join_key)。如果设备连接到网络且从此维护端口接收到该命令,则这个设备应以"访问受限"作为响应。

8.2.4.2 **读加入状态(Read join status)FAL PDU**

8.2.4.2.1 **请求原语**

Command 值为 769,Octet count 字段值为 0,Value 字段为空。

8.2.4.2.2 **响应原语**

响应的 Value 字段见表 124。响应代码值见表 125。

表 124 读加入状态的 Value 字段

八位位组偏移	数据类型	参数名称	描述
0	Enumeration	Wireless mode	无线模式,见表 F.27 中规定;前四个比特应被设为 0
1	Bit Field	Join status	此 2 个八位位组表示的枚举指示加入状态,见表 F.28 中规定
3	Unsigned8	Neighbors	可用邻居的个数
4	Unsigned8	Advertising packets	接收到的通告包的个数
5	Unsigned8	Max_join_retries	加入尝试的次数,设备过多次加入尝试导致被认为加入失败
6	Time	Join_rsp_time	自上一次加入请求发送后的时间
10	Time	Search time	自侦听第一个通告包后的时间

表 125 读加入状态命令特定的响应代码

值	分类	描述
0	Success	无错误
6	Error	设备特定命令错误
32	Error	忙——延迟响应无法启动

8.2.4.2.3 响应设备规程

当现场设备经历 A.2 的加入过程时，该命令允许主机系统或手持设备监视现场设备。如果设备不能加入网络，则该命令的响应会向仪表技术人员或服务人员提供诊断帮助。

8.2.4.3 写主动搜索阈值时间(Write active_search_shed_time)FAL PDU

8.2.4.3.1 请求原语

Command 值为 770，Octet count 字段值为 14，Value 字段如表 126 所示。

表 126 写主动搜索阈值时间请求的 Value 字段

八位位组偏移	数据类型	参数名称	描述
0	Time	Active_search_shed_time	在加入过程中，启用主动搜索的持续时间

8.2.4.3.2 响应原语

响应的 Value 字段如表 127 所示。响应代码值如表 128 所示。

表 127 写主动搜索阈值时间响应的 Value 字段

八位位组偏移	数据类型	参数名称	描述
0	Time	Active_search_shed_time	在加入过程中，启用主动搜索的持续时间
4	Time	Advertise_time	发送通告 DLPDU 的时间间隔
8	Unsigned8	Neighbors	除本设备之外发布通告的邻居个数

表 128 写主动搜索阈值时间命令特定的响应代码

值	分类	描述
0	Success	无错误
3	Error	传输的参数大于允许值
4	Error	传输的参数小于允许值
5	Error	接收的数据八位位组过少
6	Error	设备特定命令错误

表 128（续）

值	分类	描述
7	Error	处于写保护模式
8	Warning	设为最接近的可能值
16	Error	访问受限
32	Error	忙——延迟响应无法启动
33	Error	DR 启动
34	Error	DR 运行
35	Error	DR 终止
36	Error	DR 冲突
65	Error	请求拒绝[例如:操作员推翻(overridden)]

8.2.4.3.3 响应设备规程

该命令请求主动快速的搜索，见 A.2.3.2。通常，该命令由网络设备从本地维护工具接收(例如手持设备)，且被传递给网络管理器。网络管理器希望配置或开启设备及其一个或多个邻居间的快速通告。

8.2.4.4 写加入模式配置(Write join mode configuration)FAL PDU

8.2.4.4.1 请求原语

Command 值为 771，Octet count 字段值为 15，Value 字段如表 129 所示。

表 129 写加入模式配置的 Value 字段

八位位组偏移	数据类型	参数名称	描述
0	Enumeration	Join mode	加入模式，见表 F36 中规定
1	Time	Active_search_shed_time	在加入过程中，启用主动搜索的持续时间

8.2.4.4.2 响应原语

响应的 Value 字段见表 129。响应代码值见表 130。

表 130 写加入模式配置命令特定的响应代码

值	分类	描述
0	Success	无错误
3	Error	传输的参数大于允许值
4	Error	传输的参数小于允许值
5	Error	接收的数据八位位组过少
6	Error	设备特定命令错误
8	Warning	处于写保护模式

表 130（续）

值	分类	描述
16	Error	设为最接近的可能值
32	Error	访问受限
33	Error	忙——延迟响应无法启动
34	Error	DR 启动
35	Error	DR 运行
36	Error	DR 终止
65	Error	DR 冲突

8.2.4.4.3 响应设备规程

该命令允许主机系统或手持设备强制一个现场设备进入主动加入模式。该设备应保持处于主动搜索模式至少 Active_search_shed_time 时间，见 A.2.3.2。超过该时间，设备可以进入深度休眠(Deep Sleep)或超低功耗(Ultra Low Power)模式。

8.2.4.5 读加入模式配置(Read Join mode configuration)FAL PDU

8.2.4.5.1 请求原语

Command 值为 772，Octet count 字段值为 0，Value 字段为空。

8.2.4.5.2 响应原语

响应的 Value 字段见表 131。响应代码值见表 132。

表 131 读加入模式配置响应的 Value 字段

八位位组偏移	数据类型	参数名称	描述
0	Enumeration	Join mode	加入模式，见表 F36 中规定
1	Time	Active_search_shed_time	在加入过程中，启用主动搜索的持续时间

表 132 读加入模式配置命令特定的响应代码

值	分类	描述
0	Success	无错误
6	Error	设备特定命令错误
32	Error	忙——延迟响应无法启动

8.2.4.5.3 响应设备规程

该命令用于读取加入模式和 Active_search_shed_time。

8.2.4.6 写网络 ID(Write network_ID)FAL PDU

8.2.4.6.1 请求原语

Command 值为 773,Octet count 字段值为 12,Value 字段如表 133 所示。

表 133 写网络 ID 的 Value 字段

八位位组偏移	数据类型	参数名称	描述
0	Unsigned16	network_ID	网络标识符,见 3.3.65 中规定

8.2.4.6.2 响应原语

响应的 Value 字段见表 133。响应代码值见表 134。

表 134 写网络 ID 命令特定的响应代码

值	分类	描述
0	Success	无错误
5	Error	接收的数据八位位组过少
6	Error	设备特定命令错误
7	Error	处于写保护模式
8	Warning	Network_ID 改变挂起;新值应被用于下一次加入
16	Error	访问受限
32	Error	忙——延迟响应无法启动
33	Error	DR 启动
34	Error	DR 运行
35	Error	DR 终止
36	Error	DR 冲突
65	Error	无效的 network_ID

8.2.4.6.3 响应设备规程

该命令配置设备以识别正确的网络 ID(network_ID)。如果该命令不是由设备管理器或通过维护端口发出,则设备应以“访问受限”作为响应。

如果设备没有连接到网络上,则网络 ID 被立即改变。在开始主动搜索网络前,设备应进入节能(power save)模式并等待加入模式配置命令。

否则,新的网络 ID 应被用于下一个加入过程。

8.2.4.7 读网络 ID(Read network_ID)FAL PDU

8.2.4.7.1 请求原语

Command 值为 774,Octet count 字段值为 0,Value 字段为空。

8.2.4.7.2 响应原语

响应的 Value 字段见表 135。响应代码值见表 136。

表 135 读网络 ID 的 Value 字段

八位位组偏移	数据类型	参数名称	描述
0	Unsigned16	Network_ID	网络标识符，见 3.3.65 中规定

表 136 读网络 ID 命令特定的响应代码

值	分类	描述
0	Success	无错误
6	Error	设备特定命令错误
32	Error	忙——延迟响应无法启动

8.2.4.7.3 响应设备规程

该命令从设备中读取当前的网络 ID。

8.2.4.8 写网络标签(Write network_tag)FAL PDU

8.2.4.8.1 请求原语

Command 值为 775，Octet count 字段值为 132，Value 字段如表 137 所示。

表 137 写网络标签的 Value 字段

八位位组偏移	数据类型	参数名称	描述
0～31	Latin-1	Network_tag	储存在设备中的长标签

8.2.4.8.2 响应原语

响应的 Value 字段见表 137。响应代码值见表 138。

表 138 写网络标签命令特定的响应代码

值	分类	描述
0	Success	无错误
5	Error	接收的数据八位位组过少
6	Error	设备特定命令错误
7	Error	处于写保护模式
16	Error	访问受限

表 138（续）

值	分类	描述
32	Error	忙——延迟响应无法启动
33	Error	DR 启动
34	Error	DR 运行
35	Error	DR 终止
36	Error	DR 冲突

8.2.4.8.3 响应设备规程

本命令为网络写标签。network_tag 是网络 ID 的代理(proxy)，以便网络在应用层可以文本形式进行标识。

8.2.4.9 读网络标签(Read network_tag)FAL PDU

8.2.4.9.1 请求原语

Command 值为 776，Octet count 字段值为 0，Value 字段为空。

8.2.4.9.2 响应原语

响应的 Value 字段见表 139。响应代码值见表 140。

表 139 读网络标签响应的 Value 字段

八位位组偏移	数据类型	参数名称	描述
0～31	Latin-1	Long_tag	在设备中储存的长标签

表 140 读网络标签命令特定的响应代码

值	分类	描述
0	Success	无错误
6	Error	设备特定命令错误
32	Error	忙

8.2.4.10 读无线设备能力(Read wireless device capabilities)FAL PDU

8.2.4.10.1 请求原语

Command 值为 777，Octet count 字段值为 0，Value 字段为空。

8.2.4.10.2 响应原语

响应的 Value 字段见表 141，响应代码值见表 142。

表 141 读无线设备能力的 Value 字段

八位位组偏移	数据类型	参数名称	描述
0	Enumeration	Power source	电源，见表 F.20 中规定
1	Float32	Peak packet rate	每秒的峰值数据包数量
5	Time	Load duration	电源耗尽前(设备处于)峰值包负荷的持续时间
9	Time	Recovery time	从电源耗尽到恢复的时间
13	Integer8	Good RSL	对应"good"连接的 RSL(接收信号电平，单位为 dB)阈值
14	Time	Min Keep_alive_time	保持活动时间(Keep_alive_time)要求的最小值
18	Unsigned16	Neighbor count	邻居的最大个数
20	Unsigned16	Packet buffer	数据包缓冲区的最大个数

表 142 读无线设备能力命令特定的响应代码

值	分类	描述
0	Success	无错误

8.2.4.10.3 响应设备规程

网络管理器通过该 PDU 确定一个网络设备的操作特性。网络管理器希望用峰值包速率(Peak packet rate)和恢复时间(Recovery time)来适应可充电或能量收集的设备。

电池操作的设备应能够在规定的设备生命周期内支持峰值包速率。负载持续时间(Load duration)应至少为一小时。如果此参数不适用，则其值应设为 24 小时。

在设备从电源耗尽到恢复的过程中，设备应能够每秒转发(route)一个包。如果此参数不适用，则其值应被设为 0。

8.2.4.11 读电池寿命(Read battery life)FAL PDU

8.2.4.11.1 请求原语

Command 值为 778，Octet count 字段值为 0，Value 字段为空。

8.2.4.11.2 响应原语

响应的 Value 字段见表 143，响应代码值见表 144。

表 143 读电池寿命响应的 Value 字段

八位位组偏移	数据类型	参数名称	描述
0	Unsigned16	Battery life	以天计算的剩余电池寿命

表 144 读电池寿命命令特定的响应代码

值	分类	描述
0	Success	无错误
6	Error	设备特定命令错误
32	Error	忙

8.2.4.11.3 响应设备规程

该 PDU 用于确定网络设备中电池的当前状态。如果该设备没有电池或其他储能部件，则该设备应返回 0XFFFF 作为电池寿命的值。

注：为正确实现该命令，建议对电池的长期性能进行仔细的设计分析。

8.2.4.12 报告设备健康状况(Report device health)FAL PDU

8.2.4.12.1 请求原语

此命令没有请求原语。

8.2.4.12.2 响应原语

Command 值为 779，响应的 Value 字段见表 145。响应代码值见表 146。

表 145 报告设备健康状况响应的 Value 字段

八位位组偏移	数据类型	参数名称	描述
0	Unsigned16	Packets generated	此设备生成的包的个数
2	Unsigned16	Packets terminated	此设备终止的包的个数
4	Unsigned8	DLL MIC failures	检测到的 DLL MAC MIC 失败的个数
5	Unsigned8	NL MIC failures	检测到的 NL(会话)MIC 失败的个数
6	Enumeration	Power status	电源状态，见表 F.33 中规定
7	Unsigned8	CRC errors	检测到的 CRC 错误个数
8	Unsigned8	Packets missed	检测到的丢失包的个数

表 146 报告设备健康状况命令特定的响应代码

值	分类	描述
0	Success	无错误

8.2.4.12.3 响应设备规程

该 PDU 被现场设备用来以信息报告的方式发布通信相关的计数器。这些计数器仅应在设备加入网络之前复位。设备加入网络后，这些计数器应递增并在溢出时翻转为 0。对于 Nonce Counter History 中的每一个向右溢出的零，丢失包(Packets missed)的值都加 1。

8.2.4.13 读邻居健康状况列表(Read neighbor health list)FAL PDU

8.2.4.13.1 请求原语

Command 值为 779,Octet count 字段值为 2,Value 字段见表 147。

表 147 读邻居健康状况列表请求的 Value 字段

八位位组偏移	数据类型	参数名称	描述
0	Unsigned8	Table index	邻居表索引
1	Unsigned8	Entry count	要读取的邻居登录项的个数

8.2.4.13.2 响应原语

响应的 Value 字段见表 148,响应代码值见表 149。

表 148 读邻居健康状况列表响应的 Value 字段

八位位组偏移[a]	数据类型	参数名称	描述
0	Unsigned8	Table index	邻居表索引
1	Unsigned8	Entry count	响应中邻居登录项的个数
2	Unsigned8	Neighbor count	邻居总数
3	Unsigned16	Neighbor_nickname	邻居昵称,见 3.3.67 中规定
5	Bit Field	Neighbor flags	邻居标志,见表 F.34 中规定
6	Integer8	Average_RSL	从上次报告以来的平均 RSL (接收信号电平,以 dBm 表示)
7	Unsigned16	Packets_transmitted	发送到该邻居的包的个数
9	Unsigned16	Missed_ACK_packets	到该邻居的失败传输——期望收到但未收到 ACK 的包的个数
11	Unsigned16	Packets_received	从该邻居接收到的包的个数
13..			

[a] Octet3～Octet12 字段重复的次数等于“Neighbor count”的值。

表 149 读邻居健康状况列表命令特定的响应代码

值	分类	描述
0	Success	无错误
5	Error	接收的数据八位位组过少
8	Warning	设为最接近的可能值

8.2.4.13.3 响应设备规程

该命令从网络设备的邻居表(Neighbor table)中读取登录项。具有到设备链路的邻居位于列表起始处,不具有到设备链路的邻居位于列表末尾。邻居表是一个有很多登录项的列表,这些登录项在某邻居停止通信时被删除,或在检测到新邻居时被添加。表索引(Table index)和登录项个数(Entry count)根据邻居的加入或删除而改变。因此,如果请求中的参数无效,则设备应以最接近的该参数有效值作为响应,并且发送"设为最接近的可能值"的响应代码。

设备应为读请求发送该响应。另外,设备应以"过程数据(Process Data)"级别的优先级并作为信息报告来发布邻居健康状况状列表。发布周期的设置应通过命令 795 配置"健康状况报告(Health report)"时间来完成(见 8.2.4.27)。

包计数器仅应在设备加入网络之前被复位。设备加入网络后计数器应递增并在溢出时翻转为 0。

该 PDU 也被现场设备以信息报告的形式来发布邻居健康状况。

8.2.4.14 读设备昵称(Read device nickname)FAL PDU

8.2.4.14.1 请求原语

Command 值为 781,Octet count 字段值为 0,Value 字段为空。

8.2.4.14.2 响应原语

响应的 Value 字段见表 150,响应代码值见表 151。

表 150 读设备昵称响应的 Value 字段

八位位组偏移	数据类型	参数名称	描述
0	Unsigned16	Device nickname	设备昵称,见 3.3.67 中规定

表 151 读设备昵称命令特定的响应代码

值	分类	描述
0	Success	无错误

8.2.4.14.3 响应设备规程

该命令用于读取一个设备的昵称(短地址)。

8.2.4.15 读会话列表(Read session list)FAL PDU

8.2.4.15.1 请求原语

Command 值为 782,Octet count 字段值为 2,Value 字段见表 152。

表 152 读会话列表请求的 Value 字段

八位位组偏移	数据类型	参数名称	描述
0	Unsigned8	Table index	会话表索引
1	Unsigned8	Entry count	待读取的会话登录项的个数

8.2.4.15.2 响应原语

响应的 Value 字段见表 153,响应代码值见表 154。

表 153 读会话列表响应的 Value 字段

八位位组偏移[a]	数据类型	参数名称	描述
0	Unsigned8	Table index	会话表索引
1	Unsigned8	Entry count	响应中会话登录项的个数
2	Unsigned8	Session count	活动会话的总数
3	Enumeration	Session_type	会话类型,见表 F.24 中规定
4	Unsigned16	Peer_nickname	对应设备的昵称
6	Unique ID	Peer_unique_ID	对应设备的惟一 ID,见 3.3.91 中规定
11	Unsigned32	Peer_nonce_counter	从对应设备接收的最大 Nonce Counter 值
15	Unsigned32	My_nonce_counter	由设备发起的包的 Nonce Counter
19..			
[a] Octet3～Octet18 字段重复的次数等于“Session Count”的值。			

表 154 读会话列表命令特定的响应代码

值	分类	描述
0	Success	无错误
5	Error	接收的数据八位位组过少
8	Warning	设为最接近的可能值

8.2.4.15.3 响应设备规程

该命令从网络设备中读取会话表(Session table)的登录项。会话表是一个登录项可被删除或增加的列表。会话索引(Session index)和登录项个数(Entry count)根据会话的增加或删除而改变。因此,如果请求中的参数无效,则设备应以最接近的该参数有效值作为响应,并且发送“设为最接近的可能值”的响应代码。

8.2.4.16 读超帧列表(Read superframe list)FAL PDU

8.2.4.16.1 请求原语

Command 值为 783,Octet count 字段值为 2,Value 字段见表 155。

表 155 读超帧列表请求的 Value 字段

八位位组偏移	数据类型	参数名称	描述
0	Unsigned8	Table index	超帧表索引
1	Unsigned8	Entry count	要读取的超帧登录项个数

8.2.4.16.2 响应原语

响应的 Value 字段见表 156，响应代码值见表 157。

表 156 读超帧列表响应的 Value 字段

八位位组偏移[a]	数据类型	参数名称	描述
0	Unsigned8	Table index	超帧表索引
1	Unsigned8	Entry count	响应中超帧登录项的个数
2	Unsigned8	Superframe count	活动超帧的总数
3	Unsigned8	Superframe_ID	分配给超帧的标识号
4	Unsigned16	Num_Slots	超帧中的时隙数，即超帧的大小
6	Bit Field	Superframe mode	超帧模式标志，见表 F.23 中规定
7..			

[a] Octet3～Octet6 字段重复的次数等于"Superframe Count"的值。

表 157 读超帧列表命令特定的响应代码

值	分类	描述
0	Success	无错误
5	Error	接收的八位位组数太少
8	Warning	设为最接近的可能值

8.2.4.16.3 响应设备规程

该命令从网络设备中读取超帧表(Superframe table)的登录项。超帧列表是一个登录项可被删除或增加的列表。超帧索引(Superframe index)和登录项个数(Entry count)根据超帧的增加或删除而改变。因此，如果请求中的参数无效，则设备应以最接近的该参数有效值作为响应，并且发送"设为最接近的可能值"的响应代码。

8.2.4.17 读链路列表(Read link list)FAL PDU

8.2.4.17.1 请求原语

Command 值为 784，Octet count 字段值为 3，Value 字段见表 158。

表 158 读链路列表请求的 Value 字段

八位位组偏移	数据类型	参数名称	描述
0	Unsigned16	Table index	链路表索引
2	Unsigned8	Entry count	要读取的链路登录项个数

8.2.4.17.2 响应原语

响应的 Value 字段见表 159,响应代码值见表 160。

表 159 读链路列表响应的 Value 字段

八位位组偏移[a]	数据类型	参数名称	描述
0	Unsigned16	Table index	链路表索引
2	Unsigned8	Entry count	响应中链路登录项的个数
3	Unsigned16	Link count	活动链路的总数
5	Unsigned8	Link_ID	分配给此链路的标识号
6	Unsigned16	Slot	超帧中分配给此链路的时隙号
8	Unsigned8	Channel_Offset	初始跳频信道偏移
9	Unsigned16	Neighbor_nickname	本链路邻居的昵称;如果是广播链路,则值为 0xFFFF
11	Bit Field	Link options	链路选项,见表 F.22 中规定
12	Enumeration	Link_type	链路类型,见表 F.21 中规定
13..			

[a] Octet5～Octet12 字段重复的次数等于"Link Count"的值。

表 160 读链路列表命令特定的响应代码

值	分类	描述
0	Success	无错误
5	Error	接收的八位位组数太少
8	Warning	设为最接近的可能值

8.2.4.17.3 响应设备规程

该命令从网络设备中读取链路表的登录项。链路表是一个登录项可被删除或增加的列表。链路索引(Link index)和登录项个数(Entry count)根据链路的增加和删除而改变。

因此,如果请求中的参数无效,则设备应以最接近的该参数有效值作为响应,并且发送"设为最接近的可能值"的响应代码。

8.2.4.18 读图列表(Read graph list)FAL PDU

8.2.4.18.1 请求原语

Command 值为 785,Octet count 字段值为 1,Value 字段见表 161。

表 161 读图列表请求的 Value 字段

八位位组偏移	数据类型	参数名称	描述
0	Unsigned8	Table index	图表索引

8.2.4.18.2 响应原语

响应的 Value 字段见表 162,响应代码值见表 163。

表 162 读图列表响应的 Value 字段

八位位组偏移[a]	数据类型	参数名称	描述
0	Unsigned8	Table index	图表索引
1	Unsigned8	Graph count	图的总数
2	Unsigned16	Graph_ID	分配给该图的标识号
4	Unsigned8	Neighbor count	邻居的个数
5	Unsigned16	Neighbor_nickname	该图邻居的昵称
7..			
[a] Octet5～Octet6 字段重复的次数等于“Neighbor Count”的值。			

表 163 读图列表命令特定的响应代码

值	分类	描述
0	Success	无错误
5	Error	接收八位位组数太少
8	Warning	设为最接近的可能值

8.2.4.18.3 响应设备规程

该命令从网络设备中读取图表(Graph table)中的一项。索引仅作于参考,如果列表中该图之前的图被删除,则所参考的图可能改变。因此,如果请求中的参数无效,则设备应以最接近的该参数有效值作为响应,并且发送“设为最接近的可能值”的响应代码。

8.2.4.19 读邻居属性标志(Read neighbor attribute flag)FAL PDU

8.2.4.19.1 请求原语

Command 为 786,Octet count 字段值为 2,Value 字段见表 164。

表 164　读邻居属性标志请求的 Value 字段

八位位组偏移	数据类型	参数名称	描述
0	Unsigned16	Neighbor_nickname	邻居的昵称,见 3.3.67 中规定

8.2.4.19.2　响应原语

响应的 Value 字段见表 165,响应代码值见表 166。

表 165　读邻居属性标志响应的 Value 字段

八位位组偏移	数据类型	参数名称	描述
0	Unsigned16	Neighbor_nickname	邻居的昵称,见 3.3.67 中规定
2	Bit Field	Neighbor flags	邻居属性,见表 F.34 中规定

表 166　读邻居属性标志命令特定的响应代码

值	分类	描述
0	Success	无错误
5	Error	接收的数据八位位组过少
65	Error	未知的邻居昵称

8.2.4.19.3　响应设备规程

该命令从网络设备中读取邻居的属性。

8.2.4.20　读邻居信号电平(Read neighbor signal level)FAL PDU

8.2.4.20.1　请求原语

Command 为 787,Octet count 字段值为 2,Value 字段见表 167。

表 167　读邻居信号电平请求的 Value 字段

八位位组偏移	数据类型	参数名称	描述
0	Unsigned8	Table index	邻居表索引
1	Unsigned8	Entry count	要读取的邻居登录项的个数

8.2.4.20.2　响应原语

响应的 Value 字段见表 168,响应代码值见表 169。

表 168 读邻居信号电平响应的 Value 字段

八位位组偏移[a]	数据类型	参数名称	描述
0	Unsigned8	Table index	邻居表索引
1	Unsigned8	Entry count	响应中邻居登录项的个数
2	Unsigned8	Neighbor count	邻居的总数
3	Unsigned16	Neighbor_nickname	邻居的昵称,见 3.3.67 中规定
5	Integer8	Average_RSL	邻居的平均 RSL(接收信号电平,以 dBm 表示)
6..			
[a] Octet5～Octet6 字段重复的次数等于 Neighbor count 的值。			

表 169 读邻居信号电平命令特定的响应代码

值	分类	描述
0	Success	无错误
5	Error	接收过少的八位位组个数
8	Warning	设为最接近的可能值

8.2.4.20.3 响应设备规程

该命令从网络设备的邻居表(Neighbor table)中读取信号电平。邻居表是一个有很多登录项的列表,这些登录项在某邻居停止通信时被删除,或在检测到新邻居时被添加。表索引(Table index)和登录项个数(Entry count)根据邻居的增加或者删除而改变。因此,如果请求中的参数无效,则设备应以最接近的该参数有效值作为响应,并且发送"设为最接近的可能值(Set to the nearest possible value)"的响应代码。

设备应为读请求发送该响应。另外,设备应以"过程数据(Process Data)"级别的优先级并作为信息报告来发布邻居的信号电平。发布周期的设置应通过命令 795 配置"健康状况报告(Health report)"时间来完成(见 8.2.4.27)。

8.2.4.21 报告路径失效报警(Report path down alarm)FAL PDU

8.2.4.21.1 请求原语

该服务无请求原语。Command 值为 788。

8.2.4.21.2 响应原语

响应的 Value 字段见表 170,响应代码值见表 171。

表 170 报告路径失效报警响应的 Value 字段

八位位组偏移	数据类型	参数名称	描述
0	Unsigned16	Neighbor_nickname	邻居的昵称,见 3.3.67 中规定

表 171 报告路径失效报警命令特定的响应代码

值	分类	描述
0	Success	无错误
16	Error	访问受限

8.2.4.21.3 响应设备规程

如果设备在 Path_fail_time 时间内未能与其邻居之一进行通信，则应以"警告(Alarm)"级别的优先级并作为信息报告来发布路径失效报警。Path_fail_time 的配置通过命令 795 实现(见 8.2.4.27)。

8.2.4.22 报告源路由失败报警(Report source route failed alarm)FAL PDU

8.2.4.22.1 请求原语

该服务无请求原语。Command 值为 789。

8.2.4.22.2 响应原语

响应的 Value 字段见表 172，响应代码值见表 173。

表 172 报告源路由失败报警响应的 Value 字段

八位位组偏移	数据类型	参数名称	描述
0	Unsigned16	Unreachable neighbor	在源路由中不可达的邻居的昵称
2	Unsigned32	NL MIC	路由失败的 NPDU 中的网络层 MIC

表 173 报告源路由失败报警命令特定的响应代码

值	分类	描述
0	Success	无错误
16	Error	访问受限

8.2.4.22.3 响应设备规程

如果设备检测到一个源路由失败，则应以"警告(Alarm)"级别的优先级并作为信息报告来发布一个源路由失败报警响应。

8.2.4.23 报告图路由失败报警(Report graph route failed alarm)FAL PDU

8.2.4.23.1 请求原语

该服务无请求原语。Command 值为 790。

8.2.4.23.2 响应原语

响应的 Value 字段见表 174，响应代码值见表 175。

表 174 报告图路由失败报警响应的 Value 字段

八位位组偏移	数据类型	参数名称	描述
0	Unsigned16	Graph_ID	失败路由的 Graph_ID

表 175 报告图路由失败报警命令特定的响应代码

值	分类	描述
0	Success	无错误
16	Error	访问受限

8.2.4.23.3 响应设备规程

如果设备检测到一个图路由失败，则以“警告（Alarm）”级别的优先级并作为信息报告来发布一个图路由失败响应。

8.2.4.24 报告传输层失败报警（Report transport layer failed alarm）FAL PDU

8.2.4.24.1 请求原语

该服务无请求原语。Command 值为 791。

8.2.4.24.2 响应原语

响应的 Value 字段见表 176，响应代码值见表 177。

表 176 报告传输层失败报警响应的 Value 字段

八位位组偏移	数据类型	参数名称	描述
0	Unsigned16	Unreachable peer	端到端传输层中不可达的对方昵称

表 177 报告传输层失败报警命令特定的响应代码

值	分类	描述
0	Success	无错误
16	Error	访问受限

8.2.4.24.3 响应设备规程

如果设备检测到一个会话失败，则应以“警告（Alarm）”级别的优先级并作为信息报告来发布一个传输层连接失败响应。

8.2.4.25 写 UTC 时间映射（Write UTC time mapping）FAL PDU

8.2.4.25.1 请求原语

Command 值为 793，Octet count 字段值为 2，Value 字段见表 178。

表 178　写 UTC 时间映射的 Value 字段

八位位组偏移	数据类型	参数名称	描述
0	Date	Date	日期
3	Time	Time of day	时间

8.2.4.25.2　响应原语

响应的 Value 字段见表 178,响应代码值见表 179。

表 179　写 UTC 时间映射命令特定的响应代码

值	分类	描述
0	Success	无错误
5	Error	接收的数据八位位组过少
16	Error	访问受限

8.2.4.25.3　响应设备规程

该命令将请求中接收的时间和日期设置为 ASN 零点开始的时间。请求中的日期和时间可以是 UTC 时间,或当地时间,或其他请求者使用的任意时间。如果该命令不是由网络管理器发出,则设备应以"访问受限"作为响应。

8.2.4.26　读 UTC 时间映射(Read UTC time mapping)FAL PDU

8.2.4.26.1　请求原语

Command 值为 794,Octet count 字段值为 0,Value 字段为空。

8.2.4.26.2　响应原语

响应的 Value 字段见表 180,响应代码值见表 181。

表 180　读 UTC 时间映射响应的 Value 字段

八位位组偏移	数据类型	参数名称	描述
0	Date	Date	日期
3	Time	Time of day	时间

表 181　读 UTC 时间映射命令特定的响应代码

值	分类	描述
0	Success	无错误

8.2.4.26.3 响应设备规程

该命令读 ASN 零点开始的时间，即在网络设备中设置的时间。

8.2.4.27 写定时器间隔(Write timer interval)FAL PDU

8.2.4.27.1 请求原语

Command 值为 795，Octet count 字段值为 5，Value 字段见表 182。

表 182 写定时器间隔的 Value 字段

八位位组偏移	数据类型	参数名称	描述
0	Enumeration	Timer_type	定时器类型，见 F.19 中规定
1	Unsigned32	Interval	以 ms 为单位的定时器间隔

8.2.4.27.2 响应原语

响应的 Value 字段见表 182，响应代码值见表 183。

表 183 写定时器间隔命令特定的响应代码

值	类	描述
0	Success	无错误
3	Error	传递的参数大于设备允许值
4	Error	传递的参数小于设备允许值
5	Error	接收的数据八位位组过少
6	Error	设备特定命令错误
7	Error	处于写保护模式
8	Warning	设为最接近的可能值
16	Error	访问受限
32	Error	忙——延迟响应无法启动
33	Error	DR 启动
34	Error	DR 运行
35	Error	DR 终止
36	Error	DR 冲突
65	Error	无效的定时器类型
66	Error	无效的定时器间隔

8.2.4.27.3 响应设备规程

该命令设置网络设备中定时器的时间间隔。定时器由 Timer_Type 规定。

8.2.4.28 读定时器间隔(Read timer interval)FAL PDU

8.2.4.28.1 请求原语

Command 值为 796,Octet count 字段值为 1,Value 字段见表 184。

表 184 读定时器间隔请求的 Value 字段

八位位组偏移	数据类型	参数名称	描述
0	Enumeration	Timer_type	定时器类型,见表 F.19 中规定

8.2.4.28.2 响应原语

响应的 Value 字段见表 185,响应代码值见表 186。

表 185 读定时器间隔响应的 Value 字段

八位位组偏移	数据类型	参数名称	描述
0	Enumeration	Timer_type	定时器类型,见表 F.19 中规定
1	Unsigned32	Interval	定时器间隔,以 ms 为单位

表 186 读定时器间隔命令特定的响应代码

值	分类	描述
0	Success	无错误
5	Error	接收的八位位组数过少
6	Error	设备特定命令错误
32	Error	忙——延迟响应无法启动
65	Error	无效的定时器类型

8.2.4.28.3 响应设备规程

该命令从网络设备中读取由 Timer_Type 规定的定时器的时间间隔。

8.2.4.29 写射频功率输出(Write radio power output)FAL PDU

8.2.4.29.1 请求原语

Command 值为 797,Octet count 字段值为 1,Value 字段如表 187 所示。

表 187 写射频功率输出的 Value 字段

八位位组偏移	数据类型	参数名称	描述
0	Integer8	Output power	输出功率,以 dBm 为单位

8.2.4.29.2 响应原语

响应的 Value 字段如表 187 所示。响应代码值如表 188 所示。

表 188 写射频功率输出命令特定的响应代码

值	分类	描述
0	Success	无错误
3	Error	传递的参数大于允许值
4	Error	传递的参数小于允许值
5	Error	接收的数据八位位组过少
6	Error	设备特定命令错误
7	Error	处于写保护模式
8	Warning	设为最接近的可能值
16	Error	访问受限
32	Error	忙——延迟响应无法启动
33	Error	DR 启动
34	Error	DR 运行
35	Error	DR 终止
36	Error	DR 冲突

8.2.4.29.3 响应设备规程

该命令为设备或网关设置射频功率输出。如果设备不能接受由应用发送的准确值,则设备应将射频功率输出设定为其所能达到的最接近值,并返回响应“设为最接近的可能值”。每个设备至少应支持以下射频功率输出:−10 dBm,0 dBm 和 +10 dBm。如果响应设备连接到网络,且该命令不是由网络管理器发布,则设备应返回“访问受限”的响应。如果响应设备没有连接到网络,且该命令不是通过维护端口接收,则设备返回“访问受限”的响应。

8.2.4.30 读射频功率输出(Read radio power output)FAL PDU

8.2.4.30.1 请求原语

Command 值为 798,Octet count 字段值为 0,Value 字段为空。

8.2.4.30.2 响应原语

响应的 Value 字段如表 189 所示。响应代码值如表 190 所示。

表 189 读射频功率输出响应的 Value 字段

八位位组偏移	数据类型	参数名称	描述
0	Integer8	Output power	输出功率,以 dBm 为单位

表 190 读射频功率输出命令特定的响应代码

值	分类	描述
0	Success	无错误
6	Error	设备特定命令错误
32	Error	忙——延迟响应无法启动

8.2.4.30.3 响应设备规程

该命令用于读取一个设备或网关的射频功率输出。

8.2.4.31 请求时间表(Request timetable)FAL PDU

8.2.4.31.1 请求原语

Command 值为 799,Octet count 字段值 10,Value 字段如表 191 所示。

表 191 请求时间表的 Value 字段

八位位组偏移	数据类型	参数名称	描述
0	Unsigned8	Timetable_ID	请求设备提供的特定的时间表标识符。取值范围为 0x00～0x7F
1	Bit Field	Timetable_type	时间表请求标志,见表 F.15 中规定
2	Enumeration	Application_domain	应用域,见表 F.16 中规定
3	Unsigned16	Peer_nickname	时间表被请求设备的对端设备的昵称
5	Time	Service_duration	如果是间断性服务,则该值为延迟时间;否则,该值为周期性通信的周期
9	Unsigned8	Route_ID	用于该时间表的路由标识符

8.2.4.31.2 响应原语

响应的 Value 字段如表 191 所示。响应代码值如表 192 所示。

表 192 请求时间表命令特定的响应代码

值	分类	描述
0	Success	无错误
4	Error	传递的参数小于允许值
5	Error	接收的数据八位位组过少
6	Error	设备特定命令错误
8	Warning	设为最接近的可能值
16	Error	访问受限

表 192（续）

值	分类	描述
14	Warning	所提供的通信带宽远小于所请求的通信带宽(即比正设置的最接近值小很多)
16	Error	访问受限
32	Error	忙——延迟响应无法启动
33	Error	DR 启动
34	Error	DR 运行
35	Error	DR 终止
36	Error	DR 冲突
65	Error	时间表请求被拒绝
66	Error	未知的时间表类型
67	Error	未知的应用域
68	Error	未知的对端昵称
69	Error	无效的时间表 ID

8.2.4.31.3 响应设备规程

无线设备应利用该命令将带有指定带宽和延迟特性的一个时间表添加给另一个无线设备。对该命令的无错误响应表明网络管理器接受并尝试处理该请求。Timetable_ID 在请求设备中是惟一的。

对于负载较重的网络，网络管理器可拒绝通信带宽请求，或提供比所请求通信带宽明显小的带宽。当这种情况发生时，设备应将标准状态 3(Standardized status 3)(见表 F.11)中“能力拒绝(Capacity Deniey)”状态置位，并将“应用过程状态(Application process status)”八位位组中的“更多可用状态(More status available)”比特置位。

如果设备在等待对“写时间表(Write Timetable)”命令的响应期间，接收到一个带有相同 Timetable_ID 的“写时间表”命令(见命令 973)，则设备应拒绝新的“写时间表”命令。

8.2.4.32 读时间表列表(Read timetable list)FAL PDU

8.2.4.32.1 请求原语

Command 值为 800，Octet count 字段值为 2，Value 字段如表 193 所示。

表 193 读时间表列表请求的 Value 字段

八位位组偏移	数据类型	参数名称	描述
0	Unsigned8	Table index	时间表索引
1	Unsigned8	Entry count	要读取的时间表登录项的个数

8.2.4.32.2 响应原语

响应的 Value 字段如表 194 所示。响应代码值如表 195 所示。

表 194　读时间表列表响应的 Value 字段

八位位组偏移[a]	数据类型	参数名称	描述
0	Unsigned8	Table index	时间表索引
1	Unsigned8	Entry count	响应中时间表登录项的个数
2	Unsigned8	Timetable count	活动时间表的总数
3	Unsigned8	Timetable_ID	登录项的时间表标识符
4	Bit Field	Timetable_type	时间表请求标志,见表 F.15 中规定
5	Enumeration	Application_domain	应用域,见表 F.16 中规定
6	Unsigned16	Peer_nickname	建立服务的对端设备的昵称
8	Time	Service_duration	如果是间断性服务,则该值为延迟时间;否则,该值为周期性通信的周期
12	Unsigned8	Route_ID	用于该时间表的路由标识符
13..			

[a] Octet3～Octet12 字段重复的次数等于"Timetabel count"的值。

表 195　读时间表列表命令特定的响应代码

值	分类	描述
0	Success	无错误
2	Error	无效的选择
5	Error	接收的数据八位位组过少
6	Error	设备特定命令错误
8	Warning	设为最接近的可能值

8.2.4.32.3　响应设备规程

该命令从网络设备中读取时间表的登录项。时间表是一个列表,其登录项可被删除或增加。"时间表索引(Timetable index)"和"登录项个数(Entry count)"的值随着时间表的增加或删除而改变。因此,如果请求中的参数无效,则设备应以最近的参数有效值进行响应,并发送响应代码"设为最接近的可能值"。如果"时间表索引(Timetable index)"的值大于设备中当前时间表的最大个数,则设备应返回最后一个登录项,并将响应代码设置为"设为最接近的可能值"。"登录项个数(Entry count)"应设置为一个有效值,并返回响应代码"设为最接近的可能值"。

8.2.4.33　删除时间表(Delete timetable)FAL PDU

8.2.4.33.1　请求原语

Command 值为 801,Octet count 字段值为 2,Value 字段如表 196 所示。

表 196 删除时间表请求的 Value 字段

八位位组偏移	数据类型	参数名称	描述
0	Unsigned8	Timetable_ID	设备特定的时间表标识符
1	Enumeration	Reason	时间表删除原因，见表 F.25 中规定

8.2.4.33.2 响应原语

响应的 Value 字段如表 197 所示。响应代码值如表 198 所示。

表 197 删除时间表响应的 Value 字段

八位位组偏移	数据类型	参数名称	描述
0	Unsigned8	Timetable_ID	设备特定的时间表标识符
1	Enumeration	Reason	时间表删除原因，见表 F.25 中规定
2	Unsigned8	Timetable count	保存的活动时间表的总数

表 198 删除时间表命令特定的响应代码

值	分类	描述
0	Success	无错误
5	Error	接收的数据八位位组过少
16	Error	访问受限
65	Error	登录项未找到
66	Error	无效的原因代码
67	Error	原因代码被拒绝，未删除时间表
68	Error	不允许删除——请求者不是时间表所有者

8.2.4.33.3 响应设备规程

该命令用于通知一个设备删除时间表。删除操作可能由对端设备的请求或网络管理器的决定引起的。只有时间表的创建者才可以删除时间表。如果时间表的所属者没有产生该命令，则响应设备应拒绝该命令并返回“不允许删除”响应代码。

8.2.4.34 读路由列表(Read route list)FAL PDU

8.2.4.34.1 请求原语

Command 值为 802，Octet count 字段值为 2，Value 字段如表 199 所示。

表 199 读路由列表请求的 Value 字段

八位位组偏移	数据类型	参数名称	描述
0	Unsigned8	Table index	路由表索引
1	Unsigned8	Entry count	要读取的路由表登录项的个数

8.2.4.34.2 响应原语

响应的 Value 字段如表 200 所示。响应代码值如表 201 所示。

表 200 读路由列表响应的 Value 字段

八位位组偏移[a]	数据类型	参数名称	描述
0	Unsigned8	Table index	路由表索引
1	Unsigned8	Entry count	响应中路由登录项的个数
2	Unsigned8	Route count	活动路由的总数
3	Unsigned8	Routes remaining	设备中未使用的路由登录项的个数
4	Unsigned8	Route_ID	用于该登录项的路由标识符
5	Unsigned16	Destination nickname	路由目标设备的昵称
7	Unsigned16	Graph_ID	用于该路由的图 ID(Graph_ID)
9	Unsigned8	Source route flag	连到该路由的源路由——1:是;0:否
10..			
[a] Octet3～Octet9 字段重复的次数等于“Route count”的值。			

表 201 读路由列表命令特定的响应代码

值	分类	描述
0	Success	无错误
5	Error	接收的数据八位位组过少
8	Warning	设为最接近的可能值

8.2.4.34.3 响应设备规程

该命令从网络设备中读取路由表的登录项。路由表是一个列表，其登录项可被删除或添加。“路由索引(Route index)”和“登录项个数(Entry count)”的值随路由的增加和删除而改变。因此，如果请求中的参数是无效的，则设备应以最接近的参数有效值作为响应，并发送响应代码“设为最接近的可能值”。

8.2.4.35 读源路由(Read source route)FAL PDU

8.2.4.35.1 请求原语

Command 值为 803，Octet count 字段值为 1，Value 字段如表 202 所示。

表 202　读源路由请求的 Value 字段

八位位组偏移	数据类型	参数名称	描述
0	Unsigned8	Route_ID	要读取的源路由的路由标识符

8.2.4.35.2　响应原语

响应的 Value 字段如表 203 所示。响应代码值如表 204 所示。

表 203　读源路由响应的 Value 字段

八位位组偏移[a]	数据类型	参数名称	描述
0	Unsigned8	Route_ID	要读取的源路由的路由标识符
1	Unsigned8	Hop count	该路由的跳数
2	Unsigned16	Hop	0 跳登录项的昵称
4..			
[a] Octet2～Octet3 字段重复的次数等于“Hop count”的值。			

表 204　读源路由命令特定的响应代码

值	分类	描述
0	Success	无错误
5	Error	接收的数据八位位组过少
65	Error	登录项未找到

8.2.4.35.3　响应设备规程

该命令用于读取一条特定源路由的内容。在源路由中，广播地址不是合法地址。在该命令的任何响应中不应包含广播地址。

8.2.4.36　读 CCA 模式(Read CCA mode)FAL PDU

8.2.4.36.1　请求原语

Command 值为 804，Octet count 字段值为 0，Value 字段为空。

8.2.4.36.2　响应原语

响应的 Value 字段如表 205 所示。响应代码值如表 206 所示。

表 205　读 CCA 模式响应的 Value 字段

八位位组偏移	数据类型	参数名称	描述
0	Enumeration	CCA Mode	空闲信道评估模式——1：启用；0：禁用

表 206 读 CCA 模式命令特定的响应代码

值	分类	描述
0	Success	无错误
6	Error	设备特定命令错误
32	Error	忙——延迟响应无法启动

8.2.4.36.3 响应设备规程

该命令用于读取网络设备的空闲信道评估(CCA)模式。

8.2.4.37 写 CCA 模式(Write CCA mode)FAL PDU

8.2.4.37.1 请求原语

Command 值为 805,Octet count 字段值为 1,Value 字段如表 207 所示。

表 207 写 CCA 模式的 Value 字段

八位位组偏移	数据类型	参数名称	描述
0	Enumeration	CCA Mode	空闲信道评估模式——1:启用;0:禁用

8.2.4.37.2 响应原语

响应的 Value 字段如表 207 所示。响应代码值如表 208 所示。

表 208 写 CCA 模式命令特定的响应代码

值	分类	描述
0	Success	无错误
2	Error	无效的选择(例如,无效的 CCA 模式)
5	Error	接收的数据八位位组过少
6	Error	设备特定命令错误
7	Error	处于写保护模式
16	Error	访问受限
32	Error	忙——延迟响应无法启动
33	Error	DR 启动
34	Error	DR 运行
35	Error	DR 终止
36	Error	DR 冲突

8.2.4.37.3 响应设备规程

该命令用于向一个网络设备写入空闲信道评估(CCA)模式。如果该命令来自于除网络管理器外的任何源,则设备应拒绝该请求,并返回响应代码“访问受限”。

8.2.4.38 读手持超帧(Read handheld superframe)FAL PDU

8.2.4.38.1 请求原语

Command 值为 806,Octet count 字段值为 0,Value 字段为空。

8.2.4.38.2 响应原语

响应的 Value 字段如表 209 所示。响应代码值如表 210 所示。

表 209 读手持超帧响应的 Value 字段

八位位组偏移	数据类型	参数名称	描述
0	Unsigned8	Superframe_ID	分配给超帧的标识号
1	Unsigned16	Num_Slots	超帧中的时隙数,即超帧大小
3	Bit Field	Superframe mode	超帧模式标志,见表 F.23 中规定

表 210 读手持超帧命令特定的响应代码

值	分类	描述
0	Success	无错误
9	Error	无手持超帧

8.2.4.38.3 响应设备规程

该命令用于确定网络设备中的手持超帧是否被启用。

8.2.4.39 写手持超帧(Write handheld superframe)FAL PDU

8.2.4.39.1 请求原语

Command 值为 807,Octet count 字段值为 2,Value 字段如表 211 所示。

表 211 写手持超帧的 Value 字段

八位位组偏移	数据类型	参数名称	描述
0	Unsigned8	Superframe_ID	分配给超帧的标识号
1	Bit Field	Superframe mode	超帧模式标志,见表 F.23 中规定

8.2.4.39.2 响应原语

响应的 Value 字段如表 211 所示。响应代码值如表 212 所示。

表 212　写手持超帧命令特定的响应代码

值	分类	描述
0	Success	无误差
2	Error	无效的选择(例如,无效的超帧模式)
5	Error	接收的数据八位位组过少
16	Error	访问受限

8.2.4.39.3　响应设备规程

该命令允许手持设备请求网络设备启动其手持超帧以便实现维护。手持超帧专门用于在网络设备和手持设备之间完成维护功能。

8.2.4.40　读包存活跳数(Read packet hop-to-live)FAL PDU

8.2.4.40.1　请求原语

Command 值为 808,Octet count 字段值为 0,Value 字段为空。

8.2.4.40.2　响应原语

响应的 Value 字段如表 213 所示。响应代码值如表 214 所示。

表 213　读包存活跳数响应的 Value 字段

八位位组偏移	数据类型	参数名称	描述
0	Unsigned8	Hop-to-live	当前配置的存活跳数的值

表 214　读包存活跳数命令特定的响应代码

值	分类	描述
0	Success	无错误
6	Error	设备特定命令错误
32	Error	忙——延迟响应无法启动

8.2.4.40.3　响应设备规程

该命令用于读取为网络设备配置的存活跳数的当前值。

8.2.4.41　写包存活跳数(Write packet hop-to-live)FAL PDU

8.2.4.41.1　请求原语

Command 值为 809,Octet count 字段值为 1,Value 字段如表 215 所示。

表 215　写包存活跳数的 Value 字段

八位位组偏移	数据类型	参数名称	描述
0	Unsigned8	Hop-to-live	存活跳数的值

8.2.4.41.2　响应原语

响应的 Value 字段如表 215 所示。响应代码值如表 216 所示。

表 216　写包存活跳数命令特定的响应代码

值	分类	描述
0	Success	无错误
5	Error	接收的数据八位位组过少
6	Error	设备特定命令错误
7	Error	处于写保护模式
8	Warning	设为最接近的可能值
16	Error	访问受限
32	Error	忙——延迟响应无法启动
33	Error	DR 启动
34	Error	DR 运行
35	Error	DR 停止
36	Error	DR 冲突

8.2.4.41.3　响应设备规程

该命令用于将存活跳数值写入网络设备中。如果请求中接收的存活跳数值小于 8，则这个值应被改写为 8，且返回响应代码“设为最接近的可能值”。如果该命令是从网络管理器之外的任何源接收的，则设备应拒绝该请求，并返回响应代码“访问受限”。

8.2.4.42　读加入优先级(Read Join_priority)FAL PDU

8.2.4.42.1　请求原语

Command 值为 810，Octet count 字段值为 0，Value 字段为空。

8.2.4.42.2　响应原语

响应的 Value 字段如表 217 所示。响应代码值如表 218 所示。

表 217　读加入优先级响应的 Value 字段

八位位组偏移	数据类型	参数名称	描述
0	Unsigned8	Join_priority	设备通告的加入优先级，较小的数表示更好的加入机会

表 218 读加入优先级命令特定的响应代码

值	分类	描述
0	Success	无错误

8.2.4.42.3 响应设备规程

该命令用于从网络设备中读取加入优先级(Join_priority)的当前值。

8.2.4.43 写加入优先级(Write Join_priority)FAL PDU

8.2.4.43.1 请求原语

Command 值为 811,Octet count 字段值为 1,Value 字段如表 219 所示。

表 219 写加入优先级的 Value 字段

八位位组偏移	数据类型	参数名称	描述
0	Unsigned8	Join_priority	设备通告的加入优先级,较小的数表示更好的加入机会

8.2.4.43.2 响应原语

响应的 Value 字段如表 219 所示。响应代码值如表 220 所示。

表 220 写加入优先级命令特定的响应代码

值	分类	描述
0	Success	无错误
5	Error	接收的数据八位位组过少
8	Warning	设为最接近的可能值
16	Error	访问受限

8.2.4.43.3 响应设备规程

该命令用于将加入优先级(Join_priorit)值写入网络设备中。如果请求中接收的“加入优先级”的值大于 15,则该值应被改写为 15,且返回响应代码“设为最接近的可能值”。如果该命令是从网络管理器之外的任何源接收的,则设备应拒绝该请求,并返回响应代码“访问受限”。

8.2.4.44 读接收优先级阈值(Read receive Priority_threshold)FAL PDU

8.2.4.44.1 请求原语

Command 值为 812,Octet count 字段值为 0,Value 字段为空。

8.2.4.44.2 响应原语

响应的 Value 字段如表 221 所示。响应代码值如表 222 所示。

表 221 读接收优先级阈值响应的 Value 字段

八位位组偏移	数据类型	参数名称	描述
0	Unsigned8	Priority_threshold	从另一个设备中接受的最低优先级 DLPDU

表 222 读接收优先级阈值命令特定的响应代码

值	分类	描述
0	Success	无错误

8.2.4.44.3 响应设备规程

该命令从网络设备中读取优先级阈值(Priority_threshold)的当前值。

8.2.4.45 写接收优先级阈值(Write receive Priority_threshold)FAL PDU

8.2.4.45.1 请求原语

Command 值为 813,Octet count 字段值为 1,Value 字段如表 223 所示。

表 223 写接收优先级阈值的 Value 字段

八位位组偏移	数据类型	参数名称	描述
0	Unsigned8	Priority_threshold	从另一个设备中接受的最低优先级 DLPDU

8.2.4.4.45.2 响应原语

响应的 Value 字段如表 223 所示。响应代码值如表 224 所示。

表 224 写接收优先级阈值命令特定的响应代码

值	分类	描述
0	Success	无错误
5	Error	接收的数据八位位组过少
8	Warning	设为最接近的可能值
16	Error	访问受限

8.2.4.45.3 响应设备规程

该命令用于将接收“优先级阈值(Priority_threshold)”的值写入网络设备中。该参数的取值为 0～3。如果在请求中接收到其他任何值,则设备应将该参数值设为 3,并且返回“设为最接近的可能值”的响应。如果该命令是从网络管理器之外的任何源接收的,则设备应拒绝该请求,并返回响应代码“访问受限”。

8.2.4.46 读设备列表(Read device list)FAL PDU

8.2.4.46.1 请求原语

Command 值为 814,Octet count 字段值为 4,Value 字段如表 225 所示。

表 225 读设备列表请求的 Value 字段

八位位组偏移	数据类型	参数名称	描述
0	Enumeration	Device code	设备列表代码,见表 F.30 中规定
1	Unsigned8	Entry count	要读取的设备登录项的个数
2	Unsigned16	Table index	设备表起始索引

8.2.4.46.2 响应原语

响应的 Value 字段如表 226 所示。响应代码值如表 227 所示。

表 226 读设备列表响应的 Value 字段

八位位组偏移[a]	数据类型	参数名称	描述
0	Enumeration	Device code	设备列表代码,见表 F.30 中规定
1	Unsigned8	Entry count	响应中的设备登录项的个数
2	Unsigned16	Table index	设备表起始索引
4	Unsigned16	Device count	表中设备登录项的总数
6	Unique ID	Unique ID	分配给设备的惟一标识符,见 3.3.91 中定义和 6.2.1.2.4 中描述
11..			

[a] Octet6～Octet10 字段重复的次数等于“Device count”的值。

表 227 读设备列表命令特定的响应代码

值	分类	描述
0	Success	无错误
2	Error	无效的选择,即设备列表代码不被支持
5	Error	接收的数据八位位组过少
8	Warning	设为最接近的可能值
64	Error	命令未被执行

8.2.4.46.3 响应设备规程

网络设备可维护具有一个设备列表的多个设备表(Device table)。当前所支持的设备表包括:“活动列表(Active list)”、“白名单(White list)”和“黑名单(Black list)”。该命令根据请求中“设备代码(Device code)”指定的列表类型,读取设备表中的登录项。设备表是一个设备的列表,允许删除或添加登录项。“设备索引(Device index)”和“登录项个数(Entry count)”的值随设备的添加和删除而改变。因此,如果请求中的“登录项个数(Entry count)”和“表索引(Table index)”参数是无效的,则设备应以最接近的有效值作为响应,并发送响应代码“设为最接近的可能值”。

网关和网络管理器应维护“活动列表”类型的设备表,并支持本命令。网路管理器应维护“白名单”和“黑名单”类型的设备表。所有网络设备应维护“黑名单”类型的设备表。如果网络设备没有维护“黑名单”类型的设备表,而请求中的“设备代码”对应于“黑名单”,则网络设备应返回“命令未被执行”的响应。

8.2.4.47 增加设备列表登录项(Add device list entry)FAL PDU

8.2.4.47.1 请求原语

Command 值为 815,Octet count 字段值为 6,Value 字段如表 228 所示。

表 228 增加设备列表登录项请求的 Value 字段

八位位组偏移	数据类型	参数名称	描述
0	Enumeration	Device code	设备列表代码,见表 F.30 中规定
1	Unique ID	Unique ID	分配给设备的惟一标识符,见 3.3.91 中定义和 6.2.1.2.4 中描述

8.2.4.47.2 响应原语

响应的 Value 字段如表 229 所示。响应代码值如表 230 所示。

表 229 增加设备列表登录项响应的 Value 字段

八位位组偏移	数据类型	参数名称	描述
0	Enumeration	Device code	设备列表代码,见表 F.30 中规定
1	Unique ID	Unique ID	分配给设备的惟一标识符,见 3.3.91 中定义和 6.2.1.2.4 中描述
6	Unsigned16	Device count	设备表中保存的登录项的总数

表 230 增加设备列表登录项命令特定的响应代码

值	分类	描述
0	Success	无错误
2	Error	无效的选择,即设备列表代码不被支持
5	Error	接收的数据八位位组过少
8	Warning	设备已在列表中
16	Error	访问受限
65	Error	没有更多的可用登录项
66	Error	设备列表冲突

8.2.4.47.3 响应设备规程

该命令用于向“设备代码(Device code)”指定类型的设备表中添加一个设备。该命令不能修改“活动列表(Active list)”类型的设备表。如果请求试图将“活动列表”中的一个设备添加到“黑名单”中,则设备应拒绝该请求,并返回“设备列表冲突”的响应。该命令可用于在“白名单”和“黑名单”之间移动设备。

8.2.4.48 删除设备列表登录项(Delete device list entry)FAL PDU

8.2.4.48.1 请求原语

Command 值为 816,Octet count 字段值为 6,Value 字段如表 231 所示。

表 231 删除设备列表登录项请求的 Value 字段

八位位组偏移	数据类型	参数名称	描述
0	Enumeration	Device code	设备列表代码,见表 F.30 中规定
1	Unique ID	Unique ID	分配给设备的惟一标识符,见 3.3.91 中定义和 6.2.1.2.4 中描述

8.2.4.48.2 响应原语

响应的 Value 字段如表 232 所示。响应代码值如表 233 所示。

表 232 删除设备列表登录项响应的 Value 字段

八位位组偏移	数据类型	参数名称	描述
0	Enumeration	Device code	设备列表代码,见表 F.30 中规定
1	Unique ID	Unique ID	分配给设备的惟一标识符,见 3.3.91 中定义和 6.2.1.2.4 中描述
6	Unsigned16	Device count	设备表中保存的登录项的总数

表 233 删除设备列表登录项命令特定的响应代码

值	分类	描述
0	Success	无错误
2	Error	无效的选择,即不支持设备列表代码
5	Error	接收的数据八位位组过少
16	Error	访问受限
66	Error	设备列表冲突

8.2.4.48.3 响应设备规程

该命令用于在网关或网络管理器中删除"设备代码(Device code)"指定类型的设备列表中的一个设备。如果设备正被从"活动列表(Active list)"中删除,则网络管理器应重新路由通信并断开与设备的连接。

8.2.4.49 读信道黑名单(Read channel blacklist)FAL PDU

8.2.4.49.1 请求原语

Command 值为 817,Octet count 字段值为 0,Value 字段为空。

8.2.4.49.2 响应原语

响应的 Value 字段如表 234 所示。响应代码值如表 235 所示。

表 234 读信道黑名单响应的 Value 字段

八位位组偏移	数据类型	参数名称	描述
0	Unsigned8	Channel count	当前信道映射数组中的比特数；这取决于物理层（例如，对于 2.4 GHz O-QPSK DSSS，数组为 16 比特，即两个八位位组长）
1～n	Bit Field	Current channel map	当前信道映射数组；该数组是比特数组，以最低有效位（Octet 0 中的 Bit 0）为起始比特，可添加必要的八位位组直到所有比特被使用。每个比特对应一个信道。如果某比特值为"1"，则信道将被使用
n+1～2n	Bit Field	Pending channel map	挂起（pending）信道映射数组，该数组是比特数组，以最低有效位（Octet 0 中的 Bit 0）为起始比特，可添加必要的八位位组直到所有比特被使用。每个比特对应一个信道。如果某比特值为"1"，则在网关或网络管理器下次重启后信道将被使用

信道映射中八位位组的个数取决于物理层中可用信道的总数。

表 235 读信道黑名单命令特定的响应代码

值	分类	描述
0	Success	无错误

8.2.4.49.3 响应设备规程

该命令用于读取当前的信道黑名单。该黑名单应在下次重启后使用。

8.2.4.50 写信道黑名单(Write channel blacklist)FAL PDU

8.2.4.50.1 请求原语

Command 值为 818，Value 字段为空是可变的，Value 字段如表 236 所示。

表 236 写信道黑名单的 Value 字段

八位位组偏移	数据类型	参数名称	描述
0	Unsigned8	Channel count	新的信道映射数组中比特的个数
1～n	Bit Field	Pending channel map	挂起（pending）信道映射数组，该数组是比特数组，以最低有效位（Octet 0 中的 Bit 0）为起始比特，可添加必要的八位位组直到所有比特被使用。每个比特对应一个信道。如果某比特值为"1"，则在网关或网络管理器下次重启后信道将被使用

信道映射中的八位位组的个数取决于物理层中可用信道的总数。

8.2.4.50.2 响应原语

响应的 Value 字段如表 236 所示。响应代码值如表 237 所示。

表 237 写信道黑名单命令特定的响应代码

值	分类	描述
0	Success	无错误
3	Error	要写入的参数值大于允许值——比特的个数超出了最大值
5	Error	接收的数据八位位组过少
6	Error	设备特定命令错误
16	Error	访问受限
65	Error	无效频率信道比特(例如,IEEE 802.15.4 物理层中规定的 2.4GHz 的信道 16)

8.2.4.50.3 响应设备规程

该命令用于写入挂起(pending)的信道映射,这对于网关是黑名单。仅当网关和网络管理器重启后,该信道映射才应生效。

8.2.4.51 读退避指数(Read back-off exponent)FAL PDU

8.2.4.51.1 请求原语

Command 值为 819,Octet count 字段值为 0,Value 字段为空。

8.2.4.51.2 响应原语

响应的 Value 字段如表 238 所示。响应代码值如表 239 所示。

表 238 读退避指数响应的 Value 字段

八位位组偏移	数据类型	参数名称	描述
0	Unsigned8	Max_backoff_exp	用于共享时隙的退避指数的最大值

表 239 读退避指数命令特定的响应代码

值	分类	描述
0	Success	无错误
6	Error	设备特定命令错误
32	Error	忙——延迟响应无法启动

8.2.4.51.3 响应设备规程

该命令用于从网络设备中读取“最大退避指数(Max_backoff_exp)”的当前值。

8.2.4.52 写退避指数(Write back-off exponent) FAL PDU

8.2.4.52.1 请求原语

Command 值为 820,Octet count 字段值为 1,Value 字段如表 240 所示。

表 240 写退避指数的 Value 字段

八位位组偏移	数据类型	参数名称	描述
0	Unsigned8	Max_backoff_exp	共享时隙的退避指数的最大值

8.2.4.52.2 响应原语

响应的 Value 字段如表 240 所示。响应代码值如表 241 所示。

表 241 写退避指数命令特定的响应代码

值	分类	描述
0	Success	无错误
3	Error	传递的参数大于允许值
4	Error	传递的参数小于允许值
5	Error	接收的数据八位位组过少
6	Error	设备特定命令错误
7	Error	处于写保护模式
8	Warning	设为最接近的可能值
16	Error	访问受限
32	Error	忙　　延迟响应无法启动
33	Error	DR 启动
34	Error	DR 运行
35	Error	DR 终止
36	Error	DR 冲突

8.2.4.52.3 响应设备规程

该命令用于将最大退避指数(Max_backoff_exp)值写入网络设备中。如果在请求中接收的最大退避指数值不属于{4,5,6,7}中的任何值,则该值应被改写为 4,并返回响应代码"设为最接近的可能值"。如果该命令是从除网络管理器外的任何源接收的,则设备应拒绝该请求,并返回响应代码 "访问受限"。

8.2.4.53 写网络接入模式(Write network access mode)FAL PDU

8.2.4.53.1 请求原语

Command 值为 821,Octet count 字段值为 1,Value 字段如表 242 所示。

表 242 写网络接入模式的 Value 字段

八位位组偏移	数据类型	参数名称	描述
0	Enumeration	Network access mode	网络接入模式代码,见表 F.31 中规定

8.2.4.53.2 响应原语

响应的 Value 字段如表 242 所示。响应代码值如表 243 所示。

表 243 写网络接入模式命令特定的响应代码

值	分类	描述
0	Success	无错误
2	Error	无效的选择
5	Error	接收的数据八位位组过少
6	Error	设备特定命令错误
7	Error	处于写保护模式
16	Error	访问受限
32	Error	忙——延迟响应无法启动
33	Error	DR 初始化
34	Error	DR 运行
35	Error	DR 终止
36	Error	DR 冲突

8.2.4.53.3 响应设备规程

该命令用于将网络接入模式值写入网络设备中。该命令可用来限制访问网络。所有设备应支持值为“0”和“4”的网络接入模式参数。

注:网络接入模式不能替代对设备入网资格(例如,Join_key,tag 或者 Device ID)的检查。网络接入模式提供额外的检查。

8.2.4.54 读网络接入模式(Read network access mode)FAL PDU

8.2.4.54.1 请求响应

Command 值为 822,Octet count 字段值为 0,Value 字段为空。

8.2.4.54.2 响应原语

响应的 Value 字段如表 244 所示。响应代码值如表 245 所示。

表 244 读网络接入模式响应的 Value 字段

八位位组偏移	数据类型	参数名称	描述
0	Enumeration	Network access mode	网络接入模式代码,见表 F.31 中规定

表 245 读网络接入模式命令特定的响应代码

值	类	描述
0	Success	无错误
6	Error	设备特定命令错误
32	Error	忙——延迟响应无法启动

8.2.4.54.3 响应设备规程

该命令用于从网络设备中读取网络接入模式的当前值。

8.2.4.55 请求会话(Request session)FAL PDU

8.2.4.55.1 请求原语

Command 值为 823,Octet count 字段值为 2,Value 字段如表 246 所示。

表 246 请求会话请求的 Value 字段

八位位组偏移	数据类型	参数名称	描述
0	Unsigned16	Peer_nickname	被请求会话的对端设备的昵称

8.2.4.55.2 响应原语

响应的 Value 字段如表 247 所示。响应代码值如表 248 所示。

表 247 请求会话响应的 Value 字段

八位位组偏移	数据类型	参数名称	描述
0	Unsigned16	Peer_nickname	被请求会话的对端设备的昵称
2	Unsigned32	Peer_nonce_counter	从对应设备中接收的 nonce counter 的最大值
6	Security key	Join_key	用于信息安全的 128 比特的网络密钥

表 248 请求会话命令特定的响应代码

值	分类	描述
0	Success	无错误
5	Error	接收的数据八位位组过少
16	Error	访问受限
65	Error	未知对端
66	Error	现场设备没有足够能力支持另一个会话

8.2.4.53.3 响应设备规程

该命令用于请求从一个手持设备到一个设备的单播会话。只有经认证的设备才允许建立一个会话。

8.2.5 网关和网络管理器特定的 APDU 结构

8.2.5.1 利用 UniqueID 读网络设备标识(Read network device identity using unique ID)FAL PDU

8.2.5.1.1 请求原语

Command 值为 832,Octet count 字段值为 5,Value 字段如表 249 所示。

表 249 利用 UniqueID 读网络设备标识的 Value 字段

八位位组偏移	数据类型	参数名称	描述
0	Unique ID	Unique ID	分配给设备的惟一标识符,见 3.3.91 中定义和 6.2.1.2.4 中描述

8.2.5.1.2 响应原语

响应的 Value 字段如表 250 所示。响应代码值如表 251 所示。

表 250 利用 UniqueID 读网络设备标识响应的 Value 字段

八位位组偏移	数据类型	参数名称	描述
0	Unique ID	Unique ID	分配给设备的惟一标识符,见 3.3.91 中定义和 6.2.1.2.4 中描述
5	Unsigned16	Device nickname	设备昵称,见 3.3.67 中定义
7～38	Latin-1	Long_tag	设备中存储的长标签

表 251 利用 UniqueID 读网络设备标识命令特定的响应代码

值	类	描述
0	Success	无错误
2	Error	无效的选择
5	Error	接收的数据八位位组过少

8.2.5.1.3 响应设备规程

该命令用于从网关中读取与“Unique ID”匹配的设备的身份信息。

8.2.5.2 读设备邻居健康状况(Read device’s neighbor health)FAL PDU

8.2.5.2.1 请求原语

Command 值为 833,Octet count 字段值为 7,Value 字段如表 252 所示。

表 252　读设备邻居健康状况请求的 Value 字段

八位位组偏移	数据类型	参数名称	描述
0	Unique ID	Unique ID	分配给设备的惟一标识符，见 3.3.91 中定义和 6.2.1.2.4 中描述
5	Unsigned8	Table index	邻居表索引
6	Unsigned8	Entry count	被读取的邻居登录项的个数

8.2.5.2.2　响应原语

响应的 Value 字段如表 253 所示。响应代码值如表 254 所示。

表 253　读设备邻居健康状况响应的 Value 字段

八位位组偏移[a]	数据类型	参数名称	描述
0	Unique ID	Unique ID	分配给设备的惟一标识符，见 3.3.91 中定义和 6.2.1.2.4 中描述
5	Unsigned8	Table index	邻居表索引
6	Unsigned8	Entry count	响应中的邻居登录项的个数
7	Unsigned16	Neighbor_nickname	邻居昵称，见 3.3.67 中规定
9	Integer8	Average_RSL	设备从该邻居接收的平均 RSL（接收信号电平，以 dBm 表示）
10	Unsigned32	Packets_transmitted	传输给该邻居的包的个数
14	Unsigned32	Missed_ACK_packets	对该邻居传输失败——期望 ACK 但没有接收到 ACK 的包的个数
18	Unsigned32	Packets_received	从该邻居接收的包的个数
22..			

[a] Octet7～Octet21 字段重复的次数等于“Entry count”的值。

表 254　读设备邻居健康状况命令特定的响应代码

值	分类	描述
0	Success	无错误
2	Error	无效的选择
5	Error	接收的数据八位位组过少
8	Warning	设为最接近的可能值
65	Error	无效的邻居表索引

8.2.5.2.3　相应设备进程

该命令用于从网关读取请求中指定设备与每个活动邻居或潜在邻居连接的质量信息。网关通过发送“读设备列表(Read devie list)”FAL PDU请求(见8.2.4.46)来获取设备的邻居数。请求应用利用该服务构建网络的图和质量。

8.2.5.3 读网络拓扑信息(Read network topology information)FAL PDU

8.2.5.3.1 请求原语

Command值为834,Octet count字段值为7,Value字段如表255所示。

表255 读网络拓扑信息请求的Value字段

八位位组偏移	数据类型	参数名称	描述
0	Unique ID	Unique ID	分配给设备的惟一标识符,见3.3.91中定义和6.2.1.2.4中描述
5	Unsigned16	Table index	图表的索引

8.2.5.3.2 响应原语

响应的Value字段如表256所示。响应代码值如表257所示。

表256 读网络拓扑信息响应的Value字段

八位位组偏移[a]	数据类型	参数名称	描述
0	Unique ID	Unique ID	分配给设备的惟一标识符,见3.3.91中定义和6.2.1.2.4中描述
5	Unsigned16	Table index	图表的索引
7	Unsigned16	Graph count	图的总数
9	Unsigned16	Graph_ID	分配给该图的标识号
11	Unsigned16	Neighbor count	邻居个数
13	Unsigned16	Neighbor	该图中邻居的昵称
15..			
[a] Octet13～Octet14字段重复的次数等于“Neighbor count”的值。			

表257 读网络拓扑信息命令特定的响应代码

值	分类	描述
0	Success	无错误
2	Error	无效的选择
5	Error	接收的数据八位位组过少
65	Error	无效的图表索引

8.2.5.3.3 响应设备规程

该命令用于从网关中读取指定网络设备的图表(Graph table)中的一项。网关使用“读图列表

(Read graph list)"FAL PDU(见 8.2.4.18)来获取设备的图的个数。请求应用利用该服务构建网络的图。

8.2.5.4 读发布数据消息列表(Read publish data message list)FAL PDU

8.2.5.4.1 请求原语

Command 值为 835,Octet count 字段值为 5,Value 字段如表 258 所示。

表 258 读发布数据消息列表请求的 Value 字段

八位位组偏移	数据类型	参数名称	描述
0	Unique ID	Unique ID	分配给设备的惟一标识符,见 3.3.91 中定义和 6.2.1.2.4 中描述

8.2.5.4.2 响应原语

响应的 Value 字段如表 259 所示。响应代码值如表 260 所示。

表 259 读发布数据消息列表响应的 Value 字段

八位位组偏移[a]	数据类型	参数名称	描述
0	Unique ID	Unique ID	分配给设备的惟一标识符,见 3.3.91 中定义和 6.2.1.2.4 中描述
5	Unsigned8	Publish data count	从该设备接收的不同发布数据命令的个数
6	Unsigned16	Publish command	发布的命令号
8	Unsigned32	Packet count	接收的发布数据包的个数
12..			

[a] Octet6～Octet11 字段重复的次数等于"Publish data count"的值。

表 260 读发布数据消息列表命令特定的响应代码

值	分类	描述
0	Success	无错误
2	Error	无效的选择
5	Error	接收的数据八位位组过少

8.2.5.4.3 响应设备规程

该命令用于从网关中读取指定设备参与的发布数据消息列表,该列表包括指定设备参与的发布数据模式命令的个数。请求应用利用该服务构建系统中所有发布数据模式通信的列表。

8.2.5.5 清除设备缓存响应(Flush cached responses for a device)FAL PDU

8.2.5.5.1 请求原语

Command 值为 836,Octet count 字段值为 5,Value 字段如表 261 所示。

表 261 刷新设备缓存响应的 Value 字段

八位位组偏移	数据类型	参数名称	描述
0	Unique ID	Unique ID	分配给设备的惟一标识符，见 3.3.91 中定义和 6.2.1.2.4 中描述

8.2.5.5.2 响应原语

响应的 Value 字段如表 261 所示。响应代码值如表 262 所示。

表 262 刷新设备缓存响应命令特定的响应代码

值	分类	描述
0	Success	无错误
5	Error	接收的数据八位位组过少
16	Error	访问受限

8.2.5.5.3 响应设备规程

该命令用于清除网关中缓存的指定设备的响应。

8.2.5.6 写设备更新通知比特掩码(Write update notification bit mask for a device)FAL PDU

8.2.5.6.1 请求原语

Command 值为 837，Octet count 字段值为 7，Value 字段如表 263 所示。

表 263 写设备更新通知比特掩码的 Value 字段

八位位组偏移	数据类型	参数名称	描述
0	Unique ID	Unique ID	分配给设备的惟一标识符，见 3.3.91 中定义和 6.2.1.2.4 中描述
5	Bit Field	Notification mask	2 个八位位组长的变更通知掩码，见表 F.35

8.2.5.6.2 响应原语

响应的 Value 字段如表 263 所示。响应代码值如表 264 所示。

表 264 写设备更新通知比特掩码命令特定的响应代码

值	分类	描述
0	Success	无错误
5	Error	接收的数据八位位组过少
16	Error	访问受限
65	Error	未知的惟一 ID
66	Error	未知的通知掩码

8.2.5.6.3 响应设备规程

该命令为通知更新登记一个网关客户机。

8.2.5.7 读设备更新通知比特掩码(Read update notification bit mask for a device)FAL PDU

8.2.5.7.1 请求原语

Command 值为 838,Octet count 字段值为 5,Value 字段如表 265 所示。

表 265 读设备更新通知比特掩码请求的 Value 字段

八位位组偏移	数据类型	参数名称	描述
0	Unique ID	Unique ID	分配给设备的惟一标识符,见 3.3.91 中定义和 6.2.1.2.4 中描述

8.2.5.7.2 响应原语

响应的 Value 字段如表 266 所示。响应代码值如表 267 所示。

表 266 读设备更新通知比特掩码响应的 Value 字段

八位位组偏移	数据类型	参数名称	描述
0	Unique ID	Unique ID	分配给设备的惟一标识符,见 3.3.91 中定义和 6.2.1.2.4 中描述
5	Bit Field	Notification mask	2 个八位位组长的变更通知掩码,见表 F.35

表 267 读设备更新通知比特掩码命令特定的响应代码

值	分类	描述
0	Success	无错误
5	Error	接收的数据八位位组过少
65	Error	未知的惟一 ID

8.2.5.7.3 响应设备规程

该命令从网关中读取指定设备的更新通知掩码列表。

8.2.5.8 读变更通知(Read change notification)FAL PDU

8.2.5.8.1 请求原语

Command 值为 839,Octet count 字段值为 5,Value 字段如表 268 所示。

表 268 报告变更通知请求的 Value 字段

八位位组偏移	数据类型	参数名称	描述
0	Unique ID	Unique ID	分配给设备的惟一标识符,见 3.3.91 中定义和 6.2.1.2.4 中描述

8.2.5.8.2 响应原语

响应的 Value 字段如表 269 所示。响应代码值如表 270 所示。

表 269 报告变更通知响应的 Value 字段

八位位组偏移[a]	数据类型	参数名称	描述
0	Unique ID	Unique ID	分配给设备的惟一标识符,见 3.3.91 中定义和 6.2.1.2.4 中描述
5	Unsigned8	Change count	变更通知的总数
6	Unsigned16	Change notification	变更通知(缓存的命令号)
8..			
[a] Octet6～Octet7 字段重复的次数等于"Change count"的值。			

表 270 报告变更通知命令特定的响应代码

值	分类	描述
0	Success	无错误
5	Error	接收的数据八位位组过少
65	Error	未知的惟一 ID

8.2.5.8.3 响应设备规程

该请求由客户机应用发送给网关。响应列出指定设备的变更。"变更次数(Change count)"的最大允许值为 10。

8.2.5.9 读网络设备统计(Read network device statistics)FAL PDU

8.2.5.9.1 请求原语

Command 值为 840,Octet count 字段值为 5,Value 字段如表 271 所示。

表 271 读网络设备统计请求的 Value 字段

八位位组偏移	数据类型	参数名称	描述
0	Unique ID	Unique ID	分配给设备的惟一标识符,见 3.3.91 中定义和 6.2.1.2.4 中描述

8.2.5.9.2 响应原语

响应的 Value 字段如表 272 所示。响应代码值如表 273 所示。

表 272 读网络设备统计响应的 Value 字段

八位位组偏移	数据类型	参数名称	描述
0	Unique ID	Unique ID	分配给设备的惟一标识符，见 3.3.91 中定义和 6.2.1.2.4 中描述
5	Unsigned16	Graph count	活动图的个数
7	Unsigned16	Frame count	活动帧的个数
9	Unsigned16	Link count	活动链路的个数
11	Unsigned8	Neighbor count	邻居个数
12	Time	Latency	从网关到该设备的平均通信延迟
16	Unsigned16	Join count	加入的个数
18	Date	Join date	最近加入的日期
21	Time	Join time	从设备最近加入网络日期的凌晨开始计算的时间，以 1/32 ms 为单位
25	Unsigned32	Packets generated	该设备生成的包的个数
29	Unsigned32	Packets terminated	终止于该设备的包的个数
33	Unsigned32	DLL MIC failures	检测到的 DLL MIC 失败的个数
37	Unsigned32	NL MIC failures	检测到的 NL（会话）MIC 失败的个数
41	Unsigned32	CRC errors	检测到的 CRC 错误的个数
45	Unsigned32	Packets missed	检测到认为丢失的包的个数
49	Unsigned32	Nonce counter missed	未从该设备接收到的“Nounce Counter Value”的个数
53	Time	Latency	标准的延迟偏差

表 273 读网络设备统计命令特定的响应代码

值	分类	描述
0	Success	无错误
2	Error	无效的选择
5	Error	接收的数据八位位组过少

8.2.5.9.3 响应设备规程

该命令从网关读取指定设备的统计信息。网关被期望具有这些可用信息并可立即响应。对于 Nonce Counter History 中的每一个向右溢出的零，丢失包(Packets missed)的值都加 1。

8.2.5.10 利用昵称读网络设备标识(Read network device identity using nickname)FAL PDU

8.2.5.10.1 请求原语

Command 值为 841，Octet count 字段值为 2，Value 字段如表 274 所示。

表 274　利用昵称读网络设备标识请求的 Value 字段

八位位组偏移	数据类型	参数名称	描述
0	Unsigned16	Device_nickname	设备昵称，见 3.3.67 定义

8.2.5.10.2　响应原语

响应的 Value 字段如表 275 所示。响应代码值如表 276 所示。

表 275　利用昵称读网络设备标识响应的 Value 字段

八位位组偏移	数据类型	参数名称	描述
0	Unsigned16	Device_nickname	设备昵称，见 3.3.67 定义
2	Unique ID	Unique ID	分配给设备的惟一标识符，见 3.3.91 中定义和 6.2.1.2.4 中描述
7～38	Latin-1	Long_tag	设备中存储的长标签

表 276　利用昵称读网络设备标识命令特定的响应代码

值	分类	描述
0	Success	无错误
2	Error	无效的选择
5	Error	接收的数据八位位组过少

8.2.5.10.3　响应设备规程

该命令从网关中读取与设备昵称相匹配的设备标识信息。

8.2.5.11　写网络设备调度标志(Write network device's scheduling flags)FAL PDU

8.2.5.11.1　请求原语

Command 值为 842，Octet count 字段值为 6，Value 字段如表 277 所示。

表 277　写网络设备调度标志的 Value 字段

八位位组偏移	数据类型	参数名称	描述
0	Unique ID	Unique ID	分配给设备的惟一标识符，见 3.3.91 中定义和 6.2.1.2.4 中描述
5	Bit Field	Scheduling flags	设备调度标志，见表 F.37 中规定

8.2.5.11.2　响应原语

响应的 Value 字段如表 277 所示。响应代码值如表 278 所示。

表 278 写网络设备调度标志命令特定的响应代码

值	分类	描述
0	Success	无错误
5	Error	接收的数据八位位组过少
7	Error	处于写保护模式
8	Warning	检测到不支持的属性标志,"Device attribute Flags"设定为最接近的可能值
9	Error	无效属性标志
65	Error	未知的惟一 ID

8.2.5.11.3 响应设备规程

当网络管理器正在创建调度时,该命令允许用户向网络管理器请求对一个设备进行特殊考虑。该命令仅应由网关和网络管理器支持。该信息不应被写入网络设备。

8.2.5.12 读网络设备调度标志(Read network device's scheduling flags)FAL PDU

8.2.5.12.1 请求原语

Command 值为 843,Octet count 字段值为 5,Value 字段如表 279 所示。

表 279 读网络设备调度标志请求的 Value 字段

八位位组偏移	数据类型	参数名称	描述
0	Unique ID	Unique_ID	分配给设备的惟一标识符,见 3.3.91 中定义和 6.2.1.2.4 中描述

8.2.5.12.2 响应原语

响应的 Value 字段如表 280 所示。响应代码值如表 281 所示。

表 280 读网络设备调度标志响应的 Value 字段

八位位组偏移	数据类型	参数名称	描述
0	Unique ID	Unique_ID	分配给设备的惟一标识符,见 3.3.91 中定义和 6.2.1.2.4 中描述
5	Bit Field	Scheduling flags	设备调度标志,见 F.37 中规定

表 281 读网络设备调度标志命令特定的响应代码

值	分类	描述
0	Success	无错误
2	Error	无效的选择
5	Error	接收的数据八位位组过少

8.2.5.12.3 响应设备规程

在创建调度时，该命令用于读取网络管理器可能考虑的网络设备的属性。该命令仅应由网关和网络管理器支持。

8.2.5.13 读网络约束(Read network constraints)FAL PDU

8.2.5.13.1 请求原语

Command 值为 844，Octet count 字段值为 0，Value 字段为空。

8.2.5.13.2 响应原语

响应的 Value 字段如表 282 所示。响应代码值如表 283 所示。

表 282 读网络约束的 Value 字段

八位位组偏移	数据类型	参数名称	描述
0	Bit Field	Optimization flags	网络优化标志，见表 F.38 中规定
1	Unsigned8	Message pair count	网络管理器在 10 s 时间内所允许发送的请求/响应报文对的个数

表 283 读设备约束命令特定的响应代码

值	类	描述
0	Success	无错误

8.2.5.13.3 响应进程

该命令用于读取网络管理策略的当前设定值以及每 10 s 内请求/响应报文的个数。

8.2.5.14 写网络约束(Write network constraints)FAL PDU

8.2.5.14.1 请求原语

Command 值为 845。Octet count 字段为 2，Value 字段如表 284 所示。

表 284 写网络约束的 Value 字段

八位位组偏移	数据类型	参数名称	描述
0	Bit Field	Optimization flags	网络优化标志，见表 F.38 中规定
1	Unsigned8	Message pair count	网络管理器在 10 s 时间内所允许发送请求/响应报文对的个数

8.2.5.14.2 响应原语

响应的 Value 字段如表 284 所示。响应代码值如表 285 所示。

表 285 写设备约束命令特定的响应代码

值	分类	描述
0	Success	无错误
2	Error	无效的选择(非法的或不支持的策略)
5	Error	接收的数据八位位组过少
7	Error	处于写保护模式
8	Warning	设为最接近的可能值
16	Error	访问受限

8.2.5.14.3 响应设备规程

该命令用于写入网络管理策略的当前设定值以及每 10 s 内请求/响应报文的个数。每 10 s 内请求/响应报文的最少数为 1。

8.2.6 网络管理配置特定的 APDU 结构

8.2.6.1 断开设备连接(Disconnect device)FAL PDU

8.2.6.1.1 请求原语

Command 值为 960,Octet count 字段值为 1,Value 字段如表 286 所示。

表 286 断开设备连接的 Value 字段

八位位组偏移	数据类型	参数名称	描述
0	Enumeration	Disconnect cause	断开连接的原因代码,见表 F.26 中规定

8.2.6.1.2 响应原语

响应的 Valuc 字段如表 286 所示。响应代码值如表 287 所示。

表 287 断开设备连接命令特定的响应代码

值	分类	描述
0	Success	无错误
16	Error	访问受限

8.2.6.1.3 设备响应进程

该服务允许网络管理器强迫一个设备从网络中断开。接收设备应断开网络,发出 TL-Flush 请求,清空所有的网络信息,以及重新加入网络。如果该命令是从网络管理器之外的任何源接收的,则设备应拒绝该请求,并返回响应代码“访问受限”。

8.2.6.2 写网络密钥(Write network key)FAL PDU

8.2.6.2.1 请求原语

Command 值为 961,Octet count 字段值为 21,Value 字段如表 288 所示。

表 288　写网络密钥的 Value 字段

八位位组偏移	数据类型	参数名称	描述
0	Security key	Network key	用于信息安全的 128 比特网络密钥
16	Unsigned40	Key change time	命令执行的 ASN 时间;0 表示立即执行

该请求的传输类型应为"广播请求(Request-broadcast)"。

8.2.6.2.2　响应原语

响应的 Value 字段如表 288 所示。响应代码值如表 289 所示。

表 289　写网络密钥命令特定的响应代码

值	分类	描述
0	Success	无错误
5	Error	接收的数据八位位组过少
16	Error	访问受限
65	Error	密钥更换失败
66	Error	无效的执行时间

8.2.6.2.3　响应设备规程

该命令用于将网络密钥写入一个网络设备中。请求中 Value 字段可能在"Key"值之后被截断。如果被截断,则网络密钥应立即生效;否则,新密钥应在"密钥更换时间(Key change time)"(在请求中接收)生效。如果请求中接收的密钥更换时间小于当前 ASN 时间,则应返回响应代码"无效的执行时间"。如果该命令是从网络管理器之外的任何源接收的,则设备应拒绝该请求,并返回响应代码"访问受限"。

8.2.6.3　写设备昵称(Write device nickname)FAL PDU

8.2.6.3.1　请求原语

Command 值为 962,Octet count 字段值为 2,Value 字段如表 290 所示。

表 290　写设备昵称的 Value 字段

八位位组偏移	数据类型	参数名称	描述
0	Unsigned16	Device nickname	设备昵称,见 3.3.67 定义

8.2.6.3.2　响应原语

响应的 Value 字段如表 290 所示。响应代码值如表 291 所示。

表 291 写设备昵称命令特定的响应代码

值	分类	描述
0	Success	无错误
5	Error	接收的数据八位位组过少
16	Error	访问受限
65	Error	无效的设备昵称

8.2.6.3.3 响应设备规程

该命令用于向一个网络设备写入其昵称。如果该命令是从网络管理器之外的任何源接收的，则设备应拒绝该请求，并返回响应代码“访问受限”。

8.2.6.4 写会话(Write session)FAL PDU

8.2.6.4.1 请求原语

Command 值为 963，Octet count 字段值为 32，Value 字段如表 292 所示。

表 292 写会话请求的 Value 字段

八位位组偏移	数据类型	参数名称	描述
0	Enumeration	Session_type	会话类型，见表 F.24 中规定
1	Unsigned16	Peer_nickname	对端设备的昵称
3	Unique ID	Peer_unique_ID	对端设备的惟一 ID，见 3.3.91 中定义
8	Unsigned32	Peer_nonce_counter	从对端设备中接收的 Nonce counter 值
12	Security key	Session_key	用于信息安全的 128 比特网络密钥
28	Unsigned8	Reserved	在请求中总为 0
29	Unsigned40	Session change time	命令执行的 ASN 时间；0 表示立即执行

8.2.6.4.2 响应原语

响应的 Value 字段如表 293 所示。响应代码值如表 294 所示。

表 293 写会话响应的 Value 字段

八位位组偏移	数据类型	参数名称	描述
0	Enumeration	Session_type	会话类型，见表 F.24 中规定
1	Unsigned16	Peer_nickname	对端设备的昵称
3	Unique ID	Peer_unique_ID	对端设备的惟一 ID，见 3.3.91 中定义
8	Unsigned32	Peer_nonce_counter	从对端设备中接收的 Nonce counter 值
12	Security key	Session_key	用于信息安全的 128 比特会话密钥
28	Unsigned8	Session count	保存的会话数
29	Unsigned40	Session change time	命令执行的 ASN 时间；0 表示立即执行

表 294 写会话命令特定的响应代码

值	分类	描述
0	Success	无错误
5	Error	接收的数据八位位组过少
16	Error	访问受限
65	Error	没有更多可用的登录项
66	Error	无效的执行时间
67	Error	无效的会话类型

8.2.6.4.3 响应设备规程

该命令用于写入在(本请求的)目的设备和请求中指定的对端设备之间建立一个会话所需的会话参数。会话通过"会话类型(Session_type)"和"对端设备昵称(Peer_nickname)"进行标识。如果该命令用于修改一个已有会话,则忽略"对端设备 Nonce counter(Peer_nonce_counter)"。响应通常包括设备使用的实际值。当新密钥被写入会话时,旧密钥仍被保留以避免包接收错序。旧密钥应在接收到请求后两倍的"Max_PDU_age"时间后丢弃。请求中 Value 字段可在"会话密钥(Session_key)"值之后被截断。如果被截断,则会话密钥立即生效。如果请求中接收的密钥更换时间(Key change time)小于当前 ASN 时间,则应返回响应代码"无效的执行时间"。如果该命令是从网络管理器之外的任何源接收的,则设备应拒绝该请求,并返回响应代码"访问受限"。

8.2.6.5 删除会话(Write session)FAL PDU

8.2.6.5.1 请求原语

Command 值为 964,Octet count 字段值为 3,Value 字段如表 295 所示。

表 295 删除会话请求的 Value 字段

八位位组偏移	数据类型	参数名称	描述
0	Enumeration	Session_type	会话类型,见表 F.24 中规定
1	Unsigned16	Peer_nickname	对端设备的昵称

8.2.6.5.2 响应原语

响应的 Value 字段如表 296 所示。响应代码值如表 297 所示。

表 296 删除会话响应的 Value 字段

八位位组偏移	数据类型	参数名称	描述
0	Enumeration	Session_type	会话类型,见表 F.24 中规定
1	Unsigned16	Peer_nickname	对端设备的昵称
3	Unsigned8	Session count	保存的会话数

表 297 删除会话命令特定的响应代码

值	分类	描述
0	Success	无错误
5	Error	接收的数据八位位组过少
16	Error	访问受限
65	Error	与对端设备的会话不存在

8.2.6.5.3 响应设备规程

该命令用于删除网络设备中的一个端到端(end-to-end)会话。如果该命令是从网络管理器之外的任何源接收的,则设备应拒绝该请求,并返回响应代码"访问受限"。

8.2.6.6 写超帧(Write superframe)FAL PDU

8.2.6.6.1 请求原语

Command 值为 965,Octet count 字段值为 10,Value 字段如表 298 所示。

表 298 写超帧请求的 Value 字段

八位位组偏移	数据类型	参数名称	描述
0	Unsigned8	Superframe_ID	分配给超帧的标识号
1	Unsigned16	Num_Slots	超帧中的时隙数,即超帧大小
3	Bit Field	Superframe mode	超帧模式标志,见表 F.23 中规定
4	Unsigned8	Reserved	在请求中总为 0
5	Unsigned40	Superframe change time	命令执行的 ASN 时间;0 表示立即执行

8.2.6.6.2 响应原语

响应的 Value 字段如表 299 所示。响应代码值如表 300 所示。

表 299 写超帧响应的 Value 字段

八位位组偏移	数据类型	参数名称	描述
0	Unsigned8	Superframe_ID	分配给超帧的标识号
1	Unsigned16	Num_Slots	超帧中的时隙数,即超帧大小
3	Bit Field	Superframe mode	超帧模式标志,见表 F.23 中规定
4	Unsigned8	Superframe count	保存的超帧数
5	Unsigned40	Superframe change time	命令执行的 ASN 时间;0 表示立即执行

表 300 写超帧命令特定的响应代码

值	分类	描述
0	Success	无错误
5	Error	接收的数据八位位组过少
16	Error	访问受限
65	Error	没有更多可用的登录项
66	Error	无效的执行时间
67	Error	无效的时隙数
68	Error	无效的超帧模式

8.2.6.6.3 响应设备规程

该命令用于写入或修改网络设备中的一个超帧。如果设备拥有与请求中的“超帧 ID(Superframe_ID)”相匹配的超帧，则设备应修改已有超帧。否则，设备应增加一个新超帧。设备应在“超帧更换时间(Superframe change time)”(在请求接收)使超帧生效。这允许同步的全网操作。如果该请求是在超帧更换挂起时被接收到的，则挂起的修改应被覆写为请求中接收的新值。

请求中的 Value 字段可在“超帧模式(Superframe mode)”值之后被截断。如果被截断，则超帧应立即生效。如果请求中接收的超帧更换时间小于当前的 ASN 时间，则应返回响应代码“无效的执行时间”。如果该命令是从网络管理器之外的任何源接收的，则设备应拒绝该请求，并返回响应代码“访问受限”。

8.2.6.7 删除超帧(Delete superframe)FAL PDU

8.2.6.7.1 请求原语

Command 值为 966，Octet count 字段值为 1，Value 字段如表 301 所示。

表 301 删除超帧请求的 Value 字段

八位位组偏移	数据类型	参数名称	描述
0	Unsigned8	Superframe_ID	分配给超帧的标识号

8.2.6.7.2 响应原语

响应的 Value 字段如表 302 所示。响应代码值如表 303 所示。

表 302 删除超帧响应的 Value 字段

八位位组偏移	数据类型	参数名称	描述
0	Unsigned8	Superframe_ID	分配给超帧的标识号
1	Unsigned8	Superframe count	保存的超帧数

表 303 删除超帧命令特定的响应代码

值	分类	描述
0	Success	无错误
5	Error	接收的数据八位位组过少
16	Error	访问受限
65	Error	超帧登录项未找到

8.2.6.7.3 响应设备规程

该命令用于删除网络设备中的一个超帧。如果该命令是从网络管理器之外的任何源接收的，则设备应拒绝该请求，并返回响应代码“访问受限”。

8.2.6.8 写链路(Write link)FAL PDU

8.2.6.8.1 请求原语

Command 值为 967，Octet count 字段值为 8，Value 字段如表 304 所示。

表 304 写链路请求的 Value 字段

八位位组偏移	数据类型	参数名称	描述
0	Unsigned8	Superframe_ID	分配给超帧的标识号
1	Unsigned16	Slot	分配给该链路的超帧中的时隙数
3	Unsigned8	Channel_Offset	初始的跳频信道偏移
4	Unsigned16	Neighbor	该链路邻居的邻居昵称；如果为广播链路，则值为 0xFFFF
6	Bit Field	Link options	链路选项(Link option)，见表 F.22 中规定
7	Enumeration	Link_type	链路类型，见表 F.21 中规定

8.2.6.8.2 响应原语

响应的 Value 字段如表 305 所示。响应代码值如表 306 所示。

表 305 写链路响应的 Value 字段

八位位组偏移	数据类型	参数名称	描述
0	Unsigned8	Superframe_ID	分配给超帧的标识号
1	Unsigned16	Slot	分配给该链路的超帧中的时隙数
3	Unsigned8	Channel_Offset	初始的跳频信道偏移量
4	Unsigned16	Neighbor	该链路的邻居的昵称，如果为广播链路，值为 0xFFFF
6	Bit Field	Link options	链路选项(Link option)，见表 F.22 中规定
7	Enumeration	Link_type	链路类型，见表 F.21 中规定
8	Unsigned16	Link count	保存的链路登录项的总数

表 306 写链路命令特定的响应代码

值	分类	描述
0	Success	无错误
2	Error	无效的选择，例如：昵称＝0x0000
5	Error	接收的数据八位位组过少
16	Error	访问受限
65	Error	没有更多可用的链路登录项
66	Error	链路已存在
67	Error	未知的超帧 ID
68	Error	无效的时隙
69	Error	无效的链路选项(例如，无发送或接收设置)
70	Error	无效的链路偏移
71	Error	无效的链路类型
72	Error	没有更多可用的邻居

8.2.6.8.3 响应设备规程

该命令用于增加一条到某个网络设备的链路。链路通过以下关键参数的组合被惟一标识：

{ Superframe_ID，Slot，Neighbor }

如果请求规定一个已存在的链路，则设备应拒绝该请求，并以“链路已存在”作为响应。网络管理器必须删除已存在的链路，然后写入一个新链路以完成修改操作。

如果该命令是从网络管理器之外的任何源接收的，则设备应拒绝该请求，并返回响应代码“访问受限”。

8.2.6.9 删除链路(Delete link)FAL PDU

8.2.6.9.1 请求原语

Command 值为 968，Octet count 字段值为 5，Value 字段如表 307 所示。

表 307 删除链路请求的 Value 字段

八位位组偏移	数据类型	参数名称	描述
0	Unsigned8	Superframe_ID	分配给超帧的标识号
1	Unsigned16	Slot	分配给该链路的超帧中的时隙数
3	Unsigned16	Neighbor	该链路的邻居的昵称；如果为广播链路，则值为 0xFFFF

8.2.6.9.2 响应原语

响应的 Value 字段如表 308 所示。响应代码值如表 309 所示。

表 308　删除链路响应的 Value 字段

八位位组偏移	数据类型	参数名称	描述
0	Unsigned8	Superframe_ID	分配给超帧的标识号
1	Unsigned16	Slot	分配给该链路的超帧中的时隙数
3	Unsigned16	Neighbor	该链路的邻居的昵称；如果为广播链路，则值为 0xFFFF
5	Unsigned16	Link count	保存的链路登录项的总数

表 309　删除链路命令特定的响应代码

值	分类	描述
0	Success	无错误
5	Error	接收的数据八位位组过少
16	Error	访问受限
65	Error	链路不存在

8.2.6.9.3　响应设备规程

该命令用于删除网络设备中的一条链路。链路通过以下关键参数的组合被惟一标识：

{ Superframe_ID，Slot，Neighbor }

如果该命令是从网络管理器之外的任何源接收的，则设备应拒绝该请求，并返回响应代码“访问受限”。

8.2.6.10　写图连接(Write graph connection)FAL PDU

8.2.6.10.1　请求原语

Command 值为 969，Octet count 字段值为 4，Value 字段如表 310 所示。

表 310　写图连接请求的 Value 字段

八位位组偏移	数据类型	参数名称	描述
0	Unsigned16	Graph_ID	分配给该图的标识号
2	Unsigned16	Neighbor_nickname	该图的邻居的昵称

8.2.6.10.2　响应原语

响应的 Value 字段如表 311 所示。响应代码值如表 312 所示。

表 311　写图连接响应的 Value 字段

八位位组偏移	数据类型	参数名称	描述
0	Unsigned16	Graph_ID	分配给该图的标识号
2	Unsigned16	Neighbor_nickname	该图的邻居的昵称
4	Unsigned16	Connection count	保存的连接登录项的总数

表 312 写图连接命令特定的响应代码

值	分类	描述
0	Success	无错误
2	Error	无效的选择，例如，昵称＝0x0000
5	Error	接收的数据八位位组过少
16	Error	访问受限
65	Error	没有更多可用的边(Edge)登录项
66	Error	未知邻居
67	Error	由于超帧取代图被使用，因此不能增加连接

8.2.6.10.3 响应设备规程

该命令用于增加一个到某个网路设备的图连接。ID 号小于 256 的图及其连接由超帧和传输链路进行规定。在这种情况下，将连接添加到图中应通过向该超帧-图的新邻居写一个传输链路来实现。

如果该命令是从网络管理器之外的任何源接收的，则设备应拒绝该请求，并返回响应代码“访问受限”。

8.2.6.11 删除图连接(Delete graph connection)FAL PDU

8.2.6.11.1 请求原语

Command 值为 970，Octet count 字段值为 4，Value 字段如表 313 所示。

表 313 删除图连接请求的 Value 字段

八位位组偏移	数据类型	参数名称	描述
0	Unsigned16	Graph_ID	分配给该图的标识号
2	Unsigned16	Neighbor_nickname	该图的邻居的昵称

8.2.6.11.2 响应原语

响应的 Value 字段如表 314 所示。响应代码值如表 315 所示。

表 314 删除图连接响应的 Value 字段

八位位组偏移	数据类型	参数名称	描述
0	Unsigned16	Graph_ID	分配给该图的标识号
2	Unsigned16	Neighbor_nickname	该图的邻居的昵称
4	Unsigned16	Connection count	保存的连接登录项的总数

表 315　删除图连接命令特定的响应代码

值	分类	描述
0	Success	无错误
2	Error	无效的选择，例如，昵称＝0x0000
5	Error	接收的数据八位位组过少
16	Error	访问受限
65	Error	图连接登录项不存在

8.2.6.11.3　响应设备规程

该命令用于删除网络设备中的图连接。

如果该命令是从网络管理器之外的任何源接收的，则设备应拒绝该请求，并返回响应代码“访问受限”。

8.2.6.12　写邻居属性标志(Write neighbor attribute flag)FAL PDU

8.2.6.12.1　请求原语

Command 值为 971，Octet count 字段值为 3，Value 字段如表 316 所示。

表 316　写邻居属性标志的 Value 字段

八位位组偏移	数据类型	参数名称	描述
0	Unsigned16	Neighbor_nickname	邻居的昵称，见 3.3.67 中定义
2	Bit Field	Neighbor flags	邻居属性，见表 F.34 中规定

8.2.6.12.2　响应原语

响应的 Value 字段如表 316 所示。响应代码值如表 317 所示。

表 317　写邻居属性标志命令特定的响应代码

值	分类	描述
0	Success	无错误
5	Error	接收的数据八位位组过少
16	Error	访问受限
65	Error	未知邻居
66	Error	无效的邻居属性

8.2.6.12.3　响应设备规程

该命令用于向网络设备设置一个邻居的属性。

如果该命令是从网络管理器之外的任何源接收的，则设备应拒绝该请求，并返回响应代码“访问受限”。

8.2.6.13 写网络暂停(Write network suspend)FAL PDU

8.2.6.13.1 请求原语

Command 值为 972,Octet count 字段值为 10,Value 字段如表 318 所示。

表 318 写网络暂停的 Value 字段

八位位组偏移	数据类型	参数名称	描述
0	Unsigned40	Suspend time	网络挂起的 ASN 时间
5	Unsigned40	Resume time	网络恢复的 ASN 时间

8.2.6.13.2 响应原语

响应的 Value 字段如表 318 所示。响应代码值如表 319 所示。

表 319 写网络暂停命令特定的响应代码

值	分类	描述
0	Success	无错误
5	Error	接收的数据八位位组过少
16	Error	访问受限
65	Error	无效的暂停时间
66	Error	无效的恢复时间

8.2.6.13.3 响应设备规程

该命令被网络管理器用来挂起一个或多个设备的操作。根据使用的地址,该命令可被发送给网络中的所有设备或单个设备。接收设备应断开网络,删除所有挂起的传输请求,并清空其所有网络信息。如果该命令是在暂停命令挂起时被接收的,则挂起的暂停设置应覆写为请求中接收的值。

如果该命令是从网络管理器之外的任何源接收的,则设备应拒绝该请求,并返回响应代码"访问受限"。

8.2.6.14 写时间表(Write timetable)FAL PDU

8.2.6.14.1 请求原语

Command 值为 973,Octet count 字段值为 10,Value 字段如表 320 所示。

表 320 写时间表请求的 Value 字段

八位位组偏移	数据类型	参数名称	描述
0	Unsigned8	Timetable_ID	登录项的时间表标识符;如果网络管理器正在创建新的时间表,则 Timetable_ID 应在 0x80～0xFF 范围内
1	Bit Field	Timetable_type	时间表请求标志,见表 F.15 中规定
2	Enumeration	Application_domain	应用域,见表 F.16 中规定

表 320（续）

八位位组偏移	数据类型	参数名称	描述
3	Unsigned16	Peer_nickname	时间表建立的对端设备的昵称
5	Time	Service_duration	如果是间断性服务，则该值为延迟时间；否则，该值为周期性通信的周期
9	Unsigned8	Route_ID	该时间表的路由标识符

8.2.6.14.2 **响应原语**

响应的 Value 字段如表 321 所示。响应代码值如表 322 所示。

表 321 写时间表响应的 Value 字段

八位位组偏移	数据类型	参数名称	描述
0	Unsigned8	Timetable_ID	登录项的时间表标识符
1	Bit Field	Timetable_type	时间表请求标志，见表 F.15 中规定
2	Enumeration	Application_domain	应用域，见表 F.16 中规定
3	Unsigned16	Peer_nickname	时间表建立的对端设备的昵称
5	Time	Service_duration	如果是间断性服务，则该值为延迟时间；否则，该值为周期性通信的周期
9	Unsigned8	Route_ID	该时间表的路由标识符
10	Unsigned8	Timetable count	保存的时间表登录项的总数

表 322 写时间表命令特定的响应代码

值	分类	描述
0	Success	无错误
5	Error	接收的数据八位位组过少
16	Error	访问受限
65	Error	没有更多可用的时间表登录项
66	Error	无效的时间表 ID
67	Error	开放事务挂起
68	Error	无效的应用域
69	Error	未知对端昵称(会话不存在)
70	Error	无效路由 ID
71	Error	对端昵称和路由对端不匹配

8.2.6.14.3 **响应设备规程**

该命令用于向网络设备增加一个新的时间表。网络设备处理完该命令后，可开始使用该时间表。网络管理器可通过发出该命令来限制或减少之前分配的带宽(例如，在网络扰动期间)。当该命令用于减少之前分配的带宽时，如果带宽约束可能导致处理混乱或扰动，则接收设备应设置“能力拒绝(Capacity Denied)”状态并在“应用过程状态(Application process status)”八位位组中将“更多可用状态(More status available)”比特置位。

如果该命令是在设备等待对相同 Timetable_ID 的“请求时间表(Request Timetable)”(见 Command799)响应时接收到的，则设备应以“开放事务挂起(Open Transaction Pending)”作为响应。

如果该命令是从网络管理器之外的任何源接收的，则设备应拒绝该请求，并返回响应代码“访问受限”。

8.2.6.15 写路由(Write route)FAL PDU

8.2.6.15.1 请求原语

Command 值为 974，Octet count 字段值为 5，Value 字段如表 323 所示。

表 323 写路由请求的 Value 字段

八位位组偏移	数据类型	参数名称	描述
0	Unsigned8	Route_ID	该登录项的路由标识符
1	Unsigned16	Peer_nickname	路由建立的对端设备的昵称
3	Unsigned16	Graph_ID	路由的 Graph_ID

8.2.6.15.2 响应原语

响应的 Value 字段如表 324 所示。响应代码值如表 325 所示。

表 324 写路由响应的 Value 字段

八位位组偏移	数据类型	参数名称	描述
0	Unsigned8	Route_ID	该登录项的路由标识符
1	Unsigned16	Peer_nickname	路由建立的对端设备的昵称
3	Unsigned16	Graph_ID	路由的 Graph_ID
5	Unsigned8	Route count	保存的路由登录项的总数

表 325 写路由命令特定的响应代码

值	分类	描述
0	Success	无错误
5	Error	接收的数据八位位组过少
16	Error	访问受限
65	Error	没用可用的路由登录项
66	Error	无效的 Peer_nickname
67	Error	无效的 Graph_ID

8.2.6.15.3 响应设备规程

该命令用于为网络设备中的一个特殊服务设置或修改一条路由。

如果该命令是从网络管理器之外的任何源接收的，则设备应拒绝该请求，并返回响应代码“访问受限”。

8.2.6.16 删除路由(Delete route)FAL PDU

8.2.6.16.1 请求原语

Command 值为 975，Octet count 字段值为 1，Value 字段如表 326 所示。

表 326 删除路由请求的 Value 字段

八位位组偏移	数据类型	参数名称	描述
0	Unsigned8	Route_ID	该登录项的路由标识符

8.2.6.16.2 响应原语

响应的 Value 字段如表 327 所示。响应代码值如表 328 所示。

表 327 删除路由响应的 Value 字段

八位位组偏移	数据类型	参数名称	描述
0	Unsigned8	Route_ID	该登录项的路由标识符
1	Unsigned8	Route count	保存的路由登录项的总数

表 328 删除路由命令特定的响应代码

值	分类	描述
0	Success	无错误
5	Error	接收的数据八位位组过少
16	Error	访问受限
65	Error	无效的路由标识符

8.2.6.16.3 响应设备规程

该命令用于删除网络设备中的一条路由登录项。

如果该命令是从网络管理器之外的任何源接收的，则设备应拒绝该请求，并返回响应代码“访问受限”。

8.2.6.17 写源路由(Write source route)FAL PDU

8.2.6.17.1 请求原语

Command 值为 976，Octet count 字段值为可变的，Value 字段如表 329 所示。

表 329 写源路由请求的 Value 字段

八位位组偏移[a]	数据类型	参数名称	描述
0	Unsigned8	Route_ID	要写入的源路由的路由标识符
1	Unsigned8	Hop count	该路由中跳数
2	Unsigned16	Hop	跳登录项 0 的昵称
4..			
[a] Octet2～Octet3 字段重复的次数等于"Hop count"的值。			

8.2.6.17.2 响应原语

响应的 Value 字段如表 330 所示。响应代码值如表 331 所示。

表 330 写源路由响应的 Value 字段

八位位组偏移[a]	数据类型	参数名称	描述
0	Unsigned8	Route_ID	要写入的源路由的路由标识符
1	Unsigned8	Hop count	该路由中的跳数
2	Unsigned16	Hop	跳登录项 0 的昵称
4..n			
$n+1$	Unsigned8	Source route count	保存的源路由登录项的个数
[a] Octet2～Octet3 字段重复的次数等于"Hop count"的值。			

表 331 写源路由命令特定的响应代码

值	分类	描述
0	Success	无错误
5	Error	接收的数据八位位组过少
8	Warning	响应中删除的广播地址
16	Error	访问受限
65	Error	没有更多可用的登录项
66	Error	无效的路由标识符
67	Error	无效的昵称
68	Error	无效的跳数

8.2.6.17.3 响应设备规程

该命令用于在网络设备中写入一条源路由。广播地址在该命令中不是合法的地址值，因此不能被包含在源路由或该命令的请求/响应中。

如果该命令是从网络管理器之外的任何源接收的，则设备应拒绝该请求，并返回响应代码"访问受限"。

8.2.6.18 删除源路由(Delete source route)FAL PDU

8.2.6.18.1 请求原语

Command 值为 977,Octet count 字段值为 1,Value 字段如表 332 所示。

表 332 删除源路由请求的 Value 字段

八位位组偏移	数据类型	参数名称	描述
0	Unsigned8	Route_ID	该登录项的路由标识符

8.2.6.18.2 响应原语

响应的 Value 字段如表 333 所示。响应代码值如表 334 所示。

表 333 删除源路由响应的 Value 字段

八位位组偏移	数据类型	参数名称	描述
0	Unsigned8	Route_ID	该登录项的路由标识符

表 334 删除源路由命令特定的响应代码

值	分类	描述
0	Success	无错误
5	Error	接收的数据八位位组过少
16	Error	访问受限
66	Error	无效的路由标识符

8.2.6.18.3 响应设备规程

该命令用于删除网络设备中的一个源路由登录项。

如果该命令是从网络管理器之外的任何源接收的,则设备应拒绝该请求,并返回响应代码"访问受限"。

8.2.7 数据编码规则

8.2.7.1 概述

如果用户数据总是一个简单的(原始的)构件(component),则它按照图 48 所示进行编码。用户数据的语义可根据 PDU 中的位置来推知,长度是固定的并可推知。

图 48 整数类型数据编码

8.2.7.2 整数(Integer)类型编码

整数值是有符号的数,如图 49 和表 335 所示。首先发送该数据类型的 MSB,再发送随后的八位位组,最后发送 LSB。

符号	Integer 8, Integer 16, Integer 24, Integer 32		
取值范围	数据类型	取值范围	长度
	Integer8	$-128 \leqslant i \leqslant 127$	1 个八位位组
	Integer16	$-32\ 768 \leqslant i \leqslant 32\ 767$	2 个八位位组
	Integer24	$-2^{23} \leqslant i \leqslant 2^{23}-1$	3 个八位位组
	Integer32	$-2^{31} \leqslant i \leqslant 2^{31}-1$	4 个八位位组
编码：	二进制补码表示法 MSB(最高有效位)是第一个八位位组符号位(SN)之后的比特 SN=0：正数0 SN=1：负数		

图 49　整数类型数据编码

表 335　Integer16 类型数据编码

Octet	Bit							
	8	7	6	5	4	3	2	1
1	SN	2^{14}	2^{13}	2^{12}	2^{11}	2^{10}	2^{9}	2^{8}
2	2^{7}	2^{6}	2^{5}	2^{4}	2^{3}	2^{2}	2^{1}	2^{0}

8.2.7.3　无符号(Unsigned)类型编码

无符号的值按照图 50 和表 336 所示进行编码。首先发送该数据类型的 MSB，再发送随后的八位位组，最后发送 LSB。

符号	Unsigned8, Unsigned16, Unsigned24, Unsigned32, Unsigned40		
取值范围	数据类型	取值范围	长度
	Unsigned8	$0 \leqslant i \leqslant 255$	1 个八位位组
	Unsigned16	$0 \leqslant i \leqslant 65\ 535$	2 个八位位组
	Unsigned24	$0 \leqslant i \leqslant 2^{24}-1$	3 个八位位组
	Unsigned32	$0 \leqslant i \leqslant 2^{32}-1$	4 个八位位组
	Unsigned40	$0 \leqslant i \leqslant 2^{40}-1$	5 个八位位组

图 50　无符号类型数据编码

表 336　Unsigned16 类型数据编码

Octet	Bit							
	8	7	6	5	4	3	2	1
1	2^{15}	2^{14}	2^{13}	2^{12}	2^{11}	2^{10}	2^{9}	2^{8}
2	2^{7}	2^{6}	2^{5}	2^{4}	2^{3}	2^{2}	2^{1}	2^{0}

8.2.7.4　浮点(Floating point)类型编码

浮点值按照图 51 和图 52 所示进行编码。首先发送符号和指数的 MSB，再发送指数的剩余部分以及分数的 MSB 到 LSB。如果浮点数据类型的对象值未知，则发送值 0x7F，0xA0，后续全部为零(0x00)；该值表示“非数(Not-a-number)”。

符号	Floating-Point(4个八位位组)
值范围	见IEC 60559，短实数(Short Real Number)(32比特)
编码	见IEC 60559，短实数(Short Real Number)(32比特)

Bit	8	7	6	5	4	3	2	1 (LSB)
Octet	指数 (E)							
1	SN	2^7	2^6	2^5	2^4	2^3	2^2	2^1
	(E)	分数 (F)						
2	2^0	2^{-1}	2^{-2}	2^{-3}	2^{-4}	2^{-5}	2^{-6}	2^{-7}
	分数 (F)							
3	2^{-8}	2^{-9}	2^{-10}	2^{-11}	2^{-12}	2^{-13}	2^{-14}	2^{-15}
	分数 (F)							
4	2^{-16}	2^{-17}	2^{-18}	2^{-19}	2^{-20}	2^{-21}	2^{-22}	2^{-23}

SN：符号 0=正数，1=负数

图 51 单精度浮点类型数据编码

符号	Floating-Point(8个八位位组)
取值范围	见IEC 60559，短实数(Short Real Number)(64比特)
编码：	见IEC 60559，短实数(Short Real Number)(64比特)

Bit	8	7	6	5	4	3	2	1 (LSB)
Octet	指数 (E)							
1	SN	2^{10}	2^9	2^8	2^7	2^6	2^5	2^4
	指数 (E)				分数 (F)			
2	2^3	2^2	2^1	2^0	2^{-1}	2^{-2}	2^{-3}	2^{-4}
	Fraction (F)							
3	2^5	2^{-6}	2^{-7}	2^{-8}	2^{-9}	2^{-10}	2^{-11}	2^{-12}
	分数 (F)							
4	2^{-13}	2^{-14}	2^{-15}	2^{-16}	2^{-17}	2^{-18}	2^{-19}	2^{-20}
	分数 (F)							
5	2^{-21}	2^{-22}	2^{-23}	2^{-24}	2^{-25}	2^{-26}	2^{-27}	2^{-28}
	分数 (F)							
6	2^{-29}	2^{-30}	2^{-31}	2^{-32}	2^{-33}	2^{-34}	2^{-35}	2^{-36}
	分数 (F)							
7	2^{-37}	2^{-38}	2^{-39}	2^{-40}	2^{-41}	2^{-42}	2^{-43}	2^{-44}
	分数 (F)							
8	2^{-45}	2^{-46}	2^{-47}	2^{-48}	2^{-49}	2^{-50}	2^{-51}	2^{-52}

SN： 符号 0=正数， 1=负数

图 52 双精度浮点类型数据编码

8.2.7.5 日期(Date)类型编码

日期数据类型由日历日期组成,如表337和图53所示。首先发送表示“日”的第一个八位位组,再发送表示“月”的八位位组,最后发送表示“年”的八位位组。

符号: Date

取值范围: 1900年1月1日到2155年12月31日

编码: 3个八位位组

表 337 Date类型编码

参数	值范围	参数含义
d.of m.	1...31	日
months	1...12	月
years	0...255	年−1900

Bit	8	7	6	5	4	3	2	1	
Octet 1	RSV	RSV	RSV	2^4	2^3	2^2	2^1	2^0	1～31 日
2	RSV	RSV	RSV	RSV	2^3	2^2	2^1	2^0	1～12 月
3	RSV	2^6	2^5	2^4	2^3	2^2	2^1	2^0	0～255 年

图 53 Date类型数据编码

8.2.7.6 枚举(Enumeration)类型编码

枚举数据类型用来将特定的用户定义与数字代码关联起来。对于每个枚举数据类型的对象,都有一个对应的定义表,见附录F。对于1个八位位组长的数据,该数据类型作为Unsigned8进行传输;对于2个八位位组长的数据,则作为Unsigned16进行传输。

8.2.7.7 比特字段(Bit Field)编码

比特字段类型的数据用于将对象编码为单比特的数据。表338和表339给出了比特字段数据类型的比特编号方式。比特字段数据长度(以比特为单位)的合法值必须为8的倍数。对于2个八位位组的比特字段数据,首先发送PDU中的最高有效八位位组。对于比特字段数据类型的每个对象,都有一个对应的定义表,见附录F。

表 338 1个八位位组的Bit Field类型数据编码

Octet	Bit							
	8	7	6	5	4	3	2	1
1	8	7	6	5	4	3	2	1

表 339　2 个八位位组的 Bit Field 类型数据编码

Octet	Bit							
	8	7	6	5	4	3	2	1
1	16	15	14	13	12	11	10	9
2	8	7	6	5	4	3	2	1

8.2.7.8　时间(Time)类型编码

时间数据类型是 32 比特的无符号整数，表示以 1/32 ms 递增的时间。如果该数据类型用于表示一天的时间，则它将指示从午夜开始的 1/32 ms 的个数。首先发送该数据类型的 MSB，再发送随后的八位位组，最后发送 LSB。

8.2.7.9　安全密钥(Security key)类型编码

安全密钥数据类型是一个 16 个八位位组长的字符串。首先发送该数据类型的 MSB，再发送随后的八位位组，最后发送 LSB。

8.2.7.10　惟一 ID(Unique ID)类型编码

惟一 ID 数据类型是一个 5 个八位位组长的字符串。首先发送该数据类型的 MSB，再发送随后的八位位组，最后发送 LSB。

8.2.7.11　工程单位(Engineering unit)类型编码

工程单位数据类型的长度为一个八位位组。该数据类型的编码与 Unsigned8 编码相同。

8.2.7.12　压缩 ASCII 字符串(Packed ASCII string)类型编码

Packed ASCII 是一个 6 比特的字符码，表示 ASCII 字符码集的一个子集，如表 340 所示。它是通过将 4 个 Packed ASCII 字符压缩为 3 个八位位组而得到。该类型字符串通常是 4 个字符(3 个八位位组)的整数倍，并通过 SP 字符填充至数据项末尾。字符串的长度不随字符串一起发送。每种对象类型的长度是预先设定的，由对象索引进行标识。如果一个字符串对象值中的字符数小于预设长度，则将字符串末尾未使用的字符设为 SP(0x20)。例如，一个字符串末尾的 4 个 SP 字符将表示为 3 个八位位组：0x82、0x08 和 0x20。首先发送该字符串的第一个字符，再发送随后的字符，最后发送末尾字符。

表 340　压缩 ASCII 字符集

Bit4～Bit5	Bit0～Bit3															
	0	1	2	3	4	5	6	7	8	9	A	B	C	D	E	F
0	@	A	B	C	D	E	F	G	H	I	J	K	L	M	N	O
1	P	Q	R	S	T	U	V	W	X	Y	Z	[	\	]	∧	_
2	SP	!	"	#	$	%	&	′	(	)	*	+	,	-	.	/
3	0	1	2	3	4	5	6	7	8	9	:	;	<	=	>	?

注：最高有效十六进制数字(Bit4～Bit5)从上到下排列，最低有效十六进制数字(Bit0～Bit3)从左到右排列。SP 表示一个“空格”字符。

8.2.7.13 受限 ISO Latin-1 字符串(Restricted ISO Latin-1 string)类型编码

ISO Latin-1 (ISO/IEC 8859-1)字符串每八位位组组成一个字符。受限版本省略了 Latin-1 表中第 0、1、8 和 9 行,如表 341 所示。

字符串的长度不随字符串一起发送。每种对象类型的长度是预先设定的,由对象索引进行标识。如果一个字符串对象值中的字符数小于预设长度,则将字符串末尾未使用的字符设为零(0x00)。ISO Latin-1 字符串数据项末尾有一个零(0x00)可能不足以满足需求。在一个受限 ISO Latin-1 数据对象的最后八位位组内,允许填充一个除零外的有效受限 ISO Latin-1 字符。首先发送该字符串的第一个字符,再发送随后的字符,最后发送末尾字符。

表 341 ISO Lation-1 字符子集

Bit4～Bit7	Bit0～Bit3															
	0	1	2	3	4	5	6	7	8	9	A	B	C	D	E	F
0																
1																
2	SP	!	"	#	$	%	&	′	(	)	*	+	,	-	.	/
3	0	1	2	3	4	5	6	7	8	9	:	;	<	=	>	?
4	@	A	B	C	D	E	F	G	H	I	J	K	L	M	N	O
5	P	Q	R	S	T	U	V	W	X	Y	Z	[	\	]	∧	_
6	`	a	B	c	D	e	f	g	h	i	j	k	l	m	n	o
7	p	q	R	s	T	u	v	w	x	y	z	{	|	}	～	
8																
9																
A	NBSP	i	¢	£	¤	¥	¦	§	¨	©	ª	«	¬	SHY	®	¯
B	°		²	³	′		¶	•	,	¹	°	»	¼	½	¾	¿
C	À	Á	Â	Ã	Ä	Å	Æ	Ç	È	É	Ê	Ë	Ì	Í	Î	Ï
D	Đ	Ñ	Ò	Ó	Ô	Õ	Ö	×	∅	Ù	Ú	Û	Ü	Ý	Þ	ß
E	à	á	â	ã	Ä	å	æ	ç	è	é	Ê	ë	ì	í	î	ï
F	ð	ñ	ò	ó	Ô	õ	ö	÷	ø	ù	Ú	û	ü	ý	þ	Ÿ

注:最高有效十六进制数字(Bit4～Bit7)从上到下排列,最低有效十六进制数字(Bit0～Bit3)从左到右排列。SP 表示一个空格。NBSP 表示一个不间断空格。SHY 表示一个软连字符。灰色部分表示没有为此代码分配字符。

8.3 通用规程

8.3.1 延迟响应

8.3.1.1 一般操作

延迟响应机制(DRM)允许从站向发请求的主站指示,已接收到请求但无法立即给出应答。当从站设备需要额外的时间进行诸如自诊断、校准、配置或带宽请求操作时,DRM 机制提供了一种信息化和灵活的约定方式。与响应代码"忙"不同,主站知道从站已明确命令且仍进行通信。8.2.3～8.2.6 中的响应 APDU 规范说明了哪些 AL 服务允许 DRM 响应。所有网络设备都应支持 DRM 并遵循以下规则:

——如果接收到一个通常需要启动 DR 的 APDU 请求且没有足够缓冲区时，从站应以“忙”作出响应；

——即使 DR 操作正在进行，设备总应响应“标识(Identity)”命令。现场设备在 DR 进行时也可以正确响应“读(Read)”命令；

——当一个会阻止从站对请求 APDU 作出响应的 DR 操作正在进行时，从站应以“DR_CONFLICT”代码作出响应。例如：如果当主站试图执行一个传感器微调(trim)操作，但这样的操作正在进行时，从站将返回“DR_CONFLICT”响应；

——当 DR 操作执行完成后，即使主站没有发送出 DR 结果，从站也应响应“读”命令；

——依照本部分，桥设备应为每个支持的通信信道提供一个 DR 缓冲区。

从站设备应使用表 342 列出的响应代码来同步与主站设备之间的 DR 操作。

表 342　DRM 相关响应代码

符号	数值	描述
Busy	32	表示设备正忙于执行一个不可分割的操作。对于支持 DRM 的命令，“Busy”表示没有更多可用的 DR 缓冲区
DR_INITIATE	33	表示一个 DR 的开始，从站设备需要额外的时间来处理该命令
DR_RUNNING	34	表示从站设备正在处理该命令
DR_DEAD	35	由支持 HART 协议(类型 20)的多路复用器所使用，表示根本没有接收到来自从站设备的响应
DR_CONFLICT	36	表示因为命令与正在处理的 DR 操作相冲突，所以该命令无法被处理

所有主站类设备应支持 DRM。当主站收到“DR_INITIATE”响应时，需再次发出相同的命令(包括数据)以重新获得结果。主站可以经延时后再发起该命令请求。

8.3.1.2　正常的 DR 操作

图 54 给出了一个简单的 DR 事务处理过程。主站发出一个命令而从站无法立即完成，则从站启动 DR 操作并开始处理命令以便主站随后重新获得结果。一段时间后主站发出同样的命令，如果从站没有完成处理则应答“DR_RUNNING”。命令随后执行完成，主站重新获得结果。

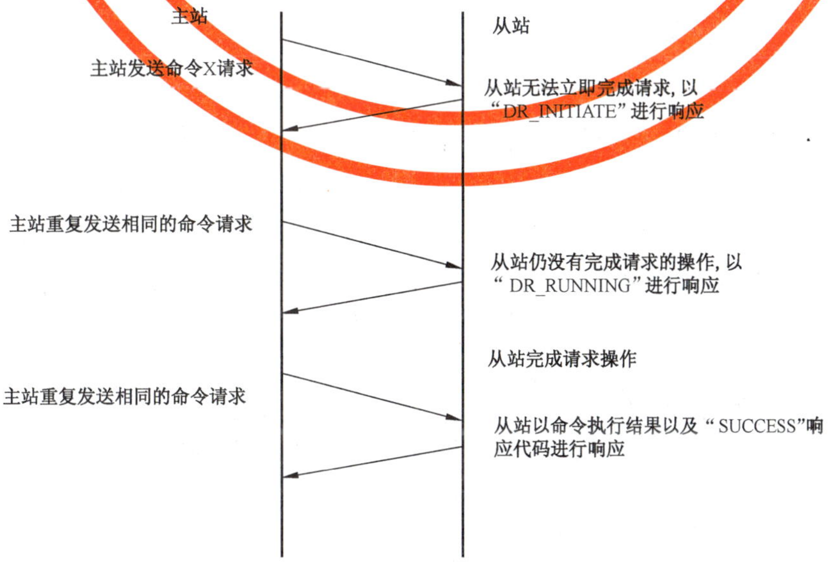

图 54　正常的 DR 操作

8.3.1.3 “DR_CONFLICT”响应代码的使用

图 55 给出了“DR_CONFLICT”的使用示例。如果主站接收到“DR_CONFLICT”，应延迟重发时间，以便响应从站完成挂起的 DR 操作。主站应遵循这一规则以将对从站重复轮询次数减小最少，否则将延长现场设备完成 DR 执行的时间。

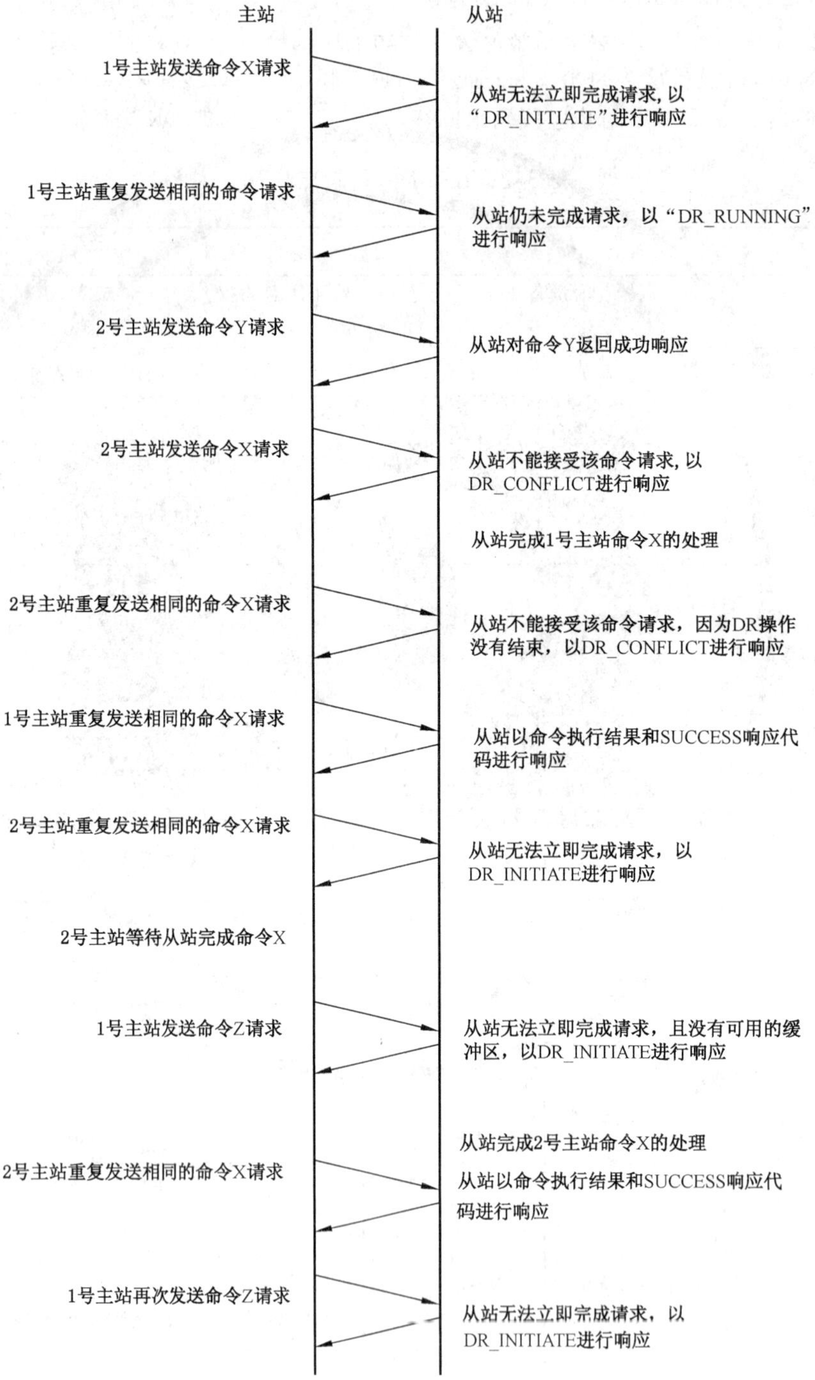

图 55 **DR** 操作时的命令响应

8.3.1.4 多 DR 缓冲区

从站设备可以拥有 2 个 DR 缓冲区以便每个主站使用一个。某些设备(如多路复用器和 I/O 系统)可能拥有更多个缓冲区。多 DR 缓冲区允许对来自每一个主站的 DR 进行排队。另外,从站应注意保护以免产生不一致。如果正确完成,挂起的延迟响应可能错序完成,如图 56 所示。

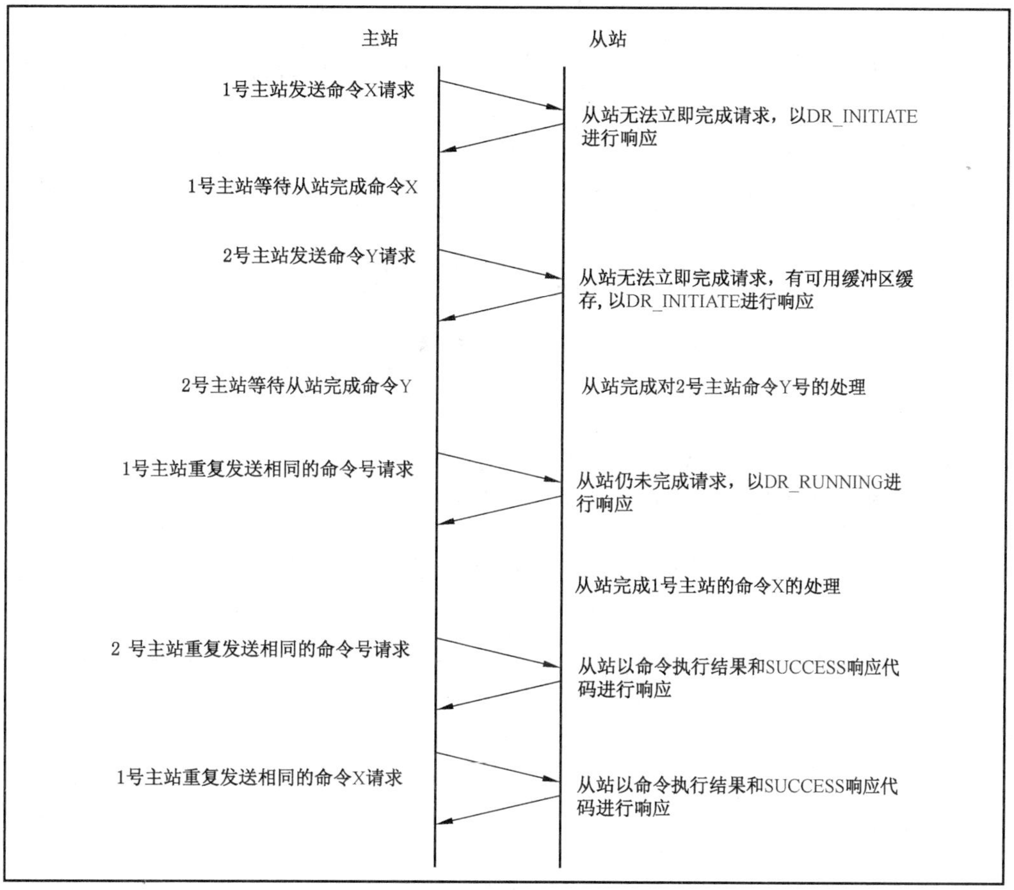

图 56 具有多 DR 缓冲区的从站

8.3.1.5 桥设备使用 DRM

桥设备(如多路复用器和 I/O 系统)对于发出请求的主站而言作为从站工作,而对于被寻址的从站而言作为主站工作。这类设备通过将 Identify 命令中"Flags"字节的"Protocol_Bridge_Device"比特置位来标识。

当桥设备向现场设备/子设备或从现场设备/子设备转发命令时,可能引入延时。为此,允许桥设备对所有命令都可以采用 DRM 机制。

当连接到桥设备的从站应答彻底失败时,可使用额外的响应代码(DR_DEAD)。当接收到 DR_DEAD 时,主站应认为发生了严重错误。既然当从站无应答时智能桥设备应自动重发命令,因此主站应立即通知用户,从站设备没有响应。

8.3.2 响应时间

为了使网络延时最小,响应设备应满足以下定时的规定:

——准备好对网络管理配置特定(见 8.2.6)请求的响应,使得响应能够在接收 PDU 时隙后的第二个时隙被发送(即,在请求和响应间有一个时隙间隔对于命令的处理是允许的);

——准备好对所有其他请求的响应，使得响应能够在接收 PDU 时隙后的第六个时隙被发送；

——如果响应代码必须是“DR_INITIATE”，则必须是在经过 TL max_reply_time（最大延时时间）的 75%后再产生响应。

8.4 FAL 服务协议机（FSPM）

8.4.1 概述

FAL 服务协议机对于 AL 用户服务是通用的。如图 57 所示，其仅有一个“ACTIVE”状态。

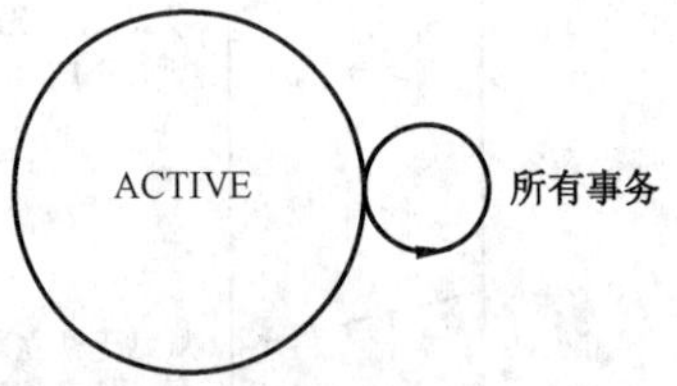

图 57　FSPM 状态转换图

8.4.2 FSPM 状态表

表 343 和表 344 规定了 FSPM 协议机。所有读和写服务具有相同的状态转换和行为。因此，该表并未对每项服务的请求和响应分别罗列。

表 343　FSPM 状态表——客户机事务

#	当前状态	事件 或 条件=> 行为	下一状态

S1	ACTIVE	Identify.req
		=>
		Transaction.req {
		remote_address :=AREP_ID,
		transport_type :=TransportType (Identify.req),
		priority :=Priority (Identify.req),
		req_user_data :=FormReqApdu (Identify.req)
		}
			ACTIVE

S2	ACTIVE	Read(any).req
		=>
		Transaction.req {
		remote_address :=AREP_ID,
		transport_type :=TransportType(Variable index),
		priority :=Priority(Variable index),
		req_user_data :=FormReqApdu (Read.req)
		}
			ACTIVE

S3	ACTIVE	Write(any).req
		=>
		Transaction.req {
		remote_address :=AREP_ID,
		transport_type :=type(Variable index),
		priority :=priority(Variable index),
		req_user_data :=FormReqApdu (Write.req)
		}
			ACTIVE

表 343（续）

#	当前状态	事件 或 条件=> 行为	下一状态

S4	ACTIVE	Transaction.cnf
		&& status=="Error"
		&& RetrieveCommand (rsp_user_data)==0 | 11 | 21
		=>
		Identify.cnf(-) {
		Status :="Error"
		}
			ACTIVE

S5	ACTIVE	Transaction.cnf
		&& CommandErr (rsp_user_data)=="TRUE"
		&& RetrieveCommand (rsp_user_data)==0 | 11 | 21
		=>
		Identify.cnf(-) {
		Resp_code :=ResponseCode (rsp_user_data),
		Dev_stat :=DeviceStat (rsp_user_data)
		}
			ACTIVE

S6	ACTIVE	Transaction.cnf
		&& status=="Error"
		&& RetrieveCommand (rsp_user_data) ！=0 | 11 | 21
		=>
		Read.cnf(-) | Write.cnf(-) {
		Status :="Error"
		}
			ACTIVE

S7	ACTIVE	Transaction.cnf
		&& CommandErr (rsp_user_data)=="TRUE"
		&& RetrieveCommand (rsp_user_data) ！=0 | 11 | 21
		=>
		Identify.cnf(-) | Write.cnf(-) {
		Resp_code :=ResponseCode (rsp_user_data),
		Dev_stat :=DeviceStat (rsp_user_data)
		}
			ACTIVE

S8	ACTIVE	Transaction.cnf
		&& CommandErr (rsp_user_data)=="FALSE"
		&& RetrieveCommand (rsp_user_data)==0 | 11 | 21
		=>
		Identify.cnf(+) {
		Resp_code :=ResponseCode (rsp_user_data),
		Dev_stat :=DeviceStat (rsp_user_data),
		data :=Value (rsp_user_data)
		}
			ACTIVE

表 343（续）

#	当前状态	事件 或 条件=> 行为	下一状态

S9	ACTIVE	Transaction.cnf
		&& CommandErr (rsp_user_data)=="FALSE"
		&& RetrieveCommand (rsp_user_data) ! =0 | 11 | 21
		=>
		Read (any).cnf(+) | Write (any).cnf(+) {
		Resp_code :=ResponseCode (rsp_user_data),
		Dev_stat :=DeviceStat (rsp_user_data),
		data :=Value (rsp_user_data)
		}
			ACTIVE

S10	ACTIVE	Receive.ind
		&& CommandErr (user_data)=="FALSE"
		=>
		Information report.ind {
		AREP_ID :=remote_address,
		Variable index :=RetrieveCommand (rsp_user_data),
		Resp_code :=ResponseCode (rsp_user_data),
		Dev_stat :=DeviceStat (rsp_user_data),
		data :=Value (rsp_user_data)
		}
			ACTIVE

注：Read(any)包括所有 AL 读服务；Write(any)包括所有 AL 写服务。			

表 344 FSPM 状态表——服务器事务

#	当前状态	事件 或 条件=> 行为	下一状态

R1	ACTIVE	Transaction.ind
		=>
		al_service.ind {
		AREP_ID :=remote_address,
		Variable index :=RetrieveCommand (req_user_data),
		data :=Value (req_user_data,transport_type)
		}
			ACTIVE

R2	ACTIVE	al_service.rsp
		=>
		Transaction.rsp {
		remote_address :=AREP_ID,
		rsp_user_data :=FormRspApdu (al_service.rsp)
		}
			ACTIVE

表 344(续)

#	当前状态	事件 或 条件=> 行为	下一状态

R3	ACTIVE	Information report(any).req
		=>
		
		Send.req {
		remote_address :=AREP_ID,
		transport_type :=type(Variable index),
		priority :=priority(Variable index),
		rsp_user_data :=FormApdu (Information report.req)
		}
			ACTIVE

注:al_service 包括所有 AL 服务。			

8.4.3 FSPM 使用的函数

表 345～表 353 给出 FSPM 使用的函数。

表 345 函数 TransportType()

函数名	TransportType	应用于	FSPM
输入		输出	
Variable index		Transport type	
功能			
TransportType 取决于命令号(Variable index),可取下列值之一: Request-unicast、Search-broadcast,Request-broadcast、Response-unicast、Response-broadcast、Block-transfer request、Block-transfer response、Publish-broadcast 和 Publish-unicast			

表 346 函数 Priority()

函数名	Priority	应用于	FSPM
输入		输出	
Variable index		Priority	
功能			
PriorityType 取决于命令号(Variable index),可取下列值之一: Command、Process-data、Normal 和 Alarm			

表 347 函数 FormReqApdu()

函数名	FormReqApdu	应用于	FSPM
输入		输出	
User request		APDU	
功能			
使用参数生成 8.2.2 中规定的请求 APDU			

表 348　函数 FormRspApdu()

函数名	FormRspApdu	应用于	FSPM
输入		输出	
User response		APDU	
功能			
使用参数生成 8.2.2 中规定的响应 APDU			

表 349　函数 RetrieveCommand()

函数名	RetrieveCommand	应用于	FSPM
输入		输出	
APDU		Variable index	
功能			
从 APDU 中获得命令号(Variable index)			

表 350　函数 CommandErr()

函数名	CommandErr	应用于	FSPM
输入		输出	
APDU		TRUE ‖ FALSE	
功能			
在 APDU 中查找 Response code 字段。如果数值非零(0)并且 Value 字段不存在，则函数返回为“TRUE”；否则返回“FALSE”			

表 351　函数 ResponseCode()

函数名	ResponseCode	应用于	FSPM
输入		输出	
APDU		Response code	
功能			
该函数返回 APDU 中的 Response code 字段。Response code 可以是通信错误代码或命令响应代码			

表 352　函数 DeviceStat()

函数名	DeviceStat	应用于	FSPM
输入		输出	
APDU		Application process status	
功能			
该函数返回 APDU 中的 Application process status 字段			

表 353 函数 Value()

函数名	Value	应用于	FSPM
输入		输出	
APDU,transport_type		Data	
功能			
该函数返回 APDU 中的请求或响应数据八位位组。如果 transport_type 是响应,则在 APDU 的 Value 字段后附有 Response code			

8.4.4 FSPM/ARPM 原语参数

表 354 描述了 FSPM 和 ARPM 间交换的原语参数。

表 354 FSPM 和 ARPM 间交换的原语参数

参数名称	描 述
remote_address	该参数在 Transaction.req、Transaction.rsp 和 Send.req 原语中是目标设备的网络地址;在 Transaction.ind 和 Receive.ind 原语中是源设备的网络地址
transport_type	该参数指示所使用的传输管道的类型
priority	该参数指示请求的优先级
req_user_data	该参数传递请求 APDU
rsp_user_data	该参数传递响应 APDU
status	该参数传递响应证实中的状态

8.5 应用关系协议机(ARPM)

8.5.1 AREP 到传输层的映射

8.5.1.1 概述

本条描述了 AL 到现场总线传输层的映射。在此并不对 TLSAP 属性或 TLME 属性进行重复定义(它们在传输层规范中定义),而定义其如何被每个 AR 类使用。对这些属性值的配置和监视方法由网络管理提供。

以下类定义描述了支持每个 AREP 类所要求的 TSAP 属性和 TLME 属性。

注:未定义的属性使用之前定义过的属性相同的定义。

8.5.1.2 客户机 AREP 类的 TL 映射

8.5.1.2.1 客户机 AREP 类形式化模型

本条定义了 TL 映射属性及其允许值,以及同客户机 APER 类一同使用的 TL 服务。

CLASS:Client

PARENT CLASS:Top

ATTRIBUTES:

1.(m)Key Attribute:Remote_address

DLL SERVICES:
1.(m)OpsService:TL-DATA-EXCHANGE.req
2.(m)OpsService:TL-DATA-EXCHANGE.cnf
3.(m)OpsService:TL-DATA-TRANSFER.ind

8.5.1.2.2 **属性**

8.5.1.2.2.1 **Remote_address**

该属性规定了请求 APDU 发送的远程地址,或接收证实 APDU 的远程地址。

8.5.1.2.3 **TL 服务**

8.5.1.2.3.1 **TL-Data-exchange.req**

主站设备利用该服务传送一个 APDU 到远程从站 TL 用户,该远程从站 TL 用户应发送一个响应。

8.5.1.2.3.2 **TL-Data-exchange.cnf**

TL 利用该服务传送来自远程从站 TL 用户的响应 APDU,以作为对之前请求的响应。

8.5.1.2.3.3 **TL-Data-transfer.ind**

主站设备利用该服务接收一个来自远程从站 TL 用户的 APDU,该远程从站 TL 用户之前没有被请求。

8.5.1.3 **服务器 AREP 类的 TL 映射**

8.5.1.3.1 **服务器 AREP 类形式化模型**

本条定义了 TL 映射属性及其允许值,以及同服务器 APER 类一同使用的 TL 服务。
CLASS:Server
PARENT CLASS:Top
ATTRIBUTES:
1.(m)Key Attribute:Address
DLL SERVICES:
1.(m)OpsService:TL-DATA-EXCHANGE.ind
2.(m)OpsService:TL-DATA-EXCHANGE.rsp
3.(m)OpsService:TL-DATA-TRANSFER.req

8.5.1.3.2 **属性**

8.5.1.3.2.1 **Address**

该属性规定了从站设备用于接收和发送 TPDU 的地址。

8.5.1.3.3 **TL 服务**

8.5.1.3.3.1 **TL-Data-exchange.ind**

TL 使用该服务传送来自远程主站 TL 用户的指示 APDU,应发送一个响应。

8.5.1.3.3.2　**TL-Data-exchange.rsp**

从站设备利用该服务传送一个 APDU 到远程主站 TL 用户，作为对先前指示的响应。

8.5.1.3.3.3　**TL-Data- transfer.req**

从站设备利用该服务传送一个 APDU 到远程主站 TL 用户，该 APDU 不是对某个指示的响应。

8.5.2　应用关系协议机(ARPM)

8.5.2.1　客户机 AREP 的 AR 协议机(ARPM)

8.5.2.1.1　客户机 ARPM 状态

客户机 ARPM 的状态定义及描述见表 355 和图 58。

表 355　客户机 ARPM 状态

状态名	描　述
IDLE	AREP 处于非活动状态
WAIT for CONFIRM	AREP 已向服务器发送了一个请求 PDU，正等待来自服务器的证实

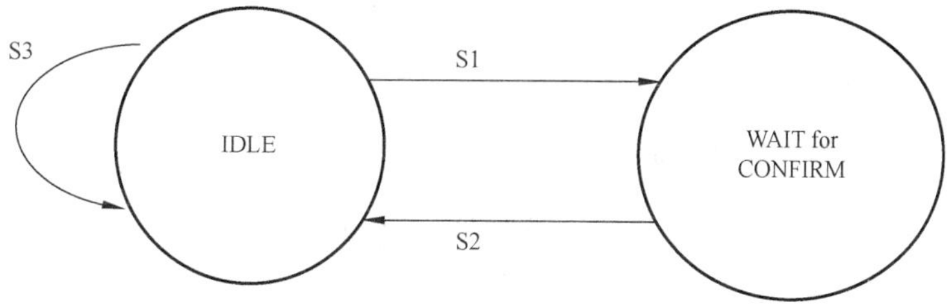

图 58　客户机 ARPM 的状态转换图

8.5.2.1.2　客户机 ARPM 的状态表

表 356 规定了客户机 ARPM 的状态表。

表 356　客户机 ARPM 状态表

#	当前状态	事件 或 条件 => 行为	下一状态

S1	IDLE	Transaction.req
		=>
		DTC_req {
		called_address := remote_address,
		transport_type := transport_type,
		priority := priority,
		req_user_data := req_user_data
		}
			WAIT for CONFIRM

表 356（续）

#	当前状态	事件 或 条件 => 行为	下一状态

S2	WAIT for CONFIRM	DTC_cnf
		=>
		Transaction.cnf {
		rsp_user_data :=rsp_user_data,
		status :=status
		}
			IDLE

S3	IDLE	DTU_ind
		&&CommandErr (rsp_user_data)=="False"
		=>
		Receive.ind {
		remote_address :=calling_address,
		transport_type :=transport_type,
		rsp_user_data :=rsp_user_data
		}
			IDLE

注：参数 transport_type、priority 和 status 目前仅适用于 WirelessHART。			

8.5.2.2 服务器 AREP 的 AR 协议机(ARPM)

8.5.2.2.1 服务器 ARPM 状态

服务器 ARPM 的状态定义及描述见表 357 和图 59。

表 357 服务器 ARPM 状态

状态名	描述
IDLE	AREP 处于非活动状态
WAIT for RESPONSE	AREP 从 DLL 接收到一个 PDU,并且已向 AL 用户发送了相应的指示,正等待来自 AL 用户的响应

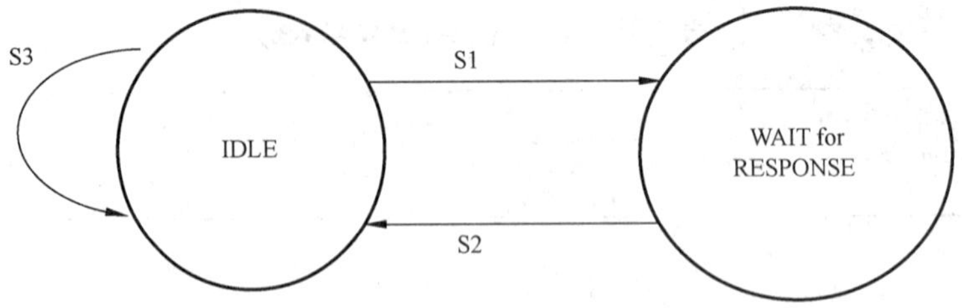

图 59 服务器 ARPM 的状态转换图

8.5.2.2.2 服务器 ARPM 的状态表

表 358 规定了服务器 ARPM 的状态表。

表 358 服务器 ARPM 状态表

#	当前状态	事件 或 条件 => 行为	下一状态

S1	IDLE	DTC_ind
		=>
		Transaction.ind {
		remote_address :=calling_address,
		transport_type :=transport_type,
		req_user_data :=req_user_data
		}
			WAIT for RESPONSE

S2	WAIT for RESPONSE	Transaction.rsp
		=>
		DTC_rsp {
		called_address :=remote_address,
		rsp_user_data:=rsp_user_data
		}
			IDLE

S3	IDLE	Send.req
		=>
		DTU_req {
		called_address :=remote_address,
		transport_type :=transport_type,
		priority :=priority,
		rsp_user_data :=rsp_user_data
		}
			IDLE

注：参数 transport_type 目前仅适用于 WirelessHART。			

8.5.3 AREP 状态机原语定义

表 359 和表 360 规定了 TMPM 和 ARPM 之间交换的原语。

表 359 从 ARPM 到 TMPM 的原语

原语名称	源	关联参数	功能
DTC_req	ARPM	called_address, transport_type, priority, req_user_data	该原语用于请求 TMPM 传送一个需证实的请求 APDU 到从站设备
DTC_rsp	ARPM	called_address, rsp_user_data	该原语用于请求 TMPM 传送一个响应 APDU 到主站设备
DTU_req	ARPM	called_address, transport_type, priority, req_user_data	该原语用于请求 TMPM 传送一个无需证实的请求 APDU 到主站设备

表 360 从 TMPM 到 ARPM 的原语

原语名称	源	关联参数	功能
DTC_ind	TMPM	calling_address, transport_type, priority, req_user_data	该原语用于将一个接收到的 APDU 作为传输层服务数据单元传递给服务器 ARPM
DTC_cnf	TMPM	rsp_user_data, status	该原语用于传递一个自从站设备接收的响应 APDU
DTU_ind	TMPM	calling_address, transport_type, priority, rsp_user_data	该原语用于将一个接收到的作为传输层服务数据单元传递给客户机 ARPM

8.5.4 AREP 状态机函数

ARPM 未使用任何函数。

8.6 TL 映射协议机

8.6.1 TMPM 状态

TMPM 的状态定义及描述见表 361 和图 60。

表 361 TMPM 状态描述

状态名	描述
ACTIVE	TMPM 处于 ACTIVE 状态时表示已经准备好与传输层和 ARPM 的原语的发送或接收

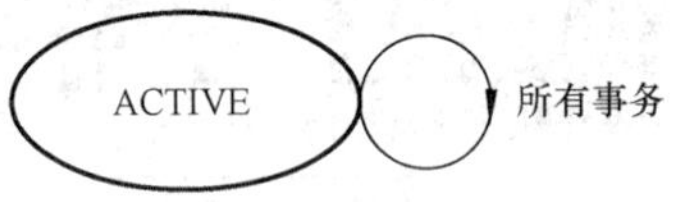

图 60 TMPM 状态转换图

8.6.2 TMPM 状态机

表 362 和表 363 规定了 TMPM 状态机。

表 362 TMPM 状态表——客户机事务

#	当前状态	事件 或 条件 => 行为	下一状态

S1	ACTIVE	DTC_req
		=>
		TL-Data-exchange.req {
		destination_address := called_address,
		transport_type := transport_type,
		priority := priority,
		tls_user_data := req_user_data
		}
			ACTIVE

表 362（续）

#	当前状态	事件 或 条件 => 行为	下一状态

S2	ACTIVE	TL-Data-exchange.cnf
		=>
		DTC_cnf {
		rsp_user_data :=tls_user_data,
		status :=status
		}
			ACTIVE

S2	ACTIVE	TL-Data-transfer.ind => DTU_ind calling_address :=source_address, transport_type :=transport_type, priority :=priority, rsp_user_data:=tls_user_data }	ACTIVE

表 363 TMPM 状态表——服务器事务

#	当前状态	事件 或 条件 => 行为	下一状态

S1	ACTIVE	DTC_rsp
		=>
		TL-Data-exchange.rsp {
		tls_user_data :=rsp_user_data
		}
			ACTIVE

S2	ACTIVE	TL-Data-exchange.ind
		=>
		DTC_ind {
		calling_address :=source_address,
		transport_type :=transport_type,
		priority :=priority,
		req_user_data:=tls_user_data
		}
			ACTIVE

S3	ACTIVE	DTU_req
		=>
		TL-Data-transfer.req {
		destination_address :=called_address,
		transport_type :=transport_type,
		priority :=priority,
		tls_user_data :=rsp_user_data
		}
			ACTIVE

8.6.3 传输层和 TMPM 之间交换的原语

表 364 规定了传输层和 TMPM 间实现交换的原语。

表 364 传输层和 TMPM 交换的原语

原语名称	源	关联参数
TL-Data-exchange.req	TMPM	destination_address,transport_type,priority,tls_user_data
TL-Data-exchange.ind	传输层	source_address,transport_type,priority,tls_user_data
TL-Data-exchange.rsp	TMPM	tls_user_data
TL-Data-exchange.cnf	传输层	tls_user_data,status
TL-Data-transfer.req	TMPM	destination_address,transport_type,priority,tls_user_data
TL-Data-transfer.ind	传输层	source_address,transport_type,priority,tls_user_data

8.6.4 TMPM 使用的函数

TMPM 未使用任何函数。

9 通信行规族 CPF9(HART™)

9.1 概述

对于通信行规族(CPF)和通信行规(CP)的原理和约定见 IEC 61784-1 中规定。除一致性声明外，对本部分同样适用。

注：通信行规的概念以及与类型(Type)的关联在 IEC/TR 61158-1 中给出。

通信行规族 9 定义了基于 IEC 61158 类型 20 的行规，对应于通信系统中众所周知的 HART™。通信行规族 9 包括两部分：

——CP 9/1：HART™通用命令集；以及

——CP 9/2：WirelessHART™。

IEC 61784-1 CP 9/1 引用所有 GB/T 29910.3 和 GB/T 29910.4 应用层服务和协议要素。CP 9/2 基于本部分，并引用 GB/T 29910.3 和 GB/T 29910.4 应用层服务和协议要素。

表 365 概述了已规定的行规集。

表 365 CPF9：行规集概述

层	行规 9/1	行规 9/2
应用层	GB/T 29910.3 GB/T 29910.4	第 7 章和第 8 章
数据链路层	—	第 5 章和第 6 章
物理层	—	第 4 章，参考 IEEE 802.15.4-2006

对于 CP 9/2，规定了以下附加行为：

——信息安全，见附录 A；

——网络管理，见附录 C；

——网关,见附录 D。

9.2 行规 9/1

CP 9/1 在 IEC 61784-1 中规定。

9.3 行规 9/2

9.3.1 一致性声明

IEC 61784-2 的第 4 章适用,但项目号应用本部分代替 IEC 61784-2,并且〈Type〉的使用是强制的。

与本部分通信行规(CP)的兼容性声明应表述为:

——兼容 IEC 62591:2010 的 CP 9/2〈组织名称〉〈标识符〉,或

——兼容 IEC 62591(Ed.1.0)的 CP 9/2〈组织名称〉〈标识符〉。

这里〈标识符〉是 9.3.2 中规定的设备类型,惟一的〈组织名称〉规定了以下相应值:

——制造商 ID(Manufacturer ID),见 GB/T 29910.4—2013 表 7;

——扩展设备类型(Expanded Device Type),见 GB/T 29910.4—2013 表 7;

——命令版本(Command Rev),见 GB/T 29910.4—2013 表 7;

——OUI,见 6.2.1.2.4。

这些参数对于在同一网络中和在其他网络范围内的 CP 9/2 设备应是惟一的。

注 1:一个设备可以支持多个 9.3.2 中规定的设备类型。

注 2:组织名称可以是制造商、团体或协会名称。

示例:HART™ 基金会组织可以按下面方式标识其兼容设备:

IEC 62591:2010 CP 9/2 WirelessHART™ 现场设备

或者其他组织可以按下面方式命名其兼容设备:

IEC 62591:2010 CP 9/2 〈组织名称〉现场设备

如果要将 WirelessHART™ 作为〈组织名称〉使用,则:

——Manufacturer ID 和 Expanded Device Type 应由 HCF 分配;

注 1:对于已分配的代码,见文件 HCF_SPEC-183。

——工程单位代码应由 HCF 分配;

注 2:对于已分配的代码,见文件 HCF_SPEC-183。

——Command Rev 参数应被设为有效的 HCF 规范版本号(例如:7.2);

——对于 OUI,已经从 HCF 获得的应设为 0x001B1E;

——HCF 认证应基于成功的兼容性测试获得。

9.3.2 设备类型

9.3.2.1 概述

图 61 给出了 CPF 9 规定的各种网络组成设备。工厂自动化网络可以基于某种标准协议,也可是专用网络,其规范超出了本部分范围。网关通过它的网络接入点连接到无线网络。可使用多个网络接入点以增加吞吐量,同时提高无线网络总体的可靠性。

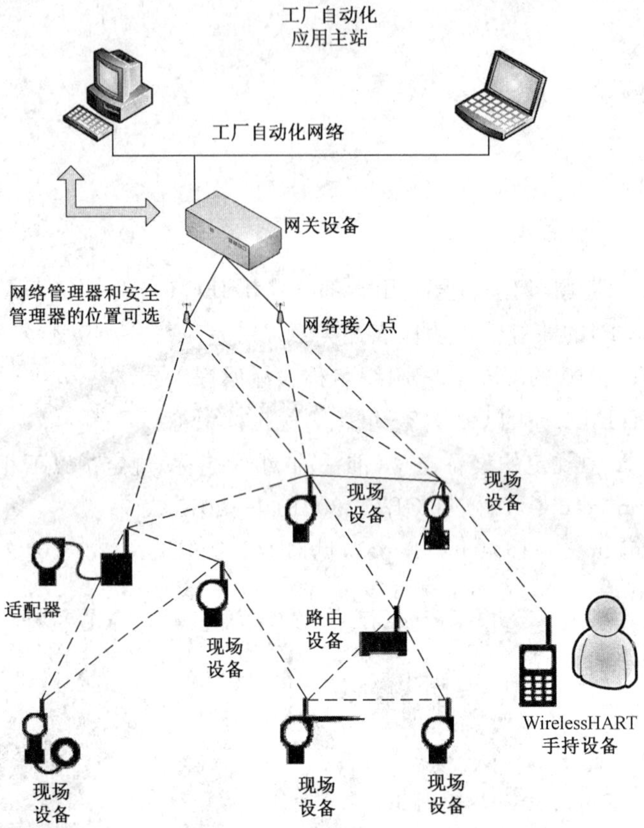

图 61　无线网络中的组成设备

任何直接与无线网络相连的设备属于以下网络设备之一：

——现场设备；

——适配器；

——路由器；

——网关；

——手持设备。

所有无线网络设备发送和接收 PDU，并执行支持网络构成和维护必需的基本功能。所有网络设备可作为包的源点和汇点（sink），并且能够对接收的来自网络中其他设备的包进行路由。每个网络设备都具有保持信息的属性，这些信息包括更新速率、会话和设备资源（如超帧大小等）。每个网络设备具有一个邻居设备的列表。这些邻居设备是在设备进行侦听操作时被识别的。

所有网络设备具有一个 5 个八位位组长的惟一 ID（Unique ID）。该惟一 ID 在生产设备时分配。EUI-64 地址由两部分串接而成：由 IEEE 注册管理委员会分配的 24 比特的 OUI 值；40 比特的扩展标识符（即 5 个八位位组的惟一 ID）。

9.3.2.2　现场设备

现场设备直接与现场过程相连以对其进行测量或控制，或连接到工厂装置。现场设备是包的生产者和消费者，并能够对接收的来自符合本部分的其他网络设备的包进行路由。现场设备可以是电源线、回路或电池供电，或采用其他形式供电。现场设备也可支持传统的(4～20)mA电流回路信号。现场设备应具有一个符合IEC 61784-1 CP 9/1的维护端口，并仅可具有一条与过程自动化系统的有线连接。

9.3.2.3 适配器

适配器设备为非本体支持无线通信的(non-nactive)设备提供到无线网络的物理和逻辑连接。适配器使用内部路由表来协调无线网络和非本体支持的通信子设备间的通信。适配器与过程现场不直接相连。它支持现场设备所必需的所有命令(见9.3.2.2)，包括代表相连的非本体支持的现场设备来发布过程数据。在对“标识(Identify)”命令的响应中，“设备标志(Device Flag)”八位位组应设为0x04(协议桥设备)。

非本体支持无线通信的设备可以是符合IEC 61784-1 CP 9/1规范的HART™设备，或(4～20)mA设备。

注：网关将现场设备连接到上位机系统或工厂自动化网络。适配器使得非本体支持无线通信的设备可作为现场设备。

9.3.2.4 路由器

路由设备将包从一个网络设备转发到另一个网络设备。它使用自己的图和连接来寻找下一跳要接收其转发的包的邻居。通常，因为所有网络设备均支持路由功能，所以不需要单独的路由器。然而，增加额外的设备对提高网络的路由能力是有益的(例如扩展网络，或减少网络中现场设备的能耗)。路由器不与过程相连并且不作为网关工作。当一个网络接入点作为网络时钟源时，它应与作为父时钟的网络设备同步。

9.3.2.5 网关

网关设备将符合本部分的无线网络连接到工厂自动化网络，允许两个网络间的数据通信。网关为主机应用提供访问网络设备。网关设备可以将一种协议转换到另一种协议，如同使用相同协议的两个或更多网络的中介；或者将命令和数据从一种格式转换到另一种格式。无线网络还将网关作为时隙和超帧所用的同步时钟的源。

网关需要作为网关逻辑部分的网络接入点，来实现到无线网络的连接。网关可使用多个网络接入点以提高有效吞吐量和网络的可靠性。网络接入点向网络发送时钟。至少有一个网络接入点为网络提供时钟。

附录D规定了网关执行的功能。附录J给出了一个网关的实现。

9.3.2.6 手持设备

手持设备用于网络设备的安装、控制、监视和维护。它是便携设备，供工厂工人操作。手持设备通过以下两种途径连接到网络设备。

——无线连接的手持设备，直接与符合本部分的无线网络进行通信。这类手持设备作为无线现场设备加入到网络。当对连接到无线网络的目标网络设备进行操作时，手持设备在特殊模式下工作以允许其在一个时刻与一个设备进行通信。这类手持不需要支持路由。

——与工厂自动化网络连接的手持设备，通过某些其他网络技术连接到工厂自动化网络。这类设备通过网关设备以与外部工厂自动化主站相同的工作方式实现与网络设备的通信。对于网络设备而言这类手持被视为主机应用。

附录K给出了手持设备的详细信息。

9.3.2.7 网络管理器

网络管理器不直接连接到无线网络,但其是网关的逻辑部分。网络管理器具有自己的惟一ID,因此使用本部分的应用层协议与其他网络设备进行通信。网络管理器负责网络配置、网络设备间的通信调度、路由表管理,以及无线网络健康状况的监视和报告。网络管理器包括网络设备的一个完整列表,并确保每个网络设备具有惟一的16比特短地址(昵称)。

作为系统功能的一部分,网络管理器收集性能和诊断信息。这些信息可在线访问,因此可实现对整个网络行为的查看和分析。如果在网络运行时检测出问题,则可对网络进行重新配置。由于整个网络的运行和性能随着网络负载和环境条件的改变而不断变化,因此网络的重新配置动作是持续执行的。

附录C规定了网络管理器执行的功能。附录I给出了一个网络管理器的实现。

9.3.2.8 安全管理器

加入密钥、网络密钥和会话密钥应提供给网络管理器,同时加入密钥应提供给网络设备。这些密钥用于设备的认证,以及网络中数据的加密。安全管理器负责密钥的生成、存储和管理。每个无线网络有一个安全管理器与之关联。一个安全管理器可同时为多个无线网络提供服务。安全管理功能需管理这些密钥。安全管理器在一些工厂自动化网络中可以是一种集中式功能,不仅可服务于多个无线网络,在某些情况下还为其他网络和应用提供服务。

安全管理器与网络管理器直接进行通信以发布密钥。安全管理器的功能性需求和操作方式,以及它与网络管理器间的通信,不在本部分范围内。

9.3.3 物理层

9.3.3.1 概述

无线设备(见9.3.2)使用射频(RF)实现设备间的通信。两个设备间的通信距离可以达到100 m甚至更远,这取决于发射功率、天线类型以及两设备间的阻挡程度。无线设备的供电可来源于主电源、电池、能量收集设备(如太阳能、振动等),或是这些方式的组合。

本规范定义了物理层(PhL),适用于实现本部分定义的无线网状(mesh)网络通信的设备。物理层负责信号传输方法、信号强度、设备灵敏度以及在网络媒体上发送比特的环境。本部分PhL是基于IEEE STD 802.15.4-2006的2 450 MHz DSSS物理层,并采用O-QPSK调制方式。本行规规范包括以下内容:

——PhL的要求大多直接采用IEEE STD 802.15.4-2006,包括在信道、发送功率和接收灵敏度方面的具体要求,同时,

——PhL的要求确保了无线设备间的可互操作性。

本部分PhL涉及构成网络连接的射频特征。它与网络结构中不以任何方式处理信息的所有部分相关联。物理层负责在网络媒体上发送比特,不定义什么是比特或如何使用比特,而仅定义如何发送比特。PhL负责数据的发送和接收。

PhL定义的项包括:RF发送器、接收器和收发器。任何项不执行信息处理,但却是发送和接收本层定义的数据所必须的。

9.3.3.2 基于IEEE STD 802.15.4-2006的要求

表366规定了通信设备对IEEE STD 802.15.4-2006 PhL的选项及其MAU。

表 366 CP 9/2：PhL 协议选项

IEEE 802.15.4-2006 条	标题	采用程度	约束
6.1	通用要求和定义	—	—
6.1.1	工作频率范围	部分	仅包括 2 450 MHz 频带，见表 367
6.1.2	信道分配	部分	仅包括信道页 0 的 11～25 信道，见表 368
6.1.3	最小长帧间隔(LIFS)和短帧间隔(SIFS)的周期	部分	仅包括 2 450 MHz 频带
6.1.4	RF 功率测量	全部	—
6.1.5	发送功率	全部	—
6.1.6	带外欺骗性辐射	全部	—
6.1.7	接收器灵敏度定义	全部	—
6.2	PHY 服务规范	不采纳	关于本条的替代见 4.1.2
6.3	PPDU 格式	全部	—
6.4	PHY 常量和 PIB 属性	—	—
6.4.1	PHY 常量	全部	—
6.4.2	PHY PIB 属性	部分	见 9.3.3.3.8
6.5	2 450 MHz PHY 规范	全部	更多解释见 9.3.3.3.8
6.6	868/915 MHz 频带二进制相移键控(BPSK)PHY 规范	不采纳	仅包括 2 450 MHz 频带
6.7	868/915 MHz 频带(可选)幅移键控(ASK)PHY 规范	不采纳	仅包括 2 450 MHz 频带
6.8	868/915 MHz 频带(可选)O-QPSK PHY 规范	不采纳	仅包括 2 450 MHz 频带
6.9	通用射频规范	—	—
6.9.1	TX-to-RX 转换时间	全部	—
6.9.2	RX-to-TX 转换时间	全部	—
6.9.3	误差向量幅度(EVM)定义	全部	—
6.9.4	发送中心频率容差	全部	—
6.9.5	发送功率	不采纳	关于本条的替代见 9.3.3.3.5
6.9.6	接收器最大输入期望信号电平	全部	—
6.9.7	接收器 ED	全部	—
6.9.8	链路质量指示器(LQI)	全部	—
6.9.9	空闲信道评估(CCA)	部分	仅包括 CCA 模式 2(载波侦听)

9.3.3.3 其他物理层要求

9.3.3.3.1 频率分配

收发器应采用DSSS并工作在无需许可的ISM频段,见表367所示。

表367 收发器规范

频率	通信速率 kchip/s	调制方式	比特速率 kb/s	符号速率 ksymbol/s	符号形式
2 400～2 483.5 MHz	2000	O-QPSK	250	62,5	16进制正交

9.3.3.3.2 信道号和频率分配

IEEE STD 802.15.4-2006中规定的2 450 MHz频带支持信道11～16的信道分配。因为信道26与某些地区的法规不兼容,因此本行规中不采用。

信道11～25的频率分配情况见表368。

表368 频率分配

信道号	频率/MHz	信道号	频率/MHz	信道号	频率/MHz
11	2 405	16	2 430	21	2 455
12	2 410	17	2 435	22	2 460
13	2 415	18	2 440	23	2 465
14	2 420	19	2 445	24	2 470
15	2 425	20	2 450	25	2 475

9.3.3.3.3 射频收发器

使用本行规的通信设备可使用兼容IEEE STD 802.15.4-2006并满足下列准则的现成的或定制的无线收发器。

本部分旨在符合欧洲、加拿大、日本、中国、美国和其他地区的全球性法规。

9.3.3.3.4 未规定的或提高要求的射频性能

本行规包括以下IEEE STD 802.15.4-2006中未规定的内容:

——信道间的切换时间最长应为12个符号周期(0.192 ms);

——推荐的冷启动射频开启时间最长为4ms,包括频率锁定和稳定时间。

9.3.3.3.5 发射功率

发射功率应为设备的有效全向辐射功率(EIRP)。所有使用本行规的通信设备应提供一个+10 dBm(10 mW)±3 dB的标称EIRP。

此外,制造商应确保其设备遵守当地适用于设备安装的发送功率法规。

在这两种情况下额定发射功率应在制造商生产设备的电源(电池、太阳能或其他)在额定容量的95%到100%情况下给出。所有设备应提供全向天线。额定发射功率数据应在产品手册或需要时提供，这些数据包括最大输出功率和产品所支持的全部天线的辐射模式。

9.3.3.3.6 输出功率控制

设备功率等级应是可离散编程的，单调等级从－10 dBm～＋10 dBm EIRP（实际功率等级不超过±4 dBm 的误差）。应用层命令可控制输出功率。

9.3.3.3.7 接收器灵敏度

设备灵敏度被定义为接收器和天线作为一个系统的联合灵敏度。所有设备应实现系统（射频、电路板卡、线缆和连接器）设备灵敏度为－85 dB 或更优。

9.3.3.3.8 PHY PIB 属性

本行规包括 IEEE STD 802.15.4-2006 中 6.4.2 规定的属性，以及仅适用于本行规的额外属性。对于本行规，某些属性被分配了固定值，如表 369 所列。

表 369 PHY PIB 属性

属　　性	注　　解
phyCurrentChannel	由 Ph-Enable 请求设置
phyChannelsSupported	仅支持信道 11～25
phyTransmitPower	取值范围为－10 dBm～＋10 dBm
phyCCAMode	仅允许值 2（载波侦听）
phyCurrentPage	仅允许值 0
phyMaxFrameDuration	仅允许值“266”
phySHRDuration	仅允许值“10”
phySymbolsPerOctet	仅允许值“2”
SleepState	以下两值之一：休眠（sleep）或唤醒（awake）
RcvOvewrflowEnable	如果为真，则启动接收溢出错误指示

9.3.4 数据链路层

9.3.4.1 DLL 服务选项

表 370 规定了第 5 章中用于本行规的 DLL 服务选项，包括由数据链路层、网络层和传输层提供的服务。

表 370 CP 9/2：DLL 服务选项

条	标题	采用程度	约束
5.1	数据链路层服务	—	—
5.1.1	数据链路层服务的功能	全部	—
5.1.2	报文服务的 QoS	全部	—
5.1.3	原语序列	全部	—

表 370（续）

条	标题	采用程度	约束
5.1.4	DL-TRANSMIT 服务	全部	—
5.1.5	DL-RECEIVE 服务	—	本服务是可选的，通常用于“混杂操作模式”下的网络故障排查
5.1.6	DL-DISCONNECT 服务	全部	—
5.1.7	DL-PATH-FAILURE 服务	全部	—
5.1.8	DL-ADVERTISE 服务	全部	—
5.1.9	DL-NEIGHBOR 服务	全部	—
5.1.10	DLM-SET	全部	—
5.1.11	DLM-GET	全部	—
5.1.12	DLM-ACTION	全部	—
5.1.13	DLM-EVENT	全部	—
5.2	网络层服务	全部	—
5.3	传输层服务	全部	—

9.3.4.2 DLL 协议选项

表 371 规定了第 6 章中用于本行规的 DLL 协议选项，包括数据链路层、网络层和传输层的协议规范。

表 371 CP 9/2:DLL 协议选项

条	标题	采用程度	约束
6.1	概述	全部	—
6.2	逻辑链路控制	全部	—
6.3	媒体访问控制	全部	—
6.4	DL 管理信息	全部	—
6.5	网络层	全部	—
6.6	传输层	全部	—

9.3.5 应用层

9.3.5.1 AL 服务选项

9.3.5.1.1 所有设备类型的通用 AL 服务选项

表 372 列出了第 7 章中用于本行规的 AL 服务选项。

表 372　CP 9/2:AL 服务选项

条	标题	采用程度	约束
7.1	公用概念	全部	—
7.2	数据类型 ASE	全部	—
7.3	通信模型规范	—	—
7.3.1	通用参数	全部	—
7.3.2	ASE	—	—
7.3.2.1	虚拟现场设备 ASE	全部	—
7.3.2.2	变量 ASE	全部	—
7.3.2.3	动作 ASE	全部	—
7.3.2.4	设备应用服务	部分	见表 373
7.3.2.5	层管理服务	部分	见表 374
7.3.2.6	网关和网络管理器服务	部分	见表 375
7.3.2.7	网络管理配置服务	部分	见表 376
7.3.3	应用关系 AR	全部	—

9.3.5.1.2　变量 ASE 服务选项

本条定义了满足各种类型设备需求的服务。使用以下约定:

——X:本服务是必需的;

——O:本服务是可选的;

——“空”:不需要本服务。

表 373、表 374、表 375、和表 376 规定了第 7 章中用于本行规的变量 ASE 服务。

表 373　CP 9/2:设备应用服务选项

条	标题	变量 ID[a]	现场设备	适配器	网关	手持设备	网络管理器
7.3.2.4.1	读主变量	1	X	X			
7.3.2.4.2	读回路电流和范围百分比	2	X	X			
7.3.2.4.3	读动态变量和回路电流	3	X	X			
7.3.2.4.4	写回路配置	6	X	X			
7.3.2.4.5	读回路配置	7	X	X			
7.3.2.4.6	读动态变量族类别	8	X	X			
7.3.2.4.7	读带状态的设备变量	9	X	X			
7.3.2.4.8	读消息	12	X	X			
7.3.2.4.9	读标签、描述符和日期	13	X	X			
7.3.2.4.10	读主变量传感器信息	14	X	X			

表 373（续）

条	标题	变量 ID[a]	现场设备	适配器	网关	手持设备	网络管理器
7.3.2.4.11	读设备信息	15	X	X			
7.3.2.4.12	读最终装配号	16	X	X			
7.3.2.4.13	写消息	17	X	X			
7.3.2.4.14	写标签、描述符和日期	18	X	X			
7.3.2.4.15	写最终装配号	19	X	X			
7.3.2.4.16	读长标签	20	X	X			
7.3.2.4.17	写长标签	22	X	X			
7.3.2.4.18	复位配置改变标志	38	X	X	X		
7.3.2.4.19	执行自检	41	X	X	X		
7.3.2.4.20	执行设备复位	42	X	X	X		
7.3.2.4.21	读附加设备状态	48	X	X	X		
7.3.2.4.22	复位更多可用状态	48					
7.3.2.4.23	读设备变量信息	54	X	X			
7.3.2.4.24	写设备变量	79	X	X			
7.3.2.4.25	读实时时钟	90	X	X			
7.3.2.4.26	写发布数据周期	103	X	X	X		
7.3.2.4.27	写发布数据触发器	104	X	X	X		
7.3.2.4.28	读发布数据模式配置	105	X	X	X		
7.3.2.4.29	清除延迟响应	106	X	X	X		
7.3.2.4.30	写发布数据设备变量	107	X	X	X		
7.3.2.4.31	写发布数据模式命令号	108	X	X	X		
7.3.2.4.32	写发布数据模式控制	109	X	X	X		
7.3.2.4.33	读事件通知汇总	115	X	X	X		
7.3.2.4.34	写事件通知比特掩码	116	X	X	X		
7.3.2.4.35	写事件通知定时	117	X	X	X		
7.3.2.4.36	写事件通知控制	118	X	X	X		
7.3.2.4.37	写事件通知确认	119	X	X	X		

注：发布数据模式和事件的应用见附录 G。

[a] 变量 ID 是服务定义中的数字标识符，也是 HART 命令号。

表 374 CP 9/2:层管理服务选项

条	标题	变量 ID[a]	现场设备	适配器	网关	手持设备	网络管理器
7.3.2.5.1	写加入密钥	768	X	X		X	
7.3.2.5.2	读加入状态	769	X	X		X	
7.3.2.5.3	写主动搜索阈值时间	770	X	X		X	X
7.3.2.5.4	写加入模式配置	771	X	X		X	
7.3.2.5.5	读加入模式配置	772	X	X		X	X
7.3.2.5.6	写网络 ID	773	X	X	X	X	X
7.3.2.5.7	读网络 ID	774	X	X	X	X	X
7.3.2.5.8	写网络标签	775	X	X	X	X	
7.3.2.5.9	读网络标签	776	X	X	X	X	
7.3.2.5.10	读无线设备能力	777	X	X			O
7.3.2.5.11	读电池寿命	778	X	X	X		O
7.3.2.5.12	报告设备健康状况	779	X	X			X
7.3.2.5.13	读邻居健康状况列表	780	X	X			X
7.3.2.5.14	读设备昵称	781	X	X	X		
7.3.2.5.15	读会话列表	782	X	X	X		
7.3.2.5.16	读超帧列表	783	X	X			
7.3.2.5.17	读链路列表	784	X	X			
7.3.2.5.18	读图列表	785	X	X			
7.3.2.5.19	读邻居属性标志	786	X	X			
7.3.2.5.20	读邻居信号电平	787	X	X			X
7.3.2.5.21	报告路径失效报警	788	X	X			X
7.3.2.5.22	报告源路由失败报警	789	X	X			X
7.3.2.5.23	报告图路由失败报警	790	X	X			X
7.3.2.5.24	报告传输层失败报警	791	X	X			X
7.3.2.5.25	写 UTC 时间映射	793	X	X	O		
7.3.2.5.26	读 UTC 时间映射	794	X	X	X		X
7.3.2.5.27	写定时器间隔	795	X	X			X
7.3.2.5.28	读定时器间隔	796	X	X			X
7.3.2.5.29	写射频功率输出	797	X	X			X
7.3.2.5.30	读射频功率输出	798	X	X	X		X
7.3.2.5.31	请求时间表连接	799	X	X			X
7.3.2.5.32	读时间表列表	800	X	X			
7.3.2.5.33	删除时间表	801	X	X			X

表 374（续）

条	标题	变量 ID[a]	现场设备	适配器	网关	手持设备	网络管理器
7.3.2.5.34	读路由列表	802	X	X			
7.3.2.5.35	读源路由	803	X	X			
7.3.2.5.36	读 CCA 模式	804	X	X	X		
7.3.2.5.37	写 CCA 模式	805	X	X			X
7.3.2.5.38	读手持超帧	806	X	X	X		X
7.3.2.5.39	写手持超帧	807	X	X		X	
7.3.2.5.40	读包存活跳数	808	X	X	X		X
7.3.2.5.41	写包存活跳数	809	X	X			O
7.3.2.5.42	读加入优先级	810	X	X	X		
7.3.2.5.43	写加入优先级	811	X	X			X
7.3.2.5.44	读接收优先级阈值	812	X	X	X		
7.3.2.5.45	写接收优先级阈值	813	X	X			X
7.3.2.5.46	读设备列表	814	O	O	X		
7.3.2.5.47	增加设备列表登录项	815	O	O	X		
7.3.2.5.48	删除设备列表登录项	816	O	O	X		
7.3.2.5.49	读信道黑名单	817	X	X	X		
7.3.2.5.50	写信道黑名单	818			X		
7.3.2.5.51	读退避指数	819	X	X			
7.3.2.5.52	写退避指数	820	X	X			X
7.3.2.5.53	写网络接入模式	821			X		
7.3.2.5.54	读网络接入模式	822			X		
7.3.2.5.55	请求会话	823				X	X

[a] 变量 ID 是服务定义中的数字标识符，也是 HART 命令号。

表 375　CP 9/2：网关和网络管理器服务选项

条	标题	变量 ID[a]	现场设备	适配器	网关	手持设备	网络管理器
7.3.2.6.1	利用 UniqueID 读网络设备标识	832			X		
7.3.2.6.2	读设备邻居健康状况	833			X		
7.3.2.6.3	读网络拓扑信息	834			X		
7.3.2.6.4	读发布数据消息列表	835			X		
7.3.2.6.5	清除设备缓存响应	836			X		

表 375（续）

条	标题	变量 ID[a]	现场设备	适配器	网关	手持设备	网络管理器
7.3.2.6.6	写设备更新通知比特掩码	837			X		
7.3.2.6.7	读设备更新通知比特掩码	838			X		
7.3.2.6.8	报告变更通知	839			X		
7.3.2.6.9	读网络设备统计	840			X		
7.3.2.6.10	利用昵称读网络设备标识	841			X		
7.3.2.6.11	写网络设备调度标志	842			X		
7.3.2.6.12	读网络设备调度标志	843			X		
7.3.2.6.13	读网络约束	844			X		
7.3.2.6.14	写网络约束	845			X		

[a] 变量 ID 是服务定义中的数字标识符，也是指 HART 命令号。

表 376　CP 9/2：网络管理配置服务选项

条	标题	变量 ID[a]	现场设备	适配器	网关	手持设备	网络管理器
7.3.2.7.1	断开设备连接	960	X	X			X
7.3.2.7.2	写网络密钥	961	X	X			X
7.3.2.7.3	写设备昵称	962	X	X			X
7.3.2.7.4	写会话	963	X	X			X
7.3.2.7.5	删除会话	964	X	X			X
7.3.2.7.6	写超帧	965	X	X			X
7.3.2.7.7	删除超帧	966	X	X			X
7.3.2.7.8	写链路	967	X	X			X
7.3.2.7.9	删除链路	968	X	X			X
7.3.2.7.10	写图连接	969	X	X			X
7.3.2.7.11	删除图连接	970	X	X			X
7.3.2.7.12	写邻居属性标志	971	X	X			X
7.3.2.7.13	写网络暂停	972	X	X			X
7.3.2.7.14	写时间表	973	X	X			X
7.3.2.7.15	写路由	974	X	X			X
7.3.2.7.16	删除路由	975	X	X			X
7.3.2.7.17	写源路由	976	X	X			X
7.3.2.7.18	删除源路由	977	X	X			X

[a] 变量 ID 是服务定义中的数字标识符，也是指 HART 命令号。

9.3.5.2 AL 协议选项

9.3.5.2.1 所有设备类型的通用 AL 协议选项

表 377 列出了第 8 章中用于本行规的 AL 协议选项。

表 377 CP 9/2:AL 协议选项

条	标　　题	采用程度	约束
8.1	抽象语法	全部	—
8.2	传输语法	—	—
8.2.1	通用 APDU 字段	—	—
8.2.1.1	命令号字段	全部	—
8.2.1.2	八位位组计数字段	全部	—
8.2.1.3	响应代码字段	全部	—
8.2.1.4	应用过程状态字段	全部	见表 378
8.2.1.5	扩展状态字段	全部	—
8.2.1.6	值字段	全部	—
8.2.1.7	APDU 结构的格式	全部	—
8.2.2	通用 APDU 格式	全部	—
8.2.3	设备应用服务特定 APDU 结构	部分	见表 379
8.2.4	层管理服务特定 APDU 结构	部分	见表 380
8.2.5	网关和网络管理器特定 APDU 结构	部分	见表 381
8.2.6	网络管理配置特定 APDU 结构	部分	见表 382
8.2.7	数据编码规则	全部	—
8.3	通用规程	全部	—
8.4	FAL 服务协议机(FSPM)	全部	—
8.5	应用关系协议机(ARPM)	全部	—
8.6	TL 映射协议机(TMPM)	全部	—

表 378 应用过程状态值

比特掩码	定　　义
0x80	设备故障(Device Malfunction)——设备检测到严重的错误或故障,以致危及设备运行
0x40	配置改变(Configuration Changed)——执行了改变设备配置的操作
0x20	冷启动(Cold Start)——电源故障或发生设备复位
0x10	更多可用状态(More Status Available)——存在更多的状态信息,通过另一个读命令获取
0x08	回路电流固定(Loop Current Fixed)——回路电流保持在一个固定值,对过程的变化没有响应

表 378(续)

比特掩码	定　　义
0x04	回路电流饱和(Loop Current Saturated)——回路电流已达到其上限(或下限)值,不能再增加(或减小)
0x02	非主变量超限(Non-Primary Variable Out of Limits)——未被映射为主变量的设备变量超出了它的运行极限值
0x01	主变量超限(Primary Variable Out of Limits)——主变量超出了它的运行极限值

9.3.5.2.2 变量 ASE 协议选项

服务特定的 APDU 选项表使用以下约定:

——X:本 APDU 是必需的;

——O:本 APDU 是可选的;

——“空”:不需要本 APDU。

表 379 CP 9/2:设备应用服务特定的 APDU 选项

条	标　　题	命令 ID[a]	现场设备	适配器	网关	手持设备	网络管理器
8.2.3.1	标识	0,11,21	X	X			
8.2.3.2	读主变量	1	X	X			
8.2.3.3	读回路电流和范围百分比	2	X	X			
8.2.3.4	读动态变量和回路电流	3	X	X			
8.2.3.5	写回路配置	6	X	X			
8.2.3.6	读回路配置	7	X	X			
8.2.3.7	读动态变量族类别	8	X	X			
8.2.3.8	读带状态的设备变量	9	X	X			
8.2.3.9	读消息	12	X	X			
8.2.3.10	读标签、描述符和日期	13	X	X			
8.2.3.11	读主变量传感器信息	14	X	X			
8.2.3.12	读设备信息	15	X	X			
8.2.3.13	读最终装配号	16	X	X			
8.2.3.14	写消息	17	X	X			
8.2.3.15	写标签、描述符和日期	18	X	X			
8.2.3.16	写最终装配号	19	X	X			
8.2.3.17	读长标签	20	X	X			
8.2.3.18	写长标签	22	X	X			

表 379（续）

条	标　题	命令 ID[a]	现场设备	适配器	网关	手持设备	网络管理器
8.2.3.19	复位配置改变标志	38	X	X	X		
8.2.3.20	执行自检	41	X	X	X		
8.2.3.21	执行设备复位	42	X	X	X		
8.2.3.22	读附加设备状态	48	X	X	X		
8.2.3.23	复位更多可用状态	48					
8.2.3.24	读设备变量信息	54	X	X			
8.2.3.25	写设备变量	79	X	X			
8.2.3.26	读实时时钟	90	X	X			
8.2.3.27	写发布数据周期	103	X	X	X		
8.2.3.28	写发布数据触发器	104	X	X	X		
8.2.3.29	读发布数据模式配置	105	X	X	X		
8.2.3.30	清除延迟响应	106	X	X	X		
8.2.3.31	写发布数据设备变量	107	X	X	X		
8.2.3.32	写发布数据模式命令号	108	X	X	X		
8.2.3.33	写发布数据模式控制	109	X	X	X		
8.2.3.34	读事件通知汇总	115	X	X	X		
8.2.3.35	写事件通知比特掩码	116	X	X	X		
8.2.3.36	写事件通知时间	117	X	X	X		
8.2.3.37	写事件通知控制	118	X	X	X		
8.2.3.38	写事件通知确认	119	X	X	X		

[a] 命令 ID 是 APDU 中命令字段的值，也是指 HART 命令号。

表 380　CP 9/2：层管理服务特定的 APDU 选项

条	标　题	命令 ID[a]	现场设备	适配器	网关	手持设备	网络管理器
8.2.4.1	写加入密钥	768	X	X		X	
8.2.4.2	读加入状态	769	X	X		X	
8.2.4.3	写主动搜索阈值时间	770	X	X		X	X
8.2.4.4	写加入模式配置	771	X	X		X	
8.2.4.5	读加入模式配置	772	X	X		X	X
8.2.4.6	写网络 ID	773	X	X	X	X	X
8.2.4.7	读网络 ID	774	X	X	X	X	X

表 380（续）

条	标　　题	命令 ID[a]	现场设备	适配器	网关	手持设备	网络管理器
8.2.4.8	写网络标签	775	X	X	X	X	
8.2.4.9	读网络标签	776	X	X	X	X	
8.2.4.10	读无线设备能力	777	X	X			O
8.2.4.11	读电池寿命	778	X	X	X		O
8.2.4.12	报告设备健康状况	779	X	X			X
8.2.4.13	读邻居健康状况列表	780	X	X			X
8.2.4.14	读设备昵称	781	X	X	X		
8.2.4.15	读会话列表	782	X	X	X		
8.2.4.16	读超帧列表	783	X	X			
8.2.4.17	读链路列表	784	X	X			
8.2.4.18	读图列表	785	X	X			
8.2.4.19	读邻居属性标志	786	X	X			
8.2.4.20	读邻居信号电平	787	X	X			X
8.2.4.21	报告路径失效报警	788	X	X			X
8.2.4.22	报告源路由失败报警	789	X	X			X
8.2.4.23	报告图路由失败报警	790	X	X			X
8.2.4.24	报告传输层失败报警	791	X	X			X
8.2.4.25	写 UTC 时间映射	793	X	X	O		
8.2.4.26	读 UTC 时间映射	794	X	X	X		X
8.2.4.27	写定时器间隔	795	X	X			X
8.2.4.28	读定时器间隔	796	X	X			X
8.2.4.29	写射频功率输出	797	X	X			X
8.2.4.30	读射频功率输出	798	X	X	X		X
8.2.4.31	请求时间表连接	799	X	X			X
8.2.4.32	读时间表列表	800	X	X			
8.2.4.33	删除时间表	801	X	X			X
8.2.4.34	读路由列表	802	X	X			
8.2.4.35	读源路由	803	X	X			
8.2.4.36	读 CCA 模式	804	X	X	X		
8.2.4.37	写 CCA 模式	805	X	X			X
8.2.4.38	读手持超帧	806	X	X	X		X
8.2.4.39	写手持超帧	807	X	X		X	
8.2.4.40	读包存活跳数	808	X	X	X		X

表 380（续）

条	标　题	命令 ID[a]	现场设备	适配器	网关	手持设备	网络管理器
8.2.4.41	写报存活跳数	809	X	X			O
8.2.4.42	读加入优先级	810	X	X	X		
8.2.4.43	写加入优先级	811	X	X			X
8.2.4.44	读接收优先级阈值	812	X	X	X		
8.2.4.45	写接收优先级阈值	813	X	X			X
8.2.4.46	读设备列表	814	O	O	X		
8.2.4.47	增加设备列表登录项	815	O	O	X		
8.2.4.48	删除设备列表登录项	816	O	O	X		
8.2.4.49	读信道黑名单	817	X	X	X		
8.2.4.50	写信道黑名单	818			X		
8.2.4.51	读退避指数	819	X	X			
8.2.4.52	写退避指数	820	X	X			X
8.2.4.53	写网络接入模式	821			X		
8.2.4.54	读网络接入模式	822			X		
8.2.4.55	请求会话	823				X	X
[a] 命令 ID 是 APDU 中命令字段的值，也是指 HART 命令号。							

表 381　CP 9/2：网关和网络管理器服务特定的 APDU 选项

条	标　题	命令 ID[a]	现场设备	适配器	网关	手持设备	网络管理器
8.2.5.1	利用 UniqueID 读网络设备标识	832			X		
8.2.5.2	读设备邻居健康状况	833			X		
8.2.5.3	读网络拓扑信息	834			X		
8.2.5.4	读发布数据消息列表	835			X		
8.2.5.5	刷新设备缓存响应	836			X		
8.2.5.6	写设备更新通知比特掩码	837			X		
8.2.5.7	读设备更新通知比特掩码	838			X		
8.2.5.8	报告变更通知	839			X		
8.2.5.9	读网络设备统计	840			X		
8.2.5.10	利用昵称读网络设备标识	841			X		
8.2.5.11	写网络设备调度标志	842			X		
8.2.5.12	读网络设备调度标志	843			X		

表 381(续)

条	标　题	命令 ID[a]	现场设备	适配器	网关	手持设备	网络管理器
8.2.5.13	读网络约束	844			X		
8.2.5.14	写网络约束	845			X		

[a] 命令 ID 是 APDU 中命令字段的值,也是指 HART 命令号。

表 382　CP 9/2:网络管理配置服务特定的 APDU 选项

条	标　题	命令 ID[a]	现场设备	适配器	网关	手持设备	网络管理器
8.2.6.1	断开设备连接	960	X	X			X
8.2.6.2	写网络密钥	961	X	X			X
8.2.6.3	写设备昵称	962	X	X			X
8.2.6.4	写会话	963	X	X			X
8.2.6.5	删除会话	964	X	X			X
8.2.6.6	写超帧	965	X	X			X
8.2.6.7	删除超帧	966	X	X			X
8.2.6.8	写链路	967	X	X			X
8.2.6.9	删除链路	968	X	X			X
8.2.6.10	写图连接	969	X	X			X
8.2.6.11	删除图连接	970	X	X			X
8.2.6.12	写邻居属性标志	971	X	X			X
8.2.6.13	写网络暂停	972	X	X			X
8.2.6.14	写时间表	973	X	X			X
8.2.6.15	写路由	974	X	X			X
8.2.6.16	删除路由	975	X	X			X
8.2.6.17	写源路由	976	X	X			X
8.2.6.18	删除源路由	977	X	X			X

[a] 命令 ID 是 APDU 中命令字段的值,也是指 HART 命令号。

附　录　A
（规范性附录）
信息安全（Security）

A.1　概述

本部分的网络信息安全功能规定了通信信息安全功能和相关信息安全方面内容。其他如物理设备信息安全方面的内容不包括在本部分范围内。由信息安全功能所保护的特定消息包括：

——单跳的 MAC 子层协议数据单元；

——端到端传输层协议数据单元；

——AL 协议数据单元中的密钥管理部分。

信息安全应由策略驱动并在多层实现，不受设备安装者或软件编写者选择的影响。它应是结构化的，以使得单个危害系统安全性的随意行为是不允许的或是受严格控制的。信息安全相关服务应由策略和各应用来共同选择。

策略应使用共享机密（shared-secrete）对称密钥进行分发，以允许网络安全管理器通过与目标设备共享一个共享机密密钥，可以改变重点策略的应用。当策略允许一个信息安全属性具有多个选项时，应用应通过其初始的或当前的服务请求来决定在允许范围内的选项。

连跳（hop-by-hop）传输的信息安全由 LLC 子层来提供。它抵御来自系统外的攻击者并且不共享系统机密。

端到端的信息安全由网络层之上的信息安全子层来提供。它抵御来自可能存在于源和目标间的网络路径上的攻击者。

新设备仅当其通过维护端口接收到“加入密钥”后才连接到网络。

拥有证书的设备通过使用一个共享机密对称密钥（见 6.5.3.2）来参与和其他同样拥有证书的设备进行安全的通信。共享机密对称密钥用来认证相互间的报文。

仅当两个设备共享一个密钥时，其中一个设备接收到一个经认证的报文，应暗示接收的报文是由另一个设备发出，或接收设备自己的软件已经被破解。因此，对于成对的设备而言，报文认证意味着源认证的附加条件，即声称的报文源是实际的报文发送者。

注：设备硬件内部用来防护加密界限的破解不在本部分范围内。其他的出版物，如 ISO/IEC 15408 和 US NIST FIPS 140 系列，针对这些漏洞。遵守的决定权留给对已实现的功能的评估者。

所提供服务中主要的安全元素包括通信实体之间通信关系的授权（见 6.5.5.4，Quarantined 状态和请求会话命令 823）。

在两种情况下，都使用一个对称的数据密钥，该密钥在试图通信的实体间共享。不具有密钥的攻击者无法修改报文而不被检测出来，并且无法解析高层加密的载荷信息（长度除外）。

通常，当使用密钥时，所提供的加密保护的类型和个数是由与每个密钥相关联的信息安全策略决定的。操作是基于一个共享的基于时钟同步的时间基准。LLC 子层和传输层的信息安全服务为接收器鉴定 PDU 传输的时间和近似的 TPDU 生成时间。协议元素在适当的层规定。

——MAC 子层安全协议的错误检测和安全见 6.2.4。

——端到端安全协议的安全功能见 6.5.3。

——加入协议见 A.2。

——更改密钥操作见 A.3。

——信息安全管理见 A.4。

——维护端口见 A.5。

——网络管理器执行的密钥分发功能见 C.2。

以下 APDU 用于管理信息安全对象：

命令 768(见 8.2.4.1)、命令 782(见 8.2.4.15)、命令 823(见 8.2.4.55)、命令 961(见 8.2.6.2)、命令 963(见 8.2.6.4)和命令 964(见 8.2.6.5)。

A.2 加入(Joining)

A.2.1 加入序列

A.2.1.1 概述

“加入”是指设备获得网络访问并且集成到网络中的过程。图 A.1 给出加入序列的一个概况。一个新设备加入到工作网络所必需的步骤如下：

——应使用维护工具对设备进行预配置(provision)，包括向新设备写网络 ID 和加入密钥(Join_key)；

注：加入密钥对于每个设备可能是不同的。

——新设备监视网络并接收其他设备发出的通告(Advertise)DLPDU。通告 DLPDU 中包含了足够的信息，新设备利用这些信息同步到网络时钟并在正确的链路(即正确的时隙号和信道)上进行通信。新设备利用匹配的网络 ID(network_ID)来定位到网络并与之同步。

——然后通过使用加入密钥，该设备建立起一条与网络管理器间的安全信道，加入密钥为两者间的初始通信提供加密。该设备向网络管理器发送其证书，以证明自己是可信任的。

——网络管理器负责确认新设备的可信任性。

- 符合 CMD ID ＃0 的设备身份(identify)和长标签(Long_tag)被提交给设备管理器；
- 加入密钥就像是一个密码；
- 当决定是否允许设备加入网络时，网络管理器考虑(上述)这三个项；
- 一旦设备被确认为是可信任的，网络管理器向加入设备提供网络管理器会话密钥和网络密钥。

——当新设备已满足信息安全要求以后，网络管理器将设备集成到网络中。这是通过向设备预配置通用超帧和链路来实现的；

——网络管理器可以选择让设备处于隔离状态。这种情况下设备可以参与在网络中，但是没有网关会话；

——当被隔离的设备获得与网关的会话后就变为可操作的。然后，该设备开始获得带宽和通信资源，这些都是发布其配置所指定的过程数据和事件所必需的。

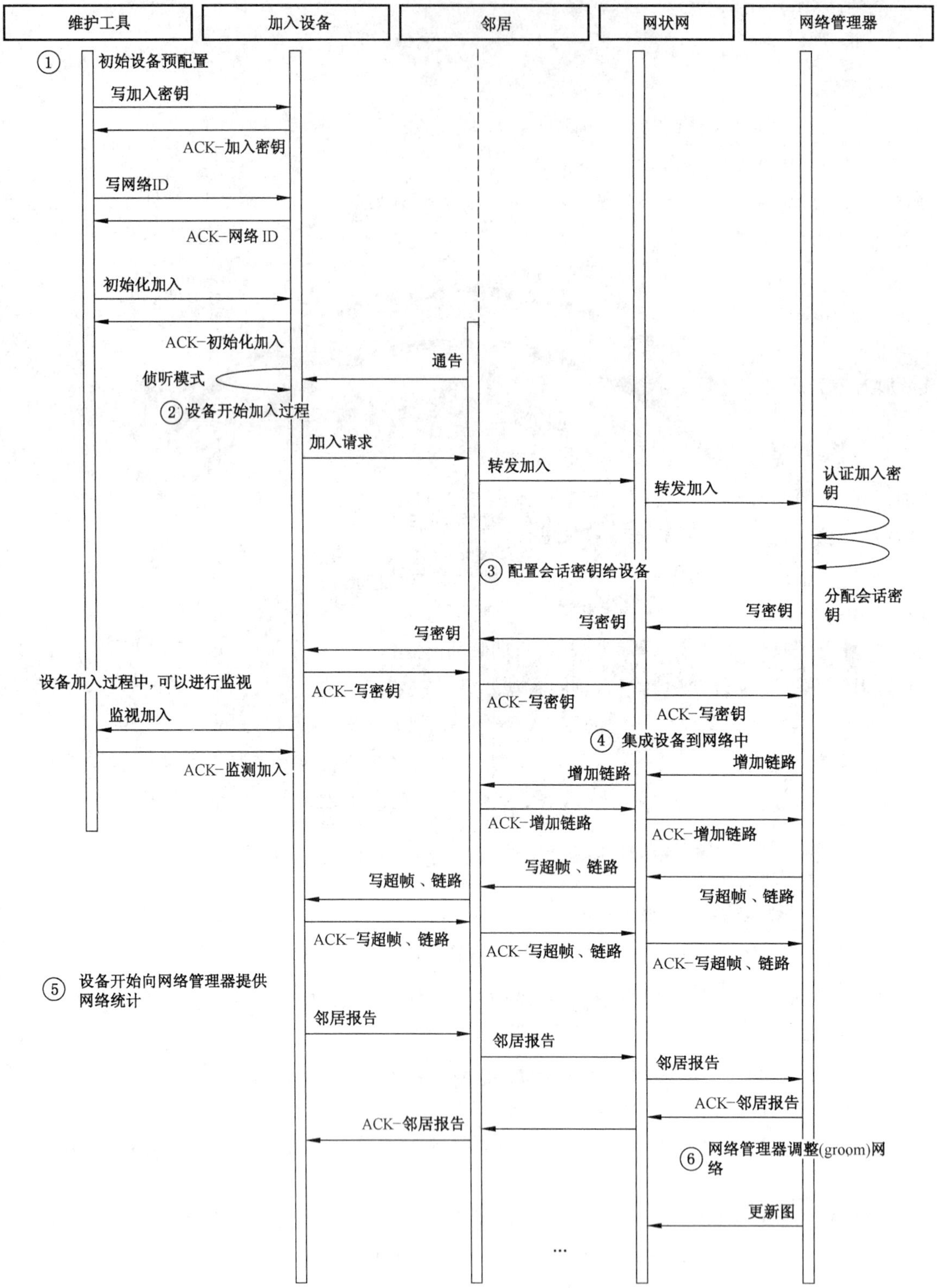

图 A.1　加入序列

A.2.1.2　初始设备预配置(provision)

在试图加入到网络之前,设备需要两个数据:加入密钥和网络 ID。网络 ID 标识出该设备准备加入的网络,加入密钥是允许设备加入网络的网络密码。这两项应通过设备的维护端口写入设备中(见附录A.5)。

当初始预配置完成后,设备可被立即配置以加入网络。可选地,设备可在过程中被安装,然后最终用户可使用设备维护工具来将设备置于加入模式。

如有必要,维护工具也可用来监视加入过程以允许操作员干预。

A.2.1.3 侦听网络通信

当加入被初始化后,设备的DLE被置于搜索模式以同步到网络并接收通告DLPDU。在该模式下,设备应识别出邻居(发通告或不发通告)并收集邻居统计信息,如平均信号电平。在识别出一个或多个发通告的邻居后,该设备应为其加入过程,选择其中的一个作为父节点。邻居中具有最低加入优先级和足够RSL的应被选为父邻居。

A.2.1.4 提交证书(credential)

当设备同步到网络后,它向网络管理器发送一个加入请求(见图A.1中的②)。加入请求及其加密中包含了提供给网络管理器的设备证书,网络管理器在允许设备加入网络之前检查这些证书。设备的目标是获得一个会话密钥和一个网络密钥,以实现和网络管理器继续通信。网络密钥用于数据链路层设备到设备、单跳信息安全和认证。有三个主要证书:

——设备的身份(identify)(即命令0响应);

——设备的长标签(命令20响应);

——设备的加入密钥。

前两个包含在加入请求的载荷中。在设备从网络管理器接收到会话密钥和网络密钥之前,加入密钥作为所有通信的会话密钥。因此,网络管理器的成功认证是对设备拥有正确加入密钥的确认。

因为加入设备不知道网络密钥,它应使用公知密钥(well-known key)来与通告邻居进行DLPDU通信,该通告邻居被用作预期的父邻居。该预期父邻居从加入设备接收DLPDU,并使用网络密钥通过网状网络转发DLPDU。

当发送加入请求后,加入设备应启动一个响应定时器用来监视响应。如果定时器到时,设备应向下一个可用的通告邻居发送另一个加入请求。当加入请求发送次数达到"最人加入重试次数(max_join_retries)"时,设备将不会发送加入请求。

A.2.1.5 获取第一个密钥

当网络管理器接到一个加入请求时,应验证这个请求是来自一个可信的设备。一个可信设备包括:

——有一个可信的身份(即正确的设备名称);

——使用一个合适的加入密钥;

——设备名称和加入密钥的正确结合。

加入请求中包含了足够的信息来满足这些标准。设备身份通过使用命令0中的二进制信息建立,或通过命令20中的长标签建立。

注:不论设备是否可信,有很多种方法和信息安全技术用来建立连接。有关网络管理器用来验证加入设备是否可信的策略的选择方法不在本标准范围内。

如果设备的证书符合验证标准,则加入请求被认为是有效的。网络管理器应分配会话密钥、设备昵称,并将这两项连同网络密钥一起写入加入设备中(见图A.1中的③)。加入响应PDU使用加入密钥进行加密。包含若干密钥的NPDU应通过加入设备预期的父邻居路由到其中。

设备应确认收到加入响应。确认 PDU 应使用刚刚接收的会话密钥和网络密钥。

A.2.1.6 设备集成到网络

设备因为有了会话密钥和网络密钥,它能够与网络管理器进行通信。在加入序列中的这一点,它的通信需要网络管理器使用代理路由(proxy routing)来到达加入设备。网络管理器应将加入设备更加紧密地集成到网络中,包括:

——为设备提供至少两个时间源父节点的身份;

——在设备父节点中更新通信表;

——将设备的通信从加入链路转换成普通链路。

关联的通信活动的示例如图 A.1 中的④开始表示。此通信活动将持续一段时间,以便网络管理器向加入设备中写入一系列帧和链路。此后,设备就被集成到网络且应停止使用加入链路进行通信。

在设备加入过程中,网络管理器应维护所有与一个设备有关的加入链路。

A.2.1.7 隔离(Quarantined)状态

如果一个设备已加入网络,但它不具有与网关的任何会话,则该设备应处于"隔离(Quarantined)"状态。在此状态下,设备仅能与网络管理器进行通信,且不应发布任何过程数据。该设备其他方面应正常运行,包括传递从邻居接收的 DLPDU、生成邻居报告和网络统计信息。当需要时,网络管理器能修改网络通信配置来调整网络。

当进入"隔离"状态时,健康状况报告(HealthReport)定时器应被初始化为 Health_report_time(见表 58)并启动。设备应开始生成健康状况报告(见图 A.1 中的⑤)。只要 HealthReport 定时器超时,则生成健康状况报告。健康状况报告应以"过程数据"的优先级来传送。随着每个健康状况报告的生成,HealthReport 定时器应重新复位为 Health_report_time。

在加入网络后,第一个健康状况报告应在以下两种之一情况发生时生成(不论谁先发生):识别了至少 3 个邻居,或 HealthReport 定时器超时。如果捕获了多个通告包,则设备在进入"隔离"状态后应立即生成第一个报告。

健康状况报告由命令 779(见 8.2.4.12)、命令 780(见 8.2.4.13)和命令 787(见 8.2.4.21)的响应 APDUs 组成。命令 780 将所有已链接的邻居的统计信息返回。命令 787 报告所有已被检测到但尚未连接到该设备的邻居。根据网络和设备的个数,通常生成多个包。健康状况报告聚合成尽可能少的 TPDU。

根据网络管理器的信息安全策略,可以立即将网关会话写入隔离设备,或将设备置于隔离状态一段时间。在任何情况下,设备应保持在隔离状态,直到设备收到允许与网关通信的会话。

A.2.1.8 成为操作(operational)状态

当一个新网关会话被写入设备中时,该会话成为可操作的。一旦此会话是可操作的,网关通常开始在为该设备准备的网关缓存(cache)中填充该设备数据。这将导致该设备上产生激增的请求/响应通信流量,可能达数百次事务。此通信采用维护服务,维护服务归网关所有并受其控制。

注 1:每当收到一个对新设备的会话,在填充其缓存时,网关应为该设备请求较大的带宽(例如每秒钟一次请求/响应),然后再降低带宽到通常的水平(例如每 10 秒一次请求/响应)。

注 2:另外,外部主机应用(例如仪表管理软件包、过程自动控制器等)也可通过网关开始与设备进行通信。网关应增加和减少维护服务带宽,以确保与现场设备的响应通信。这个通信速率应和有线 HART™通信网络一致。

在设备接收到其网关会话之后,该设备应获得足够的带宽和通信资源,以履行它在过程自动化系统整体中的职责。当设备获得了为过程数据(发布服务)和警告(事件服务)所请求的带宽后,设备应开始发送发布报告。

所有的维护通信包括向现场设备发送请求和从现场设备接收响应。现场设备应假定网关已经分配了足够的通信带宽。因此,对网关和网络管理器生成命令请求的响应,应是立即的且与设备中的任何时间表(Timetable)没有关联。

A.2.2 网络层加入过程

A.2.2.1 概述

对应于 DLE 状态机用于设备与通信时隙同步,NLE 状态机用于执行高层次的加入规程(包括以信息安全为目的的重试),如图 A.2 所示。网络层加入过程的主要目的是为了接收加入网络的许可以及获取一个带有链路的帧,以允许设备与网络管理器进行可靠通信。

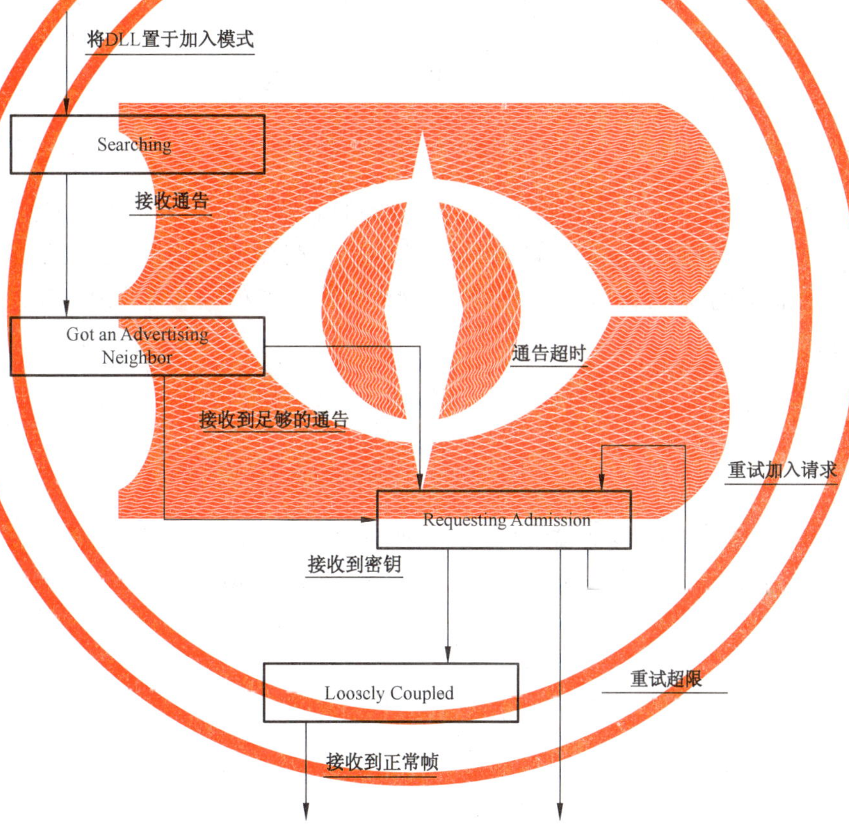

图 A.2 网络层加入过程

A.2.2.2 搜索(Searching)

当处于搜索模式时,NLE 等待接收一个通告包。当处于该模式时,DLE 进行网络搜索、与其同步并接收 DLPDU。

当从 DLE 接收到通告指示原语后,NLE 按顺序转移到"获得一个通告邻居(Got an Advertising Neighbor)"状态。

A.2.2.3 获得一个通告邻居(Got an Advertising Neighbor)

在进入"获得一个通告邻居"状态后,通告等待定时器(AdWaitTimer)应被初始化为 Ad_wait_timeout(见表 58)并启动。该设备应继续接收其他的通告包。如果接收到至少三个不同的通告包或 AdWaitTimer 超时,该设备应转移到"请求准入(Requesting Admission)"的状态。

A.2.2.4 请求准入(Requesting Admission)

一旦进入"请求准入"状态,设备应发送一个加入请求给网络管理器,初始化 JoinRspTimer 为 Join_rsp_time(见表 58),并启动 JoinRspTimer。如果 JoinRspTimer 超时,该设备应:

——发送一个加入请求给网络管理器;

——启动 JoinRspTimer;

——JoinRetry 计数器减 1。

如果网络管理器以写入网络密钥、网络管理器会话和设备昵称作为响应,则设备应转移到"松耦合(Loosely Coupled)"状态。

否则,如果 JoinRetry 计数器变为 0,则状态机应提示错误并退出。

A.2.2.5 松耦合(Loosely Coupled)

设备拥有昵称和网络密钥后,就能与网络管理器进行通信。然而,设备与网络的连接是极其脆弱的(它仅能通过共享的加入链路进行会话)。设备应一直处于"松耦合"状态,直到它接收到一个正常帧和链路。如果设备获得这样的帧和链路,则应成功退出网络层加入过程。网络管理器和设备之间的可靠通信在此时能得到保障。

A.2.3 数据链路层加入过程

A.2.3.1 概述

DLE 通过 NLE 触发进入网络搜索模式。该模式的目标是为了使设备时隙时间与网络同步。同步的第一步就是开始主动搜索网络。DL 网络搜索过程的状态图见图 A.3。

加入过程是一个设备级的过程,并且需要网络层和数据链路层的紧密协作。

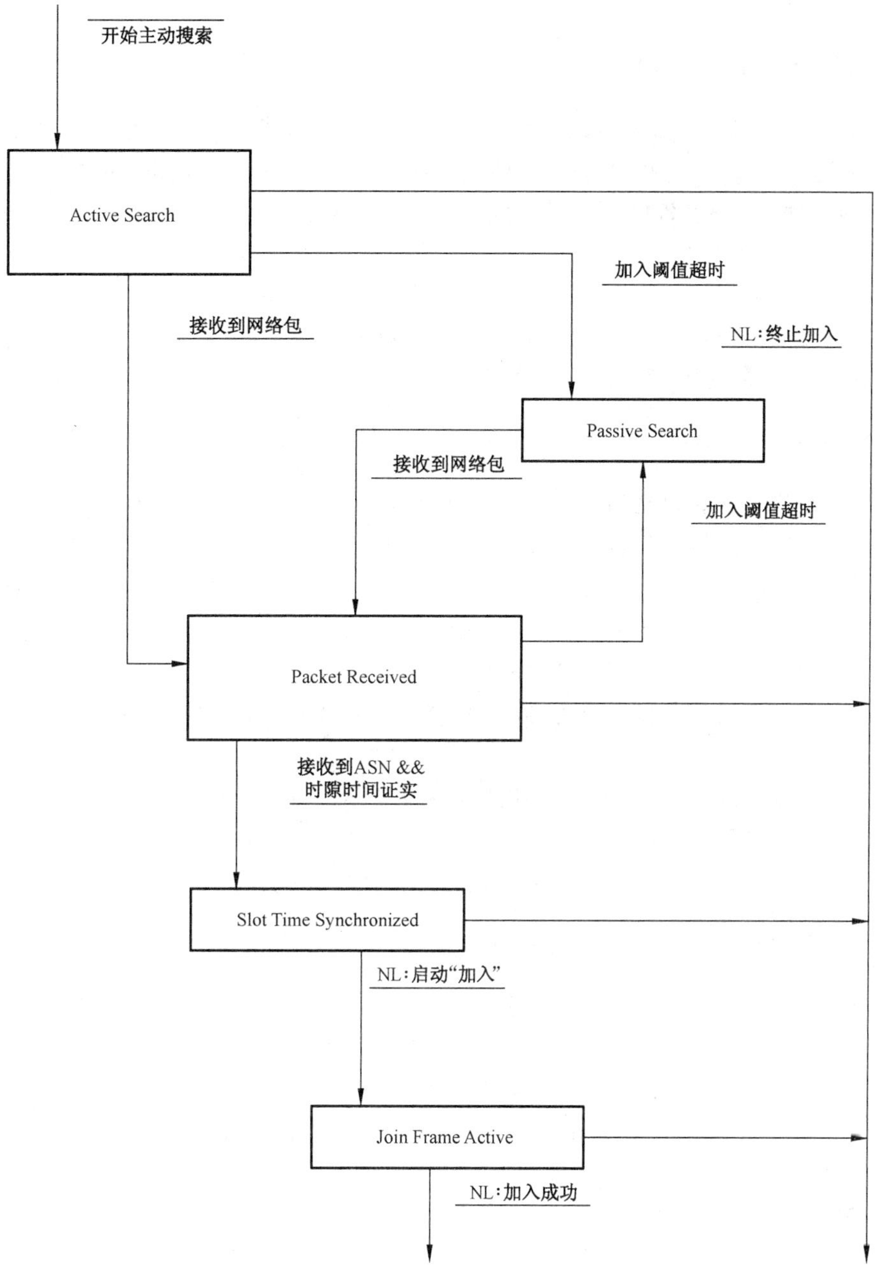

图 A.3 数据链路层加入过程

A.2.3.2 主动搜索(Active Search)

当设备处于"主动搜索"状态时,应在连续侦听包时保持收发器处于接收模式。当 DLE 进入此状态,它应设置一个定时器为 Active_search_shed_time,以限制网络的主动搜索时间。如果定时器超时还没有识别出网络,则设备应转移到"被动搜索(Passive search)"状态。

设备的收发器应在 ChannelSearchTime 值指示的时间段内保持在一个信道上。超过这个时间段后,设备应切换到下一个信道并且重新开始侦听。信道将按顺序扫描,直到 Active_search_shed_time 超时或接收到一个包为止。

注:ChannelSearchTime 的缺省值是 400。实现可根据节能需求选择不同的数值。

当接收到一个包且其网络 ID 与设备中设置的网络 ID 相匹配,则设备应转移到"包已接收(Packet

received)”状态。

A.2.3.3 被动搜索(Passive search)

设备无法定位网络时进入“被动搜索”状态。这是一种缩短周期的、节约能耗的运行模式。在此模式下，设备以较低速率连续搜索网络数据包。设备应唤醒并在 PassiveWakeTime 指示的时间内进行侦听。如果未接收到数据包，则设备应关闭其收发器并返回低功耗模式。这种循环应以 PassiveCycleTime 为周期反复进行。

注：缺省的 PassiveWakeTime 为 6.5 s；缺省的 PassiveCycleTime 为 600 s。实现可根据节能需求选择不同的数值。

如果设备接收到数据包，则应转移到“包已接收(Packet received)”状态。当设备接收到“强制加入模式(Force join mode)”命令后，也能够被强制转移回“主动搜索”模式。

A.2.3.4 包已接收(Packet received)

该状态的目标是将设备时隙时间的定时器与网络同步。设备应接收 DLPDU。如果 DLPDU 不是一个 ACK，则应记录该数据包的开始时间，同时设备时隙时间被建立。随后，所有另外的非 ACK 数据包的开始时间应与设备时隙定时进行比较，并且通过衡量设备与网络时隙时间的同步性来搜集统计信息。当时隙时间统计数据达到一致后，设备可以被认为实现同步。

在此状态下，设备应连续接收 DLPDU 并更新其邻居表。此外，信道应根据指 ChannelSearchTime 定的值进行切换。如果设备接收到一条通告 DLPDU，则被搜索的信道应被限制在那些通告包信道图所指定的信道内。

设备在满足以下条件时，应转移到“时隙时间已同步(Slot time synchronized)”状态：

——时隙时间已实现同步，并且

——绝对时隙时间(Absolute Slot Time)已经与网络取得一致。

A.2.3.5 时隙时间已同步(Slot time synchronized)

此状态下，DLE 能够减少对时隙时间的侦听。当接收到 DLPDU 时，设备定时器应被更新，以保持与网络的同步。DLE 应等待接收另一个通告 DLPDU。当接收到一个通告 DLPDU 之后，DLE 应向 NLE 提供通告指示原语。设备应按接收的通告 DLPDU 中的信息来配置加入帧和链路。这些帧在加入请求生成前一直被禁用。此外，初始化通告包中指出的图，并建立与通告设备的连接。

在此状态下，DLE 应等待 NLE 通过发送加入请求来通知已启动加入过程。当接收到来自 NLE 的加入请求后，设备应启用加入帧并转移到“加入帧激活(Join frame active)”状态。

A.2.3.6 加入帧激活(Join frame active)

通过邻居显示出足够的 RSL 并指示出最低的加入优先级，(设备)应尝试进行首次加入。在加入请求被发送后，如有必要，设备应开始发送 Keep-Alive DLPDU，以维护通过加入链路与已连接的邻居保持同步。在接收到来自 NLE 的表示加入成功或终止加入的信号之前，设备应一直处于本状态。

在加入请求生成之前，通过通告 DLPDU 接收的加入帧被启用。加入帧包含了共享时隙，因此存在与其他加入设备发生碰撞的可能。为了使由于许多设备同时试图加入而造成碰撞的可能性降至最低，在发送首个加入请求和计算退避计数器(Backoff_cntr)之前，Backoff_exp 应被初始化为 4。这导致使用随机时隙来发送加入请求。

A.3 网络密钥更换操作

密钥更换操作如图 A.4 所示。整个序列始于网络管理器(示例中的主站)生成一个需确认的广播请求(见 8.2.6.2)。传输实体将它发送给所有设备(见图 A.4 的①)。

每个设备依次对命令进行响应(见图 A.4 的②)。设备的响应采用单播设备-网络管理器会话进行加密。这样保证了参与的设备无法假冒(spoof)包含了密钥的响应。然而,为了允许网络管理器与响应相关联,传输类型被设为响应广播(Response-Broadcast)。

网络管理器的传输实体接收来自所有设备的确认(可根据需要重试)。在规定的绝对时隙数号(),所有设备内的网络密钥都被更换为新值(见图 A.4 的③)。

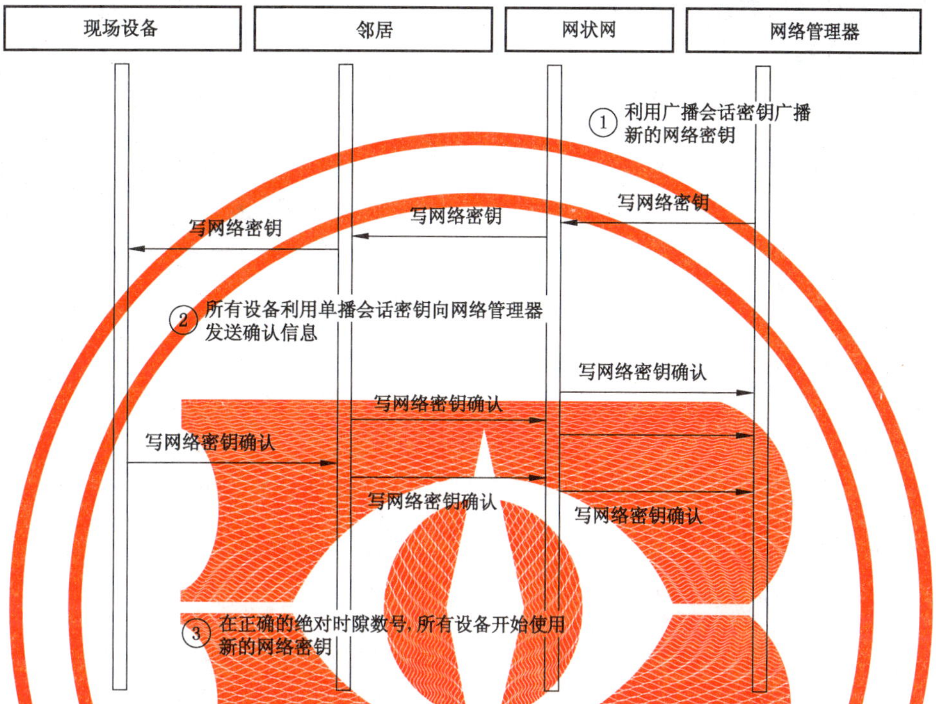

图 A.4 网络密钥更换操作

A.4 信息安全管理

安全管理器生成并管理网络用的密码规则。它负责密钥的生成、存储和管理。安全管理是一个独立于网络管理的功能。在一些工厂自动化网络中,安全管理器可能是一个集中的功能,为多个无线网络提供服务,在某些情况下还服务于其他的网络和应用。每个无线网络都与一个安全管理器相关联,而一个安全管理器可以服务于多个无线网络。

安全管理器与网络管理器一起工作,保护无线网络的操作不受敌对威胁。网络管理器与安全管理器之间需要建立起安全的连接。这种安全连接超出本部分范围。

A.5 维护端口

所有现场设备都应提供一个符合本部分要求的维护端口。维护端口接口用于预配置(provision)一些服务(例如下载加入密钥和网络 ID 或者监视加入过程)。设备应允许通过维护端口读取和写入预配置所需的设备参数。任何仅能由网络管理器发出的写请求都不应通过维护端口实现;对于这些请求,设备应以“访问受限”做出响应。任何连接到维护端口的工具都不应访问无线网络。

维护端口既可以是一个标准的有线 HART™ 接口,该有线 HART™ 接口被设计用来连接符合 IEC 61784-1 CP9/1 的过程自动化系统;也可以是一个专用的维护端口。如果该端口是专用的,则它应符合以下要求：

——通过维护端口，现场设备应作为一个有线的 HART™ 多点模式的从站设备。现场设备的轮询地址应被配置为 1；

——输入阻抗应为 500 Ω，以简化其与原有维护工具之间的直接连接，以及简化支持有线 HART™ 通信协议的应用；

——维护端口不应支持发布数据通信；

——维护端口不应以有线方式永远连接到过程自动化系统；

——维护端口应提供清晰的标识。

附 录 B
（规范性附录）
无 线 规 程

B.1 初始化无线网络

在形成网络之前，应为网络管理器提供网络 ID(network_ID)。使用该 ID 和提供的安全密钥可以开始形成网络。这始于网络管理器与网关建立了安全和私有的连接。作为初始化序列的一部分，网络管理器应将以下内容下载到网关的每一接入点中：

——网络管理超帧，以支持网络监视和服务所需的基本带宽；

——网络图，以支持到网络管理器的上行通信；

——加入超帧和加入链路，以允许新设备加入网络；

——专用和共享的收发链路，以支持设备管理、健康状况报告传输和报警通信(路径失效)。

接入点应被配置为在每一时隙中均是活动的。这将使得用于通告、网络管理和加入包的网络能力最大化。网络管理器应启用第一个超帧，开始 ASN 0（即创建网络）。接入点应开始传输通告(Advertise) DLPDU，这样其他设备可加入网络，并且开始形成网络。

网络形成有三个部分:通告、加入和参数协商(parameter negotiation)。作为通告的一部分，已经在网的网络设备发送 DLPDU 以宣布它们存在于网络中。通告 DLPDU 包括 network_ID、ASN、加入帧和加入链路。试图加入网络的设备侦听这些 DLPDU。新设备按照 A.2 的规定尝试加入网络。

当设备加入网络时，设备和网关都向网络管理器请求分配网络容量(资源)。设备请求网络容量(资源)用于发布过程数据。网关请求网络容量(资源)用于支持新设备的请求和发送。网络管理器使用这些服务请求来评估和管理可用的网络容量(资源)。如果具有充足的网络容量(资源)，应按照请求为新加入的设备分配超帧和链路。如果网络容量(资源)受限，网络管理器可降低请求设备所请求的网络容量(资源)，或拒绝为其分配任何网络容量(资源)。

B.2 邻居发现

设备使用邻居发现过程来了解到新设备的潜在连接。设备在其邻居表中维护一列已发现的设备，以及这些邻居与该设备之间的链路。网络设备应使用命令 780(8.2.4.13) 和命令 787(8.2.4.20) 在其健康状况报告中周期性地报告邻居信息。网络管理器应使用健康状况报告中的信息来调整总的网络图，并在某些情况下，调整网络的调度。描述了邻居发现的整个过程。

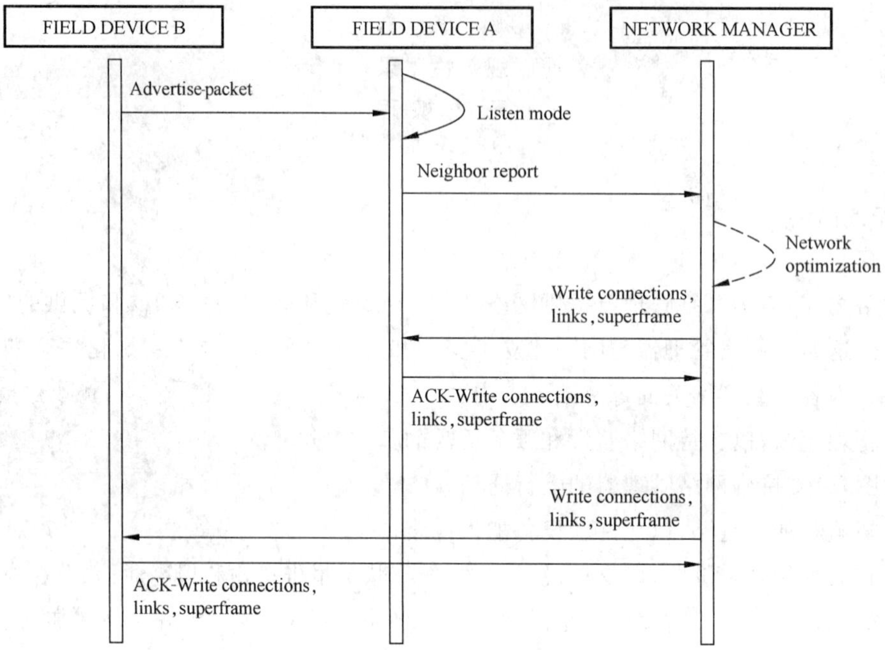

图 B.1 邻居发现

B.3 路径失效

当网络设备与其邻居失去连接之后,它应向网络管理器报告路径失效。图 B.2 描述了三个设备。其中,设备 A 和设备 B 已成功通信(例如设备 A 通过设备 B 进行发布),然而,干扰或堵塞扰乱了它们间的通信。Mesh 网络允许设备 A 继续通过一条备用路径(例如通过设备 C)进行响应。因为通信丢失,设备 A 和设备 B 应开始发送 Keep-Alive DLPDU 以探测连接。在 Path_fail_time 间隔时间之后,若通信还是中断的,两个无法通信的设备都应产生 path-down 报警(命令 788 见 8.2.4.21)。

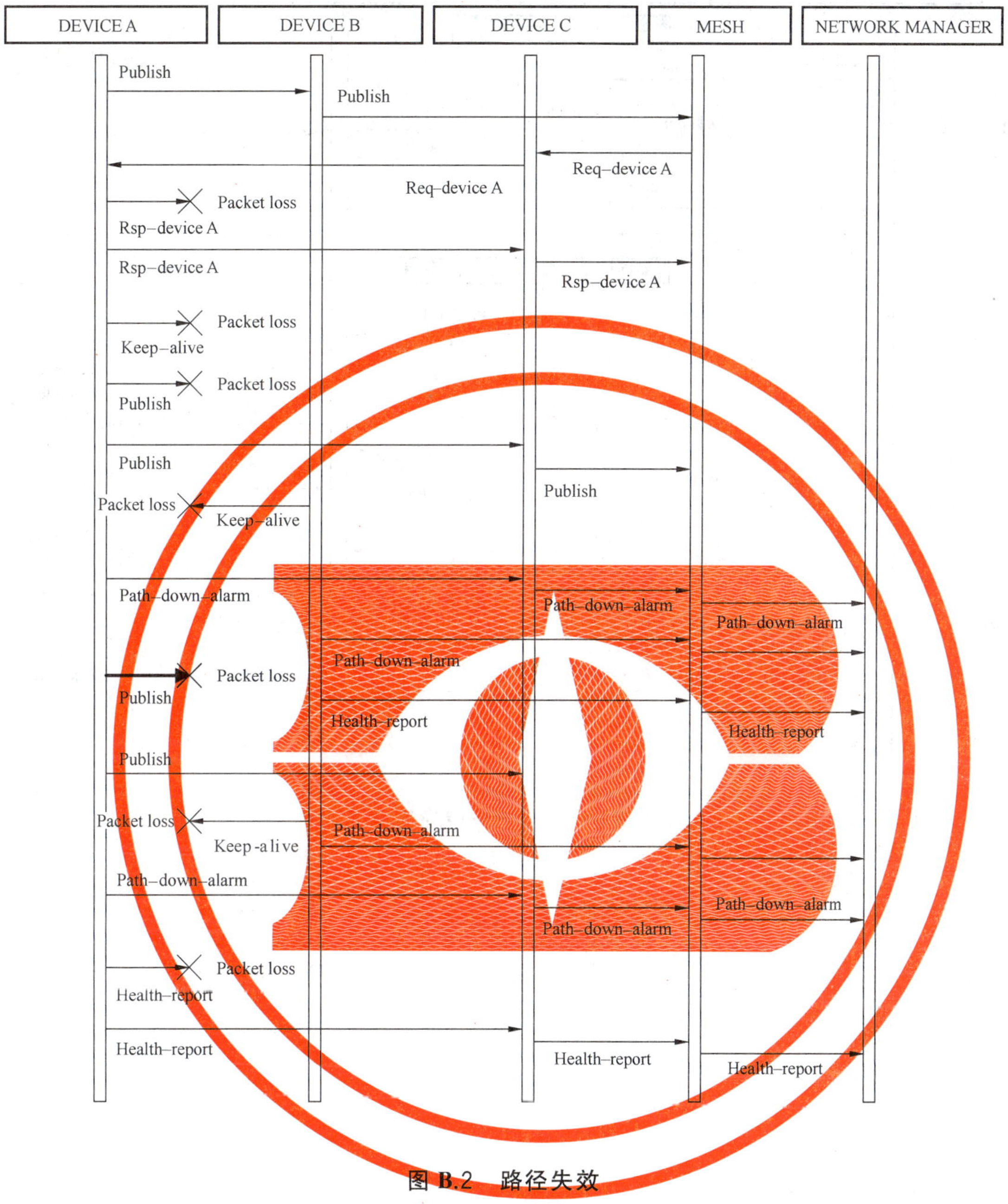

图 B.2 路径失效

B.4 设备离开网络

网络运行中，设备有时会挂起或从网络断开连接。发生这种情况时，设备应经历一个完整的重新加入过程。在离开网络之前，设备不应接受任何其他的 DLPDU，丢弃等待传输的 DLPDU，并应发送断开连接（Disconnect）DLPDU 到其所有邻居，如图 B.3 所示。

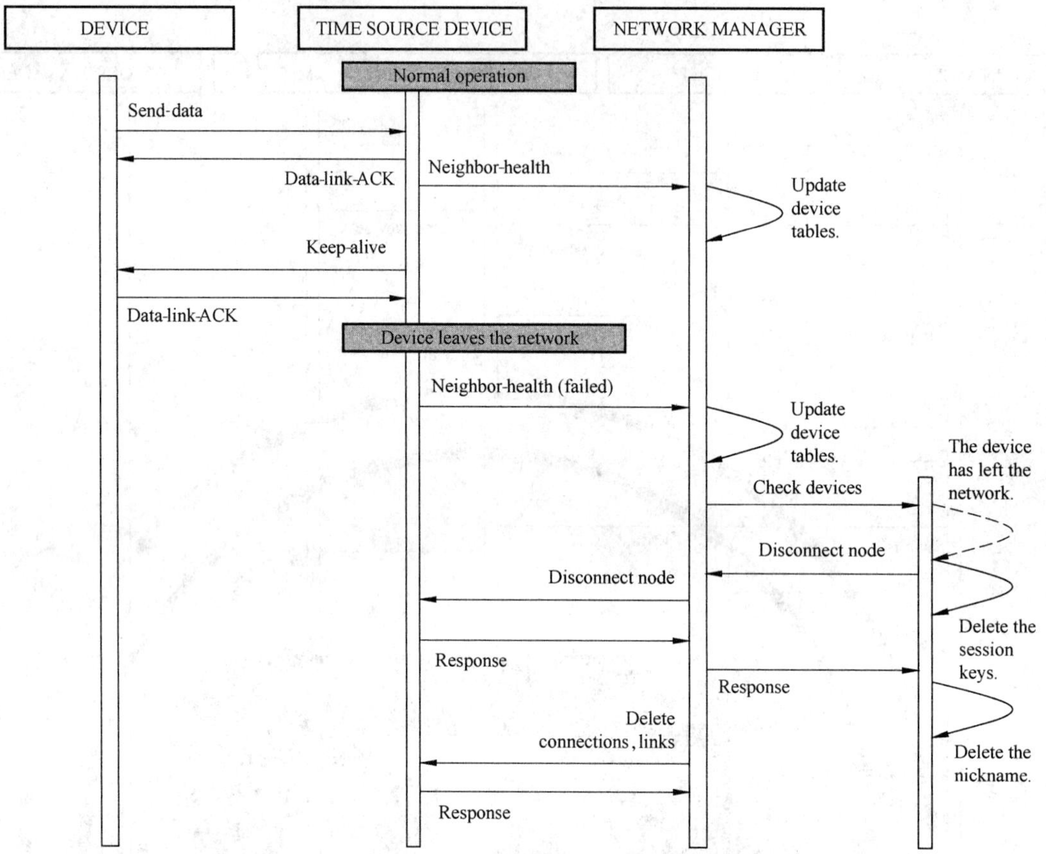
DEVICE
TIME SOURCE DEVICE
NETWORK MANAGER
Normal operation
Send-data
Data-link-ACK
Neighbor-health
Update
device
tables.
Keep-alive
Data-link-ACK
Device leaves the network
Neighbor-health (failed)
Update
device
tables.
The device
has left the
network.
Check devices
Disconnect node
Disconnect node
Response
Delete the
session
keys.
Response
Delete
connections, links
Delete the
nickname.
Response

图 B.3 设备离开网络

附 录 C
(规范性附录)
网 络 管 理

C.1 概述

网络管理器负责无线网络的全部管理、调度和优化。作为任务的一部分，网络管理器初始化并维护网络通信的参数值。网络管理器提供设备加入和离开网络的机制，也负责管理专用的和共享的网络资源。

网络管理器和网关应是一个逻辑实体。图 C.1 给出了网络管理器与无线网络其余部分之间的关系。网络管理器和网关可存在于相同的物理设备中，也可存在于完全独立的物理设备中。

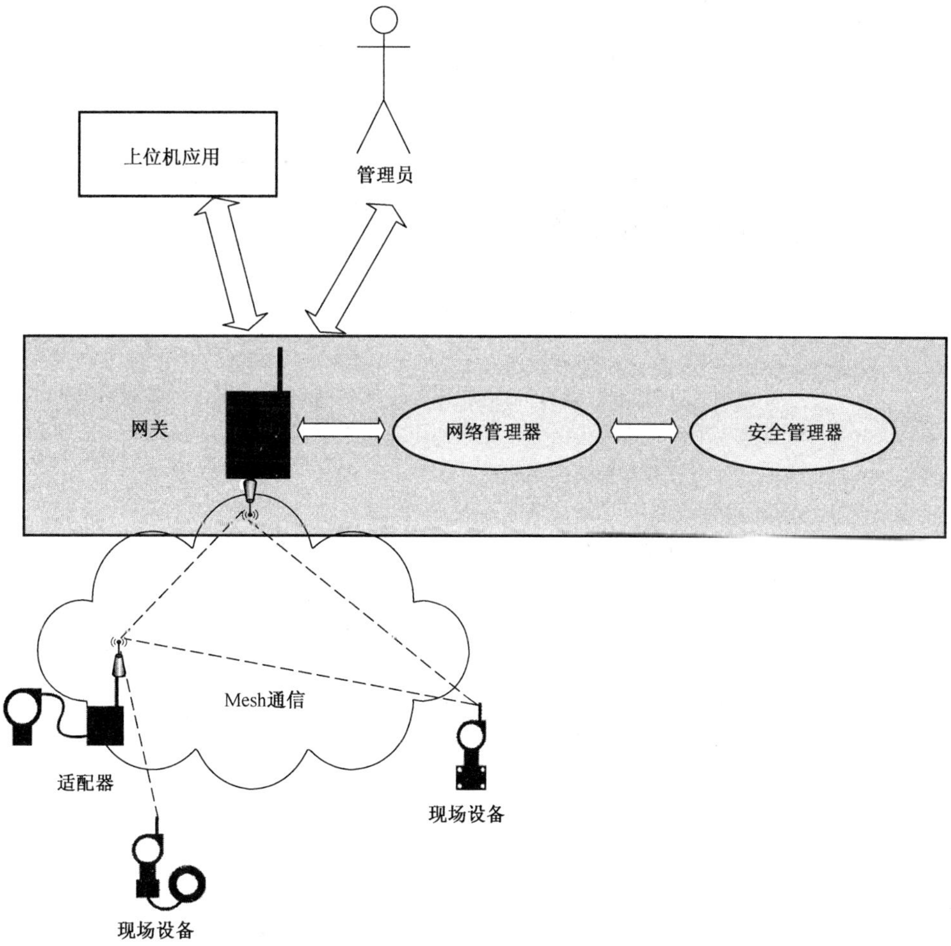

图 C.1　无线网络中的网络管理器

虽然网络管理器不需要直接的物理层连接，但它可通过具有网络接入点的网关进行通信。网络管理器应具有固定的、众所周知的地址(惟一 ID 为 0xF980000001，昵称为 0xF980)。该地址作为从现场设备到网络管理器的 APDU 的目的。可能有冗余的网络管理器连接到同一网络上，但每个无线网络实例应有且仅有一个活动的网络管理器。

注：一个网络管理器可用于多个网络。但一个网络中的设备不能与连接到同一网络管理器的其他网络中的设备进行通信。

网络管理器通过FAL与无线网络上的设备进行通信，也使用应用层PDU(见8.2.6)来读和写每一设备中的层管理对象。网络管理器也负责收集和维护网络总体健康状况的诊断信息。这些诊断信息可以报告给主机应用，也使得整个网络适应各种变化。

网络管理器在执行其完备功能时，需要设备信息、网络使用信息以及来自网络的关于其是否正常运行的反馈信息。它从站读取设备的配置和安装信息。设备、应用和工厂(plant)用户可请求通信资源。设备通过健康状况报告和诊断信息对网络是否正常运行提供反馈。

网关和网络管理器之间的接口不在本部分范围。网络管理器和网关负责建立彼此之间的安全连接，并维持该连接，用于传递控制和数据通信。因此，网关不需要经历一般网络设备的加入过程。网关连接到网络管理器之后，网络管理器可配置网关以开始向其他设备发送通告。

C.2 网络管理器功能

网络管理器应执行的功能见表C.1。

表C.1 网络管理器要求

网络功能	要 求
网络形成和配置	提供自身初始化和启动网络的逻辑
	管理拓扑；根据设备报告的诊断信息来适应网络的变化
	管理安全管理器提供给所有网络设备的网络密钥的分发。网络管理器和网关在单播或广播时应使用各自的密钥
	管理加入过程。网络管理器应验证尝试加入网络的设备。在授权网络设备后，网络管理器应为加入网络的设备提供网络密钥和四个会话密钥： ——网络管理器单播会话密钥； ——网络管理器广播会话密钥； ——网关单播会话密钥； ——网关广播会话密钥。 在设备试图加入网络前，设备应被配置network_ID，这样它才能找到要加入的正确网络
	分配16比特的昵称。网络管理器应为每个网络设备分配和管理惟一的16比特昵称(网络地址)。网络管理器负责确保每个设备的邻居表是最新的
	建立与网关的连接。无论何时网关收到发往网络管理器的报文，网关都将其转发给网络管理器。 网络管理器应通过网关连接到网络上
	至少配置一个连接到网关的网络接入点来提供网络时钟
	管理网络配置。维护总的网络配置，包括任何已发送到网络设备的网络信息
	响应对网络信息的请求。例如，当主机应用为网络中的某个设备发出网络管理信息请求时，网络管理器负责提供响应

表 C.1（续）

网络功能	要　　求
路由	创建和管理网络路由。网络路由是网络的完整地图(map)
	管理邻居表。网络管理器应通过周期性的健康状况报告来收集每个设备上的网络统计信息和邻居表信息。应使用该信息来适应网络的变化
	为图路由建立路由表。对于受调度的上行和下行通信,图路由都是理想的。上行通信包括过程测量和报警。下行通信包括改变执行器的设定值
	为源路由建立源路由列表
	为网络设备、网关以及自己分配通信资源,以使自己具有网络容量来管理网络,使设备具有足够的网络容量来通信
网络调度	创建超帧。使用多个超帧来支持特定扫描速率的通信。应分配其他超帧来支持在短期内要求大通信量的设备管理和诊断应用
	在超帧中分配链路
	创建链路表。每个链路包括一个与超帧相关联的时隙、链路类型(普通、通告、发现)、选项(发送、接收、共享)、邻居信息、信道偏移和连接到该链路的设备
	激活或去活超帧以响应应用命令
信道管理	跟踪被列入黑名单的信道 **注**：将信道列入黑名单是手动操作
	提供信道偏移。信道偏移用于在信道跳频时计算信道号。信道偏移的取值范围为 0～(信道总数－黑名单中的信道数)
网络诊断和适应	维护无线网络的全部诊断信息。如果网络设备在 Keep_alive_time 内没有收到来自邻居的数据包,则该设备向网络管理器发送 path-down 通知,以指示该路径不再可用
	维护每个网络设备的健康状况信息的记录
	为网络设备分配请求的通信资源。设备请求网络容量以能够支持发布数据操作、事件通知和块模式通信(block mode traffic)。网关请求网络容量来支持其客户机需求。通过增加或减少到特定设备的链路数以实现调节经过特定路径的通信量
	优化路由和调度以改进网络的运行,并节省设备能量

附　录　D
（规范性附录）
网　　关

D.1　概述

网关设备把无线网络同工厂自动化网络连接起来，允许数据在这两个网络之间传输。它提供主机应用到网络设备的访问。网关设备可以把一种协议转换为另一种协议，或作为使用相同协议的两个或多个网络的中介，或将命令和数据格式转换为另一种格式。无线网络也使用网关作为时隙和超帧的同步时钟源。

网关为无线网络通信提供源点和汇点。网关也提供到网络管理器的连接。网关应具有固定的、众所周知的地址（惟一 ID 为 0xF981000002、昵称为 0xF981）。每个网络应有且仅有一个网关。

网关利用应用层服务（见 8.2.5）实现与网络设备的通信。网关也作为服务器负责收集和维护网络中所有设备缓存的数据和命令响应。这些缓存的响应对应于发布数据消息、事件通知和命令响应。这些缓存响应立即返回给主机应用请求。这样减少了网络通信量，从而改善能量利用率和主机应用的响应能力。

D.2　接入点

网络接入点提供到无线网络的物理连接。网关可使用多个网络接入点以提高网络的有效吞吐量和可靠性。

注 1：接入点的物理位置根据网络拓扑和信号强度来选择。一般，接入点的位置与网关的位置不同。网关的位置与自动化网络的位置有关。如果有多个接入点，则应间隔一定的距离以避免 RF 干扰。

网关位于所有图的根部，以允许将 PDU 路由到最适合的网络接入点。接入点应作为网络层路由器，它应具有自己的惟一 ID 和网络地址，这不同于网关的惟一 ID 和网络地址。网络接入点的昵称由网络管理器分配。网络管理器也负责配置接入点中的路由。当网关使用多个网络接入点时，网络管理器为每个使用了至少两个网关网络接入点的网络设备提供冗余路由。网关应使用路由表（由网络管理器配置）来选择一个或多个接入点作为发送 NPDU 的下一跳。如果网络接入点失效，网络通信可能会受损，但通信应继续进行。

注 2：网关和接入点之间的通信不在本部分范围内。

网络接入点应向网络发布时钟信息。总是至少一个网络接入点为网络提供时钟信息。如果多个网络接入点提供时钟信息，则网关应确保它们之间保持同步。这导致以下三种可能的配置：

——单个网络接入点（见图 D.1）；

——多个网络接入点，每个都提供网络时钟（见图 D.2）；

——多个网络接入点，至少有一个不提供网络时钟（见图 D.3）。

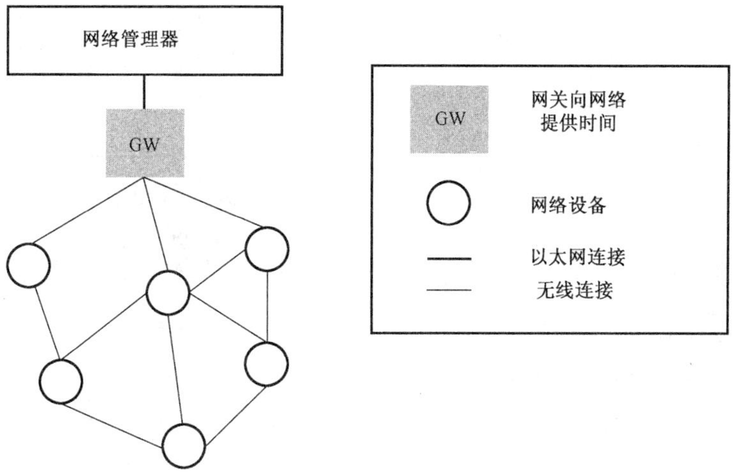

图 D.1　带有时钟的单个网络接入点

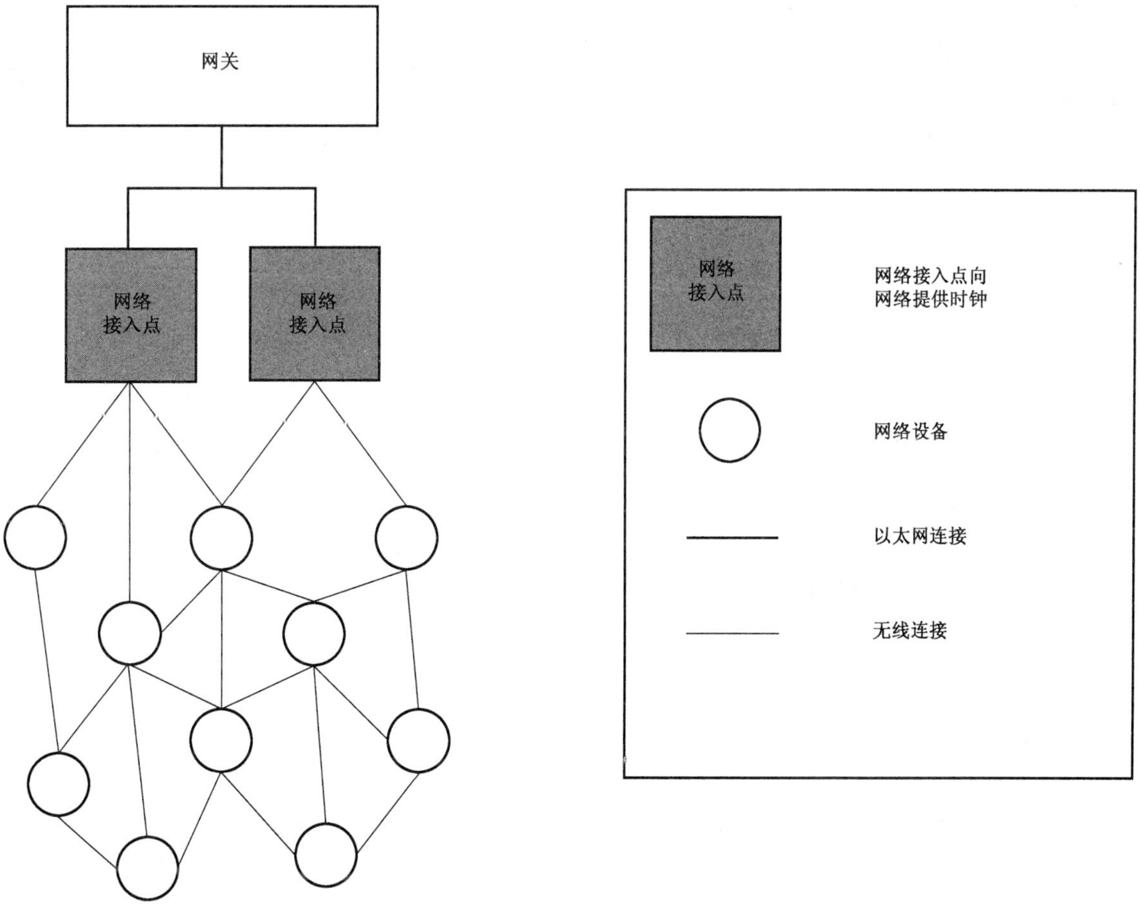

图 D.2　带有时钟的多个网络接入点

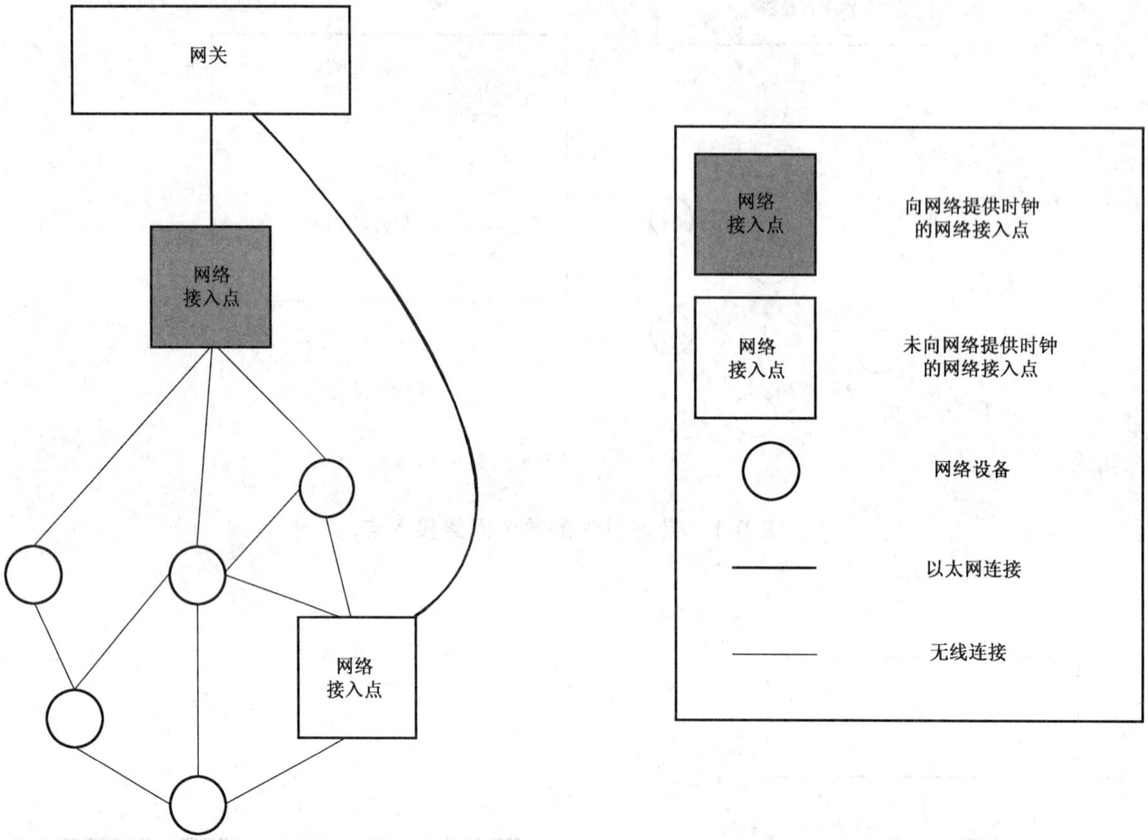

图 D.3 未提供时钟的网络接入点

D.3 功能

D.3.1 一般要求

网关应提供进入无线网络的入口点。它具有惟一 ID 和昵称。因此主机应用可使用本部分的 APDU 与网关进行通信。

——网关应作为网络设备参与无线网络；

注 1：它通过网络接入点与所有连接到同一无线网络的其他网络设备进行通信。

——网关应直接与网络管理器进行通信；

——网关应生成时间同步报文；

——网关应支持一个或多个服务接入点，以连接到自动化网络和工厂骨干网。

注 2：本部分并不规定主机和网关之间的协议。主机端使用的网络可包括多种技术。许多 PLC、DCS 或 SCADA 提供商使用私有的网络。资产管理和设备管理功能倾向于使用开放的协议，例如 TCP/IP，以及例如 IEEE 802.11 和 IEEE 802.3 MAC/PHY 标准的某一种。接口也可是由现场总线基金会规定的 HSE。

——网关应检查主机请求报文中的目的地址。如果请求的是本部分定义的某个 AL 服务，则它应对请求提供如下服务：

- 如果目的地址为网关本身，它应根据本部分规定的 AL 协议要求发送响应消息；
- 如果来自主机应用请求中的目的地址是到其他网络设备的，若响应已被缓存且最新，则网关应返回缓存的响应。例如，如果主机发出 Identify 请求到网络中的某个设备，则网关应检查自己是否具有已缓存的对该请求的响应；

● 如果网关没有已缓存的对于该设备的响应,或如果缓存的响应不是最新的,则网关应利用本部分规定的 APDU 转发该命令到设备,接收来自设备的响应 APDU,并向给客户机返回结果响应。

——网关应实现数据缓存以优化无线网络的总体性能,并提高对主机应用的响应能力。该缓存应存储读取以下内容的请求的响应:

● 发布数据消息;
● 事件通知;
● 缓存的命令响应;
● 诊断;
● 大量数据传输。

注 3:大量数据传输的示例是:阀上传其特征曲线以及振动分析结果,将数据和文件下载到设备。

——网关应将正在缓存的设备变量数据发布到无线网络中的其他设备。

——网关应维护所有未完成请求 APDU 的一个完整列表。这些请求 APDU 已被发送到网络设备,但尚未接收到响应。如果在 24 小时内都没有收到响应,则应将请求清除掉。

——网关应对从网络设备接收的事件通知 APDU 发送确认。

D.3.2 添加新的网络设备

当网关在其路由表中添加新的网络设备时,都应向该设备发送 Identify (见 8.2.3.1 命令 0) 和 read Long_tag (见 8.2.3.17 命令 20)APDU。网关中应缓存该设备的响应。

D.3.3 设备配置改变的状态通知

当网关检测出某个网络设备的配置发生变化时,都应向该设备发送 Identify (见 8.2.3.1 命令 0)和 read Long_tag (见 8.2.3.17 命令 20) APDU。网关中应缓存该设备的响应。配置改变计数器(configuration change counter)应作为 Identify 响应的一部分被保存。如果设备是无线适配器,则网关应重复连接无线适配器的子设备的"适配器子设备加入过程(Join sequence for adapter sub-devices)"。

D.3.4 网关变更通知功能

当网关检测出网络设备发生改变时,网关应向主机应用发送变更通知(change notification)响应(响应的内容见 8.2.5.8 的 APDU)。虽然该通知指出值或状态发生了改变,但不包括实际的改变值。当主机应用收到改变通知时,它可以向网关发送一个请求来读取相关信息。例如,当主机应用从网关收到某设备更新了发布数据的改变通知时,主机应用可以向网关发出请求,以获取缓存的响应消息。

D.3.5 缓存的响应消息

网关应能够缓存表 D.1 列出命令的响应。

表 D.1 缓存的响应消息

	CMD ID[a]	命令描述
带确认的读网关中缓存的响应	0	标识(Identify)
	11	标识(Identify)
	13	读标签、描述符和日期(Read tag,descriptor and date)
	20	读长标签(Read Long_tag)

表 D.1（续）

	CMD ID[a]	命令描述
带确认的读网关中缓存的响应	48	读其他设备的状态(Read additional device status)
	1	读主变量(Read primary variable)
	2	读回路电流和范围百分比(Read loop current and percent of range)
	3	读动态变量和回路电流(Read dynamic variables and loop current)
	9	读带状态的设备变量(Read device variables with status)
事件通知	119	写事件通知确认响应(Write event notification acknowledgement response)
带确认的写网关中缓存的响应	18	写标签、描述符和日期(Write tag,descriptor and date)
	22	写长标签(Write Long_tag)
[a] CMD ID 是 APDU 中命令字段的值。它也被称作 HART 命令号。		

D.3.6 服务接入点

服务接入点提供到自动化网络和工厂骨干网的连接。它是主机系统或应用与网关之间的接口。该接口要求的功能如下：

——应支持访问所有连接在网络上的设备，包括通过适配器连接的设备；

——应提供对缓存响应消息的访问：

- 发布数据响应
- 事件通知响应
- 缓存的命令响应

——应提供对诊断的访问；

——应提供对网络管理器数据的访问；

——应支持块模式数据传输；

——应支持传输从连接到网关的主机接收的请求（这些请求的目的都为连接到网关的网络设备），并且支持传输从网络设备到主机的响应。

D.3.7 网关和网络管理器间的通信

注：本部分未规定网络管理器、网关和安全管理器的结构。

网络管理器和网关可以是物理上一体的，也可是分开的。网络管理器和网关应建立和维护到彼此的安全通信信道。所有网络管理器和网络设备间的通信都应经过网关。因此，网关应将 PDU 路由到指定的目的——网络设备、主机应用或网络管理器。

网络管理器生成一个初始的超帧，在其中为网关的网络接入点分配链路，并配置网关。当该初始的超帧被激活时，ASN 0 就开始。

附　录　E
（规范性附录）
命令响应代码

E.1　概述

E.1.1　概述

响应代码(Response code)是从站到主设备的响应 APDU 中的一个字段（见 8.2.1.3）。该字段指示了所请求的命令或者成功完成，或者完成但在执行请求命令中存在警告或错误。当存在错误或警告时，响应代码提供尽可能详细的信息，以简化故障或误解数据的修正过程。本附录的目的是一致地定义所有响应，以便制造商的设备符合本标准。响应代码字段被编码为 7 个比特的枚举，数值范围为0～127。

E.1.2　响应代码分类

响应代码有两种分类方法。第一种是按照在设备执行命令中遇到的异常的严重程度来划分。它可以是或者成功完成所请求的命令，或者完成但在执行请求命令中存在警告或错误，如表 78 所示。如果严重程度为“警告”(Warning)，则它指示命令执行存在偏离。如果严重程度为“错误”(Error)，则它指示命令没有被执行。

第二种分类方法是按照响应代码值的定义的个数来划分：单定义或多定义。单定义的值具有相同的含义，而与使用它们的命令无关。多定义的值对于不同的命令具有不同的定义。这些值具有多种含义，因命令而不同。然而，对于给定命令，所有值在任何时间都具有单一含义。所有设备应只能使用本部分为应用层协议规定的命令所定义的响应代码值，并应符合每个命令的定义。所有 128 个可能的响应代码值均被分配和分类。这些值的分类具体见表 E.1。

表 E.1　响应代码的值

值	按严重程度分类	按定义的个数分类
0	成功(Success)	单个(Single)
1～7、16～23、32～64	错误(Error)	单个(Single)
9～13、15、28、29、65～95	错误(Error)	多个(Multiple)
24～27、96～111	警告(Warning)	单个(Single)
8、14、30、31、112～127	警告(Warning)	多个(Multiple)

E.1.3　保留值

一些单定义的值保留为本部分以后使用。设备不应返回保留值作为响应代码。保留值有：1、21～27、29、31、37～59、72～95、96～111 和 112～127。

E.1.4　未实现的命令

所有设备应对所有发送给它的命令做出响应，即使该设备并未实现收到的命令。如果设备没有实现某个命令，则它应发送代码值“64”的响应，该值定义为“命令未实现”。

E.1.5 忙

设备可返回忙(Busy)响应(响应代码的值为32)作为对主机请求的响应。它向请求的应用表明该现场设备不能开始执行该命令,因为其正在执行其他功能。在收到来自从站的忙(Busy)响应后,主机应用应连续地重新请求,直到该现场设备能够执行该命令为止。设备只应对列入规范中的命令使用忙(Busy)代码。

注:对READ命令的响应不能返回忙(Busy)代码。

E.2 响应代码定义

E.2.1 概述

本条提供了每个响应代码值的实际定义。对于单定义的代码,所有设备应使用本条的定义。

对于多定义的代码,给出多个示范性定义。多定义响应代码的实际定义在每个命令的应用层协议中描述。

E.2.2 值'0'

成功(Success):在检查该命令的参数中没有发现错误或报警,并且命令执行成功。

E.2.3 值'1'—单定义错误

保留该响应代码的值。

E.2.4 值'2'— 单定义错误

无效的选择(Invalid selection):对于该现场设备或该命令,代码或索引是不允许的。

E.2.5 值'3'—单定义错误

接收的参数值大于允许值(Received parameter value larger than allowed):参数值太大并且在该现场设备中不能执行该命令。

E.2.6 值'4'—单定义错误

接收的参数值小于允许值(Received parameter value smaller than allowed):参数值太小并且在该现场设备中不能执行该命令。

E.2.7 值'5'— 单定义错误

接收的数据八位位组过少(Too few data octets received):接收的PDU中包含的八位位组个数比执行该命令所要求的少。

E.2.8 值'6'—单定义错误

设备特定命令错误(Device-specific command error):发生了未定义的命令特定响应代码值的错误。该代码指示存在设备问题。如果设备返回该代码,则它应在"应用过程状态(Application process status)"八位位组中将"设备故障(Device malfunction)"比特和"带有更多的状态(More status available)"比特置位。设备应提供特定错误源的标识,作为对命令48"读其他设备状态(Read additional device status)"的响应。

E.2.9 值'7'—单定义错误

处于写保护模式(In write protect mode):设备处于写保护且不能接受该写命令。

E.2.10 值'8'—多定义警告

该响应代码的确切含义与命令有关。该命令被执行,但为成功完成该命令需要偏离原来的请求。实际使用的值在响应数据八位位组中返回。如下给出了一些示例。

——更新失败(Update failure):从现场设备返回的实时数据在上次读取以来没有发生改变。

——更新过程中(Update in progress):命令不能执行,因为设备正在等待执行需要较长时间的命令。客户机应在一定间隔后重新请求。

——更新时间调整(Update times adjusted):命令中的更新周期无效。设备在响应中返回已修正的周期。

——更新周期增加(Update period increased):没有足够的带宽来实现要求的发布速率。以降低的速率来允许"发布消息"(Publish message)。

——设为最接近的可能值(Set to the nearest possible value):因为设备的限制,发送到设备的数据被舍入了或截断了。该命令已被接受。

——除运行中的延迟响应,均被清除(All but running delayed responses flushed):设备正在执行的延迟响应,不能由命令106"清除延迟响应(Flush delayed responses)"打断或取消。

E.2.11 值'9'—多定义错误

该响应代码确切的含义与命令有关。如下给出了一些示例。

——范围下限值太高(Lower range value too high):请求中的"范围下限值(Lower range value)"高于"传感器上限值(Upper transducer limit)",或超出其他物理设备的限值。

——使用的过程(值)太高(Applied process too high):给现场设备使用的过程(值)过高。

——无效的发布消息(Invalid publish message):设备不支持"发布消息号(Publish message number)"。

——配置改变计数器不匹配(Configuration change counter mismatch):"配置改变计数器"(Configuration change counter)的值与设备的当前值不匹配。应保持"配置改变(Configuration changed)"比特置位。

——带宽不足(Insufficient bandwidth):没有足够的带宽来允许指定的消息发布。

E.2.12 值'10'—多定义错误

该响应代码确切的含义与命令有关。如下给出了一些示例。

——范围下限值太低(Lower range value too low):请求中的"范围下限值(Lower range value)"低于"传感器下限值(Lower transducer limit)",或超出其他物理设备的限值。

——使用的过程(值)太低(Applied process too low):给现场设备使用的过程(值)过低。

——无效的本地面板锁定(Invalid local panel lock):不支持请求中接收的代码或代码无效。

E.2.13 值'11'—多定义错误

该响应代码确切的含义与命令有关。如下给出了一些示例。

——范围上限值太高(Upper range value too high):请求中的"范围上限值(Upper range value)"高于"传感器上限值(Upper transducer limit)",或超出其他物理设备的限值。

——无效的设备变量代码(Invalid device variable code):请求中指定的"设备变量(Device variable)”是有效的，但不被接收的命令或命令规定的操作所支持。

——无效的设备变量分类(Invalid device variable classification)：接收的写命令中的“设备变量分类代码(Device variable classification code)”对于接收的命令中规定的“设备变量(Device variable)”是无效的。

——不能锁定面板(Cannot lock panel)：设备处于不允许锁定本地面板的模式，例如操作员正在使用本地面板。

E.2.14 值‘12’—多定义错误

该响应代码确切的含义与命令有关。如下给出了一些示例。

——范围上限值太低(Upper range value too low)：请求中的“范围上限值(Upper range value)”高于“传感器下限值(Lower transducer limit)”，或超出其他物理设备的限值。

——无效的单位代码(Invalid units code)：请求中规定的“单位代码(units code)”不被接收的命令，或接收的命令中规定的“设备变量(Device variable)”或“动态变量(Dynamic variable)”所支持。

——无效的时隙号(Invalid slot number)：所请求的用来获取“动态变量(Dynamic variable)”或“设备变量(Device variable)”的时隙代码对于接收的命令是无效的。

E.2.15 值‘13’—多定义错误

该响应代码确切的含义与命令有关。如下给出了一些示例。

——无效的传输功能代码(Invalid transfer function code)：“动态变量(Dynamic variable)”不支持所请求的传输功能。

——范围上限值和范围下限值超出限制(Upper and lower range values out of limits)：接收的请求中的“范围上限值和范围下限值(Upper and Lower range values)”超出传感器限值，或超出其他物理设备限值。

——计算错误(Computation error)：当设备尝试使用接收的请求中的新值时，出现算术错误。

——不支持的命令号(Command number not supported)：设备不支持请求中的命令号。

E.2.16 值‘14’—多定义警告

该响应代码的确切含义与命令有关。该命令被执行，但为成功完成该命令需要偏离原来的请求。实际使用的值在响应数据八位位组中返回。如下给出了一些示例。

——量程太小(Span too small)：“范围上限和下限值(Upper and Lower range values)”决定的量程低于设备支持的最小量程。

——为设备变量返回动态变量(Dynamic variables returned for device variables)：设备不能暴露任何的“设备变量(Device variables)”。因此为命令 9 的 Slot0～Slot7 返回“动态变量(Dynamic variables)”值。

——更新速率不确定(Update rate uncertain)：设备还未加入网络，因此它不知道是否具有足够的能力来满足要求的通知参数。

——新下限值使上限值超出传感器限值(New lower range value pushed upper range value over transducer limit)：设备使用了在请求中收到的“范围下限值(Lower range value)”并相应修改“范围上限值(Upper range value)”。“范围上限值(Upper range value)”达到饱和，且量程(Span)不能满足。

E.2.17 值‘15’—多定义错误

该响应代码确切的含义与命令有关。如下给出了一些示例。

无效的模拟通道代码号(Invalid analog channel code number):设备中不存在该模拟通道。

E.2.18 值'16'—单定义错误

访问受限(Access restricted):在当前操作模式下,设备不允许该命令。例如设备被锁定时不允许使用命令71。

E.2.19 值'17'—单定义错误

无效的设备变量索引(Invalid device variable index):设备中不存在接收的请求中的"设备变量(Device Variable)"。

E.2.20 值'18'—单定义错误

无效的单位代码(Invalid units code):接收的命令,或接收的命令中指定的"设备变量(Device variable)"或"动态变量(Dynamic variable)"不支持请求中指定的"单位代码(units code)"。

E.2.21 值'19'—单定义错误

不允许的设备变量索引(Device variable index not allowed):接收的命令不支持接收的请求中的"设备变量(Device variable)"。

E.2.22 值'20'—单定义错误

无效的扩展命令号(Invalid extended command number):接收的命令的扩展命令号小于512。

E.2.23 值'21'到'23'—单定义错误

这些响应代码的值是保留的。

E.2.24 值'24'到'27'—单定义警告

这些响应代码的值是保留的。

E.2.25 值'28'—多定义错误

该响应代码确切的含义与命令有关。如下给出了一些示例。

——无效的"量程单位代码"(Invalid "range units code")— 对于接收的命令中指定的"动态变量(Device variable)",设备不支持接收的请求中的"单位代码(Units code)"。

E.2.26 值'29'—多定义错误

改响应代码的值是保留的。

E.2.27 值'30'—多定义警告

该响应代码的确切含义与命令有关。该命令被执行,但为成功完成该命令需要偏离原来的请求。实际使用的值在响应数据八位位组中返回。如下给出了一些示例。

——命令响应被截断(Command response truncated):设备不能返回所请求个数的"设备变量(Device variable)"。这通常由命令缓冲区长度的限制而引起的。

E.2.28 值'31'—多定义警告

该响应代码的值是保留的。

E.2.29 值'32'—单定义错误

忙(Busy):以下两种情况之一可引起该代码。

a) 设备正在忙于执行某个不允许被该命令打断的功能;

b) 请求命令的执行需要有延迟的响应机制,而所有的延迟响应缓冲区已用完。

在这两种情况下,请求应用应多次尝试重新请求,直到现场设备能够执行该命令。

注:因"忙(Busy)"响应引起的命令重发次数推荐为30次或更多。

E.2.30 值'33'—单定义错误

延迟响应的初始化(Delayed response initiated):在数据链路层协议规定的响应时间内,该命令没有得到处理,因此开始了延迟响应。请求应用应在一段时间延迟后发出完全相同的请求(例如,延迟几秒钟)。当通过多路器通信时,延迟最小可为半秒钟。

E.2.31 值'34'—单定义错误

延迟响应(Delayed response running):延迟响应的执行还没有结束。响应设备仍然在运行命令的执行过程。

E.2.32 值'35'—单定义错误

延迟响应废弃(Delayed response dead):该响应指示响应设备未对请求作出应答。该响应只对智能桥接设备而言是有效的。

E.2.33 值'36'—单定义错误

延迟响应冲突(Delayed response conflict):请求的命令引起与响应设备中当前执行的延迟响应间的冲突。

E.2.34 值'37'到'59'—单定义错误

这些响应代码的值是保留的。

E.2.35 值'60'—单定义错误

该代码在ACK DLPDU中使用。该代码指示DLPDU被对等设备正确接收到,但未被接受。接收的DLPDU没有被生成ACK DLPDU的设备存储或转发。

载荷太长(Payload too long):命令的载荷太长不能放入DLPDU中。

E.2.36 值'61'—单定义错误

该代码在ACK DLPDU中使用。该代码指示DLPDU被对等设备正确接收到,但未被接受。接收的DLPDU没有被生成ACK DLPDU的设备存储或转发。

没有可用的缓冲区(No buffers available):响应设备没有足够可用的缓冲区来接受DLPDU。

E.2.37 值'62'—单定义错误

该代码在ACK DLPDU中使用。该代码指示DLPDU被对等设备正确接收到,但未被接受。接收的DLPDU没有被生成ACK DLPDU的设备存储或转发。

没有可用的报警/事件缓冲区(No alarm/event buffers available):响应设备没有可用的报警或事件缓冲区来接收DLPDU。

E.2.38 值‘63’—单定义错误

该代码在 ACK DLPDU 中使用。该代码指示 DLPDU 被对等设备正确接收到，但未被接受。接收的 DLPDU 没有被生成 ACK DLPDU 的设备存储或转发。

优先级太低(Priority too low)—接收的 DLPDU 的优先级太低，使得响应设备不能接受。

E.2.39 值‘64’—单定义错误

命令未实现(Command not implemented)：没有实现所请求的命令。如果该设备的行规类型要求设备实现接收的命令，则设备不应将该值作为命令的返回值。

E.2.40 值‘65’—多定义错误

该响应代码的确切含义与命令有关。见如下描述：

——拒绝(Declined)；

——操作员接管(Operator overridden)；

——强制加入被拒绝(Force join declined)；

——无效的网络 ID(Invalid network_ID)；

——无效的定时器类型(Invalid Timer_type)；

——无效的存活跳数(Invalid hop-to-live)；

——无效的加入优先级(Invalid Join_priority)；

——未知的昵称(Unknown nickname)；

——无效的昵称(Invalid nickname)；

——服务请求被拒绝(Service request denied)；

——未找到链路(Link not found)；

——没有可用的登录项(No more entries available)；

——未找到登录项(Entry not found)；

——非法的频率信道比特(Illegal frequency channel bits)；

——未知的惟一 ID(Unknown unique ID)；

——密钥更换失败(Key change failed)；

——与给定设备间的会话不存在(Session with given peer device does not exist)；

——无效的挂起时间(Invalid suspend time)。

E.2.41 值‘66’—多定义错误

该响应代码的确切含义与命令有关。见如下描述：

——无效的时隙号(Invalid number of slots)；

——无效的会话类型(Session_type invalid)；

——无效的执行时间(Invalid execution time)；

——未知的通知标志(Unknown notification flag)；

——设备列表冲突(Device list conflict)；

——无效的邻居属性(Invalid neighbor attribute)；

——无效的服务 ID(Invalid service ID)；

——无效的图 ID(Invalid Graph_ID)；

——无效的恢复时间(Invalid resume time)；

——链路已经存在(Link already exists)；

——无效的原因代码(Invalid reason code);
——未知的服务标志(Unknown service flag);
——无效的定时器间隔(Invalid timer interval)。

E.2.42 值'67'—多定义错误

该响应代码的确切含义与命令有关。见如下描述:
——无效的图 ID(Invalid Graph_ID);
——未知的超帧 ID(Unknown Superframe_ID);
——无效的超帧模式(Invalid superframe mode);
——原因代码被拒绝,服务未被删除(Reason code rejected,service not deleted);
——未知的应用域(Unknown application domain)。

E.2.43 值'68'—多定义错误

该响应代码的确切含义与命令有关。见如下描述:
——未知的昵称(Unknown nickname);
——无效的执行时间(Invalid execution time);
——无效的时隙号(Invalid slot number)。

E.2.44 值'69'—多定义错误

该响应代码的确切含义与命令有关。一种描述如下:
——未知的链路选项(Unknown link options)。

E.2.45 值'70'—多定义错误

该响应代码的确切含义与命令有关。一种描述如下:
——无效的信道偏移(Invalid Channel_Offset)。

E.2.46 值'71'—多定义错误

该响应代码的确切含义与命令有关。一种描述如下:
——无效的链路类型(Invalid Link_type)。

E.2.47 值'72'~'95'—多定义错误

这些响应代码的值是保留的。

E.2.48 值'96'~'111'—单定义警告

这些响应代码的值是保留的。

E.2.49 值'112'~'127'—多定义警告

这些响应代码的值是保留的。

附　录　F
（规范性附录）
公　共　表

F.1　概述

F.1.1　概述

本部分的协议使用查询表来关联特定定义和数值代码，或定义设置为 1 的单个比特的解释。如果协议引用一个表，则数值具有特定的定义，以允许所有的主机一致性地使用该数据。本附录包含了用于枚举（Enumeration）或比特字段（Bit Field）数据类型的查询表（例如，工程单位、设备变量分类代码等）。

如果协议规范引用了本附录的某个表，则应按照本附录的规定来使用该表或该表的子集，且不能使用未定义的（即未列出的）值。

F.1.2　枚举（Enumeration）

从列表或表格中获得的单一意义的数据项被编码为“枚举（Enumeration）”。并以 1 个或 2 个八位位组长度的无符号整数来通信。并非所有代码都是连续分配的。任何中间未定义的代码保留为本部分以后使用。任何设备不应返回或传输保留值。对于所有枚举数据类型，250～255 的代码值具有相同的定义，见表 F.1。

表 F.1　保留值

代码	含义	描述
250	Not used	响应设备没有使用本表格
251	None	响应设备没有使用本表格，或者没有使用本表格中定义的任何其他代码
252	Unknown	响应设备使用了本表格，但还没有本配置
253	Special	响应设备使用了本表格，但没有使用标准定义
254	Expansion	对定义进行了扩展
255	Reserved	保留为本部分以后使用
注：代码 253（Special）可用于某些情况，例如，流量单位在被用户设置为不常用的单位，如 acre-feet/hour 时。		

F.1.3　比特字段（Bit Field）

编码为单个比特数据的信息（例如，状态和诊断信息）利用 8.2.7.7 给出的比特字段（Bit Field）进行通信。单个比特被组装在一起，并增加必要的保留比特，以作为一个八位位组进行传输。本附录的查询表定义了比特字段（Bit Field）中每个比特的含义。每个比特应为 True（1）或 False（0）。任何未定义的比特保留为本部分将来使用，并应编码为 0。

比特字段（Bit Field）数据类型的大小可以是：

——4 个比特；

——1 个八位位组；

——2 个八位位组。

4 个比特的比特字段(Bit Field)遵循以下格式:

——0x01 用于 bit 1 (最低有效位);

——0x02 用于 bit 2;

——0x04 用于 bit 3;

——0x08 用于 bit 4 (最高有效位)。

1 个八位位组和 2 个八位位组的前 8 个比特的比特字段(Bit Field)遵循以下格式:

——0x01 用于 bit 1 (最低有效位);

——0x02 用于 bit 2;

——0x04 用于 bit 3;

——0x08 用于 bit 4;

——0x10 用于 bit 5;

——0x20 用于 bit 6;

——0x40 用于 bit 7;

——0x80 用于 bit 8 (第一个八位位组的最高有效位)。

2 个八位位组的后 8 个比特的比特字段(Bit Field)遵循以下格式:

——0x0100 用于 bit 9 (最高有效八位位组的最低有效位);

——0x0200 用于 bit 10;

——0x0400 用于 bit 11;

——0x0800 用于 bit 12;

——0x1000 用于 bit 13;

——0x2000 用于 bit 14;

——0x4000 用于 bit 15;

——0x8000 用于 bit 16 (最高有效八位位组的最高有效位)。

F.2 表定义

F.2.1 发布模式控制代码(Publish mode control code)

表 F.2 给出了发布模式控制的 1 个八位位组枚举值。

表 F.2 发布模式控制代码

代码	发布模式
0	关闭
1	只在令牌传递数据链路层上启用发布
2	只在 TDMA 数据链路层上启用发布
3	在 TDMA 和令牌传递数据链路层上启用发布

F.2.2 写设备变量代码(Write device variable code)

表 F.3 给出的代码指示“设备变量(Device Variable)”值是固定值,还是从正常操作中衍生出来的值。

表 F.3 写设备变量代码

代码	描述
0	正常
1	固定值

F.2.3 设备变量族代码(Device variable family code)

这些代码指示“设备变量”属于哪个族,见表 F.4。如果设备不支持某个“设备变量”的“设备族”命令,则该设备应以 250(未使用)响应。

表 F.4 设备变量族代码

代码	设备变量族
0～3	保留(Reserved)
4	温度(Temperature)
5	压力(Pressure)
6	阀或执行器(Valve or Actuator)
7	简单 PID 控制(Simple PID control)
8	pH
9	电导率(Conductivity)
10	累加器(Totalizer)
11	物位(Level)
12	涡街流量(Vortex Flow)
13	电磁流量(Mag Flow)
14	科氏流量(Coriolis Flow)
250	未使用(Not used)

F.2.4 设备变量分类代码(Device variable classification code)

这些 1 个八位位组的枚举代码指示“设备变量”执行的功能,见表 F.5。这标识了要被使用的“设备变量(Device variable)”和“工程单位代码(Engineering unit code)”表所支持的过程连接类型。

表 F.5 设备变量分类代码

代码	设备变量分类
0	设备变量未被分类(Device variable not classified)
1～63	保留(Reserved)
64	温度(Temperature)
65	压力(Pressure)
66	体积流量(Volumetric flow)

表 F.5（续）

代码	设备变量分类
67	速度(Velocity)
68	容量(Volume)
69	长度(Length)
70	时间(Time)
71	质量(Mass)
72	质量流(Mass flow)
73	每体积质量(Mass per volume)
74	粘度(Viscosity)
75	角速度(Angular velocity)
76	面积(Area)
77	能量(工)[Energy (work)]
78	力(Force)
79	功率(Power)
80	频率(Frequency)
81	分析(Analytical)
82	电容(Capacitance)
83	电势(Emf)
84	电流(Current)
85	电阻(Resistance)
86	角度(Angle)
87	电导(Conductance)
88	体积每体积(Volume per volume)
89	每质量体积(Volume per mass)
90	浓度(Concentration)
91	阀执行器(Valve actuator)
92	物位(Level)
93	涡街流量(Vortex flow)
94	电磁流量(Mag flow)
95	科氏流量(Coriolis flow)

F.2.5 模拟通道饱和代码(Analog channel saturated code)

该1个八位位组代码的每个比特作为表F.6给出的比特字段(Bit Field)被使用。

表 F.6 模拟通道饱和代码

代码	通道号
0x01	模拟通道 1(Analog channel 1)
0x02	模拟通道 2(Analog channel 2)
0x04	模拟通道 3(Analog channel 3)
0x08	模拟通道 4(Analog channel 4)

F.2.6 模拟通道固定代码(Analog channel fixed codes)

该1个八位位组代码的每个比特作为表 F.7 给出的比特字段(Bit Field)被使用。

表 F.7 模拟通道固定代码

代码	通道号
0x01	模拟通道 1(Analog channel 1)
0x02	模拟通道 2(Analog channel 2)
0x04	模拟通道 3(Analog channel 3)
0x08	模拟通道 4(Analog channel 4)

F.2.7 标准化的状态 0 代码(Standardized status 0 code)

该1个八位位组代码的每个比特作为表 F.8 给出的比特字段(Bit Field)被使用。

表 F.8 标准化的状态 0 代码

代码	名称	描述
0x01	Simulation active	设备处于仿真模式,物位输出并不代表过程值
0x02	Non-volatile memory defect	非易失存储器检查是无效的或可能被破坏了,或使用电池保持的存储器的电池出现问题
0x04	Volatile memory defect	RAM 存储器检查是无效的或可能被破坏了
0x08	Watchdog reset executed	已执行了看门狗复位
0x10	Voltage conditions out of range	电压状况超出了允许的范围
0x20	Environmental conditions out of range	内部或环境状况超出了可接受的限值
0x40	Electronic defect	检查出与传感器无关的硬件问题
0x80	Reserved	保留

F.2.8 标准化的状态 1 代码(Standardized status 1 code)

表 F.9 保留以备后用。该1个八位位组代码的每个比特作为比特字段(Bit Field)被使用。

表 F.9 标准化的状态 1 代码

代码	名称	描述
—	—	—

F.2.9 标准化的状态 2 代码(Standardized status 2 code)

该 1 个八位位组代码的每个比特作为表 F.10 给出的比特字段(Bit Field)被使用。

表 F.10 标准化的状态 2 代码

代码	名称	描述
0x01	Sub-device list changed	I/O 系统与某个子设备失去联系或发现一个新的子设备。可通过使用命令 84 重新读取子设备列表来重置该比特
0x02	Duplicate master detected	适配器发现有其他具有相同地址的主机连接到其令牌传递接口上

F.2.10 标准化的状态 3 代码(Standardized status 3 code)

该 1 个八位位组代码的每个比特作为表 F.11 给出的比特字段(Bit Field)被使用。

表 F.11 标准化的状态 3 代码

代码	名称	描述
0x01	Capacity denied	设备不能获取所要求的通信带宽来支持指定的消息发布。如果网络管理器减少了分配给设备的带宽,则也应设置该比特
0x02	Duplicate master detected	适配器发现有其他具有相同地址的主机连接到其令牌传递接口上
0x04	Bandwidth allocation pending	设备已经向网络管理器请求带宽,并且正在等待网络管理器的响应
0x08	Block transfer pending	设备具有等待传递到主机应用或网关的数据集(例如,一个波形)

F.2.11 发布触发模式代码(Publish trigger mode code)

该代码指示发布消息的触发条件,见表 F.12。

表 F.12 发布触发模式代码

代码	名称	描述
0	Continuous	以(在最坏情况下)最小的更新周期连续地发布消息
1	Window	当源值的偏离超出规定的触发值时,触发消息的发布
2	Rising	当源值超过了规定的触发值时,触发消息的发布
3	Falling	当源值低于了规定的触发值时,触发消息的发布
4	On-change	当消息中任何值发生变化时,触发消息的发布

F.2.12 事件通知控制代码(Event notification control code)

4 比特代码的每个比特作为表 F.13 给出的比特字段(Bit Field)使用。它占用 1 个八位位组的最低 4 个比特。

表 F.13 事件通知控制代码

代码	描述
0x00	关闭
0x01	只在令牌传递数据链路层上启用发布
0x02	只在 TDMA 数据链路层上启用发布
0x03	在 TDMA 和令牌传递数据链路层上启用发布

F.2.13 事件状态代码(Event status code)

4 比特代码的每个比特作为表 F.14 给出的比特字段(Bit Field)使用。它占用 1 个八位位组的最高 4 个比特。

表 F.14 事件状态代码

代码	定义
0x01	配置改变事件挂起(Configuration changed event pending)
0x02	"应用过程状态"事件挂起("Application process status" event pending)
0x04	更多可用状态事件挂起(More status available event pending)

F.2.14 时间表请求代码(Timetable request code)

该 1 个八位位组代码的每个比特作为 F.15 给出的比特字段(Bit Field)使用。

表 F.15 时间表请求代码

代码	定义
0x01	源(Source)
0x02	汇聚(Sink)
0x04	中间(Intermittent)

F.2.15 时间表应用字段代码(Timetable application domain code)

表 F.16 给出了 1 个八位位组的枚举数据。

表 F.16 时间表应用字段代码

代码	定义
0	发布(Publish)
1	时间(Event)
2	维护(Maintenance)
3	块传输(Block transfer)

F.2.16 同步动作控制代码(Synchronous action control code)

该1个八位位组代码的每个比特作为比特字段(Bit Field)使用,见表F.17。

表F.17 同步动作控制代码

代码	名称	描述
0x01	Command	当设置为1时,指示命令将在给出的时间内执行。当设置为0时,将对"设备变量"进行采样
0x10	One-shot	当设置为1时,应只能执行一次同步动作。当设置为0时,采样应在给出的时刻触发并在之后持续地重复
0x80	Action enabled	当设置为1时,启用该动作。当动作是一次性的(One-shot)时,则在动作发生后将复位该比特

F.2.17 实时时钟标志代码(Real-time clock flags code)

该1个八位位组代码的每个比特作为比特字段(Bit Field)使用,见表F.18。

表F.18 实时时钟标志代码

代码	名称	描述
0x01	Non-volatile clock	当设置为1时,设备含有电池备份的时钟。在这种情况下,如果掉电也不需要复位该时钟
0x02	Clock un-initialized	实时时钟还没有使用日期和时间进行设置。例如,时钟是易失的,设备掉电后又通电了

F.2.18 无线定时器代码(Wireless timer code)

F.19给出了1个八位位组的枚举数据。

表F.19 无线定时器代码

代码	Timer_type
0	发现(Discovery)
1	通告(Advertisement)
2	存活(Keep-alive)
3	路径失效(Path failure)
4	健康状况报告(Health report)
5	广播应答(Broadcast reply)
6	最大PDU寿命(Maximum PDU age)

F.2.19 设备电源代码(Device power source code)

该1个八位位组代码的每个比特作为比特字段(Bit Field)使用,见表F.20。

表 F.20 设备电源代码

代码	名称	描述
0x01	Line power	设备通过与工厂电源的固线连接供电
0x02	Battery power	设备仅靠(内部)电池供电
0x04	Rechargeable battery power or power scavenging	设备具有短时的电源(应至少支持 1 个小时),并可被持续充电。设备电源通过设备周围的环境中获取和转换能量来补充(例如,太阳能、振动、热)
0x08～0x80	Reserved	保留

F.2.20 链路类型代码(Link_type code)

表 F.21 给出了 1 个八位位组的枚举数据。

表 F.21 Link_type 代码

代码	Link_type
0	普通(Normal)
1	发现(Discovery)
2	广播(Broadcast)
3	加入(Join)

F.2.21 链接选项标志代码(Link option flags code)

该 1 个八位位组代码的每个比特作为比特字段(Bit Field)使用,见表 F.22。

表 F.22 链接选项标志代码

代码	定义
0x01	发送(Transmit)
0x02	接收(Receive)
0x04	共享(Shared)

F.2.22 超帧模式标志代码(Superframe mode flags code)

该 1 个八位位组代码的每个比特作为比特字段(Bit Field)使用,见表 F.23。

表 F.23 超帧模式标志代码

代码	名称	描述
0x01	Active	复位时该标志为 0(不活动)
0x80	Handheld superframe	该比特应只在设备的一个超帧中设置

F.2.23 会话类型代码(Session_type code)

表 F.24 给出了 1 个八位位组的枚举数据。

表 F.24 会话类型代码

代码	Session_type
0	单播(Unicast)
1	广播(Broadcast)
2	加入(Join)

F.2.24 时间表删除原因代码(Timetable deletion reason code)

表 F.25 给出了 1 个八位位组的枚举数据。

表 F.25 时间表删除原因代码

代码	原因
0	被对端请求(Requested by peer)
1	时间表无法建立(Timetable cannot be established)
2	网络失效(Network failure)

F.2.25 断开连接原因代码(Disconnect cause code)

表 F.26 给出了 1 个八位位组的枚举数据。

表 F.26 断开连接原因代码

代码	原因
0	用户发起(User-initiated)
1	通信失败(Communication failure)

F.2.26 无线操作代码(Wireless operation code)

表 F.27 给出了 1 个八位位组的枚举数据。

表 F.27 无线操作代码

代码	操作
0	空闲(Idle)
1	主动搜索(Active search)
2	协商(Negotiating)
3	暂停(Quarantined)
4	工作(Operational)
5	挂起(Suspended)
6	深度休眠、超低功耗或被动搜索(Deep sleep or Ultra-low power or Passive search)

F.2.27 加入过程状态代码(Join process status code)

该2个八位位组代码的每个比特作为比特字段(Bit Field)使用,见表F.28。

表 F.28 加入过程状态代码

代码	名称	描述
0x0001	Network packets heard	—
0x0002	ASN acquired	—
0x0004	Synchronized to slot time	—
0x0008	Advertisement heard	—
0x0010	Join requested	在加入请求首次传输时设置为1
0x0020	Join retrying	在加入请求首次重传后应设置为1(即,当加入请求次数超过2时)。当设备被认证或启动主动搜索(Active search)时,它应复位为0
0x0040	Join failed	从"主动搜索(Active search)"模式转换为"深度休眠"(Deep sleep)模式时,它应被设为1。从"深度休眠(Deep sleep)"模式转换为"主动搜索(Active search)"模式时,它应复位为0
0x0080	Authenticated	当建立了网络密钥、网络管理器会话时,它应被设为1
0x0100	Network joined	当获得正常的超帧和链路时,它应被设为1
0x0200	Negotiating network attributes	当获得网关会话时,它应被设为1。初始的带宽要求可能还没有与网络管理器协商
0x0400	Normal operation commencing	—

F.2.28 安全类型代码(Security type code)

表F.29给出了1个八位位组的枚举数据。

表 F.29 安全类型代码

代码	安全类型
0	会话加密(Session keyed)
1	加入加密(Join keyed)
2	手持设备加密(Handheld keyed)

F.2.29 设备列表代码(Device list code)

表F.30给出了1个八位位组的枚举数据。

表 F.30 设备列表代码

代码	设备列表
0	活动设备(Active devices)
1	白名单设备(White-listed devices)
2	黑名单设备(Blacklisted devices)

F.2.30 网络接入模式代码(Network access mode code)

表 F.31 给出了 1 个八位位组的枚举数据。

表 F.31 网络接入模式代码

代码	网络接入模式
0	开放—接受所有设备(Open-accept all devices)
1	利用白名单设备进行访问(Use white-list devices for access)
2	利用黑名单设备进行访问(Use blacklist devices for access)
3	利用白名单和黑名单设备进行访问(Use white-list and blacklist devices for access)
4	封锁—禁用加入链路(Lockdown-disable join links)

F.2.31 设备行规代码(Device profile code)

表 F.32 给出了 1 个八位位组的枚举数据。

表 F.32 设备行规代码

代码	设备行规
1	HART 过程自动化设备(HART™ process automation device)
2	HART 离散设备(HART™ discrete device)
3	过程自动化和离散混合设备(Hybrid-process automation and discrete device)
4	I/O 系统(I/O system)
129	无线过程自动化设备(Wireless process automation device)
130	无线离散设备(Wireless discrete device)
131	无线过程自动化和离散混合设备 Wireless hybrid-process automation and discrete device
132	无线网关(Wireless gateway)
141	无线过程适配器(Wireless process adapter)
142	无线离散适配器(Wireless discrete adapter)
144	无线使能手持或可移动维护工具(Wireless-enabled handheld or portable maintenance tool)

F.2.32 设备电源状态代码(Device power status code)

表 F.33 给出了 1 个八位位组的枚举数据。

表 F.33 设备电源状态代码

代码	电源状态
0	正常(Nominal)
1	低(Low)
2	极低(Critically low)
3	重新充电—低(Recharging-low)
4	重新充电—高(Recharging-high)

F.2.33 邻居标志代码(Neighbor flags code)

该1个八位位组代码的每个比特作为比特字段(Bit Field)使用,见表F.34。

表 F.34 邻居标志代码

代码	邻居类型
0x01	时间源(Time source)

F.2.34 通知掩码代码(Notification mask code)

该2个八位位组代码的每个比特作为比特字段(Bit Field)使用,见表F.35。

表 F.35 通知掩码代码

代码	名称	描述
0x0001	Publish mode	
0x0002	Event notification	
0x0004	Application process status	
0x0008	Device configuration	
0x0010	Network topology	目标设备应为网关或网络管理器
0x0020	Network schedule	目标设备应为网关或网络管理器

F.2.35 加入模式代码(Join mode code)

表F.36给出了1个八位位组的枚举数据。

表 F.36 加入模式代码

代码	加入模式描述
0	不尝试加入
1	现在加入,在加入后进入加入模式2
2	上电或重启时,立即尝试加入

F.2.36 设备调度标志代码(Device scheduling flags code)

该1个八位位组代码的每个比特作为比特字段(Bit Field)使用,见表F.37。

表 F.37 设备调度标志代码

代码	设备类型
0x01	瞬时设备(Transient device)
0x02	非路由设备(Non-routing device)
0x04	手持设备(Handheld device)

F.2.37 网络优化标志代码(Network optimization flags code)

该1个八位位组代码的每个比特作为比特字段(Bit Field)使用,见表F.38。

表 F.38 网络优化标志代码

代码	优化
0x01	低延迟
0x02	使用线缆供电的设备作为骨干

附 录 G
（资料性附录）
发布数据模式及事件命令的应用

G.1 发布数据模式操作

G.1.1 概述

WirelessHART应用层协议支持周期性过程数据的发布。在发布数据模式下，设备被指定为连续地发布命令的响应而无需主站任何进一步动作。这种模式要求主站设置一些参数以允许发布。设备可被设置为发布若干数据集（消息）。如果一个设备实现了这种模式，则它至少支持3种发布数据消息。发布数据模式命令为：

——命令103（见8.2.3.27）写发布数据周期(Write publish data period)；
——命令104（见8.2.3.28）写发布数据触发器(Write publish data trigger)；
——命令105（见8.2.3.29）读发布数据模式配置(Read publish data mode configuration)；
——命令107（见8.2.3.31）写发布数据设备变量(Write publish data device variables)；
——命令108（见8.2.3.32）写发布数据模式命令号(Write publish data mode command number)；
——命令109（见8.2.3.33）写发布数据模式控制(Write publish data mode control)。

G.1.2 将设备设置为发布数据模式

主站应使用如下规程以使一个现场设备进入发布数据模式：

a) 使用命令108“写发布数据模式命令号”来为发布设置命令的响应。命令1、2、3、9和48可用于发布，如果是现场设备进行发布，则命令33可用。
b) 使用命令107“写发布数据设备变量”来将设备变量分配给命令9和命令33所用的响应数据槽(Slot)。命令9最多支持8个Slot，命令33最多支持4个Slot。
c) 使用命令103“写发布数据周期”来为发布数据配置更新周期和最大更新周期。主站可使用命令54来决定所期望的设备变量的更新速率。数据链路的需求可能产生比所配置的更新周期更频繁的发布。
d) 使用命令104“写发布触发器”来配置发布的触发模式和水平(level)。发布可被配置为连续发生或基于设备变量的值。发布总是至少以最大更新周期的频率发生，见图45、图46和图47。
e) 发出命令109“写发布数据模式控制”。现场设备遵循8.2.3.33.3所规定的规程，如图G.1所示。网络管理器也向其他网络设备发送请求以设置或删除用于发布的超帧和链路。

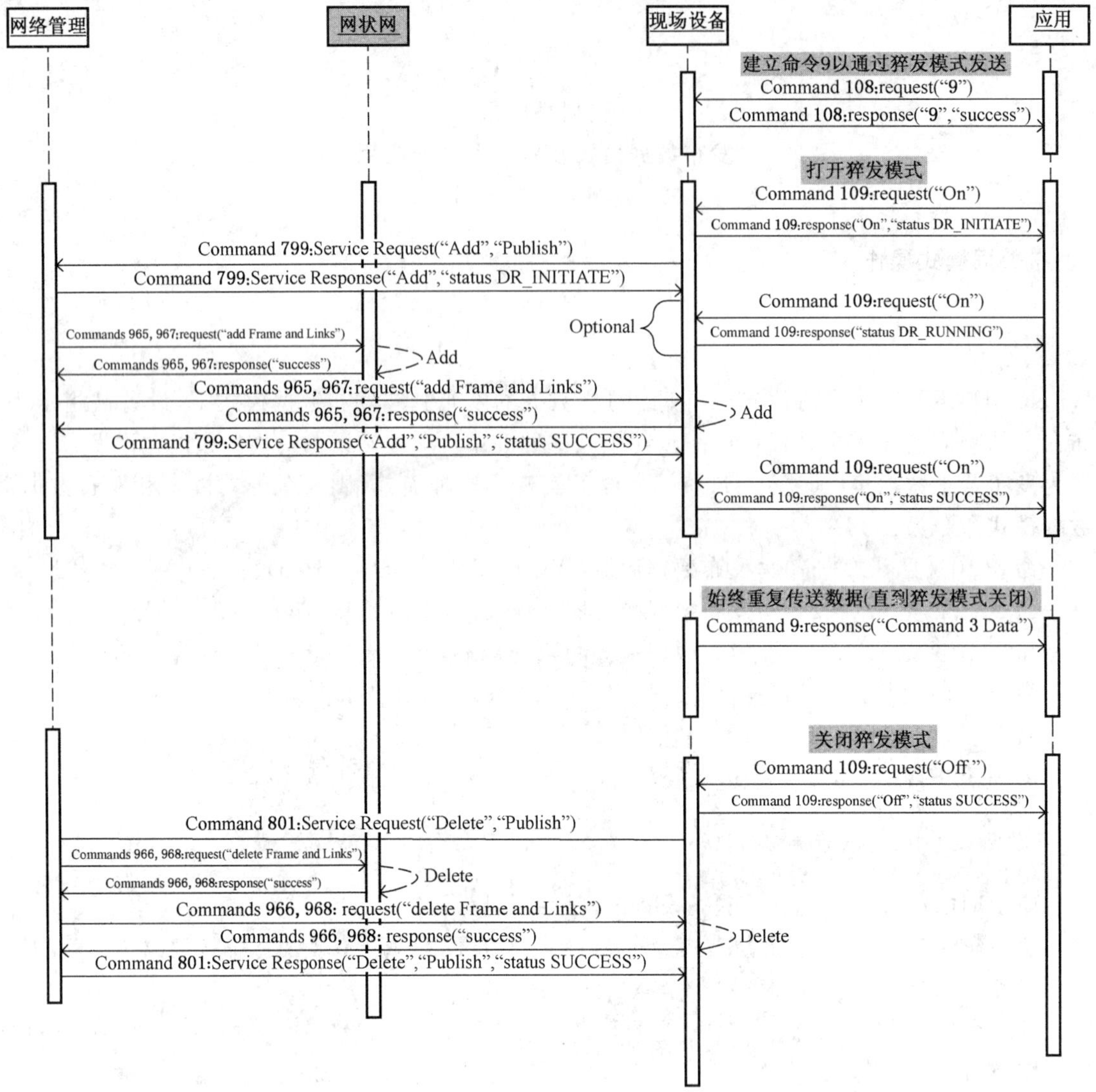

图 G.1 启用或禁用发布的顺序

G.1.3 发布数据模式操作的响应

当发布被启用时,现场设备(从站)针对命令号发送响应。该命令号通过命令 108 根据数据链路需求和由其他发布数据模式命令配置的属性来设置。

一旦设备进入发布数据模式,命令 108 可用于改变发布数据命令的响应。设备可在响应改变为针对新命令号之前执行一个发布周期。其他发布数据模式命令也可用于即时调整发布数据模式的操作间隔。

只要有可能,无线现场设备将多个待发送的消息聚合成一次事务(见 8.2.2.5)。如果发布数据消息不适合一次单个事务,则可分别在多次事务中发送。

G.1.4 发布数据模式更新周期

更新周期受协议限制,见 8.2.3.27.3。对于 IEEE STD 802.15.4-2006 规定的物理层,最小周期是 0.1 s。命令 103 的更新周期参数决定了通信速率。设备变量的采样周期可以不同,这可通过命令 54 来读取。

G.2 事件通知操作

G.2.1 概述

事件通知(Event Notification)需要发布数据模式操作且根据发布数据模式操作而产生。如果设备支持发布数据模式,则该设备也支持全部的事件通知命令。WirelessHART 应用层协议提供两种不同的方法来显示事件——“应用过程状态(Application process status)”和命令 48 的响应。

事件通知用来发布设备状态中的改变,这与其他数据模式命令中所支持的数据发布无关。事件可使用以下状态:“应用过程状态(Application process status)”八位位组中的状态、“扩展状态(Extended status)”八位位组中的状态,以及命令 48 中包含的状态。可以规定全部状态位的一个子集来触发事件通知。事件通知的优先级低于其他类型的数据传输,但它需要一个时间戳(Time Stamp)以指示通知发生的第一时间。事件通知一般不需要监视或控制;其使用频率并不高。只要可能,事件通知都与发布数据消息相聚合。

事件通知命令为:

——命令 115(见 8.2.3.34),读事件通知汇总(Read event notification summary);

——命令 116(见 8.2.3.35),写事件通知比特掩码(Write event notification bit mask);

——命令 117(见 8.2.3.36),写事件通知定时(Write event notification timing);

——命令 118(见 8.2.3.37),写事件通知控制(Write event notification control);

——命令 119(见 8.2.3.38),写事件通知确认(Write event notification acknowledgement)。

设备在经过复位、自检,或掉电和重新上电过程后仍保持事件通知的设置。经过一次上电循环不必保持事件转换。设备应缓存 5 个事件转换,最少应缓存 3 个。

G.2.2 配置设备事件通知的操作

主站应使用以下规程来配置事件通知:

——使用命令 116“写事件通知比特掩码”来配置可触发事件通知的状态位。

——配置事件在被识别之前须保持为激活状态的时间长度,这通过配置与该事件相关联的保持稳定间隔(De-bounce interval)来实现。配置设备在收到确认前发送事件通知的频率。这两个定时参数由命令 117“写事件通知定时”来设置。

——使用命令 118“写事件通知控制”来启用事件通知。该命令也用来选择发送事件通知的接口。

G.2.3 设备内事件通知的处理

比特掩码为“1”的状态位的任何改变都被认为是一个事件。应捕获事件的第一次发生并为其打上时间戳。如果事件持续的时间等于事件保持稳定间隔(Event de-bounce interval),则产生事件通知,且发送命令 119 响应。命令 119 响应以事件通知重传时间所指示的速率重复发送,直到接收到来自主站的命令 119 请求作为确认。

如果在最大更新时间内没有事件发生,则设备向网关发布一次命令 119 响应。命令 119 响应中总是包含“应用过程状态(Application process status)”、配置改变计数器(Configuration change counter)和命令 48 响应八位位组的最新值。

命令 116 用来标识可能触发事件通知的比特。命令 119 仅返回由命令 116 建立的事件掩码(Event mask)所对应的那些状态的八位位组(即命令 116 所选中的)。命令 119 中返回的八位位组包括当前“应用过程状态(Application process status)”和命令 48 数据,无论这些位是否被选中。时间戳保持不变直到接收到一个确认。如果接收到一个确认,则时间戳被设为接收到确认的时间。

事件通知和时间戳在上电循环或设备复位期间无需维护。

附　录　H
（规范性附录）
网络冗余

从一个设备到另一个设备、到网关和到网络管理器具有多条路由，以实现网络冗余。这通过图路由实现，见 6.5.1.3.2。

网关的网络冗余由多个网络接入点实现，如图 H.1 所示，并在附录 D.2 中予以说明。该图还给出了网络管理器到无线网络的关系。网络管理器负责建立网络路由。

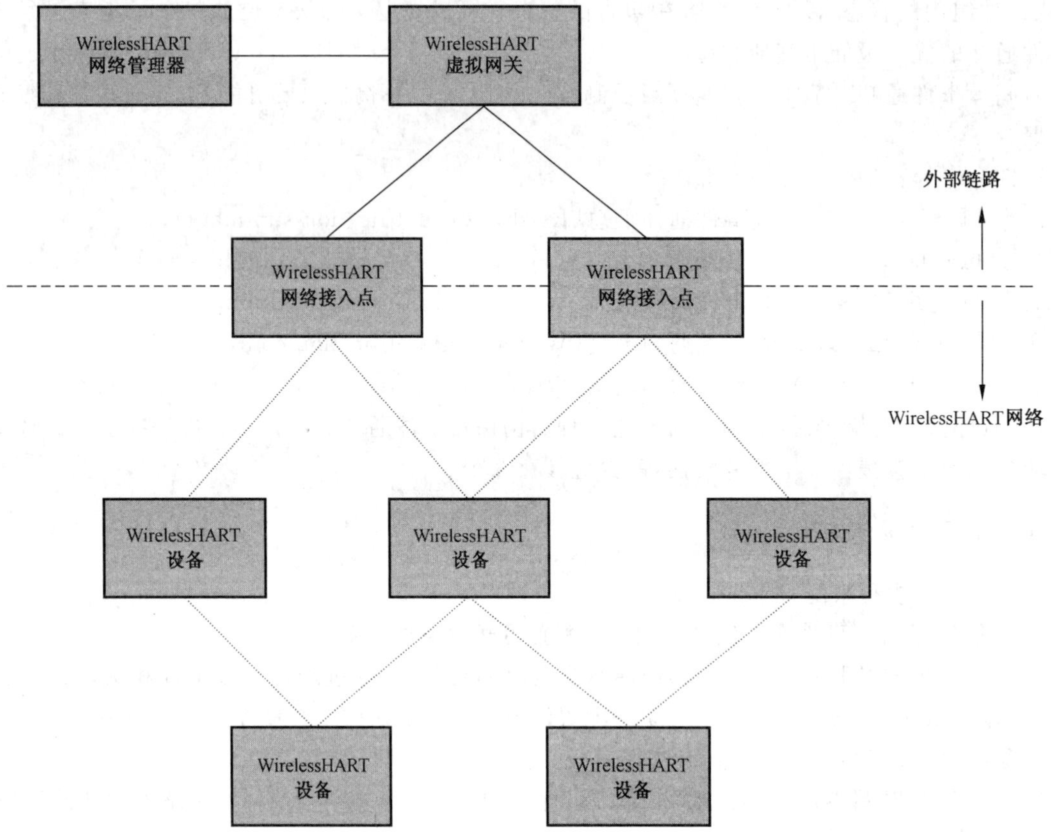

图 H.1　网络路由

如果一个接入点失效，则网络设备及网关间的通信将被路由到其他可选的接入点。

网关冗余不在本部分范围之内。

附　录　I
（资料性附录）
网络管理器实现

I.1　概述

网络管理器负责整个无线网络的管理、调度和优化。在无线网络中，网络管理器执行以下功能：

——网络形成和配置；

——路由建立和为网络设备分配路由；

——网络调度生成及将其发送到网络设备；

——信道管理；

——网络诊断及调整。

本附录描述这些功能的操作并指导如何实现这些功能。

I.2　网络管理器模型

I.2.1　概述

网络管理器数据模型如图I.1所示，数据包括：

——网络调度；

——网络设备集；

——邻居表集；

——连接表集；

——路由集。

网络管理器还要维护一个与安全管理器的关联。

当一个新设备加入网络时，网络管理器负责管理加入过程。作为该加入过程的一部分，网络管理器使用其网络模型以及用来优化网络的算法。在调度生成后，网络及调度信息以反方向通过网络传输，即从网关到每个现场设备。

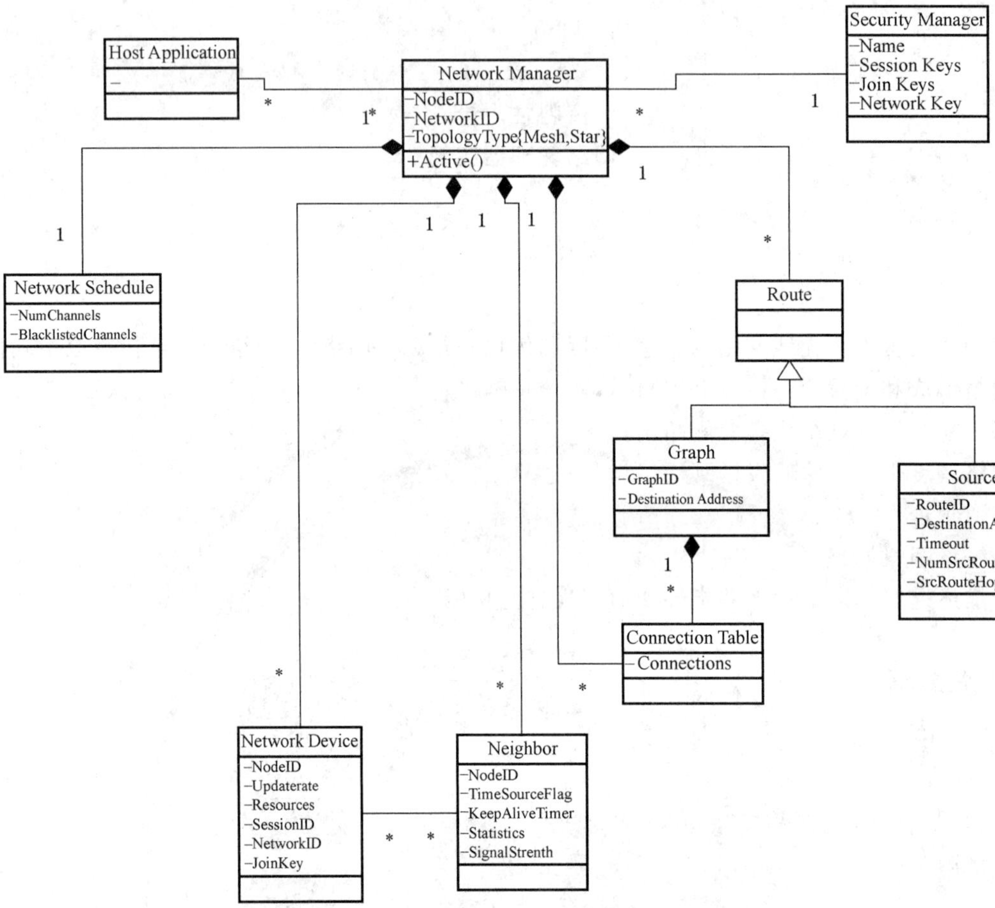

图 I.1 网络管理器的通用模型

网络管理器为网络生成并维护所有的路由信息。它使用网络设备列表、网络设备所报告的邻居以及设备能力，来生成一个从每个网络设备到网络管理器的完整图。还可能有从网关向网络设备的用于发送命令和其他设置的专用路由。广播路由用于网络管理器通过网关向所有网络设备发送广播信息。

注：每个图使用最多 4 个邻居作为潜在的下一跳目的。

也可建立专用路由。这些路由提供从网关到设备和从设备到网关的路径，它们被称为下行路径和上行路径。例如，设备使用上行路径向网关发送周期性过程数据，网关使用下行路径向执行器发送控制信息。

网络管理器使用设备、邻居和网络设备报告的诊断信息来组成完整的路由信息。在确定了所有设备的路由信息和通信需求后，可执行网络资源的调度。网络管理器包含一个完整的网络调度。

网络管理器负责调整网络以适应条件变化并负责调度通信资源。在设备加入网络或离开网络时，网络管理器更新其网络的内部模型，并使用这些信息来生成调度和路由。网络管理器还使用网络性能和诊断信息来调整整个网络，以适应拓扑变化和通信需求。在完整的调度生成后，网络管理器通过一系列命令将调度发送到网络设备。

I.2.2 初始化网络管理器

网络管理器负责管理 network_ID，这是每个特定无线网络都要求的。初始化 network_ID 的一个可能方法是利用一个具有网络管理器的网关，这通过将此网关连接到手持设备或主机来完成。初始化网络管理器必须配置以下参数：Network_ID、网络管理器昵称、网络管理器地址、网关昵称、网关地址和网关加入密钥(Join_key)。

注：网络管理器和网关地址及昵称是固定的，在本部分规定。

I.2.3 网络设备类型

网络设备的行为取决于其类型。设备类型及其数据模型如图 I.2 所示。

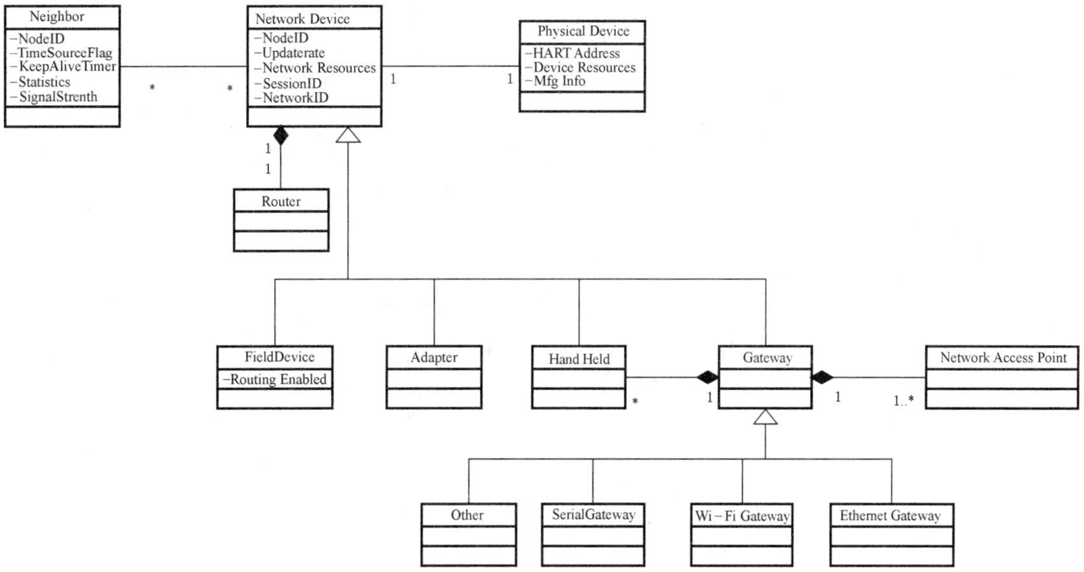

图 I.2 设备类型数据模型

设备数据模型的"根"是网络设备。所有网络设备都通过 40 比特的惟一 ID(unique ID)来全局标识。网络管理器包含一个连接网络的所有网络设备的列表,它为每个网络设备分配一个网络惟一的 16 比特"昵称"。所有网络设备还具有包含更新速率、会话和设备资源的属性。设备资源包括超帧表的大小等。所有网络设备包含一个邻居设备的列表,这些设备是在其侦听期间识别的。设备的其他属性取决于设备类型。

最一般的网络设备类型是现场设备。现场设备还可细分为测量类型或控制操作类型。所有现场设备都具有路由能力。

网络设备的手持设备类型用于配置设备、运行诊断、执行校准和管理其他设备中的网络信息。如果在维护室内使用一个手持设备,则该手持设备可通过维护端口直接连接到现场设备。

网络设备的网关类型用于将无线网络连接到主机应用,例如过程自动化系统或资产管理系统。网关通过网络接入点连接到网络。

I.2.4 网络路由

网络设备使用路由互相通信。在无线网络中,有两种路由数据包的方式——图路由和源路由,如图 I.3 所示。

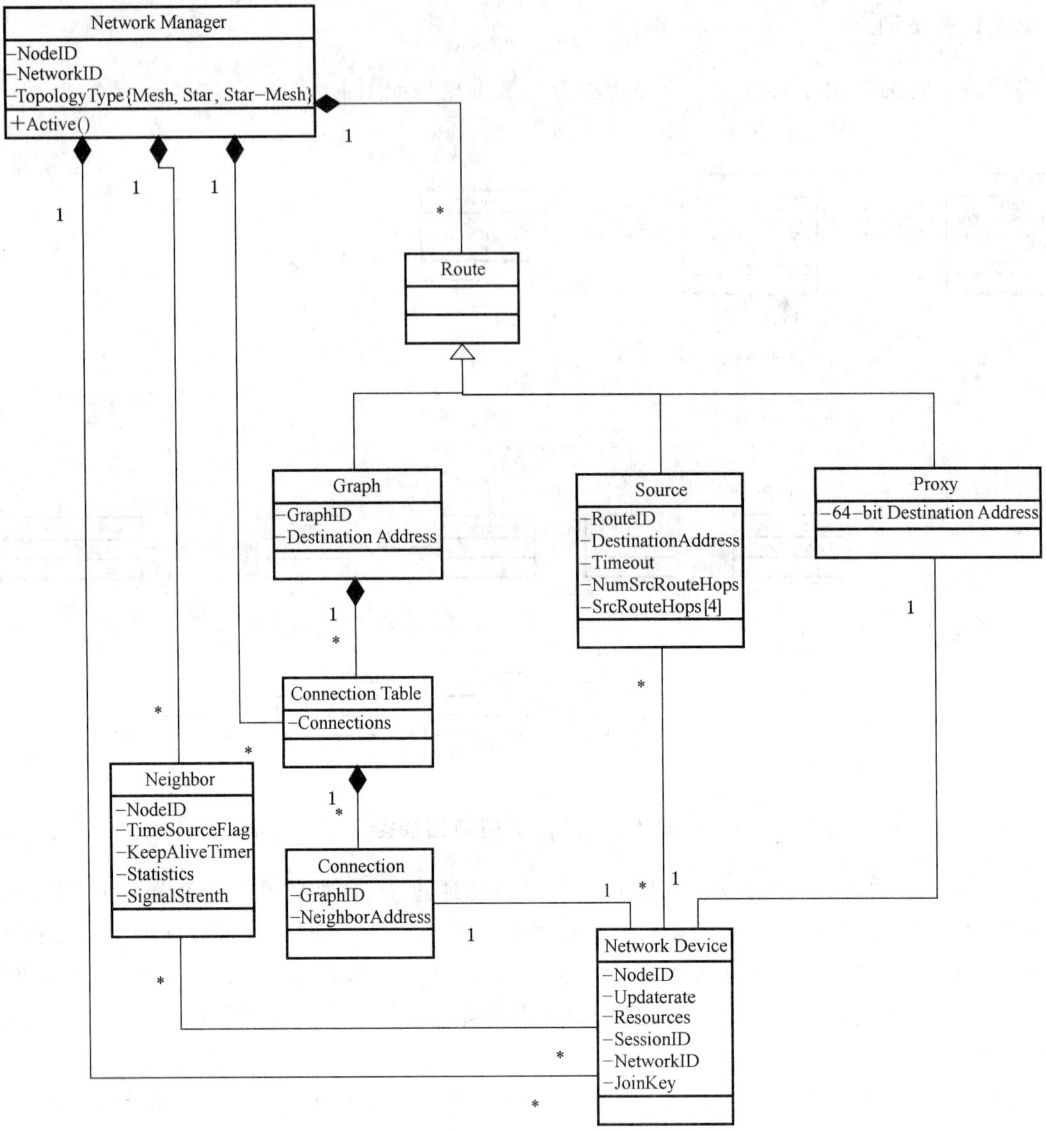

图 I.3 网络路由

网络管理器包含一个路由、连接和网络设备的完整列表。当设备初始加入网络时，网络管理器保存该网络设备报告的所有邻居登录项，包括信号强度信息。网络管理器使用这些信息来建立一个完整的网络图。网络图是一个优化的路由图。在优化网络图期间，删除大量可能的(但次优的)的链路。网络图联合优化以下属性：可靠性、跳计数、报告速率、电源使用和全部流量。拓扑的关键是将设备连接在一起的连接表(connect table)。

网络管理器的一个功能是在每个网络设备中配置图和连接信息。网络管理器维护图的一个完整列表以及每个已被配置的网络设备的连接信息。因为调整整个网络以适应信息变化，网络管理器负责更新整个拓扑，包括增加和删除每个网络设备中的信息。

利用这些信息，网络管理器生成图路由，还为网关生成源路由。源路由可从网络管理器建成的图路由导出。图路由像一个树，从“根节点”到“叶节点”的单一路径就是一个源路由。网络管理器利用图路由来生成调度，其中包括由网络设备发送给网关的测量信息和从网关发送给最终控制现场设备的控制信息。最终控制现场设备包括调节阀、开关阀、泵、风扇、挡板及马达等。

网络中每个图都与一个惟一的 Graph_ID 相关联。为实现在图上发送一个数据包，源网络设备在其数据包首部包含一个 Graph_ID。数据包在与此 Graph_ID 相对应的路径中传输，直到到达其目的，或被丢弃。为了能够按照图进行数据包路由，设备应被配置一个连接表。连接表包含具有 Graph_ID 和邻居地址的登录项。冗余路径可通过具有与相同 Graph_ID 相关联的多个邻居来建立。为了路由一个接收的数据包，设备用 Graph_ID 在连接表中进行查找，并将该数据包发送给表中列出的任意邻居。在邻居对接收的数据包进行确认(数据链路层确认)之后，路由设备可释放该数据包并将其从发送缓冲区中移除。如果没有收到确认，则设备在下一可能时机重传该数据包。

I.2.5 网络调度

I.2.5.1 概述

网络管理器负责分配通信资源。通信资源分为时隙和信道偏移，这些通信资源被安排在超帧中。通信资源根据通信需求信息进行分配。网络调度的整体模型如图 I.4 所示。

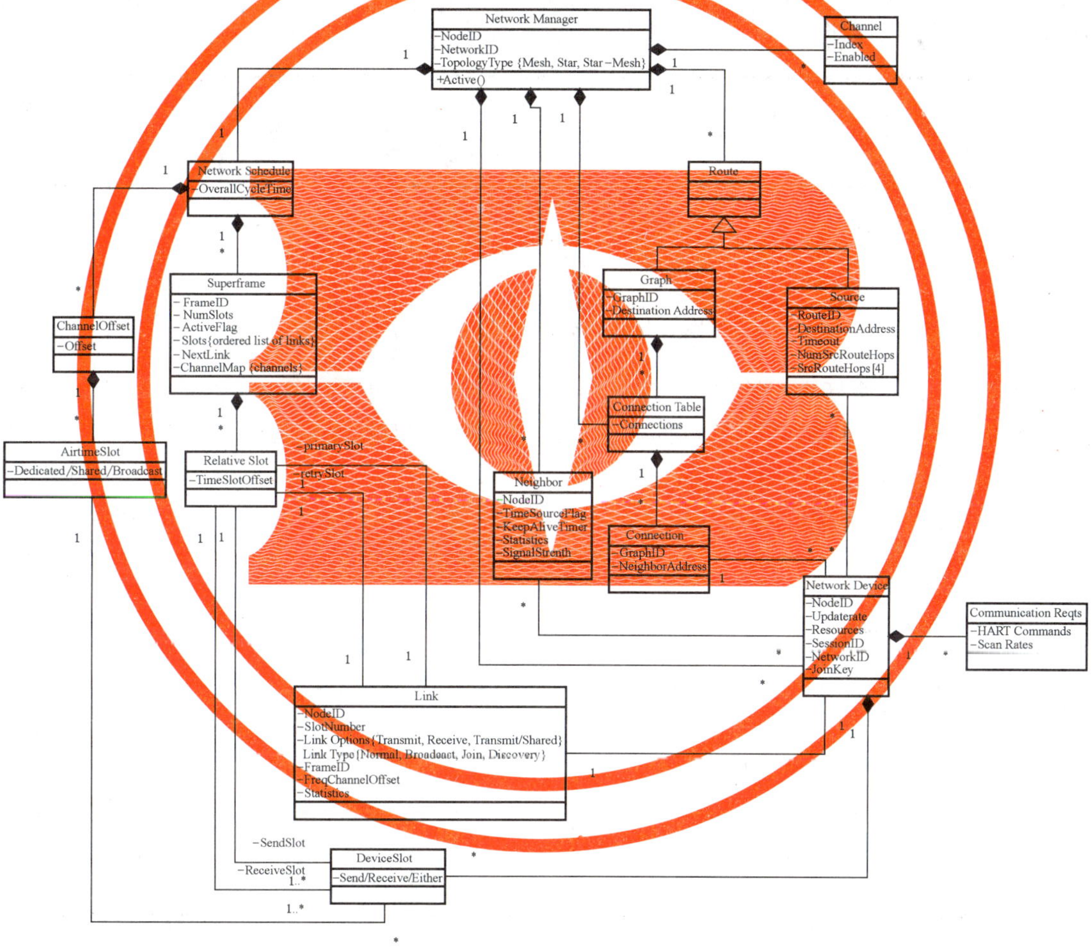

图 I.4 网络调度

每个无线网络都具有一个整体网络调度，它由该网络的网络管理器为建立并管理。调度被组织在超帧中。每个超帧再进一步分为若干时隙，这些时隙以超帧周期速率重复。超帧中的时隙被称为相对时隙，这些时隙相对于超帧的开始。相对时隙不同于绝对时隙号。绝对时隙号用来指示发送特定数据包的实际传输时间。

链路对象与特定的网络设备标识(ID)相关联；对于每个链路，在一个或多个设备中都有时隙分配。如果它是一个专用时隙，则在一个设备中有一个发送时隙，而在另一个设备中有一个接收时隙。如果它是一个共享时隙，则在一个设备中有一个接收时隙，而在若干设备中有一个或多个发送时隙。如果它是一个广播时隙，则在一个设备中有一个发送时隙，而在若干设备中有多个接收时隙。链路对象也包含超帧ID、相对时隙号、链路选项（发送、接收、共享）和链路类型（普通、广播、通告、发现）。

频道偏移用来计算特定的射频通道。该射频通道供一个基于伪随机序列的特别时隙使用。

网络管理器将通信需求与超帧信息相结合来为每个设备生成一组链路。装载到每个设备的特定链路，被该设备用来确定其无线收发装置何时需要唤醒，并确定在其唤醒后应进行发送，或接收，或发送/接收。链路并不决定通信内容；它提供一次通信机会。设备确定在每个时隙内通信的内容。

I.2.5.2 超帧

超帧是分配给时隙的链路的集合，按照时间重复。在给定超帧中的链路个数（超帧尺寸）决定了每个时隙重复的频率，由此为使用这些时隙的设备设置通信调度。超帧由信道和时隙构成。当一个超帧建立时，它与一个 Graph_ID 相关联。网络管理器使用该关联来分配时隙并配置链路。在运行期间，设备决定将如何使用一条链路。

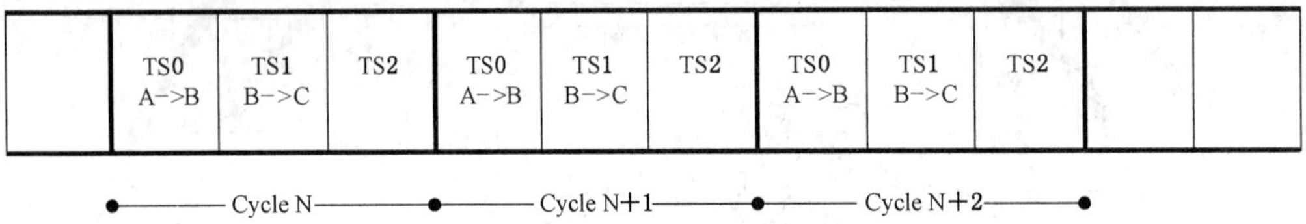

图 I.5 三时隙超帧的示例

超帧在时间上的每个新实例被称为一个超帧周期。图 I.5 给出了设备在一个简单的三时隙超帧中如何进行通信。设备 A 和 B 在时隙 0 期间通信；设备 B 和 C 在时隙 1 期间通信；时隙 2 未被使用。链路调度每三个时隙重复一次。

超帧的尺寸应遵循谐波链（harmonic chain），即后一周期应可被前一周期整除。例如，谐波链的两个示例是 1、2、4、8、16、…和 3、6、12、24、…，其周期符合表达式 ab^n。

I.2.5.3 网络中的多个超帧

无线网络可包含若干并发的不同尺寸的超帧。多超帧可为不同的设备组定义不同的通信调度，或以不同的占空比（duty cycle）运行整个网络。还可分配额外的超帧用于不同的通信率、发布数据请求、事件通知，以及由主站应用发出的应用层命令。

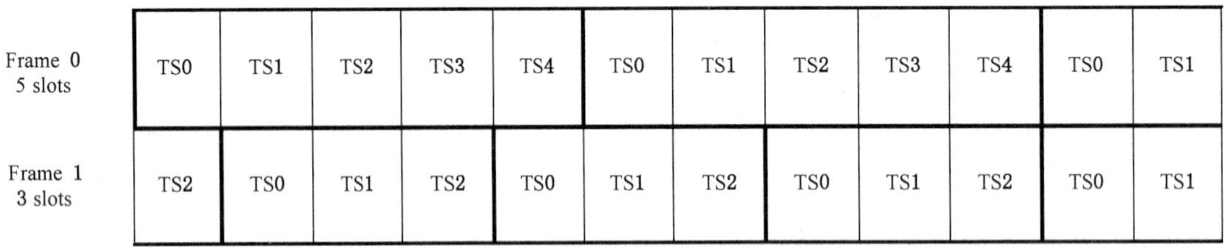

图 I.6 网络中的多个超帧

一个网络设备可同时参与一个或多个超帧，但不是所有设备都需要参与全部超帧。通过配置一个网络设备参与多个重叠的不同尺寸的超帧，这可能产生同时全部工作的不同的通信调度和连接矩阵。

关键应用，例如资产管理系统和设备特定应用等，经常在一个相对短的时间内（以分钟计）需要一个相当大的吞吐量，以用来调出配置和显示诊断屏幕，并响应用户请求。为支持这类通信时隙的临时增加需求,可使用额外的超帧。

超帧可以在网络运行期间增加、移除、激活和去活。所有超帧都具有相同的起始时间。每个超帧的第0周期的第0时隙都开始于纪元(Epoch)。对于一个特定网络,纪元是指网络管理器启动网络的时间。因此,不同超帧中的时隙总是对齐的,即使不同超帧的起始和结束是不对齐的,如图I.6所示。由于所有超帧开始于同一时刻,因此,总是可能识别一个特定超帧周期和时隙的起始时间。

具有多个超帧链路的网络设备可能遇到链路仲裁的情况。当两个或多个超帧在同一绝对时隙中所分配的链路重合时,可能发生。在这种情况下,设备应在具有最小数值的超帧ID的链路上进行操作。链路仲裁的规则由本部分定义。

I.2.5.4 时隙

时隙是由所有网络设备所共享的固定的时间间隔单位。时隙的间隔足以发送或接收一个数据包以及伴随的确认,包括用于整个网络范围同步的保护带(guard-band)时间。因为在超帧中时隙总是相对于超帧的起始,因此该模型也将时隙称为"相对时隙"。

专用链路被一对设备共享,这对设备在被分配的时隙内进行通信。共享链路可有多个发送方但仅有一个接收方。对于共享链路,使用定义好的退避(back-off)和重试机制来处理可能产生的冲突。广播链路和多播链路具有一个发送方和多个接收方,但没有数据链路确认。

时隙按照与其超帧长度相对应的速率在时间上进行重复。时隙通过链路分配给设备。如果一个时隙被分配给一个设备,则依据链路类型,设备可在该时隙内执行下述动作之一:

——尝试发送一个数据包;

——等待接收一个数据包;

——保持空闲。

如果数据包的目的与链路的另一端邻居相匹配,则具有发送链路或发送/接收链路的网络设备,可在相关联的时隙内发送一个数据包。具有接收链路,或具有发送/接收链路但无数据包要发送的的网络设备,在相关联的时隙内侦听到来的数据包。时隙也可由多个设备共享。所有参与专用链路或共享链路的设备,都处于唤醒状态并进行侦听。

I.2.5.5 链路

当网络管理器建立设备间的连接时,链路分配可用来支持这些连接。在很多情况下,网络管理器有必要建立新的链路分配。在这些情况下,网络管理器应向每个需要链路的设备发送链路分配。链路分配规定网络设备如何使用时隙。每个链路仅包括一个时隙、一个信道偏移、链路类型(发送、接收或共享)、链路另一端的邻居设备,以及发送/接收属性。

链路可以是仅发送、仅接收、或发送/接收。具有发送链路或发送/接收链路的网络设备,如果数据包的目的与链路的另一端邻居相匹配,则在相关联的时隙内可发送一个数据包。具有接收链路,或具有发送/接收链路但无数据包要发送的的网络设备,在相关联的时隙内侦听到来的数据包。

发送链路可被多个设备共享,这通过链路配置中的共享标志指示给网络设备。对于共享链路,设备使用带退避(back-off)机制的冲突避免策略来处理冲突情况。在设备的吞吐量需求较低、和/或通信不规则、或通信猝发时,使用共享链路可能是适合的。在某些情况下,使用共享链路可减少延迟。这是由于网络设备不必等待专用链路,但仅限于冲突概率较低时使用。

I.2.6 安全管理器

网络管理器利用安全管理器来分配会话密钥,如图I.7所示。网络管理器负责分发安全密钥。

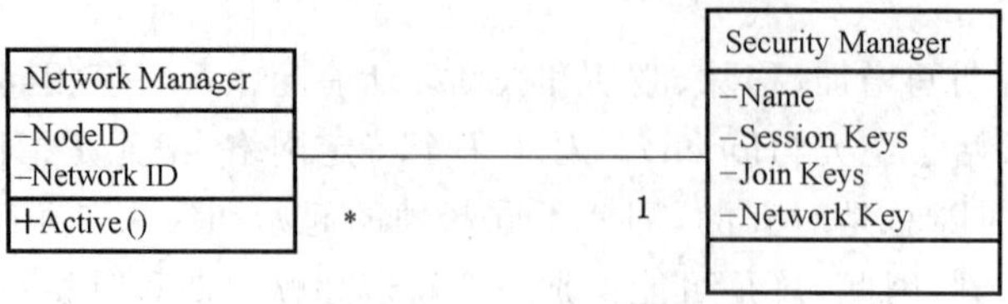

图 I.7 安全管理器

I.2.7 网络管理器的详细模型

I.2.7.1 概述

网络管理器的详细模型如图 I.8 所示,结构中包含了所有其他关键组成部分。内存缓冲区(数据包队列)和数据包亦在其中。这有助于从路由数据包的角度遍历该模型。

图 I.8 的左侧主要详述通信资源的分配,右侧详述路由。网络管理器使用路由决定如何传送数据包,并使用通信需求来决定应分配什么网络资源。通过上述,网络管理器生成一个整个网络的调度,其作用是根据超帧和链路来分配通信资源。在调度被确定后,网络管理器通过应用层服务,如写超帧、写链路、写图等,向每个网络设备传送这些配置项。

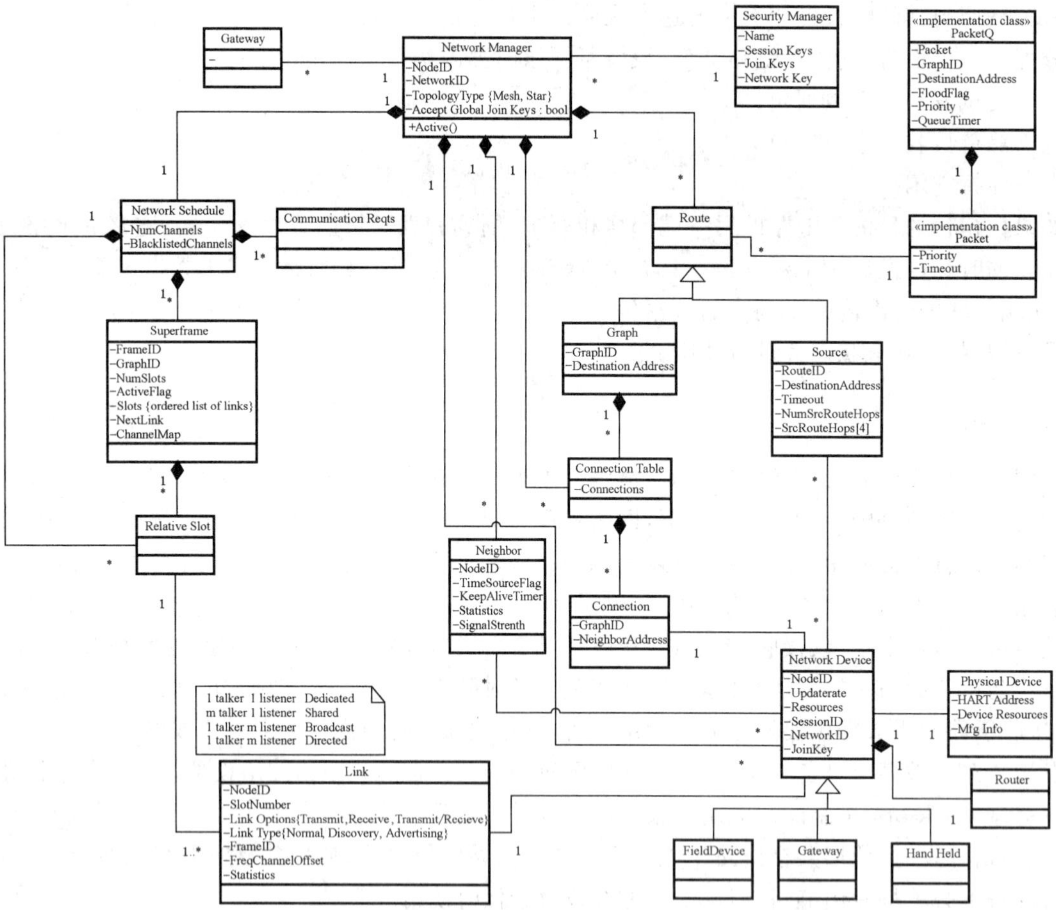

图 I.8 网络管理器的详细模型

当一个设备醒来时,它首先查找其链路列表并选择下一条链路。如果链路选项是接收,则设备立即进入侦听模式。如果链路选项是发送,或发送/接收,则设备进入发送状态。由于链路标识了可向哪个设备传送,则下一步是检查设备在其数据包队列(Packet queue)中是否有可发送到链路另一端设备的数据包。为了找到一个匹配，设备在数据包队列中的每个数据包查找路由信息。如果找到了一个匹配，则发送该数据包。如果没有找到匹配且链路类型为发送/接收，则设备侦听到来的数据包。如果没有找到匹配项，则设备返回休眠模式。

注：上述描述是一个简化的操作顺序，以说明设备如何执行链路调度。

I.2.7.2 网络寻址

当一个网络设备加入无线网络时，网络管理器为其分配一个16比特的地址(昵称)。每个数据包的网络首部包括源和目的网络设备地址，这些地址不随着数据包在网络中的路由而改变。在数据包的目的网络设备地址与设备自身的地址相匹配时，每个网络设备都负责终止该数据包。广播网络设备地址可用来对所有网络设备进行寻址。

I.2.7.3 网络构建

无线网络的一个关键属性就是它的自组织能力。网络构建有三个组成部分——通告、加入和资源分配。作为通告的一部分，已加入到网络的网络设备发出数据包以宣布其所在的网络。通告包包括时间同步信息和一个惟一的网络标识(network_ID)。欲加入网络的设备侦听这些数据包并尝试将通告的network_ID与自己的相匹配。在听到至少一个通告包后，新的网络设备可尝试加入网络。新的网络设备被授权加入网络。在设备已加入网络后，可请求网络管理器为其分配网络资源。

I.3 路由

I.3.1 概述

网络管理器功能的一个关键部分是为网络生成全部路由。为了兼顾效率和优化路由，网络管理器需要网络信息、通信需求信息及网络设备能力信息。随着这些信息的发现，网络管理器调整网络中的连接，直到形成一个良好的工作系统。本条总结了一些关键需求，并说明确定路由的规则。

I.3.2 路由需求

表I.1给出了网络管理器的路由需求汇总。

表I.1 路由需求

网络功能	需求
建立和管理网络路由	网络管理器维护完整网络的一个内部表示，该表示最大限度地使得每个节点与其他各个节点相连接。网络管理器删减一些路由信息以使其成为一个合理的网络表示。这个内部表示用于生成图路由和源路由
管理邻居表	网络管理器通过周期性的健康状况报告从每个设备收集网络统计信息和邻居表信息。连接和信号强度信息用于调整路由
健康状况报告	通信信息用于从已有的连接中做出选择，并决定形成新连接
为图路由建立路由表	图路由对于上行和下行通信的调度是理想的。上行通信包括过程测量和报警。下行通信包括控制执行器的改变。在任何路由中不应有任何环形回路
为源路由建立源路由列表	网络管理器建立源路由。在任何路由中不应有任何环形回路
建立下行图	网络管理器生成从网关到所有其他网络设备的下行广播和的单播图

I.3.3 路由策略

基本路由策略总结如下：

a) 如果有一条到网关的单跳路径，则应使用该路径；

b) 当构造图时要考虑的最小跳数是 2；

c) 当构造初始图时要考虑的最大跳数是 4；

d) 应考虑两跳路径上最低信号强度与该两跳路径所对应的单跳路径上信号强度的比率，而不是考虑单跳路径；

e) 对于 3 跳和 4 跳路径使用与 d)相同的规则。

f) 在构建图时，所使用的信号强度阈值应以 50%为起点。如果使用规定的信号强度阈值没有找到路径，则可将该阈值降低至之前值的 0.75 并重新尝试构建图。这种循环可连续最多 4 次。如果仍然不能得到至少一个路由，则认为该节点不可达。

注：路由算法不由本部分规定。

I.4 调度

I.4.1 概述

调度通信资源是网络管理器执行的重要功能之一。为了兼顾效率和优化调度，网络管理器需要网络信息、通信需求信息、以及网络设备能力信息。随着这些信息的发现，网络管理器持续调整调度直到它满足需求。网络管理器中的调度器使系统的操作反馈来调整调度。本条总结了一些关键需求，说明确定调度的规则，并给出一个简单的调度示例。

I.4.2 调度需求

表 I.2 给出了网络管理器的调度需求汇总。

表 I.2 调度需求

网络功能	需求
前提	网络管理器具有合理的网络图表示。 每个网络设备已被配置了连接表。 网络管理器知道每个设备的更新速率。 对于冗余，一个数据被配置为在一条路径上的一次发送和一次重传，以及在另一条路径上的另一次重传
约束	可并行活动的信道的最大个数由被启用的信道数决定，并受限于黑名单。 在一个时隙内没有设备可被调度侦听两次。 多个设备可对同一设备进行发送。每个侦听设备的广播链路和专用链路可以共存。 在多跳路径上，首先调度较早的跳。 所支持的更新速率被定义为 2n，其中“n”为整数值。例如，更新速率可选择 250 ms，500 ms，1 s，2 s，4 s，8 s，16 s，32 s，64 s 或更多。 基本的网络管理和发布数据通信不应超过可用通信带宽的 30%(最大 100 个时隙/秒)。 网络管理器考虑服务需求。 最终调度(不算网关)应具有 50%的空闲时隙(即为重传、侦听分配)

表 I.2（续）

网络功能	需求
数据超帧	数据超帧的长度由数据扫描速率决定。 网络管理器按从最快扫描速率到最慢扫描速率的顺序来分配时隙。 网络管理器从最远端设备开始，为每个处于路由中的(en-route)网络设备分配一条到网关的链路。网络管理器在相同路径上分配第二个专用时隙以处理重传，在另外的路径上分配第三个共享时隙以处理另一个重传
管理超帧	管理超帧具有比数据超帧更高的优先级。 网络管理应有 6 400 个时隙。 网络管理器以广度优先(breath-first)方式遍历图，从网关开始，并将设备编号为 N0、N1...Nn。至少，每个设备应有一个时隙以发送 Keep-Alive DLDPU，并有一个相应的共享接收时隙
加入过程	网络管理器从距离网关最远的设备开始，为每个处于路由中的网络设备分配一条到网关的链路用于加入请求(不提供冗余)。 网络管理器以广度优先方式遍历图，网络管理器为每个处于路由中的网络设备分配一条从网关到终端网络设备的链路用于加入响应(不提供冗余)。 网络管理器在每个设备中分配通告包。通告包的个数与距网关的跳数成反比(inversely related)
邻居发现	网络管理器为所有网络设备分配公共的发现链路。发现间隔定时器(discovery-interval timer)被设为启用发现
网络管理器命令	它与加入请求和响应共享网络管理链路
命令请求/响应通信	网络管理器分配共享链路以满足设备自主的(ad-hoc)请求和响应通信
网关超帧	网关超帧应被分配一个大的 ID 值。 网关超帧应为 40 个时隙长。网关接入点中的所有时隙都应被分配。 网络管理器调度网关中所有未被分配的时隙。这些时隙可用作发送或接收；接收时隙是共享的
专用超帧	网络管理器应分配用于网关或客户机的超帧，以实现高吞吐率要求，满足资产管理和其他应用需求。这被分配为“维护”或“块传输”服务类型。 网络管理器应为手持设备和每个现场设备分配用于维护目的的超帧。这个超帧为现场设备和手持设备提供高速连接。网络管理器应分配每秒 4 个时隙(每个方向 2 条链路)

I.4.3 调度策略

基本的调度策略汇总如下。调度算法不在本部分中规定。

a) 调度策略

1) 从时隙 0 开始，为设备分配信道偏移。

2) 最快的发布数据需求首先分配。

3) 发布数据的目的总是网关。

b) 数据超帧

1) 数据超帧的长度由数据扫描速率决定。

2) 时隙分配按照从最快扫描速率开始到最慢扫描速率进行。

3) 从最远端设备开始为每个处于路由中的网络设备分配一条到网关的链路。还分配第二个时隙用于重传处理。

4) 如果有另外的路径可用,则每次传送还应在另外的路径上被调度一次重传。

5) 一个网络设备在一个时隙中仅能被调度接收一次。

6) 事件通知使用与数据同样的时隙分配方式。如果有发布数据操作被调度,则事件可共享相同的时隙。事件不是经常发送。当发送事件时,它可使用重传时隙。

c) 管理超帧

1) 管理超帧的优先级高于数据超帧。

2) 网络管理超帧应有 6 400 个时隙。

3) 通告时隙是设备用来允许其他设备尝试成为网络成员而执行加入过程的时隙。

4) 应以广度优先方式遍历图,从网关开始,并将设备编号为 N0、N1...Nn。

5) 每个设备应有一个时隙用于 Keep-Alive DLDPU。该时隙在父节点侧应是一个共享的接收时隙。如果网络设备在 Keep_alive_time 期间向其父节点发送任何数据包,则它在该期间超时时发送一个 Keep_alive DLDPU。

6) 每个设备每 15 分钟应有 3 个时隙用于健康状况报告。

7) 每个设备每分钟应至少有一个共享时隙用于请求/响应。如果有一个资产管理应用启动,则网关应为此应用分配通信资源。

d) 加入请求

从距离网关最远的设备开始,应为每个处于路由中的网络设备分配一条到网关的链路(不提供冗余)。

e) 加入响应

应为每个处于路由中的网络设备分配一条从网关到终端网络设备的链路(不提供冗余)。

f) 网络管理命令及响应

网络管理应与加入请求和响应共享链路。

g) 命令请求/响应

链路分配应采用与加入请求相同的方式。

h) 维护超帧

应为维护超帧分配时隙。所有设备中建立相同的该超帧。该超帧应以 1 秒为周期,其中有 4 个时隙。

i) 网关超帧

1) 网关超帧的 Superframe_ID 为 253。

2) 网关超帧至少为 40 个时隙长(400 ms)。

3) 时隙应或者用于发送或者用于接收,且都是共享的。

j) 优化参数:

1) 到网关的跳数,

2) 可选路径,

3) 延迟,

4) 能量利用,

5) 总吞吐量。

I.4.4 网络调度示例

以下给出一个简单的调度示例。该示例中的无线网络由一个网关和三个现场设备组成,如图 I.9 所示。网关用“A”标识,三个现场设备用“B”、“C”和“D”标识。现场设备 B 和 C 每秒通信一次;现场设备 D 每 4 秒通信一次。

——调度：

调度首先建立路径，然后分配通信带宽。

——第一步：选择到网关的路径

B：B→A

C：C→A

D：D→B→A；D→C→A

——第二步：数据超帧——见表 I.3 和表 I.4。

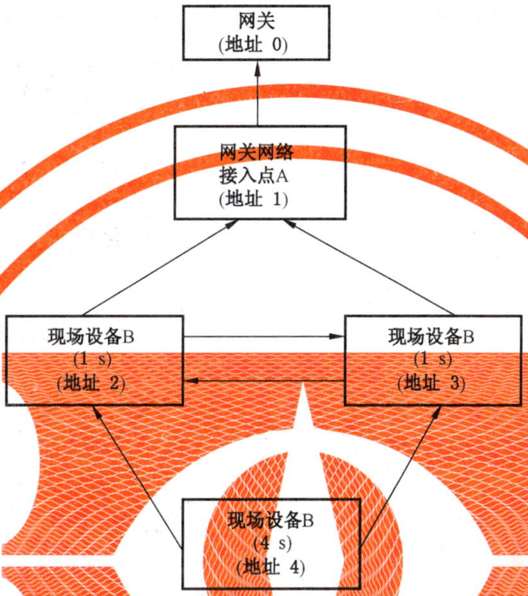

图 I.9　四个网络设备的无线网络

表 I.3　超帧 ID1：1 秒更新速率，超帧长度 100

信道偏移	时隙								
	0	1	2	3	4	5	6	7	8
0	B->A	B->A							
1			C->A	C->A					
2									

表 I.4　超帧 ID4：4 秒更新速率，超帧长度 400

信道偏移	时隙								
	0	1	2	3	4	5	6	7	8
0			D->B	D->B	D->C				
1					B->A	B->A	C->A	C->A	
2									

——第三步：管理超帧——见表 I.5～I.9。

超帧 ID 0：管理超帧长度 6 000——每分钟一次。

通告包指出可被加入设备使用的开放链路。

表 I.5　超帧 ID0:管理超帧

信道偏移	时隙								
	0	1	2	3	4	5	6	7	8
0									*->A
1							*->B		
2	*->C								
3	*->D								
4									

表 I.6　加入请求(与管理响应共享)

信道偏移	时隙								
	…	7	8	9	10	11	12	13	14
0									
1				B->A		B->A			
2					C->A				
3		D->B							
4									

表 I.7　加入响应(与管理请求共享)

信道偏移	时隙								
	…	11	12	13	14	15	…	…	…
0			A->B	A->C	A->B				
1						B->D			
2									

表 I.8　命令

信道偏移	时隙								
	…	16	17	18	19	20	…	…	…
0									
1			B->A	B->A					
2		C->A							
3		D->B							
4									

表 I.9 命令响应

信道偏移	时隙							
	…	19	20	21	22	23	…	…	…
0		A->B	A->B	A->C					
1				B->D					
2									

——第四步:为每个节点(链路表登录项)建立子调度——见表 I.10～I.13。

表 I.10 设备 A

超帧 ID	时隙	信道偏移	设备地址	链路选项	链路类型
1	0	0	B	接收	普通
1	1	0	B	接收	普通
1	2	1	C	接收	普通
1	3	1	C	接收	普通
4	4	1	B	接收	普通
4	5	1	B	接收	普通
4	6	1	C	接收	普通
4	7	1	C	接收	普通
0	8	0	*	接收	通告
0	9	1	B	接收	普通
0	10	2	C	接收	普通
0	11	1	B	接收	普通
0	12	0	B	发送	普通
0	13	0	C	发送	普通
0	14	0	B	发送	普通
0	16	2	C	接收	普通
0	17	1	B	接收	普通
0	18	1	B	接收	普通
0	19	0	B	发送	普通
0	20	0	B	发送	普通
0	21	0	C	发送	普通

表 I.11 设备 B

超帧 ID	时隙	信道偏移	设备地址	链路选项	链路类型
1	0	0	A	发送	普通
1	1	0	A	发送	普通
4	2	0	D	接收	普通
4	3	0	D	接收	普通
4	4	1	A	发送	普通
4	5	1	A	发送	普通
0	6	1	*	接收	通告
0	7	3	D	接收	普通
0	9	1	A	发送	普通
0	11	1	A	发送	普通
0	12	0	A	接收	普通
0	14	0	A	接收	普通
0	15	1	D	发送	普通
0	16	3	D	接收	普通
0	17	1	A	发送	普通
0	18	1	A	发送	普通
0	19	0	A	接收	普通
0	20	0	A	接收	普通
0	21	1	D	发送	普通

表 I.12 设备 C

超帧 ID	时隙	信道偏移	设备地址	链路选项	链路类型
0	0	2	*	接收	通告
1	2	1	A	发送	普通
1	3	1	A	发送	普通
4	4	0	D	接收	普通
4	6	1	A	发送	普通
4	7	1	A	发送	普通
0	10	2	A	发送	普通
0	13	0	A	接收	普通
0	16	2	A	发送	普通
0	21	0	A	接收	普通

表 I.13 设备 D

超帧 ID	时隙	信道偏移	设备地址	链路选项	链路类型
0	0	3	*	接收	通告
4	2	0	B	发送	普通
4	3	0	B	发送	普通
4	4	0	C	发送	普通
0	7	3	B	发送	普通
0	15	1	B	接收	普通
0	16	3	B	发送	普通
0	21	1	B	接收	普通

I.5 网络管理器接口

I.5.1 概述

网络管理器通过一系列应用层 PDU 与网络设备通信。网络管理器使用 AL 服务来读和写通信设置到网络设备。例如，网络管理器可以使用这些服务为设备创建超帧和链路。另外，网络管理器实现所有数据链路层和网络层的配置服务。

每个服务都描述了一组相关的参数，并具有与其相关的预期动作。例如写、增加或改变链路服务包含要增加或改变的链路的参数。删除链路用于在网络设备的链路表中移除一条链路。多个服务可能聚合在一个事务中。例如，网络管理器可将建立一个超帧和建立一条链路的服务结合在一起。

图 I.10 的例子给出两个报文序列。在第一个序列中，网络管理器在特定超帧上发送“读超帧”AL-PDU 请求信息。设备通过发送响应予以应答。在第二个序列中，网络管理器聚合并发送 APDU 以修改超帧和增加链路。网络设备通过发送对请求 APDU 的聚合结果进行响应。

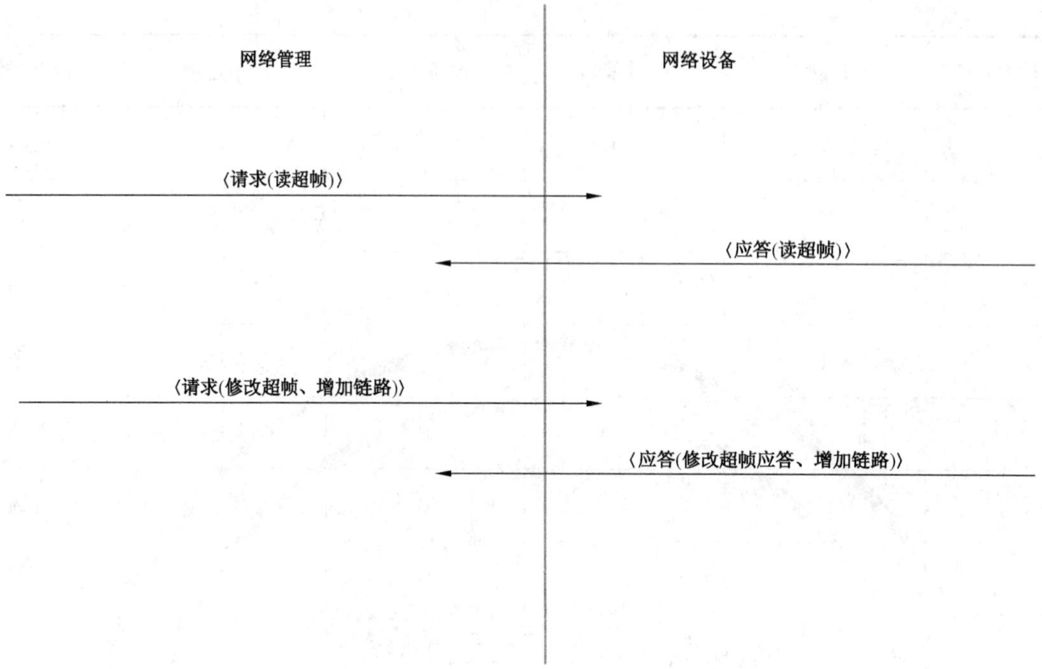

图 I.10　APDU 序列

表 I.14 中汇总了如何使用网络管理器接口。

表 I.14　网络管理器通用命令

场景	描述
初始化无线网络	启动一个自组织无线网络
分配通信资源	设备向网络管理器发送请求以增加其通信服务
调整网络调度	路由被改变且调度被更新
健康状况报告	设备向网络管理器发送健康状况报告
路径失效	向网络管理器报告路径失效
改变会话密钥	网络管理器改变会话密钥
改变网络密钥	网络管理器改变网络密钥

I.5.2　初始化无线网络

无线网络的关键特性是它有自启动和自组织的能力。在无线网络形成前，必须存在一个网络管理器和一个网关，并且彼此见建立私有连接。作为初始化序列的一部分，网络管理器创建以下内容：

——网络管理超帧；

——网络图。

然后，网络管理器激活第一个超帧，建立系统纪元——ASN 0。完整的初始化序列如图 I.11 所示。

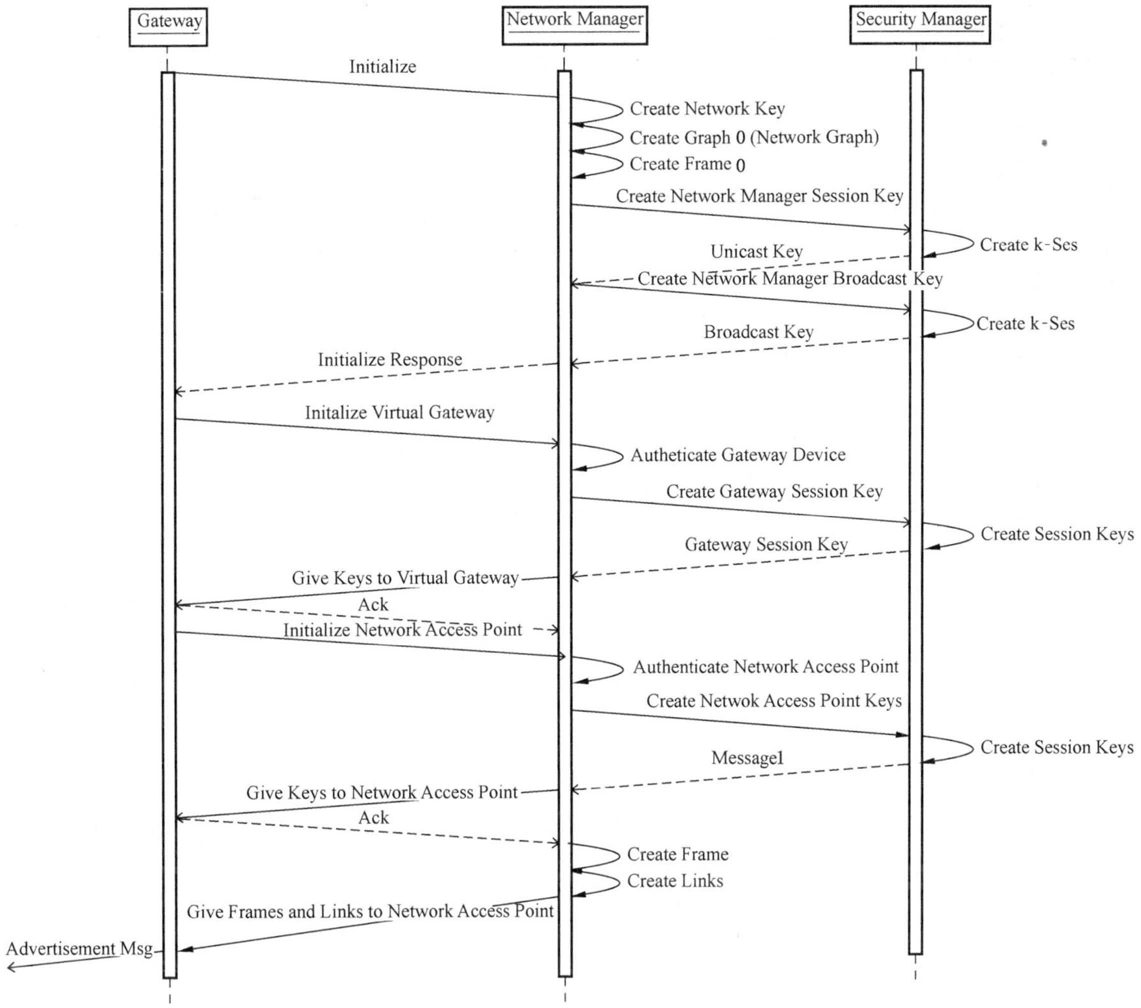

图 I.11 初始化无线网络

在网络接入点开始通告后，其他网络设备可开始加入网络。当设备加入时，网络形成。网络形成有三个组成部分：通告、加入和资源协商。作为通告的一部分，已经在网的网络设备可发送数据包以宣布网络的存在。通告包中包括时间同步信息和一个惟一的 network_ID。尝试加入的设备侦听这些数据包，然后尝试将通告中的 network_ID 与自己的 network_ID 相匹配。在侦听到至少一个通告包后，新设备可尝试加入网络。新设备通过执行加入序列来加入网络。

I.5.3 分配通信资源

加入网络的设备在得到一定个数的网络资源分配前，仅能产生或接收网络管理数据。为达到此目的，“时间表(Timetable)”可由设备请求，或可由网络管理器生成并发送给设备。服务由服务类型(如发布、块传输等)标识。

为了分配资源给网络服务，设备发送写(write)、增加(add)、修改(modify)请求给网络管理器。当资源被分配时，网络管理器返回一个响应代码以指示哪些参数被认可。如果适当的链路和图已在网络中存在，网络管理器除发送一个响应外可不做任何事情。反之，额外的链路和/或图可能被创建或激活。该过程如图 I.12 所示。

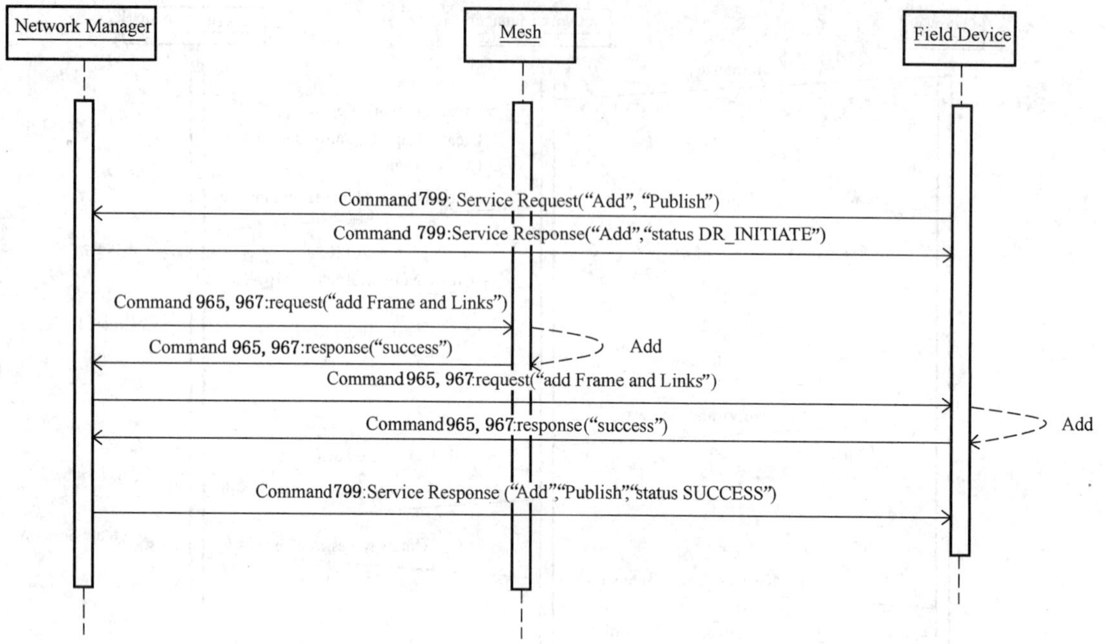

图 I.12 分配和使用网络资源

I.5.4 调整网络调度

调整整个网络调度以适应路由、设备资源使用(如电池用完)和网络要求的改变,见图 I.13。

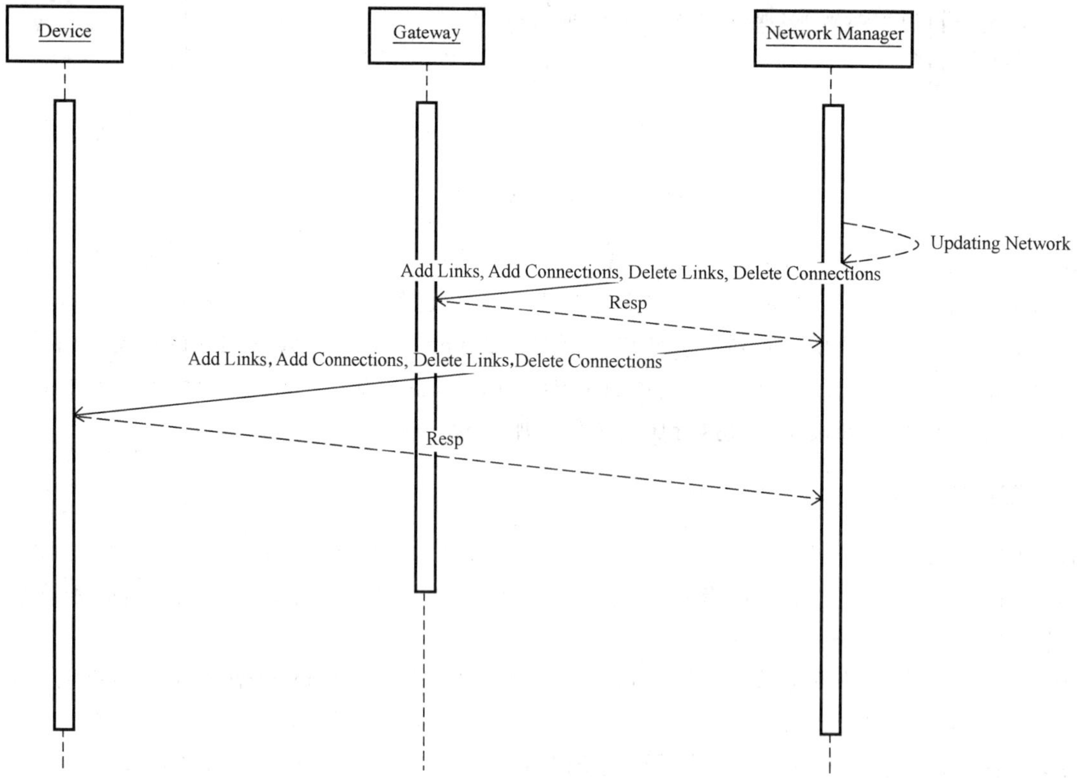

图 I.13 调整网络调度

I.5.5 健康状况报告

健康状况报告周期性地从网络设备发送到网络管理器。该报文无需确认，见图 I.14。调度和网络优化应周期性执行。

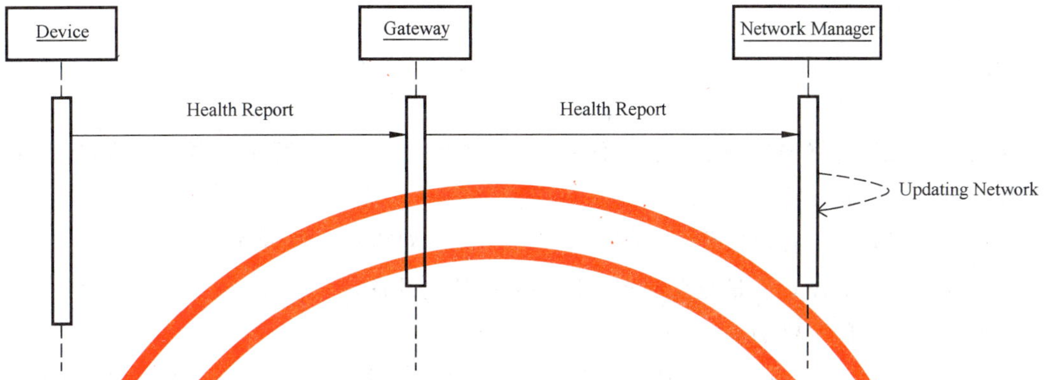

图 I.14 健康状况报告

附 录 J
（资料性附录）
网关实现

J.1 概述

网关设备将无线网络连接到工厂自动化网络，使数据在两个网络之间传输。网关为主机应用提供对网络设备的访问。在无线网络中网关执行的功能包括：

——网关实现数据缓存以优化整个网络的性能并改善对主机应用的响应能力。

——网关将缓存的设备变量数据发布给网络中的其他设备。

——网关对接收的事件通知 APDU 发送确认。

——网关提供隧道（tunneling）功能，以在连接到网关的主机和连接到网关的网络之间传送符合本部分规定的 APDU。

——网关检查接收来自主机应用的 APDU 的目的地址。如果目的地址是网关自身，则按照 AL 协议的要求发送响应 APDU。

——如果来自主机应用的请求 APDU 的目的地址是其他网络设备，且如果响应 APDU 是当前已缓存的，则网关从其实时数据库中返回已缓存的响应 APDU。

网关为无线网络通信提供一个汇点或源点。网络接入点提供对无线网络的物理连接。

J.2 网关模型

J.2.1 概述

网关具有若干不同的组成部分，如图 J.1 所示。网关自身是一种网络设备类型。它利用来自网络管理器和安全管理器的服务来认证和加入网络设备。

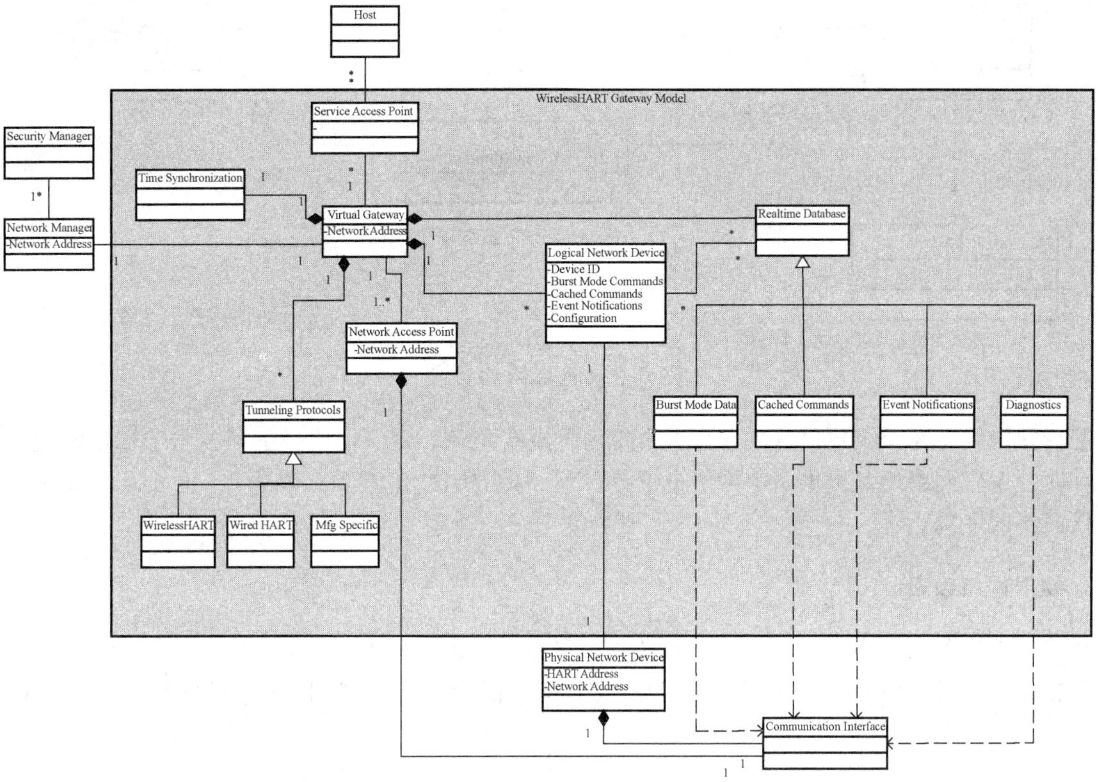

图 J.1 网关的一般模型

J.2.2 主机接口

网关的主机接口用于连接无线网络外的客户机应用和无线网络中的设备。网关的主机接口有多种形式，包括以下：

——以太网-无线网关：在工业以太网和无线网络间提供双向路径的网关。

——Wi-Fi-无线网关：以太网—无线网关的变型，使用 IEEE 802.11 a/b/g 射频来连接到工厂网络。

——串口-无线网关：如果工厂自动化服务器和设备支持串接，则使用串口—无线网关来连接到这些设备的串接。

网关能缓存来自网络设备和连接网络的无线适配器的发布数据命令响应、常用的读和写命令、以及诊断数据。为有效利用这些缓存，网关也作为一个翻译器。网关"窥视"来自主机应用的请求，如果响应数据是当前已缓存的，则网关从其实时数据库中返回缓存的响应消息。例如，如果一个主机对网络中的设备发出命令 0 请求，则网关检查它是否已缓存了命令 0 响应。如果网关没有该设备的响应，它向设备转发命令，并将结果响应返回给主机。

J.2.3 逻辑网络设备

网关维护一个逻辑网络设备的列表。设备信息被依次缓存在网关中，包括设备的信息，例如发布数据命令列表、事件通知消息、以及当前缓存在网关的命令响应等。逻辑网络设备如图 J.2 所示。

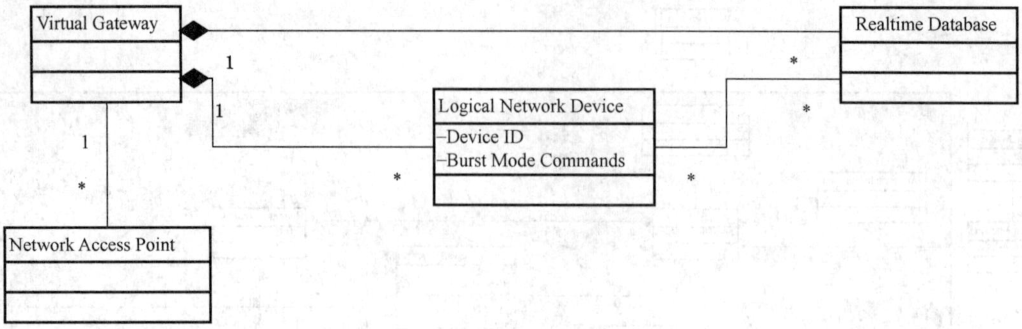

图 J.2 逻辑网络设备

逻辑网络设备在系统建模及后期调试中扮演着重要角色。逻辑网络设备可独立于实际物理网络设备而存在。逻辑网络设备提供一个网络占位,可用于离线配置、仿真和在线操作,还可为调试和设备更换提供必要的隔离。

J.2.4 物理网络设备

物理网络设备在网络中是一个实际的设备。它发现邻居并创建和维护一个邻居表。该邻居表由物理设备在每个信道上侦听一定时间而建立。每个邻居记录都具有其相应的接收信号强度。如图 J.3 所示。

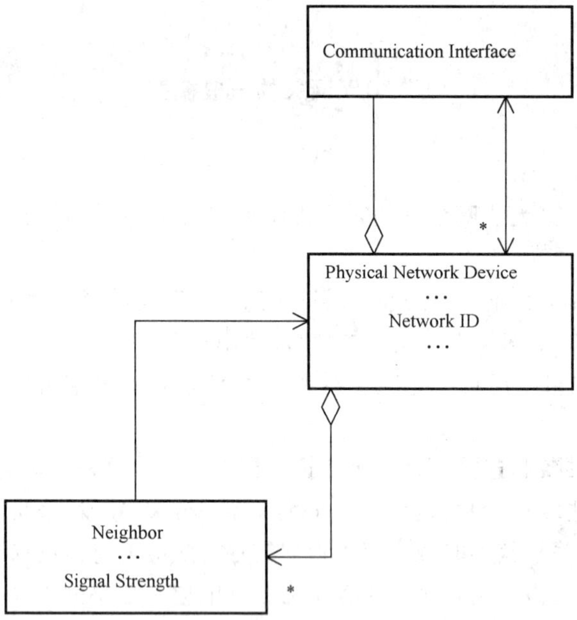

图 J.3 物理网络设备

J.2.5 通信接口

J.2.5.1 概述

通信接口提供与网络设备通信所需的服务。在实现中,这些通信服务由传输层和网络层提供。服务类型汇总如下:

——请求和响应(Request and response);

——块数据传输(Block data transfers);
——发布数据消息(Publish data messages);
——事件通知(Event notification);
——诊断(Diagnostics)。

J.2.5.2 请求和响应

请求和响应服务为网络管理器和主机应用提供向网络设备发送请求消息及接收响应消息的方法。如果响应时间超过规定值,则网关向主机应用发送“延迟响应(Delayed response)”或“超时(Timeout)”响应。在所有情况下,主机应用都期望一个来自网络设备证实的响应消息。

网络管理器认为这些通信是非调度和自组织(ad-hoc)的,因此网络管理器产生一个可用的基础带宽,以适应请求和响应通信。网关负责为此服务申请资源、增减所申请的带宽以适应应用需求的变化。

J.2.5.3 块传输

网关支持到网络设备以及通过适配器到子设备的块传输。块传输以自动分段和重组的方式支持大数据量集合的传输。

J.2.5.4 发布数据消息

发布数据消息用于以周期调度或基于异常的方式发送数据。发布数据消息由对指定命令的响应包组成。发布数据速率可根据应用需求配置。对于控制应用,发布数据速率由控制回路或顺序执行需求来确定(例如过程时间常数)。在某些情况下,多个主机应用会订阅同一个发布数据。在这种情况下,更新速率由最快的请求数据速率决定。

发布数据响应被缓存在网关的实时数据库中。这样可提供一种多个读者访问同一数据的机制;解耦应用;并降低网络通信量。

J.2.5.5 事件通知

事件通知服务提供事件和报警通信的支持。这是一个有保证的数据传递服务。网关负责确认并缓存事件通知消息。

J.2.5.6 诊断

该服务用于向主机传送网络的诊断信息。

J.2.6 缓存的响应消息

J.2.6.1 网络状态

每个网络设备维护诊断。诊断通过 HART™ 命令周期性地发布给网络管理器。网络管理器维护全部设备和网络的诊断。主机可向网关或网络管理器查询网络层诊断。

J.2.6.2 发布数据命令响应

数据库缓存全部的发布数据命令响应消息。

J.2.6.3 事件通知命令响应

数据库缓存全部的事件通知响应消息。

J.2.6.4 缓存的命令响应

数据库为若干 HART™命令缓存最新的响应消息。

J.2.6.5 延迟响应命令的响应

对于 HART™请求和响应命令，网关维护一个完整的未完成命令的列表。这些命令已发送到设备但尚未收到返回的响应。延迟响应命令如超过 24 小时将被丢弃。

J.3 网关管理

J.3.1 寻址

在无线网关和主机方面，每个现场设备由 40 比特的惟一 ID 标识。另外，网络管理器为每个网络设备维护一个惟一的 16 比特地址(昵称)。一些设备没有昵称，例如那些通过适配器连接的设备。在所有情况下，网关维护一个惟一 ID(40 比特)、昵称和设备类型信息的表。该表由网关用来在主机/客户机和网络之间进行地址转换。

J.3.2 重传机制

主机应用对网关请求的结果分为以下类别：

——成功(Success)：在规定的超时窗口内产生一个有效的响应消息。

——忙(Busy)：网关收到请求但目前不能响应。

——延迟响应(Delayed response)：网关收到请求并开始处理该请求。

——错误(Error)：网关收到消息，但检测出一个阻止其进行处理的错误。

在返回 Busy 或 Error 之前，网关的重传次数可被配置。

J.3.3 上电复位

网关在上电时执行以下序列：

a) 计算掉电时间。如果掉电时间少于 15 分钟，则设置一个内部的“WARM_START”标志。如果掉电时间大于 15 分钟，则设置一个内部的“COLD_START”标志。如果不能判定掉电时间，设置一个内部的“COLD_START”标志；

b) 寻找网络接入点并与其建立连接；

c) 如果找到具有与网关配置中相同 network_ID 的网络管理器，则网关连接到该网络管理器；

d) 网关将其时钟与外部时间源(如 GPS 接收器)同步，并且至少每小时广播一次 UTC 时间消息。

注：这是一种不同于 Keep-alive DLDPU 的机制。Keep-alive DLDPU 用于保持网络 ASN 同步。

e) 初始化主机接口——网关现在可开始向主机应用返回信息。

f) 如果是“WARM_START”，则执行下列序列：

   1) 发现网络绝对时隙号(ASN)；

   2) 通过向每个设备发送命令 0 和命令 20 来检查图表中所有网络设备的连接。

   3) 对于每个适配器，执行“适配器子设备的加入序列()”。更新设备状态以匹配来自命令 75“轮询子设备”返回的响应。

g) 开始正常操作。

J.3.4 网络接入点复位

当一个网络接入点被复位时，它完全清除其内存并重启。网络接入点寻找网关。在找到网关后，它通过网关加入网络，然后开始寻找网络侧的邻居。

注：网络接入点可通过对其发送命令 42 来复位。

J.3.5 网关复位

网关复位与其冷启动“COLD_START”的处理方式相同。网关设置其内部网关复位标志，清除其所有缓冲区，并告知网络管理器它正在复位。直到网络通信已经重新建立后，网关复位标志才被清除。在复位序列处理之中，网关对所有现场设备的命令均以“Busy(忙)”代码响应。任何已存在的延迟响应和块模式传输均被清除，直到复位序列完成才接受新的延迟响应和块模式传输。以下汇总了网关采取的动作：

a) 设置复位标志；

b) 删除任何未完成的块模式传输并返回错误响应；

c) 删除任何未完成的延迟响应返回错误响应；

d) 向网络管理器发送一个命令“03XXX 复位设备”以告知网络管理器网关正在复位；

e) 清空所有表和缓冲区；

f) 初始化主机接口；

g) 与网络管理器重新连接；

h) 通过网络管理器得到重新配置；

i) 向每个设备发送命令 0 和命令 20 以缓存设备信息；

j) 对于每个适配器，执行“适配器子设备加入序列”；

k) 为所有设备重建周期性的更新消息；

l) 清除复位标志。

注：网关可通过对其发送命令 42 进行复位。

J.3.6 重建发布数据周期数据

当网关的一个 REBUILD 标志被置位，清空为某个指定设备缓存的所有响应。对于一个无线适配器，这意味着清空用于该适配器连接的所有设备的缓冲区。网关可用命令 0 以测试任何网络设备的连接。

J.3.7 网关自检

网关在收到主机的命令 41(自检)后可执行以下处理。

a) 检查 ROM 校验和，如果出错则将标志置位；

b) 检查非易失存储器内容，如果出错则将标志置位；

c) 发送命令 41 响应消息。

网关可定期执行这些 ROM 校验和非易失存储器检查功能。

J.3.8 增加新网络设备

无论何时，网关收到一个来自网络管理器的新网络设备通知时，网关向该设备发送命令 0 和命令 20 请求。网关中为该刚加入设备缓存设备的响应消息。网关可通过检查响应的第八个八位位组的第二个比特(协议桥接设备)来决定响应设备是否为无线适配器(协议桥接设备)。

J.3.9 设备配置改变状态通知

无论何时，网关收到一个来自网络设备的配置改变状态时，向该设备发送命令 0 和命令 20 请求。然后网关中为该设备缓存响应消息。配置改变计数作为命令 0 响应的一部分被保存。如果设备是无线适配器，则网关为连接到无线适配器的子设备重复“适配器子设备加入序列(join sequence for adapter sub-device)”。

J.4 网关超帧

网关通过其接入点与网络设备通信。每个时隙都应为接入点调度活动。未使用的时隙被视为浪费。例如，如果接入点没有其他数据要发送和接收，则应执行通告或共享侦听。

网络管理器应分配未使用的接入点来执行比信道搜索时间(ChannelSearchTime)快的通告。这样，在接入点信号范围内且尝试加入的设备将以较短的时间实现加入。

通常，专用超帧(例如超帧号 253)应由网络管理器分配。通过分配一个高编号的 Superframe_ID，其他发送和接收链路可被用于发送和接收较高优先级的消息。

J.5 网关变更通知服务

在检测到网络设备中的变更时，网关可向主机或客户机返回变更通知消息。通知指示一个值或状态已改变，但不包括实际改变的值。当主机或客户机接收到变更通知时，应向网关发出一个读相关信息的请求。

注：不是所有主机接口都支持变更通知。

表 J.1 汇总了主机或客户机能够接收的变更通知的项。

表 J.1 要求的命令响应

通知类型	最快通知速率/s	描述
发布数据	0.250	网关每 0.250 s 逐个设备地检查缓存以发现发布数据变更(例如对命令 9 的响应)。如果数据值有任何改变，则增加一个变更通知项到变更通知列表
事件通知	1	网关每 1 秒逐个设备地检查缓存以发现事件通知更新。如果有任何更新，则增加一个项到变更通知列表
应用处理状态	5	网关每 5 s 逐个设备地检查缓存以发现应用过程状态改变。如果有任何应用过程状态改变，则增加一个项到变更通知列表。 如果发布数据被启用，则速率可提高至发布数据速率，因为应用过程状态总是与发布数据消息一起发送
设备配置	60	网关每 60 s 逐个设备地检查缓存以发现设备配置改变(监视命令 0 和命令 20 的响应；检查配置改变比特和配置改变计数)。如果有任何设备配置改变，则增加一个项到变更通知列表。 由于这也可与每次发布数据一起处理，如果没有发布数据消息被发送，则只发送通知
网络拓扑	60	网关与网络管理器每 60 s 共同检查一次以发现是否有任何网络拓扑的改变。如果有任何网络拓扑改变，则增加一个项到变更通知列表
网络调度	60	网关与网络管理器每 60 s 共同检查一次以发现是否有任何网络调度的改变。如果有任何网络调度改变，则增加一个项到变更通知列表

网关至少支持 8 个(推荐 32 个)单独的变更通知列表。这些变更通知列表是支持主机侧的(Host-side)，对于每个客户机具有一个单独的列表。

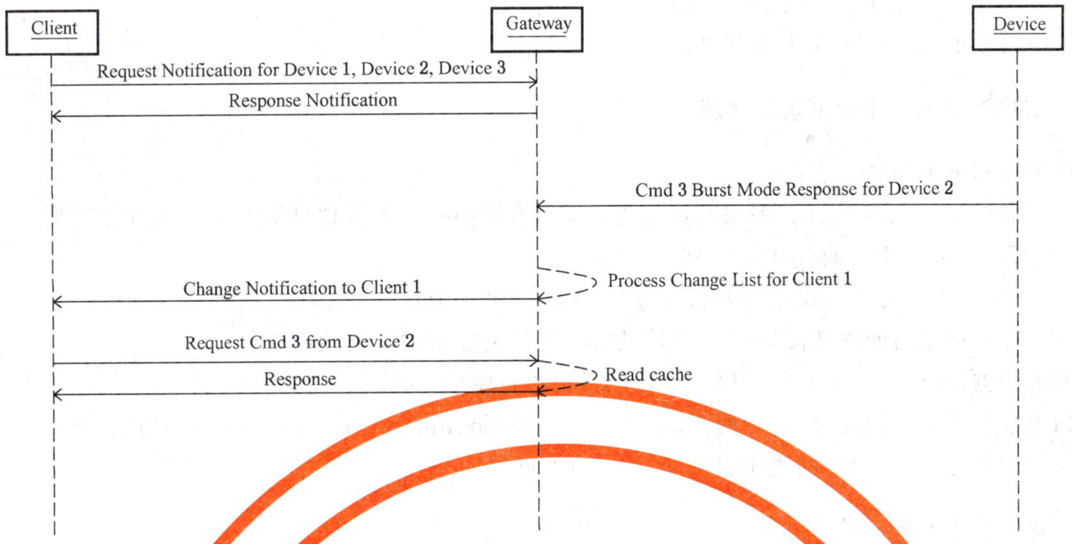

图 J.4 管理通知服务

图 J.4 给出了用于客户机请求网关监视若干设备的序列。整体序列以下列顺序进行：

a) 客户机-1 为 3 个设备——设备-1 设备-2 和设备-3 请求变更通知消息。这通过客户机向网关发送命令 140 来实现。
b) 网关接受此请求并为客户机-1 设置变更通知服务。网关返回一个命令响应消息以指示该变更通知请求是成功的。
c) 设备-2 利用发布数据更新发送一个命令 3 响应。网关为设备-2 缓存该响应消息并为设备-2 设置变更通知比特。
d) 网关为客户机-1 处理变更通知列表。它为设备-2 将命令 3 添加到其变更通知列表；网关向客户机-1 发送一个命令 142 以指示已发生了变更。然后它为客户机-1 清除变更通知比特。
e) 客户机-1 从网关接收变更通知消息，并从网关的缓存中读取被缓存的命令 3 响应。

J.6 命令接口

J.6.1 概述

网关提供主机应用和无线网络之间的接口。网关执行：

——总是使用扩展寻址(除命令 0 外)；
——缓存发布数据响应消息数据和“应用过程状态(Application process status)”数据；
——缓存被选择的命令读和写消息；
——缓存事件通知响应消息；
——为请求和响应、变更通知、发布数据、块模式传输、延迟响应消息和高吞吐率服务支持客户机(Client-side)侧的服务请求；
——在网络中设备之间传递命令请求和响应；
——为满足主机应用要求，自动请求增加或减少网关和现场设备之间的通信带宽。

网关在复位和掉电期间保持其配置，但不保持网络调度。所保持的参数包括但不限于：

——所有接入点的惟一 ID(Unique ID)和昵称(nickname)；
——network_ID；
——Join_Kcy；

——标签(tag)、描述符(descriptor)和日期(date);
——对于忙(busy)和其他错误的重传和超时限值。

J.6.2 主机到网关的命令请求和响应

自主机到网关的命令为:
——命令 0:以短格式或扩展格式读取惟一 ID,这两种格式下的地址需与网关地址相匹配。
——命令 11:读取与标签关联的惟一 ID
——命令 21:读取与 Long_tag(长标签)相关联的惟一 ID。
——如果地址与网关匹配,所有采用扩展 40 比特编址格式的其他命令。
如果检测出通信错误,则网关以一个通信错误进行响应。
如果是一个未知的命令号,则网关以“命令未实现(command not implemented)”进行响应。
在主动复位操作期间,网关应以“忙(busy)”响应。

J.6.3 命令请求和响应的传递

传递服务允许一个从主机到指定现场设备的命令请求通过网关,在经过网络到达目的设备;对于返回的命令则通过网络到达网关,再传递到主机。以下是申请传递的规则:
——所有命令必须使用扩展 40 比特编址格式。
——如果命令与网关中的缓存相匹配,则网关返回缓存的响应消息。
——如果响应未被缓存,则网关将该请求转发给现场设备。当网关收到响应后,它返回从现场设备到主机的响应。如果该命令是网关期望缓存的一个命令,则网关缓存该响应。
——主机可清除完成的延迟响应。
——如果检测出通信错误,网关代表设备向主机返回带有相应通信错误的响应。

J.6.4 缓存发布数据命令响应消息

网关中的动态数据缓存更新和记录设备每次发送的发布数据消息响应,包括数据有效标志、八位位组数、响应八位位组、数据八位位组、总的更新个数和扩展状态八位位组。

J.6.5 网关状态错误标志比特

网关支持的错误标志比特如表 J.2 所示。

表 J.2 网关状态标志

错误	说明
冷启动(Cold-start)	在网关上电或复位,且网关不可用的总时间超过 15 min 时将其置位。在网关完成其启动序列后将其清除
热启动(Warm-start)	在网关上电且网关不可用的总时间小于 15 min 时将其置位。在网关完成其启动序列后将其清除。此状态应是网关的一个内部状态
配置改变 (Configuration-changed)	在网关的参数被主机改变时将其置位,在收到命令 38 请求后将其清除
故障(Malfunction)	HARD_FAULT 的 OR 比特(见命令 48 及变量定义)
更多可用状态 (More status available)	用命令 48 读取这些状态

J.6.6 网关附加状态标志

对应命令 48,网关仅报告其各个标志的当前状态。

J.6.7 网关容量

网关还提供确定的容量以支持设备。网关容量的参考值见表 J.3。

表 J.3 网关容量的参考值

参数	微型网关(10 个设备)	小型网关(50 设备)	大型网关(250 设备)
最小会话数 (Minimum Number of Sessions)	30	110	510
最小传输数 (Minimum Number of Transport)	30	110	510
最小路由数 (Minimum Number of Route)	15	60	128
最小邻居数 (Minimum Number of Neighbors)	12	50	128
最小超帧数 (Minimum Number of Superframes)	12	12	12
最小链路数 (Minimum Number of Links)	50	100	500
最小图数 (Minimum Number of Graphs)	25	60	128
最小图-邻居数 (Minimum Number of Graph-Neighbor)	40	200	1 000
最小数据包缓冲区数 (Minimum Number of Packet Buffers)	25	100	500
最小发布数据消息数 (Minimum Number of Publish Data Messages)	30	200	1 000
最小缓存的消息数 (Minimum Number of Cached Messages)	75	400	2 000
最小发布事件消息数 (Minimum Number of Publish Event Messages)	25	100	500
设备总数(无线适配器+现场设备) (Total Number of Devices)	10	50	250
客户机 (Clients)	4	8	32

J.6.8 网关命令

网关支持若干网关特定命令,支持传递消息、支持发布数据和块模式传输,以及缓存若干读写命令。命令的详细说明见 9.3.5。

附 录 K
（资料性附录）
手持设备

K.1 概述

手持设备用于安装和维护网络设备。它是一个便携装置，由工厂人员操作。有四种途径将手持设备连接到网络设备：

a） 手持设备通过其他网络，如以太网或无线连接到工厂自动化网络。该手持设备经过网关与网络设备通信，这与工厂自动化系统以外的客户机和网络设备通信的方式一样。它表现为另一个与网络连接的主机应用；

b） 手持设备连接到网络设备的维护端口。手持设备可与所连接的网络设备通信，但它不能与网络中任何其他设备通信；

c） 具有无线网络能力的手持设备连接到网络。手持设备在网络中表现为另一个设备。在这种模式下，手持设备仅可与网关和网络管理器通信。这种模式用于向手持设备写密钥，以及查看网络的诊断和系统健康状况信息。这种操作模式被称为“作为网络设备连接（connected as a network device）”；

d） 具有无线网络能力的手持设备通过网络连接到现场设备。手持设备仅限于与该现场设备通信。特殊设置用于确保手持设备在某一时刻限制为单跳和单一设备。这种操作模式被称为“作为维护设备连接（connected as a maintenance device）”。

K.2 维护端口连接

当手持设备连接到网络设备的维护端口时，它可配置和询问该设备。现场设备允许通过维护端口读设备参数和写配置所需的参数。任何只可由网络管理器发送的写请求不能通过维护端口实施。在通过维护端口连接时，手持设备不能访问无线网络。

K.3 网络设备连接

K.3.1 概述

有两个原因使手持设备作为网络设备连接到无线网络：

a） 安装会话密钥；

b） 查看网络诊断和健康状况报告。

为了作为网络设备而加入无线网络，用户需要首先安装 network_ID 和 join_key 到手持设备自身。这有几种方式可实现，其中包括将手持设备通过以太网连接到网关，以初始化网络和为手持设备分配初始密钥。网络和网关的初始化是具体实现。在手持设备具有其 network_ID 和 join_key 后，它将以其他设备加入网络的相同方式加入网络。

K.3.2 安装会话密钥

手持设备需要一个会话密钥以实现与其他网络设备通信。在加入网络后，手持设备必须向网络管理器发送请求以被分配会话密钥。与手持设备通信的每个设备都具有单独的会话密钥。网络管理器将这些密钥安装到手持设备和设备中。会话密钥及其 Nonce 计数器在建立时被初始化为相同数字。

K.3.3 查看网络诊断和健康状况报告

在手持设备将自己作为网络设备连接到无线网络之后，它可请求网络管理器为其分配以与网关通信所需的额外的通信资源。手持设备可发送一个请求到网关和网络管理器以读取诊断和健康状况报告信息。手持设备在以这种方式连接时不能与网络中的其他设备通信。设备到设备间的通信是不允许的。

K.4 作为维护设备的网络连接

在网络开始运行后，维护人员可能要将一个具有无线网络能力的手持设备，通过网络连接到单独的已安装的现场设备，以收集设备特定信息，运行诊断，检查设备校准等。为支持这些操作，网络管理器允许手持设备利用已安装到每个设备的专用超帧，每次连接到一个设备上。连接到现场设备的序列如下：

a) 手持设备或直接或通过网关连接到网络，并获取与选定的网络设备进行通信的会话（包括密钥）；

b) 操作员进入工厂并接近选中的设备；

c) 手持设备进入侦听模式以寻找设备通告包；

d) 手持设备定位选中的设备，并识别可与选中设备进行通信的链路。它利用这些链路之一，向此设备发送一个命令用于请求额外的带宽；

e) 设备向网络管理器发送请求以激活它的维护超帧；

f) 然后网络管理器激活高速手持超帧；

g) 设备和手持设备使用这个高速手持超帧进行通信。

对于支持这个操作需要以下前提：

a) 网络管理器在每个设备和手持设备中，安装一个公知的高速手持超帧；

b) 手持设备和选中设备获得对等(peer-to-peer)的会话密钥；

c) 手持设备使用命令 806 和命令 807 激活和去活维护超帧。

手持设备仅可使用维护超帧与选中设备进行通信。

参 考 文 献

[1] ISO/IEC 8822 Information technology—Open Systems Interconnection—Presentation service definition

[2] ISO/IEC 15408 series Information technology—Security techniques—Evaluation criteria for IT security

[3] IEC/TR 61158-1 Industrial communication networks—Fieldbus specifications—Part 1:Overview and guidance for the IEC 61158 and IEC 61784 series

[4] IEC 61158-6-9 Industrial communications networks—Fieldbus specifications—Part 6-9: Application layer protocol specification—Type 9 elements

[5] IEEE 754-2008 IEEE Standard for Binary Floating-Point Arithmetic

[6] IEEE 802.3 LAN/MAN CSMA/CD (Ethernet) Access Method

[7] IEEE 802.11 LAN/MAN Wireless LANS

[8] NIST Pub 800-38C Recommendation for Block Cipher Modes of Operation: The CCM Mode for Authentication and Confidentiality

见〈http://csrc.nist.gov/publications/nistpubs/800-38C/SP800-38C.pdf〉

[9] NIST FIPS 140 series Security Requirements for Cryptographic Modules

见〈http://csrc.nist.gov/publications/PubsFIPS.html〉

[10] HCF_SPEC-183 Common Tables Specification

见〈www.hartcomm.org〉

ICS 25.040
N 10

中华人民共和国国家标准

GB/T 29910.6—2013

工业通信网络　现场总线规范 类型20:HART规范　第6部分:应用层附加服务定义和协议规范

Industrial communication networks—Fieldbus specifications—Type 20 HART specification—Part 6: Additional application layer service definition and protocol specification

2013-12-17 发布　　2014-05-01 实施

中华人民共和国国家质量监督检验检疫总局
中国国家标准化管理委员会　发布

前　言

GB/T 29910《工业通信网络　现场总线规范　类型20:HART规范》分为以下6个部分:

——第1部分:HART有线网络物理层服务定义和协议规范;

——第2部分:HART有线网络数据链路层服务定义和协议规范;

——第3部分:应用层服务定义;

——第4部分:应用层协议规范;

——第5部分:WirelessHART无线通信网络及通信行规;

——第6部分:应用层附加服务定义和协议规范。

本部分为GB/T 29910的第6部分。

本部分按照GB/T 1.1—2009给出的规则起草。

本部分修改采用HART通信基金会(HCF)的技术文档HCF_SPEC-710《工业通信网络　有线通信网络　HART:HART FSK、DLL和APL补充》的应用层服务定义和协议规范,在技术内容上与原英文文本没有差异,在文本结构编排上进行了适当调整。

本部分由中国机械工业联合会提出。

本部分由全国工业过程测量和控制标准化技术委员会(SAC/TC 124)归口。

本部分起草单位:机械工业仪器仪表综合技术经济研究所、HART通信基金会、中国科学院沈阳自动化研究所、上海自动化仪表股份有限公司、西南大学、上海工业自动化仪表研究院、北京和利时系统工程股份有限公司、北京奥斯汀科技有限公司、福建上润精密仪器有限公司、中国仪器仪表行业协会、上海汉物天物联网技术有限公司、重庆工业自动化仪表研究所、二重集团(德阳)重型装备股份有限公司。

本部分主要起草人:高镜媚、刘丹、王麟琨、冯翔、刘涛、梁炜、杨志家、包伟华、刘枫、王骏、罗安、陈小枫、戈剑、董景辰、蒋济友。

工业通信网络　现场总线规范
类型20：HART规范　第6部分：应用层附加服务定义和协议规范

1　范围

GB/T 29910的本部分补充和扩展了GB/T 29910.3、GB/T 29910.4和GB/T 29910.5定义的IEC现场总线类型20(HART和WirelessHART)通信网络的应用层服务定义和协议规范。本部分提供附加的HART和WirelessHART的应用层结构和服务元素。这些附加应用层结构和服务元素支持自动化环境中设备与应用程序之间"严格时间要求(time-critical)"和"非严格时间要求(non-time-critical)"的报文通信。术语"严格时间要求"表示存在一个时间窗，在此时间窗内，要求以某个已定义的确定性等级完成所要求的一个或多个规定动作。在时间窗内未完成规定的动作，会产生请求这些动作的应用失败的风险，甚至伴随造成仪器、设备和可能的人身危险。

本部分用来描述应用层服务和协议元素的公共概念和模板，详见IEC/TR 61158-1:2010中第9章和本部分附录C和附录D。

2　规范性引用文件

下列文件对于本文件的应用是必不可少的。凡是注日期的引用文件，仅注日期的版本适用于本文件。凡是不注日期的引用文件，其最新版本(包括所有的修改单)适用于本文件。

GB/T 9387.1　信息技术　开放系统互连　基本参考模型　第1部分：基本模型(ISO/IEC 7498-1, IDT)

GB/T 9387.3　信息技术　开放系统互连　基本参考模型　第3部分：命名和编址(ISO/IEC 7498-3, IDT)

GB/T 17967　信息技术　开放系统互连　基本参考模型　OSI服务定义约定(ISO/IEC 10731, IDT)

GB/T 29910.2—2013　工业通信网络　现场总线规范　类型20：HART规范　第2部分：HART有线网络数据链路层服务定义和协议规范

GB/T 29910.3—2013　工业通信网络　现场总线规范　类型20：HART规范　第3部分：应用层服务定义(IEC 61158-5-20:2010, IDT)

GB/T 29910.4—2013　工业通信网络　现场总线规范　类型20：HART规范　第4部分：应用层协议规范(IEC 61158-6-20:2010, IDT)

GB/T 29910.5—2013　工业通信网络　现场总线规范　类型20：HART规范　第5部分：WirelessHART无线通信网络及通信行规(IEC 62591:2010, IDT)

IEC/TR 61158-1:2010　工业通信网络　现场总线规范　第1部分：IEC 61158和IEC 61784系列概述和导则(Industrial communication networks—Fieldbus specifications—Part 1: Overview and guidance for the IEC 61158 and IEC 61784 series)

IEC 61784-1:2010　工业通信网络　行规　第1部分：现场总线行规(IEC 61784-1:2010 Industrial Communication Networks—Profiles—Part 1: Fieldbus profiles)

IEC 61784-2:2010 工业通信网络 行规 第 2 部分:基于 ISO/IEC 8802-3 实时网络的附加现场总线行规(Industrial Communication Networks—Profiles—Part 2:Additional fieldbus profiles for real-time networks based on ISO/IEC 8802-3)

3 术语和定义、缩略语、符号、约定

下列术语和定义适用于本文件。

3.1 参考模型术语和定义

本部分基于 GB/T 9387.1 和 GB/T 9387.3 中的概念,并使用其中定义的以下术语。

DL-entity (N=2)	DL 实体(N=2)	[GB/T 9387.1]
DL protocol-data-unit	DL 协议数据单元	[GB/T 9387.1]
DL service-data-unit	DL 服务数据单元	[GB/T 9387.1]
DLS user-data	DLS 用户数据	[GB/T 9387.1]
PhL-entity (N=1)	PhL 实体(N=1)	[GB/T 9387.1]
PhL protocol-data-unit	PhL 协议数据单元	[GB/T 9387.1]
PhL service-data-unit	PhL 服务数据单元	[GB/T 9387.1]
PhS user-data	PhS 用户数据	[GB/T 9387.1]

3.2 特定术语和定义

下列术语和定义适用于本文件。

3.2.1

模拟信号 analog signal

低频电流,主要是发送到现场设备或来自现场设备的(4～20)mA 信号。

3.2.2

应用 application

用于消费或生产数据的功能或数据结构。

3.2.3

应用对象 application object

管理和提供运行期间通过网络及在网络设备内的报文交换的对象类。

注:可定义多种类型的应用对象类。

3.2.4

应用关系 application relationship

两个或多个应用实体调用之间的协同关联,用于交换信息及协调它们的联合操作。

注:这种关系的激活通过应用协议数据单元的交换或作为预配置活动的结果实现。

3.2.5

应用关系端点 application relationship endpoint

由包含在此应用关系中的一个应用过程所看到和维护的应用关系的上下关系和行为特性。

注:应用关系中所包含的每个应用过程都维护其自己的应用关系端点。

3.2.6

属性 attribute

对象的外部可视特点或特性的描述。

注:一个对象的属性包含关于对象可变部分的信息。典型地,它们提供对象的状况信息,或支配对象的操作。属性还可能影响对象的行为特性。属性分为类属性和实例属性。

3.2.7

行为　behaviour

指示对象如何响应特定的事件。行为特性的描述包括属性值和服务之间的关系。

3.2.8

广播　broadcast

向所有连接到网络上且能够接收传输的设备发送一个 PDU 的过程。

3.2.9

广播地址　broadcast address

被主站用来向所有设备发送命令的地址。

3.2.10

猝发模式　burst mode

通信活动由从站设备周期性发起而不经主站请求。

3.2.11

字符　character

作为一个连续单元被 PhE 发送的 8 比特数据及附加比特。

3.2.12

字符时间　character time

传输一个字符所需的时间。

3.2.13

类　class

表示同类系统组件的对象的集合。

注：类是对象的泛化，是定义变量和方法的模板。类中的所有对象在结构形式和行为特性上都是相同的，但在其属性中通常包含不同的数据。

3.2.14

类属性　class attributes

同一类中所有对象所共有的属性。

3.2.15

类代码　class code

分配给每个对象类的惟一标识符。

3.2.16

类特定服务　class specific service

由特定的对象类所定义的服务，以执行所需要的公用服务不能履行的功能。

注：类特定对象对于定义它的对象类是惟一的。

3.2.17

客户机　client

a）使用另一个对象（服务器）的服务来执行任务的对象。

b）报文的发起方，服务器对该报文做出反应。例如，向作为服务器的单个 AR 端点发出“需证实”服务请求 APDU 的 AR 端点的角色。

3.2.18

通信错误　comm error

在接收到的 PhPDU 或 DLPDU 中可检查出的错误，在 APDU 中为“通信错误代码(Communication error code)”八位位组。

3.2.19

传送路径 conveyance path

通过一个应用关系的单向 APDU 流。

3.2.20

周期性的 cyclic

用来描述以有规则方式重复出现的事件的术语。

3.2.21

设备 device

实现了本标准的任何实体。

3.2.22

设备 ID device ID

设备 ID 指示设备的序列号。

注：制造商须为具有相同扩展设备类型值的每个设备分配一个惟一值。

3.2.23

设备变量 device variable

现场设备中与过程信息相关联的惟一定义的数据项。

注：在设备所连接过程发生改变和变化时，设备变量的值相应改变。

3.2.24

数字信号 digital signal

信息通信所使用 1 200 bps 的频移键控信号。

3.2.25

动态变量 dynamic variable

作为动态变量分配的设备变量，可能与模拟通道相关联。

注：设备可能包含主变量、第二变量、第三变量和第四变量。这些变量统称为动态变量。

3.2.26

端点 endpoint

在一个连接中的通信实体之一。

3.2.27

错误 error

计算、观察或测量的值或状况与规定或理论上的正确值或状况之间的差异。

3.2.28

错误代码 error code

在一种错误类中某个特定错误类型的标识符。

3.2.29

扩展设备类型 expanded device type

扩展设备类型指示制造商的设备类型，即产品名称。

注：该属性值由 HCF 分配，规定了设备所支持的命令和数据对象集。HCF 需为每类设备分配惟一值。

3.2.30

现场设备 field device

连接到过程或工厂装置的物理实体，至少具有一个可通过一根线缆与其他收发信号元素进行通信的收发信号元素。

注：现场设备直接连接传感器或执行器，或执行过程控制功能，并直接连接到 HART 或 WirelessHART 的物理层。除数字信号外，还可产生或接收模拟信号。

3.2.31

帧 frame

一次发送的组合在一起的比特的格式。

3.2.32

长标签 long_tag

长标签是用来标识一个现场设备的32字符ISO Latin-1的字符串。

3.2.33

管理信息 management information

支持管理现场总线系统操作(包括应用层)的网络可访问的信息。

注:管理功能包括控制、监视和诊断。

3.2.34

制造商ID manufacturer ID

标识生产设备的制造商,2个八位位组表示的枚举。

注:制造商只能使用分配给自己的值而不允许使用分配给其他制造商的值。

3.2.35

主站 master

通过向其他设备发送请求PDU而发起通信活动的设备,并期待来自那个设备的响应帧。

3.2.36

报文 message

帧中除前导码之外的载有信息的部分。

3.2.37

网络 network

网络由一对电缆、若干连接器、相关的信号单元,以及连接到同一对电缆上的非信号单元组成。一组给定的可收发信号的设备通过信号单元实现互连。

注:使用多对电缆及一个公用网络电源的安装被视为多个网络。

3.2.38

载荷数据 payload data

传输的数据报文的内容。

3.2.39

轮询地址 polling address

分配给设备的标识符,该标识符在设备所连接的网络中是惟一的。

3.2.40

第一主站 primary master

发起通信的主站设备。

3.2.41

第二主站 secondary master

仅当第一主站停止发起通信并通过仲裁过程才能发起通信的主站设备。

3.2.42

服务器 server

AREP的〈communication〉角色,它向发起请求的客户机返回一个证实的服务响应APDU。

3.2.43

从站 slave

仅在接收到来自主站设备的请求PDU后才启动通信活动的设备。从站须对该请求发出响应。

3.2.44

报文起始 start of message

物理层 PDU 的前导码,后面紧随数据链路层 PDU 的定界符,其间无任何接收错误及字符间空隙。

3.2.45

标签 tag

标签是用来标识现场设备的 8 字符的 ASCII 字符串。

3.2.46

事务 transaction

两个对等媒体访问控制实体间的相关连续帧的交换,要求成功传输。

注:一次事务或者由源设备发出单个 PhPDU 组成;或者由源设备发出一个 PhPDU,随后目的设备返回一个链路层确认 PhPDU 组成。

3.2.47

惟一 ID unique ID

分配给设备的标识符,在符合本标准的所有设备实例中是惟一的。

3.3 缩略语

下列缩略语适用于本文件。

ACK:确认(Acknowledge)

AE:应用实体(Application entity)

AL:应用层(Application layer)

AP:应用过程(Application process)

APDU:应用协议数据单元(Application protocol data unit)

APO:应用过程对象(Application Process Object)

AR:应用关系(Application relationship)

AREP:应用关系端点(Application relationship endpoint)

ARPM:应用关系协议机(Application Relationship Protocol Machine)

ASCII:美国信息交换标准码(American Standard Code for Information Interchange)

ASE:应用服务元素(Application Service Element)

AWG:美国线规(American wire gage)

BACK:猝发确认(Burst acknowledge)

bps:比特每秒(Bits per second)

DAQ:数据采集(Data acquisition)

DL-:数据链路层(作为前缀)(Data link layer (as a prefix))

DLE:DL 实体(数据链路层本地的活动实例)(DL entity (the local active instance of the data-link layer))

DLL:数据链路层(Data link layer)

DLM:DL 管理(DL management)

DLMS:DL 管理服务(DL management service)

DLPDU:数据链路协议数据单元(Data link protocol data unit)

DLS:DL 服务(DL service)

DLSDU:DL 服务数据单元(DL service data unit)

DR:延时响应(Delayed response)

DRM:延时响应机制(Delayed response mechanism)

DUT:被测设备(Device under test)
EMI:电磁干扰(Electro-magnetic interference)
FAL:现场总线应用层(Fieldbus application layer)
FSK:频移键控(Frequency shift keying)
FSMP:FAL 服务协议机(FAL Service Protocol Machine)
HART:可寻址远程传感器高速通道(Highway Addressable Remote Transducer)
HCF:HART™通信基金会(HART™ Communication Foundation)
ID:标识符(Identifier)
LLC:逻辑链路控制(Logical link control)
LRV:范围下限值(Low range value)
LSB:最低有效八位位组(Least significant byte)
MAC:媒体访问控制(Medium access control)
MSB:最高有效八位位组(Most significant byte)
PDU:协议数据单元(Protocol data unit)
PhL-:物理层(作为前缀)(Physical layer (as a prefix))
PhE:Phl 实体(物理层的本地活动实例)(PhL-entity (the local active instance of the physical layer))
PhPDU:PhL 协议数据单元(PhL-protocol-data-unit)
PhS:物理层服务(Physical layer service)
PhSDU:物理层服务数据单元(Physical layer service data Unit)
PV:主变量(Primary variable)
QV:第四变量(Quaternary variable)
RMS:均方根(Root mean square)
SN:符号位(Sign bit)
SOM:报文起始(Start of message)
SOP:标准操作规程(Standard Operating Procedure)
STX:事务开始(Start of transaction)
SV:第二变量(Secondary variable)
TV:第三变量(Tertiary variable)
URV:范围上限值(Upper range value)
VFD :虚拟现场设备(Virtual field device)

3.4 符号

下列符号适用于本文件。
C_{cbl}:每单位长度电缆电容(Cable capacitance per unit length)
C_{dev}:等效设备电容(Equivalent device capacitance)
C_{tg}:终端对地电容(Terminal to ground capacitance)
C_{tt}:终端对终端电容(Terminal to terminal capacitance)
HOLD:保持时间(Hold time)
R_{cbl}:每单位长度电缆电阻(Cable resistance per unit length)
R_{dev}:等效设备电阻(Equivalent device resistance)
R_{p}:网络并联电阻(Network parallel resistance)
RT1:链路静音时间(Link quiet time)
RT2:链路准许时间(Link grant time)

R_{tg}：终端对地电阻(Terminal to ground resistance)

R_{tt}：终端对终端电阻(Terminal to terminal resistance)

STO：从站超时(Slave time out)

Z_{tt}：终端对终端阻抗(Terminal to terminal impedance)

3.5 约定

3.5.1 服务约定

本部分使用在 GB/T 17967 中给出的描述性约定。

所用到的服务模型、服务原语以及时序图完全是抽象描述，不代表实现规范。

用于表示服务用户和服务提供者之间交互关系(见 GB/T 17967)的服务原语，传递的参数指示用户和提供者之间交互的信息。

本部分以表格的形式描述物理层、数据链路层、网络层、传输层和应用层服务原语的组成参数。每个原语组所用的参数在表格中说明。每个表格最多 6 列，包括一列为服务参数的名称，以及服务所用的那些原语和参数传递方向各占一列。包括：

——请求(request)原语的输入参数；

——请求(request)原语的输出参数；

——指示(indication)原语的输出参数；

——响应(response)原语的输入参数；

——证实(confirm)原语的输出参数。

在每个表格中，一个参数(或参数的一部分)占据一行。对于本地服务，只使用带输入和输出参数的请求原语。在相应的服务原语列中，用以下代码来表示原语中参数的使用类型以及参数的方向：

——M(Mandatory，必备)：参数对于该原语是必备的；

——U(User option，用户可选)：参数是用户可选的，是否提供取决于服务用户的动态用法。如果不提供，则采用该参数的一个缺省值；

——S(Selector，选择)：一组使用这个代码的参数中，只有一个是必备的；

——C(Conditional，有条件)：参数是有条件的，是否允许取决于其他参数或服务用户的环境；

——CU(Conditional User option，有条件用户可选)：参数是有条件且用户可选的，是否允许取决于其他参数或服务用户的环境。当该参数被允许时，是否提供取决于服务用户的动态用法。当参数被允许但不被提供时，则采用该参数的一个缺省值；

——(空白)：参数从不出现。

某些登录项被进一步用括号里的内容修饰，它们可以是：

a) 参数特定的约束

- (=)：指示该参数同表格中左侧相邻的服务原语中的参数是语义等价的；
- (≤)：指示一组参数的取值有一个隐含的顺序，并且该参数的值小于或等于其表格左侧相邻服务原语的参数值(即左侧一列或两列)；
- (≥)：指示一组参数的取值有一个隐含的顺序，并且该参数的值大于或等于其表格左侧相邻服务原语的参数值(即左侧一列或者两列)。

b) 指示该项附有一些注释

- (n)：指示下面的注释 n 包含有与该参数及使用有关的附加信息。

3.5.2 应用层服务约定

3.5.2.1 概述

现场总线应用层(FAL)被定义为一个面向对象的应用服务元素的集合(ASE)。在单独的条中定义每个 ASE。每个 ASE 规范由 2 部分组成,类规范和服务规范。

类规范定义了类的属性。服务规范定义了由 ASE 提供的服务。

3.5.2.2 类定义约定

类定义使用模板来描述。每个模板由一个类的属性列表组成。下面给出一个模板的示例:

FAL ASE: ASE 名称
CLASS: 类名称
CLASS ID: #
PARENT CLASS: 父类名称
ATTRIBUTES:
1 (o) Key Attribute:数字标识
2 (o) Key Attribute:名称
3 (m) Attribute: 属性名称(值)
4 (m) Attribute: 属性名称(值)
4.1 (s) Attribute: 属性名称(值)
4.2 (s) Attribute: 属性名称(值)
4.3 (s) Attribute: 属性名称(值)
5. (c) Constraint: 约束表达式
5.1 (m) Attribute: 属性名称(值)
5.2 (o) Attribute: 属性名称(值)
6 (m) Attribute: 属性名称(值)
6.1 (s) Attribute: 属性名称(值)
6.2 (s) Attribute: 属性名称(值)
SERVICES:
1 (o) OpsService: 服务名称
2 (c) Constraint: 约束表达式
2.1 (o) OpsService: 服务名称
3 (m) MgtService: 服务名称

a) FAL ASE:FAL ASE 的名称,该 FAL ASE 为所定义的类提供服务。
b) CLASS:所定义的类的名称。所有用该模板定义的对象都是该类的实例。该类可由本部分定义,也可由本部分的用户来定义。
c) CLASS ID:标识所定义的类的数字。此数字在为本类提供服务的 FAL ASE 中是惟一的。当被其 FAL ASE 标识符限定时,CLASS ID 在 FAL 范围内无歧义地标识该类。值为“NULL”表示该类不能被实例化。本部分未使用 Class ID。
d) PARENT CLASS:所定义类的父类名称。所有在父类中定义以及所继承的属性,都应被所定义的类所继承,因此在该类的模板中不必再重新定义。

注:PARENT CLASS 为“TOP”时,表示所定义的类是一个初始的类定义。父类“TOP”是所有其他类定义的起点。TOP 的使用被保留用于本部分定义的类。

e) ATTRIBUTES:指示以下登录项是为该类定义的属性
   1) 每个属性登录项包含以下内容:第 1 列为行号;第 2 列为必备(m)/可选(o)/条件(c)/选择(s)指示符;第 3 列为属性类型标签;第 4 列为名称或条件表达式,以及可选的第 5 列为一组枚举列表。在第 5 列值的后面,可能规定该属性的缺省值。
   2) 对象一般可由一个数字的标识符或由一个对象的名称来标识,或者二者兼有。在类模板中,这些关键属性在 key attribute 下定义。
   3) 行号定义行的顺序和嵌套层级。每个嵌套层级由句点标识。嵌套用于规定以下内容:

i) 结构化属性的字段(4.1、4.2 和 4.3)

ii) 由约束语句决定的条件性属性。属性可以是必备的(5.1),或者如果约束为真时是可选的(5.2)。不是所有可选属性都像 5.2 中定义的属性那样需要约束语句。

iii) 选择类型属性的选项(selection)字段(6.1 和 6.2)

f) SERVICES 标签指示以下登录项是为该类定义的服务。

1) 第 2 列的(m)表示该服务对于该类而言是必备的,(o)表示是可选的。该列中(c)表示该服务是有条件的。当为该类定义的所有服务都是可选的时,在定义该类的一个实例时,应至少选择其中一个;

2) OpsService 标签表明一个操作服务;

3) MgtService 标签表明一个管理服务;

4) 行号定义了行的顺序和嵌套的层级。每个嵌套层级由句点标识。服务列表中的嵌套用于规定由约束语句决定的条件性服务。

3.5.3 协议状态机约定

3.5.3.1 状态机图

本部分用一个图来表示一个状态机,采用以下约定:

——带标签的矩形表示一个组件可能处于的状态。

——用有向线段代表状态转换,表明一个组件从哪个状态离开又转换到哪个状态。

——转换标签含有导致该转换的事件及相应的动作(这项可能为空)。使用水平线将导致转换的事件(在线的上方)和作为结果的动作(在线的下方)分开。

——波浪线(~)表示取补或取反。

3.5.3.2 状态机表

状态机在表 1 中描述。

表 1 状态机所用的约定

#	当前状态	事件/条件 =>动作	下一状态
本转换的名称	本状态转换适用的当前状态	触发本状态转换的事件或者条件 => 当上述事件或条件满足时所发生的动作。动作总是标记在事件或条件的下面	本转换所发生的动作完成后的下一状态

状态机中所用的约定如下:

——:= 表示左侧项的值被右侧项的值所取代。如果右侧项是一个参数,则它来自作为输入事件的原语

——xxx 表示参数的名称

示例:

Identifier:= reason 表示将 reason 参数的值赋给 Identifier 参数

——"xxx" 表示固定的值

示例:

Identifier:= "abc" 表示将"abc"赋给 Identifier 参数

——= 表示左侧项和右侧项相等的逻辑条件

——<　表示左侧项小于右侧项的逻辑条件
——>　表示左侧项大于右侧项的逻辑条件
——〈〉　表示左侧项不等于右侧项的逻辑条件
——&&　表示逻辑“与”
——||　表示逻辑“或”

这个结构允许在一个转换中循环执行一个动作序列。循环从起始值(start_value)一直执行到结束值(end_value)。

示例：

```
for (Identifier?:= start_value to end_value)
   actions
endfor
```

这个结构允许在一个转换中根据某些条件(可以是某些标识符的值或前一个动作的结果)来选择性地执行一个动作。

示例：

```
If (condition)
   actions
else
   actions
endif
```

4 应用层服务定义

4.1 通用概念

通用概念和模板用于描述本部分中的应用层服务定义，详见 IEC/TR 61158-1:2010 中第 9 章。

4.2 数据类型 ASE

数据类型 ASE 见 GB/T 29910.5—2013 中 7.2。

4.3 通信模型规范

4.3.1 通用参数

可由多个服务使用的参数。提供以下的通用定义，而无需为每种服务来单独定义。

4.3.1.1 AREP ID

见 GB/T 29910.5—2013 的 7.3.1.1。

4.3.1.2 响应代码(Response Code)

见 GB/T 29910.5—2013 的 7.3.1.2。

4.3.1.3 应用过程状态(Application process status)

见 GB/T 29910.5—2013 的 7.3.1.3。

4.3.1.4 扩展状态(Extended status)

见 GB/T 29910.5—2013 的 7.3.1.4。

4.3.1.5 前导码数(Preamble count)

该参数规定了目的DLE要求的DLPDU中前导码八位位组的最小个数。

注：该参数的值可用应用层"Identify"服务获得。

4.3.1.6 通信状态(Communication status)

该参数规定了通信失败的信息，该参数可能的值见表2。

表2 通信状态值

值	描述
垂直奇偶校验错误 (Vertical parity Error)	按GB/T 29910.2—2013的5.3.4规定设备对接收的一个或多个八位位组进行奇偶校验的结果不是奇数
缓存溢出错误 (Overrun error)	在物理层接收缓冲区，数据中至少一个八位位组在被读出之前被覆盖(即接收器处理到达的八位位组速度不够快)
成帧错误 (Framing error)	设备接收的一个或多个八位位组的停止位没有被PhE检测出(即在停止位应发生的地方未检测出MARK或1)
纵向奇偶校验错误 (Longitudinal parity error)	按GB/T 29910.2—2013的5.3.4规定设备计算出的纵向奇偶校验的结果，与DLPDU末端的Check八位位组不匹配
缓冲区溢出 (Buffer overflow)	对于PhE或DLE的接收缓冲区而言，PhPDU或DLPDU过长
设备不可用 (Device not available)	客户机没有接收到服务器的任何响应

4.3.2 ASE

4.3.2.1 虚拟现场设备ASE

虚拟现场设备(VFD)ASE见GB/T 29910.3—2013的6.2.1。

4.3.2.2 变量ASE

4.3.2.2.1 概述

变量ASE提供服务，用来读取或写服务器设备中的变量对象。变量由数字标识。该数字标识符完全描述了对象的数据类型和结构。对象可以是GB/T 29910.5—2013，7.2.3中定义的任何类型。

4.3.2.2.2 变量通用模型

变量的通用模型见GB/T 29910.5—2013的7.3.2.2.2。

4.3.2.2.3 变量ASE服务规范

4.3.2.2.3.1 支持的服务

本条包含的服务定义对于ASE是惟一的。用于ASE的服务定义为：

——从服务器设备中读取变量；

——向服务器设备写变量；

——从服务器设备发送信息报告。

每一个由数字标识的变量都有单独的服务。读服务的通用格式定义见4.3.2.2.3.3。写服务的通用格式定义见4.3.2.2.3.4。信息报告服务的通用格式定义见4.3.2.2.3.5。对每一个变量都有单独的读写服务。这些服务在4.3.2.4中定义。

注：本条中的服务定义与访问的变量相关。本条只给出了服务格式。服务特定定义包括变量模型和服务特定参数。

4.3.2.2.3.2 原语关联

在客户机中，对于AREP ID的一个值仅有一个未处理的请求。AREP ID在数据链路层服务原语中做为目的地址传送。因此，证实原语与使用AREP ID的请求原语相关联。在服务器中，任意时刻都仅有一个未处理的指示原语。因此，响应原语与等待响应的指示原语相关联。

4.3.2.2.3.3 读(Read)服务-通用格式

4.3.2.2.3.3.1 服务概述

该服务允许客户机从服务器读取变量值。

4.3.2.2.3.3.2 服务原语

读服务的服务参数见表3。

表3 读服务参数

参数名称	Req	Ind	Rsp	Cnf
Argument				
AREP ID	M	M (=)		
Numeric Identifier	M	M (=)	M (=)	M (=)
Additional identifier	C	M (=)	M (=)	M (=)
Subindex	C	M (=)	M (−)	M (=)
Preamble count	M			
Result (+)				
Variable value			S	S (=)
Response Code			M	M (=)
Application process status			M	M (=)
Command error				
Response Code			M	M (=)
Application process status			M	M (=)
Communication error				
Communication status				M (=)
Application process status				M (=)

——Argument

该变量包含服务请求的参数。

——Numeric Identifier

该参数标识变量，是分配给要读取变量的关键属性，也被称作命令号。

——Additional identifier

对于一些 Numeric Identifier，该参数提供了用于标识要读取变量的附加信息。

——Subindex

该参数通过元素在数组变量中的位置，对其进行标识。该参数可为数值或枚举值。

——Variable value

该参数规定了从服务器中读取的值。

——Communication status

如果状态是“Device not available”，则证实原语不返回“Application process status”。

4.3.2.2.3.4 写(Write)服务-通用格式

4.3.2.2.3.4.1 服务概述

该服务允许客户机向服务器写变量值。

4.3.2.2.3.4.2 服务原语

写服务的服务参数见表 4。

表 4 写服务参数

参数名称	Req	Ind	Rsp	Cnf
Argument				
AREP ID	M	M (=)		
Numeric Identifier	M	M (=)	M (=)	M (=)
Additional identifier	C	M (=)	M (=)	M (=)
Subindex	C	M (=)	M (=)	M (=)
Preamble count	M			
Variable value	M	M (=)		
Result (+)				
Variable value			S	S (=)
Response Code			M	M (=)
Application process status			M	M (=)
Command error				
Response Code			M	M (=)
Application process status			M	M (=)
Communication error				
Communication status				M (=)
Application process status				M (=)

——Argument

该变量包含服务请求的参数。

——Numeric Identifier

该参数标识变量，是分配给要写入变量的关键属性，也被称作命令号。

——Additional identifier

对于一些 Numeric Identifier，该参数提供了用于标识要写入变量的附加信息。

——Subindex

该参数通过元素在数组变量中的位置，对其进行标识。该参数可为数值或枚举值。

——Variable value

在请求原语中，该参数规定了被写入变量的期望值。在响应原语中，该参数表示被写入变量的实际值。在某些情况下，响应服务器写入的值与指示原语中的值不同。例如，可将该值取为最接近允许值，或者服务器能支持的最接近值。

注：FAL-user 可使用返回变量值，来确认写操作。

——Communication status

如果状态是"Device not available"，则证实原语不返回"Application process status"。

4.3.2.2.3.5 信息报告(Information report)服务-通用格式

4.3.2.2.3.5.1 服务概述

该服务允许在没有来自主站请求时，从站发送变量值，并由主站接收该值。该服务可用于周期性发布变量数据。

4.3.2.2.3.5.2 服务原语

信息报告服务的服务参数见表 5。

表 5 信息报告服务参数

参数名称	Req	Ind
Argument		
AREP ID	M	M (=)
Numeric Identifier	M	M (=)
Additional identifier	C	M (=)
Subindex	C	M (=)
Variable value	M	M (=)
Response Code	M	M (=)
Application process status	M	M (=)
Extended status	C	M(=)
Variable value	M	M (=)

——Argument

该变量包含服务请求的参数。

——Numeric Identifier

该参数标识变量，是分配给要报告变量的关键属性，也被称作命令号。

——Additional identifier

对于一些 Numeric Identifier，该参数提供了用于标识要报告变量的附加信息。

——Subindex

该参数通过元素在数组变量中的位置，对其进行标识。该参数可为数值或枚举值。

——Variable value

该参数规定了由服务器报告的值。

4.3.2.3 动作(Action)ASE

4.3.2.3.1 服务概述

动作服务概述见 GB/T 29910.5—2013 的 7.3.2.3.1。

4.3.2.3.2 原语关联

动作服务原语关联见 GB/T 29910.5—2013 的 7.3.2.3.2。

4.3.2.3.3 动作(Action)模型

动作模型见 GB/T 29910.5—2013 的 7.3.2.3.3。

4.3.2.3.4 动作(Action)服务原语-通用格式

动作服务参数见表 6。

表 6 动作服务参数

参数名称	Req	Ind	Rsp	Cnf
Argument				
AREP ID	M	M (=)		
Numeric Identifier	M	M (=)	M (=)	M (=)
Action qualifier	C	M (=)	M (=)	M (=)
Subindex	C	M (=)	M (=)	M (=)
Preamble count	M			
Variable value	C	M (=)		
Result (+)				
Variable value			S	S (=)
Response Code			M	M (=)
Application process status			M	M (=)
Command error				
Response Code			M	M (=)
Application process status			M	M (=)
Communication error				
Communication status				M (=)
Application process status				M (=)

——Argument

该变量包含服务请求的参数。

——Numeric Identifier

该参数标识动作，也被称作命令号。

——Action qualifier

对于某些 Numeric Identifier，该参数提供了标识要执行动作所需的附加信息。如果该动作要求一个变量，且 Numeric Identifier 不够充分，则该参数标识此变量。

——Subindex

如果该动作要求一个数组变量，则该参数标识数组变量中的单个元素。该参数可为数值或枚举值。

注：如果动作是向数组中加入或删除一个元素，则该参数存在。

——Variable value

如果动作要求一个变量，则该参数规定变量的值。如果动作是"添加"，那么在请求参数中，该参数指定要添加变量的期望值；在响应原语中，该参数指定被添加变量的实际值。

注：FAL-user 可使用返回的变量值来确认写操作。

——Communication status

如果状态是"Device not available"，则证实原语不返回"Application process status"。

4.3.2.4 设备应用服务

4.3.2.4.1 读主变量(Read primary variable)

该服务见 GB/T 29910.3—2013 的 6.2.2.3.4。

4.3.2.4.2 读回路电流和范围百分比(Read loop current and percent of range)

该服务见 GB/T 29910.3—2013 的 6.2.2.3.5。

4.3.2.4.3 读动态变量和回路电流(Read dynamic variables and loop current)

该服务见 GB/T 29910.3—2013 的 6.2.2.3.6。

4.3.2.4.4 写回路配置(Write loop configuration)

该服务见 GB/T 29910.3—2013 的 6.2.2.3.7。

4.3.2.4.5 读回路配置(Read loop configuration)

该服务见 GB/T 29910.3—2013 的 6.2.2.3.8。

4.3.2.4.6 读动态变量族类别(Read dynamic variable families classifications)

该服务见 GB/T 29910.3—2013 的 6.2.2.3.9。

4.3.2.4.7 读带状态的设备变量(Read device variables with status)

该服务见 GB/T 29910.3—2013 的 6.2.2.3.10。

4.3.2.4.8 读消息(Read message)

该服务见 GB/T 29910.3—2013 的 6.2.2.3.11。

4.3.2.4.9 读标识、描述符和日期(Read tag,descriptor and date)

该服务见 GB/T 29910.3—2013 的 6.2.2.3.12。

4.3.2.4.10 读主变量传感器信息(Read primary variable transducer information)

该服务见 GB/T 29910.3—2013 的 6.2.2.3.13。

4.3.2.4.11 读设备信息(Read device information)

该服务见 GB/T 29910.3—2013 的 6.2.2.3.14。

4.3.2.4.12 读最终装配号(Read final assembly number)

该服务见 GB/T 29910.3—2013 的 6.2.2.3.15。

4.3.2.4.13 写消息(Write message)

该服务见 GB/T 29910.3—2013 的 6.2.2.3.16。

4.3.2.4.14 写标识、描述符和日期(Write tag,descriptor and date)

该服务见 GB/T 29910.3—2013 的 6.2.2.3.17。

4.3.2.4.15 写最终装配号(Write final assembly number)

该服务见 GB/T 29910.3—2013 的 6.2.2.3.18。

4.3.2.4.16 读长标签(Read long_tag)

该服务见 GB/T 29910.3—2013 的 6.2.2.3.19。

4.3.2.4.17 写长标签(Write long_tag)

该服务见 GB/T 29910.3—2013 的 6.2.2.3.20。

4.3.2.4.18 复位配置改变标志(Reset configuration changed flag)

该服务见 GB/T 29910.5—2013 的 7.3.2.4.18。

4.3.2.4.19 执行自测试(Perform self test)

该服务见 GB/T 29910.5—2013 的 7.3.2.4.19。

4.3.2.4.20 执行设备复位(Perform device reset)

该服务见 GB/T 29910.5—2013 的 7.3.2.4.20。

4.3.2.4.21 读附加设备状态(Read additional device status)

该服务见 GB/T 29910.5—2013 的 7.3.2.4.21。

4.3.2.4.22 复位更多可用状态(Reset more status available)

该服务见 GB/T 29910.5—2013 的 7.3.2.4.22。

4.3.2.4.23 读设备变量信息(Read device variable information)

该服务见 GB/T 29910.5—2013 的 7.3.2.4.23。

4.3.2.4.24 写设备变量(Write device variable)

该服务见 GB/T 29910.5—2013 的 7.3.2.4.24。

4.3.2.4.25 写主变量范围值(Write primary variable range values)

4.3.2.4.25.1 服务概述

该服务设定回路电流 4.00 mA 点、20.0 mA 点和主变量值之间的关系。主变量值的上限值与下限值无关。上限值可以低于下限值。

4.3.2.4.25.2 变量模型

CLASS: **STRUCTURE VARIABLE**

ATTRIBUTES:

1 Numeric Identifier = 35

2 Variable Name = Primary variable range

3 Number of Fields = 3

4 List of Fields

4.1 Field Name = Range unit

4.2 Field Data type Name = Engineering unit

4.3 Field Name = Upper range

4.4 Field Data type Name = Float32

4.5 Field Name = Lower range

4.6 Field Data type Name = Float32

4.3.2.4.26 进入-退出固定电流模式(Enter-exit fixed current mode)

4.3.2.4.26.1 服务概述

该服务用于使设备进入或退出固定回路电流模式。

4.3.2.4.26.2 请求变量模型

CLASS: **Simple VARIABLE**

ATTRIBUTES:

- Numeric Identifier = 40
- Variable Name = Fixed current level
- Variable Data type Name = Float32

4.3.2.4.26.3 响应变量模型

CLASS: **Simple VARIABLE**

ATTRIBUTES:

- Numeric Identifier = 40
- Variable Name = Actual current level
- Variable Data type Name = Float32

4.3.2.4.27 写主变量单位(Write primary variable unit)

4.3.2.4.27.1 服务概述

该服务为主变量设置测量单位。

4.3.2.4.27.2 变量模型

CLASS:		**Simple VARIABLE**
ATTRIBUTES:		
1	Numeric Identifier	= 44
2	Variable Name	= Primary variable unit code
3	Variable Data type Name	= Enumeration

4.3.2.4.28 回路电流调零(Trim loop current zero)

4.3.2.4.28.1 服务概述

该服务用于调整内部零点校准,使得回路电流与主站的测量值相匹配。

4.3.2.4.28.2 变量模型

CLASS:		**Simple VARIABLE**
ATTRIBUTES:		
1	Numeric Identifier	= 45
2	Variable Name	= Loop current level
3	Variable Data type Name	= Float32

4.3.2.4.29 调整回路电流增益(Trim loop current gain)

4.3.2.4.29.1 服务概述

该服务用于调整内部增益校准,使得回路电流与主站的测量值相匹配。

4.3.2.4.29.2 变量模型

CLASS:		**Simple VARIABLE**
ATTRIBUTES:		
1	Numeric Identifier	= 46
2	Variable Name	= Loop current level
3	Variable Data type Name	= Float32

4.3.2.4.30 读动态变量分配(Read dynamic variable assignment)

4.3.2.4.30.1 服务概述

该服务用于读取分配给主变量、第二变量、第三变量和第四变量的设备变量号。

4.3.2.4.30.2 变量模型

CLASS:		**STRUCTURE VARIABLE**
ATTRIBUTES:		
1	Numeric Identifier	= 50

2 Variable Name = Dynamic variable assignment
3 Number of Fields = 4
4 List of Fields
4.1 Field Name = Primary variable assignment
4.2 Field Data type Name = Unsigned8
4.3 Field Name = Secondary variable assignment
4.4 Field Data type Name = Unsigned8
4.5 Field Name = Tertiary variable assignment
4.6 Field Data type Name = Unsigned8
4.7 Field Name = Quaternary variable assignment
4.8 Field Data type Name = Unsigned8

4.3.2.4.31 写动态变量分配(**Write dynamic variable assignment**)

4.3.2.4.31.1 服务概述

该服务用于写入分配给主变量、第二变量、第三变量和第四变量的设备变量号。

4.3.2.4.31.2 变量模型

CLASS: **STRUCTURE VARIABLE**
ATTRIBUTES:
1 Numeric Identifier = 51
2 Variable Name = Dynamic variable assignment
3 Number of Fields = 4
4 List of Fields
4.1 Field Name = Primary variable assignment
4.2 Field Data type Name = Unsigned8
4.3 Field Name = Secondary variable assignment
4.4 Field Data type Name = Unsigned8
4.5 Field Name = Tertiary variable assignment
4.6 Field Data type Name = Unsigned8
4.7 Field Name = Quaternary variable assignment
4.8 Field Data type Name = Unsigned8

4.3.2.4.32 写响应前导码个数(**Write number of response preambles**)

4.3.2.4.32.1 服务概述

该服务用于在启动响应 PhPDU 之前,设置由从站设备发送的前导码码个数。

4.3.2.4.32.2 变量模型

CLASS: **Simple VARIABLE**
ATTRIBUTES:
1 Numeric Identifier = 59
2 Variable Name = Preamble count
3 Variable Data type Name = Unsigned8

4.3.2.4.33 读设备变量调整点(**Read device variable trim points**)

4.3.2.4.33.1 服务概述

该服务用于读取设备变量的最后成功的调整点。

4.3.2.4.33.2 请求和响应参数

CLASS:	**STRUCTURE VARIABLE**
ATTRIBUTES:	
1 Numeric Identifier	= 80
2 Subindex	
2.1 Subindex Name	= Variable code
2.2 Subindex Data type	= Unsigned8

4.3.2.4.33.3 变量模型

CLASS:	**Array of Structure VARIABLE**
ATTRIBUTES:	
1 Numeric Identifier	= 80
2 Variable Name	= Device variable trim points record
3 Number of Fields	= 3
4 List of Fields	
4.1 Field Name	= Trim point unit
4.2 Field Data type Name	= Engineering unit
4.3 Field Name	= Lower trim point
4.4 Field Data type Name	= Float32
4.5 Field Name	= Upper trim point
4.6 Field Data type Name	= Float32
5 Array size	= Variable

4.3.2.4.34 读设备变量调整指南(**Read device variable trim guidelines**)

4.3.2.4.34.1 服务概述

该服务用于读取主机指导用户正确选择调整点所需的信息。

4.3.2.4.34.2 请求和响应参数

CLASS:	**STRUCTURE VARIABLE**
ATTRIBUTES:	
1 Numeric Identifier	= 81
2 Subindex	
2.1 Subindex Name	= Variable code
2.2 Subindex Data type	= Unsigned8

4.3.2.4.34.3 变量模型

CLASS:	**Array of Structure VARIABLE**
ATTRIBUTES:	
1 Numeric Identifier	= 81

2 Variable Name = Device variable trim guidelines record
3 Number of Fields = 7
4 List of Fields
4.1 Field Name = Trim points supported
5.1 Field Data type Name = Enumeration
4.2 Field Name = Trim point unit
5.2 Field Data type Name = Engineering unit
4.3 Field Name = Minimum lower trim point
4.4 Field Data type Name = Float32
4.5 Field Name = Maximum lower trim point
4.6 Field Data type Name = Float32
4.7 Field Name = Minimum upper trim point
4.8 Field Data type Name = Float32
4.9 Field Name = Maximum upper trim point
4.10 Field Data type Name = Float32
4.11 Field Name = Minimum trim point difference
4.12 Field Data type Name = Float32
5 Array size = Variable

4.3.2.4.35 写设备变量调整点(Write device variable trim point)

4.3.2.4.35.1 服务概述

该服务用于向设备变量写一个调整点值,以执行校准调整。

4.3.2.4.35.2 请求和响应参数

CLASS: **STRUCTURE VARIABLE**
ATTRIBUTES:
1 Numeric Identifier = 82
2 Subindex
2.1 Subindex Name = Variable code
2.2 Subindex Data type = Unsigned8

4.3.2.4.35.3 变量模型

CLASS: **Array of Structure VARIABLE**
ATTRIBUTES:
1 Numeric Identifier = 82
2 Variable Name = Device variable trim point record
3 Number of Fields = 3
4 List of Fields
4.1 Field Name = Trim points type
4.2 Field Data type Name = Enumeration
4.3 Field Name = Trim point unit
4.4 Field Data type Name = Engineering unit

4.5 Field Name = Trim point value
4.6 Field Data type Name = Float32
5 Array size = Variable

4.3.2.4.36 复位设备变量调整(Reset device variable trim)

4.3.2.4.36.1 服务概述

该服务用于将设备变量的调整点值复位为默认出厂值。

4.3.2.4.36.2 请求和响应参数

CLASS: **Simple VARIABLE**

ATTRIBUTES:

1 Numeric Identifier = 83
2 Variable Name = Variable code
3 Variable Data type Name = Unsigned8

4.3.2.4.37 写发布数据周期(Write publish data period)

该服务见 GB/T 29910.5—2013 的 7.3.2.4.26。

4.3.2.4.38 写发布数据触发器(Write publish data trigger)

该服务见 GB/T 29910.5—2013 的 7.3.2.4.27。

4.3.2.4.39 读发布数据模式配置(Read publish data mode configuration)

该服务见 GB/T 29910.5—2013 的 7.3.2.4.28。

4.3.2.4.40 刷新延时响应(Flush delayed responses)

该服务见 GB/T 29910.5—2013 的 7.3.2.4.29。

4.3.2.4.41 写发布数据设备变量(Write publish data device variables)

该服务见 GB/T 29910.5—2013 的 7.3.2.4.30。

4.3.2.4.42 写发布数据模式命令号(Write publish data mode command number)

该服务见 GB/T 29910.5—2013 的 7.3.2.4.31。

4.3.2.4.43 写发布数据模式控制(Write publish data mode control)

该服务见 GB/T 29910.5—2013 的 7.3.2.4.32。

5 应用层协议规范

5.1 抽象语法

应用协议数据单元(APDU)的抽象语法与传输语法相结合,详见 5.2。

5.2 传输语法

5.2.1 通用 APDU 字段

5.2.1.1 命令号(Command number)

Command number 用于表示读(4.3.2.2.3.3)、写(4.3.2.2.3.4)、信息报告(4.3.2.2.3.5)或动作(4.3.2.3.4)服务的 Numeric Identifier。它是 Unsigned8 字段,标识必须被访问从站中的或必须被执行动作中的服务类型和对象。

5.2.1.2 扩展命令号(Extended command number)

Extended command number 用于将读(4.3.2.2.3.3)、写(4.3.2.2.3.4)、信息报告(4.3.2.2.3.5)或动作(4.3.2.3.4)服务的 Numeric Identifier 扩展为 Unsigned16 类型值。如果使用 Extended command number,则将 Command number 字段设置为"31"。它是 Unsigned16 字段,标识必须被访问从站中的或必须被执行动作中的服务类型和对象。

5.2.1.3 八位位组计数(Octet count)

Octet count 表示该字段之后的所有字段的八位位组总数。该字段的数据类型是 Unsigned8,其值为 0～255。如果该字段的值为 0,则是 APDU 中的最后字段。

5.2.1.4 响应代码(Response code)

Response code 字段指示成功完成请求命令或在执行请求命令期间完成带有警告或错误的请求命令,见表 7。该字段的一些值取决于 Command 字段的值。每个服务特定的 APDU 结构给出了分配给该服务的响应码值。设备应使用服务特定 APDU 中指定的值。只要设备指示未在本部分定义的条件,则应以未使用值进行响应。它是一个八位位组长度的 Enumeration 数据类型字段。

表 7 响应代码值

值	分类	定义
0	Success	命令(读或写)被正确执行
1～127	Warning	命令(写)执行有偏差,如响应中的描述。(例如,写入值被设定在最接近的允许值)
1～127	Error	命令执行不正确,并且由响应码指示理由(例如,设备在写保护模式下)
1～127	Reserved	保留的代码,由本标准协议将来使用。设备不允许返回保留值

response code 值对所有命令是通用的。对应这些代码的响应设备行为见 GB/T 29910.5—2013,附录 E。

5.2.1.5 值(Value)

Value 字段是在应用层和其用户之间传输的用户数据。ALE 将服务原语中的参数组合成该字段,或将其分解为服务原语参数。其结构取决于服务特定 APDU 的类型。

5.2.1.6 应用过程状态(Application process status)

该字段由 FAL-user 提供。该字段是一个八位位组长度的 Bit Field 数据类型。其值应由 FAL-user 设置,见表 8 和附录 A,这样所有用户应用可与符合本标准的现场设备互操作。

注:应用过程状态也被称为设备状态(Device status),因为它表明整个现场设备的当前运行状态,并且与任何命令的完成无关。

表 8 应用过程状态值

比特掩码	名称	描述
0x80	设备故障 (Device malfunction)	设备检测出危害设备正常操作的严重错误或故障
0x40	配置改变 (Configuration changed)	改变设备配置的操作
0x20	冷启动 (Cold start)	电源故障或设备复位
0x10	更多可用状态 (More status available)	存在更多的状态信息,通过另一个读命令获取
0x08	回路电流固定 (Loop current fixed)	回路电流或信号电压(对于设备使用电压输出)保持固定值,并对过程变化无响应
0x04	回路电流饱和 (Loop current saturated)	回路电流或信号电压(对于设备使用电压输出)已经到达它的上限或下限,不能再增加或减少
0x02	非主变量超出限制 (Non-primary variable out of limits)	未映射为主变量的设备变量,超出其运行限值
0x01	主变量超出限制 (Primary variable out of limits)	主变量超出其运行限值

5.2.1.7 扩展状态(Extended status)

该字段指示应用过程的附加状态,该字段的可能值见表 9。其数据类型是一个八位位组长度的 Bit Field。该字段可作为 FAL-user 数据的一部分,或作为一些 APDU 中首部的一部分。

表 9 扩展状态值

代码	值	描述
0x01	要求维护 (Maintenance required)	即使设备没发生故障,仍需要维护
0x02	设备变量警报 (Device variable alert)	一个或多个"Device variable"处于 Alarm 或 Warning 状态
0x04	严重电源故障 (Critical power failure)	可用电源严重过低,设备应在备用电源下工作

注:扩展状态也被称作扩展设备状态,因为它表明现整个场设备的当前运行状态,并与任何命令的完成无关。

5.2.1.8 APDU 结构格式

发送应用层准备 APDU,以传输到接收应用层。发送应用层使用来自服务原语的参数完成传输。APDU 有多种格式,如下:

——由主站到从站设备的使用一个八位位组命令号的请求 APDU;

——由主站到从站设备的使用扩展命令号的请求 APDU;

——由从站到主站设备的使用一个八位位组命令号的正常响应;

——由从站到主站设备的使用扩展命令号的正常响应;

——由从站到主站设备的使用一个八位位组命令号的命令错误响应;

——由从站到主站设备的使用扩展命令号的命令错误响应。

APDU 结构的通用格式见 5.2.2。服务特定的 APDU 格式见 5.2.3。请求和响应都包含命令号字段。因此，请求方无需通过存储请求 APDU 而使其与响应 APDU 相关联。

5.2.2 通用 APDU 结构

5.2.2.1 请求 APDU(Request APDU)

请求 APDU 的结构如图 1 所示。图 1a)给出了 Command number 长度为 1 个八位位组且值不等于 31 的 APDU。图 1b)给出了 Command number 长度为 2 个八位位组(也称为扩展命令号)的 APDU。

Command number	Octet count	Value

a) 一个八位位组的命令号

Command number=31	Octet count	Extended command	Value

b) 扩展命令号

图 1 请求 APDU

对于读服务，Value 字段为空或为 Variable Sub Index。对于写服务，如果要求在 Value 字段后跟随要写入由 Command 所标识的从站对象的值，则 Value 字段为 Variable Sub Index。ALE 从服务原语的参数组合成 Value 字段，其结构取决于服务特定 APDU。

5.2.2.2 正常响应 APDU(Normal response APDU)

图 2 给出了应用层字段的结构，该字段用于从站到主站的响应，且在执行该被请求的命令时无任何错误。图 2a)给出了 Command number 长度为 1 个八位位组且值不等于 31 的 APDU。图 2b)给出了 Command number 长度为 2 个八位位组(也叫做扩展命令号)的 APDU。

Command number	Octet count	Response code	Application process status	Value

a) 一个八位位组的命令号

Command number=31	Octet count	Response code	Application process status	Extended command	Value

b) 扩展命令号

图 2 正常响应 APDU

从站应发送 APDU 以响应来自主站的请求。APDU 的 Command 字段值应该与相应请求 APDU 中的 Command 字段和 Extended Command 字段(如存在)相同，Octet Count 字段的最小值为 2，因为总是包含 Response code 字段和 Application process status 字段。

如果响应对应读请求，则 Value 字段用作从从站设备中读取的对象值。如果响应对应写请求，则 Value 字段用作向从站设备写入的对象值。如果响应对应写请求，该值与在请求中接收到的值相同，除非接收到的值不被允许，且服务器写入一个不同值。在这种情况下，该值为在从站设备中写入的值。

5.2.2.3 命令错误响应 APDU(Command error response APDU)

图 3 给出了应用层字段的结构，该字段用于从站到主站的响应，且在执行该命令时有错误。图 3a)给出了 Command number 长度为 1 个八位位组且值不等于 31 的 APDU。图 3b)给出了 Command number 长度为 2 个八位位组(也叫做扩展命令号)的 APDU。Value 字段不存在。对于一个八位位组长度的 Command Number,Octet count 字段的值为 2;对于 Extended Command Number,Octet count 字段的值为 4。

Command number	Octet count=2	Response code	Application process status

a) 一个八位位组的命令号

Command number=31	Octet count= 4	Response code	Application process status	Extended command

b) 扩展命令号

图 3 命令错误响应 APDU

响应设备发送该 APDU 以响应来自主站的请求。在该 APDU 中 Command Number 字段的值与对应的请求 APDU 的 Command Number 字段值相同。Application process status 应该是当前状态。

5.2.2.4 信息报告 APDU(Information report APDU)

对于每次发布,无需来自主站的请求,从站设备可以发布数据。为此,它使用信息报告服务,使用 5.2.2.2 规定的响应 APDU 或 5.2.2.5 规定的聚合命令 APDU。建立发布以使用一个命令号(见 GB/T 29910.5—2013 的 8.2.3.32)。

5.2.2.5 聚合命令 APDU(Aggregated command APDU)

本部分允许在单一请求和响应 APDU 中,传递多个命令和相关数据。当读取设备配置时,命令聚合特别有用。

请求 APDU 格式如图 1a)所示,命令号等于 78。Value 字段如图 4a)所示。Request count 等于在 Value 字段中单个请求的个数。单个请求的格式见图 4b)。在每一个命令请求中的 Command Number 字段为 2 个八位位组长。Octet count 为单个请求的 Value 字段的长度。

响应 APDU 格式如图 2a)所示,命令号等于 78。Value 字段如图 4c)所示。Response count 等于在 Value 字段中单个响应的个数。单个响应的格式见图 4d)。在每一个命令响应中的 Command Number 字段为 2 个八位位组长。Octet count 为单个 Response code 字段和 Value 字段的长度之和。

Request count =n	Command #1 Request		Command #n Request

a) 聚合的请求 APDU value 字段

Extended Command number	Octet count	Value

b) 命令请求

Extended status	Response count=n	Command #1 Response		Command #n Response

c) 聚合的响应 APDU value 字段

Extended Command number	Octet count	Response code	Value

d) 命令响应

图 4 聚合命令 APDU

如果设备已配置为可发布多个报文(见 GB/T 29910.5—2013 的 8.2.3.32)时,除"Publish data Message 0"从不被聚集之外,设备可使用命令聚集将这些报文组合为一个报文。

在使用信息报告请求时,现场设备应尽可能地将多个挂起的"Publish data Message"聚合到一个事务中。如果多个"Publish data Message"不适合放在一个事务中,则它们可被单独发送。

5.2.3 设备应用服务特定 APDU 结构

5.2.3.1 标识(Identify)FAL PDU

该命令见 GB/T 29910.4—2013 的 5.3.2。

5.2.3.2 读主变量(Read primary variable)FAL PDU

该命令见 GB/T 29910.4—2013 的 5.3.3。

5.2.3.3 读回路电流和范围百分比(Read loop current and percent of range)FAL PDU

该命令见 GB/T 29910.4—2013 的 5.3.4。

5.2.3.4 读动态变量和回路电流(Read dynamic variables and loop current)FAL PDU

该命令见 GB/T 29910.4—2013 的 5.3.5。

5.2.3.5 写回路配置(Write loop configuration)FAL PDU

该命令见 GB/T 29910.4—2013 的 5.3.6。

5.2.3.6 读回路配置(Read loop configuration)FAL PDU

该命令见 GB/T 29910.4—2013 的 5.3.7。

5.2.3.7 读动态变量族类别(Read dynamic variable families classifications)FAL PDU

该命令见 GB/T 29910.4—2013 的 5.3.8。

5.2.3.8 读带状态的设备变量(Read device variables with status)FAL PDU

该命令见 GB/T 29910.4—2013 的 5.3.9。

5.2.3.9 读消息(Read message)FAL PDU

该命令见 GB/T 29910.4—2013 的 5.3.10。

5.2.3.10 读标签,描述符和日期(Read tag,descriptor and date)FAL PDU

该命令见 GB/T 29910.4—2013 的 5.3.11。

5.2.3.11 读主变量传感器(Read primary variable transducer)FAL PDU

该命令见 GB/T 29910.4—2013 的 5.3.12。

5.2.3.12 读设备信息(Read device information)FAL PDU

该命令见 GB/T 29910.4—2013 的 5.3.13。

5.2.3.13 读最终装配号(Read final assembly number)FAL PDU

该命令见 GB/T 29910.4—2013 的 5.3.14。

5.2.3.14 写消息(Write message)FAL PDU

该命令见 GB/T 29910.4—2013 的 5.3.15。

5.2.3.15 写标签,描述符和日期(Write tag,descriptor and date)FAL PDU

该命令见 GB/T 29910.4—2013 的 5.3.16。

5.2.3.16 写最终装配号(Write final assembly number)FAL PDU

该命令见 GB/T 29910.4—2013 的 5.3.17。

5.2.3.17 读长标签(Read long_tag)FAL PDU

该命令见 GB/T 29910.4—2013 的 5.3.18。

5.2.3.18 写长标签(Write long_tag)FAL PDU

该命令见 GB/T 29910.4—2013 的 5.3.19。

5.2.3.19 复位配置改变标志(Reset configuration changed flag)FAL PDU

该命令见 GB/T 29910.5—2013 的 8.2.3.19。

5.2.3.20 执行自检(Perform self test)FAL PDU

该命令见 GB/T 29910.5—2013 的 8.2.3.20。

5.2.3.21 执行设备复位(Perform device reset)FAL PDU

该命令见 GB/T 29910.5—2013 的 8.2.3.21。

5.2.3.22 读附加设备状态 Read additional device status FAL PDU

该命令见 GB/T 29910.5—2013 的 8.2.3.22。

5.2.3.23 复位更多可用状态(Reset more status available)FAL PDU

该命令见 GB/T 29910.5—2013 的 8.2.3.23。

5.2.3.24 读设备变量信息(Read device variable information)FAL PDU

该命令见 GB/T 29910.5—2013 的 8.2.3.24。

5.2.3.25 写设备变量(Write device variable)FAL PDU

该命令见 GB/T 29910.5—2013 的 8.2.3.25。

5.2.3.26 写主变量范围(Write primary variable range)FAL PDU

5.2.3.26.1 请求原语

Command 的值是 35,Octet count 字段的值是 9,Value 字段如表 10 所示。

表 10 写主变量范围 Value 字段

八位位组偏移	数据类型	参数名称	描述
0	Unsigned8	Range unit	范围值的测量单位
1	Float32	Upper range value	要写入的范围值
5	Float32	Lower range value	要写入的范围值

5.2.3.26.2 响应原语

响应的 Value 字段如表 10 所示。Response code 值如表 11 所示。

表 11 写主变量范围命令特定响应代码

值	分类	描述
0	Success	无错误
2	Error	无效选择
5	Error	接收到过少的八位位组数据
6	Error	设备指定命令错误
7	Error	写保护模式
8	Warning	设置为最近可能值
9	Error	范围下限值太高
10	Error	范围下限值太低
11	Error	范围上限值太高
12	Error	范围上限值太低
13	Error	范围上/下限值超出限制
14	Warning	量程太小（设备精度可能受损）
16	Error	访问限制
18	Error	无效单位码
29	Error	无效量程
32	Error	忙

5.2.3.26.3 响应设备规程

主变量的 Upper Range 值可以比它的 Lower Range 值还低，允许设备反向操作。

注：设备特定文档将指出是否实现该能力。

返回的 Range 值单位与接收到的一样。在响应中返回的 Range 值应是设备实际使用的舍入或舍位后的值。在这个命令中收到的主变量 Range Unit 编码不影响设备的主变量单位。对于一个电流输出设备，Range 值允许把主变量的值转换成通过回路电流传输的百分比。对于一个电流输入设备，Range 值允许把回路电流转换成执行器使用的百分比(例如，用作执行器的设定点)。

5.2.3.27 进入-退出固定电流模式(Enter-exit fixed current mode)FAL PDU

5.2.3.27.1 请求原语

Command 字段值为 40,Octet count 字段值为 4,Value 字段如表 12 所示。

表 12 进入-退出固定电流模式请求 Value 字段

八位位组偏移	数据类型	参数名称	描述
0	Float32	Fixed current level	要设置的回路电流值

5.2.3.27.2 响应原语

响应的 Value 字段如表 13 所示。Response code 值如表 14 所示。

表 13 进入-退出固定电流模式响应 Value 字段

八位位组偏移	数据类型	参数名称	描述
0	Float32	Actual current level	实际电流值

表 14 进入-退出固定电流模式命令特定响应代码

值	分类	描述
0	Success	无错误
3	Error	固定电流值太高
4	Error	固定电流值太低
5	Error	接收到的八位位组数据过少
6	Error	设备特定命令错误
7	Error	处于写保护模式
11	Error	回路电流未激活(多点模式下设备)
16	Error	访问受限
32	Error	忙

5.2.3.27.3 响应设备规程

如果在请求中的 Fixed current level 值是零,那么设备应该退出固定回路电流模式。如果值有效,则使用请求中的值使设备进入固定回路电流模式。在响应中返回的值应是设备实际使用的舍入或舍位后的值。当电源掉电并重新上电后,设备应退出固定回路电流模式。

5.2.3.28 写主变量单位(Write primary variable unit)FAL PDU

5.2.3.28.1 请求原语

Command 字段值为 44,Octet count 字段值为 1,Value 字段如表 15 所示。

表 15 写主变量单位 Value 字段

八位位组偏移	数据类型	参数名称	描述
0	Enumeration	Primary variable unit code	主变量测量单位代码

5.2.3.28.2 响应原语

响应的 Value 字段如表 15 所示。Response code 值如表 16 所示。

表 16 写主变量单位命令特定响应代码

值	分类	描述
0	Success	无错误
2	Error	无效选择
5	Error	接收到的八位位组数据过少
6	Error	设备特定命令错误
7	Error	处于写保护模式
16	Error	访问受限
32	Error	忙

5.2.3.28.3 响应设备规程

设备应选择测量主变量和测量范围使用的单位。该命令也为传感器限值和最小量程选择单位。

5.2.3.29 回路电流调零(Trim loop current zero)FAL PDU

5.2.3.29.1 请求原语

Command 字段值为 45,Octet count 字段值为 4,Value 字段如表 17 所示。在请求 PDU 中,Value 字段为外部测量到的回路电流。

表 17 回路电流调零请求 Value 字段

八位位组偏移	数据类型	参数名称	描述
0	Float32	Zero loop current	以 mA 为单位的回路电流值

5.2.3.29.2 响应原语

响应的 Value 字段见表 17。在响应 PDU 中,它是设备使用的实际回路电流。Responsc code 值见表 18。

表 18 回路电流调零命令特定响应代码

值	分类	描述
0	Success	无错误
3	Error	零回路电流值太高
4	Error	零回路电流值太低
5	Error	接收的八位位组数据过少
6	Error	设备特定命令错误
7	Error	处于写保护模式
9	Error	不正确的回路电流模式或值
11	Error	回路电流未激活（设备处于多点模式）
16	Error	访问受限
32	Error	忙

5.2.3.29.3 响应设备规程

现场设备应调整回路电流的零点校准，以便让回路电流值与从主站收到的值相匹配。响应中返回的值应该是设备实际使用的舍入或舍位后的值。

注：这个调整一般是通过将回路电流调整到 4.00 毫安，并将测量值发给现场设备来实现。

如果设备不是在允许回路电流校准的适当模式下，或者如果电流未被设置为精确最小值，则返回响应代码 9(不正确的回路电流模式或值)。

如果设备是电压输出设备，则应将回路电流值解释为以伏特为单位的直流输出值。

5.2.3.30 调整回路电流增益(Trim loop current gain)FAL PDU

5.2.3.30.1 请求原语

Command 字段值为 46，Octet count 字段值为 4，Value 字段如表 19 所示。在请求 PDU 中，Value 字段为外部测量到的回路电流。

表 19 调整回路电流增益请求 Value 字段

八位位组偏移	数据类型	参数名称	描述
0	Float32	Gain loop current	以 mA 为单位的回路电流值

5.2.3.30.2 响应原语

响应的 Value 字段见表 19。在响应 PDU 中，它是设备使用的实际回路电流。Response code 值见表 20。

表 20 调整回路电流增益命令特定响应代码

值	分类	描述
0	Success	无错误
3	Error	回路电流增益值太高
4	Error	回路电流增益值太低
5	Error	接收到过少的八位位组数据
6	Error	设备指定命令错误
7	Error	处于写保护模式
9	Error	不正确的回路电流模式或值
11	Error	回路电流未激活（设备处于多点模式）
16	Error	访问受限
32	Error	忙

5.2.3.30.3 响应设备规程

现场设备应调整回路电流的增益校准，以便让回路电流值与从主站收到的值相匹配。响应中返回的值应该是设备实际使用的舍入或舍位后的值。

注：这个调整一般是通过将回路电流调整到 20.00 毫安，并将测量值发给现场设备来实现。

如果设备不是在允许回路电流校准的适当模式下，或者如果电流未被设置为精确最大值，则返回响应代码 9（不正确的回路电流模式或值）。

如果设备是电压输出设备，则应将回路电流值解释为以伏特为单位的直流输出值。

5.2.3.31 读动态变量分配（Read dynamic variable assignment）FAL PDU

5.2.3.31.1 请求原语

Command 字段值为 50，Octet count 字段值为 0，Value 字段为空。

5.2.3.31.2 响应原语

Octet count 字段值为 4，Value 字段如表 21 所示。Response code 如表 22 所示。

表 21 读动态变量分配响应 Value 字段

八位位组偏移	数据类型	参数名称	描述
0	Unsigned8	Primary variable assignment	分配给主变量的设备变量，见 C.2.20
1	Unsigned8	Secondary variable assignment	分配给第二变量的设备变量，见 C.2.20
2	Unsigned8	Tertiary variable assignment	分配给第三变量的设备变量，见 C.2.20
3	Unsigned8	Quaternary variable assignment	分配给第四变量的设备变量，见 C.2.20

表 22 读动态变量分配命令特定响应代码

值	分类	描述
0	Success	无错误
6	Error	设备特定命令错误
16	Error	访问受限

5.2.3.31.3 响应设备规程

设备应使用分配给主、第二、第三、第四变量的设备变量号进行响应。现场设备要返回所有响应数据八位位组。不支持的动态变量分配应设置为 250("未使用")。

5.2.3.32 写动态变量分配(Write dynamic variable assignment)FAL PDU

5.2.3.32.1 请求原语

Command 字段值为 51,Octet count 字段值为 4,Value 字段见表 23。

表 23 写动态变量分配 Value 字段

八位位组偏移	数据类型	参数名称	描述
0	Unsigned8	Primary variable assignment	分配给主变量的设备变量见 C.2.20
1	Unsigned8	Secondary variable assignment	分配给第二变量的设备变量见 C.2.20
2	Unsigned8	Tertiary variable assignment	分配给第三变量的设备变量见 C.2.20
3	Unsigned8	Quaternary variable assignment	分配给第四变量的设备变量见 C.2.20

5.2.3.32.2 响应原语

响应的 Value 字段见表 23。Response code 值见表 24。

表 24 写动态变量分配命令特定响应代码

值	分类	描述
0	Success	无错误
2	Error	无效选择
5	Error	接收到的八位位组数据过少
6	Error	设备特定命令错误
7	Error	处于写保护模式
16	Error	访问受限
32	Error	忙

5.2.3.32.3 响应设备规程

设备应写入分配给主、第二、第三、第四变量的设备变量号。如果请求具有一个或多个数据八位位组,设备将不用"Too few data octets received"进行响应。请求中未包含的变量分配可被设置为现场设备中的任何有效设备变量。现场设备总是返回所有4个响应数据八位位组。不支持的动态变量分配应设置为250("未使用")。

5.2.3.33 写响应前导码个数(Write number of response preambles)FAL PDU

5.2.3.33.1 请求原语

Command 字段值为59,Octet count 字段值为1,Value 字段见表25。

表25 写响应前导码数 Value 字段

八位位组偏移	数据类型	参数名称	描述
0	Unsigned8	Preamble count	从站发到主站的 PhPDU 中要发送的前导码字符个数

5.2.3.33.2 响应原语

响应的 Value 字段见表25,Response code 值见表26。

表26 写响应前导码个数命令特定响应代码

值	分类	描述
0	Success	无错误
3	Error	前导码个数过高
4	Error	前导码个数过低
5	Error	接收到的八位位组数据过少
6	Error	设备特定命令错误
7	Error	处于写保护模式
8	Warning	设置到最接近的可能值
16	Error	访问受限
32	Error	忙

5.2.3.33.3 响应设备规程

设备应将 Preamble length 参数设置为在请求中接收到的 Preamble count 值。其值范围应为5～20。

5.2.3.34 读设备变量调整点(Read device variable trim points)FAL PDU

5.2.3.34.1 请求原语

Command 字段值为80,Octet count 字段值为1,Value 字段见表27。

表 27　读设备变量调整点请求 Value 字段

八位位组偏移	数据类型	参数名称	描述
0	Unsigned8	Device variable	设备变量代码见 C.2.20

5.2.3.34.2　响应原语

Octet count 字段值为 10，Value 字段见表 28。Response code 值见表 29。

表 28　读设备变量调整点响应 Value 字段

八位位组偏移	数据类型	参数名称	描述
0	Unsigned8	Device variable	设备变量代码见 C.2.20
1	Enumeration	Trim point unit	调整点的测量单位代码
2	Float32	Lower trim point	低或单个调整点值
6	Float32	Upper trim point	高调整点值

表 29　读设备变量调整点命令特定响应代码

值	分类	描述
0	Success	无错误
5	Error	接收到的八位位组数据过少
6	Error	设备特定命令错误
17	Error	无效的设备变量代码，例如，请求的设备变量不存在
19	Error	本命令不允许的设备变量代码
32	Error	忙

5.2.3.34.3　响应设备规程

设备应用调整点的最新值作为响应。如果设备变量不支持调整操作，则高调整点和低调整点都应为“Not a Number”。如果设备变量只支持单一调整点，则高调整点应为“Not a Number”。

5.2.3.35　读设备变量调整指南(Read device variable trim guidelines)FAL PDU

5.2.3.35.1　请求原语

Command 字段值为 81，Octet count 字段值为 1，Value 字段见表 30。

表 30　读设备变量调整指南请求 Value 字段

八位位组偏移	数据类型	参数名称	描述
0	Unsigned8	Device variable	设备变量代码见 C.2.20

5.2.3.35.2 响应原语

Octet count 字段值为 23，Value 字段见表 31，Response code 值见表 32。

表 31 读设备变量调整指南响应 Value 字段

八位位组偏移	数据类型	参数名称	描述
0	Unsigned8	Device variable	设备变量代码见 C.2.20
1	Enumeration	Trim points supported	设备中可设置的调整点，枚举值见表 C.7
2	Enumeration	Trim point unit	调整点的测量单位代码
3	Float32	Minimum lower trim point	在低调整过程中，设备可接受的最小值
7	Float32	Maximum lower trim point	在低调整过程中，设备可接受的最大值
11	Float32	Minimum upper trim point	高调整过程中，设备可接受的最小值
15	Float32	Maximum upper trim point	在高调整过程中，设备可接受的最大值
19	Float32	Minimum trim point difference	在调整过程中，设备可接受的高和低调整点之间的最小差

表 32 读设备变量调整点命令特定响应代码

值	分类	描述
0	Success	无错误
5	Error	接收到的八位位组数据过少
6	Error	设备特定命令错误
17	Error	无效的设备变量代码，例如，请求的设备变量不存在
19	Error	本命令不允许的设备变量代码
32	Error	忙

5.2.3.35.3 响应设备规程

设备应将主机所需的用于指导用户正确选择调整点的信息作为响应。如果设备变量不支持调整操作，则 Trim points supported 为 0。Trim point unit 为“未使用”，且所有调整点值为“Not a Number”。如果设备变量只支持单个调整点，则 Upper trim point 和 Trim point difference 为“Not a Number”。

5.2.3.36 写设备变量调整点(Write device variable trim point)FAL PDU

5.2.3.36.1 请求原语

Command 字段值为 82，Octet count 字段值为 7，Value 字段见表 33。

表 33 写设备变量调整点 Value 字段

八位位组偏移	数据类型	参数名称	描述
0	Unsigned8	Device variable	设备变量代码见 C.2.20
1	Enumeration	Trim points type	设备可设置的调整点，枚举值见表 C.7
2	Enumeration	Trim point unit	调整点测量单位代码
3	Float32	Trim point value	要写入的调整点值

5.2.3.36.2 响应原语

响应 Value 字段见表 33。Response code 见表 34。

表 34 写设备变量调整点命令特定响应代码

值	分类	描述
0	Success	无错误
2	Error	无效选择
3	Error	调整点值太高
4	Error	调整点值太低
5	Error	接收到的八位位组数据过少
6	Error	设备特定命令错误
7	Error	处于写保护模式
9	Error	使用的过程(值)太高
10	Error	使用的过程(值)太低
11	Error	调整错误，多余的矫正尝试
13	Error	计算错误，调整值未改变
14	Warning	量程太小
16	Error	访问受限
17	Error	无效的设备变量代码，例如，请求的设备变量不存在
18	Error	无效的单位代码
19	Error	设备变量代码在该命令中不被允许
32	Error	忙——无法启动延迟响应
33	Error	DR 启动
34	Error	DR 运行
35	Error	DR 停止
36	Error	DR 冲突

5.2.3.36.3 响应设备规程

该命令为请求的设备变量执行校准调整。在请求中发送的调整点值应表示当前应用的过程变量值。收到该请求后,设备应检查值的有效性,(即是否在可接受限制内)。然后试图调整校准计算中被指示的点,以使作为结果的数字过程值与请求中所提供的值相匹配。

如果设备不能在 DLE 发送响应时间内完成调整校准,则设备应使用延迟的响应机制通知主站校准正在继续。

5.2.3.37 复位设备变量调整(Reset device variable trim)FAL PDU

5.2.3.37.1 请求原语

Command 字段值为 83,Octet count 字段值为 1,Value 字段见表 35。

表 35 复位设备变量调整 Value 字段

八位位组偏移	数据类型	参数名称	描述
0	Unsigned8	Device variable	设备变量代码见 C.2.20

5.2.3.37.2 响应原语

响应的 Value 字段见表 35,Response code 值见表 36。

表 36 复位设备变量调整命令特定响应代码

值	分类	描述
0	Success	无错误
2	Error	无效选择
5	Error	接收到的八位位组数据过少
7	Error	处于写保护模式
16	Error	访问受限
17	Error	无效的设备变量代码。即请求的设备变量不存在
19	Error	设备变量代码在该命令中不被允许
29	Error	量程无效
32	Error	忙——无法启动延迟响应
33	Error	DR 启动
34	Error	DR 运行
35	Error	DR 停止
36	Error	DR 冲突

5.2.3.37.3 响应设备规程

设备应将请求的设备变量的调整点重置为出厂值。如果设备不能在 DLE 发送响应时间内完成调整校准，则设备应使用延迟的响应机制通知主站校准正在继续。

5.2.3.38 写发布数据周期(Write publish data period)FAL PDU

除了最小更新周期应该是0.500 s，且没有缺省值以外，该命令符合GB/T 29910.5—2013的8.2.3.27。

注：在两个发布模式报文之间的最小时间等于RT2时间加上发送一个发布模式的PhPDU所需要的时间。对于发布命令3(该命令常用于此目的)该时间至少是375 ms。

5.2.3.39 写发布数据触发器(Write publish data trigger)FAL PDU

该命令见GB/T 29910.5—2013的8.2.3.28。

5.2.3.40 读发布数据模式配置(Read publish data mode configuration)FAL PDU

该命令见GB/T 29910.5—2013的8.2.3.29。

5.2.3.41 刷新延时响应(Flush delayed responses)FAL PDU

该命令见GB/T 29910.5—2013的8.2.3.30。

5.2.3.42 写发布数据设备变量(Write publish data device variables)FAL PDU

该命令见GB/T 29910.5—2013的8.2.3.31。

5.2.3.43 写发布数据模式命令号(Write publish data mode command number)FAL PDU

该命令见GB/T 29910.5—2013的8.2.3.32。

5.2.3.44 写发布数据模式控制(Write publish data mode control)FAL PDU

该命令规定见GB/T 29910.5—2013的8.2.3.33，但其8.2.3.33.3中响应设备规程应由以下内容替换。

该命令用来使能或禁止设备的发布数据模式。该命令影响数据链路层操作。必须满足所有进入和退出发布数据模式的数据链路层要求。

注：在数据链路层规范中，发布数据模式是指猝发模式。

如果在请求中的“Publish data mode control”是1或3，该请求用于使能发布，响应设备应执行以下规程。

——应将在GB/T 29910.2—2013的5.2.3.1中定义的Burst mode变量设为“Enable”。

——该设备应发送指示“Success”的响应；

如果在请求中的“Publish data mode control”是0或2，该请求用于禁止发布，响应设备应执行以下规程：

——应将在GB/T 29910.2—2013的5.2.3.1中定义的Burst mode变量设为“Disable”。

——该设备应发送指示“Success”的响应；

注：“Publish data mode control”为2的值不应用于无线数据链路层。

如果在请求中只有一个八位位组，则该八位位组是“Publish data mode control”，设备应假定用于发布的Publish data message 0被激活或未被激活。

5.2.3.45 聚合命令(Aggregated command)

5.2.3.45.1 请求原语

Command字段值为78，Octet count字段值小于或等于255，Value字段见5.2.2.5。读命令可与写命令聚合。

注 1：允许读命令和写命令聚合，但不建议。

注 2：命令之间不相互依赖。这意味着这些命令可以被聚合。例如，几个读命令可以在一个事务中聚合。需对特定命令的要求施加限制。例如，为设备校准的主机应用(FAL-user)应避免命令聚合。协议本身对该命令没有任何其他限制。

5.2.3.45.2 响应原语

Command 字段值为 78，Octet count 字段值小于或等于 255，Value 字段见 5.2.2.5。Response code 值见表 37。

表 37 聚合命令特定响应代码

值	分类	描述
0	Success	无错误
2	Error	无效选择
5	Error	接收到的八位位组数据过少
6	Error	设备特定命令错误
8	Warning	更新失败
9	Error	请求的命令无效
16	Error	访问受限
30	Warning	命令响应被截断——一个或多个命令响应丢失
32	Error	忙——无法启动延迟响应
33	Error	DR 启动
34	Error	DR 运行
35	Error	DR 停止
36	Error	DR 冲突

5.2.3.45.3 响应设备规程

如果设备接收到聚合请求 APDU，则应在一个聚集响应 APDU 中对请求中所有 Command 字段提供响应，除非聚集响应中 Value 字段的长度超过 255。在这种情况下，设备应截断响应并发送值为 30 的响应代码。如果请求中的任何一个命令无效，则设备不执行任何命令并发送值为 9 的响应代码。

5.2.4 数据编码规则

数据编码规则见 GB/T 29910.5—2013 的 8.2.7。

5.3 通用规程

5.3.1 延时响应

延时响应规程见 GB/T 29910.5—2013 的 8.3.1。

5.3.2 发布模式规程

在 5.2.3.39 规定的触发模式基础上，如果有新的 Publish data message 准备发送，则 ALE 应使用 DL-Cyclic-DATA 请求以更新在 DLE 中的缓冲区。如果有多个 Publish data message，则 ALE 应聚集这些报文，见 5.2.2.5。

5.4 FAL 状态机

5.4.1 客户机状态机

图 5 给出客户机 ALE 中的 FAL 状态机。状态机处于"Idle"状态，直到从 AL-user 接收到服务请求。使用 DLL 服务向服务器发送 ALPDU 后，状态机转换到"Wait for response"状态。当它从服务器接收到响应时，状态机完成该请求并返回到"Idle"状态。ALE 一次只服务一个请求。状态转换见表 38。所有的读服务和写服务具有相同的状态转换和相同的动作，因此该表未单独列出每个服务的请求和响应。

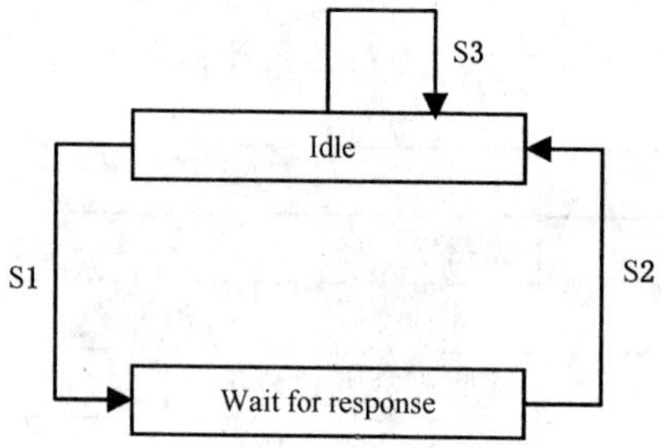

图 5 客户机状态机

表 38 客户机状态机状态转换

#	当前状态	事件或条件 =>动作	下一个状态
S1	Idle	Identify.req => DL-Data-exchange request { Destination address:= AREP_ID, Preamble length:= Preamble count, DLS-user-data:= FormReqApdu (Identify.req) }, Pending command:= Identify	Wait for response
S1	Idle	Read(any).req => DL-Data-exchange request { Destination address:= AREP_ID, Preamble length:= Preamble count, DLS-user-data:= FormReqApdu (Read.req) }, Pending command:= Command(Read.req)	Wait for response
S1	Idle	Write(any).req => DL-Data-exchange request { Destination address:= AREP_ID, Preamble length:= Preamble count, DLS-user-data:= FormReqApdu (Write.req) }, Pending command:= Command(Write.req)	Wait for response

表 38（续）

#	当前状态	事件或条件 =>动作	下一个状态
S1	Idle	Action(any).req => DL-Data-exchange request { Destination address:= AREP_ID, Preamble length:= Preamble count, DLS-user-data:= FormReqApdu (Action.req) }, Pending command:= Command(Action.req)	Wait for response

S2	Wait for response	DL-Data-exchange confirm
		&& Status == 'Success'
		&& CommErr (DLS-user-data) = 'False'
		&& Command (DLS-user-data) == 0 | 11 | 21
		=>
		Identify.cnf(+) {
		Response Code:= RespCode(DLS-user-data),
		Application process status:= ApStatus(DLS-user-data),
		Variable value:= Value(DLS-user-data)
		}
			Idle

S2	Wait for response	DL-Data-exchange confirm
		&& Status == 'Success'
		&& CommErr (DLS-user-data) = 'False'
		&& Command (DLS-user-data) ! = 0 | 11 | 21
		=>
		Read.cnf(+) | Write.cnf(+) | Action.cnf(+) {
		Response Code:= RespCode (DLS-user-data),
		Application process status:= ApStatus(DLS-user-data),
		Variable value:= Value(DLS-user-data)
		}
			Idle

S2	Wait for response	DL-Data-exchange confirm
		&& Status == 'Success'
		&& CommErr (DLS-user-data) = 'False'
		&& RespCode (DLS-user-data) == 'Error'
		&& Command (DLS-user-data) == 0 | 11 | 21
		=>
		Identify.cnf(-) {
		Response Code:= RespCode (DLS-user-data),
		Application process status:= ApStatus(DLS-user-data)
		}
			Idle

表 38（续）

#	当前状态	事件或条件 =>动作	下一个状态

S2	Wait for response	DL-Data-exchange confirm
		&& Status == 'Success'
		&& CommErr (DLS-user-data) = 'False'
		&& RespCode (DLS-user-data) == 'Error'
		&& Command (DLS-user-data) ! = 0 | 11 | 21
		=>
		Read.cnf(-) | Write.cnf(-) | Action.cnf(-) {
		Response Code:= RespCode (DLS-user-data),
		Application process status:= ApStatus(DLS-user-data)
		}
			Idle

S2	Wait for response	DL-Data-exchange confirm
		&& Status == 'Success'
		&& CommErr (DLS-user-data) = 'True'
		&& Command (DLS-user-data) == 0 | 11 | 21
		=>
		Identify.cnf(-) {
		Communication status:= CommCode (DLS-user-data),
		Application process status:= ApStatus(DLS-user-data)
		}
			Idle

S2	Wait for response	DL-Data-exchange confirm
		&& Status == 'Success'
		&& CommErr (DLS-user-data) = 'True'
		&& Command (DLS-user-data) ! = 0 | 11 | 21
		=>
		Read.cnf(-) | Write.cnf(-) | Action.cnf(-) {
		Communication status:= CommCode (DLS-user-data),
		Application process status:= ApStatus(DLS-user-data)
		}
			Idle

S2	Wait for response	DL-Data-exchange confirm
		&& Status == 'No response'
		&& Pending command == 0 | 11 | 21
		=>
		Identify.cnf(-) {
		Communication status:= Device not available
		}
			Idle

S2	Wait for response	DL-Data-exchange confirm
		&& Status == 'No response'
		&& Pending command ! = 0 | 11 | 21
		=>
		Read.cnf(-) | Write.cnf(-) | Action.cnf(-) {
		Communication status:= Device not available
		}
			Idle

表 38（续）

#	当前状态	事件或条件 =>动作	下一个状态

S3	Idle	DL-Receive indication
		&& Status = 'Success'
		=>
		Information report.ind {
		AREP_ID:= Source address,
		Numeric Identifier:= Command (DLS-user-data),
		Response Code:= RespCode(DLS-user-data),
		Application process status:= ApStatus(DLS-user-data),
		Variable value:= Value(DLS-user-data)
		}
			Idle

注：Read(任何)包括所有 AL Read 服务；Write(任何)包括 AL Write 服务；Action(任何)包括所有 AL Action 服务。			

5.4.2 服务器状态机

图 6 给出了服务器 ALE 中的 FAL 状态机。当它接收到 DL-DATA-EXCHANGE 指示时，状态机转换到"Wait for response"状态。它向 AL-user 提供服务指示并等待来自 AL-user 的响应。当它收到响应时，状态机通过使用 DL-DATA-EXCHANGE 证实服务完成处理并返回到"Idle"状态。状态转换见表 39。所有的读服务和写服务具有相同的状态转换和相同的动作。因此表 39 未单独列出每个服务的请求和响应。

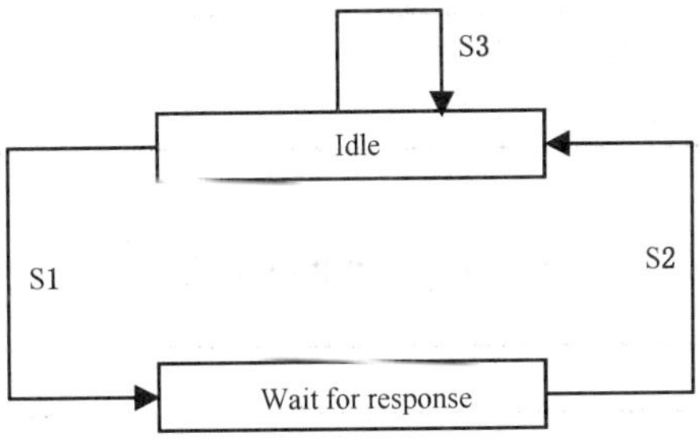

图 6 服务器状态机

表 39 服务器状态机状态转换

#	当前状态	事件或条件 =>动作	下一个状态
S1	Idle	DL-Data-exchange indication => al_serive.ind { AREP_ID:= Source address, Numeric Identifier:= Command (DLS-user-data), Variable value:= Value(DLS-user-data)	Wait for response

表 39（续）

#	当前状态	事件或条件 =>动作	下一个状态

S2	Wait for response	{al_serive.rsp
		=>
		DL-Data-exchange response {
		DLS-user-data:= FormRspApdu (al_service.rsp)
		}
			Idle

S3	Idle	Information report.req
		=>
		DL-Cyclic-data request {
		DLS-user-data:= FormRspApdu (Information report.req)
		}
			Idle

注：al_service 包括所有 AL services。			

5.4.3 FAL 状态机使用的函数

表 40～表 46 描述了 FAL 状态机使用的函数。

表 40 FormReqApdu 函数

Name	FormReqApdu()		
Input		Output	
AL-user request		APDU	
Function			
使用这些参数构成请求 APDU,见 5.2.2			

表 41 Command 函数

Name	Command()		
Input		Output	
AL-user request		Command	
Function			
从 AL-user 请求中获得变量索引(命令号)			

表 42 CommErr 函数

Name	CommErr()		
Input		Output	
DLS-user-data		True / False	
Function			
如果 DLS-user-data 的第一个八位位组的 Bit7 为 1,则输出应为“True”,否则输出为“False”			

表 43 **RespCode 函数**

Name	RespCode()
Input	Output
DLS-user-data	Response Code
Function	
该参数返回 APDU 中的 Response code 字段(DLS-user-data 的第一个八位位组)。该函数只在 DLS-user-data 的第一个八位位组的 Bit7 为 0 时使用,否则 DLS-user-data 的第一个八位位组不是 Response code	

表 44 **Commcode 函数**

Name	Commcode()
Input	Output
DLS-user-data	Communication error code
Function	
该函数返回 APDU 中的 Communication code 字段(DLS-user-data 的第一个八位位组)。该函数只在 DLS-user-data 的第一个八位位组的 Bit7 为 1 时使用,否则 DLS-user-data 的第一个八位位组不是 Communication error code	

表 45 **ApStatus 函数**

Name	ApStatus()
Input	Output
DLS-user-data	Application process status
Function	
该函数返回 APDU 中的 Application process status 字段(DLS-user-data 的第二个八位位组)	

表 46 **Value 函数**

Name	Value()
Input	Output
DLS-user-data	Variable value
Function	
该函数返回 APDU 中的 Variable value 字段(DLS-user-data 的第三个八位位组)	

附 录 A
（规范性附录）
应用过程状态

A.1 概述

应用过程状态(Application process status)是从站现场设备发给主站设备的所有响应 APDU 的一部分,也被称为设备状态(Device status),因为它指出了设备作为整体的当前操作状态而不与任何命令的完成相关联。即使按 GB/T 29910.2—2013 的 5.3.5 发送通信错误,该状态也是有意义的。该字段的比特描述见 5.2.1.6。本附录定义了每一比特设置为 1 的条件。

A.2 设备故障

该比特用来指示检测到了妨碍现场设备正常操作的错误(例如:至少有一个设备变量不正确)。主机应用程序把它作为报警条件并且在过程控制应用中避免使用此设备。支持 Command 48 的设备应在命令 48 的响应 Value 字段中提供诊断信息。设备故障比特应保持为"0"直到设备完成其上电自测试。如果可能,设备应响应所有的请求,即使检测出设备故障。

A.3 配置改变

现场设备应包括 2 个"Configuration changed"比特,一个用于第一主站另一个用于第二主站。在现场设备中任何配置项被修改后,这 2 个比特应设置为 1。这些比特与"Configuration change count"(见 GB/T 29910.4—2013 表 7 中 Identify FAL PDU)一起使用,允许主机应用监视现场设备的配置。"Configuration change count"是 16 位计数器,每收到一个改变设备配置的命令该计数器加 1,改变配置的命令见表 A.1。即使设备掉电或设备执行复位,也应保持"Configuration changed"和"Configuration change count"的值。

如果"Configuration changed"是 1,则客户机应从从站设备中读其他变量,如果需要则使用"Reset configuration changed flag"服务 (GB/T 29910.5—2013 的 7.3.2.4.18) 来复位该比特。

表 A.1 导致配置改变的 Command

命令号	命令	引用
35	Write primary variable range	5.2.3.26
44	Write primary variable unit	5.2.3.28
45	Trim loop current zero	5.2.3.29
46	Trim loop current gain	5.2.3.30
51	Write dynamic variable assignment	5.2.3.32
59	Write number of response preambles	5.2.3.33
79	Write device variable	GB/T 29910.5—2013 的 8.2.3.25
82	Write device variable trim point	5.2.3.36

表 A.1（续）

命令号	命令	引用
83	Reset device variable trim	5.2.3.37
103	Write publish data period	GB/T 29910.5—2013 的 8.2.3.27
104	Write publish data trigger	GB/T 29910.5—2013 的 8.2.3.28
107	Write publish data device variables	GB/T 29910.5—2013 的 8.2.3.31
108	Write publish data mode command number	GB/T 29910.5—2013 的 8.2.3.32
109	Write publish data mode control	GB/T 29910.5—2013 的 8.2.3.33

A.4 冷启动

现场设备应包括两个“Cold start”比特，一个用于第一主站另一个用于第二主站。当现场设备上电后或设备复位后这两个比特应置为 1。设备从第一主站或第二主站收到第一个请求 APDU 时，应将相应的“Cold start”比特复位为 0。

A.5 更多状态可获取

当在设备中提供多个诊断信息时，“More status available”比特应置为 1。如果该比特为 1，则主机应用使用“Read additional device status”服务（GB/T 29910.5—2013 的 7.3.2.4.21）来获取“Application process status”中不包括的信息。当该比特是 1 时，测量值可能仍然正确并且适合控制系统的使用。

注：在设置“More status available”为 1 后，将使得多数主机应用使用“Read additional device status”服务，因此降低了可用的通信能力，现场设备设计者应考虑用哪个诊断信息来设置该比特。

A.6 回路电流固定

当回路电流被直接（如使用 5.2.3.27 中的命令 40）或间接（例如，使用 GB/T 29910.5—2013 的 8.2.3.25 写设备变量 FAL PDU 中规定的命令 79）固定，不反映过程的变化时，则“Loop current fixed”比特应置 1。设置该比特向主机应用指示：在主控系统与现场设备之间的回路电流不能被用作主变量的模拟信号。

注：现场设备可以处于多点模式，同时回路电流仍然反映变化的过程条件（见 GB/T 29910.4—2013 的 5.3.6 写回路配置 FAL PDU 和表 C.6）。

A.7 回路电流饱和

回路电流从 4.00 mA～20.0 mA 变化。范围低限值和范围高限值设置 4.00 mA 和 20.0 mA 点（见 GB/T 29910.4—2013 的 5.3.13 读设备信息 FAL PDU 和本部分 5.2.3.36 中的命令 82 写设备调整点）。多数现场设备允许回路电流少量超出这些端点。如果超出现场设备建立的任何电气限值，则“Loop current saturated”比特应被置位。对于变送器，它的模拟输出饱和，对于执行器，它的输入超出测量范围。图 A.1 显示了回路电流饱和时的操作。设备设定的报警电流值（例如，当设备故障比特被设为 1

时)与回路电流饱和值应当有足够的差值以允许设备监视回路电流的不同。

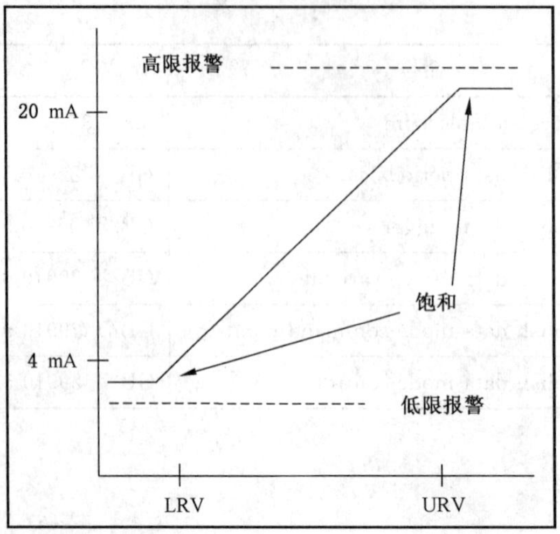

图 A.1 回路电流饱和值与报警电流值

A.8 非主变量超出限值

只要在传感器高低限值(见 GB/T 29910.4—2013 的 5.3.12 读主变量传感器 FAL PDU)之间,就可以准确测量过程变量。限值可以是电气的(如在变送器中)或是机械的(如执行器由它的限位开关指定的行程限值)。当过程变量达到一个限值时,设备变量也达到了它的测量限值。如果设备变量超出了高或低测量范围值,但在传感器高低限值内,设备变量将维持有效值。如果设备变量超出了传感器高低限值,并且该变量没有被映射为 PV,则“Non-primary variable out of limits”比特应被设置为 1。

A.9 主变量超出限值

如果设备变量超出了传感器高低限值,并且该变量被映射为 PV,则“Primary variable out of limits”比特应置为 1。

附 录 B
（规范性附录）
设备变量和动态变量

B.1 设备变量

设备变量是现场设备中总是与过程相关信息关联的惟一定义的数据项，见图 B.1。设备变量值随着所连接的过程变化而改变。每一个设备变量被分配一个代码号，并且对于给定的扩展设备类型该分配从不改变。设备厂商应按照表 C.9 来规定这些代码。在厂商设备特定文档中该表总是包括设备变量代码表。设备中可用的设备变量号由 Identity 命令（见 GB/T 29910.4—2013 中 Identify FAL PDU，表 7）返回。设备变量应从零(0)开始连续编号。每个设备变量表示过程与现场设备之间直接或间接的连接。间接连接表示过程状态或过程值是使用其他设备变量的直接过程值计算得到的，如图 B.1 中所示的设备变量号“4”。在任何情况下，一个现场设备有固定数量的设备变量。设备变量族代码在 GB/T 29910.5—2013 的 F.2.3 中规定。设备变量分类代码在 GB/T 29910.5—2013 的 F.2.4 中规定。

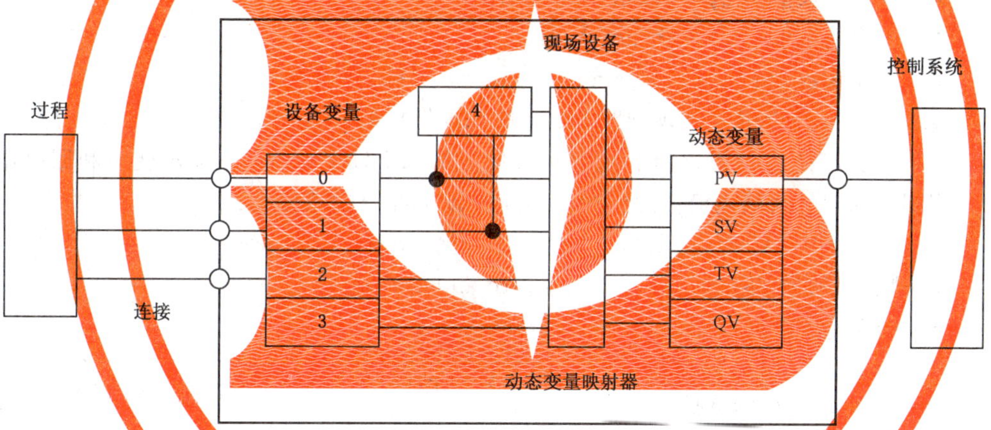

图 B.1 设备变量和动态变量

B.2 动态变量

动态变量是一个设备变量，该设备变量被分配为动态变量并可能与模拟通道相关联。最多有 4 个设备变量可以使用相应设备变量号映射为动态变量，见图 B.1 所示(见 5.2.3.31 和 5.2.3.32 中动态变量分配命令)。这些动态变量被命名为主变量(PV)、第二(SV)、第三(TV) 和第四(QV) 变量。现场设备应至少有一个动态变量——PV。PV 应连接第一个模拟通道并且该通道用于数字信号传输。其他三个动态变量也可连接到模拟通道。动态变量的值可以使用命令 1、2 或 3(见 GB/T 29910.4—2013 的 5.3.3 读主变量 FAL PDU，5.3.4 读回路电流和测量范围百分比 FAL PDU 和 5.3.5 读动态变量和回路电流 FAL PDU)来读取。分配给动态变量的设备变量代码见表 C.9。因此，所有设备都应支持在所有访问设备变量数据或属性的命令中访问动态变量和回路电流。

注：动态变量允许通过所有符合本部分的设备所要求的命令来访问与过程相关的数据。然而，设备变量通过可选的命令来访问。这意味着即使所有设备都有设备变量，设备开发者可以选择不暴露底层的设备变量。因此，简单设备可以只支持动态变量，并不实现访问设备变量的命令。

B.3 主变量

主变量是指与回路电流相关联的设备变量和模拟通道。访问主变量的命令允许方便地访问与回路电流相连的所有配置属性和过程相关的值。此外,回路电流与主变量的关联允许回路电流作为将主变量值从现场设备发送到测量或控制系统的通信通道。

主变量的属性可以被分为两个域,见图 B.2 所示。

——传感器:该域描述了现场设备和过程之间连接的特征,该部分的属性是:

- 传感器上限值(Upper transducer limit);
- 传感器下限值(Lower transducer limit);
- 传感器序列号(Transducer serial number);
- 传感器调整点(Transducer trim points);
- 阻尼系数(Damping factor)。

——模拟通道:该域用来实现设备变量的数值和工程单位与电流回路的毫安信号之间相互转换。该部分分为 2 个子域。

- 测量范围转换:该子域用来实现范围百分比与主变量值之间相互转换。其属性是:
  - ◆ 范围上限值(Upper Range Value);
  - ◆ 范围下限值(Lower Range Value);
  - ◆ 传递函数(Transfer Function)。
- 数据采集:该子域用来实现回路上测量的物理模拟信号值与命令 2 和命令 3(GB/T 29910.4—2013 的 5.3.4 读回路电流和范围百分比 FAL PDU 和 5.3.5 读动态变量和回路电流 FAL PDU)返回的回路电流值之间相互转换。该子部分的属性是:
  - ◆ 报警代码(Alarm code);
  - ◆ 数据采集的零点和增益(DAQ's zero and gain);
  - ◆ 回路电流阻尼(Loop current damping)。

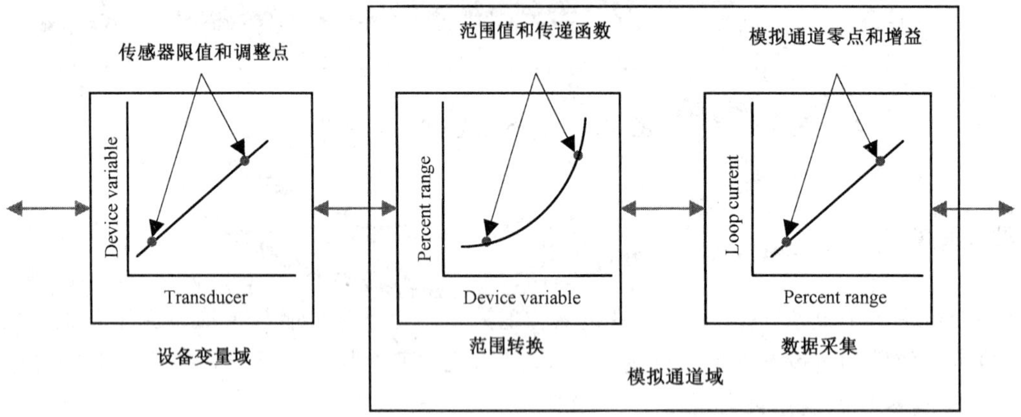

图 B.2 主变量部分

尽管模拟信号被称为回路电流,它可以是以 mA 为单位的电流或以 V 为单位的电压。信号类型在表 C.4 中说明。回路电流总是指现场设备中的第一模拟通道并且它应是主变量。

B.4 设备变量分类

设备变量可以按执行的功能进行分类(见 GB/T 29910.5—2013 的 F.2.4)。Device variable classification 属性可以通过 Command 54(GB/T 29910.5—2013 的 8.2.3.24 读设备变量信息 FAL PDU)来读取。一旦定义,该设备类型的 Device variable classification 将不能改变。Device variable classification 指出连接设备变量特性的过程类型和设备变量支持的工程单位。如果一个设备变量没有使用本部分中定义的任何分类,则它的分类应被设置为零(0),指示客户端应使用基本单位代码表。

B.5 设备族

设备变量可以属于一个特定的设备族,见 GB/T 29910.5—2013 的 F.2.3。每一个设备族具有下列特性:

——严密定义指定的范围;

——用于配置或投运的设备变量属性;

——Device variable classification 属性是可选的或强制的;

——用于优化上传速度的读命令中的属性组;

——集合中所有属性的写命令;

——推荐用于管理设备变量的标准操作规程(SOP);

——设备变量族特定的命令集合;

——设备变量状态比特定义。

这些设备族特定命令用于过程连接的特定类型或特定过程相关功能。

注 1:设备族特定命令不在本部分范围内。这些命令允许对现场设备的设置和参数化,而不要求设备特定命令。

注 2:存在有限的命令个数和较多的潜在设备族。因此设备族命令使用扩展命令号,它有 2 个八位位组。扩展命令号的高有效八位位组是 Device variable classification。因此,每个设备族最多可以有 256 个命令。

注 3:如果设备变量属于设备族,则该现场设备支持该设备族所有要求的命令。

B.6 设备变量状态

所有设备变量和动态变量(周期过程数据)应包括设备变量状态八位位组,见图 B.3 所示。各个子字段描述如下:

a) Bit7 和 Bit6 规定过程数据状态:
   - 11:Good,
   - 01:Poor accuracy,
   - 10:Manual or fixed,
   - 00:Bad.

b) Bit5 和 Bit4 规定设备变量的值是否被限制(即不反应过程):
   - 11:Constant,
   - 01:Low limited,
   - 10:High limited,
   - 00:Not limited.

c) Bit3 如果是 1 指示另外的设备族特定状态通过相应的设备族命令提供。

d) Bit2、Bit1 和 Bit0 指示设备变量族特定状态。

注:如果现场设备曾经设置低有效 4 比特的任意 1 个比特,则期望该现场设备应支持 Command 54(见 GB/T 29910.5—2013 的 8.2.3.24)和相应的设备族文件。

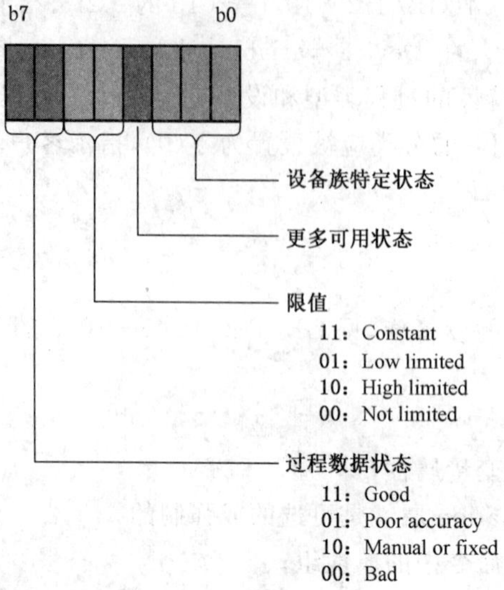

图 B.3　设备变量状态

注：Bit7～Bit4 提供关于设备变量值的有用状态。例如，如果过程数据状态是"Manual or fixed"并且限值状态是"Not limited"，则该值通过手动控制。限值状态不能是"Constant"，因为用户可以在任何时间改变该值。

附　录　C
（规范性附录）
通　用　表

C.1　综述

C.1.1　概述

本部分的协议使用查找表来关联特殊定义和数字编码，或定义一个设为1的单独比特的解释。如果协议引用了一个表，其数字值有特定的定义，该定义允许所有主机一致地使用该数据。本附录包括用于Enumeration或为Bit Field数据类型的查找表（例如：设备变量族和分类代码，标准状态代码等）。

如果协议规范引用了本附录中的表，则该表或其子表应按本附录的描述准确使用，并且未定义（即未列出）的值不应被使用，除非在本附录中其他表中做了定义。

C.1.2　Enumeration

Enumeration见GB/T 29910.5—2013的F.1.2。

C.1.3　Bit Field

Bit Field见GB/T 29910.5—2013的F.1.3。

C.2　表定义

C.2.1　发布模式控制（Publish mode control）代码

发布模式控制代码见GB/T 29910.5—2013的F.2.1。

C.2.2　写设备变量（Write device variable）代码

写设备变量代码见GB/T 29910.5—2013的F.2.2。

C.2.3　设备变量族（Device variable family）代码

设备变量族代码见GB/T 29910.5—2013的F.2.3。

C.2.4　设备变量类别（Device variable classification）代码

设备变量分类代码见GB/T 29910.5—2013的F.2.4。

C.2.5　模拟通道饱和（Analog channel saturated）代码

模拟通道饱和代码见GB/T 29910.5—2013的F.2.5。

C.2.6　模拟通道固定（Analog channel fixed）代码

模拟通道固定代码见GB/T 29910.5—2013的F.2.6。

C.2.7　标准状态0（Standardized status 0）代码

标准状态0代码见GB/T 29910.5—2013的F.2.7。

C.2.8 标准状态 1(Standardized status 1)代码

标准状态 1 代码见 GB/T 29910.5—2013 的 F.2.8。

C.2.9 标准状态 2(Standardized status 2)代码

标准状态 2 代码见 GB/T 29910.5—2013 的 F.2.9。

C.2.10 标准状态 3(Standardized status 3)代码

标准状态 3 代码见 GB/T 29910.5—2013 的 F.2.10。

C.2.11 发布触发模式(Publish trigger mode)代码

发布触发模式代码见 GB/T 29910.5—2013 的 F.2.11。

C.2.12 转换函数(Transfer function)代码

见表 C.1,它是 1 个八位位组长度的 Enumeration 数据。

表 C.1 转换函数代码

代码	转换函数	等式
0	线性(Linear)	y = mx + b
1	平方根(Square root)	y = sqrt(x)
2	三次平方根(Square root third power)	y = sqrt(x^3)
3	五次平方根(Square root fifth power)	y = sqrt(x^5)
4	特殊曲线(Special curve)	
5	平方(Square)	y = x^2
230	离散(开关)[Discrete (Switch)]	Binary (on/off)
231	保留(Reserved)	
232	保留(Reserved)	
233	保留(Reserved)	
240～249	制造商特定定义(Manufacturer specific definitions)	
250	未使用(Not Used)	
251	无(None)	
252	未知(Unknown)	
253	专用(Special)	

C.2.13 报警选择代码

见表 C.2,它是 1 个八位位组 Enumeration 数据。

表 C.2 报警选择代码

代码	报警选择
0	高(High)
1	低(Low)
239	保持上次输出值(Hold last output value)
240～249	制造商特定定义(Manufacturer specific definitions)
250	未使用(Not used)
251	无(None)
252	未知(Unknown)
253	专用(Special)

C.2.14 写保护(Write Protect)代码

见表 C.3,它是 1 个八位位组 Enumeration 数据。

表 C.3 写保护代码

代码	写保护
0	否—无写保护(No-not write protected)
1	是—写保护(Yes-write protected)
250	未使用(Not used)
251	无(None)
252	未知(Unknown)
253	专用(Special)

C.2.15 物理层信号(Physical layer signalling)代码

见表 C.4,它是 1 个八位位组 Enumeration 数据。

表 C.4 物理层信号代码

代码	物理层信号
0	Bell 202 电流(Bell 202 current)
1	Bell 202 电压(Bell 202 voltage)
2	RS-485
3	RS-232
4	无线(Wireless)
6	专用(Special)

注：只有代码“0”和“1”适用于本部分。

C.2.16 标志分配(Flag Assignment)代码

见表C.5,它是1个八位位组长度的Bit field数据。

表C.5 标志分配代码

代码	标志分配
0x80	C8psk仅在多点(C8psk in multi-drop only)
0x40	C8psk使能现场设备(C8psk capable Field device)
0x20,0x10	未定义(Undefined)
0x08	IEEE 802.15.4 2.4GHz DSSS及O-QPSK调制 (IEEE 802.15.4 2.4GHz DSSS with O-QPSK modulation)
0x04	协议桥设备(Protocol bridge device)
0x02	EEPROM控制(EEPROM Control)
0x01	多传感器现场设备(Multi-sensor Field device)

注:仅比特掩码0x01和0x02适用于本部分。

C.2.17 回路电流模式(Loop current mode)代码

见表C.6,它是1个八位位组Enumeration数据并且适用于设备的回路电流信号状态。

表C.6 回路电流模式代码

代码	回路电流模式
0	禁止(Disabled)
1	启用(Enabled)

C.2.18 调整点(Trim point)代码

见表C.7,它是1个八位位组长度的Bit field数据,指示现场设备支持的调整点。

表C.7 调整点代码

代码	调整点
0	保留(Reserved)
1	支持的低调整点(Lower trim point supported)
2	支持的高调整点(Upper trim point supported)
3	支持的高低调整点(Lower and upper trim point supported)

C.2.19 模拟通道标志(Analog channel flag)代码

见表C.8,它是1个八位位组Bit field数据,指示模拟通道功能。

表 C.8 模拟通道标志代码

代码	标志描述
0x01	如果该比特是 1,则模拟通道是现场设备的输入通道。

C.2.20 设备变量(Device variable)代码

设备中提供的每个设备变量代码应在制造商设备特定表中说明。每个设备应包括表 C.9 中的代码和变量,以及可以在设备中访问的所有其他设备变量代码。

注:表中显示的设备变量 244～249 不包括在 Command 0 中"Maximum number of device variables"返回的计数。

表 C.9 设备变量代码

代码	设备变量
244	百分比范围(Percent range)
245	回路电流(Loop current)
246	主变量(Primary variable)
247	第二变量(Secondary variable)
248	第三变量(Tertiary variable)
249	第四变量(Quaternary variable)

C.2.21 设备行规(Device profile)代码

设备行规代码见 GB/T 29910.5—2013 的 F.2.31。

附 录 D
（规范性附录）
一致性和设备版本

D.1 一致性

本标准(GB/T 29910)的一致性应包括：

——Manufacture ID(见 GB/T 29910.4—2013 的表 7)；

——Expanded Device Type(见 GB/T 29910.4—2013 的表 7)；

——Command Revision(见 GB/T 29910.4—2013 的表 7)。

Manufacture ID 和 Expanded Device Type 参数由 HCF 来分配。

注 1：已经分配的代码见文件 HCF_SPEC-183。

参数 Command Rev 被设置为 HCF 规范版本号的有效编码(例如 7.2)。

一些命令请求和响应使用工程单位代码，它由 HCF 分配。

注 2：已经分配的工程单位代码见文件 HCF_SPEC-183。

D.2 设备版本

本标准的一个主要目标是实现设备间的兼容性。本章中现场设备版本规则允许增强和修改兼容设备，同时保持兼容性。这些规则确保了现场设备可以用相同扩展设备类型的新版本来替换，而不会扰乱系统运行。

注：兼容的主机提供的新设备版本至少包含与之前支持的设备版本所具有的相同功能，而不要求软件升级或修改。

设备版本规则说明如下：

a) 所有设备应遵从本标准的有效版本并且指定 Command Rev 对应本部分，即为 7.2。

b) 如果设备的一个版本支持一个命令，那么该设备所有的后续版本都应支持该命令。

c) 设备支持的命令中的任何数据项的含义在该设备所有后续版本中不能被改变。命令的实现不能以任何方式被修改，这些修改使得产生的结果与从站设备之前版本中获得的结果不同。例如，设备版本 1 中所支持的任何命令与其在设备版本 2 中具有完全相同的行为。

d) 数据项可以加到设备中已经存在的任何命令请求和响应的尾部。如果增加了这样的数据项，则是对设备和制造商设备特定文档的主要修订。

e) 不能从枚举表、比特字段或响应代码中删除登录项。不能改变枚举、比特字段或响应代码的含义。任何增加都将导致设备和制造商设备特定文档的主版本加 1。

f) 设备变量的代码编号不应变化。新设备变量的增加将导致设备和制造商设备特定文档的主版本加 1。

g) 设备变量的设备族不应变化。通过增加合适的设备族命令，设备族可以不再是 250 (“Not Used”)，这将导致设备版本以及设备和制造商设备特定文档的主版本加 1。

h) 设备变量的分类也不应变化。通过支持合适的单位代码，分类可以不再是 0 (“Unassigned”)，导致设备版本以及设备和制造商设备特定文档的主版本加 1。

i) 如果设备改变没有遵从上面指定的版本规则，将从 HCF 获得一个新的扩展设备类型号并分配给改变的设备。

注：为避免用户混淆，产品的可见变化(如新产品名称或包装)应伴随新扩展设备类型号的分配。

如果基于之前 HART 命令版本的现有设备被升级到符合本标准，它应该符合如下设备版本规则：

a) 如果被升级的现场设备与 Command 48 的要求不一致，则它应被升级到与本标准一致并且它的扩展设备类型号应改变。

b) 现场设备可以按照下列规则在不改变它的扩展设备类型号的情况下，从 HART 版本 4、5 或 6 升级。

- 如果设备实现了命令 4 和 5，则这些应被删除。
- 除 Command 0 以外，所有命令只使用 5 个八位位组的惟一地址来实现。Command 0 使用 1 个八位位组的轮询地址和 5 个八位位组的惟一地址一起来实现。
- 在设备状态八位位组中，单独的配置变化比特提供给每一个主站(即，一个给第一主站另一个给第二主站)。当接收到 Command 38 时应只复位发出命令的主站对应的比特。这些比特被存储在非易失内存中。
- 在设备状态八位位组中，单独的冷启动比特提供给每一个主站(即一个给第一主站另一个给第二主站)。
- 按本标准规定，Command 38 和 48 应被支持。
- 应支持时间并且 Command 9 增加了时间戳。
- 如果设备实现了发布数据模式，它至少应支持三个发布数据集，即 Max publish count 的最小值是 3。

附 录 E
（规范性附录）
命令要求

E.1 概述

设备可以支持那些扩展设备类型特定的新命令。为保证实现的一致性，所有命令应符合本附录规定的要求。这些命令被归类为设备特定命令。

注：本部分描述的命令符合这些要求。

E.2 无状态请求和响应

命令应被设计成是自治的并且允许设备应用层的无状态操作。在主站和从站中一个命令的执行应该不依赖于前一个命令的执行。从站设备提供的响应仅由对应的主站请求清晰、惟一地指定。

E.3 读命令

读命令在请求的 Value 字段不包括任何数据，除非返回想要的数据项的响应设备有此要求。请求中可能的惟一数据项是引用现场设备中数组登录项(如，设备变量编号)的索引。读命令在响应 Value 字段中应该具有多个相关的数据项以使主机上载时间最小。读命令不应以任何方式改变现场设备的运行或改变现场设备中存储的任何数据项。

E.4 写命令

写命令应该在请求和响应 Value 字段中包含相同的数据项。响应设备应在响应的 Value 字段中返回数据项的实际值并且与请求中使用的工程单位一致。写命令的结果不能改变响应设备的索引数据项和单位代码。对于每一个写命令，设备应该支持一个读命令使得主机客户能使用该命令确定设备配置并保存。

除非在设备的命令规范中有其他说明，否则所有用写命令写入设备的数据应该在设备复位、自检或掉电时被保存。

E.5 动作命令

执行动作的命令在请求和响应 Value 字段中可以有也可以没有数据项。动作命令可以影响响应设备的运行或配置或设备中的数据项。

除非命令规范中有其他说明，否则所有由动作命令影响的设备运行或配置应该在设备复位、自检或掉电时被保存。

E.6 索引命令

命令应包括索引以允许访问设备中存储的数组或数据表。索引是无符号整数。这允许单个命令访问数组数据。对于所有可能的索引值,在响应中的数据项的个数和类型以及顺序应与请求中相同。索引命令规定了严格的信息包,并且对于每一个索引值信息包的结构是相同的。对于所有的索引值,只有一组命令特定的响应码。

E.7 多事务命令

多事务命令在请求和响应 Value 字段中有多个子命令代码以增加设备特定命令的数量。只有当设备使用所有的设备特定命令情况下才使用多事务命令。所有的事务应执行同样的读、写、动作操作(见 E.3、E.4 和 E.5)。不像索引命令,请求和响应 Value 字段中数据项的个数和类型是随事务代码变化的。因此,命令规范应包括为每一个事务指定的单独的命令特定响应代码。请求和响应 Value 字段中应包括事务代码使得它可以是 E.2 说明的无状态事务。